模式识别与人工智能

（基于MATLAB）第2版

徐宏伟　周润景　刘伟冰　张利军 ◎ 编著

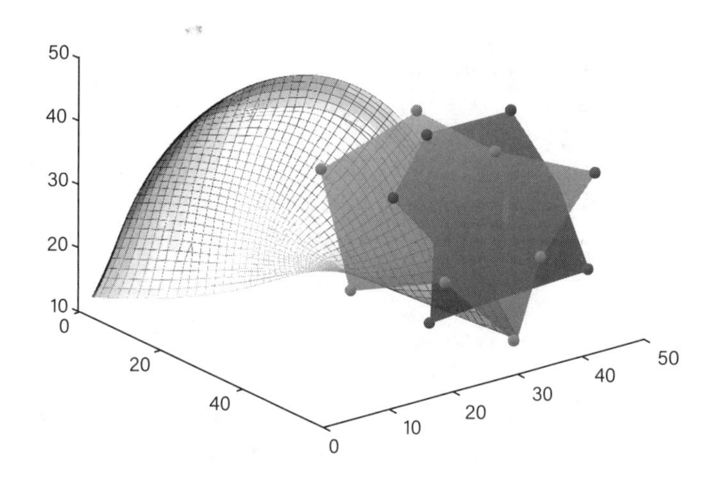

清華大学出版社
北　京

内 容 简 介

本书是在《模式识别与人工智能(基于MATLAB)》(周润景编著)的基础上编写而成的,为了适应模式识别算法的新发展、满足各层次读者的学习需求,在原有基础上增加了大量新内容,包括细化各章的内容并增加三种新算法。本书涉及统计学、模糊控制、神经网络、人工智能等学科的思想和理论,将模式识别与人工智能理论和实际应用相结合,针对具体案例进行算法设计和分析,并运用MATLAB程序实现。

全书共分为12章,内容包括模式识别概述、贝叶斯分类器设计、判别函数分类器设计、聚类分析、模糊聚类分析、神经网络聚类设计、模拟退火算法聚类设计、遗传算法聚类设计、蚁群算法聚类设计、粒子群算法聚类设计、免疫算法、禁忌搜索算法,覆盖了各种常用的模式识别技术。

本书可作为高等学校自动化、计算机、电子信息类等专业高年级本科生和研究生的教材,也可作为各行各业学习模式识别和机器学习的工程技术人员的参考用书。

图书在版编目(CIP)数据

模式识别与人工智能:基于MATLAB/徐宏伟等编著.—2版.—北京:清华大学出版社,2024.6
ISBN 978-7-302-66087-3

Ⅰ.①模… Ⅱ.①徐… Ⅲ.①模式识别-Matlab软件 ②智能计算机-Matlab软件 Ⅳ.①O235 ②TP387

中国国家版本馆CIP数据核字(2024)第072591号

责任编辑:袁金敏 薛 阳
封面设计:杨玉兰
责任校对:刘惠林
责任印制:沈 露

出版发行:清华大学出版社
网 址:https://www.tup.com.cn,https://www.wqxuetang.com
地 址:北京清华大学学研大厦A座 **邮 编**:100084
社 总 机:010-83470000 **邮 购**:010-62786544
投稿与读者服务:010-62776969,c-service@tup.tsinghua.edu.cn
质量反馈:010-62772015,zhiliang@tup.tsinghua.edu.cn
课件下载:https://www.tup.com.cn,010-83470236
印 装 者:三河市科茂嘉荣印务有限公司
经 销:全国新华书店
开 本:185mm×260mm **印 张**:28.25 **字 数**:687千字
版 次:2018年7月第1版 2024年6月第2版 **印 次**:2024年6月第1次印刷
定 价:99.00元

产品编号:103787-01

前言
FOREWORD

随着模式识别技术的迅猛发展，目前该技术已经成为当代高科技研究的重要领域之一。模式识别不仅取得了丰富的理论成果，而且其应用也扩展到了人工智能、机器人、系统控制、遥感数据分析、生物医学工程、军事目标识别等领域，几乎遍及各个学科，在国民经济、国防建设、社会发展的各方面得到了广泛应用，因而越来越多的人认识到模式识别技术的重要性。

本书以实用性为宗旨，以酒瓶颜色分类的设计为例，将理论与实践相结合，介绍了各种相关分类器设计。

第 1 章介绍模式识别的概念、模式识别的方法及其应用。

第 2 章讨论贝叶斯分类器的设计。首先介绍贝叶斯决策的概念，让读者对贝叶斯理论有所了解；然后介绍基于最小错误率和最小风险的贝叶斯分类器的设计，将理论应用到实践，让读者真正学会运用该算法解决实际问题。

第 3 章讨论判别函数分类器的设计。判别函数包括线性判别函数和非线性判别函数。本章首先介绍判别函数的相关概念，然后介绍线性判别函数 LMSE 和 Fisher 分类器的设计及非线性判别函数 SVM 分类器的设计。

第 4 章讨论聚类分析。聚类分析作为最基础的分类方法，涵盖了大量经典的聚类算法及衍生出来的改进算法。本章首先介绍相关理论知识，然后依次介绍 K 均值聚类、K 均值改进算法、K 近邻法聚类、PAM 聚类、层次聚类及 ISODATA 分类器设计。

第 5 章讨论模糊聚类分析。首先介绍模糊逻辑的发展、模糊数学理论、模糊逻辑与模糊推理等一整套模糊控制理论，然后介绍模糊分类器、模糊 C 均值分类器、模糊 ISODATA 分类器设计。

第 6 章讨论神经网络聚类设计。首先介绍神经网络的概念及其模型等理论知识，然后介绍基于 BP 网络、Hopfield 网络、RBF 网络、GRNN、小波神经网络、卷积神经网络、模糊神经网络、自组织竞争网络、SOM 网络、LVQ 网络、PNN、CPN 的分类器设计。

第 7 章讨论模拟退火算法聚类设计。首先介绍模拟退火算法的基本原理、基本过程，然后介绍其分类器的设计。

第 8 章介绍遗传算法聚类设计，包括遗传算法原理及遗传算法分类器设计的详细过程。

第 9 章介绍蚁群算法聚类设计，包括蚁群算法的基本原理、基于蚁群基本算法的分类器设计和改进的蚁群算法 MMAS 的分类器设计。

第 10 章介绍粒子群算法聚类设计，包括粒子群算法的运算过程、进化模型、原理及其模式分类的设计过程。

第 11 章介绍免疫算法，包括免疫算法的原理、流程、特点、关键参数说明和实现。

第 12 章介绍禁忌搜索算法，包括禁忌搜索算法的理论和应用。

在读者掌握基础理论后，通过实例可以了解算法的实现思路和方法，进一步掌握核心代码的编写，就可以很快掌握模式识别技术。

本书有如下特点。

(1) 实用性强。针对实例介绍理论和技术，将理论和实践相结合，避免了空洞的理论说教。

(2) 符合认知规律。针对每一种模式识别算法，书中分为理论基础和实例两部分，掌握基础理论后，读者通过实例就可以了解算法的实现思路和方法，再进一步掌握核心代码，就可以很快掌握模式识别技术。

本书的内容大多来自作者的科研与教学实践，在介绍各种理论和方法时，将不同算法应用于实际中。

本书共 12 章，其中第 1～3 章由徐宏伟编写，第 5 章和第 6 章由刘伟冰编写，第 7 章由张利军编写，李占强、张震宇与袁家乐也参与了部分编写工作，其余由周润景编写，全书由周润景统稿。

在本书的编写过程中，作者虽力求完美，但由于水平有限，书中不足之处敬请指正。

目录
CONTENTS

第1章

模式识别概述

1.1 模式识别的基本概念

模式识别(Pattern Recognition)又称机器识别、计算机识别或机器自动识别，目的在于让机器自动识别事物。例如，数据分类，结果就是将待分类数据按属性分类；智能交通管理系统的识别，就是判断是否有汽车闯红灯，闯红灯的汽车车牌号码；还有文字识别、语音识别、图像中物体识别等。该学科研究的内容是使机器能做以前只能由人类才能做的事，具备人所具有的对各种事物与现象进行分析、描述和判断的部分能力。模式识别是直观的、无所不在的。实际上人类在日常生活的每个环节，都从事着模式识别的活动，人和动物较容易做到模式识别，但对计算机来说却是非常困难的。让机器能识别、分类，就需要研究识别的方法，这就是这门学科的任务。

模式识别是信号处理与人工智能的一个重要分支。人工智能是专门研究用机器人模拟人的工作、感觉和思维过程与规律的一门学科，而模式识别则是利用计算机专门对物理量及其变化过程进行描述与分类，通常用来对图像、文字以及声音等信息进行识别、分类和处理。它所研究的理论和方法在很多科学和技术领域中得到了广泛的重视与应用，推动了人工智能系统的发展，扩大了计算机应用的可能性。模式识别诞生于20世纪20年代，随着20世纪40年代计算机的出现，20世纪50年代人工智能的兴起，模式识别在20世纪60年代初迅速发展为一门科学。其研究的目的是利用计算机对物理对象进行分类，在错误概率最小的条件下，使识别的结果尽量与客观物体相符合。让机器辨别事物的基本方法是计算，原则上讲是对计算机要分析的事物与标准模板的相似程度进行计算。例如，要根据训练样本预测待测数据类别，就要将待测数据与训练样本做比较，看测试样本与哪个训练样本相似，或者接近。因此首先要能从度量中看出不同事物之间的差异，才能分辨当前要识别的事物。因此，最关键的是找到有效地度量不同类别事物差异的方法。

在模式识别学科中，就“模式”与“模式类”而言，“模式类”是一类事物的代表，而“模式”则是某一事物的具体体现。广义上说，模式(Pattern)是供模仿用的完美无缺的标本。通常，把通过对具体的个别事物进行观察所得到的具有时间和空间分布的信息称为模式，而把模式所属的类别或同一类别中模式的总体称为模式类。模式识别是指对表征事物或现象的各种形式的信息进行处理和分析。

1.1.1 模式的描述方法

在模式识别技术中,被观测的每个对象称为样本。对于一个样本来说,必须确定一些与识别有关的因素,作为研究的根据,每个因素称为一个特征。模式的特征集又可写成处于同一个特征空间的特征向量,特征向量的每个元素称为特征。一般用小写英文字母 x、y、z 来表示特征。如果一个样本 $\boldsymbol{X}$ 有 n 个特征,则可把 $\boldsymbol{X}$ 看作一个 n 维列向量,该向量 $\boldsymbol{X}$ 称为特征向量,记作:

$$\boldsymbol{X}=\{x_1,x_2,\cdots,x_n\}^{\mathrm{T}}$$

若有一批样本共有 N 个,每个样本有 n 个特征,这些数值可以构成一个 n 行 N 列的矩阵,称为原始资料矩阵,如表 1-1 所示。

表 1-1 原始资料矩阵

特征	样本					
	x_1	x_2	…	x_j	…	x_N
x_1	x_{11}	x_{21}	…	x_{j1}	…	x_{N1}
x_1	x_{12}	x_{22}	…	x_{j2}	…	x_{N2}
…	…	…	…	…	…	…
x_i	x_{1i}		…	x_{ji}	…	x_{Ni}
…	…	…	…	…	…	…
x_n	x_{1n}	x_{2n}	…	x_{jn}	…	x_{Nn}

模式识别问题就是根据 $\boldsymbol{X}$ 的 n 个特征来判别模式 $\boldsymbol{X}$ 属于 $\omega_1,\omega_2,\cdots,\omega_M$ 类中的哪一类。待识别的不同模式都在同一特征空间中考察,不同模式类由于性质上的不同,它们在各特征取值范围内有所不同,因而会在特征空间的不同区域中出现。要记住向量的运算是建立在各个分量基础之上的。因此,模式识别系统的目的是在特征空间和解释空间之间找到一种映射关系。特征空间是从模式得到的对分类有用的度量、属件或基元构成的空间。解释空间由 M 个所属类别的集合构成。

如果一个对象的特征观察值为$(x_1,x_2,\cdots,x_n)$,它可构成一个 n 维的特征向量 $\boldsymbol{X}$,即 $\boldsymbol{X}=(x_1,x_2,\cdots,x_n)^{\mathrm{T}}$,式中 $x_1,x_2,\cdots,x_n$ 为特征向量 $\boldsymbol{X}$ 的各个分量。一个模式可以看作 n 维空间中的向量或点,此空间称为模式的特征空间 R_n。在模式识别过程中,要对许多具体对象进行测量,以获得许多观测值,其中也包括均值、方差、协方差与协方差矩阵等。

1.1.2 模式识别系统

一个典型的模式识别系统如图 1-1 所示,由数据获取、预处理、特征提取、分类决策及分类器设计五部分组成,一般分为上下两部分。上半部分完成未知类别模式的分类;下半部分属于分类器设计的训练过程,利用样本进行训练,确定分类器的具体参数,完成分类器的设计。而分类决策在识别过程中起作用,对待识别的样本进行分类决策。

在设计模式识别系统时,需要注意模式类的定义、应用场合、模式表示、特征提取和选择、聚类分析、分类器的设计和学习、训练和测试样本的选取、性能评价等。针对不同的应用目的,模式识别系统各部分的内容可以有很大的差异,特别是在数据处理和模式分类这两部分,为了提高识别结果的可靠性往往需要加入知识库(规则)以对可能产生的错误进行修

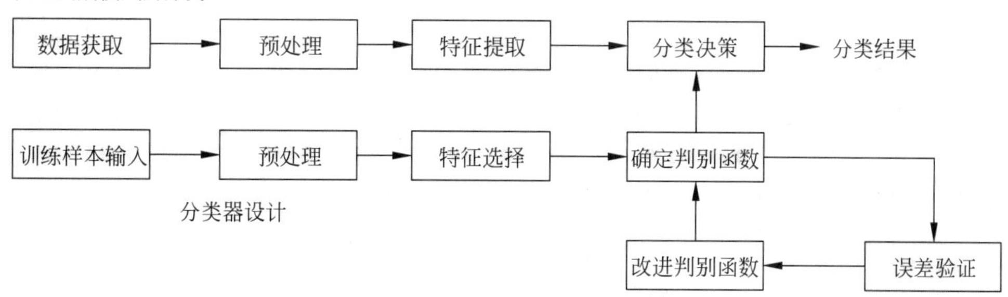

图 1-1 模式识别系统

正，或通过引入限制条件大大缩小待识别模式在模型库中的搜索空间，以减少匹配计算量。在某些具体应用中，如机器视觉，除了要给出被识别对象是什么物体外，还要求出该物体所处的位置和姿态以引导机器人的工作。下面分别简单介绍模式识别系统的工作原理。

模式识别系统组成单元功能如下所述。

(1) 数据获取：是指利用各种传感器把被研究对象的各种信息转换为计算机可以接受的数值或符号(串)集合。习惯上，称这种数值或符号(串)所组成的空间为模式空间。这一步的关键是传感器的选取。为了从这些数字或符号(串)中抽取出对识别有效的信息，必须进行数据处理，包括数字滤波和特征提取。所获取的数据要用计算机可以运算的符号来表示所研究的对象，一般获取的数据类型有如下几种。

① 二维图像：文字、指纹、地图、照片等。

② 一维波形：脑电图、心电图等。

③ 物理参量和逻辑值：体温、化验数据、参量正常与否的描述。

(2) 预处理：是为了消除输入数据或信息中的噪声，排除不相干的信号，只留下与被研究对象的性质和采用的识别方法密切相关的特征(如表征物体的形状、周长、面积等)。举例来说，在进行指纹识别时，指纹扫描设备每次输出的指纹图像会随着图像的对比度、亮度或背景等的不同而不同，有时可能还会变形，而人们感兴趣的仅仅是图像中的指纹线、指纹分叉点、端点等，而不需要指纹的其他部分或背景。因此，需要采用合适的滤波算法，如基于方块图的方向滤波、二值滤波等，过滤掉指纹图像中这些不必要的部分。需要对输入测量仪器或其他因素所造成的退化现象进行复原、去噪声，提取有用信息。

(3) 特征选择和提取：是指从滤波数据中衍生出有用的信息，从许多特征中寻找出最有效的特征，将维数较高的测量空间(原始数据组成的空间)转变为维数较低的特征空间(分类识别赖以进行的空间)，以降低后续处理过程的难度。通过特征选择和提取形成模式的特征空间。人类很容易获取的特征，对于机器来说就很难获取了，特征选择和提取是模式识别的一个关键问题。一般情况下，候选特征种类越多，得到的结果应该越好。但是，由此可能会引发维数灾害，即特征维数过高，计算机难以求解。因此，数据处理阶段的关键是滤波算法和特征提取方法的选取。不同的应用场合，采用的滤波算法和特征提取方法，以及提取出来的特征也会不同。

(4) 分类决策：在特征空间中用模式识别方法把被识别对象归为某一类别。该阶段最后输出的可能是对象所属的类型，也可能是模型数据库中与对象最相似的模式编号。

(5) 分类器设计：模式分类或描述通常是基于已经得到分类或描述的模式集合而进行

的。人们称这个模式集合为训练集,由此产生的学习策略称为监督学习。学习也可以是非监督性学习,在此意义下产生的系统不需要提供模式类的先验知识,而是基于模式的统计规律或模式的相似性学习判断模式的类别。基本做法是在样本训练集基础上确定判别函数,改进判别函数和误差检验。

研究模式识别的主要目的是如何用计算机进行模式识别,对样本进行分类。执行模式识别的计算机系统称为模式识别系统。设计人员按需要设计模式识别系统,而该系统被用来执行模式分类的具体任务。

1.2 模式识别的基本方法

模式识别方法(Pattern Recognition Method)是一种借助于计算机对信息进行处理、判决分类的数学统计方法。应用模式识别方法的首要步骤是建立模式空间。所谓模式空间是指在考查一客观现象时,影响目标的众多指标构成的多维空间。模式识别就是对多维空间中各种模式的分布特点进行分析,对模式空间进行划分,识别各种模式的聚类情况,从而做出判断或决策。分析方法就是利用"映射"和"逆映射"技术。映射是指将多维模式空间通过数学变换到二维平面,多维空间的所有模式(样本点)都投影在该平面内。在二维平面内,不同类别的模式分布在不同的区域之间有较明显的分界域,由此确定优化方向返回到多维空间(原始空间),得出真实信息,帮助人们找出规律或做出决策,指导实际工作或实验研究。

在 d 维特征空间已经确定的前提下,讨论分类器设计问题,其实是一个选择什么准则、使用什么方法,并将已确定的 d 维特征空间划分成决策域的问题。针对不同的对象和不同的目的,可以用不同的模式识别理论或方法,目前基本的技术方法有统计模式识别、句法结构模式识别。

1. 统计模式识别

统计模式识别方法是发展较早也是比较成熟的一种方法。被识别对象首先数字化,变换为适于计算机处理的数字信息。一个模式常常要用很大的信息量来表示。许多模式识别系统在数字化环节之后还要进行预处理,用于除去混入的干扰信息并减少某些变形和失真。随后再进行特征抽取,即从数字化后或预处理后的输入模式中抽取一组特征,模式可用特征空间中的一个点或一个特征向量表示。所谓特征是选定的一种度量,它对于一般的变形和失真保持不变或几乎不变,并且只含尽可能少的冗余信息。特征抽取过程将输入模式从对象空间映射到特征空间。这种映射不仅压缩了信息量,而且易于分类。在决策理论方法中,特征抽取占有重要的地位,但尚无通用的理论指导,只能通过分析具体识别对象决定选取何种特征。特征抽取后可进行分类,即从特征空间再映射到决策空间。为此引入鉴别函数,由特征向量计算出相应的各类别的鉴别函数值,通过鉴别函数值的比较实行分类。

统计模式识别方法适用于给定的有限数量样本集,其基本思想是将特征提取阶段得到的特征向量定义在一个特征空间中,这个空间包含了所有的特征向量。不同的特征向量,或者说不同类别的对象,都对应于此空间中的一点。在分类阶段,则利用统计决策的原理对特征空间进行划分,从而达到识别不同特征对象的目的。已知研究对象统计模型或已知判别函数类条件下,根据一定的准则通过学习算法能够把 d 维特征空间划分为 c 个区域,每一个区域与每一类别相对应,模式识别系统在进行工作时只要判断被识别的对象落入哪一个区

域,就能确定出它所属的类别。统计识别中应用的统计决策分类理论相对比较成熟,研究的重点是特征提取。基于统计模式识别方法有多种方法,通常较为有效,现已形成了完整的体系。尽管方法很多,但从根本上讲,都是直接利用各类的分布特征,即利用各类的概率分布函数、后验概率或隐含地利用上述概念进行分类识别。其中基本的技术为聚类分析、判别类域界面法、统计判决等。

1) 聚类分析

在聚类分析中,利用待分类模式之间的"相似性"进行分类,更相似的作为一类,更不相似的作为另外一类。在分类过程中不断地计算所划分的各类的中心,下一个待分类模式以其与各类中心的距离作为分类的准则。聚类准则的确定,基本上有两种方式。一种是试探方式,即凭直观和经验,针对实际问题定义一种相似性测度的阈值,然后按最近邻规则指定某些模式样本属于某一聚类类别。例如欧氏距离测度,它反映样本间的近邻性,但将一个样本分到两个类别中的一个时,必须规定一距离测度的阈值作为聚类的判别准则,按最近邻规则的简单试探法和最大最小聚类算法就是采用这种方式。另一种是聚类准则函数法,即规定一种准则函数,其函数值与样本的划分有关。取得极小值时,就认为得到了最佳划分。实际工作中采用最多的聚类方法之一是系统聚类法。它将模式样本按距离准则逐步聚类,类别由多到少,直到满足合适的分类要求为止。

2) 判别类域界面法

判别类域界面法中,用已知类别的训练样本产生判别函数,这相当于学习或训练。根据待分类模式代入判别函数后所得值的正负来确定其类别。判别函数提供了相邻两类判别类域的界面,最简单、最实用的判别函数是线性判别函数。利用线性判别函数进行决策就是用一个超平面对特征空间进行分割。超平面的方向由权向量决定,而位置由阈值权的数值确定,超平面把特征空间分割为两个决策区域。

3) 统计判决

在统计判决中,在一些分类识别准则下严格地按照概率统计理论导出各种判决准则,这些判决准则要用到各类的概率密度函数、先验概率或条件概率,即贝叶斯法则。

2. 句法结构模式识别

句法识别是对统计识别方法的补充。统计方法用数值来描述图像特征,句法方法则用符号来描述图像特征。它模仿了语言学中句法的层次结构,采用分层描述的方法,其基本思想是把一个模式描述为较简单的子模式的组合,子模式又可描述为更简单的子模式的组合,最终得到一个树状的结构描述,在底层的最简单的子模式称为模式基元。在句法方法中选取基元的问题相当于在决策理论方法中选取特征的问题。通常要求所选的基元能对模式提供一个紧凑的反映其结构关系的描述,又要易于用非句法方法加以抽取。显然,基元本身不应该含有重要的结构信息。模式以一组基元和它们的组合关系来描述,称为模式描述语句,这相当于在语言中,句子和短语用词组合,词用字符组合一样。基元组合成模式的规则,由所谓语法来制定。一旦基元被鉴别,识别过程可通过句法分析进行,即分析给定的模式语句是否符合指定的语法,满足某类语法的即被分入该类。

句法结构模式识别又称结构方法或语言学方法,主要用于文字识别、遥感图形的识别与分析,以及纹理图像的分析。该方法的特点是识别方便,能够反映模式的结构特征,能够描述模式的性质,对图像畸变的抗干扰能力较强。如何选择基元是本方法的一个关键问题,尤其是当存在干扰及噪声时,抽取基元更困难,且易失误。把复杂图像分解为单层或多层的简单子图像,主要突出了识别对象的结构信息。图像识别是从统计方法发展起来的,而句法方法扩大了识别的能力,使其不局限于对象物的分类,而且还用于景物的分析和物体结构的识别。

模式识别方法的选择取决于问题的性质。如果被识别的对象极为复杂,而且包含丰富的结构信息,一般采用句法方法,当被识别对象不很复杂或不含明显的结构信息,一般采用决策理论方法。统计方法发展较早,比较成熟,取得了不少应用成果,能考虑干扰、噪声等影响,识别模式基元能力强;但是它对结构复杂的模式抽取特征困难,不能反映模式的结构特征,难以描述模式的性质,对模式本身的结构关系很少利用,难以从整体角度考虑识别问题。而很多识别问题,并不是用简单的分类就能解决的,重要的是要弄清楚这些模式的结构关系。句法结构模式识别能反映模式的结构特性,识别方便,可从简单的基元开始,由简至繁。描述模式的性质;单纯的句法模式识别方法没有考虑到模式所受到的环境、噪声的干扰等不稳定因素的影响,当存在干扰及噪声时,抽取基元困难,且易失误。

在应用中,常常将这两种方法结合起来,分别施加于不同的层次,会收到较好的效果。两者的结合已是模式识别问题的一个研究方向,在这方面,提出了随机文法、属性文法等一些新的研究方向,并取得了一定的成果。

1.3 模式识别的应用

我们在生活中时时刻刻都在进行模式识别,如分类、识物、辨声、辨味等行为均属于模式识别的范畴。计算机出现后,人们尝试用计算机来实现人或动物所具备的模式识别能力。当前主要是模拟人的视觉能力、听觉能力和嗅觉能力,如现在研究比较热门的图像识别技术和语音识别技术。这些技术已被广泛应用于军事与民用工业中。模式识别已经广泛应用于数据分类、文字识别、语音识别、指纹识别、遥感、医学诊断、工业产品检测、天气预报、卫星航空图片解释等领域,近年来,用模式识别方法发展起来的“模式识别优化技术”在化工、冶金、石化、轻工等领域用于配方、工艺过程的优化设计和优化控制,产生了巨大的经济效益,在节约原料、提高产品质量和产量、降低单位能耗等方面充分显示了这一高新技术的巨大潜力。模式识别技术除了可以对配方、工艺进行优化设计外,还可以用于工业过程控制,这就是模式识别智能控制优化专家系统。它的特别之处是能根据目标(例如降低能耗、提高产量等),优化影响目标的参量(如原料的组成、工艺参数等),在众多影响参量中筛选出对目标具有较重要影响的参量。经过模式分类、网络训练,确定优化区域,找出优化方向,动态建立模型,定量预报结果,使生产操作条件始终保持在优化状态,尽可能地挖掘生产潜力,在过程工业(包括化工、冶金、轻工、建材等)有广阔的应用前景。

所有这些应用都是和问题的性质密切不可分的,至今还没有发展成统一的、有效的可应用于所有的模式识别的理论。当前的一种普遍看法是不存在对所有的模式识别问题都使用的单一模型和解决识别问题的单一技术,我们现在拥有的是一个工具袋,我们所要做的是结合具体问题把模式识别方法结合起来,把模式识别与人工智能中的启发式搜索结合起来,把人工神经元网络、不确定方法、智能计算结合起来,深入掌握各种工具的效能和应用的可能性,互相取长补短,开创模式识别应用的新局面。

模式识别技术是人工智能的基础技术，21 世纪是智能化、信息化、计算化、网络化的世纪，在这个以数字计算为特征的世纪里，作为人工智能技术基础学科的模式识别技术，必将获得巨大的发展空间。

分类器的设计是模式识别的一个重要应用，本书将以酒瓶颜色的分类为例来介绍各种模式识别的方法。由不同材料制成的不同颜色的玻璃瓶必须被分类，以获得高质量的可回收原料。在玻璃回收厂，玻璃瓶被分类到容器中，然后一起熔化处理产生新的玻璃。在这个过程中，玻璃瓶被分选到混合额容器中是很重要的，因为生产玻璃的不同用户需要不同的颜色，并且回收的瓶子颜色混杂，对于瓶子的分类没有清楚的定义被设定。多数操作员使用经验手工分选混合的瓶子，以使生产的玻璃达到期望的颜色，既费时又费力。通过模式识别的方法分类，既解放了生产力，又提高了效率。表 1-2 为 59 组三原色数据，其中前 29 组作为训练数据，后 30 组作为测试数据。前 29 组数据的类别已经给出。

表 1-2　三原色数据

序　　号	A	B	C	所属类别
1	1739.94	1675.15	2395.96	3
2	373.3	3087.05	2429.47	4
3	1756.77	1652	1514.98	3
4	864.45	1647.31	2665.9	1
5	222.85	3059.54	2002.33	4
6	877.88	2031.66	3071.18	1
7	1803.58	1583.12	2163.05	3
8	2352.12	2557.04	1411.53	2
9	401.3	3259.94	2150.98	4
10	363.34	3477.95	2462.86	4
11	1571.17	1731.04	1735.33	3
12	104.8	3389.83	2421.83	4
13	499.85	3305.75	2196.22	4
14	2297.28	3340.14	535.62	2
15	2092.62	3177.21	584.32	2
16	1418.79	1775.89	2772.9	1
17	1845.59	1918.81	2226.49	3
18	2205.36	3243.74	1202.69	2
19	2949.16	3244.44	662.42	2
20	1692.62	1867.5	2108.97	3
21	1680.67	1575.78	1725.1	3
22	2802.88	3017.11	1984.98	2
23	172.78	3084.49	2328.65	4
24	2063.54	3199.76	1257.21	2
25	1449.58	1641.58	3405.12	1
26	1651.52	1713.28	1570.38	3
27	341.59	3076.62	2438.63	4
28	291.02	3095.68	2088.95	4
29	237.63	3077.78	2251.96	4

续表

序　号	A	B	C	所属类别
30	1702.8	1639.79	2068.74	—
31	1877.93	1860.96	1975.3	—
32	867.81	2334.68	2535.1	—
33	1831.49	1713.11	1604.68	—
34	460.69	3274.77	2172.99	—
35	2374.98	3346.98	975.31	—
36	2271.89	3482.97	946.7	—
37	1783.64	1597.99	2261.31	—
38	198.83	3250.45	2445.08	—
39	1494.63	2072.59	2550.51	—
40	1597.03	1921.52	2126.76	—
41	1598.93	1921.08	1623.33	—
42	1243.13	1814.07	3441.07	—
43	2336.31	2640.26	1599.63	—
44	354	3300.12	2373.61	—
45	2144.47	2501.62	591.51	—
46	426.31	3105.29	2057.8	—
47	1507.13	1556.89	1954.51	—
48	343.07	3271.72	2036.94	—
49	2201.94	3196.22	935.53	—
50	2232.43	3077.87	1298.87	—
51	1580.1	1752.07	2463.04	—
52	1962.4	1594.97	1835.95	—
53	1495.18	1957.44	3498.02	—
54	1125.17	1594.39	2937.73	—
55	24.22	3447.31	2145.01	—
56	1269.07	1910.72	2701.97	—
57	1802.07	1725.81	1966.35	—
58	1817.36	1927.4	2328.79	—
59	1860.45	1782.88	1875.13	—

MATLAB软件是实现各种相关算法的大众化软件，MATLAB 2016 版已经集成了 100 多种神经网络的工具箱及其他算法的工具箱，使用简单方便，本书分类器的设计都是基于 MATLAB 2016 设计的。

习题

1. 什么是模式识别？
2. 模式识别的基本方法有哪些？

第2章

贝叶斯分类器设计

分类有基于规则的分类(查询)和非规则分类(有指导学习)。贝叶斯分类是非规则分类,它通过训练集(已分类的例子集)训练来归纳出分类器,并利用分类器对未分类的数据进行分类。其基本思想是依据类的概率、概率密度,按照某种准则使分类结果从统计上讲是最佳的。

2.1 贝叶斯决策及贝叶斯公式

2.1.1 贝叶斯决策简介

贝叶斯决策理论就是在不完全情报下,对部分未知的状态用主观概率进行估计,然后用贝叶斯公式对发生的概率进行修正,最后再利用期望值和修正概率做出最优决策。

贝叶斯决策属于风险型决策,决策者虽不能控制客观因素的变化,但却掌握其变化的可能状况及各状况的分布概率,并利用期望值即未来可能出现的平均状况作为决策准则。

贝叶斯决策理论方法是统计模型决策中的一个基本方法,其基本思想如下。

(1) 已知类条件概率密度参数表达式和先验概率。

(2) 利用贝叶斯公式计算后验概率。

(3) 根据后验概率大小进行决策分类。

2.1.2 贝叶斯公式

若已知总共有 M 类样本,以及各类样本在 n 维特征空间的统计分布,根据概率知识可以通过样本库得知已知各类别 $\omega_i(i=1,2,\cdots,M)$ 的先验概率 $P(\omega_i)$ 及类条件概率密度函数 $P(\boldsymbol{X}|\omega_i)$。对于待测样本,利用贝叶斯公式可以计算出该样本分属各类别的概率,叫作后验概率;比较各个后验概率,取 $P(\omega_i|\boldsymbol{X})$ 的最大值,就把 $\boldsymbol{X}$ 归于后验概率最大的类。贝叶斯公式为

$$P(\omega_i \mid \boldsymbol{X})=\frac{P(\boldsymbol{X} \mid \omega_i)P(\omega_i)}{\sum_{j=1}^{M}P(\boldsymbol{X} \mid \omega_j)P(\omega_j)} \tag{2-1}$$

1. 先验概率

先验概率 $P(\omega_i)$ 代表还没有训练数据前 ω_i 拥有的初始概率。$P(\omega_i)$ 反映了我们所拥

有的关于ω_i是正确分类的背景知识,它是独立于样本的。如果没有这一先验知识,那么可以简单地将每一候选类别赋予相同的先验概率,通常用样本中属于ω_i的样本数与总样本数的比值来近似。

2. 类条件概率密度函数

类条件概率密度函数是指在已知某种类别的特征空间中,出现特征值X的概率密度,是指ω_i类样本的特征属性X的分布情况。例如,全世界华人占地球人口总数的20%,各个国家华人所占当地人口比例是不同的,类条件概率密度函数$P(X|\omega_i)$是指ω_i条件下出现X的概率密度,在这里指第ω_i类样本其属性X是如何分布的。

在工程上的许多问题中,统计数据往往满足正态分布规律。正态分布简单、分析方便、参量少,是一种适宜的数学模型。如果采用正态密度函数作为类条件概率密度的函数形式,则函数内的参数,如期望和方差是未知的。那么问题就变成了如何利用大量样本对这些参数进行估计,只要估计出这些参数,类条件概率密度函数$P(X|\omega_i)$也就确定了。

单变量正态密度函数为

$$P(x)=\frac{1}{\sqrt{2\pi}\sigma}\exp\left[-\frac{1}{2}\left(\frac{x-\mu}{\sigma}\right)^2\right] \tag{2-2}$$

μ为数学期望(均值):

$$\mu=E(x)=\int_{-\infty}^{+\infty}xP(x)\mathrm{d}x \tag{2-3}$$

σ^2为方差:

$$\sigma^2=E[(x-\mu)^2]=\int_{-\infty}^{+\infty}(x-\mu)^2P(x)\mathrm{d}x \tag{2-4}$$

多维正态密度函数为

$$P(\boldsymbol{X})=\frac{1}{(2\pi)^{n/2}\mid\boldsymbol{S}\mid^{1/2}}\exp\left[-\frac{1}{2}(\boldsymbol{X}-\bar{\boldsymbol{\mu}})^{\mathrm{T}}\boldsymbol{S}^{-1}(\boldsymbol{X}-\bar{\boldsymbol{\mu}})\right] \tag{2-5}$$

式中,$\boldsymbol{X}=(x_1,x_2,\cdots,x_n)$为$n$维特征向量;$\bar{\boldsymbol{\mu}}=(\mu_1,\mu_2,\cdots,\mu_n)$为$n$维均值向量;$\boldsymbol{S}=E[(\boldsymbol{X}-\bar{\boldsymbol{\mu}})(\boldsymbol{X}-\bar{\boldsymbol{\mu}})^{\mathrm{T}}]$为$n$维协方差矩阵;$\boldsymbol{S}^{-1}$是$\boldsymbol{S}$的逆矩阵;$|\boldsymbol{S}|$是$\boldsymbol{S}$的行列式。

在大多数情况下,类条件概率密度可以采用多维变量的正态密度函数来模拟。

$$\begin{aligned}P(\boldsymbol{X}\mid\omega_i)&=\ln\left\{\frac{1}{(2\pi)^{n/2}\mid\boldsymbol{S}_i\mid^{1/2}}\exp\left[-\frac{1}{2}\left(\boldsymbol{X}-\overline{\boldsymbol{X}^{(\omega_i)}}\right)^{\mathrm{T}}\boldsymbol{S}_j^{-1}\left(\boldsymbol{X}-\overline{\boldsymbol{X}^{(\omega_i)}}\right)\right]\right\}\\&=-\frac{1}{2}\left(\boldsymbol{X}-\overline{\boldsymbol{X}^{(\omega_i)}}\right)^{\mathrm{T}}\boldsymbol{S}_j^{-1}\left(\boldsymbol{X}-\overline{\boldsymbol{X}^{(\omega_i)}}\right)-\frac{\pi}{2}\ln2\pi-\frac{1}{2}\ln\mid\boldsymbol{S}_i\mid\end{aligned} \tag{2-6}$$

其中,$\overline{\boldsymbol{X}^{(\omega_i)}}$为$\omega_i$类的均值向量。

3. 后验概率

后验概率是关于随机事件或者不确定性断言的条件概率,是在相关证据或者背景给定并纳入考虑之后的条件概率。后验概率分布就是以未知量作为随机变量的概率分布,并且是在基于实验或者调查所获得的信息上的条件分布。“后验”在这里的意思是考虑相关事件已经被检视并且能够得到一些信息。这种可能性可用$P(y_m|x)$表示。可以利用贝叶斯公式来计算这种条件概率,称为状态的后验概率$P(y_m|x)$。

$$P(y_m \mid x)=\frac{P(x,y_m)}{P(x)}=\frac{P(x \mid y_m)P(y_m)}{\sum_{m=1}^{M}P(y_m)P(x \mid y_m)} \tag{2-7}$$

$P(y_m|x)$表示 x 在出现的条件下样本为 y_m 类的概率。在这里要弄清楚条件概率这个概念。

4. 先验概率与后验概率的区别

先验概率是指根据以往经验和分析得到的概率，它往往作为“由因求果”问题中的“因”出现。后验概率是指在得到“结果”的信息后重新修正的概率，是“执果寻因”问题中的“因”。后验概率是基于新的信息，修正原来的先验概率后所获得的更接近实际情况的概率估计。先验概率和后验概率是相对的。如果以后还有新的信息引入，更新了现在所谓的后验概率，得到新的概率值，那么这个新的概率值被称为后验概率。

2.2 基于最小错误率的贝叶斯决策

基于最小错误率的贝叶斯决策，就是利用贝叶斯公式，按照尽量减少分类错误的原则而得出的一种分类规则，可以使得错误率最小。

2.2.1 基于最小错误率的贝叶斯决策理论

在一般的模式识别问题中，人们的目标往往是尽量减少分类的错误，追求最小的错误率，即求解一种决策规则，使得

$$\min P(e)=\int P(e \mid x)P(x)\mathrm{d}x \tag{2-8}$$

这就是基于最小错误率的贝叶斯决策。

1. 两类问题

若每个样本属于 ω_1、ω_2 类中的一类，已知两类的先验概率分别为 $P(\omega_1)$、$P(\omega_2)$，两类的类条件概率密度为 $P(\boldsymbol{X}|\omega_1)$、$P(\boldsymbol{X}|\omega_2)$。则任给一 $\boldsymbol{X}$，判断 $\boldsymbol{X}$ 的类别。由贝叶斯公式可知：

$$P(\omega_j \mid \boldsymbol{X})=P(\boldsymbol{X} \mid \omega_j)P(\omega_j)/P(\boldsymbol{X}) \tag{2-9}$$

由全概率公式可知：

$$P(\boldsymbol{X})=\sum_{j=1}^{M}P(\boldsymbol{X} \mid \omega_j)\rho(\omega_j) \tag{2-10}$$

其中 M 为类别。

对于两类问题

$$P(\boldsymbol{X})=P(\boldsymbol{X} \mid \omega_1)P(\omega_1)+P(\boldsymbol{X} \mid \omega_2)P(\omega_2) \tag{2-11}$$

所以用后验概率来判别为

$$P(\boldsymbol{X} \mid \omega_1)\begin{cases}>\\<\end{cases}p(\omega_1 \mid \boldsymbol{X})\Rightarrow \boldsymbol{X}\in\begin{cases}\omega_1\\ \omega_2\end{cases} \tag{2-12}$$

判别函数还有另外两种形式。

似然比形式：

$$l(\boldsymbol{X})=\frac{p(\boldsymbol{X}\mid\omega_1)}{P(\boldsymbol{X}\mid\omega_2)}\begin{cases}P(\omega_2)\\P(\omega_1)\end{cases}\Rightarrow\boldsymbol{X}\in\begin{cases}\omega_1\\\omega_2\end{cases}\tag{2-13}$$

对数形式：

$$\ln P(\boldsymbol{X}\mid\omega_1)-\ln p(\boldsymbol{X}\mid\omega_2)\begin{cases}>\\<\end{cases}\ln P(\omega_2)-P(\omega_1)\Rightarrow\boldsymbol{X}\in\begin{cases}\omega_1\\\omega_2\end{cases}\tag{2-14}$$

2. 多类问题

现在讨论多类问题的情况。若样本分为 M 类 $\omega_1,\omega_2,\cdots,\omega_M$，各类的先验概率分别为 $P(\omega_1),P(\omega_2),\cdots,P(\omega_M)$，各类的类条件概率密度分别为 $P(\boldsymbol{X}|\omega_1),P(\boldsymbol{X}|\omega_2),\cdots,P(\boldsymbol{X}|\omega_M)$，就有 M 个判别函数。在取得一个观察特征 $\boldsymbol{X}$ 之后，在特征 $\boldsymbol{X}$ 的条件下，看哪个类的概率最大，应该把 $\boldsymbol{X}$ 归于概率最大的那个类。因此对于任一模式 $\boldsymbol{X}$，可以通过比较各个判别函数来确定 $\boldsymbol{X}$ 的类别。

$$P(\omega_i)P(\boldsymbol{X}\mid\omega_i)=\max_{1\leqslant j\leqslant M}\{P(\omega_j)P(\boldsymbol{X}\mid\omega_j)\}\Rightarrow\boldsymbol{X}\in\omega_i,i=1,2,\cdots,M\tag{2-15}$$

就是把 $\boldsymbol{X}$ 代入 M 个判别函数中，看哪个判别函数最大，就把 $\boldsymbol{X}$ 归于这一类。

判别函数的对数形式为

$$\ln P(\omega_i)+\ln p(\boldsymbol{X}\mid\omega_i)=\max_{1\leqslant j\leqslant M}\{\ln P(\omega_j)+\ln p(\boldsymbol{X}\mid\omega_j)\}\boldsymbol{X}\in\omega_i\tag{2-16}$$

由于先验概率通常是很容易求出的，贝叶斯分类器的核心问题就是求出类条件概率密度 $P(\boldsymbol{X}|\omega_i)$，如果求出了条件概率，则后验概率就可以求出了，判别问题就解决了。在大多数情况下，类条件密度可以采用多维变量的正态密度函数来模拟。所以此时正态分布的贝叶斯分类器判别函数为

$$\begin{aligned}h_i(\boldsymbol{X})&=P(\boldsymbol{X}\mid\omega_i)p(\omega_i)\\&=\frac{1}{(2\pi)^{n/2}\mid\boldsymbol{S}_i\mid^{1/2}}\exp\left[-\frac{1}{2}(\boldsymbol{X}-\overline{\boldsymbol{X}^{(\omega_1)}})\boldsymbol{S}_i^{-1}(\boldsymbol{X}-\overline{\boldsymbol{X}^{(\omega_i)}})\right]P(\omega_i)\\&=-\frac{1}{2}(\boldsymbol{X}-\overline{\boldsymbol{X}^{(\omega_i)}})^{\mathrm{T}}\boldsymbol{S}_i^{-1}(\boldsymbol{X}-\overline{\boldsymbol{X}^{(\omega_i)}})-\\&\quad\frac{n}{2}\ln 2\pi-\frac{1}{2}\ln|\boldsymbol{S}_i|+\ln P(\omega_i)\end{aligned}\tag{2-17}$$

使用什么样的决策原则可以做到错误率最小呢？前提是要知道一个样本 $\boldsymbol{X}$ 分属不同类别的可能性表示成 $P(\omega_i|\boldsymbol{X})$，然后根据后验概率最大的类来分类。后验概率要通过贝叶斯公式从先验概率与类分布函数来计算。

2.2.2 最小错误率贝叶斯分类的计算过程

1. 先期进行的计算

1）求出每一类样本的均值

$$\overline{\boldsymbol{X}_i}=\frac{1}{N_i}\sum_{j=1}^{N_i}\boldsymbol{X}_{ij},\quad i=1,2,3,4;\quad j=0,1,2,\cdots,N_i\tag{2-18}$$

共有 29 个样本 $N=29$；分四类 $w=4$

第一类：N_1(样本数目)$=4$；第二类：$N_2=7$；第三类：$N_3=8$；第四类：$N_4=10$

第一类产品为

A =[864.45 877.88 1418.79 1449.58;
1647.31 2031.66 1775.89 1641.58;
2665.9 3071.18 2772.9 3045.12];

求出第一类样本的均值为：

```
X1 =
  1.0e+03
    1.1527
    1.7741
    2.8888
```

2）求出每一类样本的协方差矩阵

求出每一类样本的协方差矩阵 $\boldsymbol{S}_i$，并求出其逆矩阵 $\boldsymbol{S}_i^{-1}$ 和行列式，l 为样本在每一类序号，j 和 k 为特征值序号，N_i 为每类学习样本中包含元素的个数。

$$\boldsymbol{S}_i=\begin{bmatrix} u_{11}^l & u_{12}^l & \cdots & u_{1n}^l \\ u_{21}^l & u_{22}^l & \cdots & u_{2n}^l \\ \vdots & \vdots & & \vdots \\ u_{n1}^l & u_{n2}^l & \cdots & u_{nn}^l \end{bmatrix}$$

其中

$$u_{jk}^l=\frac{1}{N_i-1}\sum_{i=1}^{N_1}(x_{ij}-\overline{x_j})(x_{lk}-\overline{x_k}),(j,k=0,1,2,\cdots,n) \tag{2-19}$$

第一类样本的协方差矩阵为：

```
S1 =
  1.0e+05 *
    1.0585   -0.2437   0.0990
  -0.2437    0.3333   0.1810
    0.990    0.1810   0.4027
```

3）求第一类样本的协方差矩阵的逆矩阵

求得第一类样本的协方差矩阵的逆矩阵为：

```
S1_ =
  1.0e-04 *
    0.1419    0.1624   -0.1079
    0.1624    0.5828   -0.3019
  -0.1079   -0.3019    0.4106
```

4）求第一类样本的协方差矩阵的行列式值

求得第一类样本的协方差矩阵的行列式值为：

```
S11 =
   7.1458e+13
```

2. 其他各类求值

第二类样本为：

```
B = [2352.12  2297.28  2092.62  2205.36  2949.16  2802.88  2063.54
     2557.04  3340.14  3177.21  3243.74  3244.44  3017.11  3199.76
     1411.53  535.62   584.32   1202.69  662.42   1984.98  1257.21];
```

其均值为：

```
X2 =
  1.0e + 03 *
    2.3947
    3.1113
    1.0913
```

其协方差矩阵为：

```
S2 =
1.0e + 05 *
     1.2035   - 0.0627    0.4077
   - 0.0627     0.6931  - 0.7499
     0.4077   - 0.7499    2.8182
```

其协方差矩阵的逆矩阵为：

```
S2_ =
  1.0e - 04 *
    0.0877   - 0.0081   - 0.0149
  - 0.0081     0.2033     0.0553
  - 0.0149     0.0553     0.0523
```

其协方差矩阵的行列式值为：

```
S22 =
   1.5862e + 15
```

第三类样本为：

```
C = [1739.94  1756.77  1803.58  1571.17  1845.59  1692.62  1680.67  1651.52
     1675.15  1652     1583.12  1731.04  1918.81  1867.5   1575.78  1713.28
     2395.96  1514.98  2163.05  1735.33  2226.49  2108.97  1725.1   1570.38];
```

样本均值为：

```
X3 =
   1.0e + 03 *
    1.7177
    1.7146
    1.9300
```

样本协方差矩阵为：

```
S3 =
   1.0e + 05 *
    0.0766    0.0150    0.1536
    0.0150    0.1534    0.1294
    0.1536    0.1294    1.1040
```

样本协方差矩阵的逆矩阵为：

```
S3_ =
   1.0e-03 *
    0.1813    0.0040   -0.0257
    0.0040    0.0724   -0.0090
   -0.0257   -0.0090    0.0137
```

样本协方差矩阵行列式的值为：

```
S33 =
   8.4164e+12
```

第四类样本为：

```
D=[373.3    222.85   401.3    363.34   104.8    499.85   172.78   341.59   291.02
    237.63   3087.05  3059.54  3259.94  3477.95  3389.83  3305.75  3084.49  3076.62
    3095.68  3077.78  2429.47  2002.33  2150.98  2462.86  2421.83  3196.22  2328.65
    2438.63  2088.95  2251.96];
```

样本均值为：

```
X4 =
   1.0e+03 *
    0.3008
    3.1915
    2.3772
```

样本协方差矩阵为：

```
S4 =
   1.0e+05 *
    0.1395    0.0317    0.2104
    0.0317    0.2380    0.2172
    0.2104    0.2172    1.0883
```

样本协方差矩阵的逆矩阵为：

```
S4_ =
   1.0e-03 *
    0.1018    0.0054   -0.0208
    0.0054    0.0517   -0.0114
   -0.0208   -0.0114    0.0155
```

样本协方差矩阵行列式的值为：

```
S44 =
   2.0812e+13
```

再计算每类数据的先验概率：

```
N=29;w=4;n=3;N1=4;N2=7;N3=8;N4=10;
Pw1=N1/N
Pw1 =
    0.1379
Pw2=N2/N
Pw2 =
    0.2414
Pw3=N3/N
```

```
Pw3 =
    0.2759
Pw4 = N4/N
Pw4 =
    0.3448
```

前期的计算基本完成。

2.2.3 最小错误率贝叶斯分类的 MATLAB 实现

1. 初始化

初始化程序如下所示：

```
% 输入训练样本数,类别数,特征数,以及属于各类别的样本个数
N = 29;w = 4;n = 3;N1 = 4;N2 = 7;N3 = 8;N4 = 10;
```

2. 参数计算

参数计算程序如下：

```
% 计算每一类训练样本的均值
X1 = mean(A')';X2 = mean(B')';X3 = mean(C')';X4 = mean(D')';
% 求每一类样本的协方差矩阵
  S1 = cov(A');S2 = cov(B');S3 = cov(C');S4 = cov(D');
% 计算协方差矩阵的逆矩阵
  S1_ = inv(S1);S2_ = inv(S2);S3_ = inv(S3);S4_ = inv(S4);
 % 计算协方差矩阵的行列式
 S11 = det(S1);S22 = det(S2);S33 = det(S3);S44 = det(S4);
% 计算训练样本的先验概率
 Pw1 = N1/N;Pw2 = N2/N;Pw3 = N3/N;Pw4 = N4/N; % Priori probability
%  计算后验概率:在这里定义了一个循环
for k = 1:30
P1 = -1/2 * (sample(k,:)' - X1)' * S1_ * (sample(k,:)' - X1) + log(Pw1) - 1/2 * log(S11);
P2 = -1/2 * (sample(k,:)' - X2)' * S2_ * (sample(k,:)' - X2) + log(Pw2) - 1/2 * log(S22);
P3 = -1/2 * (sample(k,:)' - X3)' * S3_ * (sample(k,:)' - X3) + log(Pw3) - 1/2 * log(S33);
P4 = -1/2 * (sample(k,:)' - X4)' * S4_ * (sample(k,:)' - X4) + log(Pw4) - 1/2 * log(S44);
```

3. MATLAB 完整程序及仿真结果

MATLAB 程序如下：

```
clear;
clc;
N = 29;w = 4;n = 3;N1 = 4;N2 = 7;N3 = 8;N4 = 10;
A = [864.45  877.88  1418.79  1449.58;1647.31  2031.66  1775.89  1641.58;2665.9
      3071.18  2772.9  3045.12]; % A belongs to w1
B = [2352.12  2297.28  2092.62  2205.36  2949.16  2802.88  2063.54
      2557.04  3340.14  3177.21  3243.74  3244.44  3017.11  3199.76
      1411.53  535.62  584.32  1202.69  662.42  1984.98  1257.21]; % B belongs to w2
C = [1739.94  1756.77  1803.58  1571.17  1845.59  1692.62  1680.67
      1651.52  1675.15  1652  1583.12  1731.04  1918.81  1867.5
      1575.78  1713.28  2395.96  1514.98  2163.05  1735.33
      2226.49  2108.97  1725.1  1570.38];                           % C belongs to w3
D = [373.3  222.85  401.3  363.34  104.8  499.85  172.78  341.59  291.02  237.63
      3087.05  3059.54  3259.94  3477.95  3389.83  3305.75  3084.49  3076.62
      3095.68  3077.78  2429.47  2002.33  2150.98  2462.86  2421.83  3196.22
      2328.65  2438.63  2088.95  2251.96];                          %  D belongs to w4
% 以上为学习样本数据的输入
```

```
X1 = mean(A')';X2 = mean(B')';X3 = mean(C')';X4 = mean(D')';          %求样本均值
S1 = cov(A');S2 = cov(B');S3 = cov(C');S4 = cov(D');                   % 求样本协方差矩阵
S1_ = inv(S1);S2_ = inv(S2);S3_ = inv(S3);S4_ = inv(S4);               % 求协方差矩阵的逆矩阵
S11 = det(S1);S22 = det(S2);S33 = det(S3);S44 = det(S4);               % 求协方差矩阵的行列式
Pw1 = N1/N;Pw2 = N2/N;Pw3 = N3/N;Pw4 = N4/N;                           %先验概率
%这部分为初始样本数据计算
sample = [1702.8  1639.79  2068.74
1877.93  1860.96  1975.3
867.81   2334.68  2535.1
1831.49  1713.11  1604.68
460.69   3274.77  2172.99
2374.98  3346.98  975.31
2271.89  3482.97  946.7
1783.64  1597.99  2261.31
198.83   3250.45  2445.08
1494.63  2072.59  2550.51
1597.03  1921.52  2126.76
1598.93  1921.08  1623.33
1243.13  1814.07  3441.07
2336.31  2640.26  1599.63
354      3300.12  2373.61
2144.47  2501.62  591.51
426.31   3105.29  2057.8
1507.13  1556.89  1954.51
343.07   3271.72  2036.94
2201.94  3196.22  935.53
2232.43  3077.87  1298.87
1580.1   1752.07  2463.04
1962.4   1594.97  1835.95
1495.18  1957.44  3498.02
1125.17  1594.39  2937.73
24.22    3447.31  2145.01
1269.07  1910.72  2701.97
1802.07  1725.81  1966.35
1817.36  1927.4   2328.79
1860.45  1782.88  1875.13];
%这部分为测试数据输入
for k = 1:30
P1 = - 1/2 * (sample(k,:)' - X1)' * S1_ * (sample(k,:)' - X1) + log(Pw1) - 1/2 * log(S11);
%第一类的判别函数
P2 = - 1/2 * (sample(k,:)' - X2)' * S2_ * (sample(k,:)' - X2) + log(Pw2) - 1/2 * log(S22);
%第二类的判别函数
P3 = - 1/2 * (sample(k,:)' - X3)' * S3_ * (sample(k,:)' - X3) + log(Pw3) - 1/2 * log(S33);
%第三类的判别函数
P4 = - 1/2 * (sample(k,:)' - X4)' * S4_ * (sample(k,:)' - X4) + log(Pw4) - 1/2 * log(S44);
%第四类的判别函数
P = [P1 P2 P3 P4]
Pmax = max(P)
  if P1 == max(P)
    w = 1
      plot3(sample(k,1),sample(k,2),sample(k,3),'ro');grid on;hold on;
  elseif P2 == max(P)
    w = 2
      plot3(sample(k,1),sample(k,2),sample(k,3),'b>');grid on;hold on;
  elseif P3 == max(P)
```

```
        w = 3
        plot3(sample(k,1),sample(k,2),sample(k,3),'g+');grid on;hold on;
    elseif P4 == max(P)
        w = 4
        plot3(sample(k,1),sample(k,2),sample(k,3),'y*');grid on;hold on;
    else
      return % 判别函数最大值对应的类别
        end
end
```

运行程序出现如图 2-1 所示的测试数据分类界面。

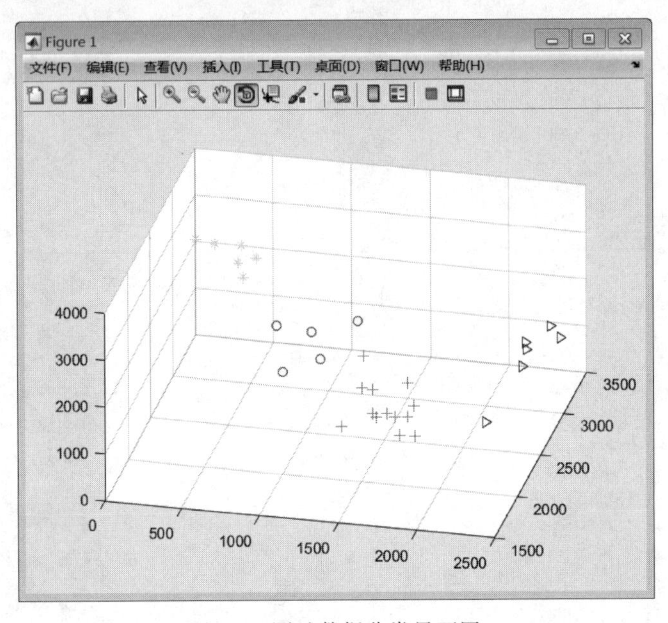

图 2-1 测试数据分类界面图

从图中可以看出分类效果比较好。

MATLAB 程序运行结果如下所示。

```
P =
 - 34.7512   - 37.7619   - 16.6744   - 171.1604
Pmax =
 - 16.6744
w =
3
P =
 - 49.5808   - 32.0756   - 19.1319   - 185.7206
Pmax =
 - 19.1319
w =
3
P =
 - 32.5380   - 36.8429   - 105.8245   - 48.9684
Pmax =
 - 32.5380
w =
1
```

```
P =
-61.5273  -36.6998  -19.0123  -196.0725
Pmax =
-19.0123
w =
3
P =
-107.6977  -42.9982  -244.6344  -19.1425
Pmax =
-19.1425
w =
4
P =
-323.1237  -19.3722  -192.5329  -315.7399
Pmax =
-19.3722
w =
2
P =
-344.0690  -20.1602  -197.4786  -298.5021
Pmax =
-20.1602
w =
2
P =
-28.8735  -37.9474  -17.5637  -182.7101
Pmax =
-17.5637
w =
3
P =
-84.2886  -50.7629  -316.2804  -17.1190
Pmax =
-17.1190
w =
4
P =
-29.6605  -31.8272  -29.1895  -112.1975
Pmax =
-29.1895
w =
3
P =
-39.9950  -32.5544  -19.4480  -138.2933
Pmax =
-19.4480
w =
3
P =
-65.6213  -33.2003  -19.1755  -148.7788
Pmax =
-19.1755
w =
3
P =
-23.1508  -42.2485  -69.4564  -108.1711
```

```
Pmax =
 -23.1508
w =
1
P =
 -150.6823   -20.5669   -92.9234   -261.7163

Pmax =
 -20.5669
w =
2
P =
 -95.2729   -47.3863   -277.7827   -16.8863
Pmax =
 -16.8863
w =
4
P =
 -235.4394   -25.0041   -92.9044   -273.8238
Pmax =
 -25.0041
w =
2
P =
 -98.6750   -41.1397   -233.0440   -18.6408
Pmax =
 -18.6408
w =
4
P =
 -34.3114   -41.4903   -21.3935   -152.9500
Pmax =
 -21.3935
w =
3
P =
 -114.2256   -43.9679   -269.1704   -18.1769
Pmax =
 -18.1769
w =
4
P =
 -293.2196   -19.1168   -152.2279   -273.4275
Pmax =
 -19.1168
w =
2

P =
 -231.6066   -19.1683   -129.1233   -256.2709
Pmax =
 -19.1683
w =
2
P =
 -24.4899   -35.9915   -21.5651   -142.4473
```

```
Pmax =
 - 21.5651
w =
3
P =
 - 47.4226   - 38.2727   - 22.5483   - 219.5498
Pmax =
 - 22.5483
w =
3
P =
 - 22.7587   - 38.1842   - 44.9330   - 118.0112
Pmax =
 - 22.7587
w =
1
P =
 - 19.2874   - 44.7372   - 72.1963   - 112.7623
Pmax =
 - 19.2874
w =
1
P =
 - 117.7652   - 53.9295   - 379.5944   - 21.3597
Pmax =
 - 21.3597
w =
4
P =
 - 20.5508   - 36.8251   - 47.0716   - 98.7984
Pmax =
 - 20.5508

w =
1
P =
 - 43.0681   - 35.3828   - 16.7483   - 181.9830
Pmax =
 - 16.7483
w =
3
P =
 - 36.4518   - 31.0477   - 18.0932   - 165.2229
Pmax =
 - 18.0932
w =
3
P =
 - 50.6918   - 34.0120   - 18.4786   - 189.7615
Pmax =
 - 18.4786
w =
3
```

表 2-1 为待测样本分类表。

表 2-1 待测样本分类表

A	B	C	P1	P2	P3	P4	类别
1702.8	1639.79	2068.74	−34.7512	−37.7619	−16.6744	−171.1604	3
1877.93	1860.96	1975.3	−49.5808	−32.0756	−19.1319	−185.7206	3
867.81	2334.68	2535.1	−32.5380	−36.8429	−105.8245	−48.9684	1
1831.49	1713.11	1604.68	−61.5273	−36.6998	−19.0123	−196.0725	3
460.69	3274.77	2172.99	−107.6977	−42.9982	−244.6344	−19.1425	4
2374.98	3346.98	975.31	−323.1237	−19.3722	−192.5329	−315.7399	2
2271.89	3482.97	946.7	−344.0690	−20.1602	−197.4786	−298.5021	2
1783.64	1597.99	2261.31	−28.8735	−37.9474	−17.5637	−182.7101	3
198.83	3250.45	2445.08	−84.2886	−50.7629	−316.2804	−17.1190	4
1494.63	2072.59	2550.51	−29.6605	−31.8272	−29.1895	−112.1975	3
1597.03	1921.52	2126.76	−39.9950	−32.5544	−19.4480	−138.2933	3
1598.93	1921.08	1623.33	−65.6213	−33.2003	−19.1755	−148.7788	3
1243.13	1814.07	3441.07	−23.1508	−42.2485	−69.4564	−108.1711	1
2336.31	2640.26	1599.63	−150.6823	−20.5669	−92.9234	−261.7163	2
354	3300.12	2373.61	−95.2729	−47.3863	−277.7827	−16.8863	4
2144.47	2501.62	591.51	−235.4394	−25.0041	−92.9044	−273.8238	2
426.31	3105.29	2057.8	−98.6750	−41.1397	−233.0440	−18.6408	4
1507.13	1556.89	1954.51	−34.3114	−41.4903	−21.3935	−152.9500	3
343.07	3271.72	2036.94	−114.2256	−43.9679	−269.1704	−18.1769	4
2201.94	3196.22	935.53	−293.2196	−19.1168	−152.2279	−273.4275	2
2232.43	3077.87	1298.87	−231.6066	−19.1683	−129.1233	−256.2709	2
1580.1	1752.07	2463.04	−24.4899	−35.9915	−21.5651	−142.4473	3
1962.4	1594.97	1835.95	−47.4226	−38.2727	−22.5483	−219.5498	3
1495.18	1957.44	3498.02	−22.7587	−38.1842	−44.9330	−118.0112	1
1125.17	1594.39	2937.73	−19.2874	−44.7372	−72.1963	−112.7623	1
24.22	3447.31	2145.01	−117.7652	−53.9295	−379.5944	−21.3597	4
1269.07	1910.72	2701.97	−20.5508	−36.8251	−47.0716	−98.7984	1
1802.07	1725.81	1966.35	−43.0681	−35.3828	−16.7483	−181.9830	3
1817.36	1927.4	2328.79	−36.4518	−31.0477	−18.0932	−165.2229	3
1860.45	1782.88	1875.13	−50.6918	−34.0120	−18.4786	−189.7615	3

对比正确分类后只有一组数据(1494.63 2072.59 2550.51)与正确分类有出入，该分类是第三类(ω_3)，但正确分类为第一类(ω_1)。

反过来验证一下学习样本，程序不变，只将数据输入时改成学习样本，循环次数做一下调整，得到的结果如图 2-2 所示。

可以看到，验证出的数据与原始学习样本的分类是吻合的。因此我们判定最小错误贝叶斯判别方法基本正确。

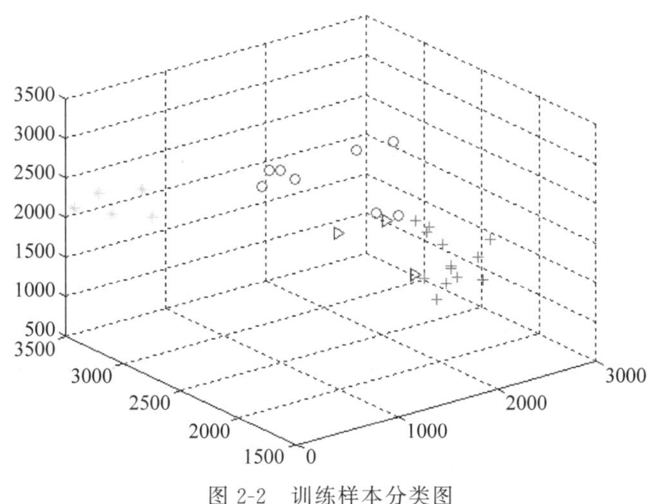

图 2-2　训练样本分类图

2.2.4　结论

从理论上讲,依据贝叶斯理论所设计的分类器应该具有最优的性能,如果所有的模式识别问题都可以这样来解决,那么模式识别问题就成了一个简单的计算问题,但是实际问题往往更复杂。贝叶斯决策理论要求两个前提,一个是分类类别数目已知;另一个是类条件概率密度和先验概率已知。前者很容易解决,而后者通常就不容易满足了。基于贝叶斯决策的分类器设计方法是在已知类条件概率密度的情况下讨论的,贝叶斯判别函数中的类条件概率密度是利用样本来估计的,估计出来的类条件概率密度函数可能是线性函数,也可能是各种各样的非线性函数。这种设计判别函数的思路,在用样本估计之前,是不知道判别函数是线性函数还是别的什么函数的,而且有时候受样本空间大小、维数等影响,类条件概率密度函数更加难以确定。

2.3　最小风险贝叶斯决策

2.3.1　最小风险贝叶斯决策理论

决策理论是为了实现特定的目标,根据客观的可能性,在占有一定信息和经验的基础上,借助一定的工具、技巧和方法,对影响未来目标实现的诸因素进行准确的计算和判断优选后,对未来行动做出决定。在某些情况下,引入风险的概念以求风险最小的决策更为合理。例如对癌细胞的识别,识别的正确与否直接关系到病人的身体健康。风险的概念常与损失相联系。当参数的真值和决策结果不一致会带来损失时,这种损失作为参数的真值和决策结果的函数,称为损失函数。损失函数的期望值称为风险函数。为了分析引入损失函数 $\lambda(\alpha_i,\omega_j)(i=1,2,\cdots,a;\ j=1,2,\cdots,m)$,这个函数表示当处于状态 ω_j 时采取决策为 α_i 所带来的损失。在决策论中,常以决策表一目了然地表示各种情况下的决策损失,我们用表 2-2 来描述。这是在已知先验概率 $P(\omega_j)$ 及类条件概率密度 $P(\boldsymbol{X}|\omega_j)(j=1,2,\cdots,m)$ 的条件下进行讨论的。

表 2-2 贝叶斯决策表

决　策	状　态					
	ω_1	ω_2	…	ω_j	…	ω_m
α_1	$\lambda(\alpha_1,\omega_1)$	$\lambda(\alpha_1,\omega_2)$	…	$\lambda(\alpha_1,\alpha_j)$	…	$\lambda(\alpha_1,\omega_m)$
α_2	$\lambda(\alpha_2,\omega_1)$	$\lambda(\alpha_2,\omega_2)$	…	$\lambda(\alpha_2,\omega_j)$	…	$\lambda(\alpha_2,\omega_m)$
…	…	…	…	…	…	…
α_i	$\lambda(\alpha_i,\omega_1)$	$\lambda(\alpha_i,\omega_2)$	…	$\lambda(\alpha_i,\omega_j)$	…	$\lambda(\alpha_i,\omega_m)$
…	…	…	…	…	…	…
α_a	$\lambda(\alpha_a,\omega_1)$	$\lambda(\alpha_a,\omega_2)$	…	$\lambda(\alpha_a,\omega_j)$	…	$\lambda(\alpha_a,\omega_m)$

根据贝叶斯公式,后验概率为:

$$P(\omega_j \mid \boldsymbol{X})=\frac{P(\boldsymbol{X} \mid \omega_j)p(\omega_j)}{\sum_{i=1}^{M}P(\boldsymbol{X} \mid \omega_j)P(\omega_j)} \tag{2-20}$$

当引入“损失”的概念后考虑错判所造成的损失时,就不能只根据后验概率的大小做决策,而必须考虑所采取的决策是否损失最小。对于给定的 $\boldsymbol{X}$,如果采取决策 $\alpha_i(i=1,2,\cdots,a)$ 可以在 m 个 $\lambda(\alpha_i,\omega_j),j=1,2,\cdots,m$。当中任取一个,其相应概率为 $P(\omega_j|\boldsymbol{X})$。因此在采取决策 α_i 情况下的条件期望损失为

$$R(\alpha_i \mid \boldsymbol{X})=E[\lambda(\alpha_i,\omega_j)]=\sum_{j=1}^{m}\lambda(\alpha_i,\omega_j)P(\omega_j \mid \boldsymbol{X}),i=1,2,\cdots,a \tag{2-21}$$

在决策论中又把采取决策的 α_i 的条件期望损失 $R(\alpha_i|\boldsymbol{X})$称为条件风险。由于 $\boldsymbol{X}$ 是随机向量的观察值,对于 $\boldsymbol{X}$ 的不同观察值,采取 α_i 决策时,其条件风险的大小是不同的。所以究竟采取哪一种决策将随 $\boldsymbol{X}$ 的取值而定。决策 α 可以看成随机向量 $\boldsymbol{X}$ 的函数,记为 $\alpha(\boldsymbol{X})$,这里定义期望风险 R 为

$$R=\int R[\alpha(\boldsymbol{X}) \mid \boldsymbol{X}]P(\boldsymbol{X})\mathrm{d}x \tag{2-22}$$

式中,$\mathrm{d}x$ 是特征空间的体积元,积分在整个特征空间进行。期望风险 R 反映对整个特征空间所有 $\boldsymbol{X}$ 的取值都采取相应的决策 $\alpha(\boldsymbol{X})$所带来的平均风险;而条件风险 $R(\alpha_i|\boldsymbol{X})$只是反映了对某一 $\boldsymbol{X}$ 的取值采取决策 α_i 所带来的风险。显然,需要采取一系列决策 $\alpha(\boldsymbol{X})$使期望风险 R 最小。在考虑错判带来的损失时,我们希望损失最小。如果在采取每一个决策或行动时,都使其风险最小,则对所有的 $\boldsymbol{X}$ 做出决策时,其期望风险也必然最小,这样的决策就是最小风险贝叶斯决策。

最小风险贝叶斯决策规则为,如果

$$R(\alpha_k \mid \boldsymbol{X})=\min R(\alpha_i \mid \boldsymbol{X}), \quad i=1,2,\cdots,a \tag{2-23}$$

则有 $\alpha=\alpha(k)$(即采取决策 α_k)。对于实际问题,最小风险贝叶斯决策可按下列步骤进行。

(1) 在已知 $P(\omega_j),P(\boldsymbol{X}|\omega_j),j=1,2,\cdots,m$,并给出待识别的 X 的情况下,根据贝叶斯公式可以计算出后验概率:

$$P(\omega_j \mid \boldsymbol{X})=\frac{P(\boldsymbol{X} \mid \omega_j)P(\omega_j)}{\sum_{i=1}^{M}P(\boldsymbol{X} \mid \omega_i)P(\omega_i)}, \quad j=1,2,\cdots,m \tag{2-24}$$

(2) 利用计算出的后验概率及决策表,按下式

$$R(\alpha_i \mid \boldsymbol{X}) = E[\lambda(\alpha_i, \omega_j)] = \sum_{j=1}^{m} \lambda(\alpha_i, \omega_j) p(\omega_j \mid \boldsymbol{X}), \quad i = 1, 2, \cdots, a \tag{2-25}$$

计算出 $\alpha_i (i=1,2,\cdots,m)$ 的条件风险 $R(\alpha_i|\boldsymbol{X})$。

(3) 对步骤(2)中得到的 a 个条件风险值 $R(\alpha_i|\boldsymbol{X}), i=1,2,\cdots,a$,进行比较,找出使条件风险最小的决策 α_k,即

$$R(\alpha_k \mid \boldsymbol{X}) = \min P(\alpha_i \mid \boldsymbol{X}), \quad i = 1, 2, \cdots, a \tag{2-26}$$

则 α_k 就是最小风险贝叶斯决策。

应当指出,最小风险贝叶斯决策除了要符合实际情况的先验概率 $P(\omega_j)$ 及类条件概率密度 $P(\boldsymbol{X}|\omega_j)(j=1,2,\cdots,m)$ 外,还必须要有适合的损失函数 $\lambda(\alpha_i, \omega_j), i=1,2,\cdots,a, j=1,2,\cdots,m$。实际工作中要列出合适的决策表很不容易,往往要根据研究的具体问题,通过分析错误决策所造成的损失的严重程度,与有关专家共同商讨来确定。

2.3.2 最小错误率与最小风险贝叶斯决策的比较

错误率最小的贝叶斯决策规则与风险最小的贝叶斯决策规则有着某种联系。这里再讨论一下两者的关系。首先设损失函数为

$$\lambda(\alpha_i, \omega_j) = \begin{cases} 0, & i = j \\ 1, & i \neq j \end{cases} \quad i, j = 1, 2, \cdots, m \tag{2-27}$$

式中假设对于 m 类只有 m 个决策,即不考虑"拒绝"的情况,对于正确决策即$(i=j)$, $\lambda(\alpha_i, \omega_j)=0$,就是说没有损失;对于任何错误决策,其损失为1,这样定义的损失函数称为0-1损失函数。此时条件风险为

$$R(\alpha_i \mid \boldsymbol{X}) = \sum_{j=1}^{m} \lambda(\alpha_i, \omega_j) P(\omega_j \mid \boldsymbol{X}) = \sum_{j=1, j\neq i}^{m} P(\omega_j \mid \boldsymbol{X}), \quad i = 1, 2, \cdots, a \tag{2-28}$$

式中, $\sum_{j=1, j\neq i}^{m} P(\omega_j \mid \boldsymbol{X})$ 表示对 $\boldsymbol{X}$ 采取决策 ω_j(此时 ω_j 就相当于 α_i)的条件错误概率。所以在采取0-1损失函数时,使

$$R(\alpha_k \mid \boldsymbol{X}) = \min P(\alpha_i \mid \boldsymbol{X}), \quad i = 1, 2, \cdots, a \tag{2-29}$$

得最小风险贝叶斯决策就等价于下式的最小错误率贝叶斯决策。

$$\sum_{j=1, j\neq i}^{m} P(\omega_j \mid \boldsymbol{X}) = \min \sum_{j=1, j\neq i}^{m} P(\omega_j \mid \boldsymbol{X}), \quad i = 1, 2, \cdots, m \tag{2-30}$$

由此可见,最小错误率贝叶斯决策就是在采用0-1损失函数条件下的最小风险贝叶斯决策,即前者是后者的特例。

2.3.3 贝叶斯算法的计算过程

(1) 输入类数 M,特征数 n,待分样本数 m。

(2) 输入训练样本数 N 和训练集矩阵 $\boldsymbol{X}(N \times n)$,并计算有关参数。

(3) 计算待分析样本的后验概率。

(4) 若按最小风险原则分类,则输入各值,计算各样本属于各类时的风险并判定各样本类别。

2.3.4 最小风险贝叶斯分类的MATLAB实现

1. 初始化

初始化程序如下所示：

```
% 输入训练样本数,类数,特征数,以及属于各类别的样本个数
N = 29;w = 4;n = 3;N1 = 4;N2 = 7;N3 = 8;N4 = 10;
```

2. 参数计算

```
% 计算每一类训练样本的均值
X1 = mean(A')';X2 = mean(B')';X3 = mean(C')';X4 = mean(D')';
% 求每一类样本的协方差矩阵
   S1 = cov(A');S2 = cov(B');S3 = cov(C');S4 = cov(D');
% 计算协方差矩阵的逆矩阵
   S1_ = inv(S1);S2_ = inv(S2);S3_ = inv(S3);S4_ = inv(S4);
   % 计算协方差矩阵的行列式
  S11 = det(S1);S22 = det(S2);S33 = det(S3);S44 = det(S4);
% 计算训练样本的先验概率
  Pw1 = N1/N;Pw2 = N2/N;Pw3 = N3/N;Pw4 = N4/N; % Priori probability
% 定义损失函数
loss = ones(4) - diag(diag(ones(4)));          % define the riskloss function (4 * 4)
% 计算后验概率：在这里定义了一个循环
for k = 1:30
P1 = - 1/2 * (sample(k,:)' - X1)' * S1_ * (sample(k,:)' - X1) + log(Pw1) - 1/2 * log(S11);
P2 = - 1/2 * (sample(k,:)' - X2)' * S2_ * (sample(k,:)' - X2) + log(Pw2) - 1/2 * log(S22);
P3 = - 1/2 * (sample(k,:)' - X3)' * S3_ * (sample(k,:)' - X3) + log(Pw3) - 1/2 * log(S33);
P4 = - 1/2 * (sample(k,:)' - X4)' * S4_ * (sample(k,:)' - X4) + log(Pw4) - 1/2 * log(S44);
% 计算采取决策 αi 所带来的风险
risk1 = loss(1,1) * P1 + loss(1,2) * P2 + loss(1,3) * P3 + loss(1,4) * P4;
risk2 = loss(2,1) * P1 + loss(2,2) * P2 + loss(2,3) * P3 + loss(2,4) * P4;
risk3 = loss(3,1) * P1 + loss(3,2) * P2 + loss(3,3) * P3 + loss(3,4) * P4;
risk4 = loss(4,1) * P1 + loss(4,2) * P2 + loss(4,3) * P3 + loss(4,4) * P4;
risk = [risk1 risk2 risk3 risk4]
% 找出最小风险值
minriskloss = min(risk)  % find the least riskloss
```

3. 完整程序及仿真结果

程序代码如下：

```
% bayesleastrisk classifier(文件说明)
% 清空工作空间及命令行
clear;
clc;
% 输入训练样本数,类数,特征数,以及属于各类别的样本个数
N = 29;w = 4;n = 3;N1 = 4;N2 = 7;N3 = 8;N4 = 10;
% 输入训练样本的数据：分别输入 1,2,3,4 类的矩阵 A,B,C,D
A = [864.45   877.88   1418.79   1449.58
     1647.31  2031.66  1775.89   1641.58
     2665.9   3071.18  2772.9    3045.12];                                    % A belongs to w1
B = [2352.12   2297.28   2092.62   2205.36   2949.16   2802.88   2063.54
     2557.04   3340.14   3177.21   3243.74   3244.44   3017.11   3199.76
     1411.53   535.62    584.32    1202.69   662.42    1984.98   1257.21];  % B belongs to w2
C = [1739.94   1756.77   1803.58   1571.17   1845.59   1692.62   1680.67   1651.52
     1675.15   1652      1583.12   1731.04   1918.81   1867.5    1575.78   1713.28
     2395.96   1514.98   2163.05   1735.33   2226.49   2108.97   1725.1    1570.38];
                                                                             % C belongs to w3
```

```
D=[373.3    222.85  401.3    363.34  104.8    499.85  172.78  341.59  291.02  237.63
   3087.05  3059.54 3259.94 3477.95 3389.83 3305.75 3084.49 3076.62 3095.68 3077.78
   2429.47  2002.33 2150.98 2462.86 2421.83 3196.22 2328.65 2438.63 2088.95 2251.96];
                                                                        % D belongs to w4
%计算每一类训练样本的均值
X1=mean(A')';X2=mean(B')';X3=mean(C')';X4=mean(D')'; % mean of training samples for each category
%求每一类样本的协方差矩阵
 S1=cov(A');S2=cov(B');S3=cov(C');S4=cov(D'); % covariance matrix of training samples
                                                % for each type
%计算协方差矩阵的逆矩阵
 S1_=inv(S1);S2_=inv(S2);S3_=inv(S3);S4_=inv(S4);  % inverse matrix of training
                                                    % samples for each type
%计算协方差矩阵的行列式
S11=det(S1);S22=det(S2);S33=det(S3);S44=det(S4);    % determinant of convariance matrix
%计算训练样本的先验概率
Pw1=N1/N;Pw2=N2/N;Pw3=N3/N;Pw4=N4/N;                % Priori probability
 sample=[1702.8    1639.79   2068.74
         1877.93   1860.96   1975.3
         867.81    2334.68   2535.1
         1831.49   1713.11   1604.68
         460.69    3274.77   2172.99
         2374.98   3346.98   975.31
         2271.89   3482.97   946.7
         1783.64   1597.99   2261.31
         198.83    3250.45   2445.08
         1494.63   2072.59   2550.51
         1597.03   1921.52   2126.76
         1598.93   1921.08   1623.33
         1243.13   1814.07   3441.07
         2336.31   2640.26   1599.63
         354       3300.12   2373.61
         2144.47   2501.62   591.51
         426.31    3105.29   2057.8
         1507.13   1556.89   1954.51
         343.07    3271.72   2036.94
         2201.94   3196.22   935.53
         2232.43   3077.87   1298.87
         1580.1    1752.07   2463.04
         1962.4    1594.97   1835.95
         1495.18   1957.44   3498.02
         1125.17   1594.39   2937.73
         24.22     3447.31   2145.01
         1269.07   1910.72   2701.97
         1802.07   1725.81   1966.35
         1817.36   1927.4    2328.79
         1860.45   1782.88   1875.13];
% Posterior probability as the following
%定义损失函数
loss=ones(4)-diag(diag(ones(4))); % define the riskloss function (4*4)
```

```
plot(loss); grid on;
xlabel('type');ylabel('Loss function value');
% 计算后验概率：在这里定义了一个循环
for k = 1:30
P1 = - 1/2 * (sample(k,:)' - X1)' * S1_ * (sample(k,:)' - X1) + log(Pw1) - 1/2 * log(S11);
P2 = - 1/2 * (sample(k,:)' - X2)' * S2_ * (sample(k,:)' - X2) + log(Pw2) - 1/2 * log(S22);
P3 = - 1/2 * (sample(k,:)' - X3)' * S3_ * (sample(k,:)' - X3) + log(Pw3) - 1/2 * log(S33);
P4 = - 1/2 * (sample(k,:)' - X4)' * S4_ * (sample(k,:)' - X4) + log(Pw4) - 1/2 * log(S44);
%计算采取决策 αi 所带来的风险
risk1 = loss(1,1) * P1 + loss(1,2) * P2 + loss(1,3) * P3 + loss(1,4) * P4;
risk2 = loss(2,1) * P1 + loss(2,2) * P2 + loss(2,3) * P3 + loss(2,4) * P4;
risk3 = loss(3,1) * P1 + loss(3,2) * P2 + loss(3,3) * P3 + loss(3,4) * P4;
risk4 = loss(4,1) * P1 + loss(4,2) * P2 + loss(4,3) * P3 + loss(4,4) * P4;
risk = [risk1 risk2 risk3 risk4]
%找出最小风险值
minriskloss = min(risk) % find the least riskloss
%返回测试样本的所属类别
% return the category of the least riskloss as following
  if risk1 == min(risk)
    w = 1
  elseif risk2 ==  min(risk)
    w = 2
  elseif risk3 == min(risk)
     w = 3
  elseif risk4 == min(risk)
    w = 4
  else
    return
      end
  end
```

运行程序得到的损失函数的矩阵为：

```
loss =
     0     1     1     1
     1     0     1     1
     1     1     0     1
     1     1     1     0
```

得到贝叶斯决策表如表 2-3 所示。

表 2-3 贝叶斯决策表

决 策	类 别			
	ω_1	ω_2	ω_3	ω_4
α_1	0	1	1	1
α_2	1	0	1	1
α_3	1	1	0	1
α_4	1	1	1	0

损失函数图如图 2-3 所示。

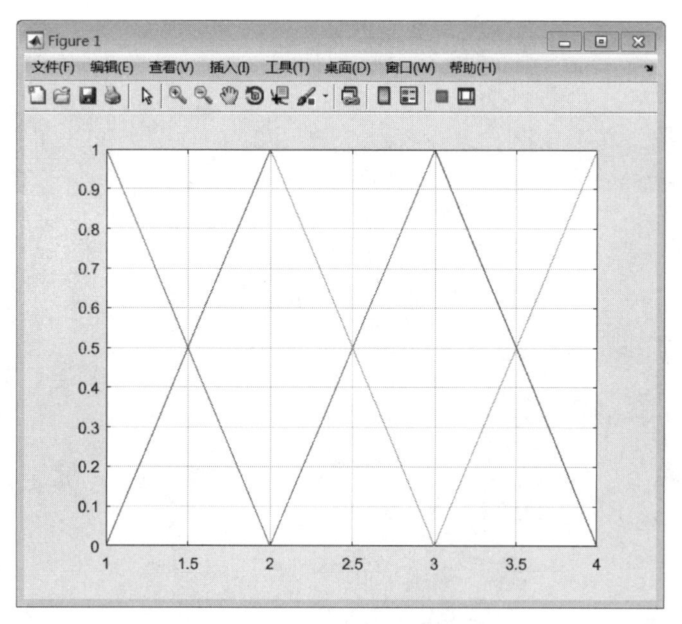

图 2-3 损失函数图

继续运行程序，MATLAB 命令窗口显示的结果如下：

```
risk =
  -225.5967   -222.5860   -243.6736   -89.1876
minriskloss =
 -243.6736
w =
3
risk =
 -236.9281   -254.4333   -267.3770   -100.7884
minriskloss =
 -267.3770
w =
3
risk =
 -191.6357   -187.3309   -118.3493   -175.2054
minriskloss =
 -191.6357
w =
1
risk =
 -251.7846   -276.6121   -294.2996   -117.2393
minriskloss =
 -294.2996
w =
3
risk =
 -306.7751   -371.4747   -169.8384   -395.3304
minriskloss =
 -395.3304
w =
4
```

```
risk =
 -527.6450  -831.3965  -658.2358  -535.0288
minriskloss =
 -831.3965
w =
2
risk =
 -516.1409  -840.0497  -662.7313  -561.7078
minriskloss =
 -840.0497
w =
2
risk =
 -238.2212  -229.1473  -249.5309  -84.3845
minriskloss =
 -249.5309
w =
3
risk =
 -384.1623  -417.6881  -152.1706  -451.3320
minriskloss =
 -451.3320
w =
4
risk =
 -173.2142  -171.0475  -173.6852  -90.6772
minriskloss =
 -173.6852
w =

 3
risk =
 -190.2958  -197.7363  -210.8427  -91.9974
minriskloss =
 -210.8427
w =
3
risk =
 -201.1545  -233.5756  -247.6003  -117.9971
minriskloss =
 -247.6003
w =
3
risk =
 -219.8759  -200.7782  -173.5703  -134.8556
minriskloss =
 -219.8759
w =
1
risk =
 -375.2066  -505.3220  -432.9655  -264.1726
minriskloss =
 -505.3220
w =
2
```

```
risk =
 - 342.0554  - 389.9420  - 159.5456  - 420.4420
minriskloss =
 - 420.4420
w =
4
risk =
 - 391.7323  - 602.1676  - 534.2673  - 353.3480
minriskloss =
 - 602.1676
w =
2
risk =
 - 292.8245  - 350.3599  - 158.4555  - 372.8588
minriskloss =
 - 372.8588
w =
4
risk =
 - 215.8337  - 208.6549  - 228.7517  - 97.1952
minriskloss =
 - 228.7517
w =
3
risk =
 - 331.3153  - 401.5729  - 176.3704  - 427.3639
minriskloss =
 - 427.3639
w =
4
risk =
 - 444.7721  - 718.8749  - 585.7638  - 464.5642
minriskloss =
 - 718.8749
w =
2
risk =
 - 404.5625  - 617.0008  - 507.0459  - 379.8982
minriskloss =
 - 617.0008
w =
2
risk =
 - 200.0040  - 188.5023  - 202.9287  - 82.0465
minriskloss =
 - 202.9287
w =
3
risk =
 - 280.3708  - 289.5207  - 305.2451  - 108.2437
minriskloss =
 - 305.2451
w =
3
```

```
risk =
 - 201.1284   - 185.7029   - 178.9540   - 105.8759
minriskloss =
 - 201.1284
w =
1
risk =
 - 229.6958   - 204.2460   - 176.7869   - 136.2208
minriskloss =
 - 229.6958
w =
1
risk =
 - 454.8835   - 518.7193   - 193.0544   - 551.2891
minriskloss =
 - 551.2891
w =
4
risk =
 - 182.6951   - 166.4209   - 156.1743   - 104.4475
minriskloss =
 - 182.6951
w =
1
risk =
 - 234.1142   - 241.7995   - 260.4340   - 95.1993
minriskloss =
 - 260.4340
w =
3
risk =
 - 214.3639   - 219.7679   - 232.7225   - 85.5928
minriskloss =
 - 232.7225
w =
3
risk =
 - 242.2520   - 258.9318   - 274.4652   - 103.1823
minriskloss =
 - 274.4652
w =
3
```

运行程序得到的结果整理如表 2-4 所示。

表 2-4　待测样本分类表

待测样本特征			属于1类风险	属于2类风险	属于3类风险	属于4类风险	最小风险	所属类别
1702.8	1639.79	2068.74	−225.5967	−222.5860	−243.6736	−89.1876	−243.6736	3
1877.93	1860.96	1975.3	−236.9281	−254.4333	−267.3770	−100.7884	−267.3770	3
867.81	2334.68	2535.1	−191.6357	−187.3309	−118.3493	−175.2054	−191.6357	1
1831.49	1713.11	1604.68	−251.7846	−276.6121	−294.2996	−117.2393	−294.2996	3
460.69	3274.77	2172.99	−306.7751	−371.4747	−169.8384	−395.3304	−395.3304	4
2374.98	3346.98	975.31	−527.6450	−831.3965	−658.2358	−535.0288	−831.3965	2

续表

待测样本特征			属于1类风险	属于2类风险	属于3类风险	属于4类风险	最小风险	所属类别
2271.89	3482.97	946.7	−516.1409	−840.0497	−662.7313	−561.7078	−840.0497	2
1783.64	1597.99	2261.31	−238.2212	−229.1473	−249.5309	−84.3845	−249.5309	3
198.83	3250.45	2445.08	−384.1623	−417.6881	−152.1706	−451.3320	−451.3320	4
1494.63	2072.59	2550.51	−173.2142	−171.0475	−173.6852	−90.6772	−173.6852	3
1597.03	1921.52	2126.76	−190.2958	−197.7363	−210.8427	−91.9974	−210.8427	3
1598.93	1921.08	1623.33	−201.1545	−233.5756	−247.6003	−117.9971	−247.6003	3
1243.13	1814.07	3441.07	−219.8759	−200.7782	−173.5703	−134.8556	−219.8759	1
2336.31	2640.26	1599.63	−375.2066	−505.3220	−432.9655	−264.1726	−505.3220	2
354	3300.12	2373.61	−342.0554	−389.9420	−159.5456	−420.4420	−420.4420	4
2144.47	2501.62	591.51	−391.7323	−602.1676	−534.2673	−353.3480	−602.1676	2
426.31	3105.29	2057.8	−292.8245	−350.3599	−158.4555	−372.8588	−372.8588	4
1507.13	1556.89	1954.51	−215.8337	−208.6549	−228.7517	−97.1952	−228.7517	3
343.07	3271.72	2036.94	−331.3153	−401.5729	−176.3704	−427.3639	−427.3639	4
2201.94	3196.22	935.53	−444.7721	−718.8749	−585.7638	−464.5642	−718.8749	2
2232.43	3077.87	1298.87	−404.5625	−617.0008	−507.0459	−379.8982	−617.0008	2
1580.1	1752.07	2463.04	−200.0040	−188.5023	−202.9287	−82.0465	−202.9287	3
1962.4	1594.97	1835.95	−280.3708	−289.5207	−305.2451	−108.2437	−305.2451	3
1495.18	1957.44	3498.02	−201.1284	−185.7029	−178.9540	−105.8759	−201.1284	1
1125.17	1594.39	2937.73	−229.6958	−204.2460	−176.7869	−136.2208	−229.6958	1
24.22	3447.31	2145.01	−454.8835	−518.7193	−193.0544	−551.2891	−551.2891	4
1269.07	1910.72	2701.97	−182.6951	−166.4209	−156.1743	−104.4475	−182.6951	1
1802.07	1725.81	1966.35	−234.1142	−241.7995	−260.4340	−95.1993	−182.6951	3
1817.36	1927.4	2328.79	−214.3639	−219.7679	−232.7225	−85.5928	−232.7225	3
1860.45	1782.88	1875.13	−242.2520	−258.9318	−274.4652	−274.4652	−274.4652	3

该分类结果与标准分类存在一个数据类别不同的差异，即数据1494.63，2072.59，2550.51。用上述方法得到的结果是属于类别3，而标准的分类结果是属于类别1。可能是基于最小风险的贝叶斯分类的分类方法存在误差所导致。

反过来验证分类结果的正确性。首先修改MATLAB的循环语句的循环次数与后验概率的输入向量，代码如下：

```
for k = 1:29
P1 = - 1/2 * (pattern(k,:)' - X1)' * S1_ * (pattern(k,:)' - X1) + log(Pw1) - 1/2 * log(S11);
P2 = - 1/2 * (pattern(k,:)' - X2)' * S2_ * (pattern(k,:)' - X2) + log(Pw2) - 1/2 * log(S22);
P3 = - 1/2 * (pattern(k,:)' - X3)' * S3_ * (pattern(k,:)' - X3) + log(Pw3) - 1/2 * log(S33);
P4 = - 1/2 * (pattern(k,:)' - X4)' * S4_ * (pattern(k,:)' - X4) + log(Pw4) - 1/2 * log(S44);
```

得到MATLAB命令窗显示的结果，取其中一部分示例如下：

```
risk =
- 223.2045    - 213.1886    - 231.9085    - 80.3811
minriskloss =
- 231.9085
w =
3
```

```
risk =
 - 315.9476   - 345.1539   - 136.7743   - 373.5723
minriskloss =
 - 373.5723
w =
4
risk =
 - 246.9909   - 270.3278   - 291.5826   - 119.2448
minriskloss =
 - 291.5826
w =
3
risk =
 - 241.1256   - 213.7000   - 157.3226   - 168.3969
minriskloss =
 - 241.1256
w =
1
```

这与训练样本的分类结果是完全吻合的。

2.3.5 结论

以贝叶斯决策为核心内容的统计决策理论是统计模式识别的重要基础,该分类理论上就有最优性能,即分类错误或风险在所有分类器中是最小的,常可以作为衡量其他分类器设计方法的优劣标准。

但是该方法明显的局限在于:需要已知类别数以及各类别的先验概率和类条件概率密度。也就是说,要分两步来解决模式识别问题——先根据训练样本设计分类器,接着对测试样本进行分类。因此,有必要研究直接从测试样本出发设计分类器的其他方法。

习题

1. 什么是最小错误率贝叶斯决策?
2. 什么是最小风险贝叶斯决策?
3. 最小错误率贝叶斯决策与最小风险贝叶斯决策的区别是什么?

第3章

判别函数分类器设计

3.1 判别函数简介

判别函数是统计模式识别中用以对模式进行分类的一种较简单的函数。在特征空间中，通过学习，不同的类别可以得到不同的判别函数，比较不同类别的判别函数值的大小，就可以进行分类。统计模式识别方法把特征空间划分为决策区对模式进行分类，一个模式类同一个或几个决策区相对应。

直接使用贝叶斯决策需要首先得到有关样本总体分布的知识，包括各类先验概率$P(\omega_1)$及类条件概率密度函数，计算出样本的后验概率$P(\omega_1|\boldsymbol{X})$，并以此作为产生判别函数的必要数据，设计出相应的判别函数与决策面，这种方法被称为判别函数法。它的前提是对特征空间中的各类样本的分布已很清楚，一旦测试分类样本的特征向量值$\boldsymbol{X}$已知，就可以确定$\boldsymbol{X}$对各类样本的后验概率，也就可以按相应的准则计算与分类。所以判别函数的确定取决于样本统计分布的有关知识。因此，参数分类判别方法一般只能用在有统计知识的场合，或能利用训练样本估计出参数的场合。

由于一个模式通过某种变换映射为一个特征向量后，该特征向量可以理解为特征空间的一个点，在特征空间中，属于一个类的点集，总是在某种程度上与属于另一个类的点集相分离，各个类之间确定可分离的。因此，如果能够找到一个分离函数(线性或非线性函数)，把不同类的点集分开，则分类任务就解决了。判别函数法不依赖于条件概率密度的知识，可以理解为通过几何的方法，把特征空间分解为对应于不同类别的子空间。而且呈线性的分离函数，将使计算简化。

假定样本$\boldsymbol{X}$有两个特征，即$\boldsymbol{X}=(x_1,x_2)^{\mathrm{T}}$，每一个样本都对应二维空间中的一个点。每个点属于一类图像，共分三类：$\omega_1,\omega_2,\omega_3$。那么待测$\boldsymbol{X}$属于哪一类呢？对这个问题就要看它最接近于哪一类，若最接近于ω_1则为ω_1类，若最接近于ω_2则为ω_2类，若最接近于ω_3则为ω_3类。在各类之间要有一个边界，若能知道各类之间的边界，那么就知道待测样本属于哪一类了。所以，要进一步掌握如何去寻找这条分界线。找分界线的方法就是判别函数法，判别函数法的结果就是一个确定的分界线方程，这个分界线方程叫作判别函数，因此，判别函数描述了各类之间的分界线的具体形式。

判别函数法按照分界函数的形式可以划分为线性判别函数和非线性判别函数两大类。线性判别函数的决策边界是一个超平面方程式，其中的系数可以从已知类别的学习样本集求得。F.罗森布拉特的错误修正训练程序是求取两类线性可分分类器决策边界的早期方法之一。在用线性判别函数不可能对所有学习样本正确分类的情况下,可以规定一个准则函数(例如对学习样本的错分数最少)并用使准则函数达到最优的算法求取决策边界。用线性判别函数的模式分类器也称为线性分类器或线性机,这种分类器计算简单,不要求估计特征向量的类条件概率密度,是一种非参数分类方法。

当用贝叶斯决策理论进行分类器设计时,在一定的假设下也可以得到线性判别函数,这无论对于线性可分或线性不可分的情况都是适用的。在问题比较复杂的情况下可以用多段线性判别函数(见最近邻法分类、最小距离分类)或多项式判别函数对模式进行分类。一个二阶的多项式判别函数可以表示为与它相应的决策边界是一个超二次曲面。

本章介绍线性判别函数和非线性判别函数,用以对酒瓶的颜色进行分类,其中实现线性判别函数分类的方法有 LMSE 分类算法和 Fisher 分类,实现非线性判别函数分类的方法有基于核的 Fisher 分类和支持向量机。

3.2 线性判别函数

判别函数分为线性判别函数和非线性判别函数。最简单的判别函数是线性判别函数,它是由所有特征量的线性组合构成的。

1. 两类情况

两类情况分类器框图如图 3-1 所示,根据计算结果的符号将 $\boldsymbol{X}$ 分类。

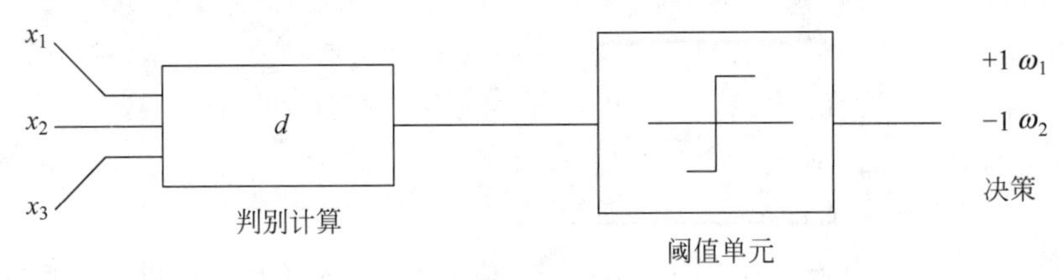

图 3-1 两类情况分类器

1) 两个特征

每类模式两个特征,样本是二维的,在二维模式空间中存在线性判别函数:

$$d(\boldsymbol{X})=\omega_1 x_1+\omega_2 x_2+\omega_3=0 \tag{3-1}$$

式中,ω 是参数,也称为权值;x_1,x_2 为坐标变量,即模式的特征值。可以很明显地看到属于 ω_1 类的任一模式代入 $d(\boldsymbol{X})$后为正值,而属于 ω_2 类的任一模式代入 $d(\boldsymbol{X})$后为负值,如图 3-2 所示。

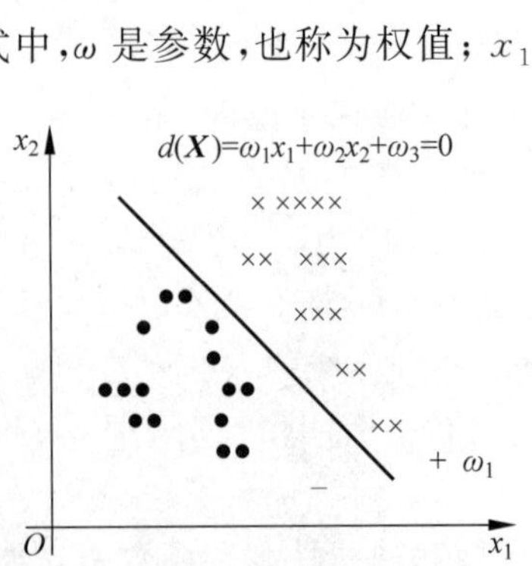

图 3-2 两类模式的线性判别函数

因此 $d(\boldsymbol{X})$可以用来判断某一模式所属的类别,在这里我们把 $d(\boldsymbol{X})$称为判别函数。给定某一未知类别的模式 $\boldsymbol{X}$,若 $d(\boldsymbol{X})>0$,则 $\boldsymbol{X}$ 属于 ω_1 类;若 $d(\boldsymbol{X})<0$,则 $\boldsymbol{X}$ 属于 ω_2 类;若 $d(\boldsymbol{X})=0$,则此时 $\boldsymbol{X}$ 落在分界线上,即 $\boldsymbol{X}$ 的类别处于不确定状态,这一概念不仅局限于两类别情况,还可推广到有限维欧氏空间中的非线性边界的一般情况。

2）三个特征

每类模式有三个特征，样本是三维的，判别边界为一平面。

3）三个以上特征

每类模式有三个以上特征，判别边界为一超平面。

对于 n 维空间，用向量 $\boldsymbol{X}=(x_1,x_2,\cdots,x_n)^{\mathrm{T}}$ 来表示模式，一般的线性判别函数形式为

$$d(\boldsymbol{X})=\omega_1x_1+\omega_2x_2+\cdots+\omega_nx_n+\omega_{n+1}=\boldsymbol{W}_0^{\mathrm{T}}\boldsymbol{X}+\omega_{n+1} \tag{3-2}$$

式中，$\boldsymbol{W}_0=(\omega_1,\omega_2,\cdots,\omega_n)^{\mathrm{T}}$ 称为权向量或参数向量。如果在所有模式向量的最末元素后再附加元素 1，则式(3-2)可以写成：

$$d(\boldsymbol{X})=\boldsymbol{W}^{\mathrm{T}}\boldsymbol{X} \tag{3-3}$$

的形式。式中 $\boldsymbol{X}=(x_1,x_2,\cdots,x_n,1)^{\mathrm{T}}$ 和 $\boldsymbol{W}=(\omega_1,\omega_2,\cdots,\omega_n,\omega_{n+1})^{\mathrm{T}}$ 分别称为增 1 模式向量和权向量。式(3-3)仅仅是为了方便而提出来的，模式类的基本几何性质并没有改变。

在两种类别情况下，判别函数 $d(\boldsymbol{X})$ 有下述性质，即

$$d(\boldsymbol{X})=\boldsymbol{W}^{\mathrm{T}}\boldsymbol{X}\begin{cases}>0, & \boldsymbol{X}\in\omega_1\\<0, & \boldsymbol{X}\in\omega_2\end{cases} \tag{3-4}$$

满足 $d(\boldsymbol{X})=\boldsymbol{W}^{\mathrm{T}}\boldsymbol{X}=0$ 的点为两类的判别边界。

2. 多类情况

对于多类别问题，假设有 M 类模式 $\omega_1,\omega_2,\cdots,\omega_M$。对于 n 维空间中的 M 个类别，就要给出 M 个判别函数：$d_1(\boldsymbol{X}),d_2(\boldsymbol{X}),\cdots,d_M(\boldsymbol{X})$，分类器基本形式如图 3-3 所示，若 $\boldsymbol{X}$ 属于第 i 类，则有

$$d_i(\boldsymbol{X})=d_j(\boldsymbol{X}),(j=1,2,\cdots,M;i\neq j) \tag{3-5}$$

1）第一种情况

每一个类别可用单个判别平面分割，因此 M 类有 M 个判别函数，具有下面的性质：

$$d_i(\boldsymbol{X})=\boldsymbol{W}_i^{\mathrm{T}}(\boldsymbol{X})\begin{cases}>0, & \boldsymbol{X}\in\omega_i\\<0, & \text{其他}\end{cases}(i=1,2,\cdots,M) \tag{3-6}$$

如图 3-4 所示，有 3 个模式类，每一类别可用单个判别边界与其余类别划分开。

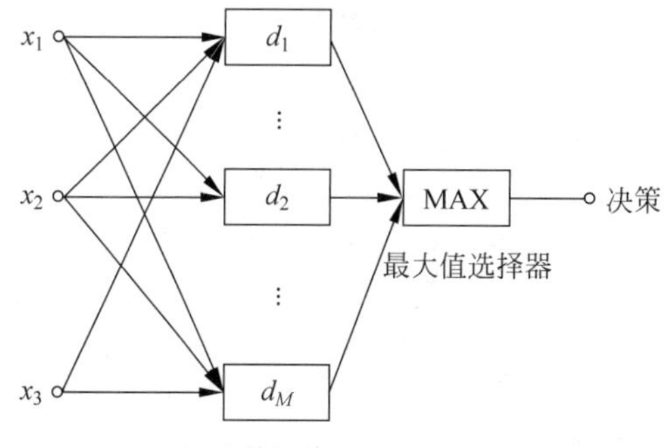

图 3-3　判别函数构成的多类分类器形式

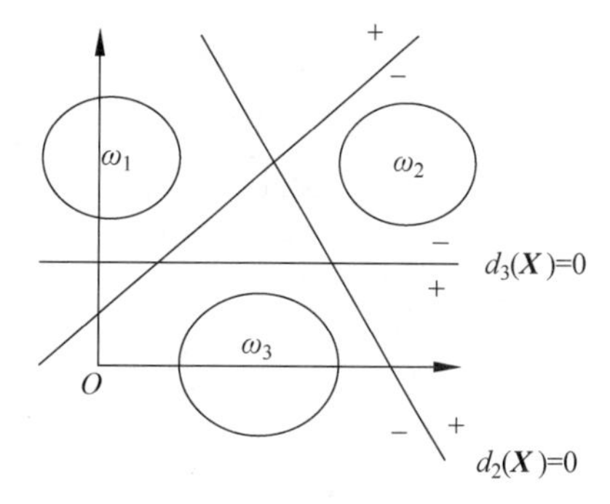

图 3-4　多类情况(1)

2）第二种情况

每两个类别之间可用判别平面分开，有 $M(M-1)/2$ 个判别函数，判别函数形式为

$$d_{ij}(\boldsymbol{X})=\boldsymbol{W}_{ij}^{\mathrm{T}}(\boldsymbol{X}),\quad 且\ d_{ij}(\boldsymbol{X})=-d_{ji}(\boldsymbol{X}) \tag{3-7}$$

若 $d_{ij}(\boldsymbol{X})>0, \forall j \neq i$,则 $\boldsymbol{X}$ 属于 ω_i 类。

没有一个类别可以用一个判别平面与其他类分开,如图 3-5 所示,每一个边界只能分割两类。

3）第三种情况

存在 M 个判别函数,判别函数形式为

$$d_i(\boldsymbol{X})=W_i^{\mathrm{T}}(\boldsymbol{X}),\quad i=1,2,\cdots,M \tag{3-8}$$

把 $\boldsymbol{X}$ 代入 M 个判别函数中,判别函数最大的那个类就是 $\boldsymbol{X}$ 所属类别。与第一种情况的区别在于此种情况下可以有多个判别函数的值大于 0,第一种情况下只有一个判别函数的值大于 0,如图 3-6 所示。

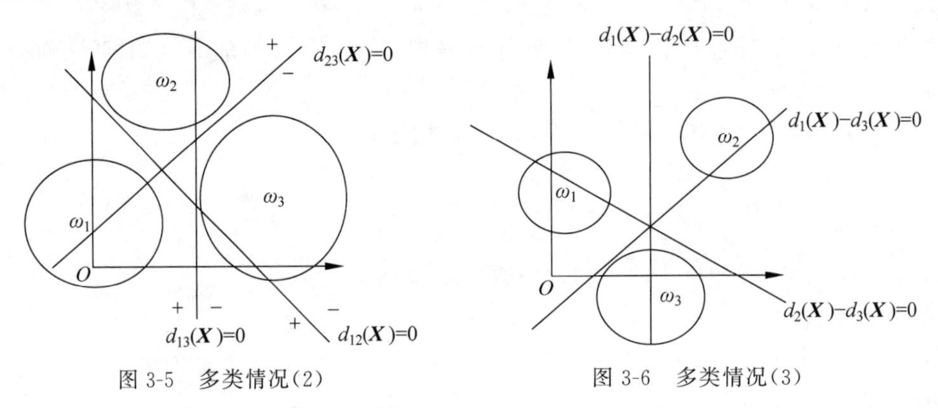

图 3-5 多类情况(2)　　图 3-6 多类情况(3)

若可用以上几种情况中的任一种线性判别函数来进行分类,则这些模式类称为线性可分的。如表 3-1 所示为线性分类器判别函数形式。

表 3-1 线性分类器判别函数形式

类 别 情 况	判 别 平 面	判别函数形式
(两类情况) x_1, x_2, x_3 → d → 阈值单元 → +1 ω_1 / −1 ω_2 判别计算　阈值单元　决策	样本是二维的,判别边界为一直线 $d(\boldsymbol{X})=\omega_1x_1+\omega_2x_2+\omega_3=0$	若 $d(\boldsymbol{X})>0$,则 $\boldsymbol{X}$ 属于 ω_1 类;若 $d(\boldsymbol{X})<0$,则 $\boldsymbol{X}$ 属于 ω_2 类;若 $d(\boldsymbol{X})=0$,则 $\boldsymbol{X}$ 落在分界线上,类别不确定
	样本是三维的,判别边界为一平面 $d(\boldsymbol{X})=\omega_1x_1+\omega_2x_2+\omega_3x_3+\omega_4=0$	同上
	有三个以上特征,判别边界为一超平面 $d(\boldsymbol{X})=\omega_1x_1+\omega_2x_2+\cdots+\omega_nx_n+\omega_{n+1}=0$	$d(\boldsymbol{X})=\boldsymbol{W}^{\mathrm{T}}\boldsymbol{X}\begin{cases}>0, \boldsymbol{X}\in\omega_1\\<0, \boldsymbol{X}\in\omega_2\end{cases}$ $d(\boldsymbol{X})=\boldsymbol{W}^{\mathrm{T}}\boldsymbol{X}=0$ 为两类的判别边界

续表

类别情况	判别平面	判别函数形式
(多类情况) x_1 x_2 x_3 d_1 ⋮ d_2 ⋮ d_M MAX 最大值选择器　决策	每一个类别可用单个判别平面分割,M 类有 M 个判别函数,存在不满足条件的不确定区域	$d_i(\boldsymbol{X})=\boldsymbol{W}_i^{\mathrm{T}}(\boldsymbol{X})\begin{cases}>0,\boldsymbol{X}\in\omega_i\\<0,其他\end{cases}$
	每两个判别之间可用判别平面分开,有 $M(M-1)/2$ 个判别函数,存在不满足条件的不确定区域	$d_{ij}(\boldsymbol{X})=\boldsymbol{W}_{ij}^{\mathrm{T}}(\boldsymbol{X})$ 若 $d_{ij}(\boldsymbol{X})>0, \forall j\neq i$,则 $\boldsymbol{X}$ 属于 ω_i 类
	存在 M 个判别函数 $i=1,2,\cdots,M$,除了边界以外,没有不确定区域,是第二种情况的特殊状态。在此条件下可分,则在第二种情况下也可分;反之不然	$d_i(\boldsymbol{X})=\boldsymbol{W}_i^{\mathrm{T}}\boldsymbol{X}_{\max}(d_i(\boldsymbol{X}))$ 把 $\boldsymbol{X}$ 代入 M 个判别函数中,判别函数最大的那个类就是 $\boldsymbol{X}$ 所属的类别

模式分类方案取决于两个因素:判别函数 $d(\boldsymbol{X})$ 的形式和系数 $\boldsymbol{W}$ 的确定。前者和所研究模式类的集合形式直接有关。一旦前者确定,需要确定的就是后者,它们可通过模式的样本来确定。

3.3　线性判别函数的实现

前面介绍了判别函数的形式。对于判别函数来说,应该确定两方面内容:一方面是方程的形式,另一方面为方程的系数。对于线性判别函数来说,方程的形式固定为线性,维数固定为特征向量的维数,方程组的数量取决于待识别对象的类数。既然方程组的数量、维数和形式已定,则对判别函数的设计就是确定函数的各系数,即线性方程的各个权值。下面将讨论怎样确定线性判别函数的系数。

首先按需要确定一准则函数,如 Fisher 准则、LMSE 算法。确定准则函数 J 达到极值时 $\boldsymbol{W}^*$ 及 $\boldsymbol{W}_0^*$ 的具体数值,从而确定判别函数,完成分类器设计。线性分类器设计任务是在给定样本集条件下,确定线性判别函数的各项系数;对待测样本进行分类时,能满足相应的准则函数为最优的要求。这种方法的具体过程可大致分为以下几方面。

(1) 确定使用的判别函数类型或决策面方程类型,如线性分类器、分段线性分类器、非线性分类器或最近邻法等。

(2) 按需要确定一准则函数 J,如 Fisher 准则、LMSE 算法。LMSE 算法以最小均方误差作为准则。

(3) 确定准则函数 J 达到极值时 $\boldsymbol{W}^*$ 及 $\boldsymbol{W}_0^*$ 的具体数值,从而确定判别函数,完成分类器设计。

在计算机上确定各权值时采用的是“训练”或“学习”的方法,就是挑选一批已分类的样本,把这批样本输入到计算机的“训练”程序中去,通过多次迭代后,准则函数 J 达到极值,得到正确的线性判别函数。

下面具体介绍各种分类器的设计。

3.4 基于 LMSE 的分类器设计

3.4.1 LMSE 分类法简介

LMSE 是 Least Mean Square Error 的英文缩写,中文的意思是最小均方误差,常记做 LMS 算法。

1959 年,由美国斯坦福大学的 Widrow 和 Hoff 在对自适应线性元素的方案一模式识别进行研究时,提出了最小均方算法(简称 LMS 算法)。LMS 算法是基于维纳滤波,然后借助于最速下降算法发展起来的。通过维纳滤波所求解的维纳解,必须在已知输入信号与期望信号的先验统计信息,以及再对输入信号的自相关矩阵进行求逆运算的情况下才能得以确定。因此,这个维纳解仅仅是理论上的一种最优解。所以,又借助于最速下降算法,以递归的方式来逼近这个维纳解,从而避免了矩阵求逆运算,但仍然需要信号的先验信息,故而再使用瞬时误差的平方来代替均方误差,从而最终得出了 LMS 算法。

提到 LMS 分类算法就不能不提感知器和自适应算法,因为 LMS 算法本身就是自适应算法中最常用的方法,而感知器和自适应线性元件在历史上几乎是同时提出的,并且两者在对权值的调整的算法非常相似。它们都是基于纠错学习规则的学习算法。感知器算法存在如下问题:不能推广到一般的前向网络中;函数不是线性可分时,得不出任何结果。由于 LMS 算法容易实现而很快得到了广泛应用,成为自适应滤波的标准算法。下面介绍自适应过程。

自适应过程是一个不断逼近目标的过程。它所遵循的途径以数学模型表示,称为自适应算法。通常采用基于梯度的算法,其中最小均方误差算法(即 LMS 算法)尤为常用。自适应算法可以用硬件(处理电路)或软件(程序控制)两种办法实现。前者依据算法的数学模型设计电路,后者则将算法的数学模型编制成程序并用计算机实现。算法有很多种,它的选择很重要,它决定处理系统的性能质量和可行性。

自适应均衡器的原理就是按照某种准则和算法对其系数进行调整最终使自适应均衡器的代价(目标)函数最小化,达到最佳均衡的目的。而各种调整系数的算法就称为自适应算法,自适应算法是根据某个最优准则来设计的。最常用的自适应算法有逼零算法,最速下降算法,LMS 算法,RLS 算法以及各种盲均衡算法等。

自适应算法所采用的最优准则有最小均方误差(LMS)准则,最小二乘(LS)准则、最大信噪比准则和统计检测准则等,其中最小均方误差(LMS)准则和最小二乘(LS)准则是目前最为流行的自适应算法准则。由此可见 LMS 算法和 RLS 算法由于采用的最优准则不同,因此这两种算法在性能、复杂度等方面均有许多差别。

一种算法性能的好坏可以通过几个常用的指标来衡量,例如收敛速度——通常用算法达到稳定状态(即与最优值的接近程度达到一定值)的迭代次数表示;误调比——实际均方误差相对于算法的最小均方误差的平均偏差;运算复杂度——完成一次完整迭代所需的运算次数;跟踪性能——对信道时变统计特性的自适应能力。因此在设计自适应滤波器时就必须考虑自适应滤波算法是否能够具有快速的收敛速度，较低的稳态误差与运算复杂度，但是这些指标之间常常存在着矛盾的。例如，收敛速度和稳态误差是成反比，有些改进算法的优异性能也通常相对地增加计算复杂度。因此我们需要在这些参数中寻找一个平衡，大程度地提高算法的性能。影响自适应算法性能的参数，主要有步长因子、滤波器阶数和滤波器权系数的初始值。

3.4.2 LMSE 算法的原理

LMSE 算法是对准则函数引进最小均方误差这一条件而建立起来的。这种算法的主要特点是在训练过程中判定训练集是否线性可分，从而可对结果的收敛性做出判断。

LMSE 算法属于监督学习的类型，而且是"模型无关"的，它是通过最小化输出和期望目标值之间的偏差来实现的。

LMSE 算法属于自适应算法中一种常用的算法，它不同于 C 均值算法和 ISODATA 算法那样属于基于距离度量的算法，直观容易理解，它通过调整权值函数求出判别函数，进而将待测样本代入判别函数求值，最终做出判定，得到答案。

1. 准则函数

LMSE 算法以最小均方差作为准则，因均方差为

$$E\{[r_i(\boldsymbol{X})-\boldsymbol{W}_i^{\mathrm{T}}\boldsymbol{X}]^2\} \tag{3-9}$$

因而准则函数为

$$J(\boldsymbol{W}_i,\boldsymbol{X})=\frac{1}{2}E\{[r_i(\boldsymbol{X})-\boldsymbol{W}_i^{\mathrm{T}}\boldsymbol{X}]^2\} \tag{3-10}$$

准则函数在 $r_i(\boldsymbol{X})-\boldsymbol{W}_i^{\mathrm{T}}\boldsymbol{X}=0$ 时取得最小值。准则函数对 $\boldsymbol{W}_i$ 的偏导数为

$$\frac{\partial J}{\partial \boldsymbol{W}_i}=E\{-\boldsymbol{X}[r_i(\boldsymbol{X})-\boldsymbol{W}_i^{\mathrm{T}}\boldsymbol{X}]\} \tag{3-11}$$

2. 迭代方程

将上式偏导数代入迭代方程，得到

$$\boldsymbol{W}_i(k+1)=\boldsymbol{W}_i(k)+\alpha_k\boldsymbol{X}(k)\{r_i(\boldsymbol{X})-\boldsymbol{W}_i^{\mathrm{T}}(k)\boldsymbol{X}(k)\} \tag{3-12}$$

对于多类问题来说，M 类问题应该有 M 个权函数方程，对于每一个权函数方程来说，如 $\boldsymbol{X}(k)\in\omega_i$，则

$$r_i[\boldsymbol{X}(k)]=1 \tag{3-13}$$

否则

$$r_i[\boldsymbol{X}(k)]=0(j=1,2,\cdots,M,j\neq i) \tag{3-14}$$

3.4.3 LMSE 算法分类

1. 量化误差 LMS 算法

在回声消除和信道均衡等需要自适应滤波器高速工作的应用中，降低计算复杂度是很重要的。LMS 算法的计算复杂度主要来自在进行数据更新时的乘法运算以及对自适应滤波器输出的计算，量化误差算法就是一种降低计算复杂度的方法。其基本思想是对误差信号进行量化。常见的有符号误差 LMS 算法和符号数据 LMS 算法。

2. 解相关 LMS 算法

在 LMS 算法中,有一个独立性假设横向滤波器的输入 $\boldsymbol{u}_{(1)}, \boldsymbol{u}_{(2)}, \cdots, \boldsymbol{u}_{(n-1)}$ 是彼此统计独立的向量序列。当它们之间不满足统计独立的条件时,基本 LMS 算法的性能将下降,尤其是收敛速度会比较慢。为解决此问题,提出了解相关算法。研究表明,解相关能够有效加快 LMS 算法的收敛速度。解相关 LMS 算法又分为时域解相关 LMS 算法和变换域解相关 LMS 算法。

3. 并行延时 LMS 算法

在自适应算法的实现结构中,有一类面向 VLSI 的脉动结构,由于其具有的高度并行性和流水线特性而备受关注。将算法直接映射到脉动结构时,在权值更新和误差计算中存在着严重的计算瓶颈。该算法解决了算法到结构的计算瓶颈问题,但当滤波器阶数较长时,算法的收敛性能会变差,这是由于其本身所具有的延时影响了它的收敛性能。可以说,延时算法是以牺牲算法的收敛性能为代价的。

4. 自适应格型 LMS 算法

LMS 滤波器属于横向自适应滤波器且假定阶数固定,然而在实际应用中,横向滤波器的最优阶数往往是未知的,需要通过比较不同阶数的滤波器来确定最优的阶数。当改变横向滤波器的阶数时,LMS 算法必须重新运行,这显然不方便而且费时。格型滤波器解决了这一问题。格型滤波器具有共轭对称的结构,前向反射系数是后向反射系数的共轭,其设计准则和 LMS 算法一样,即使均方误差最小。

5. Newton-LMS 算法

Newton-LMS 算法是对环境信号二阶统计量进行估计的算法。其目的是解决输入信号相关性很高时算法收敛速度慢的问题。一般情况下,牛顿算法能够快速收敛,但对 $\boldsymbol{R}^{-1}$ 的估计所需计算量很大,而且存在数值不稳定的问题。

3.4.4 LMSE 算法步骤

(1) 设各个权向量的初始值为 $\mathbf{0}$,即 $\boldsymbol{W}_0(0)=\boldsymbol{W}_1(0)=\boldsymbol{W}_2(0)=\cdots=\boldsymbol{W}_9(0)=\mathbf{0}$。

(2) 输入第 k 次样本 $\boldsymbol{X}(k)$,计算 $d_i(k)=\boldsymbol{W}_i^{\mathrm{T}}(k)\boldsymbol{X}(k)$。

(3) 确定期望输出函数值:若 $\boldsymbol{X}(k)\in\omega_i$,则 $r_i[\boldsymbol{X}(k)]=1$,否则 $r_i[\boldsymbol{X}(k)]=0$。

(4) 计算迭代方程:$\boldsymbol{W}_i(k+1)=\boldsymbol{W}_i(k)+\alpha_k\boldsymbol{X}(k)\{r_i(\boldsymbol{X})-\boldsymbol{W}_i^{\mathrm{T}}(k)\boldsymbol{X}(k)\}$,其中 $\alpha_k=\dfrac{1}{k}$。

(5) 循环执行第(2)步,直到满足条件:属于 ω_i 类的所有样本都满足如下不等式:

$$d_i(\boldsymbol{X})>d_j(\boldsymbol{X}),\forall j\neq i。$$

3.4.5 实现 LMSE 算法的详细过程

1. 首先给定四类样本,各样本的特征向量经过增 1

程序如下:

```
pattern = struct('feature',[])
p1 = [864.45    1647.31    2665.9;
```

```
      877.88    2031.66    3071.18;
      1418.79   1775.89    2772.9;
      1449.58   1641.58    3405.12;
      864.45    1647.31    2665.9;
      877.88    2031.66    3071.18;
      1418.79   1775.89    2772.9;
      1449.58   1641.58    3405.12;
      1418.79   1775.89    2772.9;
      1449.58   1641.58    3405.12;]
pattern(1).feature = p1'
pattern(1).feature(4,:) = 1
```

pattern(1).feature 实际的矩阵形式：

```
p1 =
   1.0e + 03 *
    0.8645    1.6473    2.6659
    0.8779    2.0317    3.0712
    1.4188    1.7759    2.7729
    1.4496    1.6416    3.4051
    0.8645    1.6473    2.6659
    0.8779    2.0317    3.0712
    1.4188    1.7759    2.7729
    1.4496    1.6416    3.4051
    1.4188    1.7759    2.7729
    1.4496    1.6416    3.4051
```

之后的三类，程序如下：

```
p2 = [2352.12   2557.04   1411.53;
      2297.28   3340.14   535.62;
      2092.62   3177.21   584.32;
      2205.36   3243.74   1202.69;
      2949.16   3244.44   662.42;
      2802.88   3017.11   1984.98;
      2063.54   3199.76   1257.21;
      2949.16   3244.44   662.42;
      2802.88   3017.11   1984.98;
      2063.54   3199.76   1257.21;]
      pattern(2).feature = p2'
      pattern(2).feature(4,:) = 1
p3 = [1739.94   1675.15   2395.96;
      1756.77   1652      1514.98;
      1803.58   1583.12   2163.05;
      1571.17   1731.04   1735.33;
      1845.59   1918.81   2226.49;
      1692.62   1867.5    2108.97;
      1680.67   1575.78   1725.1;
      1651.52   1713.28   1570.38;
      1680.67   1575.78   1725.1;
      1651.52   1713.28   1570.38;]
      pattern(3).feature = p3'
      pattern(3).feature(4,:) = 1
p4 = [373.3   3087.05   2429.47;
      222.85 3059.54   2002.33;
      401.3   3259.94   2150.98;
      363.34 3477.95   2462.86;
```

```
    104.8    3389.83  2421.83;
    499.85   3305.75  2196.22;
    172.78   3084.49  2328.65;
    341.59   3076.62  2438.63;
    291.02   3095.68  2088.95;
    237.63   3077.78  2251.96;]
    pattern(4).feature = p4'
    pattern(4).feature(4,:) = 1
```

2. 设权向量的初始值均为 0

```
w = zeros(4,4);                    %初始化权值
```

MATLAB运行结果如下：

```
w =
     0     0     0     0
     0     0     0     0
     0     0     0     0
     0     0     0     0
```

3. 计算 di(k)

```
for k = 1:4
                    m = pattern(i).feature(:,j)
                    m = m/norm(m)
                    d(k) = w(:,k)' * m %计算 d
```

MATLAB运行程序如下。

第一次循环结果：

```
m =
    1.0e + 03 *
     0.8645
     1.6473
     2.6659
     0.0010
m =
    0.2659
     0.5067
     0.8201
     0.0003
d =
    0
m =
    1.0e + 03 *
     0.8645
     1.6473
     2.6659
     0.0010
m =
     0.2659
     0.5067
     0.8201
     0.0003
```

```
d =
      0      0
m =
    1.0e+03 *
     0.8645
     1.6473
     2.6659
     0.0010
m =
     0.2659
     0.5067
     0.8201
     0.0003
d =
      0      0      0
m =
    1.0e+03 *
     0.8645
     1.6473
     2.6659
     0.0010
m =
     0.2659
     0.5067
     0.8201
     0.0003
d =
       0      0      0      0
```

最后一次运行结果：

```
m =
    1.0e+03 *
     0.2376
     3.0778
     2.2520
     0.0010
m =
     0.0622
     0.8055
     0.5894
     0.0003
d =
     0.2745 0.3263 0.3348 0.1432
m =
    1.0e+03 *
     0.2376
     3.0778
     2.2520
     0.0010
m =
     0.0622
     0.8055
     0.5894
     0.0003
```

```
d =
     0.2745     0.1397     0.3348     0.1432
m =
   1.0e+03 *
     0.2376
     3.0778
     2.2520
     0.0010
m =
     0.0622
     0.8055
     0.5894
     0.0003
d =
     0.2745     0.1397     0.1217     0.1432
m =
   1.0e+03 *
     0.2376
     3.0778
     2.2520
     0.0010
m =
     0.0622
     0.8055
     0.5894
     0.0003
d =
     0.2745 0.1397 0.1217 0.4591
```

4. 调整权值

```
for k = 1:4
                if k~ = i
                    if d(i)< = d(k)           % d(i)不是最大,则继续迭代
                        flag = 1;
                    end
                end
            end
            % 调整权值
            for k = 1:4
                w(:,k) = w(:,k) + m * (r(k) - d(k))/num
```

MATLAB运行结果如下：

```
w =
   - 0.1204    0.4917    0.4122   - 0.4088
   - 0.1820    0.3990  - 0.0421     0.4791
     0.7271  - 0.3601    0.2204     0.1674
     0.0001    0.0000    0.0002     0.0000
```

5. 通过判别函数将待分类数据分类

调用function函数，将待测数据分类，因为调用一次只能判别一个样本的类别，所以循环30次完成分类：

```
for k = 1:30
      sample = sampletotall(:,k)
      y = lmseclassify(sample)
      x = sample(1)
      yy = sample(2)
      z = sample(3)
      ac(k) = y
```

MATLAB运行结果：

```
ac =
1 至 15 列
3    3    1    3    4    2    2    3    4    1    3    2    1    2    4
16 至 30 列
2    4    3    4    2    2    1    3    1    1    4    1    3    3    3
```

将该分类结果与原始分类结果对比，对照表如表3-2所示。

表3-2 LMSE分类结果与原始分类结果对比表

序 号	A	B	C	原始分类结果	LMSE分类结果
1	1702.8	1639.79	2068.74	3	3
2	1877.93	1860.96	1975.3	3	3
3	867.81	2334.68	2535.1	1	1
4	1831.49	1713.11	1604.68	3	3
5	460.69	3274.77	2172.99	4	4
6	2374.98	3346.98	975.31	2	2
7	2271.89	3482.97	946.7	2	2
8	1783.64	1597.99	2261.31	3	3
9	198.83	3250.45	2445.08	4	4
10	1494.63	2072.59	2550.51	1	1
11	1597.03	1921.52	2126.76	3	3
12	1598.93	1921.08	1623.33	3	2
13	1243.13	1814.07	3441.07	1	1
14	2336.31	2640.26	1599.63	2	2
15	354	3300.12	2373.61	4	4
16	2144.47	2501.62	591.51	2	2
17	426.31	3105.29	2057.8	4	4
18	1507.13	1556.89	1954.51	3	3
19	343.07	3271.72	2036.94	4	4
20	2201.94	3196.22	935.53	2	2
21	2232.43	3077.87	1298.87	2	2
22	1580.1	1752.07	2463.04	3	1
23	1962.4	1594.97	1835.95	3	3
24	1495.18	1957.44	3498.02	1	1
25	1125.17	1594.39	2937.73	1	1
26	24.22	3447.31	2145.01	4	4
27	1269.07	1910.72	2701.97	1	1

续表

序　号	A	B	C	原始分类结果	LMSE 分类结果
28	1802.07	1725.81	1966.35	3	3
29	1817.36	1927.4	2328.79	3	3
30	1860.45	1782.88	1875.13	3	3

结果分析：从表中可以看出有 2 个分类结果是错的，正确率为 93.3%。

6. 用三维效果图将结果直观显示

将分好类的数据用画三维图像的形式直观显示出来：

```
axis([0 3500 0 3500 0 3500])
  if y == 1
            plot3(x,yy,z,'g * ');                % 一类表示为绿色
       elseif y == 2
            plot3(x,yy,z,'r * ')                 % 二类表示为红色
          elseif y == 3
            plot3(x,yy,z,'b * ')                 % 三类表示为蓝色
           elseif y == 4
            plot3(x,yy,z,'y * ')                 % 四类表示为黄色
end
hold on
```

三维效果图如图 3-7 所示。

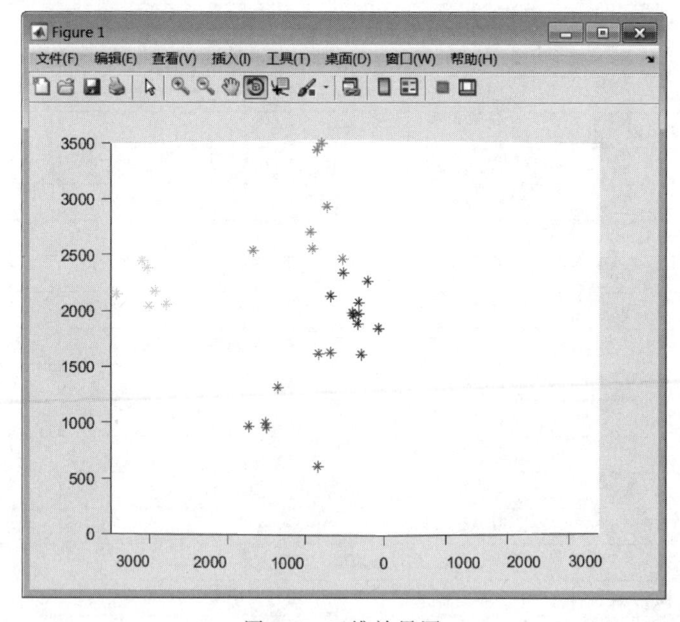

图 3-7　三维效果图

7. 完整的 MATLAB 程序

```
% 主程序
% 输入数据
clear all
close all
clc
```

```
s1 = xlsread('C:\Users\Administrator\Desktop\ln.xls')  % 从 Excel 表格直接读入数据
samp = s1(30:59,1:3)                                    % 后 30 个数据
sampletotall = samp'                                    % 转置
ac = [ ]                                                % 定义分类矩阵
for k = 1:30
      sample = sampletotall(:,k)
      y = lmseclassify(sample)                          % 调用 function 函数
      x = sample(1)
      yy = sample(2)
      z = sample(3)
      ac(k) = y
axis([0 3500 0 3500 0 3500])
      if y == 1
         plot3(x,yy,z,'g * ')                           % 第一类用绿色表示
      elseif y == 2
         plot3(x,yy,z,'r * ')                           % 第二类用红色表示
      elseif y == 3
         plot3(x,yy,z,'b * ')                           % 第三类用蓝色表示
      elseif y == 4
         plot3(x,yy,z,'y * ')                           % 第四类用蓝色表示
      end
      hold on
end

% 利用 LMSE 算法进行分类的 function 函数
function y = lmseclassify(sample)
 clc;
 pattern = struct('feature',[ ])
p1 = [
      864.45   1647.31   2665.9;
      877.88   2031.66   3071.18;
      1418.79 1775.89   2772.9;
      1449.58 1641.58   3405.12;
      864.45   1647.31   2665.9;
      877.88   2031.66   3071.18;
      1418.79 1775.89   2772.9;
      1449.58 1641.58   3405.12;
      1418.79 1775.89   2772.9;
      1449.58 1641.58   3405.12;]
pattern(1).feature = p1'
pattern(1).feature(4,:) = 1
p2 = [2352.12    2557.04    1411.53;
      2297.28    3340.14    535.62;
      2092.62    3177.21    584.32;
      2205.36    3243.74    1202.69;
      2949.16    3244.44    662.42;
      2802.88    3017.11    1984.98;
      2063.54    3199.76    1257.21;
      2949.16    3244.44    662.42;
      2802.88    3017.11    1984.98;
      2063.54    3199.76    1257.21;]
pattern(2).feature = p2'
pattern(2).feature(4,:) = 1
p3 = [1739.94    1675.15    2395.96;
      1756.77    1652       1514.98;
      1803.58    1583.12    2163.05;
```

```
    1571.17    1731.04    1735.33;
    1845.59    1918.81    2226.49;
    1692.62    1867.5     2108.97;
    1680.67    1575.78    1725.1;
    1651.52    1713.28    1570.38;
    1680.67    1575.78    1725.1;
    1651.52    1713.28    1570.38;]
    pattern(3).feature = p3'
    pattern(3).feature(4,:) = 1
p4 = [373.3    3087.05    2429.47;
     222.85   3059.54    2002.33;
     401.3    3259.94    2150.98;
     363.34   3477.95    2462.86;
     104.8    3389.83    2421.83;
     499.85   3305.75    2196.22;
     172.78   3084.49    2328.65;
     341.59   3076.62    2438.63;
     291.02   3095.68    2088.95;
     237.63   3077.78    2251.96;]
     pattern(4).feature = p4'
     pattern(4).feature(4,:) = 1

w = zeros(4,4)                                    %初始化权值
flag = 1;
num = 0;
num1 = 0;
d = []
m = []
r = [];
s = xlsread('C:\Users\Administrator\Desktop\ln.xls')
 while flag
     flag = 0;
     num1 = num1 + 1
     for j = 1:10
          for i = 1:4
               num = num + 1;
               r = [0 0 0 0];
               r(i) = 1;
               for k = 1:4
                    m = pattern(i).feature(:,j)
                    m = m/norm(m)
                    d(k) = w(:,k)' * m;          %计算 d
                 end
                 for k = 1:4
                      if k~ = i
                          if d(i)< = d(k)     %d(i)不是最大,则继续迭代
                              flag = 1;
                          end
                      end
                  end
                  %调整权值
                  num;
                  num1;
                  for k = 1:4
                       w(:,k) = w(:,k) + m * (r(k) - d(k))/num;
                  end
```

```
            end
        end
        if num1 > 200 % 超过迭代次数则退出
            flag = 0;
        end
    end
    sample(4) = 1
     h = [];
    for k = 1:4
         h(k) = w(:,k)' * sample;                  % 计算判别函数
    end
    [maxval,maxpos] = max(h);
    y = maxpos;
```

3.4.6 结论

LMS算法具有的计算复杂程度低、在信号为平稳信号的环境中的收敛性好、其期望值无偏地收敛到维纳解和利用有限精度实现算法时的稳定性等特性，使LMS算法成为自适应算法中稳定性最好、应用最广泛的算法。

学习样本的维数问题：

因为样本类别不均匀（第一类4个样本，第二类8个样本，第三类9个样本，第四类10个样本），程序不运行，后来将数据重复添加进去，保证了程序的正常运行。

```
for j = 1:10
            … …
            for k = 1:4
                 m = pattern(i).feature(:,j)
                 d(k) = w(:,k)' * m                % 计算 d
                       end
                 … …
         end
p1 = [864.45  1647.31  2665.9; 877.88  2031.66  3071.18; 1418.79  1775.89  2772.9; 1449.58
1641.58 3405.12; 864.45 1647.31  2665.9; 877.88 2031.66 3071.18; 1418.79 1775.89 2772.9;
1449.58 1641.58 3405.12; 1418.79 1775.89 2772.9; 1449.58 1641.58 3405.12;]
```

注意：其中 864.45 1647.31 2665.9；877.88 2031.66 3071.18；1418.79 1775.89 2772.9；1449.58 1641.58 3405.12；1418.79 1775.89 2772.9；1449.58 1641.58 3405.12 是重复添加的样本数据。目的是凑够10个数据以便程序能进行循环。

3.5 基于Fisher的分类器设计

3.5.1 Fisher判别法简介

Fisher判别法是1936年由R. A. Fisher首先提出的。Fisher判别法是一种线性判别法，线性判别又称线性准则。与线性准则相对应的还有非线性准则，其中一些在变换条件下可以化为线性准则，因此对应于 d 维特征空间，线性判别函数虽然最简单，但是在应用上却具有普遍意义，便于对分类问题理解与描述。

基于线性判别函数的线性分类方法,虽然使用有限样本集合来构造,但从严格意义上来讲属于统计分类方法。也就是说,对于线性分类器的检验,应建立在样本扩充的条件下,以基于概率的尺度来评价才是有效的评价。尽管线性分类器的设计在满足统计学的评价下并不严格与完美,但是由于其简单性与实用性,在分类器设计中还是获得了广泛的应用。

3.5.2 Fisher 判别法的基本原理

设计线性分类器首先要确定准则函数,然后再利用训练样本集确定该分类器的参数,以求使所确定的准则达到最佳。在使用线性分类器时,样本的分类由其判别函数值决定,而每个样本的判别函数值是其各分量的线性加权和再加上阈值 y_0。

如果我们只考虑各分量的线性加权和,则它是各样本向量与向量 $\boldsymbol{w}$ 的向量点积。如果向量 $\boldsymbol{w}$ 的幅度为单位长度,则线性加权和又可看作各样本向量在向量 $\boldsymbol{w}$ 上的投影。

数据一般具有高维特征,而在使用统计方法处理模式识别问题时,通常是在低维空间展开研究的,因此降维是解决问题的重要方式。假设数据存在于 n 维空间,在数学中,通过投影可以将数据映射为一条直线,找到使数据可分的投影直线就是 Fisher 判别要解决的问题。

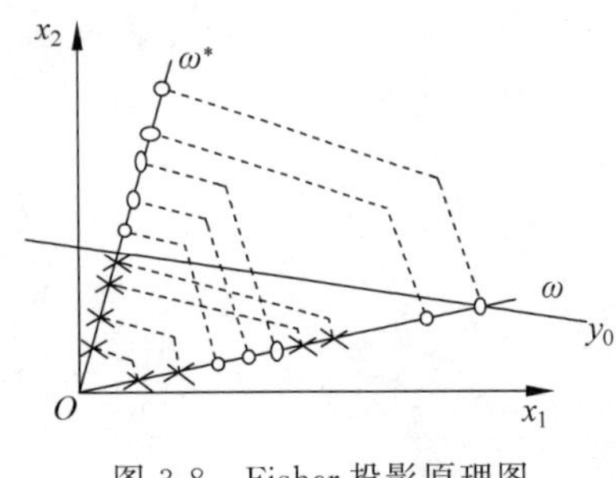

图 3-8 Fisher 投影原理图

Fisher 判别法基本原理是,对于 d 维空间的样本,投影到一维坐标上,样本特征将混杂在一起,难以区分。Fisher 判别法的目的就是要找到一个最合适的投影轴 $\boldsymbol{w}$,使两类样本在该轴上投影的交叠部分最少,从而使分类效果为最佳。如何寻找一个投影方向,使得样本集合在该投影方向上最易区分,这就是 Fisher 判别法所要解决的问题。Fisher 投影原理如图 3-8 所示。

Fisher 准则函数的基本思路:向量 $\boldsymbol{w}$ 的方向选择应能使两类样本投影的均值之差尽可能大些,而使类内样本的离散程度尽可能小。

3.5.3 Fisher 分类器设计

已知 N 个 d 维样本数据集合 $\mathcal{X}=\{x_1,x_2,\cdots,x_N\}$,其中类别为 $\omega_i(i=1,2)$,样本容量为 N_i,其子集为 x_i,以投影坐标向量 $\boldsymbol{W}$ 与原特征向量 $\boldsymbol{x}$ 作数量积,可得投影表达式为 $y_n=\boldsymbol{W}^{\mathrm{T}}\boldsymbol{x}_n,n=1,2,\cdots,N$。

相应地,y_n 也为两个子集 y_1 和 y_2。如果只考虑投影向量 $\boldsymbol{W}$ 的方向,不考虑其长度,即默认其长度为单位 1,则 y_n 即为 $\boldsymbol{x}_n$ 在 $\boldsymbol{W}$ 方向上的投影。Fisher 准则的目的就是寻找最优投影方向,使得 $\boldsymbol{W}$ 为最好的投影向量 $\boldsymbol{W}^*$。

样本在 d 维特征空间的一些描述量如下:

(1) 各类样本均值向量 $\boldsymbol{m}_i$:

$$\boldsymbol{m}_i=\frac{1}{N_i}\sum_{\boldsymbol{X}\in\omega_i}\boldsymbol{X}\quad i=1,2 \tag{3-15}$$

（2）样本类内离散度矩阵 $\boldsymbol{S}_i$ 与总类内离散度矩阵 $\boldsymbol{S}_w$：

$$\boldsymbol{S}_i = \sum_{\boldsymbol{X} \in \omega_i} (\boldsymbol{X} - \boldsymbol{m}_i)(\boldsymbol{X} - \boldsymbol{m}_i)^{\mathrm{T}} \quad i = 1,2 \tag{3-16}$$

$$\boldsymbol{S}_w = \boldsymbol{S}_1 + \boldsymbol{S}_2 \tag{3-17}$$

（3）样本类间离散度矩阵 $\boldsymbol{S}_{\mathrm{b}}$：

$$\boldsymbol{S}_{\mathrm{b}} = (\boldsymbol{m}_1 - \boldsymbol{m}_2)(\boldsymbol{m}_1 - \boldsymbol{m}_2)^{\mathrm{T}} \tag{3-18}$$

如果在一维上投影，则有

各类样本均值向量 $\bar{\boldsymbol{m}}_i$

$$\bar{\boldsymbol{m}}_i = \frac{i}{N_i} \sum_{y \in y_i} y, \quad i = 1,2 \tag{3-19}$$

样本类内离散度矩阵 $\bar{\boldsymbol{S}}_i$ 与总类内离散度矩阵 $\bar{\boldsymbol{S}}_w$：

$$\bar{\boldsymbol{S}}_i = \sum_{y \in y_i} (y - \bar{\boldsymbol{m}}_i)^2, \quad i = 1,2 \tag{3-20}$$

$$\bar{\boldsymbol{S}}_w = \bar{\boldsymbol{S}}_1 + \bar{\boldsymbol{S}}_2 \tag{3-21}$$

Fisher 准则函数定义原则为，希望投影后，在一维空间中样本类别区分清晰，即两类样本的距离越大越好，也就是均值之差$(\bar{\boldsymbol{m}}_1 - \bar{\boldsymbol{m}}_2)$越大越好；各类样本内部密集，即类内离散度 $\bar{\boldsymbol{S}}_w = \bar{\boldsymbol{S}}_1 + \bar{\boldsymbol{S}}_2$ 越小越好，根据上述两条原则，构造 Fisher 准则函数

$$J_{\mathrm{F}}(\boldsymbol{W}) = \frac{(\bar{\boldsymbol{m}}_1 - \bar{\boldsymbol{m}}_2)^2}{\bar{\boldsymbol{S}}_1 + \bar{\boldsymbol{S}}_2} \tag{3-22}$$

使得 $J_F(\boldsymbol{w})$为最大值的 $\boldsymbol{w}$ 即为要求的投影向量 $\boldsymbol{w}^*$。

式(3-22)称为 Fisher 准则函数，需进一步化为 $\boldsymbol{W}$ 的显函数，为此要对 $\bar{\boldsymbol{m}}_1, \bar{\boldsymbol{m}}_2$ 等项进一步演化。由于

$$\bar{\boldsymbol{m}}_i = \frac{1}{N} \sum_{y \in y_i} y = \frac{1}{N} \sum_{y \in y_i} \boldsymbol{W}^{\mathrm{T}} \boldsymbol{X} = \boldsymbol{W}^{\mathrm{T}} \left(\frac{1}{N} \sum_{y \in y_i} \boldsymbol{X} \right) = \boldsymbol{W}^{\mathrm{T}} \boldsymbol{m}_i \tag{3-23}$$

则有

$$\begin{aligned}
(\bar{\boldsymbol{m}}_1 - \bar{\boldsymbol{m}}_2)^2 &= (\boldsymbol{w}^{\mathrm{T}} m_1 - \boldsymbol{w}^{\mathrm{T}} m_2)^2 \\
&= \boldsymbol{w}^{\mathrm{T}} (\boldsymbol{m}_1 - \boldsymbol{m}_2)(\boldsymbol{m}_1 - \boldsymbol{m}_2)^{\mathrm{T}} \boldsymbol{w} \\
&= \boldsymbol{w}^{\mathrm{T}} S_{\mathrm{b}} \boldsymbol{w}
\end{aligned} \tag{3-24}$$

其中 $\boldsymbol{S}_{\mathrm{b}} = (\boldsymbol{m}_1 - \boldsymbol{m}_2)(\boldsymbol{m}_1 - \boldsymbol{m}_2)^{\mathrm{T}}$ 为类间离散矩阵。再由类内离散度

$$\begin{aligned}
\bar{\boldsymbol{S}}_i &= \sum_{y \in y_i} (y - \bar{\boldsymbol{m}}_i)^2 = \sum_{y \in y_i} (\boldsymbol{W}^{\mathrm{T}} \boldsymbol{X} - \boldsymbol{W}^{\mathrm{T}} \boldsymbol{m}_i)^2 \\
&= \boldsymbol{W}^{\mathrm{T}} \left[\sum_{x \in X_i} (x - \boldsymbol{m}_i)(x - \boldsymbol{m}_i)^{\mathrm{T}} \right] \boldsymbol{W} = \boldsymbol{W}^{\mathrm{T}} \boldsymbol{S}_i \boldsymbol{W}
\end{aligned} \tag{3-25}$$

其中 $\boldsymbol{S}_i = \sum_{x \in X_i} (\boldsymbol{x} - \boldsymbol{m}_i)(\boldsymbol{x} - \boldsymbol{m}_i)^{\mathrm{T}}$。

则总类内离散度为

$$\bar{\boldsymbol{S}}_w = \bar{\boldsymbol{S}}_1 + \bar{\boldsymbol{S}}_2 = \boldsymbol{W}^{\mathrm{T}} (\boldsymbol{S}_1 + \boldsymbol{S}_2) W = \boldsymbol{W}^{\mathrm{T}} \boldsymbol{S}_W \boldsymbol{W} \tag{3-26}$$

将式(3-24)与式(3-26)代入式(3-22)，得到 Fisher 准则函数对于变量 $\boldsymbol{W}$ 的显式为：

$$J_F(\boldsymbol{W})=\frac{\boldsymbol{W}^{\mathrm{T}}\boldsymbol{S}_{\mathrm{b}}\boldsymbol{W}}{\boldsymbol{W}^{\mathrm{T}}\boldsymbol{S}_{w}\boldsymbol{W}} \tag{3-27}$$

对 $\boldsymbol{x}_n$ 的分量作线性组合 $y_n=\boldsymbol{W}^{\mathrm{T}}\boldsymbol{x}_n, n=1,2,\cdots,N$,从几何意义上看,$\|W\|=1$,则每个 y_n 就是相对应的 $\boldsymbol{x}_n$ 到方向为 $\boldsymbol{W}$ 的直线上的投影。$\boldsymbol{W}$ 的方向不同,将使样本投影后的可分离程序不同,从而直接影响识别效果。寻找最好投影方向 $\boldsymbol{W}^*$,则 Fisher 准则函数为

$$J_F(\boldsymbol{W})=\frac{\boldsymbol{W}^{\mathrm{T}}\boldsymbol{S}_{\mathrm{b}}\boldsymbol{W}}{\boldsymbol{W}^{\mathrm{T}}\boldsymbol{S}_{w}\boldsymbol{W}} \tag{3-28}$$

求解 Fisher 准则函数的条件极值,即可解得使 $J_F(\boldsymbol{W})$ 为极值的 $\boldsymbol{W}^*$。对求取其极大值时的 $\boldsymbol{W}^*$。可以采用拉格朗日乘子算法解决,令分母非零,即 $\boldsymbol{W}^{\mathrm{T}}\boldsymbol{S}_w\boldsymbol{W}=c\neq 0$

构造拉格朗日函数

$$L(\boldsymbol{W},\lambda)=\boldsymbol{W}^{\mathrm{T}}\boldsymbol{S}_b\boldsymbol{W}-\lambda(\boldsymbol{W}^{\mathrm{T}}\boldsymbol{S}_w\boldsymbol{W}-c) \tag{3-29}$$

对 W 求偏导,并令其为零,即

$$\frac{\partial L(\boldsymbol{W},\lambda)}{\partial \boldsymbol{W}}=\boldsymbol{S}_{\mathrm{b}}\boldsymbol{W}-\lambda\boldsymbol{S}_w\boldsymbol{W}=0 \tag{3-30}$$

得到

$$\boldsymbol{S}_{\mathrm{b}}\boldsymbol{W}^*=\lambda\boldsymbol{S}_w\boldsymbol{W}^* \tag{3-31}$$

由于 $\boldsymbol{S}_w$ 非奇异,两边左乘 $\boldsymbol{S}_w^{-1}$,得到 $\boldsymbol{S}_w^{-1}\boldsymbol{S}_{\mathrm{b}}\boldsymbol{W}^*=\lambda\boldsymbol{W}^*$,该式为矩阵 $\boldsymbol{S}_w^{-1}\boldsymbol{S}_b$ 的特征值问题:拉格朗日算子 λ 为矩阵 $\boldsymbol{S}_w^{-1}\boldsymbol{S}_{\mathrm{b}}$ 的特征值,$\boldsymbol{W}^*$ 即对应于特征值 λ 的特征向量,即最佳投影的坐标向量。

矩阵特征值的问题有标准的求解方法。在此给出一种直接求解方法,不求特征值直接得到最优解 $\boldsymbol{W}^*$。

由于

$$\boldsymbol{S}_{\mathrm{b}}=(\boldsymbol{m}_1-\boldsymbol{m}_2)(\boldsymbol{m}_1-\boldsymbol{m}_2)^{\mathrm{T}} \tag{3-32}$$

所以 $\boldsymbol{S}_{\mathrm{b}}\boldsymbol{W}^*=(\boldsymbol{m}_1-\boldsymbol{m}_2)(\boldsymbol{m}_1-\boldsymbol{m}_2)^{\mathrm{T}}\boldsymbol{W}^*=(\boldsymbol{m}_1-\boldsymbol{m}_2)R$,其中,$R=(\boldsymbol{m}_1-\boldsymbol{m}_2)^{\mathrm{T}}\boldsymbol{W}^*$ 为限定标量。进而,由于

$$\lambda\boldsymbol{W}^*=\boldsymbol{S}_w^{-1}\boldsymbol{S}_{\mathrm{b}}\boldsymbol{W}^*=\boldsymbol{S}_w^{-1}(\boldsymbol{S}_{\mathrm{b}}\boldsymbol{W}^*)=\boldsymbol{S}_w^{-1}(\boldsymbol{m}_1-\boldsymbol{m}_2)R \tag{3-33}$$

得到

$$\boldsymbol{W}^*=\frac{R}{\lambda}\boldsymbol{S}_w^{-1}(\boldsymbol{m}_1-\boldsymbol{m}_2) \tag{3-34}$$

忽略比例因子 R/λ,得到最优解 $\boldsymbol{W}^*=\boldsymbol{S}_w^{-1}(\boldsymbol{m}_1-\boldsymbol{m}_2)$。因此,使得 $J_F(\boldsymbol{W})$ 取极大值时的 $\boldsymbol{W}$ 即为 d 维空间到一维空间的最好投影方向 $\boldsymbol{W}^*=\boldsymbol{S}_w^{-1}(\boldsymbol{m}_1-\boldsymbol{m}_2)$。

向量 $\boldsymbol{W}^*$ 就是使 Fisher 准则函数 $J_F(\boldsymbol{W})$ 达极大值的解,也就是按 Fisher 准则将 d 维 X 空间投影到一维 Y 空间的最佳投影方向,$\boldsymbol{W}^*$ 的各分量值是对原 d 维特征向量求加权和的权值。

由上式表示的最佳投影方向是容易理解的,因为其中一项$(\boldsymbol{m}_1-\boldsymbol{m}_2)$是一向量,对与$(\boldsymbol{m}_1-\boldsymbol{m}_2)$平行的向量投影可使两均值点的距离最远。

但是如何使类间分得较开,同时又使类内密集程度较高这样一个综合指标来看,则需根

据两类样本的分布离散程度对投影方向作相应的调整，这就体现在对$(\boldsymbol{m}_1-\boldsymbol{m}_2)$向量按$\boldsymbol{S}_w^{-1}$作一线性变换，从而使 Fisher 准则函数达到极值点。

以上讨论了线性判别函数加权向量$\boldsymbol{W}$的确定方法，并讨论了使 Fisher 准则函数极大的d维向量$\boldsymbol{W}^*$的计算方法。由 Fisher 判别函数得到了最佳一维投影后，还需确定一个阈值点y_0，一般可采用以下几种方法确定y_0，即

$$y_0=\frac{\bar{\boldsymbol{m}}_1+\bar{\boldsymbol{m}}_2}{2} \tag{3-35}$$

$$y_0=\frac{N_1\bar{\boldsymbol{m}}_1+N_2\bar{\boldsymbol{m}}_2}{N_1+N_2} \tag{3-36}$$

$$y_0=\frac{\bar{\boldsymbol{m}}_1+\bar{\boldsymbol{m}}_2}{2}+\frac{\ln(P(\omega_1)/P(\omega_2))}{N_1+N_2-2} \tag{3-37}$$

式(3-35)是根据两类样本均值之间的平均距离来确定阈值点的。式(3-36)既考虑了样本均值之间的平均距离，又考虑了两类样本的容量大小作阈值位置的偏移修正。式(3-37)既使用了先验概率$P(\omega_i)$，又考虑了两类样本的容量大小作阈值位置的偏移修正，目的都是使得分类误差尽可能小。

为了确定具体的分界面，还要指定线性方程的常数项。实际工作中可以对y_0进行逐次修正的方式，选择不同的y_0值，计算其对训练样本集的错误率，找到错误率较小的y_0值。

对于任意未知类别的样本$\boldsymbol{x}$，计算它的投影点$y=\boldsymbol{W}^{\mathrm{T}}\boldsymbol{x}$，决策规则为

$$\begin{cases} y>y_0, \boldsymbol{x}\in\omega_1 \\ y<y_0, \boldsymbol{x}\in\omega_2 \end{cases} \tag{3-38}$$

3.5.4　Fisher 算法实现

1. 流程图

根据上面所介绍的 Fisher 判别函数，可得其流程图如图 3-9 所示。

2. 样本均值

利用下面 MATLAB 程序得到训练样本均值，程序如下：

```
clear,close all;
    N = 29;                                         % N 为训练样本总个数
    X = [1495.18    1957.44     3498.02     % X 为训练样本
         1125.17    1594.39     2937.73
         1269.07    1910.72     2701.97
         … …
    … … ]
    m1 = mean(X(1:11,:));                          % 求得第一类样本均值
    m2 = mean(X(12:29,:));                         % 求得第二类样本均值
```

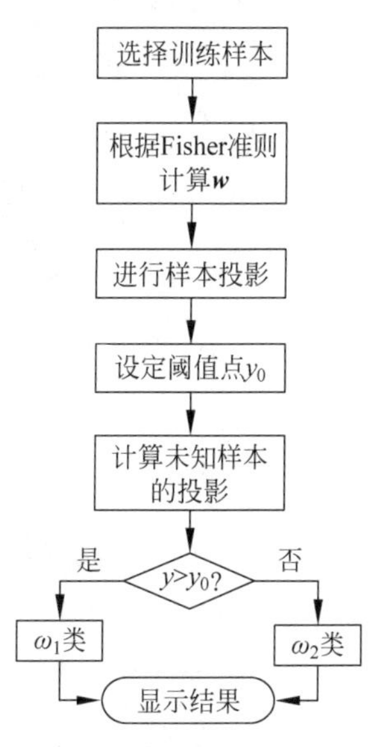

图 3-9　Fisher 分类器设计流程图

3. 投影向量

Fisher 准则的目的就是寻找最优投影方向，使得$\boldsymbol{W}$为最好的投影向量$\boldsymbol{W}^*$。

求得最佳投影向量,利用如下 MATLAB 程序能够实现:

```
S1 = 0;S2 = 0;                                          % 初始化类离散度
for i = 1:11
     S1 = S1 + (X(i,:) - m1) * (X(i,:) - m1)';          % 求得第一类的类内离散度
end
for i = 12:29
     S2 = S2 + (X(i,:) - m2) * (X(i,:) - m2)';          % 求得第二类的类内离散度
end
Sw = S1 + S2;                                           % 求得总类内离散度
W = inv(Sw) * (m1 - m2);                                % 求得最佳投影方向
```

4. 阈值点

本设计器采用 $y_0=\boldsymbol{W}^*(\boldsymbol{m}_1+\boldsymbol{m}_2)^{\mathrm{T}}/2$ 来确定阈值点,由于上式既考虑了样本均值之间的平均距离,又考虑了两类样本的容量大小作阈值位置的偏移修正,因此,采用它可以使得分类误差尽可能小。

5. 输出分类结果

对于任意未知类别的样本 $\boldsymbol{x}$,计算它的投影点 $y=\boldsymbol{W}^{\mathrm{T}}\boldsymbol{x}$,决策规则为当 $y>y_0$,$\boldsymbol{x}\in\omega_1$,当 $y<y_0$,$\boldsymbol{x}\in\omega_2$。

MATLAB 程序如下:

```
for i = 1:22
y = W * x(i,:)'                         % 确定投影点
if y > y0                               % 当 y > y0 时,测试样本属于第一类
   disp('一')
   hold on,plot3(x(i,1),x(i,2),x(i,3),'r+ ','MarkerSize',6,'LineWidth',2)
else
   disp('二')                           % 当 y < y0 时,测试样本属于第二类
   hold on,plot3(x(i,1),x(i,2),x(i,3),'b+ ','MarkerSize',6,'LineWidth',2)
end
end
```

3.5.5 识别待测样本类别

不同类型的酒是由多种成分按不同的比例构成的,兑酒时需要三种原料(X,Y,Z),现在已测出不同酒中三种原料的含量,需要判定它属于4种类型中的哪一种(其中,前29组数据用于学习,后30组用于识别)。

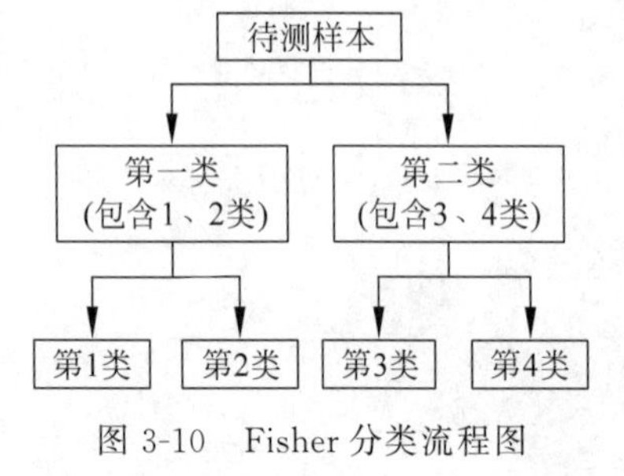

图 3-10 Fisher 分类流程图

1. 选择分类方法

由于 Fisher 分类法一次只能将样本分成两类,因此,首先要将样本分成两大类,即一类、二类,然后再继续往下分,将其分成1、2、3、4类。流程图如图3-10所示。

将样本分成两大类有3种分法,如表3-3所示。

表 3-3 Fisher 分类方法

种　　类	分 类 方 法
第一种	第 1、2 类作为第一类，第 3、4 类作为第二类
第二种	第 1、3 类作为第一类，第 2、4 类作为第二类
第三种	第 1、4 类作为第一类，第 2、3 类作为第二类

根据所给的训练样本数据，利用 MATLAB 程序得出训练样本分布图如图 3-11 所示。

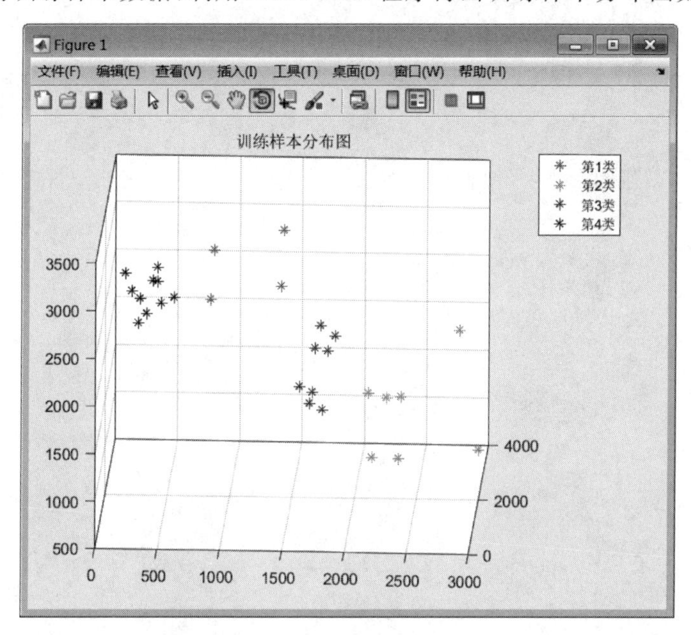

图 3-11 训练样本分布图

观察训练样本分布图可知，如果将第 1、2 类分在一起作为第一类，第 3、4 类分在一起作为第二类，这样很难将其分开。因此，排除这种分类方法，选择第二、三种分类方法。

2. MATLAB 程序

1）选择第二种方法的相关程序及仿真结果

训练样本分布图程序：

```
clear,close all;
N = 29;
X = [864.45  1647.31  2665.9;
     877.88  2031.66  3071.18;
     1418.79 1775.89  2772.9;
     1449.58 1641.58  3405.12;
     2352.12 2557.04  1411.53;
     2297.28 3340.14  535.62;
     2092.62 3177.21  584.32;
     2205.36 3243.74  1202.69;
     2949.16 3244.44  662.42;
     2802.88 3017.11  1984.98;
     2063.54 3199.76  1257.21;
     1739.94 1675.15  2395.96;
     1756.77 1652     1514.98;
     1803.58 1583.12  2163.05;
```

```
    1571.17  1731.04  1735.33;
    1845.59  1918.81  2226.49;
    1692.62  1867.5   2108.97;
    1680.67  1575.78  1725.1;
    1651.52  1713.28  1570.38;
    373.3    3087.05  2429.47;
    222.85   3059.54  2002.33;
    401.3    3259.94  2150.98;
    363.34   3477.95  2462.86;
    104.8    3389.83  2421.83;
    499.85   3305.75  2196.22;
    172.78   3084.49  2328.65;
    341.59   3076.62  2438.63;
    291.02   3095.68  2088.95;
    237.63   3077.78  2251.96;
]
fig = figure;
plot3(X(1:4,1),X(1:4,2), X(1:4,3),'r * ')
hold on,plot3(X(5:11,1),X(5:11,2), X(5:11,3),'g * ')
hold on,plot3(X(12:19,1),X(12:19,2), X(12:19,3),'b * ')
hold on,plot3(X(20:29,1),X(20:29,2), X(20:29,3),'k * ');grid;box
title('训练样本分布图')
legend('第 1 类','第 2 类','第 3 类','第 4 类')
```

测试样本分为一(1、3)类、二(2、4)类程序：

```
clear,close all;
N = 29;
X = [864.45  1647.31  2665.9
     877.88  2031.66  3071.18
     1418.79 1775.89  2772.9
     1449.58 1641.58  3405.12
     1739.94 1675.15  2395.96
     1756.77 1652     1514.98
     1803.58 1583.12  2163.05
     1571.17 1731.04  1735.33
     1845.59 1918.81  2226.49
     1692.62 1867.5   2108.97
     1680.67 1575.78  1725.1
     1651.52 1713.28  1570.38
     2352.12 2557.04  1411.53
     2297.28 3340.14  535.62
     2092.62 3177.21  584.32
     2205.36 3243.74  1202.69
     2949.16 3244.44  662.42
     2802.88 3017.11  1984.98
     2063.54 3199.76  1257.21
     373.3   3087.05  2429.47
     222.85  3059.54  2002.33
     401.3   3259.94  2150.98
     363.34  3477.95  2462.86
     104.8   3389.83  2421.83
     499.85  3305.75  2196.22
     172.78  3084.49  2328.65
     341.59  3076.62  2438.63
     291.02  3095.68  2088.95
     237.63  3077.78  2251.96]
```

```
fig = figure;
plot3(X(1:12,1),X(1:12,2), X(1:12,3),'b+')
hold on,plot3(X(13:29,1),X(13:29,2), X(13:29,3),'r+');grid;box
title('分为一、二类分布图')
m1 = mean(X(1:12,:));
m2 = mean(X(13:29,:));
S1 = 0;S2 = 0;
for i = 1:12
      S1 = S1 + (X(i,:) - m1) * (X(i,:) - m1)';
end
for i = 13:29
      S2 = S2 + (X(i,:) - m2) * (X(i,:) - m2)';
end
Sw = S1 + S2;
W = inv(Sw) * (m1 - m2);
W = W./norm(W)
x = [ 1702.8   1639.79   2068.74
1877.93        1860.96   1975.3
867.81         2334.68   2535.1
1831.49        1713.11   1604.68
460.69         3274.77   2172.99
2374.98        3346.98   975.31
2271.89        3482.97   946.7
1783.64        1597.99   2261.31
198.83         3250.45   2445.08
1494.63        2072.59   2550.51
1597.03        1921.52   2126.76
1598.93        1921.08   1623.33
1243.13        1814.07   3441.07
2336.31        2640.26   1599.63
354            3300.12   2373.61
2144.47        2501.62   591.51
426.31         3105.29   2057.8
1507.13        1556.89   1954.51
343.07         3271.72   2036.94
2201.94        3196.22   935.53
2232.43        3077.87   1298.87
1580.1         1752.07   2463.04
1962.4         1594.97   1835.95
1495.18        1957.44   3498.02
1125.17        1594.39   2937.73
24.22          3447.31   2145.01
1269.07        1910.72   2701.97
1802.07        1725.81   1966.35
1817.36        1927.4    2328.79
1860.45        1782.88   1875.13];
y0 = W * (m1 + m2)'/2;
for i = 1:30
if W * x(i,:)'> y0
   disp('一')
   hold on,plot3(x(i,1),x(i,2),x(i,3),'g*','MarkerSize',6,'LineWidth',2)
else
   disp('二')
   hold on,plot3(x(i,1),x(i,2),x(i,3),'k*','MarkerSize',6,'LineWidth',2)
end
end
legend('训练样本一类','训练样本二类','测试样本一类','测试样本二类')
```

程序运行完之后,出现如图 3-12 所示的一、二类数据分类结果图界面。

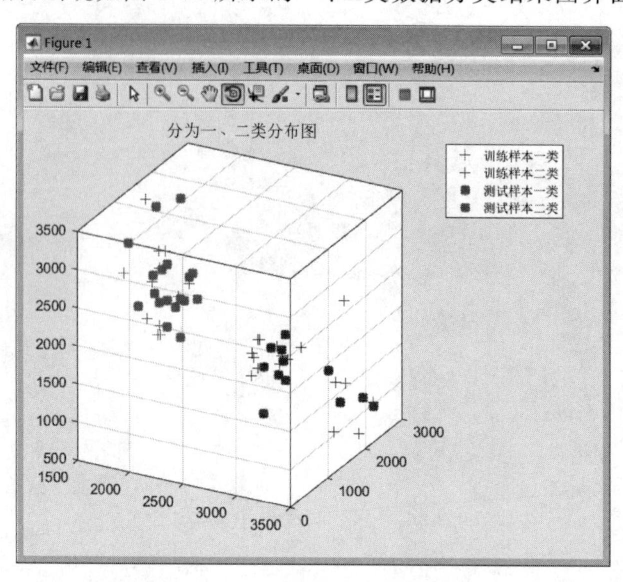

图 3-12 一、二类数据分类结果图界面

MATLAB 程序运行到的结果如下:

```
W =
     0.2363  - 0.9187 0.3166
一
一
一
一
二
二
二
一
二
一
一
一
一
二
二
二
二
一
二
二
二
一
一
一
一
二
一
一
一
一
```

测试样本一类分为1、3类的程序代码：

```
N = 12;
X = [864.45  1647.31  2665.9
     877.88  2031.66  3071.18
     1418.79 1775.89  2772.9
     1449.58 1641.58  3405.12
     1739.94 1675.15  2395.96
     1756.77 1652     1514.98
     1803.58 1583.12  2163.05
     1571.17 1731.04  1735.33
1845.59  1918.81  2226.49
1692.62  1867.5   2108.97
1680.67  1575.78  1725.1
1651.52  1713.28  1570.38]
fig = figure;
plot3(X(1:4,1),X(1:4,2), X(1:4,3),'r.')
hold on,plot3(X(5:12,1),X(5:12,2), X(5:12,3),'b.');grid;box
title('分为1、3类分布图')
m1 = mean(X(1:4,:));
m2 = mean(X(5:12,:));
S1 = 0;S2 = 0;
for i = 1:4
      S1 = S1 + (X(i,:) - m1) * (X(i,:) - m1)';
end
for i = 5:12
      S2 = S2 + (X(i,:) - m2) * (X(i,:) - m2)';
end
Sw = S1 + S2;
W = inv(Sw) * (m1 - m2);
W = W./norm(W)
x = [
1702.8   1639.79  2068.74
1877.93 1860.96  1975.3
867.81   2334.68  2535.1
1831.49 1713.11  1604.68
1783.64 1597.99  2261.31
1494.63 2072.59  2550.51
1597.03 1921.52  2126.76
1598.93 1921.08  1623.33
1243.13 1814.07  3441.07
1507.13 1556.89  1954.51
1580.1   1752.07  2463.04
1962.4   1594.97  1835.95
1495.18 1957.44  3498.02
1125.17 1594.39  2937.73
1269.07 1910.72  2701.97
1802.07 1725.81  1966.35
1817.36 1927.4   2328.79
1860.45 1782.88  1875.13
];
 hold on,plot3(1495.18,1957.44,3498.02,'r+','MarkerSize',6,'LineWidth',2)
 hold on,plot3(1557.27,1746.27,1879.13,'b+','MarkerSize',6,'LineWidth',2)
y0 = W * (m1 + m2)'/2;
for i = 1:18
if W * x(i,:)'> y0
```

```
    disp('1')
    hold on,plot3(x(i,1),x(i,2),x(i,3),'r+','MarkerSize',6,'LineWidth',2)
else
    disp('3')
    hold on,plot3(x(i,1),x(i,2),x(i,3),'b+','MarkerSize',6,'LineWidth',2)
end
end
legend('训练样本 1 类','训练样本 3 类','测试样本 1 类','测试样本 3 类')
```

程序运行完之后,出现如图 3-13 所示的 1、3 类分类结果图界面。

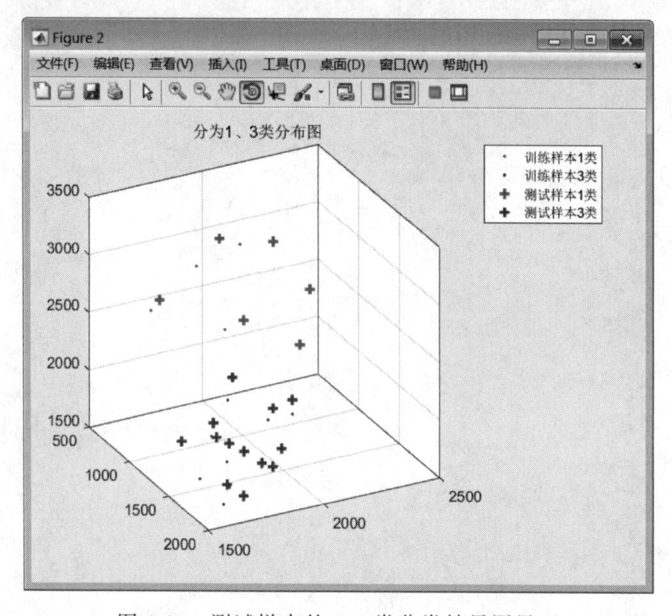

图 3-13 测试样本的 1、3 类分类结果图界面

MATLAB 程序运行得到的结果如下:

```
W =
   -0.4737    0.0499    0.8793
3
3
1
3
3
1
3
3
1
3
3
3
1
1
1
3
3
3
```

测试样本二类分为 2、4 类的程序代码：

```
clear,close all;
N = 17;
X = [2352.12  2557.04  1411.53;
      2297.28  3340.14  535.62;
      2092.62  3177.21  584.32;
      2205.36  3243.74  1202.69;
      2949.16  3244.44  662.42;
      2802.88  3017.11  1984.98;
      2063.54  3199.76  1257.21;
      373.3    3087.05  2429.47;
      222.85   3059.54  2002.33;
      401.3    3259.94  2150.98;
      363.34   3477.95  2462.86;
      104.8    3389.83  2421.83;
      499.85   3305.75  2196.22;
      172.78   3084.49  2328.65;
      341.59   3076.62  2438.63;
      291.02   3095.68  2088.95;
      237.63   3077.78  2251.96;]
fig = figure;
plot3(X(1:7,1),X(1:7,2), X(1:7,3),'r.')
hold on,plot3(X(8:17,1),X(8:17,2), X(8:17,3),'b.');grid;box
title('分为 2、4 类分布图')
m1 = mean(X(1:7,:));
m2 = mean(X(8:17,:));
S1 = 0;S2 = 0;
for i = 1:7
     S1 = S1 + (X(i,:) - m1) * (X(i,:) - m1)';
end
for i = 8:17
     S2 = S2 + (X(i,:) - m2) * (X(i,:) - m2)';
end
Sw = S1 + S2;
W = inv(Sw) * (m1 - m2);
W = W./norm(W)
x = [460.69  3274.77  2172.99
2374.98  3346.98  975.31
2271.89  3482.97  946.7
198.83   3250.45  2445.08
2336.31  2640.26  1599.63
354      3300.12  2373.61
2144.47  2501.62  591.51
426.31   3105.29  2057.8
343.07   3271.72  2036.94
2201.94  3196.22  935.53
2232.43  3077.87  1298.87
24.22    3447.31  2145.01
];
  hold on,plot3(2232.43,3077.87,1298.87,'r + ','MarkerSize',6,'LineWidth',2)
  hold on,plot3(362.51,3150.03,2472,'b + ','MarkerSize',6,'LineWidth',2)
y0 = W * (m1 + m2)'/2;
for i = 1:12
if W * x(i,:)'> y0
   disp('2')
```

```
    hold on,plot3(x(i,1),x(i,2),x(i,3),'r+','MarkerSize',6,'LineWidth',2)
else
    disp('4')
    hold on,plot3(x(i,1),x(i,2),x(i,3),'b+','MarkerSize',6,'LineWidth',2)
end
end
legend('训练样本 2 类','训练样本 4 类','测试样本 2 类','测试样本 4 类')
```

程序运行完之后，出现如图 3-14 所示的 2、4 类分类结果图界面。

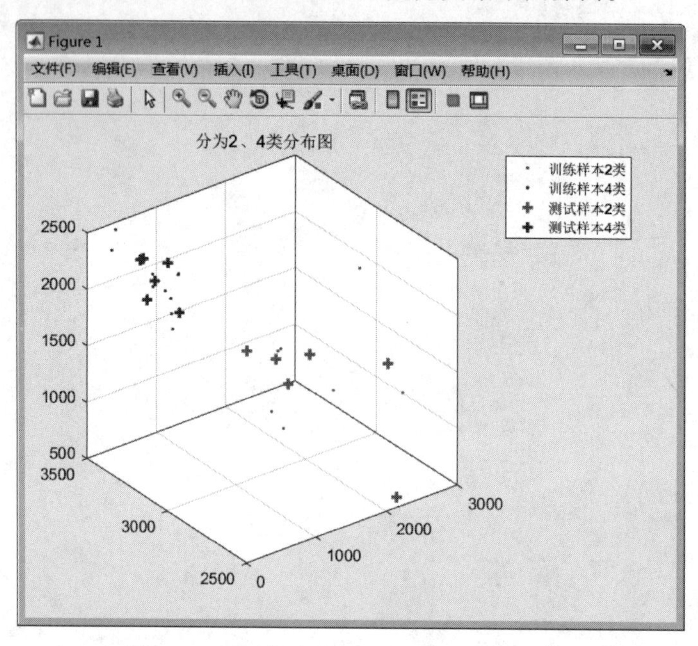

图 3-14 测试样本的 2、4 类分类结果图界面

MATLAB 程序运行的结果如下：

```
W =
    0.8696   -0.0333   -0.4926
4
2
2
4
2
4
2
4
4
2
2
4
```

2）选择第三种方法的相关程序及仿真结果

测试样本分为一(1、4)类、二(2、3)类的程序代码：

```
clear,close all;
N=29;
```

```
X = [864.45    1647.31  2665.9
     877.88    2031.66  3071.18
     1418.79   1775.89  2772.9
     1449.58   1641.58  3405.12
     373.3     3087.05  2429.47;
     222.85    3059.54  2002.33;
     401.3     3259.94  2150.98;
     363.34    3477.95  2462.86;
     104.8     3389.83  2421.83;
     499.85    3305.75  2196.22;
     172.78    3084.49  2328.65;
     341.59    3076.62  2438.63;
     291.02    3095.68  2088.95;
     237.63    3077.78  2251.96;
     2352.12   2557.04  1411.53;
     2297.28   3340.14  535.62;
     2092.62   3177.21  584.32;
     2205.36   3243.74  1202.69;
     2949.16   3244.44  662.42;
     2802.88   3017.11  1984.98;
     2063.54   3199.76  1257.21;
     1739.94   1675.15  2395.96;
     1756.77   1652     1514.98;
     1803.58   1583.12  2163.05;
     1571.17   1731.04  1735.33;
     1845.59   1918.81  2226.49;
     1692.62   1867.5   2108.97;
     1680.67   1575.78  1725.1;
     1651.52   1713.28  1570.38;
]
fig = figure;
plot3(X(1:14,1),X(1:14,2), X(1:14,3),'r + ')
hold on,plot3(X(15:29,1),X(15:29,2), X(15:29,3),'b + ');grid;box
title('分为一、二类分布图')
m1 = mean(X(1:14,:));
m2 = mean(X(15:29,:));
S1 = 0;S2 = 0;
for i = 1:14
    S1 = S1 + (X(i,:) - m1) * (X(i,:) - m1)';
end
for i = 15:29
    S2 = S2 + (X(i,:) - m2) * (X(i,:) - m2)';
end
Sw = S1 + S2;
W = inv(Sw) * (m1 - m2);
W = W./norm(W)
x = [ 1702.8   1639.79  2068.74
      1877.93  1860.96  1975.3
      867.81   2334.68  2535.1
      1831.49  1713.11  1604.68
      460.69   3274.77  2172.99
      2374.98  3346.98  975.31
      2271.89  3482.97  946.7
      1783.64  1597.99  2261.31
      198.83   3250.45  2445.08
      1494.63  2072.59  2550.51
```

```
    1597.03    1921.52   2126.76
    1598.93    1921.08   1623.33
    1243.13    1814.07   3441.07
    2336.31    2640.26   1599.63
    354        3300.12   2373.61
    426.31     3105.29   2057.8
    2144.47    2501.62   591.51
    1507.13    1556.89   1954.51
    343.07     3271.72   2036.94
    2201.94    3196.22   935.53
    2232.43    3077.87   1298.87
    1580.1     1752.07   2463.04
    1962.4     1594.97   1835.95
    1495.18    1957.44   3498.02
    1125.17    1594.39   2937.73
    24.22      3447.31   2145.01
    1269.07    1910.72   2701.97
    1802.07    1725.81   1966.35
    1817.36    1927.4    2328.79
    1860.45    1782.88   1875.13];

y0 = W * (m1 + m2)'/2;
for i = 1:30
if W * x(i,:)'> y0
   disp('一')
   hold on,plot3(x(i,1),x(i,2),x(i,3),'r * ','MarkerSize',6,'LineWidth',2)
else
   disp('二')
   hold on,plot3(x(i,1),x(i,2),x(i,3),'b * ','MarkerSize',6,'LineWidth',2)
end
end
legend('训练样本一类','训练样本二类','测试样本一类','测试样本二类')
```

程序运行完之后出现如图 3-15 所示的分类结果图界面。

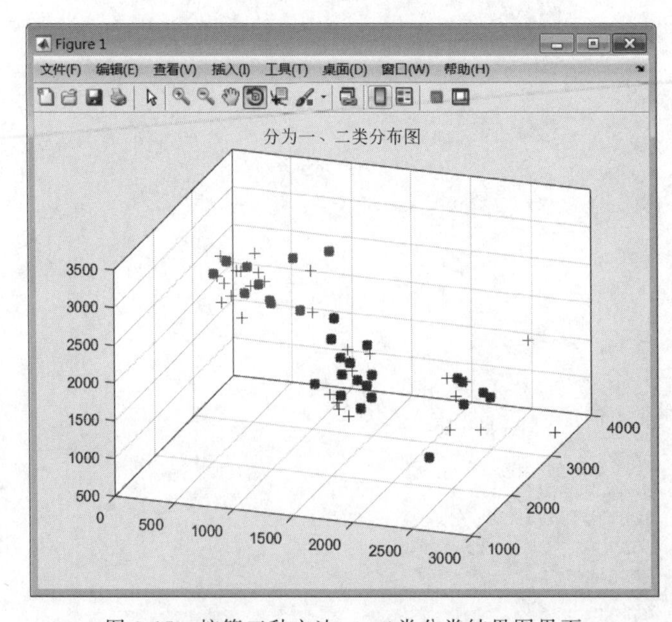

图 3-15 按第三种方法一、二类分类结果图界面

MATLAB程序运行完之后的运行结果如下：

```
W =
   - 0.8228   0.2321   0.5188
二
二
一
二
一
二
二
二
一
二
二
二
一
二
一
二
一
二
一
二
二
二
二
一
一
一
一
二
二
二
```

测试样本一类分为1、4类的程序代码：

```
N = 14;
X = [864.45   1647.31   2665.9
     877.88   2031.66   3071.18
     1418.79  1775.89   2772.9
     1449.58  1641.58   3405.12
     373.3    3087.05   2429.47;
     222.85   3059.54   2002.33;
     401.3    3259.94   2150.98;
     363.34   3477.95   2462.86;
     104.8    3389.83   2421.83;
     499.85   3305.75   2196.22;
     172.78   3084.49   2328.65;
     341.59   3076.62   2438.63;
     291.02   3095.68   2088.95;
     237.63   3077.78   2251.96;
]
fig = figure;
plot3(X(1:4,1),X(1:4,2), X(1:4,3),'r.')
hold on,plot3(X(5:14,1),X(5:14,2), X(5:14,3),'b.');grid;box
title('分为1、4类分布图')
m1 = mean(X(1:4,:));
m2 = mean(X(5:14,:));
```

```
S1 = 0;S2 = 0;
for i = 1:4
      S1 = S1 + (X(i,:) - m1) * (X(i,:) - m1)';
end
for i = 5:14
      S2 = S2 + (X(i,:) - m2) * (X(i,:) - m2)';
end
Sw = S1 + S2;
W = inv(Sw) * (m1 - m2);
W = W./norm(W)
x = [867.81    2334.68   2535.1
     460.69    3274.77   2172.99
     198.83    3250.45   2445.08
     1243.13   1814.07   3441.07
     354       3300.12   2373.61
     426.31    3105.29   2057.8
     343.07    3271.72   2036.94
     1495.18   1957.44   3498.02
     1125.17   1594.39   2937.73
     24.22     3447.31   2145.01
     1269.07   1910.72   2701.97

];
  hold on,plot3(1495.18,1957.44,3498.02,'r + ','MarkerSize',6,'LineWidth',2)
 hold on,plot3(1557.27,1746.27,1879.13,'b + ','MarkerSize',6,'LineWidth',2)

y0 = W * (m1 + m2)'/2;
for i = 1:11
if W * x(i,:)'> y0
   disp('1')
   hold on,plot3(x(i,1),x(i,2),x(i,3),'r + ','MarkerSize',6,'LineWidth',2)
else
   disp('4')
   hold on,plot3(x(i,1),x(i,2),x(i,3),'b + ','MarkerSize',6,'LineWidth',2)
end
end
legend('训练样本 1 类','训练样本 4 类','测试样本 1 类','测试样本 4 类')
```

程序运行完之后出现如图 3-16 所示的 1、4 类分类结果图界面。

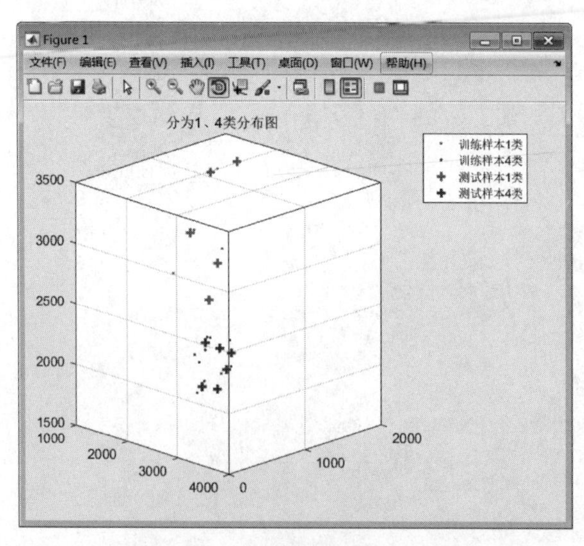

图 3-16　1、4 类分类结果图界面

MATLAB 程序运行完之后的运行结果如下：

```
W =
   0.4742  - 0.7890 0.3906
1
4
4
1
4
4
4
1
1
4
1
```

测试样本二类分为 2、3 类的程序代码：

```
clear,close all;
N = 15;
X = [2352.12  2557.04  1411.53;
      2297.28  3340.14  535.62;
      2092.62  3177.21  584.32;
      2205.36  3243.74  1202.69;
      2949.16  3244.44  662.42;
      2802.88  3017.11  1984.98;
      2063.54  3199.76  1257.21;
      1739.94  1675.15  2395.96
      1756.77  1652     1514.98
      1803.58  1583.12  2163.05
      1571.17  1731.04  1735.33
      1845.59  1918.81  2226.49
      1692.62  1867.5   2108.97
      1680.67  1575.78  1725.1
      1651.52  1713.28  1570.38
]
fig = figure;
plot3(X(1:7,1),X(1:7,2), X(1:7,3),'r.')
hold on,plot3(X(8:15,1),X(8:15,2), X(8:15,3),'b.');grid;box
title('分为 2、3 类分布图')
m1 = mean(X(1:7,:));
m2 = mean(X(8:15,:));
S1 = 0;S2 = 0;
for i = 1:7
     S1 = S1 + (X(i,:) - m1) * (X(i,:) - m1)';
end
for i = 8:15
     S2 = S2 + (X(i,:) - m2) * (X(i,:) - m2)';
end
Sw = S1 + S2;
W = inv(Sw) * (m1 - m2);
W = W./norm(W)
x = [1702.8    1639.79  2068.74
    1877.93   1860.96  1975.3
    1831.49   1713.11  1604.68
    2374.98   3346.98  975.31
```

```
    2271.89   3482.97   946.7
    1783.64   1597.99   2261.31
    1494.63   2072.59   2550.51
    1597.03   1921.52   2126.76
    1598.93   1921.08   1623.33
    2336.31   2640.26   1599.63
    2144.47   2501.62   591.51
    1507.13   1556.89   1954.51
    2201.94   3196.22   935.53
    2232.43   3077.87   1298.87
    1580.1    1752.07   2463.04
    1962.4    1594.97   1835.95
    1802.07   1725.81   1966.35
    1817.36   1927.4    2328.79
    1860.45   1782.88   1875.13
];
  hold on,plot3(2232.43,3077.87,1298.87,'r+','MarkerSize',6,'LineWidth',2)
  hold on,plot3(362.51,3150.03,2472,'b+','MarkerSize',6,'LineWidth',2)
y0 = W*(m1 + m2)'/2;
for i = 1:19
if W*x(i,:)'> y0
   disp('2')
   hold on,plot3(x(i,1),x(i,2),x(i,3),'r+','MarkerSize',6,'LineWidth',2)
else
   disp('3')
   hold on,plot3(x(i,1),x(i,2),x(i,3),'b+','MarkerSize',6,'LineWidth',2)
end
end
legend('训练样本 2 类','训练样本 3 类','测试样本 2 类','测试样本 3 类')
```

程序运行完之后出现如图 3-17 所示界面。

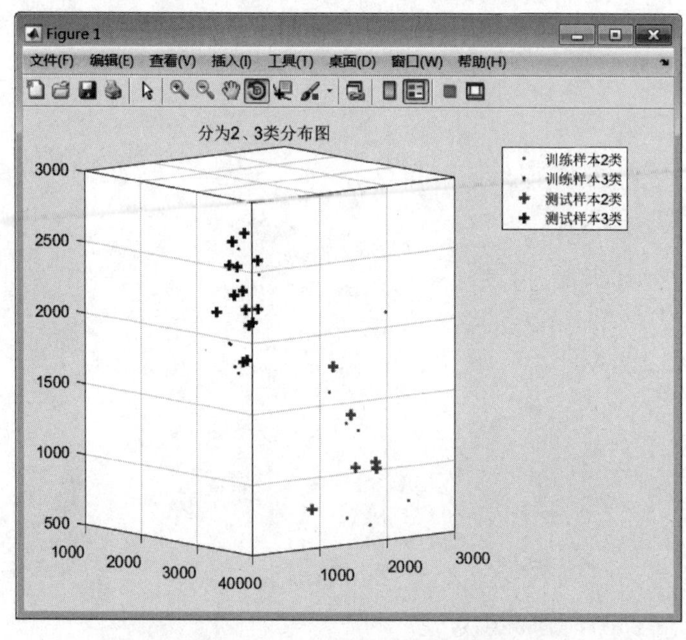

图 3-17　2、3 类数据分类结果

MATLAB 程序运行完之后出现如下结果：

```
W =
    0.3837 0.7917  - 0.4754
3
3
3
2
2
3
3
3
3
2
2
3
2
2
3
3
3
3
3
```

利用第二、三种分类方法，得出的分类结果如表 3-4 所示。

表 3-4 两种分类结果的比较

X	Y	Z	设计分类器分类结果第二种(1、3、2、4 类)	设计分类器分类结果第三种(1、4、2、3 类)
1702.8	1639.79	2068.74	3	3
1877.93	1860.96	1975.3	3	3
867.81	2334.68	2535.1	1	1
1831.49	1713.11	1604.68	3	3
460.69	3274.77	2172.99	4	4
2374.98	3346.98	975.31	2	2
2271.89	3482.97	946.7	2	2
1783.64	1597.99	2261.31	3	3
198.83	3250.45	2445.08	4	4
1494.63	2072.59	2550.51	1	3
1597.03	1921.52	2126.76	3	3
1598.93	1921.08	1623.33	3	3
1243.13	1814.07	3441.07	1	1
2336.31	2640.26	1599.63	2	2
354	3300.12	2373.61	4	4
2144.47	2501.62	591.51	2	2
426.31	3105.29	2057.8	1	4
1507.13	1556.89	1954.51	2	3
343.07	3271.72	2036.94	4	4

续表

X	Y	Z	设计分类器分类结果第二种(1、3,2、4类)	设计分类器分类结果第三种(1、4,2、3类)
2201.94	3196.22	935.53	2	2
2232.43	3077.87	1298.87	3	2
1580.1	1752.07	2463.04	3	3
1962.4	1594.97	1835.95	3	3
1495.18	1957.44	3498.02	1	1
1125.17	1594.39	2937.73	1	1
24.22	3447.31	2145.01	1	4
1269.07	1910.72	2701.97	1	1
1802.07	1725.81	1966.35	3	3
1817.36	1927.4	2328.79	3	3
1860.45	1782.88	1875.13	3	3

比较这两种分类方法,方法二有两个错误分类,方法三仅有一个错误分类,所以方法三优于方法二。

3.5.6 结论

文章主要论述了 Fisher 分类法的内容、特点以及其分类器设计,重点讨论了利用 Fisher 分类法设计分类器的全过程。在设计该种分类器过程中,首先利用训练样本求得最佳投影方向 $\boldsymbol{w}^*$,并确定阈值点 y_0。接着通过分析归纳给定样本数据的分类情况。最后利用 MATLAB 中的相关函数、工具设计了基于 Fisher 分类法的分类器,并将测试数据进行了成功分类。整个讨论和设计过程,关键点和创新点就在于对测试数据的处理过程上,通过两种方法做到了快速且相对准确的分类。

3.6 基于支持向量机的分类法

3.6.1 支持向量机简介

从观测数据中学习归纳出系统运动规律,并利用这些规律对未来数据或无法观测到的数据进行预测一直是智能系统研究的重点。传统学习方法中采用的经验风险最小化(ERM)虽然误差最小化,但不能最小化学习过程的泛化误差。ERM 方法不成功的例子就是神经网络中的过学习问题。为此由 Vapnik 领导的 AT&T Bell 实验室研究小组在 1963 年提出了一种新的非常有潜力的分类技术,支持向量机(Support Vector Machine,SVM)是一种基于统计学习理论的模式识别方法,主要应用于模式识别领域。支持向量机是一种二分类模型,它的目的是寻找一个超平面来对样本进行分割,分割的原则是间隔最大化,最终转换为一个凸二次规划问题来求解。所以,总体来说,SVM 算法就是一个可以用线性分类器对原始空间中并非线性可分割的数据进行分类的算法。

支持向量机的基本思想是在样本空间或特征空间构造出最优超平面,使得超平面与不同类样本集之间的距离最大,从而达到最大的泛化能力。

3.6.2 支持向量机的基本思想

SVM是从线性可分情况下的最优分类面方法发展而来的，基本思想可用图3-18的两类线性可分情况说明。图中，实心点和空心点代表两类样本，实线 P_0、P_1 为分类线。两个虚线分别为过各类中离分类线最近的样本且平行于分类线的直线，它们之间的距离叫作分类间隔。所谓最优分类线就是要求分类线不但能将两类正确分开（训练错误率为零），而且使分类间隔最大。当训练样本线性可分时，通过硬间隔最大化，学习一个线性可分支持向量机；当训练样本近似线性可分时，通过软间隔最大化，学习一个线性支持向量机；当训练样本线性不可分时，通过核技巧和软间隔最大化，学习一个非线性支持向量机。

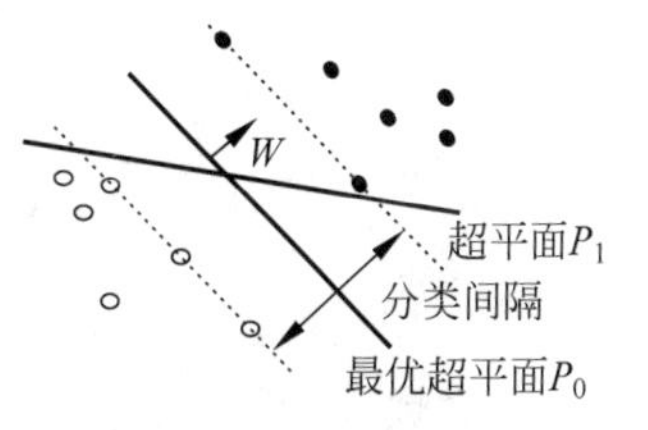

图3-18 两类线性分割图

3.6.3 线性可分支持向量机

1. 间隔最大化和支持向量

如果一个线性函数能够将样本分开，则称这些数据样本是线性可分的。在二维空间中它是一条直线，在三维空间中它是一个平面，以此类推，如果不考虑空间维数，这样的线性函数统称为超平面。在二维平面的超平面如图3-19所示，图中○代表正类，●代表负类。样本是线性可分的，但是很显然不止有这一条直线可以将样本分开，而是有无数条。线性可分支持向量机的超平面就对应着能将数据正确划分并且间隔最大的直线，而图中距离超平面最近的一组○和●就叫作这个超平面的支持向量。值得指出的是，决定分离超平面的时候只有支持向量起作用，因为它们决定了函数间隔和几何间隔，其他点不起作用。

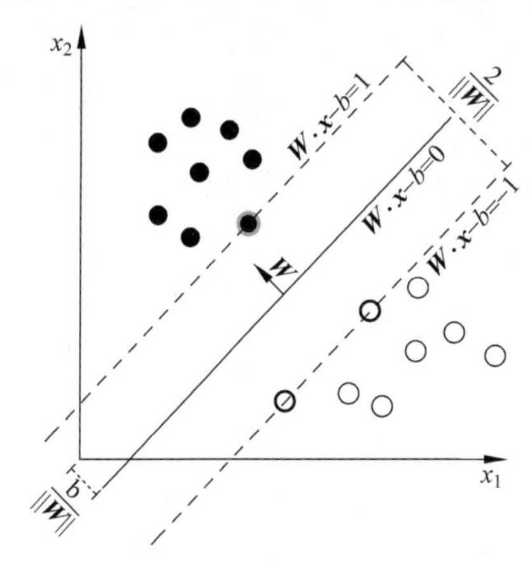

图3-19 支持向量机超平面示意图

下面设这个超平面为超平面 $\boldsymbol{W}$，正类支持向量○为向量 $\boldsymbol{x}_+$，负类支持向量●为向量 $\boldsymbol{x}_-$，两个支持向量之间的间隔为 γ，则 γ 等于它们的差在超平面 $\boldsymbol{W}$ 上面的投影，即

$$\gamma=\frac{(\boldsymbol{x}_+-\boldsymbol{x}_-)\cdot\boldsymbol{W}^{\mathrm{T}}}{\|\boldsymbol{W}\|}=\frac{\boldsymbol{x}_+\boldsymbol{W}^{\mathrm{T}}-\boldsymbol{x}_-\cdot\boldsymbol{W}^{\mathrm{T}}}{\|\boldsymbol{W}\|} \tag{3-39}$$

其中 $\boldsymbol{x}_+$ 和 $\boldsymbol{x}_-$ 满足 $y_i(\boldsymbol{\omega}^{\mathrm{T}}\boldsymbol{x}_i+b)=1$，即

$$\begin{cases}1*(\boldsymbol{\omega}^{\mathrm{T}}\boldsymbol{x}_++b)=1, y_i=+1\\ -1*(\boldsymbol{\omega}^{\mathrm{T}}\boldsymbol{x}_-+b)=1, y_i=-1\end{cases} \tag{3-40}$$

推出

$$\begin{cases}\boldsymbol{\omega}^{\mathrm{T}}\boldsymbol{x}_+=1-b\\ \boldsymbol{\omega}^{\mathrm{T}}\boldsymbol{x}_-=1-b\end{cases} \tag{3-41}$$

将式(3-41)代入式(3-39)得

$$\gamma=\frac{1-b+(1+b)}{\|\boldsymbol{W}\|}=\frac{2}{\|\boldsymbol{W}\|} \tag{3-42}$$

即间隔 γ 最大的条件就是使 $\frac{2}{\|\boldsymbol{W}\|}$ 最大化,为了计算方便,通常将式(3-42)变形成式(3-43)的样子。

$$\min_{w,b}\frac{1}{2}\|\boldsymbol{W}\|^2,\text{s.t. } y_i(\boldsymbol{\omega}^{\mathrm{T}}\boldsymbol{x}_i+b)\geqslant 1(i=1,2,\cdots,m) \tag{3-43}$$

式(3-43)就是支持向量机的基本型。

2. 对偶问题

式(3-43)本身是一个凸二次规划问题,可以使用现有的优化计算包来计算,但是它的约束条件是一个不等式问题,不便于数学分析。为了把它变为等式问题,选取它的对偶形式,这样还可以引出原问题不能反映而对偶可以反映的特征。

对式(3-43)使用拉格朗日法得到式(3-44)

$$L(\boldsymbol{\omega},b,\alpha)=\frac{1}{2}\|\boldsymbol{\omega}\|^2+\sum_{i=1}^{m}\alpha_i(1-y_i(\boldsymbol{\omega}^{\mathrm{T}}\boldsymbol{x}_i+b)) \tag{3-44}$$

因为要求 $L(\boldsymbol{\omega},b,\alpha)$ 的极值,分别对式(3-44)的 $\boldsymbol{\omega}$ 和 $\boldsymbol{b}$ 求偏导,得

$$\begin{cases}\dfrac{\partial L}{\partial \boldsymbol{\omega}}=\boldsymbol{\omega}-\sum\limits_{i=1}^{m}\alpha_i y_i\boldsymbol{x}_i\\ \dfrac{\partial L}{\partial b}=\sum\limits_{i=1}^{m}\alpha_i y_i\end{cases} \tag{3-45}$$

令其分别等于0,得

$$\begin{cases}\boldsymbol{\omega}=\sum\limits_{i=1}^{m}\alpha_i y_i\boldsymbol{x}_i\\ \sum\limits_{i=1}^{m}\alpha_i y_i=0\end{cases} \tag{3-46}$$

将式(3-46)代入式(3-44),可得

$$L(\boldsymbol{\omega},b,\alpha)=\sum_{i=1}^{m}\alpha_i-\frac{1}{2}\sum_{i=1}^{m}\sum_{j=1}^{m}\alpha_i\alpha_j y_i y_j\boldsymbol{x}_i\boldsymbol{x}_j \tag{3-47}$$

这里,式(3-44)加号后面的部分就是将约束条件加入后的转换式,而这时候的约束条件变成了 $\sum\limits_{i=1}^{m}\alpha_i y_i=0,\alpha_i\geqslant 0,i=1,2,\cdots,m$,可见经拉格朗日变化后,它由原来的不等式变成了等式。

在KKT条件下进一步整理之后,得到它的模型为

$$f(\boldsymbol{x})=\boldsymbol{\omega}^{\mathrm{T}}\boldsymbol{x}+b=\sum_{i=1}^{m}\alpha_i y_i\boldsymbol{x}_i^{\mathrm{T}}\boldsymbol{x}+b \tag{3-48}$$

这就是SVM的线性模型,对于任意样本$(\boldsymbol{x}_i,\boldsymbol{y}_i)$,若 $\alpha_i=0$,则其不会出现,也就是说,它不影响模型的训练;若 $\alpha_i>0$,则 $y_i f(\boldsymbol{x}_i)-1=0$,也就是 $y_i f(\boldsymbol{x}_i)=1$,即该样本一定在边界上,是一个支持向量。即当训练完成后,大部分样本都不需要保留,最终模型只与支持向量有关。

3.6.4 非线性可分支持向量机

对于实际上难以线性分类的问题，待分类样本可以通过选择适当的非线性变换映射到某个高维的特征空间(feature space)，使得在目标高维空间中这些样本线性可分，从而转换为线性可分问题。Cover 定理表明，通过这种非线性转换将非线性可分的样本映射到足够高维的特征空间，非线性可分的样本将有极大的可能性变为线性可分。

对于非线性问题，要使用非线性模型才能很好地分类。

如图 3-20 所示，如果在二维平面内，需要用一个椭圆才能将其分类。对于这样的问题，可以将训练样本从原始空间映射到一个更高维的空间，使得样本在这个空间中线性可分。令 $\boldsymbol{\phi}(\boldsymbol{x})$ 表示将 $\boldsymbol{x}$ 映射到高维空间后的特征向量，于是超平面的模型可表示为

$$f(\boldsymbol{x})=\boldsymbol{\omega}^{\mathrm{T}}\boldsymbol{\phi}(\boldsymbol{x})+b \tag{3-49}$$

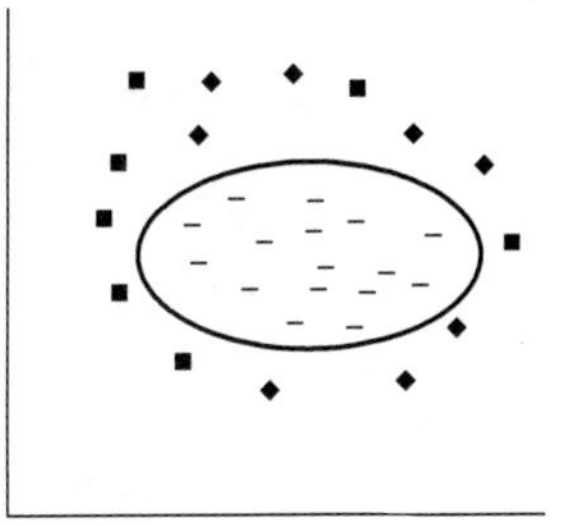

图 3-20 非线性情况下支持向量机超平面示意图

于是有最小化函数：

$$\min_{\boldsymbol{\omega},b}\frac{1}{2}\|\boldsymbol{\omega}\|^2 \tag{3-50}$$

它的约束条件是 $y_i(\boldsymbol{\omega}^{\mathrm{T}}\boldsymbol{\phi}(\boldsymbol{x}_i)+b)\geqslant 1(i=1,2,\cdots,m)$。

其对偶问题为

$$\max_{\alpha}\sum_{i=1}^{m}\alpha_i-\frac{1}{2}\sum_{i=1}^{m}\sum_{j=1}^{m}\alpha_i\alpha_j y_i y_j\boldsymbol{\phi}(\boldsymbol{x}_i)^{\mathrm{T}}\boldsymbol{\phi}(\boldsymbol{x}_j) \tag{3-51}$$

它的约束条件是 $\sum_{i=1}^{m}\alpha_i y_i=0,\alpha_i\geqslant 0,i=1,2,\cdots,m$。

若要对式(3-51)求解，会用到计算 $\boldsymbol{\phi}(\boldsymbol{x}_i)^{\mathrm{T}}\boldsymbol{\phi}(\boldsymbol{x}_j)$，这是样本 $\boldsymbol{x}_i$ 和 $\boldsymbol{x}_j$ 映射到特征空间之后的内积，由于特征空间维数是提高之后的，它可能会很高，甚至是无穷维的，因此直接计算 $\boldsymbol{\phi}(\boldsymbol{x}_i)^{\mathrm{T}}\boldsymbol{\phi}(\boldsymbol{x}_j)$ 通常是困难的，于是可以构造一个函数：

$$k(x_i,x_j)=\langle\boldsymbol{\phi}(\boldsymbol{x}_i),\boldsymbol{\phi}(\boldsymbol{x}_j)\rangle=\boldsymbol{\phi}(\boldsymbol{x}_i)^{\mathrm{T}}\boldsymbol{\phi}(\boldsymbol{x}_j) \tag{3-52}$$

即 $\boldsymbol{x}_i$ 和 $\boldsymbol{x}_j$ 在特征空间中的内积等于他们在原始样本空间中通过函数 $k(\boldsymbol{x}_i,\boldsymbol{x}_j)$ 计算的函数值，于是式(3-49)就变成如下所示：

$$\max_{\alpha}\sum_{i=1}^{m}\alpha_i-\frac{1}{2}\sum_{i=1}^{m}\sum_{j=1}^{m}\alpha_i\alpha_j y_i y_j k(x_i,x_j) \tag{3-53}$$

它的约束条件是 $\sum_{i=1}^{m}\alpha_i y_i=0,\alpha_i\geqslant 0,i=1,2,\cdots,m$。

求解后得到：

$$\begin{aligned}f(\boldsymbol{x})&=\boldsymbol{\omega}^{\mathrm{T}}\boldsymbol{\phi}(\boldsymbol{x})+b=\sum_{i=1}^{m}\alpha_i y_i\boldsymbol{\phi}(\boldsymbol{x}_i)^{\mathrm{T}}\boldsymbol{\phi}(\boldsymbol{x}_j)+b\\&=\sum_{i=1}^{m}\alpha_i y_i k(\boldsymbol{x}_i,\boldsymbol{x}_j)+b\end{aligned} \tag{3-54}$$

这里的函数 $k(\boldsymbol{x}_i,\boldsymbol{x}_j)$ 就是核函数，根据泛函的有关理论，只要一种 $k(\boldsymbol{x},\boldsymbol{x}_i)$ 核函数满足 Mercer 条件，它就对应某一变换空间中的内积。因此，在最优分类面中采用适当的内积

函数 $k(\boldsymbol{x},\boldsymbol{x}_i)$就可以实现某一非线性变换后的线性分类，而计算复杂度却没有增加。核函数存在性定理表明：给定一个训练样本集，就一定存在一个相应的函数，训练样本通过核函数映射到高维特征空间的相是线性可分的。

对一个特定的核函数，给定的样本集中的任意一个样本都可能成为一个支持向量。这意味着在一个支持向量机下观察到的特征在其他支持向量机下(其他核函数)并不能保持。因此对解决具体问题来说。选择合适的核函数是很重要的。在实际应用中，通常人们会从一些常用的核函数里面选择，根据样本数据的不同，选择不同的参数，选择的核函数就不同，常用的核函数有以下几类。

线性核函数：

$$k(\boldsymbol{x}_i,\boldsymbol{x}_j)=\boldsymbol{x}_i^{\mathrm{T}}\boldsymbol{x}_j \tag{3-55}$$

多项式核函数：

$$k(\boldsymbol{x}_i,\boldsymbol{x}_j)=(\boldsymbol{x}_i^{\mathrm{T}}\boldsymbol{x}_j)^d \tag{3-56}$$

高斯核函数($\sigma>0$)：

$$k(\boldsymbol{x}_i,\boldsymbol{x}_j)=\exp\left(-\frac{\|\boldsymbol{x}_i-\boldsymbol{x}_j\|^2}{2\sigma^2}\right) \tag{3-57}$$

拉普拉斯核函数($\sigma>0$)：

$$k(\boldsymbol{x}_i,\boldsymbol{x}_j)=\exp\left(-\frac{\|\boldsymbol{x}_i-\boldsymbol{x}_j\|}{\sigma}\right) \tag{3-58}$$

可见，线性核函数其实就是当 $d=1$ 时多项式和函数的特殊形式。

3.6.5 L1 软间隔支持向量机

在前面的讨论中，我们假设训练样本在样本空间或者特征空间中是线性可分的，但在现实任务中往往很难确定合适的核函数使训练集在特征空间中线性可分，退一步说，即使找到了这样的核函数使得样本在特征空间中线性可分，也很难判断是不是由于过拟合造成。

线性不可分意味着某些样本点$(\boldsymbol{x}_i,\boldsymbol{x}_j)$不能满足间隔大于等于 1 的条件，样本点落在超平面与边界之间。为解决这一个问题，可以对每个样本点引入一个误差因子 $\xi_i\geqslant0$，使得约束条件变为

$$y_i(\boldsymbol{\omega}^{\mathrm{T}}\boldsymbol{\phi}(x_i)+b)\geqslant1-\xi_i \tag{3-59}$$

同时，对于每一个误差因子$\boldsymbol{\xi}_i\geqslant0$，支付一个代价$\boldsymbol{\xi}_i\geqslant0$，使目标函数变为

$$\frac{1}{2}\|\boldsymbol{\omega}\|^2+C\sum_{i=1}^{m}\boldsymbol{\xi}_i \tag{3-60}$$

其中，C 为惩罚函数，C 值越大对误差分类的惩罚越大，C 值越小对误差分类的惩罚越小，式(3-60)包含两个含义：

① 使$\frac{1}{2}\|\boldsymbol{\omega}\|^2$尽量小，即间隔尽量大。

② 使误分类点的个数尽量小，C 是调和两者的因数。

有了式(3-60)，L1 软间隔支持向量机可以和线性可分支持向量机一样考虑线性支持向

量机的学习过程，此时，线性支持向量机的学习问题变成如下凸二次规划问题的求解（原始问题）：

$$\min_{w,b} \frac{1}{2}\|\boldsymbol{W}\|^2 + C\sum_{i=1}^{m}\xi_i, \text{s. t. } y_i(\boldsymbol{\omega}^{\mathrm{T}}\boldsymbol{x}_i + b) \geqslant 1 - \xi_i (i = 1,2,\cdots,m) \tag{3-61}$$

与线性可分支持向量机的对偶问题解法一致，式(3-61)拉格朗日函数为

$$L(\boldsymbol{\omega}, b, \alpha, \xi, \mu) = \frac{1}{2}\|\boldsymbol{\omega}\|^2 + C\sum_{i=1}^{m}\xi_i + \sum_{i=1}^{m}\alpha_i(1 - \xi_i - y_i(\boldsymbol{\omega}^{\mathrm{T}}\boldsymbol{x}_i + b)) - \sum_{i=1}^{m}\mu_i\xi_i \tag{3-62}$$

其中 $\alpha_i \geqslant 0, \mu_i \geqslant 0$，它们都是拉格朗日乘子。

令 $L(\boldsymbol{\omega}, b, \alpha, \xi, \mu)$ 对 $\boldsymbol{\omega}, b, \alpha$ 求偏导，得

$$\begin{cases} \boldsymbol{\omega} = \sum_{i=1}^{m}\alpha_i y_i x_i \\ \sum_{i=1}^{m}\alpha_i y_i = 0 \\ C = \alpha_i + \mu_i \end{cases} \tag{3-63}$$

将上述公式代入式(3-61)得到对偶问题

$$\max_{\alpha}\sum_{i=1}^{m}\alpha_i - \frac{1}{2}\sum_{i=1}^{m}\sum_{j=1}^{m}\alpha_i\alpha_j y_i y_j x_i x_j \tag{3-64}$$

它的约束条件是 $\sum_{i=1}^{m}\alpha_i y_i = 0, \alpha_i \geqslant 0, \mu_i \geqslant 0, C = \alpha_i + \mu_i, i = 1,2,\cdots,m$。

可以得到模型

$$f(\boldsymbol{x}) = \boldsymbol{\omega}^{\mathrm{T}}\boldsymbol{x} + b = \sum_{i=1}^{m}\alpha_i y_i \boldsymbol{x}_i^{\mathrm{T}}\boldsymbol{x} + b \tag{3-65}$$

上述过程的 KKT 条件是

$$\begin{cases} \alpha_i \geqslant 0 \\ y_i f(x_i) \geqslant 1 - \xi_i \\ \alpha_i(y_i f(x_i) - 1 + \xi_i) = 0 \\ \xi_i \geqslant 0, \mu_i\xi_i = 0 \end{cases} \tag{3-66}$$

对于任意训练样本 $(\boldsymbol{x}_i, \boldsymbol{y}_i)$，总有 $\alpha_i = 0$ 或者 $y_i f(\boldsymbol{x}_i) - 1 + \xi_i = 0$。

若 $\alpha_i = 0$，不影响模型。

若 $\alpha_i > 0$，必有 $y_i f(\boldsymbol{x}_i) - 1 + \xi_i = 0$，即 $y_i f(x_i) = 1 + \xi_i$，此时该样本为支持向量。

由于 $C = \alpha_i + \mu_i$：

若 $\alpha_i < C$，则必有 $\mu_i > 0$，根据 KKT 公式知 $\xi_i = 0$，即该样本恰好落在最大间隔的边界上。

若 $\alpha_i = C$，则 $\mu_i > 0$，此时若 $\xi_i \leqslant 1$，则该样本在最大间隔内部，若 $\xi_i > 1$，则样本分类错误。

3.6.6 支持向量机的几个主要优点

(1) 它是专门针对有限样本情况的,其目标是得到现有信息下的最优解而不仅仅是样本数趋于无穷大时的最优值。

(2) 算法最终将转换成为一个二次型寻优问题,从理论上说,得到的将是全局最优点,解决了在神经网络方法中无法避免的局部极值问题。

(3) 算法将实际问题通过非线性变换转换到高维的特征空间(Feature Space),在高维空间中构造线性判别函数来实现原空间中的非线性判别函数。该特殊性质能保证机器有较好的推广能力,同时它巧妙地解决了维数问题,其算法复杂度与样本维数无关。

3.6.7 多类分类问题

基本的支持向量机仅能解决两类分类问题,一些学者从两个方向研究用支持向量机解决实际的多类分类问题:一个方向就是将基本的两类支持向量机(Binary-class SVM,BSVM)扩展为多类分类支持向量(Multi-Class SVM,MSVM),使支持向量机本身成为解决多类分类问题的多类分类器;另一方向则相反,将多类分类问题逐步转换为两类分类问题,即用多个两类分类支持向量机组成的多类分类器。

1. 多类分类支持向量机 MSVM

实际应用研究中多类分类问题更加常见,只要将目标函数由两类改为多类(k 类)情况,就可以很自然地将 BSVM 扩展为多类分类支持向量机 MSVM,以相似的方式可得到决策函数。

2. 基于 BSVM 的多类分类器

这种方案是为每个类构建一个 BSVM,如图 3-21 所示,对每个类的 BSVM,其训练样本集的构成是:属该类的样本为正样本,而不属于该类的其他所有样本都是负样本,即该 BSVM 分类器就是将该类样本和其他样本分开。所以在 1-a-1 分类器过程中训练样本需要重新标注,因为一个样本只有在对应类别的 BSVM 分类器是正样本,对其他的 BSVM 分类器都是负样本。

1) 1-a-1 分类器(One-against-one classifiers)

对 1-a-1 分类器,解决 k 类分类问题就需要个 BSVM,因为这种方案是每两个类别训练一个 BSVM 分类器,如图 3-22 所示,最后一个待识别样本的类别是由所有 $k(k-1)/2$ 个 BSVM“投票”决定的。

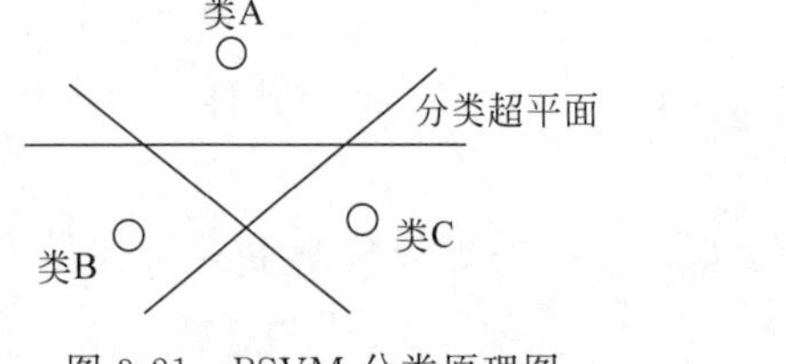

图 3-21 BSVM 分类原理图

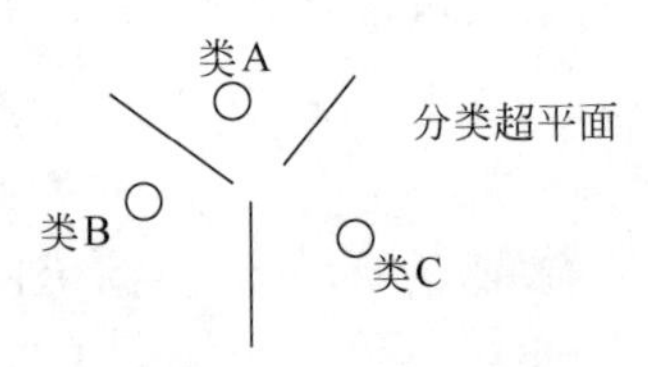

图 3-22 1-a-1 分类原理图

2) 多级 BSVM 分类器

这种方案是把多类分类问题分解为多级的两类分类子问题,如图 3-23、图 3-24 所示,两种典型方案,其中 A、B、C、D、E、F 分别为 7 个不同的类。

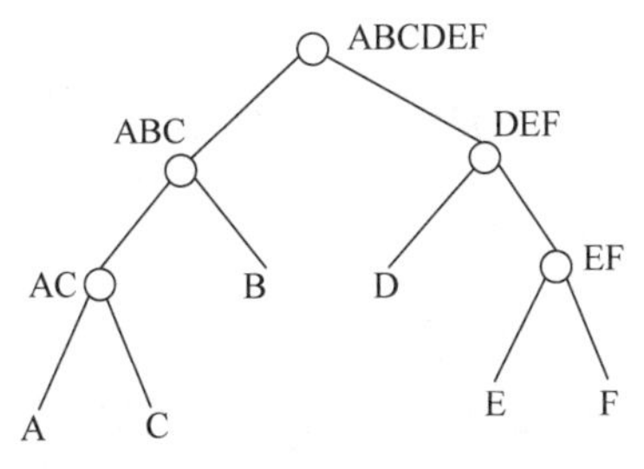

图 3-23　BSVM 多级分类方案一

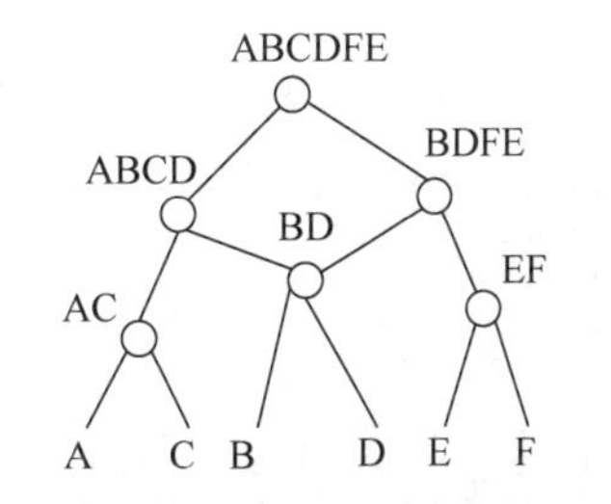

图 3-24　BSVM 多级分类方案二

3.6.8　基于 SVM 的数据分类

1. 模型建立流程

设计流程图如图 3-25 所示。

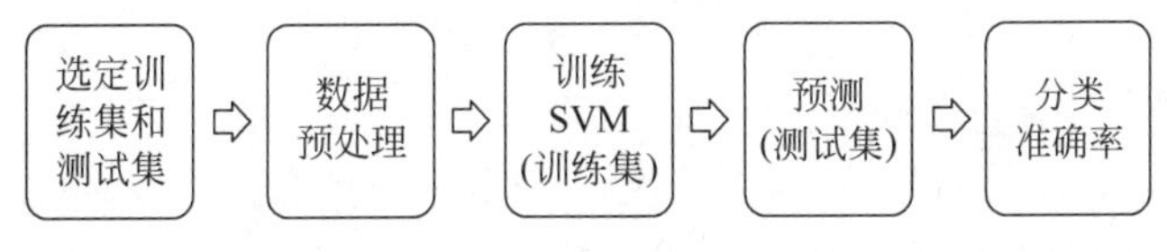

图 3-25　设计流程

2. 数据预处理

对训练集和测试集进行归一化预处理，采用[0,1]区间归一化。

$$f: x \to y = \frac{x - x_{\min}}{x_{\max} - x_{\min}}$$

3. 训练和预测

以下是 MATLAB 中 LibSVM 工具箱中自带的 SVM 训练和预测的语句：

```
●model = svmtrain(train_labels, train_metrix,[ 'libsvm_options'])
-- train_labels: 训练集的标签
-- train_metrix: 训练集的属性
-- libsvm_options: 一些选项参数
-- model: 训练得到的分类模型
●[predict_label, accuracy] = svmpredict(test_labels, test_metrix, model)
-- test_labels: 测试集的标签
-- test_metrix: 测试集的属性
-- model: 由 svmtrain 得到的分类模型
-- predict_label: 预测得到的测试集的标签
-- accuracy: 分类准确率
```

4. libSVM 工具箱简介

libSVM 是台湾大学林智仁教授等人开发设计的一个简单、易于使用且快速有效的 SVM 模式识别与回归的软件包。它不但提供了编译好的可在 Windows 系列系统中执行的文件，还提供了源代码，方便用户改进、修改以及在其他操作系统上应用。该软件还有一个特点，就是对 SVM 所涉及的参数调节相对比较少，提供了很多的默认参数，利用这些默认参数就可以解决很多问题，并且提供了交互检验的功能。

以下是 libSVM 工具箱的安装过程。

- 下载 libSVM-mat-2.91-1 的压缩文件，将其解压到 MATLAB→toolbox 的安装路

径下。

- 然后在 MATLAB 软件执行“设置路径”→“添加文件夹”,将该压缩包解压后添加到工具箱即可。

5. MATLAB 源程序

在程序开始要将数据归一化处理,归一化的程序代码如下:

```
function normal = normalization(x,kind)
% last modified 2009.2.24
%
if nargin < 2
    kind = 2; % kind = 1 or 2 表示第一类或第二类归一化
end

[m,n] = size(x);
normal = zeros(m,n);
%% normalize the data x to [0,1]
if kind == 1
    for i = 1:m
        ma = max(x(i,:));
        mi = min(x(i,:));
        normal(i,:) = (x(i,:) - mi)./(ma - mi);
    end
end
%% normalize the data x to [ - 1,1]
if kind == 2
    for i = 1:m
        mea = mean(x(i,:));
        va = var(x(i,:));
        normal(i,:) = (x(i,:) - mea)/va;
    end
end
```

SVM 的 MATLAB 完整源程序代码如下:

```
clear;
clc;
load SVM;

train_train = [train(1:4,:);train(5:11,:);train(12:19,:);train(20:30,:)]; % 手动划分 4 类
train_target = [target(1:4);target(5:11);target(12:19);target(20:30)];
test_simulation = [simulation(1:6,:);simulation(7:11,:);simulation(12:24,:);
simulation(25:30,:)];
test_labels = [labels(1:6);labels(7:11);labels(12:24);labels(25:30)];

% train_train = normalization(train_train',2);
% test_simulation = normalization(test_simulation',2);
% train_train = train_train';
% test_simulation = test_simulation';

%          bestcv = 0;
%          for log2c = - 10:10,
%          for log2g = - 10:10,
%            cmd = ['- v 5 - c ', num2str(2^log2c), ' - g ',num2str(2^log2g)]; % 将训练集分
                                                                              % 为 5 类
```

```
%               cv = svmtrain(train_target, train_train, cmd);
%               if (cv >= bestcv),
%                 bestcv = cv; bestc = 2^log2c; bestg = 2^log2g;
%               end
%             end
%           end
%           fprintf('(best c = %g, g = %g, rate = %g)\n',bestc, bestg, bestcv);
%           cmd = ['-c ', num2str(bestc), ' -g ', num2str(bestg)];
%           model = svmtrain(train_target, train_train, cmd);

model = svmtrain(train_target, train_train, '-c 2 -g 0.2 -t 1'); %核函数
 [predict_label, accuracy] = svmpredict(test_labels, test_simulation, model);
hold off
f = predict_label';
index1 = find(f == 1);
index2 = find(f == 2);
index3 = find(f == 3);
index4 = find(f == 4);
plot3(simulation(:,1),simulation(:,2),simulation(:,3),'o');
line(simulation(index1,1),simulation(index1,2),simulation(index1,3),'linestyle','none',
'marker','*','color','g');
line(simulation(index2,1),simulation(index2,2),simulation(index2,3),'linestyle','none',
'marker','<','color','r');
line(simulation(index3,1),simulation(index3,2),simulation(index3,3),'linestyle','none',
'marker','+','color','b');
line(simulation(index4,1),simulation(index4,2),simulation(index4,3),'linestyle','none',
'marker','>','color','y');
box;grid on;hold on;
xlabel('A');
ylabel('B');
zlabel('C');
title('支持向量机分析图');
```

程序运行完之后，出现如图 3-26 所示的分类结果图界面。

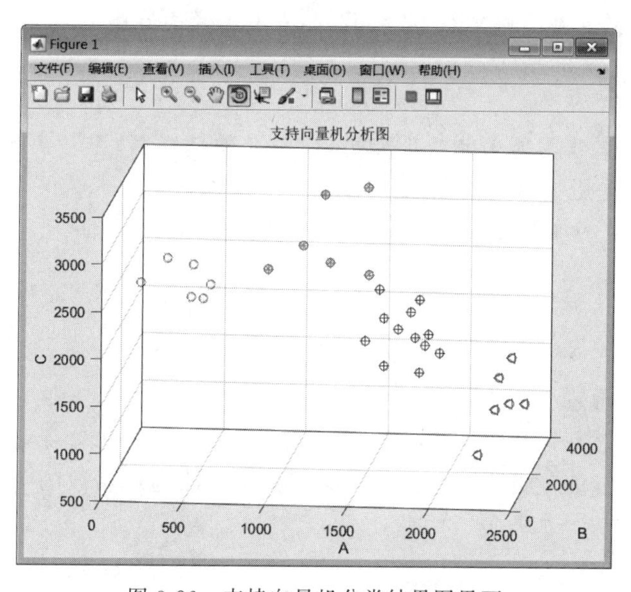

图 3-26 支持向量机分类结果图界面

在MATLAB命令窗口出现如下结果：

```
Accuracy = 96.6667% (29/30) (classification)
predict_label =
     1
     1
     1
     1
     1
     1
     2
     2
     2
     2
     2
     3
     3
     3
     3
     3
     3
     2
     3
     3
     3
     3
     3
     3
     4
     4
     4
     4
     4
     4
```

从图中可以看出分类正确率为96.6667%，有一个样本分错了。

3.6.9 结论

SVM具有优良的学习能力和推广能力，能够有效地克服“维数灾难”和“过学习”的问题，而SVM的参数是影响分类精度、回归预测的重要因素。仿真结果表明，预测结果可靠，可以为数据提供很好的参考价值信息。

习题

1. 什么是判别函数法？

2. 怎样确定线性判别函数的系数？

3. 线性判别函数的分类器设计方法有哪些？非线性判别函数的分类器设计方法有哪些？它们有什么异同？

第4章

聚类分析

4.1 聚类分析

聚类分析是指事先不了解一批样本中的每一个样本的类别或其他的先验知识，而唯一的分类根据是样本的特征，利用某种相似度度量的方法，把特征相同或相似的归为一类，实现聚类划分。很多人在学习聚类之初，容易将聚类和分类搞混淆。其实聚类属于无监督学习(unsupervised learning)范畴，也可称为观察式学习过程。与分类不同，聚类并不依赖已有既定的先验知识。

聚类分析就是对探测数据进行分类分析的一个工具，许多学科要根据所测得的或感知到的相似性对数据进行分类，把探测数据归入到各个聚合类中，且在同一个聚合类中的模式比不同聚合类中的模式更相似，从而对模式间的相互关系做出估计。聚类分析的结果可以被用来对数据提出初始假设，分类新数据，测试数据的同类型及压缩数据。

聚类算法的重点是寻找特征相似的聚合类。人类是二维的最佳分类器，然而大多数实际的问题涉及高维的聚类，对高维空间内的数据的直观解释，其困难是显而易见的。另外，数据也不会服从规则现象分布，这就是有大量聚类算法出现在文献中的原因。

4.1.1 聚类的定义

Everttt 提出，一个聚合类是一些相似的实体集合，而且不同聚合类的实体是不相似的。在一个聚合类内的两个点间的距离小于在这个类内任一点和不在这个类内的另一任一点间的距离。聚合类可以被描述成在 n 维空间内存在较高密度点的连续区域和较低密度点的区域，而较低密度点的区域把其他较高密度点的区域分开。

在模式空间 S 中，若给定 N 个样本 $X_1,X_2,\cdots,X_N$，聚类的定义是：按照相互类似的程度找到相应的区域 $R_1,R_2,\cdots,R_M$，将任意 $X_i(i=1,2,\cdots,N)$ 归入其中一类，而且不会同时属于两类，即

$$R_1 \cup R_2 \cup \cdots \cup R_M = R \tag{4-1}$$

$$R_i \cap R_j = \phi \quad (i \neq j) \tag{4-2}$$

这里∩、∪分别为交集和并集。

选择聚类的方法应以一个理想的聚类概念为基础。然而，如果数据不满足由聚类技术所做的假设，则算法不是去发现真实的结构而是在数据上强加某种结构。

4.1.2 聚类准则

设有未知类别的 N 个样本,要把它们划分到 M 类中,可以有多种优劣不同的聚类方法,怎样评价聚类的优劣,这就需要确定一种聚类准则。但客观地说,聚类的优劣是就某一种评价准则而言,很难有对各种准则均呈优良表现的聚类方法。

聚类准则的确定,基本上有两种方法。一种是试探法,根据所分类的问题,确定一种准则,并用它来判断样本分类是否合理。例如,以距离函数作为相似性的度量,用不断修改的阈值来探究对此种准则的满足程度,当取得极小值时,就认为得到了最佳划分。另一种是规定一种准则函数,其函数值与样本的划分有关,当取得极小值时,就认为得到了最佳划分下给出一种简单而又广泛应用的准则,即误差平方和准则:

设有 N 个样本,分属于 $\omega_1,\omega_2,\cdots,\omega_M$ 类,设有 N_i 个样本的 ω_j 类,其均值为:

$$m_i=\frac{1}{N_i}\sum_{X\in\omega_i}X \tag{4-3}$$

$$\overline{X^{(\omega_i)}}=\frac{1}{N_i}\sum_{X\in\omega_i}X \tag{4-4}$$

因为有若干种方法可将 N 个样本划分到 M 类中去,因此对应一种划分,可求得一个误差平方和 J,要找到使 J 值最小的那种划分。定义误差平方和

$$J=\sum_{i=1}^{M}\sum_{X\in\omega_i}\|X-m_i\|^2 \tag{4-5}$$

$$J=\sum_{i=1}^{M}\sum_{X\in\omega_i}\|X-\overline{X^{(\omega_i)}}\|^2 \tag{4-6}$$

经验表明,当各类样本均很密集,各类样本个数相差不大,而类间距离较大时,适合采用误差平方和准则。若各类样本数相差很大,类间距离较小时,就有可能将样本数多的类一分为二,而得到的 J 值却比大类保存完整时小,误以为得到了最优划分,实际上得到了错误分类。

4.1.3 基于试探法的聚类设计

基于试探法的聚类设计采用假设某种分类方案,确定一种聚类准则,计算 J 值,找到 J 值最小的那一种分类方案,则认为该种方法为最优分类。基于试探的未知类别聚类算法,包括最近邻规则的试探法、最大最小距离试探法和层次聚类试探法。

1. 最近邻规则的试探法

假设前 i 个样本已经被分到 k 个类中。则第 $i+1$ 个样本应该归入哪一个类中?假设归入 ω_a 类,要使 J 最小,则应满足第 $i+1$ 个样本到 ω_a 类的距离小于给定的阈值,若大于给定的阈值 T,则应为其建立一个新的类 ω_{k+1}。在未将所有的样本分类前,类数是不能确定的。

这种算法与第一个中心的选取、阈值 T 的大小、样本排列次序及样本分布的几何特性有关。这种方法运算简单,当用有关于模式几何分布的先验知识作指导给出阈值 T 及初始点时,则能较快地获得合理的聚类结果。

2. 最大最小距离试探法

最近邻规则的试探法受到阈值 T 的影响很大。阈值的选取是聚类成败的关键之一。

最大最小距离算法充分利用样本内部特性，计算出所有样本间的最大距离作为归类阈值的参考，改善了分类的准确性。例如，采用某样本到某一个聚类中心的距离小于最大距离的一半，则归入该类，否则建立新的聚类中心。

3. 层次聚类试探法

层次聚类方法对给定的数据集进行层次的分解，直到某种条件满足为止。具体又可分为合并、分裂两种方案。

合并的层次聚类是一种自底向上的策略，首先将每个对象作为一个类，然后根据类间距离的不同，合并距离小于阈值的类，合并一些相似的样本，直到终止条件被满足，合并算法会在每一步减小聚类中心数量，聚类产生的结果来自于前一步的两个聚类的合并；绝大多数层次聚类方法属于这一类，它们只是在相似度的定义上有所不同。

分裂的层次聚类与合并的层次聚类相反，采用自顶向下的策略，它首先将所有对象置于同一个簇中，然后逐渐细分为越来越小的样本簇，直到达到了某个终止条件。分裂算法与合并算法的原理相反，在每一步增加聚类中心数目，每一步聚类产生的结果，都是将前一步的一个聚类中心分裂成两个得到的。

常用的聚类方法有均值聚类、分层聚类和模糊聚类。

4.2 数据聚类——K 均值聚类

4.2.1 K 均值聚类简介

K 均值(k-means)算法是 Mac Queen J. 在 1967 年提出来的一种经典的聚类算法。该算法最常见的形式是采用被称为劳埃德算法(Lloyd algorithm)的迭代式改进探索法，属于基于划分的聚类算法。由于该算法的效率较高，所以该算法在科学和工业领域中，对大规模数据进行聚类时被广泛应用，是一种极有影响力的技术。

K 均值聚类算法是先随机选取 *K* 个对象作为初始的聚类中心。然后计算每个对象与各个种子聚类中心之间的距离，把每个对象分配给距离它最近的聚类中心。聚类中心以及分配给它们的对象就代表一个聚类。一旦全部对象都被分配了，每个聚类的聚类中心会根据聚类中现有的对象被重新计算。这个过程将不断重复直到满足某个终止条件。终止条件可以是没有(或最小数目）对象被重新分配给不同的聚类、没有(或最小数目)聚类中心再发生变化或者误差平方和局部最小。

4.2.2 K 均值聚类的原理

动态聚类方法是模式识别中一种普遍采用的方法，它具有以下 3 个要点。

(1) 选定某种距离度量作为样本间的相似性度量。

(2) 确定某个评价聚类结果质量的准则函数。

(3) 给定某个初始分类，然后用迭代算法找出使准则函数取极值的最好的聚类结果。

K 均值算法是基于质心的技术，*K* 均值算法以 *K* 为输入参数，把 *n* 个对象集合分为 *K* 个簇，使得簇内的相似度高，簇之间的相似度低。簇的相似度是关于簇中对象的均值度量，可以看作簇的质心。

4.2.3 K 均值算法的主要流程

K 均值算法在进行聚类之前需要用户给定簇的个数和数据样本等参数,然后根据特定的算法对数据集进行聚类,当满足收敛条件时,算法处理结束,输出最终的聚类结果,其具体过程如下。

K 均值聚类算法使用的聚类准则函数是误差平方和准则 J_K:

$$J_K = \sum_{j=1}^{K} \sum_{k=1}^{n_j} \| x_k - m_j \|^2 \tag{4-7}$$

为了使聚类结果优化,应该使准则 J_K 最小化。

K 均值的算法过程为:

输入:初始数据集 DATA 和簇的数目 k。

输出:k 个簇,满足平方误差准则函数收敛。

(1) 任意选择 k 个数据对象作为初始聚类中心。

(2) 根据簇中对象的平均值,将每个对象赋给最类似的簇。

(3) 更新簇的平均值,即计算每个对象簇中对象的平均值。

(4) 计算聚类准则函数 J_K。

(5) Until 准则函数 J_K 值不再进行变化。

K 均值算法的执行过程和流程图如图 4-1 和图 4-2 所示。

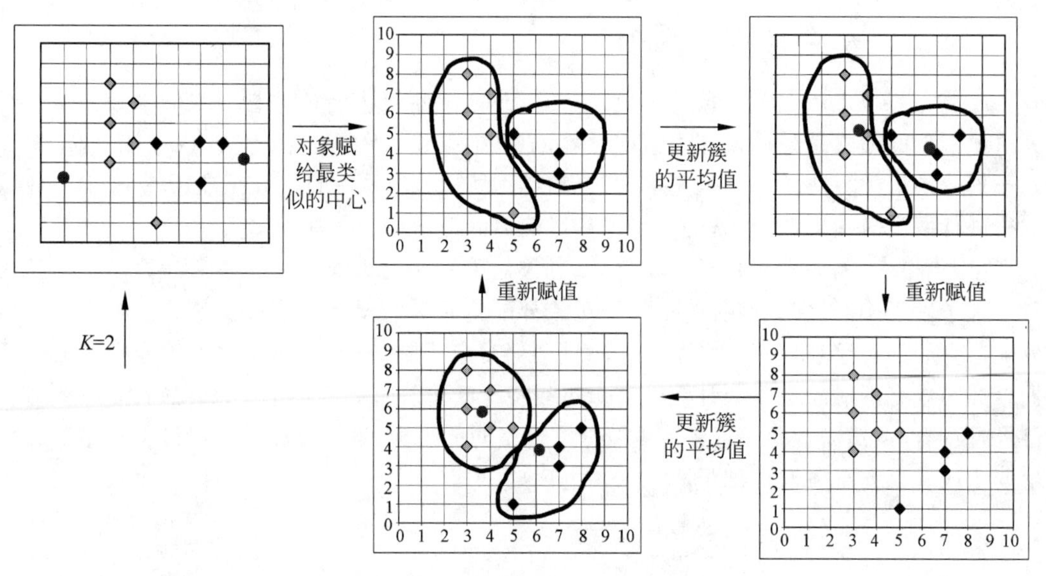

图 4-1 K 均值算法的执行过程

接下来介绍初始分类的选取和调整的方法。

(1) 代表点就是聚类中心。选一批代表点,计算其他样本到聚类中心的距离,把所有样本归于最近的聚类中心点,形成初始分类,再重新计算各聚类中心,称为成批处理法(本书采用此法)。

(2) 选一批代表点后,依次计算其他样本的归类。当计算完第 1 个样本时,把它归于最近的一类,形成新的分类。然后计算新的聚类中心,再计算第 2 个样本到新的聚类中心的距离，对第2个样本归类，即每个样本的归类都改变1次聚类中心。此法称为逐个处理法。

(3) 直接用样本进行初始分类，先规定距离 d，把第1个样本作为第一类的聚类中心。考察第2个样本，若第2个样本距第一个聚类中心距离小于 d，就把第2个样本归于第一类；否则，第2个样本就成为第二类的聚类中心。再考虑其他样本，根据样本到聚类中心距离大于还是小于 d，决定分裂还是合并。

(4) 最佳初始分类。如图4-3所示，随着初始分类 K 的增大，准则函数下降很快，经过拐点 A 后，下降速度减慢。拐点 A 就是最佳初始分类。

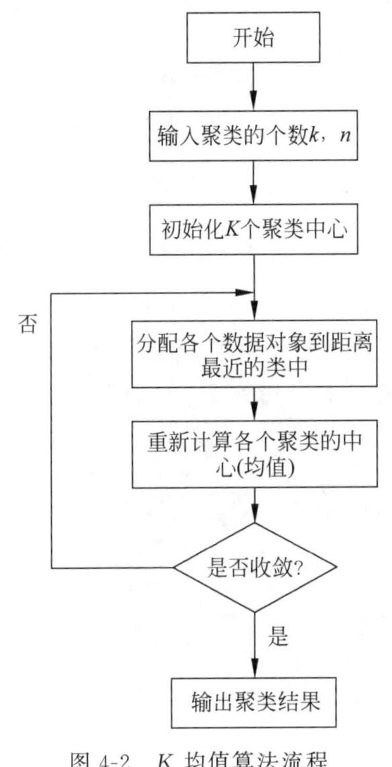

图4-2 K 均值算法流程

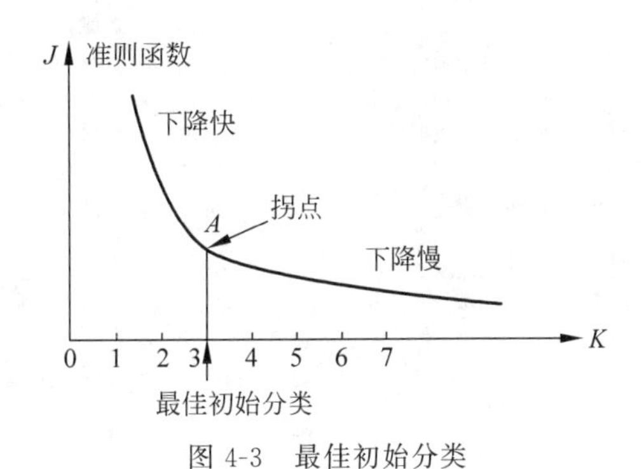

图4-3 最佳初始分类

4.2.4 *K* 均值算法的优缺点

K 均值聚类算法在实际生活中非常实用，也非常方便，它不仅能够使得烦琐的数据在计算当中简单化，而且适用范围也比较广。例如，它在对交通事故多发地带的分析方面尤为突出。K 均值算法是一种基于划分的聚类算法，其尝试找出使得平方误差函数值最小的 K 个划分，当簇与簇之间的特征区别比较明显，并且结果簇密集的时候，K 均值聚类结果的效果较好。K 均值聚类算法的优点主要集中在：算法快速、简单；对大数据集有较高的效率并且是可伸缩的；时间复杂度近于线性，适合挖掘大规模数据集。但是，到目前为止，K 均值算法也存在着许多缺点，在应用中面临着许多问题，有待于进一步的优化。

(1) K 均值算法的收敛中心随着初始点选取的不同而变化，迄今还没有统一有效的方法来确定初始划分和聚类数目 K。

(2) K 均值算法的迭代最优化不能保证收敛到全局最优点。基于随机优化技术的 K 均值算法虽然能较好地找到全局最优解，但这是以耗费计算量为代价的。

(3) "均值"的定义限制算法只能处理数值变量。而 K 中心算法是 K 均值算法的改进，

十分接近 K 均值。

(4) K 均值算法不适合发现非凸面形状的簇。算法对孤立点和噪声敏感,即使对于一个远离聚类中心的目标,算法也强行将其划分到一个类中,从而扭曲了聚类的形状。

4.2.5 K 均值聚类的 MATLAB 实现

以表 1-2 所示数据为例,说明 K 均值聚类的 MATLAB 实现。其中,前 29 组数据已确定类别;后 30 组数据为待确定类别。

在 MATLAB 中,直接调用如下程序即可实现 K 均值聚类。

```
[IDX,C,SUMD,D] = kmeans(data,K);
```

其中,data:要聚类的数据集合,每一行为一个样本;IDX:聚类结果;C:聚类中心;SUMD:每一个样本到该聚类中心的距离和;D:每一个样本到各个聚类中心的距离;K:分类的个数。

如果使用命令[IDX,C,SUMD,D]=kmeans(data,4)进行聚类,要想画出 4 个聚类的图形,可用如下程序:

```
D = D                                        %得到每一个样本到四个聚类中心的距离
minD = min(D);                               %找到每一个样本到四个聚类中心的最小距离
index1 = find(D(1,:) == min(D))              %找到属于第一类的点
index2 = find(D(2,:) == min(D))              %找到属于第二类的点
index3 = find(D(3,:) == min(D))              %找到属于第三类的点
index4 = find(D(4,:) == min(D))              %找到属于第四类的点
```

为了提高图形的区分度,添加如下命令:

```
line(data(index1,1),data(index1,2),data(index1,3),'linestyle','none','marker','*','color','g');
line(data(index2,1),data(index2,2),data(index2,3),'linestyle','none','marker','*','color','r');
line(data(index3,1),data(index3,2),data(index3,3),'linestyle','none','marker','+','color','b');
line(data(index4,1),data(index4,2),data(index4,3),'linestyle','none','marker','+','color','y');
```

(1) 初始分类的选取和调整:

K 均值算法的类型数目假定已知为 K。对于 K 未知时,可以令 K 逐渐增加。使用 K 均值算法,误差平方和 J_K 随 K 的增加而单调减少。最初,由于 K 较小,类型的分裂会使 J_K 迅速减小,但当 K 增加到一定数值时,J_K 的减小速度会减慢,即随着初始分类 K 的增大,准则函数下降很快,经过拐点后,下降速度减慢。拐点处的 K 值就是最佳初始分类。

(2) 当分类的数目 $K=2$ 时,调用如下程序实现 K 均值聚类:

```
[IDX,C,SUMD,D] = kmeans(data,2);
SUMD =
   1.0e+007 *
     1.4810
     1.0599
J_K = 25.409 * 106
```

(3) 当分类的数目 $K=3$ 时,调用如下程序实现 K 均值聚类:

```
[IDX,C,SUMD,D] = kmeans(data,3);
SUMD =
  1.0e+006 *
  1.4058
```

```
  0.3332
  7.3544
J_K = 9.0934 * 106
```

(4) 当分类的数目 $K=4$ 时，调用如下程序实现 K 均值聚类：

```
[IDX,C,SUMD,D] = kmeans(data,4);
SUMD =
1.0e+006 *
     1.1820
     1.5262
     0.3332
     1.4058
J_K = 4.4472 * 106
```

(5) 当分类的数目 $K=5$ 时，调用如下程序实现 K 均值聚类：

```
[IDX,C,SUMD,D] = kmeans(data,5);
SUMD =
  1.0e+006 *
    0.3332
    0.0437
    0.8008
    0.9260
    1.4058
J_K = 3.5095 * 106
```

(6) 当分类的数目 $K=6$ 时，调用如下程序实现 K 均值聚类：

```
[IDX,C,SUMD,D] = kmeans(data,6);
SUMD =
  1.0e+006 *
    0.4764
    1.2492
    0.3223
    0.2014
    0.5362
    0.3332
J_K = 3.1187 * 106
```

(7) 当分类的数目 $K=7$ 时，调用如下程序实现 K 均值聚类：

```
[IDX,C,SUMD,D] = kmeans(data,7);
SUMD =
  1.0e+005 *
    3.2850
    2.0138
    2.7520
    3.1015
    5.3616
    3.7949
    3.3317
J_K = 2.3641 * 106
```

如图 4-4 所示，随着初始分类 K 的增大，准则函数下降很快，经过拐点后，下降速度减慢。拐点就是最佳初始分类，即 $K=4$ 为最佳初始分类。

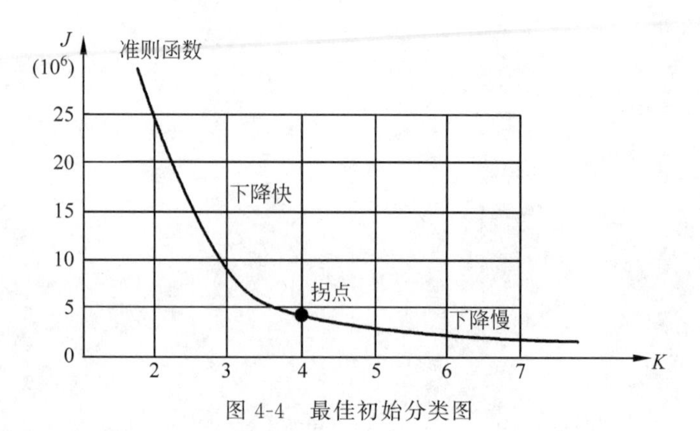

图 4-4　最佳初始分类图

完整分类的 MATLAB 源程序代码如下：

```
clear all;
data = [
1702.8  1639.79  2068.74
1877.93 1860.96  1975.3
867.81  2334.68  2535.1
1831.49 1713.11  1604.68
460.69  3274.77  2172.99
2374.98 3346.98  975.31
2271.89 3482.97  946.7
1783.64 1597.99  2261.31
198.83  3250.45  2445.08
1494.63 2072.59  2550.51
1597.03 1921.52  2126.76
1598.93 1921.08  1623.33
1243.13 1814.07  3441.07
2336.31 2640.26  1599.63
354     3300.12  2373.61
2144.47 2501.62  591.51
426.31  3105.29  2057.8
1507.13 1556.89  1954.51
343.07  3271.72  2036.94
2201.94 3196.22  935.53
2232.43 3077.87  1298.87
1580.1  1752.07  2463.04
1962.4  1594.97  1835.95
1495.18 1957.44  3498.02
1125.17 1594.39  2937.73
24.22   3447.31  2145.01
1269.07 1910.72  2701.97
1802.07 1725.81  1966.35
1817.36 1927.4   2328.79
1860.45 1782.88  1875.13
];
 [IDX,C,SUMD,D] = kmeans(data,4);
plot3(data(:,1),data(:,2),data(:,3),'*');
grid;
D = D'
minD = min(D);
index1 = find(D(1,:) == min(D))
index2 = find(D(2,:) == min(D))
```

```
index3 = find(D(3,:) == min(D))
index4 = find(D(4,:) == min(D))
line(data(index1,1),data(index1,2),data(index1,3),'linestyle', 'none','marker','*','color','g');
line(data(index2,1),data(index2,2),data(index2,3),'linestyle', 'none','marker','*','color','r');
line(data(index3,1),data(index3,2),data(index3,3),'linestyle', 'none','marker','+','color','b');
line(data(index4,1),data(index4,2),data(index4,3),'linestyle', 'none','marker','+','color','y');
title('C 均值聚类分析图');
xlabel('第一特征坐标');
ylabel('第二特征坐标');
zlabel('第三特征坐标');
```

4.2.6 待聚类样本的分类结果

(1) 所分 4 类的聚类中心 C,实现代码如下:

```
C =
  1.0e+03 *
   1.2964     1.9194     2.8753(index1 聚类中心)
   0.3012     3.2749     2.2052(index2 聚类中心)
   2.2603     3.0410     1.0579(index3 聚类中心)
   1.7583     1.7493     1.9655(index4 聚类中心)
```

(2) 所分的 4 类,实现代码如下:

```
index1 =
     3    10    13    22    24    25    27
index2 =
     5     9    15    17    19    26
index3 =
     6     7    14    16    20    21
index4 =
     1     2     4     8    11    12    18    23    28    29    30
```

(3) 待分类样本 K 均值聚类 MATLAB 分类图如图 4-5 所示。

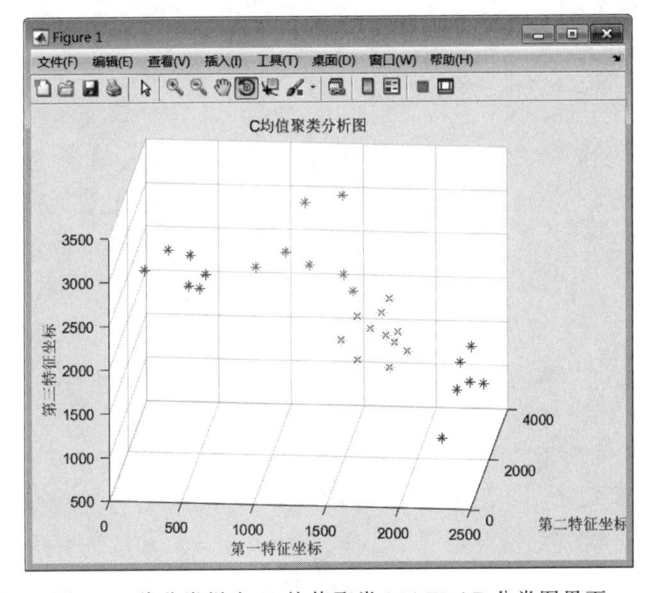

图 4-5 待分类样本 K 均值聚类 MATLAB 分类图界面

4.2.7 结论

对 30 个样本进行分类的 MATLAB 程序代码运行结果如下：

```
D =
   1.0e+06 *
  1 至 8 列
    0.8939    1.1516    0.4719    1.9434    3.0288    6.8113    7.1159    0.7177
    4.6569    4.5383    1.3140    5.1418    0.0265    5.8185    5.5109    5.0130
    3.2959    2.3803    4.6200    2.2461    4.5368    0.1136    0.2079    3.7576
    0.0257    0.0269    1.4600    0.1369    4.0538    3.9134    4.3074    0.1110
  9 至 16 列
    3.1615    0.1683    0.6507    1.6591    0.3340    3.2284    3.0463    6.2740
    0.0686    2.9892    3.5171    3.8557    4.5487    4.9113    0.0318    6.5998
    6.2179    3.7519    2.8356    2.0113    8.2194    0.4598    5.4323    0.5219
    4.9153    0.5162    0.0817    0.1720    2.4468    1.2618    4.5436    2.6030
  17 至 24 列
    2.8318    1.0238    3.4406    6.2130    4.7034    0.2785    1.6291    0.4287
    0.0662    4.4689    0.0301    5.2312    4.5900    4.0212    5.7183    4.8327
    4.3675    3.5737    4.6876    0.0425    0.0602    4.0984    2.7851    7.7136
    3.6214    0.1002    4.3257    3.3513    2.4343    0.2793    0.0823    2.4611
  25 至 30 列
    0.1389    4.4864    0.0309    1.1194    0.5701    1.3372
    4.0398    0.1100    3.0446    4.7095    4.1299    4.7665
    6.9149    6.3471    4.9630    2.7649    3.0514    2.4106
    1.3700    5.9224    0.8077    0.0025    0.1672    0.0197
```

其中，D 为每个样本与聚合中心的最小距离。

分类结果如下：

```
index1 =
     3    10    13    22    24    25    27
index2 =
     5     9    15    17    19    26
index3 =
     6     7    14    16    20    21
index4 =
     1     2     4     8    11    12    18    23    28    29    30
```

通过对分类结果的验证，该算法能很好地对样本进行分类。该算法结果显示全部样本分类结果与正确样本的分类结果完全符合。

在 K 均值聚类算法中，K 均值算法主要通过迭代搜索获得聚类的划分结果，虽然 K 均值算法运算速度快，占用内存小，比较适合于大样本量的情况，但是聚类结果受初始凝聚点的影响很大，不同的初始点选择会导致截然不同的结果。并且当按最近邻归类时，如果遇到两个凝聚点距离相等的情况，不同的选择也会造成不同的结果。因此，K 均值动态聚类法具有因初始中心的不确定性而存在较大偏差的情况。

K 均值算法使用的聚类准则函数是误差平方和准则。在算法迭代过程中，样本分类不断调整，因此误差平方和 J_K 也在逐步减小，直到没有样本调整为止，此时 J_K 不再变化，聚类达到最优。但是，此算法中没有计算 J_K 值，也就是说 J_K 不是算法结束的明显依据。因此，有待进一步对 K 均值算法进行改进，以优化 K 均值聚类算法。

4.3 数据聚类——基于取样思想的改进 K 均值聚类

K 均值算法属于聚类技术中一种基本的划分方法，具有简单、快速的优点。对 K 均值算法的初始聚类中心选择方法进行了改进，提出了一种从数据对象分布出发动态寻找并确定初始聚类中心的思路以及基于这种思路的改进算法。

4.3.1 K 均值改进算法的思想

在 K 均值算法中，选择不同的初始聚类中心会产生不同的聚类结果且有不同的准确率，此方法就是如何找到与数据在空间分布上尽可能一致的初始聚类中心。对数据进行划分，最根本的目的是使一个聚类中的对象是相似的，而不同聚类中的对象是不相似的。如果用距离表示对象之间的相似程度，相似对象之间的距离比不相似对象之间的距离要小。如果能够寻找到 K 个初始中心，它们分别代表了相似程度较大的数据集合，那么就找到了与数据在空间分布上相一致的初始聚类中心。

目前，初始聚类中心选取的方法有很多种，在此仅介绍两种。

1. 基于最小距离的初始聚类中心选取法

(1) 计算数据对象两两之间的距离。

(2) 找出距离最近的两个数据对象，形成一个数据对象集合 A_1，并将它们从总的数据集合 U 中删除。

(3) 计算 A_1 中每一个数据对象与数据对象集合 U 中每一个样本的距离，找出在 U 中与 A_1 中最近的数据对象，将它并入集合 A_1 并从 U 中删除，直到 A_1 中的数据对象个数达到一定阈值。

(4) 再从 U 中找到样本两两间距离最近的两个数据对象构成 A_2，重复上面的过程，直到形成 k 个对象集合。

(5) 最后对 k 个对象集合分别进行算术平均，形成 k 个初始聚类中心。

这种方法和 Huffman 算法一样。

2. 基于最小二叉树的方法

(1) 计算任意两个数据对象间的距离 $d(x,y)$，找到集合 U 中距离最近的两个数据对象，形成集合 $A_m(1\leqslant m\leqslant k)$，并从集合 U 中删除这两个对象。

(2) 在 U 中找到距离集合 A_m 最近的数据对象，将其加入集合 A_m，并从集合 U 中删除该对象。

(3) 重复步骤(2)，直到集合中的数据对象个数大于等于 $a\times\frac{n}{k}(0<a\leqslant 1)$。

(4) 如果 $m<k$，则 $m=m+1$，再从集合 U 中找到距离最近的两个数据对象，形成新的集合 $A_m(1\leqslant m\leqslant k)$，并从集合 U 中删除这两个数据对象，返回步骤(2)执行。

(5) 将最终形成的 k 个集合中的数据对象分别进行算术平均，从而形成 k 个初始聚类中心。

说明：$a\times\frac{n}{k}$ 的取值会因实验数据的不同而有所不同。$a\times\frac{n}{k}$ 的取值过小，将使几个初始聚类中心点聚集在同一区域；$a\times\frac{n}{k}$的取值过大，又会使初始聚类中心点偏离密集区域。所以，阈值 $a\times\frac{n}{k}$需要从多次实验中获取。

从这 k 个初始聚类中心出发，应用 K 均值聚类算法形成最终聚类。

4.3.2 基于取样思想的改进 K 均值算法

首先对样本数据采用 K 均值算法进行聚类，产生一组聚类中心，然后将这组聚类中心作为初始聚类中心，再采用 K 均值算法进行聚类。

在此，也可以在第一步中，对样本数据采用 K 均值算法进行 n 次聚类运算，每次产生一组聚类中心，对 n 个聚类中心进行算术平均，从而得到 k 个初始聚类中心。

确定初始聚类中心的 MATLAB 程序如下：

```
[IDX,C] = kmeans(data,k)
```

其中，IDX：聚类结果；C：聚类中心；k：分类个数；data：要聚类的数据集合，每一行为一个样本。

MATLAB 程序代码运行后，得到的初始聚类中心如下：

```
C =
1.0e+003 *
2.3327    3.0789    1.0759
1.7332    1.7356    1.9762
1.2106    1.8780    2.9579
0.3010    3.2228    2.2502
```

基于取样思想的改进 K 均值算法程序如下：

```
function yy = Kmeans2()
data = [1739.94  1675.15  2395.96                                 %样本空间
        373.3    3087.05  2429.47
        1756.77  1652     1514.98
        864.45   1647.31  2665.9
        222.85   3059.54  2002.33
        877.88   2031.66  3071.18
        1803.58  1583.12  2163.05
        2352.12  2557.04  1411.53
        401.3    3259.94  2150.98
        363.34   3477.95  2462.86
        1571.17  1731.04  1735.33
        104.8    3389.83  2421.83
        499.85   3305.75  2196.22
        2297.28  3340.14  535.62
        2092.62  3177.21  584.32
        1418.79  1775.89  2772.9
        1845.59  1918.81  2226.49
        2205.36  3243.74  1202.69
        2949.16  3244.44  662.42
        1692.62  1867.5   2108.97
        1680.67  1575.78  1725.1
        2802.88  3017.11  1984.98
```

```
        172.78     3084.49    2328.65
        2063.54    3199.76    1257.21
        1449.58    1641.58    3405.12
        1651.52    1713.28    1570.38
        341.59     3076.62    2438.63
        291.02     3095.68    2088.95
        237.63     3077.78    2251.96
        1702.8     1639.79    2068.74
        1877.93    1860.96    1975.3
        867.81     2334.68    2535.1
        1831.49    1713.11    1604.68
        460.69     3274.77    2172.99
        2374.98    3346.98    975.31
        2271.89    3482.97    946.7
        1783.64    1597.99    2261.31
        198.83     3250.45    2445.08
        1494.63    2072.59    2550.51
        1597.03    1921.52    2126.76
        1598.93    1921.08    1623.33
        1243.13    1814.07    3441.07
        2336.31    2640.26    1599.63
        354        3300.12    2373.61
        2144.47    2501.62    591.51
        426.31     3105.29    2057.8
        1507.13    1556.89    1954.51
        343.07     3271.72    2036.94
        2201.94    3196.22    935.53
        2232.43    3077.87    1298.87
        1580.1     1752.07    2463.04
        1962.4     1594.97    1835.95
        1495.18    1957.44    3498.02
        1125.17    1594.39    2937.73
        24.22      3447.31    2145.01
        1269.07    1910.72    2701.97
        1802.07    1725.81    1966.35
        1817.36    1927.4     2328.79
        1860.45    1782.88    1875.13
];
[IDX,C] = kmeans(data,4);
C
y = [1:59];
z = [data,IDX]';
x = [z;y];
x1 = [ ];x2 = [ ];x3 = [ ];x4 = [ ];
for i  = 1:59
     if x(4,i) == 1
          x1 = [x1,x(:,i)];
     elseif x(4,i) == 2
          x2 = [x2,x(:,i)];
     elseif x(4,i) == 3
          x3 = [x3,x(:,i)];
     else x(4,i) == 4
          x4 = [x4,x(:,i)];
     end
end
format short g
```

```
x1 = C(1,:)';
x2 = C(2,:)';
x3 = C(3,:)';
x4 = C(4,:)';
x = [x(1:3,:);x(5,:)];
xx = [mean(x1,2),mean(x2,2),mean(x3,2),mean(x4,2)];
xxx = ones(3,4);
j = 0;
z
while xx~ = xxx
    xx = xxx;
    d1 = []; d2 = []; d3 = []; d4 = [];
    for i = 1:size(z,2) d1 = [d1,round(1000 * sum((x(1:3,i) - mean(x1,2)).^2))/1000];
         d2 = [d2,round(1000 * sum((x(1:3,i) - mean(x2,2)).^2))/1000];
         d3 = [d3,round(1000 * sum((x(1:3,i) - mean(x3,2)).^2))/1000];
         d4 = [d4,round(1000 * sum((x(1:3,i) - mean(x4,2)).^2))/1000];
    end
    d1,d2,d3,d4
ww1 = [];ww2 = [];ww3 = [];ww4 = [];
for i  = 1:size(z,2)
     if min([d1(i),d2(i),d3(i),d4(i)]) == d1(i)
         ww1 = [ww1,x(:,i)];
     elseif min([d1(i),d2(i),d3(i),d4(i)]) == d2(i)
         ww2 = [ww2,x(:,i)];
     elseif min([d1(i),d2(i),d3(i),d4(i)]) == d3(i)
         ww3 = [ww3,x(:,i)];
     else
         ww4 = [ww4,x(:,i)];
     end
end
x1 = ww1(1:3,:);
x2 = ww2(1:3,:);
x3 = ww3(1:3,:);
x4 = ww4(1:3,:);
xxx = [mean(x1,2),mean(x2,2),mean(x3,2),mean(x4,2)]
yyy = xxx'
end
ww1
ww2
ww3
ww4
plot3(ww1(1,:),ww1(2,:),ww1(3,:),'s',ww2(1,:),ww2(2,:),ww2(3,:),' * ',ww3(1,:),ww3(2,:),
ww3(3,:),'o',ww4(1,:),ww4(2,:),ww4(3,:),' * ')
grid
```

MATLAB程序代码运行后,结果如下:

```
C =
    1.0e + 03 *
    1.2106   1.8780   2.9579
    2.3327   3.0789   1.0759
    0.3010   3.2228   2.2502
    1.7332   1.7356   1.9762
```

```
ww1 =
  1 至 6 列
      864.45     877.88     1418.8     1449.6     867.81     1494.6
      1647.3     2031.7     1775.9     1641.6     2334.7     2072.6
      2665.9     3071.2     2772.9     3405.1     2535.1     2550.5
           4          6         16         25         32         39
  7 至 10 列
      1243.1     1495.2     1125.2     1269.1
      1814.1     1957.4     1594.4     1910.7
      3441.1       3498     2937.7       2702
          42         53         54         56
ww2 =
  1 至 6 列
      2352.1     2297.3     2092.6     2205.4     2949.2     2802.9
        2557     3340.1     3177.2     3243.7     3244.4     3017.1
      1411.5     535.62     584.32     1202.7     662.42       1985
           8         14         15         18         19         22
  7 至 12 列
      2063.5       2375     2271.9     2336.3     2144.5     2201.9
      3199.8       3347       3483     2640.3     2501.6     3196.2
      1257.2     975.31      946.7     1599.6     591.51     935.53
          24         35         36         43         45         49
  13 列
      2232.4
      3077.9
      1298.9
          50
ww3 =
  1 至 6 列
       373.3     222.85      401.3     363.34      104.8     499.85
      3087.1     3059.5     3259.9     3477.9     3389.8     3305.8
      2429.5     2002.3       2151     2462.9     2421.8     2196.2
           2          5          9         10         12         13
  7 至 12 列
      172.78     341.59     291.02     237.63     460.69     198.83
      3084.5     3076.6     3095.7     3077.8     3274.8     3250.4
      2328.7     2438.6     2088.9       2252       2173     2445.1
          23         27         28         29         34         38
  13 至 16 列
         354     426.31     343.07      24.22
      3300.1     3105.3     3271.7     3447.3
      2373.6     2057.8     2036.9       2145
          44         46         48         55
ww4 =
  1 至 6 列
      1739.9     1756.8     1803.6     1571.2     1845.6     1692.6
      1675.2       1652     1583.1       1731     1918.8     1867.5
        2396       1515     2163.1     1735.3     2226.5       2109
           1          3          7         11         17         20
  7 至 12 列
      1680.7     1651.5     1702.8     1877.9     1831.5     1783.6
      1575.8     1713.3     1639.8       1861     1713.1       1598
      1725.1     1570.4     2068.7     1975.3     1604.7     2261.3
          21         26         30         31         33         37
```

```
13 至 18 列
      1597      1598.9      1507.1      1580.1      1962.4      1802.1
    1921.5      1921.1      1556.9      1752.1        1595      1725.8
    2126.8      1623.3      1954.5        2463        1836      1966.3
        40          41          47          51          52          57
19 至 20 列
    1817.4      1860.5
    1927.4      1782.9
    2328.8      1875.1
        58          59
```

分类效果图界面如图 4-6 所示。

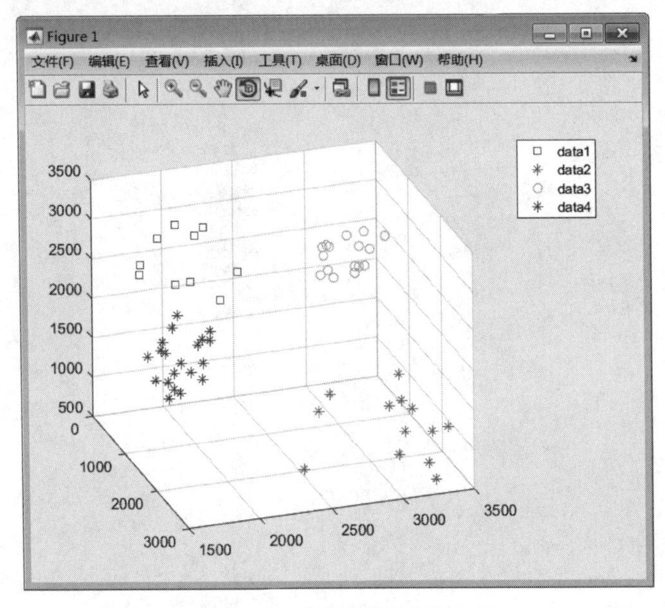

图 4-6　分类效果图界面

4.3.3　结论

本节鉴于初始聚类中心对 K 均值聚类算法的影响，以及 K 均值聚类算法的不足，构造了改进 K 均值的聚类算法。该算法通过两种方法选取初始聚类中心，然后在给定初始聚类中心的基础上再次使用 K 均值聚类算法，从而得出聚类结果。全部样本与已知样本完全符合。

4.4　数据聚类——K 近邻法聚类

4.4.1　近邻法简介

模式识别，或者通俗一点讲，自动分类的基本方法有两大类，一类是将特征空间划分成决策域，这就要确定判别函数或确定分界面方程；而另一种方法则称为模板匹配，即将待分类样本与标准模板进行比较，看跟哪个模板匹配度更高些，从而确定待测试样本的分类。近邻法在原理上则属于模板匹配。

一般模式识别系统都由相互联系的两大部分组成,即特征提取器和分类器。

分类的方法包括统计的方法、近邻法、神经网络分类法、无监督聚类法和基于统计学习理论的支持向量机法,K 近邻分类法是近邻分类法的扩展。K 近邻法(K-Nearest Neighbor)分类算法是数据挖掘分类技术中最简单的算法之一,其指导思想是"近朱者赤,近墨者黑",即由你的邻居来推断出你的类别。

1. 近邻法分类规则

近邻法是模式识别非参数法中重要的方法之一,最初的近邻法是 Cover 和 Hart 于 1968 年提出的,由于该方法在理论上进行了深入分析,直至现在仍是分类方法中最重要的方法之一。直观地理解,所谓的 K 近邻,就是考察和待分类样本最相似的 K 个样本,根据这 K 个样本的类别来判断待分类样本的类别值。在 K-近邻分类器中,一个重要的参数是 K 值的选择,K 值选择过小,不能充分体现待分类样本的特点;而如果 K 值选择过大,则一些和待分类样本实际上并不相似的样本亦被包含进来,造成噪声增加而导致分类效果的降低。

最近邻是将所有训练样本都作为代表点,因此在分类时需要计算待识别样本 x 到所有训练样本的距离,结果就是与 x 最近邻的训练样本所属于的类别。假定有 c 个类别 ω_1,ω_2,…,ω_c 的模式识别问题,每类有标明类别的样本 N_i 个,$i=1,2,\cdots,c$。规定 ω_i 类的判别函数为

$$g_i(x)=\min\|x-x_i^k\|,\quad k=1,2,\cdots,N_i \tag{4-8}$$

其中,x_i^k 的角标 i 表示 ω_i 类,k 表示 ω_i 类 N_i 个样本中的第 k 个。决策规则可以写为:若 $g_j(x)=\min g_i(x)$,$i=1,2,\cdots,c$,则决策 $x\in\omega_j$。此分类示意图如图 4-7 所示。

2. 近邻法的一些处理方法

在 K 近邻法算法里对于模型的选择,尤其是 k 值和距离的尺度,往往是通过对大量独立的测试数据,多个模型来验证最佳的选择。下面是一些被提及的处理 K 近邻法的方法:

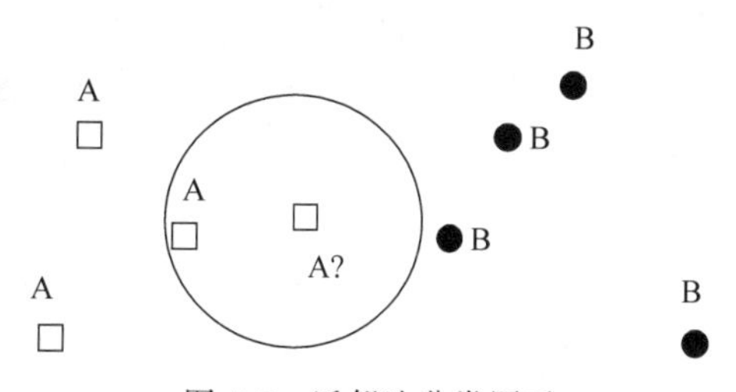

图 4-7 近邻法分类图示

K 一般是事先确定,如 10,也可以使用动态 k 值;使用固定的距离指标,这样只对小于该指标的案例进行统计。

对于样本的维护,也并不是简单地增加新样本。可以采取适当的办法来保证空间的大小,如符合某种条件的样本可以加入库里,同时可以对库里已有符合某种条件的样本进行删除等。此外,为考虑提高性能,可以把所有的数据放在内存中,如 MBR 通常指保存在内存中的 K 近邻算法。

K 近邻算法是一种预测性的分类算法(有监督学习)。它实际并不需要产生额外的数据来描述规则,它的规则本身就是数据(样本)。K 近邻法属于机器学习的基于样本的学习。它区别于归纳学习的主要特点是直接用已有的样本来解决问题,而不是通过规则推导来解决问题。它并不要求数据的一致性问题,即可以容忍噪声,并且对样本的修改是局部的,不需要重新组织。

K 近邻算法综合与未知样本最近的 K 个近邻样本的类别来预测未知样本的类别,而在选择样本时根据一定的距离公式计算与未知样本的距离来确定是否被选择。其优点是方法

简单,算法稳定。缺点是需要大量样本才能保证数据的精度。此外,更主要的是它需要计算大量的样本间的距离,导致使用上的不便。对于每个新的样本都要遍历一次全体数据,*K* 近邻法计算量要比 Bayes 和决策树大。对时间和空间的复杂性是必须考虑的。KNN 常用在较少数据预测时使用。

4.4.2 *K* 近邻法的概念

K 近邻法代表 *K* 个最近邻分类法,通过 *K* 个最与之相近的历史记录的组合来辨别新的记录。*K* 近邻是一个众所周知的统计方法,在过去的 40 年里在模式识别中被集中地研究。*K* 近邻在早期的研究策略中已被应用于文本分类,是基准 Reuters 主体的高操作性的方法之一。其他方法,如 LLSF、决策树和神经网络等。

K 近邻算法的思想如下:首先,计算新样本与训练样本之间的距离,找到距离最近的 *K* 个邻居;然后,根据这些邻居所属的类别来判定新样本的类别,如果它们都属于同一个类别,那么新样本也属于这个类别;否则,对每个候选类别进行评分,按照某种规则确定新样本的类别。

取未知样本 *X* 的 *K* 个近邻,看 *K* 个近邻多数属于哪一类,就把 *X* 分为哪一类。即在 *X* 的 *K* 个样本中,找出 *X* 的 *K* 个近邻。*K* 近邻算法从测试样本 *X* 开始生长,不断地扩大区域,直到把 *K* 个训练样本包含进来,并且把测试样本 *X* 的类别归为最近的 *K* 个训练样本中出现频率最高的类别。例如,图 4-8 中 $K=6$ 的情况,根据判定规则,测试样本 *X* 被归类为黑色类别。

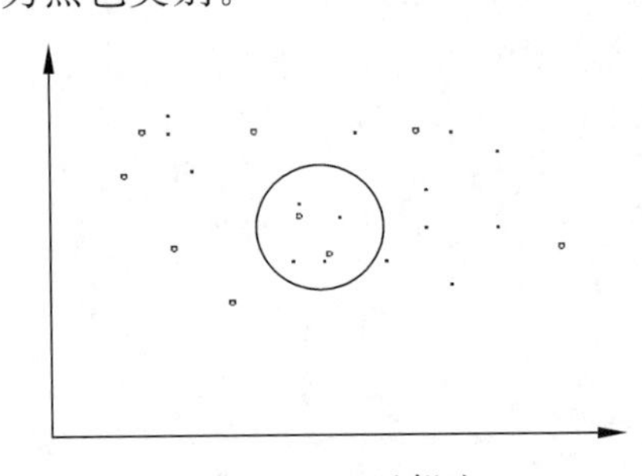

图 4-8 *K*-近邻法

近邻分类是基于眼球的懒散的学习法,即它存放所有的训练样本,并且知道新的样本需要分类时才建立分类。这与决策树和反向传播算法等形成鲜明对比,后者在接受待分类的新样本之前需要构造一个一般模型。懒散学习法在训练时比急切学习法快,但在分类时慢,因为所有的计算都推迟到那时。

K 近邻优点:实现简单,应用范围广,分类效果好。*K* 近邻算法在分类时主要的不足是,当样本不平衡时,如一个类的样本容量很大,而其他类样本容量很小时,有可能导致输入一个新样本时,该样本的 *K* 个邻居中大容量类的样本占多数,使输入样本的预测准确率低。该算法只计算最近的邻居样本,某一类的样本数量很大,那么要么这类样本并不接近目标样本,要么这类样本很靠近目标样本。无论怎样,数量并不能影响运行结果。可以采用权值的方法来改进。该方法的另一个不足之处是计算量较大,因为对每一个待分类的文本都要计算它到全体已知样本的距离,才能求得它的 *K* 个最近邻点。

4.4.3 *K* 近邻法的算法研究

1. *K* 近邻法的数学模型

用最近邻方法进行预测的理由基于假设:近邻的对象具有类似的预测值。最近邻算法的基本思想是在多维空间 R^n 中找到与未知样本最近邻的 *K* 个点,并根据这 *K* 个点的类别来判断未知样本的类。这 *K* 个点就是未知样本的 *K*-最近邻。算法假设所有的实例对应于

n 维空间中的点。一个实例的最近邻是根据标准欧氏距离定义，设 x 的特征向量为 $[a_1(x),a_2(x),\cdots,a_n(x)]$。

其中，$a_r(x)$表示实例 x 的第 r 个属性值。两个实例 x_i 和 x_j 间的距离定义为 $d(x_i,x_j)$，其中：

$$d(x_i,x_j)=\sqrt{\sum_{r=1}^{n}(a_r(x_i-a_r(x_j))^2} \tag{4-9}$$

在最近邻学习中，离散目标分类函数为 $f:R^n\to V$，其中 V 是有限集合$\{v_1,v_2,\cdots,v_s\}$，即各不同分类集。最近邻数 K 值的选取根据每类样本中的数目和分散程度进行的，对不同的应用可以选取不同的 K 值。

如果未知样本 s_i 的周围的样本点的个数较少，那么 K 个点所覆盖的区域将会很大，反之则小。因此最近邻算法易受噪声数据的影响，尤其是样本空间中的孤立点的影响。其根源在于基本的 K 最近邻算法中，待预测样本的 K 个最近邻样本的地位是平等的。在自然社会中，通常一个对象受其近邻的影响是不同的，通常是距离越近的对象对其影响越大。

2. *K* 近邻法的研究方法

该算法没有学习的过程，在分类时通过类别已知的样本对新样本的类别进行预测，因此属于基于实例的推理方法。如果取 $K=1$，待分样本的类别就是最近邻居的类别，称为 K 近邻算法。

只要训练样本足够多，K 近邻算法就能达到很好的分类效果。当训练样本数趋近于∞时，K 近邻算法的分类误差最差是最优贝叶斯误差的两倍；另外，当 K 趋近于∞时，K 近邻算法的分类误差收敛于最优贝叶斯误差。下面是对 K 近邻算法的描述。

(1) 构建训练样本集和测试样本集。

(2) 设定 K 值，一般先确定一个初始值，然后根据实验结果调整到最优。

(3) 计算测试样本和训练样本的欧氏距离。

(4) 选择 K 个近邻的样本，将计算出的距离降序排列，选择距离相对较小的 K 个样本作为测试样本的 K 个近邻。

(5) 找出主要类别，根据 K 个近邻类别，并应用最大概率对所查询的测试样本进行分类，所用概率是指每一个类别出现的 K 个近邻中的比例，根据每一类别出现在 K 个近邻中的样本数量除以 K 来计算为 K 个近邻中每一类别样本数量集合。

(6) 统计 K 个最近邻样本中每个类别出现的次数。

(7) 选择出现频率最高的类别作为未知样本的类别。

输入：训练集和测试集所选的数据集是标准的完整三原色数据。

输出：数据 data 的类别号。

3. *K* 近邻法需要解决的问题

1) 寻找适当的训练数据集

训练数据集应该是对历史数据的一个很好的覆盖，这样才能保证 K-近邻法有利于预测，选择训练数据集的原则是使各类样本的数量大体一致，另外，选取的历史数据要有代表性。常用的方法是按照类别把历史数据分组，然后再从每组中选取一些有代表性的样本组成训练集。这样既降低了训练集的大小，又保持了较高的准确度。

2) 确定距离函数

距离函数决定了哪些样本是待分类本的 K 个最近邻,它的选取取决于实际的数据和决策问题。如果样本是空间中点,最常用的是欧几里得距离。其他常用的距离函数是绝对距离、平方差和标准差。

3) 决定 K 的取值

多数法是最简单的一种综合方法,从邻居中选择一个出现频率最高的类别作为最后的结果,如果频率最高的类别不止一个,就选择最近邻的类别。权重法是较复杂的一种方法,它对 K 个最近邻居设置权重,距离越大,权重就越小。在统计类别时,计算每个类别的权重和,最大的那个就是新样本的类别。

4) K 值的选取

如果 K 值过于小,将会对数据中存在的噪声过于敏感;如果 K 值过大,邻居中可能包含其他类的样本;一个经验的取值法则为看 $k \leqslant \sqrt{q}$,q 为训练元祖的数目。商业算法通常以 10 作为默认值。

4.4.4 K 近邻法数据分类器的 MATLAB 实现

以表 1-2 所示数据为例,说明 K 均值聚类的 MATLAB 实现。其中,前 29 组数据已确定类别,后 30 组数据待确定类别。

1. KNN 函数介绍

在 MATLAB 中首先建立 KNN 函数的 m 文件,代码如下:

```
function [label_test] = knn(k, data_train, label_train, data_test)

error(nargchk(4,4,nargin));
%计算出新的特征参数与表 1 - 2 中特征的距离
dist = l2_distance(data_train, data_test);
%对距离进行排序
[sorted_dist, nearest] = sort(dist);
%选出最近的特征
nearest = nearest(1:k,:);
%用最近的特征的故障类型,作为新的特征参数的故障类型
label_test = label_train(nearest);
```

其中 function[label_test]=knn(k,data_train,label_train,data_test)为定义的 KNN 功能函数,它具有 4 个参数,即 K 值、训练数据、训练数据分类及测试数据。该函数的返回值是测试样本的分类结果。

2. 欧氏距离函数

K 近邻法分类器需要计算数据与数据的距离,就需要用到欧氏距离函数,该算法定义的欧氏距离的 m 文件代码如下:

```
function d = l2_distance(X,Y)
% 计算出 x,y 之间的欧氏距离
if (nargin < 2)
    [D N] = size(X);
```

```
    lengths = sum(X.^2,1);
    d = repmat(lengths,[N 1]) + repmat(lengths',[1 N]);
    d = d - 2* X'* X;
    else
    XX = sum(X.^2,1);
    YY = sum(Y.^2,1);
    d = repmat(XX', [1 size(Y,2)]) + repmat(YY, [size(X,2) 1]);
    d = d - 2*X'*Y;
end
```

3. MATLAB 完整程序

本例 K 近邻法的完整 MATLAB 程序如下：

```
clear;
clc;
DATA = load('D.mat');
%% 绘制训练数据图
first = DATA.train_data(DATA.train_label==1,:,:);
second = DATA.train_data(DATA.train_label==2,:,:);
third = DATA.train_data(DATA.train_label==3,:,:);
fourth = DATA.train_data(DATA.train_label==4,:,:);
figure;
scatter3(first(:,1),first(:,2),first(:,3),'*');
hold on
scatter3(second(:,1),second(:,2),second(:,3),'p');
scatter3(third(:,1),third(:,2),third(:,3),'s');
scatter3(fourth(:,1),fourth(:,2),fourth(:,3),'o');
title('训练数据');legend('第1类','第2类','第3类','第4类');
%% KNN 寻优
acc = zeros(10,1);
for k = 1:10
    % KNN 算法
    label_test = knn(k, DATA.train_data', DATA.train_label', DATA.test_data');
    % 计算最终结果
    if k ==1
        testResults = label_test;
    else
        [maxCount,idx] = max(label_test);
        testResults = maxCount;
    end
    % 存储各分类结果
    RESULTS(k,:) = testResults;
        % 计算正确率
    count = 0;
    for i=1:30
        if (testResults(i) == DATA.test_label(i))
        count = count+1;
        end
    end
    acc(k) = count/30;
```

```
end
disp('精度: ')
disp(acc);
%% 求出最优 K
[~,K] = max(acc);
disp('最佳的 K 值为: ');
disp(K);
%% 绘制 K = 1 时的样本训练数据图,并在命令行窗口显示分类
%% 使用最优 K 进行一次测试
label_test = knn(K, DATA.train_data', DATA.train_label', DATA.test_data');
if K == 1
     testResults = label_test
else
     [maxCount, idx] = max(label_test);
     testResults = maxCount
end

%% 绘制测试数据图

first = DATA.test_data(testResults == 1,:,:);
second = DATA.test_data(testResults == 2,:,:);
third = DATA.test_data(testResults == 3,:,:);
fourth = DATA.test_data(testResults == 4,:,:);
figure;
scatter3(first(:,1),first(:,2),first(:,3),'*');
hold on
scatter3(second(:,1),second(:,2),second(:,3),'p');
scatter3(third(:,1),third(:,2),third(:,3),'s');
scatter3(fourth(:,1),fourth(:,2),fourth(:,3),'o');
title('测试数据');legend('第 1 类','第 2 类','第 3 类','第 4 类');
```

单步运行该程序,首先出现训练样本的分类图界面,如图 4-9 所示。

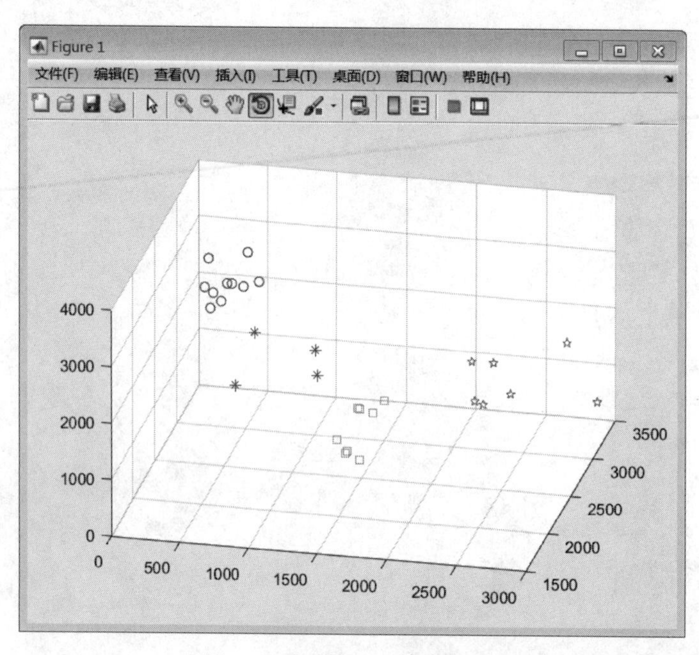

图 4-9 训练样本分类图界面

继续运行程序，出现测试样本分类结果如图 4-10 所示。

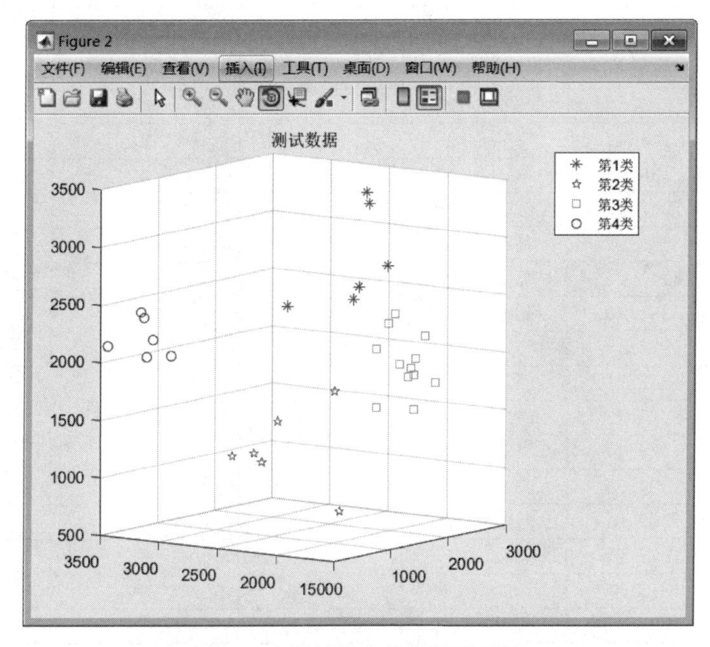

图 4-10　测试样本分类结果界面

程序运行完之后，在命令窗口出现如下运行结果：

```
testResults =
1 至 15 列
3     3     1     3     4     2     2     3     4     1     3     3     1     2
4
16 至 30 列
2     4     3     4     2     2     3     3     1     1     4     1     3     3
3
```

将 K 近邻分类器的分类结果与 K 均值的分类结果作比较，如表 4-1 所示。

表 4-1　KNN 分类器的分类结果

序　号	A	B	C	K 均值分类结果	K 近邻分类结果
1	1702.8	1639.79	2068.74	3	3
2	1877.93	1860.96	1975.3	3	3
3	867.81	2334.68	2535.1	1	1
4	1831.49	1713.11	1604.68	3	3
5	460.69	3274.77	2172.99	4	4
6	2374.98	3346.98	975.31	2	2
7	2271.89	3482.97	946.7	2	2
8	1783.64	1597.99	2261.31	3	3
9	198.83	3250.45	2445.08	4	4
10	1494.63	2072.59	2550.51	1	1
11	1597.03	1921.52	2126.76	3	3
12	1598.93	1921.08	1623.33	3	3
13	1243.13	1814.07	3441.07	1	1

续表

序 号	A	B	C	K 均值分类结果	K 近邻分类结果
14	2336.31	2640.26	1599.63	2	2
15	354	3300.12	2373.61	4	4
16	2144.47	2501.62	591.51	2	2
17	426.31	3105.29	2057.8	4	4
18	1507.13	1556.89	1954.51	3	3
19	343.07	3271.72	2036.94	4	4
20	2201.94	3196.22	935.53	2	2
21	2232.43	3077.87	1298.87	2	2
22	1580.1	1752.07	2463.04	1	3
23	1962.4	1594.97	1835.95	3	3
24	1495.18	1957.44	3498.02	1	1
25	1125.17	1594.39	2937.73	1	1
26	24.22	3447.31	2145.01	4	4
27	1269.07	1910.72	2701.97	1	1
28	1802.07	1725.81	1966.35	3	3
29	1817.36	1927.4	2328.79	3	3
30	1860.45	1782.88	1875.13	3	3

从表中可以看出,*K* 近邻算法和 *K* 均值聚类仅有一个分类不一致,即(1580.1 1752.07 2463.04)。

4.4.5 结论

这个 *K* 近邻算法的分类器基本实现了数据分类,并且对数据测试结果表明:基本实现了预定目标,达到分类的效果。

K 近邻分类算法具有主观性,因为必须定义一个距离尺度,分类的结果完全依赖使用的距离。这样对于用一组数据,利用 *K* 近邻法两个不同的分类算法会产生两种基本相同的分类结果,一般需要专家来评测结果是否有效。由于对结果的认识往往是属于经验性的,因此限制了对各种距离公式的使用。

4.5 数据聚类——PAM 聚类

4.5.1 PAM 算法概述

K 均值算法对离群点敏感,因为这种对象远离大多数数据,因此分配到一个簇时,它们可能严重地扭曲簇的均值。这不经意间影响了其他对象到簇的分配。于是一种基于 *K* 均值的改进算法 *K*-medoids 应运而生。PAM(Partitioning Around Medoid,围绕中心点的划分)是聚类分析算法中划分法的一个聚类方法,是最早提出的 *K*-medoids 算法之一。

如今数据挖掘的理论越来越广泛地应用在商业、制造业、金融业、医药业、电信业等等许多领域。数据挖掘的目标之一是进行聚类分析。聚类就是把一组个体按照相似性归成若干类别,它的目的是使得属于同一类别的个体之间的差别尽可能地小,而不同种类别的个体间的差别尽可能地大。PAM 聚类算法是众多聚类算法之一。

K-medoids 和 K 均值算法核心思想大同小异，但是最大的不同是在中心点的修正，K 均值中选取的中心点为当前类中所有点的中心，而 K-medoids 算法选取的中心点为当前类中存在的一点 K-medoids 修正聚类中心的时候，是计算类簇中除了聚类中心的每点到其他所有点的聚类的最小值来优化新的聚类中心。正是这一差别使得 K-medoids 弥补了 K 均值算法的缺点。PAM 算法比 K 均值算法更健壮，对“噪声”和孤立点数据不敏感；它能够处理不同类型的数据点；它对小的数据集非常有效。但是事情都具有两面性。这种聚类准确性的提高是牺牲聚类时间来实现的。不难看出，K-medoids 需要不断的找出每个点到其他所有点的距离的最小值来修正聚类中心，这大大增加了聚类收敛的时间。所以 K-medoids 对于大规模数据聚类就显得力不从心，只能适应较小规模的数值聚类。K-medoids 原理如图 4-11 所示。

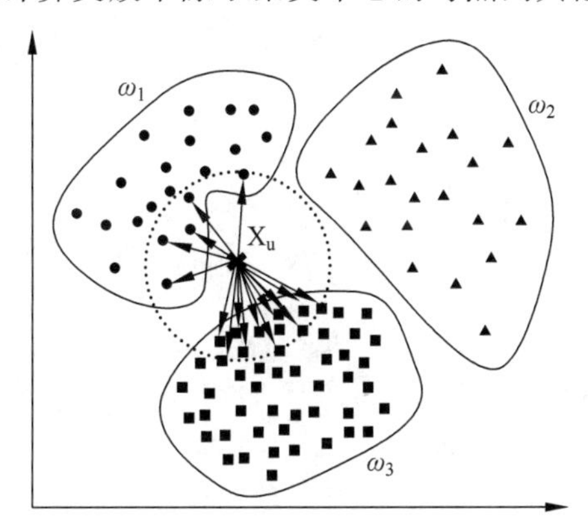

图 4-11 K-medoids 原理图

4.5.2 PAM 算法的主要流程

输入：簇的数目 k 和包含 n 个对象的数据库。

输出：k 个簇，使得所有对象与其最近中心点的相异度总和最小。

(1) 任意选择 k 个对象作为初始的簇中心点。

(2) 指派每个剩余对象给离他最近的中心点所表示的簇。

(3) 选择一个未被选择的中心点 O_i。

(4) Repeat。

(5) 选择一个未被选择过的非中心点对象 O_h。

(6) 计算用 O_h 代替 O_i 的总代价并记录在 S 中。

(7) 直到所有非中心点都被选择过。

(8) 直到所有的中心点都被选择过。

(9) 如果在 S 中的所有非中心点代替所有中心点后的计算出总代价有小于 0 的存在，就找出 S 中的用非中心点替代中心点后代价最小的一个，并用该非中心点替代对应的中心点，形成一个新的 k 个中心点的集合。

(10) 直到没有再发生簇的重新分配，即所有的 S 都大于 0。

PAM 算法需用簇中位置最靠近中心的对象作为代表对象，然后反复地用非代表对象来代替代表对象，试图找出更好的中心点。在反复迭代的过程中，所有可能的“对象对”被分析，每对中的一个对象是中心点，另一个是非代表对象。一个对象代表可以被最大平方-误差值减少的对象代替。

一个非代表对象 O_h 是否是当前一个代表对象 O_i 的一个好的替代，对于每个非中心点对象 O_j，有以下四种情况需要考虑。

(1) 情况一，如图 4-12 所示，O_j 当前隶属于 O_i，如果 O_i 被 O_h 替换，且 O_j 离另一个 O_m 最近，那么 O_j 被分配给 O_m，则替换代价为 $C_{jih}=d(j,m)-d(j,i)$。

(2) 情况二,如图 4-13 所示,O_j 当前隶属于 O_i,如果 O_i 被 O_h 替换,且 O_j 离 O_h 最近,那么 O_j 被分配给 O_h,则替换代价为 $C_{jih}=d(j,h)-d(j,i)$。

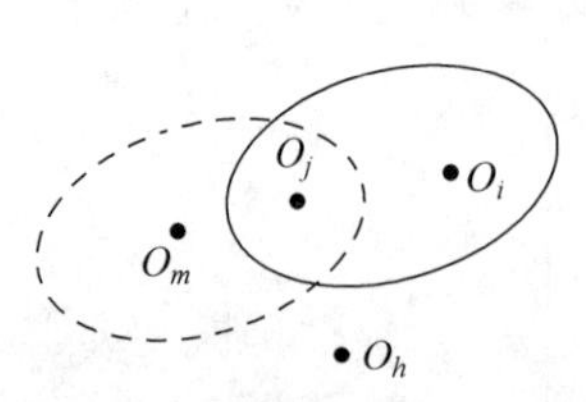

图 4-12 情况一数据分布图

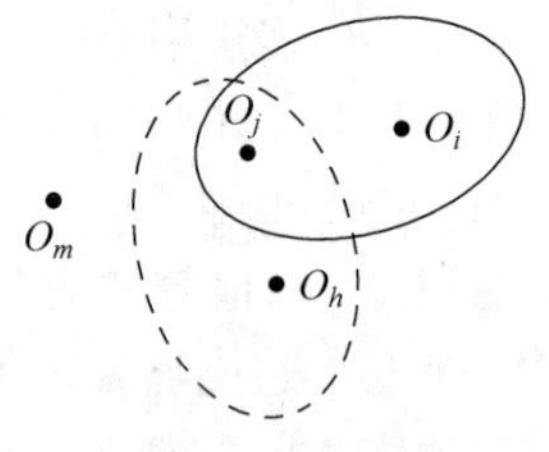

图 4-13 情况二数据分布图

(3) 情况三,如图 4-14 所示,O_j 当前隶属于 O_m,$m!=i$,如果 O_i 被 O_h 替换,且 O_j 仍然离 O_m 最近,那么 O_j 被分配给 O_m,则替换代价为 $C_{jih}=0$。

(4) 情况四,如图 4-15 所示 O_j 当前隶属于 O_m,$m!=i$,如果 O_i 被 O_h 替换,且 O_j 离 O_h 最近,那么 O_j 被分配给 O_h,则替换代价为 $C_{jih}=d(j,h)-d(j,m)$。

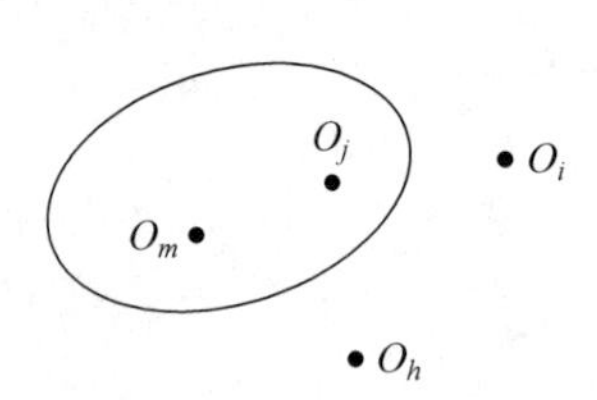

图 4-14 情况三数据分布图

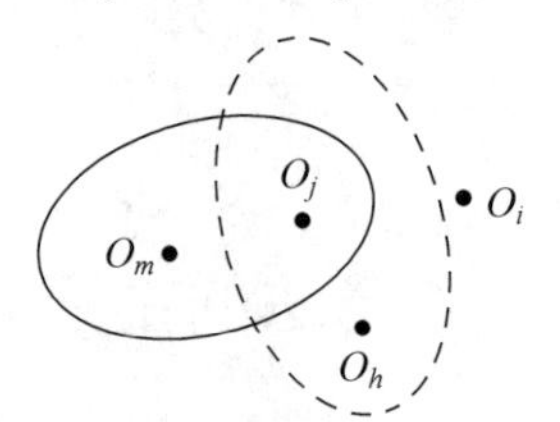

图 4-15 情况四数据分布图

每当重新分配发生时,平方-误差 E 所产生的差别对代价函数有影响。因此,如果一个当前的中心点对象被非中心点对象所代替,代价函数计算平方-误差值所产生的差别。替换的总代价是所有非中心点对象所产生的代价之和。如果总代价是负的,那么实际的平方-误差将会减小,O_i 可以被 O_h 替代;如果总代价是正的,则当前的中心点 O_i 被认为是可接受的,在本次迭代中没有变化。

4.5.3 PAM 算法的实现

1. PAM 函数的定义

在 MATLAB 中具有 KPAM 的工具箱,通过在 MATLAB 命令窗口输入"help kpam"就可以查看 PAM 算法的具体程序。下面仅介绍 KPA 功能函数的直接调用,该函数说明如下。

```
% function [result,c,s,index,label] = kpam(data,k)
% result 表示聚类结果
% c 表示聚类最后的中心点
% index 表示随机排列的行号
% label 表示数据每一行属于第几个中心点
% 随机选择 k 个中心点
```

2. MATLAB 完整程序

使用三原色的后 30 组数据对其进行聚类,PAM 数据分类的完整程序如下:

```
% function [result,c,s,index,label] = kpam(data,k)
% result 表示聚类结果
```

```
%c 表示聚类最后的中心点
%index 表示随机排列的行号
%label 表示数据每一行属于第几个中心点
%随机选择 k 个中心点
clc;clear all;
data = [1702.8   1639.79   2068.74
1877.93   1860.96   1975.3
867.81    2334.68   2535.1
1831.49   1713.11   1604.68
460.69    3274.77   2172.99
2374.98   3346.98   975.31
2271.89   3482.97   946.7
1783.64   1597.99   2261.31
198.83    3250.45   2445.08
1494.63   2072.59   2550.51
1597.03   1921.52   2126.76
1598.93   1921.08   1623.33
1243.13   1814.07   3441.07
2336.31   2640.26   1599.63
354       3300.12   2373.61
2144.47   2501.62   591.51
426.31    3105.29   2057.8
1507.13   1556.89   1954.51
343.07    3271.72   2036.94
2201.94   3196.22   935.53
2232.43   3077.87   1298.87
1580.1    1752.07   2463.04
1962.4    1594.97   1835.95
1495.18   1957.44   3498.02
1125.17   1594.39   2937.73
24.22     3447.31   2145.01
1269.07   1910.72   2701.97
1802.07   1725.81   1966.35
1817.36   1926.4    2328.79
1860.45   1782.88   1875.13];
k = 4;
[N,n] = size(data);
index = randperm(N);                                       %打乱 N 个数的顺序
v = data(index(1:k),:);                                    %初始化速度%
 for t = 1:100
%指派每个剩余的对象距离它最近的中心点所代表的簇
%  if k == 1
%          for j = 1:N
%               label(j) = 1;
%          end
%         else
         for i = 1:k
             label(index(i)) = i;
         end
         for j = k + 1:N
             for i = 1:k
             dist(:,i) = sqrt(sum((data(index(j),:) - v(i,:)).^2));    %计算距离%
             end
             [m,l] = min(dist');                           %选取距离最小%
             label(index(j)) = l;
             end
         end
```

```
            for i = 1:k
               c(i,:) = v(i,:);
            end
% 所有非中心点被选择过,所有的中心点被选择过
        for i = 1:k
            for h = k + 1:N
                for j = 1:N
                    c(i,:) = data(index(h),:);
                      dist1 = sqrt(sum((data(j,:) - c(i,:)).^2));    % 计算距离 %
                      for z = 1:k
                            dist2(z) =  sqrt(sum((data(j,:) - c(z,:)).^2));   % 计算距离 %
                      end
                        for y = 1:k
                                   dist4(y) = sqrt(sum((data(j,:) - v(y,:)).^2));   % 计算距离 %
                        end
                            dist3 = sqrt(sum((data(j,:) - v(i,:)).^2));   % 计算距离 %
                       if label(j) == i
                           if dist1 == min(dist2)

                              cjih(j,:) = dist1 - dist3;
                           else
                              cjih(j,:) = min(dist2) - dist3;
                           end
                       else
                           if dist1 == min(dist4)

                               cjih(j,:) = dist1 - min(dist4);
                           else
                               cjih(j,:) = 0;
                           end
                         end
                         c(i,:) = v(i,:);
                        % s1(j,:) = cjih(j,:); ?
                   end
% 一个非中心点代替一个中心点的总代价 s
                       s((h-k),:,i) = sum(cjih(:,:),1);
                 end
            end
           % if min(min(s)) == 0
                 for i = 1:k
                   for h = k + 1:N
                      if s((h-k),:,i) == min(min(s))
                            s((h-k),:,i) = 1;
                      end
                   end
                 end
          % end
% 如果在 S 中的所有非中心点代替所有中心点后的计算出总代价有小于 0 的存在,then 找出 S 中的
% 用非中心点替代中心点后代价最小的一个,并用该非中心点替代对应的中心点,形成一个新的 k 个
% 中心点的集合
          if min(min(s))< 0
             for i = 1:k
                for h = k + 1:N
                   if s((h-k),:,i) == min(min(s))
                      v(i,:) = data(index(h),:);
```

```
                                    end
                            end
                    if data(index(i),:)~ = data(index(h),:)
                    if v(i,:) == data(index(h),:)
                                        end
        end
                  end
                  a = index(i);
                  b = index(h);
                  index(i) = b;
                  index(h) = a;
              end
                % 所有的 s 都大于 0 则聚类完成
            if min(min(s))> 0
                                  end
          % end
         for i = 1:k
         for j = 1:N
         if label(j) == i
           result(j,:,i) = data(j,:)
          % line(result(:,1,1),result(:,2,1),result(:,3,1),'linestyle','none','marker','*',
'color','g');
          % line(result(:,1,2),result(:,2,2),result(:,3,2),'linestyle','none','marker','o',
'color','b');
          % line(result(:,1,3),result(:,2,3),result(:,3,3),'linestyle','none','marker','+',
'color','r');
          % line(result(:,1,4),result(:,2,4),result(:,3,4),'linestyle','none','marker','@',
'color','y');
          % line(data(:,1),data(:,2),data(:,3),'linestyle','none','marker','*','color','r');
          % line(data(:,1),data(index3,2),data(index3,3),'linestyle','none','marker','+',
'color','b');
          % line(data(index4,1),data(index4,2),data(index4,3),'linestyle','none','marker',
'+','color','y');
           % title('C均值聚类分析图');
           % xlabel('第一特征坐标');
           % ylabel('第二特征坐标');
           % zlabel('第三特征坐标');
         end
         end
         end
         figure
         plot3(result(:,1,1),result(:,2,1),result(:,3,1),'*');
         hold on;
         plot3(result(:,1,2),result(:,2,2),result(:,3,2),'*');
         plot3(result(:,1,3),result(:,2,3),result(:,3,3),'*');
         plot3(result(:,1,4),result(:,2,4),result(:,3,4),'*');
         grid on;
         line(result(:,1,1),result(:,2,1),result(:,3,1),'linestyle','none','marker','*',
'color','y');
         line(result(:,1,2),result(:,2,2),result(:,3,2),'linestyle','none','marker','*',
'color','b');
         line(result(:,1,3),result(:,2,3),result(:,3,3),'linestyle','none','marker','*',
'color','g');
         line(result(:,1,4),result(:,2,4),result(:,3,4),'linestyle','none','marker','*',
'color','r');
```

PAM算法是不断计算中心点及其他点距离中心点距离来优化分类的,所以需要多次运行程序,找到最优分类。第一次运行程序,出现如图4-16所示界面。

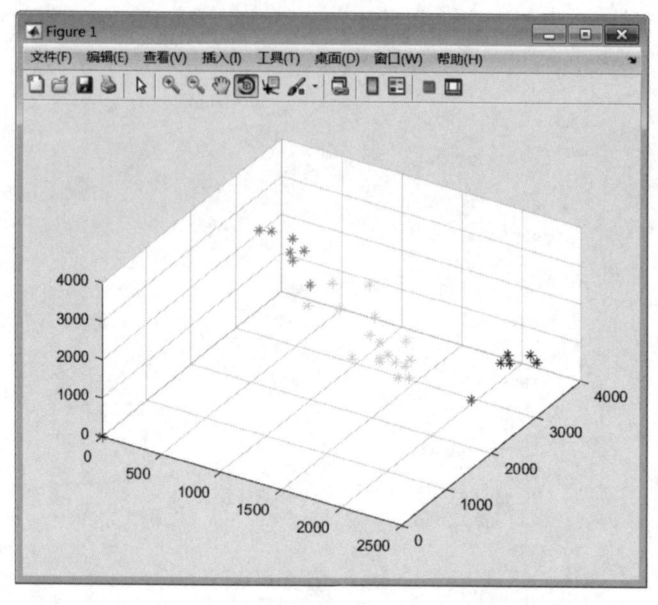

图4-16 首次运行的分类结果界面

MATLAB运行结果如下:

```
result(:,:,4) =
    1.0e+03 *
         0         0         0
         0         0         0
         0         0         0
         0         0         0
         0         0         0
         0         0         0
         0         0         0
         0         0         0
         0         0         0
         0         0         0
         0         0         0
         0         0         0
         0         0         0
         0         0         0
         0         0         0
    2.1445    2.5016    0.5915
         0         0         0
         0         0         0
         0         0         0
         0         0         0
         0         0         0
         0         0         0
         0         0         0
         0         0         0
         0         0         0
         0         0         0
```

```
        0          0          0
        0          0          0
        0          0          0
        0          0          0
```

多次运行之后出现如图 4-17 所示的分类结果界面。

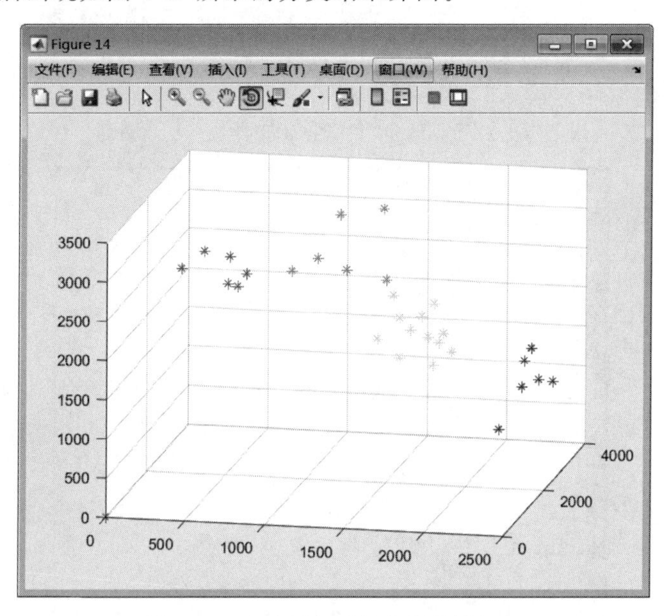

图 4-17 多次运行后的分类结果界面

MATLAB 程序运行完之后出现如下结果：

```
result(:,:,4) =

      1.0e+03 *

             0          0          0
             0          0          0
             0          0          0
             0          0          0
      0.4607     3.2748     2.1730
             0          0          0
             0          0          0
             0          0          0
      0.1988     3.2504     2.4451
             0          0          0
             0          0          0
             0          0          0
             0          0          0
             0          0          0
      0.3540     3.3001     2.3736
             0          0          0
      0.4263     3.1053     2.0578
             0          0          0
      0.3431     3.2717     2.0369
             0          0          0
             0          0          0
```

```
            0         0         0
            0         0         0
            0         0         0
            0         0         0
       0.0242    3.4473    2.1450
            0         0         0
            0         0         0
            0         0         0
            0         0         0
```

相关参数的仿真结果在 MATLAB 的工作区,如图 4-18 所示。

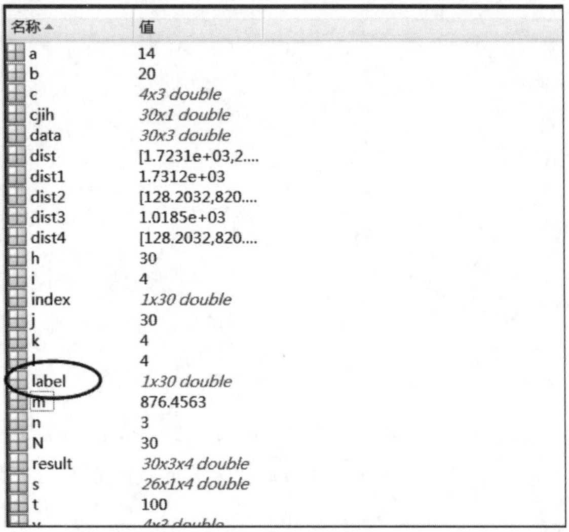

名称	值
a	14
b	20
c	4x3 double
cjih	30x1 double
data	30x3 double
dist	[1.7231e+03,2....
dist1	1.7312e+03
dist2	[128.2032,820....
dist3	1.0185e+03
dist4	[128.2032,820....
h	30
i	4
index	1x30 double
j	30
k	4
l	4
label	1x30 double
m	876.4563
n	3
N	30
result	30x3x4 double
s	26x1x4 double
t	100

图 4-18 MATLAB 运行工作区

其中 label 项给出了数据的类别号,具体结果如下:

```
     4  4  2  4  1  3  3  4  1  2  4  4  2  3  1  3  1  4  1  3  3  2  4  2  2  1  2  4
  4  4
```

通过与标准数据对比,发现 2144.47,2501.62,591.51;2201.94,3196.22,935.53;2232.43,3077.87,1298.87;1962.4,1957.44,3498.02 这四个数据的分类不正确,正确率为 87%。这可能是仿真次数不够造成的。

4.5.4 PAM 算法的特点

PAM 在算法中具有一些特定的特点,可以帮助我们很好地处理数据问题,但也存在一些不足。

(1) 消除了 K 均值算法对于孤立点的敏感性。

(2) K 中心点方法比 K 均值算法的代价要高。

(3) 必须指定 K 的值

(4) PAM 对小的数据集非常有效,对大数据集效率不高。特别是 n 和 K 都很大的时候。

4.5.5　*K* 均值和 PAM 算法分析比较

K 均值算法是先随便选取中心点，通过 k 值将数据分为几类，然后在簇中通过求取平均值的方法重新确定中心点，然后重新赋值，再重新求取平均值，重复此工作，直至准则 J_K 最小化。而 PAM 则是通过对除聚类中心以外的样本点计算到每个聚类中心的距离，再对每个类中除类中心的点外的其他样本点计算到其他所有点的距离和的最小值。将该最小值点作为新的聚类中心便实现了一次聚类优化，也就是样本归类到距离样本中心最近的样本点。这便实现了最初的聚类选取数据中的点作为中心点。检测非中心点 O_j 到中心点的距离与另一个非中心点 O_h 的距离的差是正是负，若为正，则将 O_j 的中心点换为 O_h，以此类推，将遍历所有的数据，直至所有非中心点被选择过，所有的中心点被选择过，从而可以更好地消除孤立点。通过前面的仿真可以知道，PAM 对数据的分类可以降低孤立点的影响，如图 4-19、图 4-20 所示。

K 均值算法对孤立点敏感。即使对于一个远离聚类中心的目标，算法也强行将其划分一个类中，从而扭曲了聚类的形状。而 PAM 以真实数据点作为聚类原型，消除了孤立点的影响。

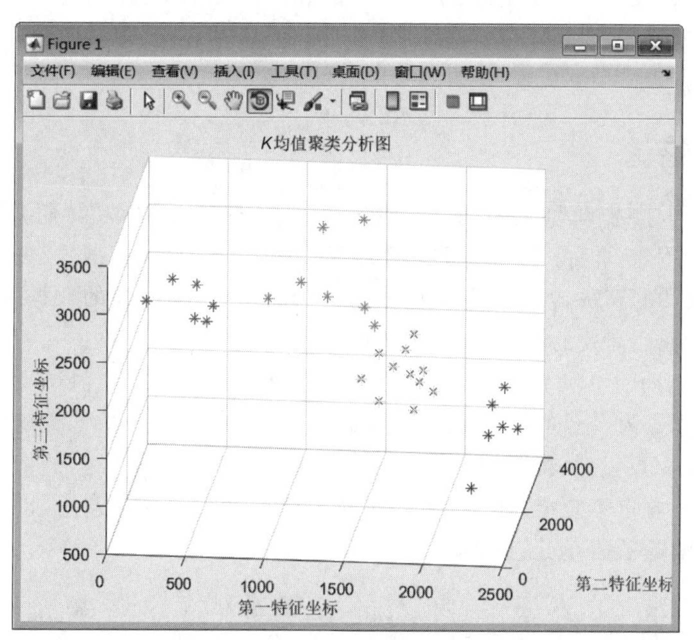

图 4-19　*K* 均值聚类结果图

K-medoids 算法具有能够处理大型数据集，结果簇相当紧凑，并且簇与簇之间明显分明的优点，这一点和 *K* 均值算法相同。同时，该算法也有 *K* 均值算法同样的缺点，如必须事先确定类簇数和中心点，簇数和中心点的选择对结果影响很大；一般在获得一个局部最优的解后就停止了；对于除数值型以外的数据不适合；只适用于聚类结果为凸形的数据集等。与 *K* 均值算法相比，*K*-medoids 算法对噪声不那么敏感，这样对于离群点就不会造成划分的结果偏差过大，少数数据不会造成重大影响。*K*-medoids 由于上述原因被认为是对 *K* 均值算法的改进，但由于按照中心点选择的方式进行计算，算法的时间复杂度也比 *K* 均

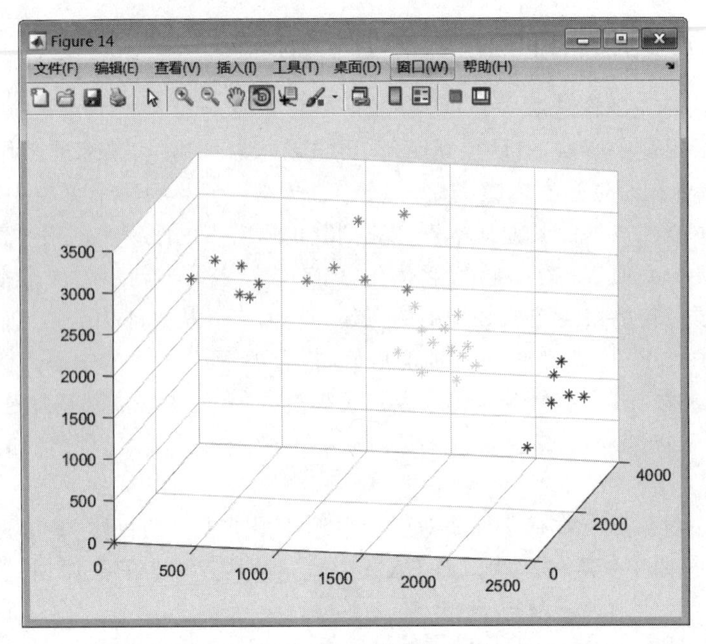

图 4-20 PAM 聚类结果图

值算法上升了 $O(n)$。

4.5.6 结论

由于现在科学技术的发展,不同类别大量数据出现在各行各业,从而导致人们处理这些复杂的数据出现困难;但由于计算机技术的迅猛发展,人们生产、搜集、处理数据的能力不断提高。通过聚类的算法,将特性相似的数据分为一类,不同特性的数据之间差距很大,这为各行各业提供他们需要的有用数据,并进行分析。

本节主要介绍了 PAM 算法并与 K 均值算法做了比较。K 均值聚类算法是最为经典的,同时也是使用最为广泛的一种基于划分的聚类算法,它属于基于距离的聚类算法。但 K 均值算法对孤立点敏感,很可能将孤立点划分到一个类中,使分类的聚类形状扭曲。而 PAM 算法则对孤立点不敏感,因为 PAM 算法会将所有数据进行遍历,以真实的数据作为聚类原型,从而消除了孤立点的影响。

4.6 数据聚类——层次聚类

4.6.1 层次聚类方法简介

层次聚类就是将对数据集按照某种方法进行层次分解,直到满足某种条件为止。按照分类原理的不同,可以分为凝聚和分裂两种方法。层次凝聚的代表是 AGNES 算法,层次分裂的代表是 DIANA 算法。一个完全层次聚类的质量由于无法对已经做的合并或分解进行调整而受到影响。但是层次聚类算法没有使用准则函数,它所含的对数据结构的假设更少,所以它的通用性更强。

4.6.2　凝聚的和分裂的层次聚类

1. 凝聚的层次聚类

凝聚的层次聚类是一种自底向上的策略。典型的方式是，它从每个对象形成自己的簇开始，并且迭代地把簇合并成越来越大的簇，直到所有的对象都在一个簇中，或者满足某个终止条件。该单个簇成为层次结构的根。在合并步骤，它找出两个最接近的簇，并且合并它们，形成一个簇。因为每次迭代合并两个簇，其中每个簇至少包含一个对象，因此凝聚方法最多需要 n 次迭代。

绝大多数层次聚类方法属于这一类，它们只是在簇间相似度的定义上有所不同。凝聚的层次聚类算法过程如图 4-21 所示。

凝聚方法使每个对象自成一簇，然后这些簇根据某种准则逐步合并。簇合并过程反复进行，直到所有的对象最终合并成一个簇。

2. 分裂的层次聚类

分裂的层次聚类与凝聚的层次聚类相反，采用自顶向下的策略。它从把所有对象置于一个簇中开始，该簇是层次结构的根。然后，它把根上的簇划分成多个较小的簇，并且递归地把这些簇划分成更小的簇，不断重复划分过程，直到最底层的簇都足够凝聚或者仅包含一个对象，或者簇内的对象都充分相似。分裂的层次聚类算法过程如图 4-22 所示。

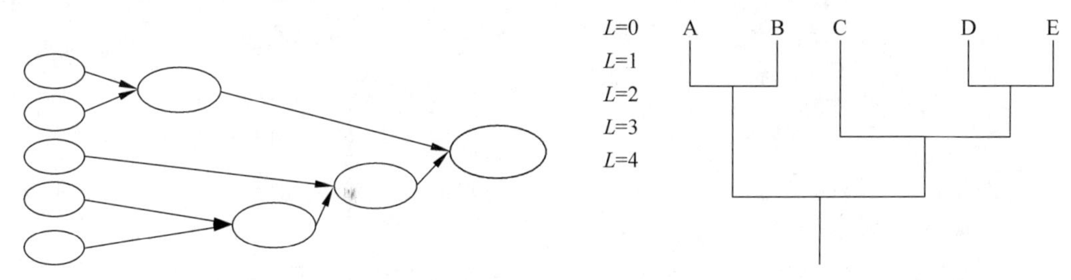

图 4-21　凝聚的层次聚类算法　　　　图 4-22　分裂的层次聚类算法

所有的对象形成一个初始簇，根据某种原则，将簇分裂，簇的分裂过程反复进行，直到最终每个新的簇包含一个对象。

4.6.3　聚合层次聚类算法的原理

聚合层次聚类方法假设每个样本点都是单独的簇类，然后在算法运行的每一次迭代中找出相似度较高的簇类进行合并，该过程不断重复，直到达到预设的簇类个数 K 或只有一个簇类。

聚合层次聚类算法的基本思想是：

(1) 计算数据集的相似矩阵；

(2) 假设每个样本点为一个簇类；

(3) 合并相似度最高的两个簇类，然后更新相似矩阵，不断循环此步；

(4) 当簇类个数为 1 时，循环终止。

为了更好地理解，我们对算法进行图示说明。假设我们有 6 个样本点{A,B,C,D,E,F}。

第一步：我们假设每个样本点都为一个簇类(图 4-23)，计算每个簇类间的相似度，得到相似矩阵。

第二步：若 B 和 C 的相似度最高，合并簇类 B 和 C 为一个簇类。现在我们还有 5 个簇类，分别为 A，BC，D，E，F，如图 4-24 所示。

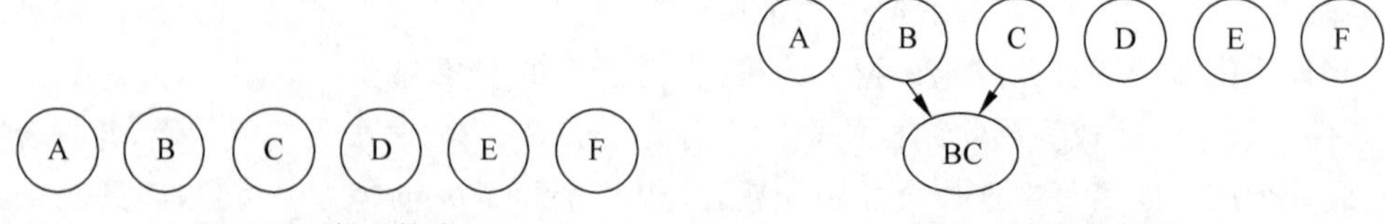

图 4-23　每个簇类　　　　图 4-24　合并簇类 BC

第三步：更新簇类间的相似矩阵，相似矩阵的大小为 5 行 5 列；若簇类 BC 和 D 的相似度最高，合并簇类 BC 和 D 为一个簇类。现在我们还有 4 个簇类，分别为 A，BCD，E，F，如图 4-25 所示。

第四步：更新簇类间的相似矩阵，相似矩阵的大小为 4 行 4 列；若簇类 E 和 F 的相似度最高，合并簇类 E 和 F 为一个簇类。现在我们还有 3 个簇类，分别为 A，BCD，EF，如图 4-26 所示。

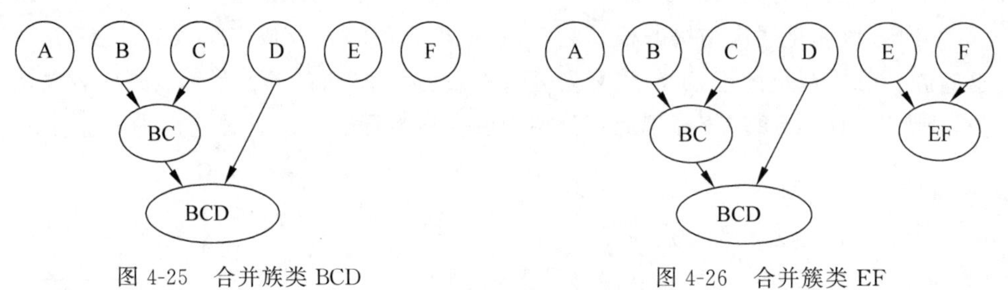

图 4-25　合并簇类 BCD　　　　图 4-26　合并簇类 EF

第五步：重复第四步，簇类 BCD 和簇类 EF 的相似度最高，合并该两个簇类。现在我们还有 2 个簇类，分别为 A，BCDEF，如图 4-27 所示。

第六步：最后合并簇类 A 和 BCDEF 为一个簇类，层次聚类算法结束，如图 4-28 所示。

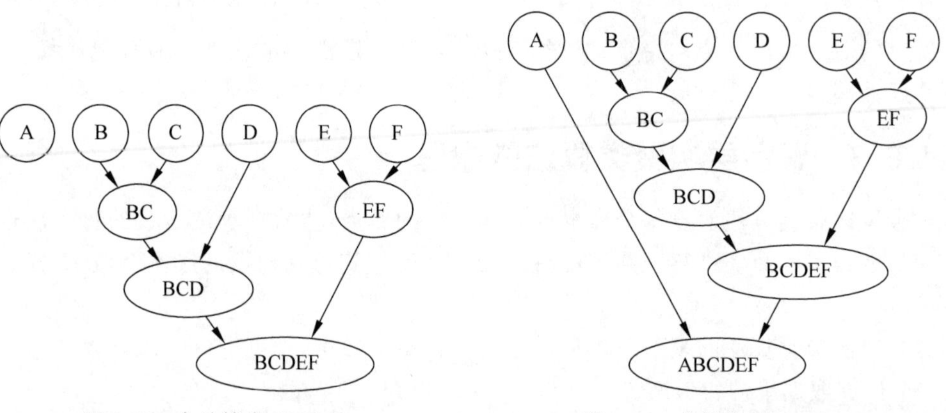

图 4-27　合并簇类 BCDEF　　　　图 4-28　合并簇类 ABCDEF

树状图是类似树(tree-like)的图表，记录了簇类凝聚和分裂的顺序。我们根据上面的步骤，使用树状图对凝聚的层次聚类算法进行可视化，如图 4-29 所示。

如图 4-30 所示，记录簇类凝聚和分裂的顺序。

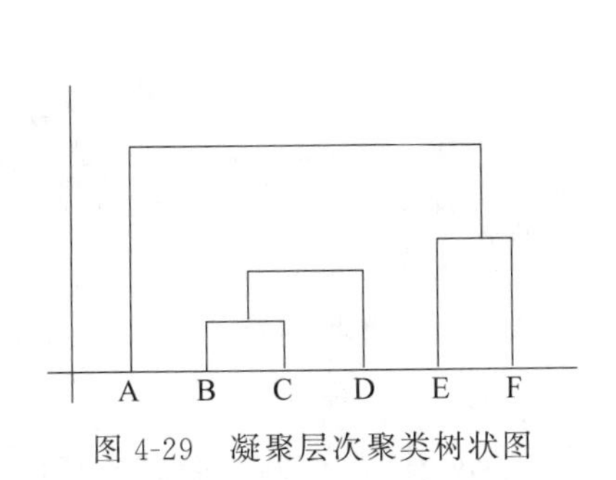

图 4-29 凝聚层次聚类树状图

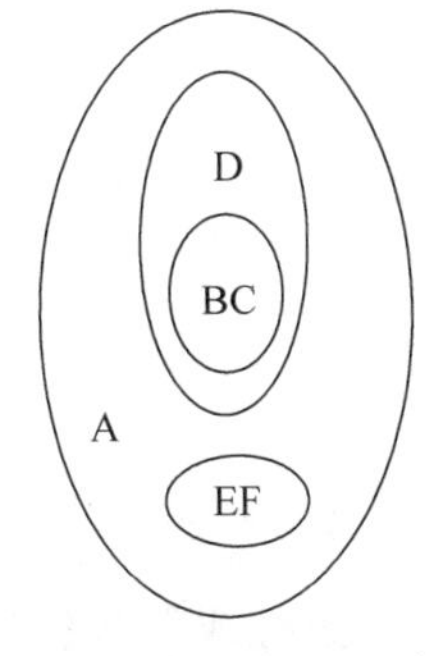

图 4-30 簇类凝聚和分裂

分裂层次聚类算法假设所有数据集归为一类,然后在算法运行的每一次迭代中分裂相似度最低的样本,该过程不断重复,最终每个样本对应一个簇类。

4.6.4 簇间距离度量方法

无论使用凝聚方法还是使用分裂方法,一个核心问题是如何度量两个簇之间的距离,其中每个簇一般是一个对象集。在凝聚和分裂的层次聚类之间,我们又依据计算簇间的距离的不同,广泛采用 4 个簇间距离度量方法,列举如下。

(1) 单连锁(single linkage),又称最近邻(nearest neighbor)方法,指两个不一样的簇之间任意两点之间的最近距离。这里的距离是表示两点之间的相异度,所以距离越近,两个簇相似度越大。这种方法最善于处理非椭圆结构,却对于噪声和孤立点特别的敏感。取出距离很远的两个类之中出现一个孤立点时,这个点就很有可能把两类合并在一起,如图 4-31 所示。该方法的距离公式为:

$$d_{\min}(c_i,c_j)=\min_{p\in c_i,p'\in c_j}|p-p'| \tag{4-10}$$

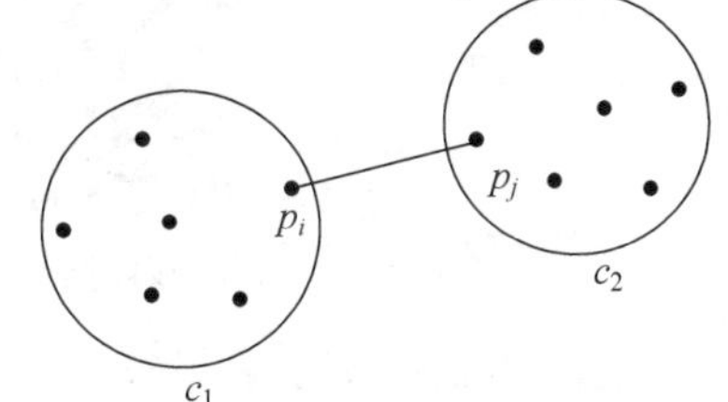

图 4-31 单连锁法

优点:只要两个簇类的间隔不是很小,单链接算法可以很好地分离非椭圆形状的样本分布。如图 4-32 所示,其中不同颜色表示不同的簇类。

缺点:单连锁算法不能很好地分离簇类间含有噪声的数据集,如图 4-33 所示。

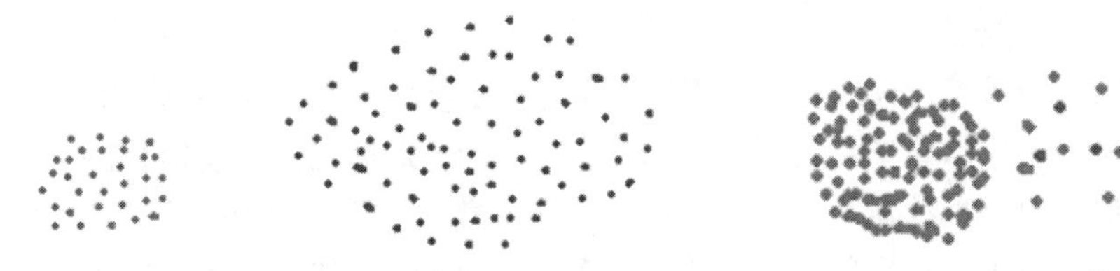
图 4-32 间隔大的两个簇类分类(单连锁算法)

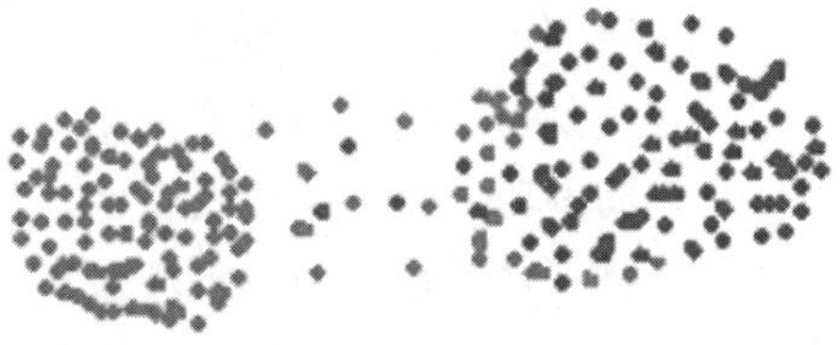

图 4-33 含有噪声的数据集分类(单连锁算法)

(2) 全连锁(complete linkage),又称最远邻(farthest neighbor)方法,指两个不一样的簇中任意两点之间的最远的距离。它对噪声和孤立点很不敏感,趋向于寻求某一些紧凑的分类,但是,有可能使比较大的簇破裂,如图 4-34 所示,该方法的距离公式为:

$$d_{\max}(c_i,c_j)=\max_{p\in c_i,p'\in c_j}|p-p'| \tag{4-11}$$

优点:全连锁算法可以很好地分离簇类间含有噪声的数据集,如图 4-35。

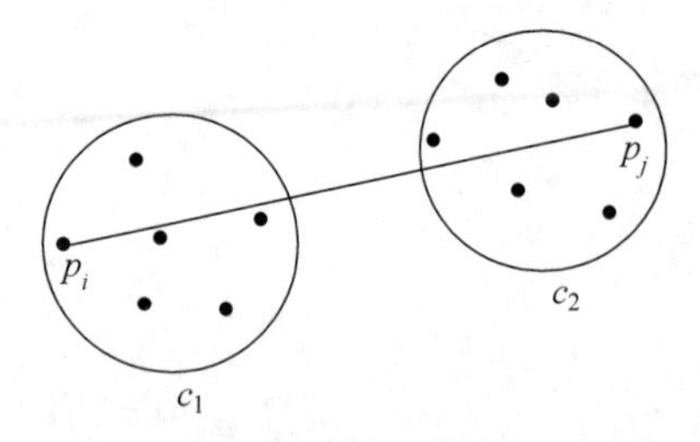

图 4-34 全连锁法

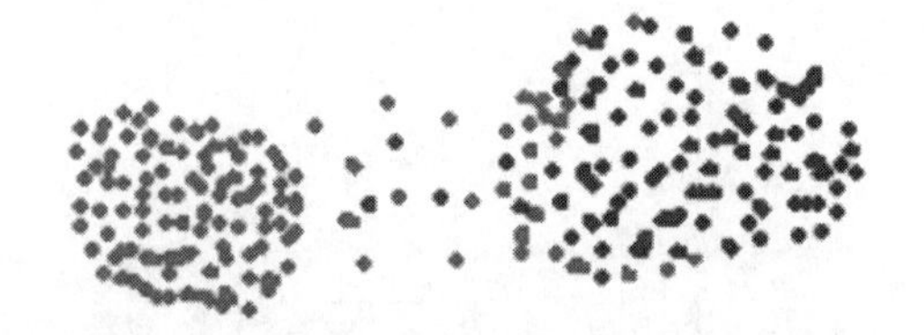

图 4-35 含有噪声的数据集分类(全连锁算法)

缺点：全连锁算法对球形数据集的分离会产生偏差,如图 4-36。

(3) 组平均方法(group average linkage),定义距离为数据两两距离的平均值。这个方法倾向于合并差异小的两个类,产生的聚类具有相对的健壮性,如图 4-37 所示。该方法的距离公式为：

$$d_{\text{avg}}(c_i, c_j) = \sum_{p \in c_i} \sum_{p' \in c_j} |p - p'| / n_i n_j \tag{4-12}$$

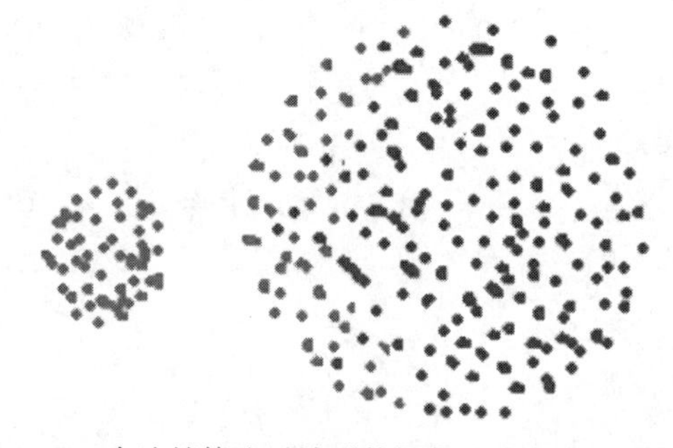

图 4-36 全连锁算法对球形数据集的分离产生的偏差

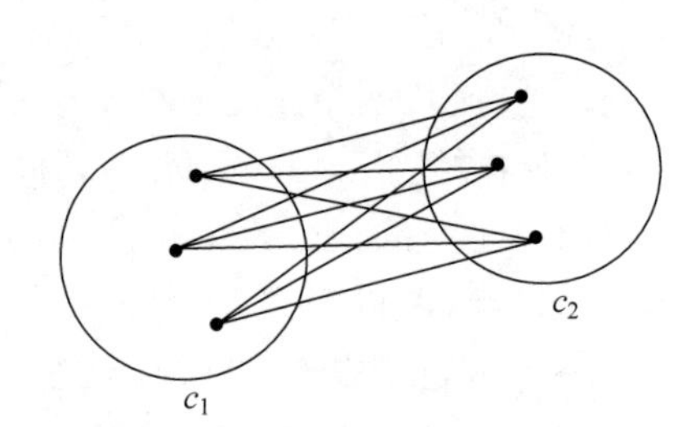

图 4-37 组平均方法

优点：均链接算法可以很好地分离族类间有噪声的数据集。

缺点：均链接算法对球形数据集的分离会产生偏差。

(4) 平均值方法(centroid linkage),先计算各个类的平均值,然后定义平均值之差为两类的距离。该方法的距离公式为：

$$d_{\min}(c_i, c_j) = |m_i - m_j| \tag{4-13}$$

其中 c_i, c_j 是两个类,$|p-p'|$为对象 p 和 p'之间的距离,n_i, n_j 分别为c_i, c_j 的对象个数,m_i, m_j 分别为类c_i, c_j 的平均值。

当算法使用最小距离衡量簇间距离时,有时称它为最近邻聚类算法。此外,如果当最近的两个簇之间的距离超过用户给定的阈值时聚类过程就会终止,则称其为单连锁算法。

当一个算法使用最大距离来度量簇间距离时,有时称为最远邻聚类算法。如果当最近两个簇之间的最大距离超过用户给定的阈值时聚类过程便终止,则称其为全连接算法。

以上最小和最大距离代表了簇间距离度量的两个极端。它们趋向离群点或噪声数据过分敏感。使用均值距离或平均距离是对最小和最大距离之间的一种折中方法,并且可以克服离群点敏感性问题。

4.6.5 层次聚类方法存在的不足

在凝聚的层次聚类方法和分裂的层次聚类的所有的方法中,都需要用户提供希望得到的聚类的单个数量和阈值作为聚类分析的终止条件，但是对于复杂的数据来说这是很难事先判定的。尽管层次聚类的方法实现起来很简单，但是偶尔会遇见合并或分裂点抉择困难的情况。这样的抉择是特别关键的，因为只要其中的两个对象被合并或者分裂，接下来的处理将只能在新生成的簇中完成，已形成的处理不能被撤销，两个聚类之间也不能交换对象。如果在某个阶段没有选择合并或分裂的决策，就很可能会导致不高质量的聚类结果。此外，这种聚类方法不具有特别好的可伸缩性，因为它们合并或分裂的决策需要经过检测和估算大量的对象或簇。

层次聚类算法由于要使用距离矩阵，所以它的时间和空间复杂度都很高 $O(n^2)$，几乎不能在大数据集上使用。层次聚类算法只处理符合某静态模型的簇，而忽略了不同簇间的信息，而且忽略了簇间的互连性（互连性指的是簇间距离较近数据对的多少）和近似度（近似度指的是簇间对数据对的相似度）。

4.6.6 层次聚类的 MATLAB 实现

这里使用平均值方法来实现酒瓶颜色的聚类，数据采用表 1-2。下面具体介绍程序算法。

1. 重要代码介绍

（1）数据标准化处理，程序代码如下：

```
%将数据进行标准化变换
Q1 = zscore(X1);
```

（2）利用欧氏距离函数计算样本间距离，程序代码如下：

```
%计算样本间的距离
Y1 = pdist(Q1,'euclid')                    %欧氏距离
```

（3）用两类间距离定义为类重心间的距离，程序代码如下：

```
Z1 = linkage(Y1,'centroid');               %用两类间距离定义为类重心间的距离
```

2. MATLAB 完整程序

层次聚类的 MATLAB 完整程序代码如下：

```
%层次聚类
clear
X1 = [1739.94  1675.15  2395.96
      373.3    3087.05  2429.47
      1756.77  1652     1514.98
      864.45   1647.31  2665.9
      222.85   3059.54  2002.33
      877.88   2031.66  3071.18
      1803.58  1583.12  2163.05
      2352.12  2557.04  1411.53
      401.3    3259.94  2150.98
      363.34   3477.95  2462.86
      1571.17  1731.04  1735.33
      104.8    3389.83  2421.83
      499.85   3305.75  2196.22
      2297.28  3340.14  535.62
```

```
    2092.62   3177.21   584.32
    1418.79   1775.89   2772.9
    1845.59   1918.81   2226.49
    2205.36   3243.74   1202.69
    2949.16   3244.44   662.42
    1692.62   1867.5    2108.97
    1680.67   1575.78   1725.1
    2802.88   3017.11   1984.98
    172.78    3084.49   2328.65
    2063.54   3199.76   1257.21
    1449.58   1641.58   3405.12
    1651.52   1713.28   1570.38
    341.59    3076.62   2438.63
    291.02    3095.68   2088.95
    237.63    3077.78   2251.96];
%数据转换
%将数据进行标准化变换
Q1 = zscore(X1);
%计算样本间的距离
Y1 = pdist(Q1,'euclid')              %欧氏距离
D = squareform(Y1)
Z1 = linkage(Y1,'centroid');         %用两类间距离定义为类重心间的距离
T1 = cluster(Z1,4)
%形成聚类
plot3(X1(:,1),X1(:,2),X1(:,3),'*','MarkerSize',8);
grid;
%变颜色
hold on;
for t = 1:length(T1)
    if(T1(t) == 1)
        plot3(X1(t,1),X1(t,2),X1(t,3),'Marker','*','Color','r');
    elseif(T1(t) == 2)
        plot3(X1(t,1),X1(t,2),X1(t,3),'Marker','*','Color','b');
    elseif(T1(t) == 3)
        plot3(X1(t,1),X1(t,2),X1(t,3),'Marker','*','Color','g');
    elseif(T1(t) == 4)
        plot3(X1(t,1),X1(t,2),X1(t,3),'Marker','*','Color','y');
    end
end
hold on;
xlabel('X');
ylabel('Y');
zlabel('Z');
title('训练数据');
xlabel('样本');
ylabel('类间距离');
title('训练数据');
X2 = [1702.8    1639.79   2068.74
    1877.93   1860.96   1975.3
    867.81    2334.68   2535.1
    1831.49   1713.11   1604.68
    460.69    3274.77   2172.99
    2374.98   3346.98   975.31
    2271.89   3482.97   946.7
    1783.64   1597.99   2261.31
    198.83    3250.45   2445.08
```

```
    1494.63    2072.59   2550.51
    1597.03    1921.52   2126.76
    1598.93    1921.08   1623.33
    1243.13    1814.07   3441.07
    2336.31    2640.26   1599.63
    354        3300.12   2373.61
    2144.47    2501.62   591.51
    426.31     3105.29   2057.8
    1507.13    1556.89   1954.51
    343.07     3271.72   2036.94
    2201.94    3196.22   935.53
    2232.43    3077.87   1298.87
    1580.1     1752.07   2463.04
    1962.4     1594.97   1835.95
    1495.18    1957.44   3498.02
    1125.17    1594.39   2937.73
    24.22      3447.31   2145.01
    1269.07    1910.72   2701.97
    1802.07    1725.81   1966.35
    1817.36    1927.4    2328.79
    1860.45    1782.88   1875.13];
figure;
%数据转换
%将数据进行标准化变换
Q2 = zscore(X2);
%计算样本间的距离
Y2 = pdist(Q2,'euclid')                    %欧氏距离
D1 = squareform(Y2)
Z2 = linkage(Y2,'centroid');               %用两类间距离定义为类重心间的距离
T2 = cluster(Z2,4)
%形成聚类
plot3(X2(:,1),X2(:,2),X2(:,3),'*','MarkerSize',8);
grid;
%变颜色
hold on;
for t = 1:length(T2)
     if(T2(t) == 1)
          plot3(X2(t,1),X2(t,2),X2(t,3),'Marker','*','Color','r');
     elseif(T2(t) == 2)
          plot3(X2(t,1),X2(t,2),X2(t,3),'Marker','*','Color','b');
     elseif(T2(t) == 3)
          plot3(X2(t,1),X2(t,2),X2(t,3),'Marker','*','Color','g');
     elseif(T2(t) == 4)
          plot3(X2(t,1),X2(t,2),X2(t,3),'Marker','*','Color','y');
     end
end
hold on;
xlabel('X');
ylabel('Y');
zlabel('Z');
title('测试数据');
xlabel('样本 1');
ylabel('类间距离 1');
title('测试数据');
box on
```

程序运行完之后,出现如图 4-38 和图 4-39 所示的聚类结果。

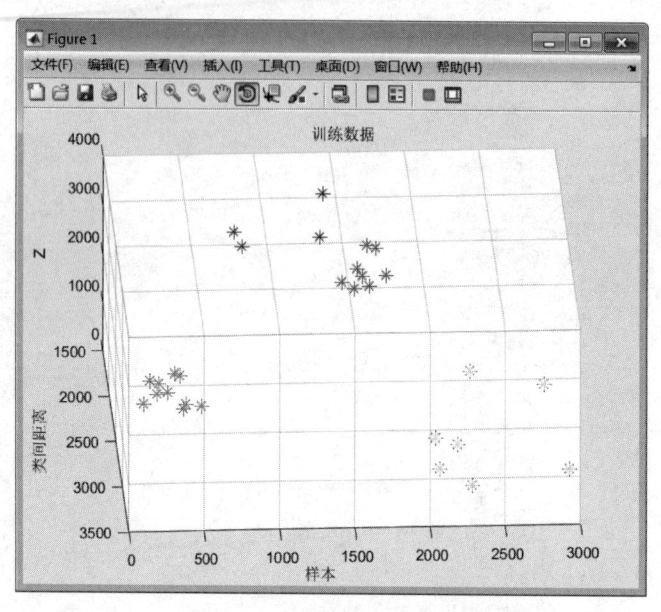

图 4-38 训练样本聚类图界面

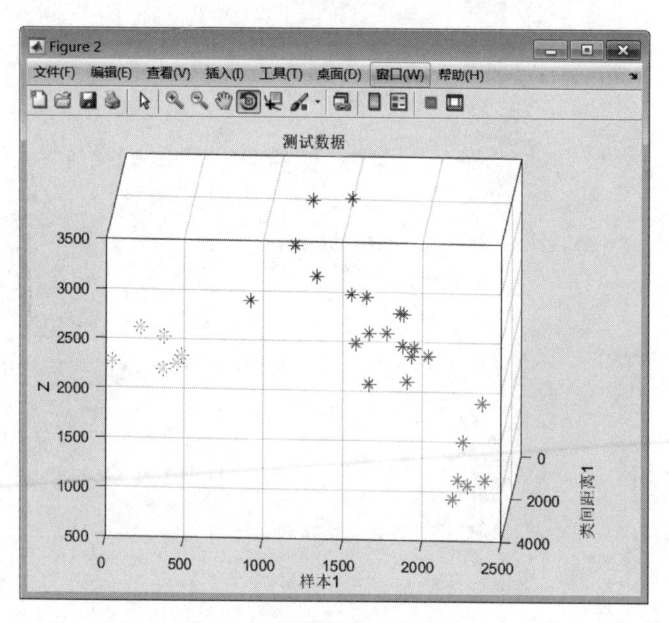

图 4-39 测试数据聚类图界面

程序运行完之后,在命令窗口出现如下运行结果:

```
T1 =
     1
     3
     1
     2
     3
     2
```

```
      1
      4
      3
      3
      1
      3
      3
      4
      4
      2
      1
      4
      4
      1
      1
      4
      3
      4
      2
      1
      3
      3
      3
 T2 =
      1
      1
      2
      1
      4
      3
      3
      1
      4
      2
      1
      1
      2
      3
      4
      3
      4
      1
      4
      3
      3
      1
      1
      2
      2
      4
      2
      1
      1
      1
```

从结果中可以看出聚类结果完全正确。

4.6.7 结论

层次聚类方法是聚类分析中应用很广泛的一种方法。它以给定的簇间距离度量为准则,构造和维护一棵由簇和子簇形成的聚类树,直至满足某个终止条件为止。其中簇间距离度量方法有最小距离、最大距离、平均值距离和平均距离四种。层次聚类算法简单,而且能够有效地处理大数据集,但是它一旦把一组对象合并或者分裂,则已做的处理便不能撤销和更改。如果某一步没有很好地做好合并或分裂的抉择,则可能会导致低质量的聚类效果。

(1) 最大和最小度量代表了簇间距度量的两个极端。它们趋向于对离群点和噪声数据过分敏感。

(2) 使用均值距离和平均距离是对最大和最小距离之间的一种折中方法,而且可以克服对离群点敏感问题。

(3) 层次聚类方法尽管简单,但经常会遇到合并或分裂点选择困难的问题。一旦一组对象合并或分裂,下一步的处理将对新生成的簇进行。

(4) 不具有很好的可伸缩性,因为合并或分裂的决定需要检查和估算大量的对象或簇。

(5) 类间距离的定义方法不同,会使分类结果不太一致。实际问题中常用几种不同的方法进行计算,比较其分类结果,从中选择一个比较切合实际的分类方法。

4.7 数据聚类——ISODATA 算法

4.7.1 ISODATA 算法应用背景

ISODATA(Iterative Self-Organizing Data Analysis Techniques Algorithm)算法是一种聚类划分算法,称为迭代自组织数据分析或动态聚类,可以看作一种改进的 K 均值算法。它是在 K 均值算法的基础上,对分类过程增加了“合并”和“分裂”两个操作,并通过设定参数来控制这两个操作的一种聚类算法。与传统分类方法的根本区别是,它是一种软性分类,而传统聚类划分是硬性的划分。在人们不完全了解客观存在的根本属性的情况下,如果使用传统聚类中的非此即彼的思想,最终的结果是比较简单地将分类对象强行划分归类,从而造成对认识过程的伤害。而软性分类可以认识到大多数分类对象在初始认知或初始分类时不太可能显示的最本质属性,这种模糊聚类的过程以一种逐步进化的方式来逼近事物的本质,可以客观地反映人们认识事物的过程,是一种更科学的聚类方式。ISODATA 算法在没有先验知识的情况下进行分类,是一种非监督分类的方法,与 K 均值算法有相似之处,即聚类中心通过对均值的迭代运算来决定。但 ISODATA 算法能够吸取中间结果所得的经验,具有自组织性。它通过预先设定的迭代参数,加入了一些试探步骤,并且可以结合成为人机交互的结构,使其能利用中间结果所取得的经验更好地进行分类。

动态聚类的特点在于聚类过程通过不断地迭代来完成,且在迭代中通常允许样本从一个聚合类中转移到另一个聚类中。ISODATA 聚类法认为同类事物在某种属性空间上具有一种密集型的特点,它假定样本集中的全体样本分为 m 类,并选定 Z_k 为初始聚类中心,然后根据最小距离原则将每个样本分配到某一类中;之后不断迭代,计算各类的聚类中心,并以新的聚类中心调整聚类情况,并在迭代过程中,根据聚类情况自动地进行类的合并和分裂。

ISODATA 算法的特点有如下两点：

(1) 无先验知识，启发性推理；

(2) 无监督分类。

ISODATA 可以在聚类过程中自动调整类别个数和类别中心，使聚类结果能更加靠近客观真实的聚类结果。ISODATA 算法需要设置的参数比较多，参数值不好确定；不同的参数之间相互影响，而且参数的值和聚类的样本集合也有关系。要得到好的聚类结果，需要有好的初始设置值，可以通过多次设置不同的值进行不同的实验，然后取一些已知的样本来检验聚类结果的精度，以最后取得更好的分类结果的那次实验为准；或者考虑和其他方法相结合来得到更好的分类结果。

ISODATA 算法的基本思想是在每轮迭代过程中，重新调整样本类别之后计算类内及类间有关参数，并和设定的门限值比较，确定是两类合并为一类还是一类分裂为两类；不断地"自组织"，以达到在各参数满足设计要求条件下，使各模式到其类心的距离平方和最小。与 K 均值算法相比，它在以下方面做了改进。

考虑了类别的合并与分裂，因而有了自我调整类别数的能力。合并主要发生在某一类内样本个数太少的情况，或两类聚类中心之间距离太小的情况。为此设有最小类内样本数限制，以及类间中心距离参数。若出现两类聚类中心距离小于设定的门限值，可考虑将此两类合并。分裂则主要发生在某一类别的某分量出现类内方差过大的现象，因而宜分裂成两个类别，以维持合理的类内方差。需要给出一个对类内分量方差的限制参数，用以决定是否需要将某一类分裂成两类。

由于算法有自我调整的能力，因而需要设置若干控制用参数，如聚类数期望值 K、每次迭代允许合并的最大聚类对数 L 及允许迭代次数 I 等。

ISODATA 算法思路如下。

(1) 选择某些初始值。可选不同的参数指标，也可在迭代过程中人为修改，以将 N 个模式样本按指标分配到各个聚类中心中去。

(2) 计算各类中诸样本的距离指标函数。

(3) 根据迭代次数和聚类中心的大小判决算法是分裂、合并还是结束。

(4) 分裂处理。

(5) 合并处理。

(6) 重新进行迭代运算，计算各项指标，判断聚类结果是否符合要求。经过多次迭代后，若结果收敛，则运算结束。

下面介绍 ISODATA 算法的步骤。

首先明确几个参数。

N_C：预选聚类中心个数。

K：希望的聚类中心的个数。

θ_N：每个聚类中心的最少样本数。

θ_S：一个聚类域中样本距离分布的样本差。

θ_C：两个聚类中心之间的最小距离。

L：在一次迭代中允许合并的聚类中心的最大对数。

I：允许迭代的次数。

ISODATA 聚类法的详细步骤如下：设有 N 个模式样本 $X_1, X_2, \cdots, X_N$。

第一步：预选 N_C 个聚类中心 $\{Z_1, Z_2, \cdots, Z_{N_C}\}$，$N_C$ 不要求等于希望的聚类数目。

第二步：计算每个样本与聚合中心距离，把 N 个样本按最近邻原则(最小距离原则)分配到 N_C 个聚类中，若：$\|X-Z_j\|=\min\{\|X-Z_i\|, i=1,2,\cdots,N_C\}$，则 $X \in S_j$。

第三步：判断 S_j 中的样本个数，若 $N_j<\theta_N$，则删除该类，并且 N_C 减去 1，并转至第二步。

第四步：计算分类后的参数，即各聚类样本中心、类内平均距离及总体平均距离。

各聚类样本中心公式：

$$Z_j=\frac{1}{N_j}\sum_{X\in S_j}X, \quad j=1,2,\cdots,N_C \tag{4-14}$$

类内平均距离公式：

$$\overline{D_j}=\frac{1}{N_j}\sum_{X\in S_j}\|X-Z_j\|, \quad j=1,2,\cdots,N_C \tag{4-15}$$

总体平均距离公式：

$$\overline{D}=\frac{1}{N}\sum_{j=1}^{N_C}\sum_{X\in S_j}\|X-Z_j\|=\frac{1}{N}\sum_{j=1}^{N_C}N_j\overline{D_j} \tag{4-16}$$

第五步：根据迭代次数和 N_C 的大小判别算法是分裂，合并还是结束。

(1) 如若迭代次数已达到 I 次，即最后一次迭代，则置 $\theta_C=0$，并且跳到最后一步。

(2) 如若 $N_C\leqslant\frac{K}{2}$，即聚类中心数目不大于希望数目的一半，则进入分裂步骤。

(3) 如若 $N_C\geqslant 2K$，即聚类中心数目不小于希望数目的两倍，或者迭代次数为偶数，则进入合并步骤，否则进入分裂步骤。

第六步：分裂步骤。

(1) 计算各类类内距离的标准差向量

$$\boldsymbol{\sigma}_j=[\sigma_{j1},\sigma_{j2},\cdots,\sigma_{jn}]^{\mathrm{T}},(j=1,2,\cdots,N_C) \tag{4-17}$$

每一个分量为

$$\boldsymbol{\sigma}_{ij}=\sqrt{\frac{1}{N_j}}\sum_{x_{ji}\in X_j}(x_{ji}-z_{ji})^2 \tag{4-18}$$

式中，$i=1,2,\cdots,n$ 是维数，x_{ji} 是 S_j 类的样本 X 的第 i 个分量，z_{ji} 是 S_j 类的聚类中心 Z_j 的第 i 个分量。

(2) 求每个标准差的最大分量，即为 $\sigma_{j\max}$。

(3) 在集合 $\{\sigma_{j\max}\}$ 中，若有 $\sigma_{j\max}>\theta_S$ 说明 S_j 类样本在对应方向上的标准差大于允许值，若同时满足下面两个条件之一：

① $\overline{D_j}>\overline{D}$ 和 $N_j>2(\theta_N+1)$。

② $N_C\leqslant\frac{K}{2}$。

则 Z_j 分裂成 Z_j^+ 和 Z_j^-，N_C 加 1。Z_j^+ 构成为：Z_j 中对应 $\sigma_{j\max}$ 分量加上 $k\sigma_{j\max}$；Z_j^- 构成为：Z_j 中对应 $\sigma_{j\max}$ 分量减去 $k\sigma_{j\max}$，$0<k<1$，k 为分裂系数。若完成分裂，迭代次数加一，转回第二步；否则继续下一步。

第七步：合并步骤。

(1) 计算所有聚类中心之间的距离：

$$D_{ij}=\|Z_i-Z_j\|\quad i=1,2,\cdots,N_C-1;\ j=i+1,i+2,\cdots,N_C \tag{4-19}$$

(2) 比较所有的 D_{ij} 与 θ_C 的值，将小于 θ_C 的 D_{ij} 按升序排列，形成集合$\{D_{i_1,j_1},D_{i_2,j_2},\cdots,D_{i_L,j_L}\}$。

(3) 将集合$\{D_{i_1,j_1},D_{i_2,j_2},\cdots,D_{i_L,j_L}\}$中每个元素对应的两类合并，得到新的聚类，其中心为

$$\boldsymbol{Z}_l^*=\frac{1}{N_{i_l}+N_{j_l}}(N_{i_l}\boldsymbol{Z}_{i_l}+N_{j_l}\boldsymbol{Z}_{j_l})\quad l=1,2,\cdots,L \tag{4-20}$$

每合并一对，N_C 减 1。

第八步：若是最后一次迭代运算，则算法结束。否则有两种情况：

(1) 需要操作者修改参数时，跳到第一步。

(2) 输入参数不需要改变时，跳到第二步。

选择两者之一，迭代次数加 1，然后继续进行运算。

ISODATA 算法流程如图 4-40 所示。

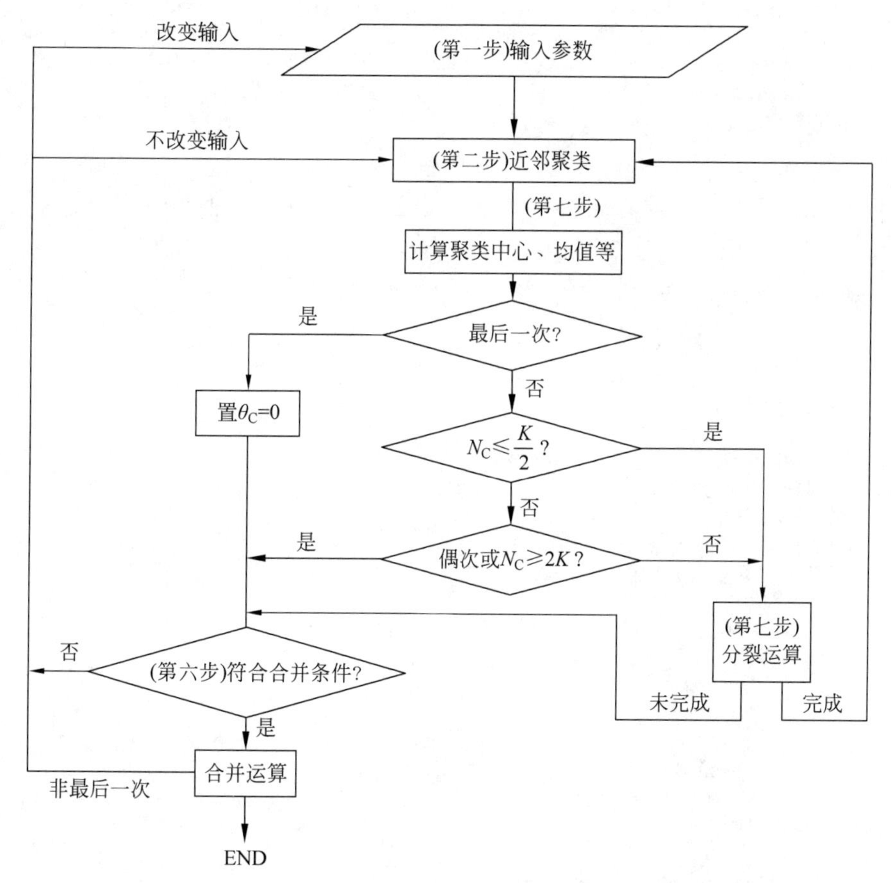

图 4-40　ISODATA 算法流程

4.7.2 用MATLAB实现ISODATA算法

这里还采用表1-2所示数据。

MATLAB是一种与数学密切相关的算法语言工具，以矩阵为基本的计算单位，大量的矩阵运算都已作为函数嵌入语言中，用户可以很方便地调用。运用MATLAB语言来实现ISODATA算法的主要思想是，把类的分裂、合并操作看成是一种三维数组中行向量位置移动的过程，每一个样本作为数组中的一个行向量，而每一行的每一列都是样本的属性值；使用MATLAB的矩阵运算就可以完成对样本位置的调整，从而模拟对类的调整，最终达到聚类分析的结果。程序实现流程：将输入样本初始化分类之后，对分类进行判断，是分裂、合并还是终止，然后再根据判断结果进行分类，如此周而复始。

1. ISODATA算法的重要源代码

(1) 初始化程序代码如下：

```
% step1:初始化
T = input('是否要设置输入参数?是请输入'1',否请输入'0': T = ');
if(T == 1)
K = input('请输入预期聚类中心数目: K = '); % 预期的聚类中心个数
Qn = input('请输入每一聚类中最少样本数: Qn = '); % 每一类中最少的样本数目
Qs = input('请输入一个聚类中样本距离分布的标准差: Qs = '); % 一个聚类中样本距离分布的标准差
Qc = input('请输入两类聚类中心间的最小距离: Qc = ');   % 两类聚类中心间的最小距离
% L = input('请输入一次迭代中可以合并聚类中心的最多个数: L = '); % 一次迭代中可以合并聚
% 类中心的最多个数
end
% K = 3;                                          % 预期的聚类中心个数
% Qn = 5;                                         % 每一类中最少的样本数目
% Qs = 1.8;                                       % 一个聚类中样本距离分布的标准差
% Qc = 1.5;                                       % 两类聚类中间的最小距离
separate = 1; % 分裂标识,为1时可进入分裂循环,为0时跳出分裂循环
while(separate == 1)
% disp('正在运行while循环');
```

这里参数的设置如下：

```
是否要设置输入参数?是请输入'1',否请输入'0': T = 1
请输入预期聚类中心数目: K = 4
请输入每一聚类中最小样本数: Qn = 2
请输入一个聚类中样本距离分布的标准差: Qs = 1
请输入两类聚类中心间的最小距离: Qc = 4
```

(2) 将待分类数据分别分配给距离最近的聚类中心程序，代码如下：

```
% step2: 将待分类数据分别分配给距离最近的聚类中心
distance = zeros(n,Nc);                         % n为x的行数,Nc为初始聚类中心个数
for i = 1:n
for j = 1:Nc
distance(i,j) = norm(x(i,:) - center(j,:));    % 遍历到聚类中心的欧氏距离
end
end
[m,index] = min(distance,[],2);                 % 逻辑索引 index 为1或0;
class = index;
clear m;
clear index;
```

```
clear distance;                          % 删除 m,index,distance;
%统计各子集的样本数目
num = zeros(1,Nc);
for i = 1:Nc
index = find(class == i);                % 找到第 i 行的索引和值;
num(i) = length(index);                  % 子集 i 的样本数目
end
clear i;
clear index;
```

(3) 取消样本数目小于 Qn 的子集程序,代码如下:

```
% step3:取消样本数目小于 Qn 的子集
index = find(num >= Qn);                 % Qn 为每一类中最少样本数目;
Nc = length(index);
center_hat = zeros(Nc,d);
for i = 1:Nc
center_hat(i,:) = center(index(i),:);
end
center = center_hat;
clear center_hat;
clear index;
% 重新将待分类数据分别分配给距离最近的聚类中心
distance = zeros(n,Nc);
for i = 1:n
for j = 1:Nc
distance(i,j) = norm(x(i,:) - center(j,:));
end
end
[m,index] = min(distance,[],2);
class = index;
clear m;
clear index;
clear distance;
```

(4) 计算分类后的参数的程序,即各聚类样本中心、类内平均距离及总体平均距离,代码如下:

```
% step4:修正聚类中心
new_center = zeros(Nc,d);
num = zeros(1,Nc);
for i = 1:Nc
index = find(class == i);
num(i) = length(index);                  % 子集 i 的样本数目
new_center(i,:) = mean(x(index,:));      % 子集 i 的聚类中心
end
center = new_center;
clear new_center;
clear index;
% step5:计算各子集中的样本到中心的平均距离 dis
% step6:计算全部模式样本与其对应聚类中心总平均距离 ddis
dis = zeros(1,Nc);
ddis = 0;
for i = 1:Nc
index = find(class == i);
```

```
for j = 1:num(i)
dis(i) = dis(i) + norm(x(index(j),:) - center(i,:));
end
ddis = ddis + dis(i);
dis(i) = dis(i)/num(i);
end
ddis = ddis/n;
clear index;
```

(5) 判断分裂,合并及迭代的程序,代码如下:

```
% step7:判断分裂,合并及迭代
% 如果迭代次数到达 Imax 次,置 Qc = 0,跳出循环至 step14
if I == Imax % (1)
Qc = 0;
break;
end
if (Nc <= K/2)              % (2)如果不进入分裂则跳到 step11,合并
separate = 1;
end
if(mod(I,2) == 0|Nc >= 2 * K) % (3)
break;
else
separate = 1;
end
```

(6) 分裂的相关程序,代码如下:

```
% step8:分裂
% 计算每个聚类中,各样本到中心的标准差向量
sigma = zeros(Nc,d);                 % sigma(i)代表第 i 个聚类的标准差向量
for i = 1:Nc
index = find(class == i);
for j = 1:num(i)
sigma(i,:) = sigma(i,:) + (x(index(j),:) - center(i,:)).^2;
end
sigma(i,:) = sqrt(sigma(i,:)/num(i));
end
clear index;
% step9:求各个标准差{sigma_j}的最大分量
[sigma_max,max_index] = max(sigma,[],2);
% step10:分裂
k = 0.5;                             % 分裂聚类中心时使用的系数
temp_Nc = Nc;
for i = 1:temp_Nc
if sigma_max(i)> Qs&((dis(i)> ddis&num(i)> 2 * (Qn + 1))|Nc <= K/2)
Nc = Nc + 1;
% 将 z(i)分裂为两个新的聚类中心
center(Nc,:) = center(i,:);
center(i,max_index(i)) = center(i,max_index(i)) + k * sigma_max(i);
center(Nc,max_index(i)) = center(Nc,max_index(i)) + k * sigma_max(i);
end
end
record(I) = Nc;
```

(7) 合并的相关程序代码如下:

```
%% step11:合并
%计算全部聚类中心间的距离
center_Dis = zeros(Nc - 1,Nc);
for i = 1:Nc
for j = i + 1:Nc
center_Dis(i,j) = norm(center(i,:) - center(j,:));
end
end

%% step12,13:如果距离最小的两个中心之间距离小于 Qc,将其合并
%找出距离最近的两个中心
min_Dis = center_Dis(1,3);                          %最小距离
min_index = [1,3];                                  %距离最近的两个中心的标号
for i = 1:Nc
for j = i + 1:Nc
if center_Dis(i,j)< min_Dis
min_Dis = center_Dis(i,j);
min_index = [i,j];
end
end
end
if min_Dis < Qc
%合并距离最近的两个中心
%合并产生的新中心为
new_center = (center(min_index(1),:) * num(min_index(1)) + center(min_index(2),:) * num(min_
index(2)))/(num(min_index(1)) + num(min_index(2)));
temp_center = zeros(1,Nc);
temp_center = center;
temp_center(min_index(1),:) = new_center;
temp_center(min_index(2),:) = center(Nc,:);
Nc = Nc - 1;                                        %聚类数目减 1
center = temp_center(1:Nc,:);
clear temp_center
end
end
record(I) = Nc;
I = I + 1
%x 为聚类中元素矩阵,z 为聚类中心,k 为聚类元素维数,n 为 x 中元素个数
function [delta] = clusterStd(x,z,n,k)
d = zeros(1,k);
for i = 1:n
     for j = 1:k
          d(j) = d(j) + (x(i,j) - z(i))^2;
     end
end
delta = sqrt(d./n);
```

2. ISODATA 的 MATLAB 完整程序

完整程序代码如下:

```
close all;
clear all;
clc;
%数据导入
```

```
in_data = load('SelfOrganizationSimulation.dat');          %导入数据
x = in_data;                                               %待分类样本
%给数据添加类别标签
label = [ones(10,1);ones(10,1) * 2;ones(10,1) * 3];
in_data = [in_data,label];
% ------------- ISODATA ---------------- %
Imax = 6;                                                  %迭代次数
Nc =5;                                                     %预选初始聚类中心个数
% %记录聚类数目
record = zeros(1,Imax);
%随机选取Nc个初始聚类中心
r = randperm(30);
for i = 1:Nc
center(i,:) = x(r(i),:);
end
clear i;
clear r;
[n,d] = size(x);                                           %n为数据行数,d为数据列数
I = 1;
while I < Imax
%step1:初始化
T = input('是否要设置输入参数?是请输入'1',否请输入'0': T = ');
if(T == 1)
K = input('请输入预期聚类中心数目: K = '); %预期的聚类中心个数
Qn = input('请输入每一聚类中最少样本数: Qn = '); %每一类中最少的样本数目
Qs = input('请输入一个聚类中样本距离分布的标准差: Qs = '); %一个聚类中样本距离分布的标准差
Qc = input('请输入两类聚类中心间的最小距离: Qc = '); %两类聚类中心间的最小距离
%L = input('请输入一次迭代中可以合并聚类中心的最多个数: L = '); %一次迭代中可以合并聚类
%中心的最多个数
end
% K = 3;                                                   %预期的聚类中心个数
% Qn = 5;                                                  %每一类中最少的样本数目
% Qs = 1.8;                                                %一个聚类中样本距离分布的标准差
% Qc = 1.5;                                                %两类聚类中间的最小距离
separate = 1; %分裂标识,为1时可进入分裂循环,为0时跳出分裂循环
while(separate == 1)
% disp('正在运行while循环');
%step2: 将待分类数据分别分配给距离最近的聚类中心
distance = zeros(n,Nc);                 %n为x的行数,Nc为初始聚类中心个数
for i = 1:n
for j = 1:Nc
distance(i,j) = norm(x(i,:) - center(j,:));                %遍历到聚类中心的欧氏距离
end
end
[m,index] = min(distance,[],2);                            %逻辑索引 index 为1或0;
class = index;
clear m;
clear index;
clear distance;                                            %删除m,index,distance;
%统计各子集的样本数目
num = zeros(1,Nc);
for i = 1:Nc
index = find(class == i);                                  %找到第 i 行的索引和值;
num(i) = length(index);                                    %子集 i 的样本数目
end
clear i;
```

```
clear index;
% step3:取消样本数目小于 Qn 的子集
index = find(num >= Qn);                    % Qn 为每一类中最少样本数目
Nc = length(index);
center_hat = zeros(Nc,d);
for i = 1:Nc
center_hat(i,:) = center(index(i),:);
end
center = center_hat;
clear center_hat;
clear index;
% 重新将待分类数据分别分配给距离最近的聚类中心
distance = zeros(n,Nc);
for i = 1:n
for j = 1:Nc
distance(i,j) = norm(x(i,:) - center(j,:));
end
end
[m,index] = min(distance,[],2);
class = index;
clear m;
clear index;
clear distance;
% step4:修正聚类中心
new_center = zeros(Nc,d);
num = zeros(1,Nc);
for i = 1:Nc
index = find(class == i);
num(i) = length(index);                     % 子集 i 的样本数目
new_center(i,:) = mean(x(index,:));  % 子集 i 的聚类中心
end
center = new_center;
clear new_center;
clear index;
% step5:计算各子集中的样本到中心的平均距离 dis
% step6:计算全部模式样本与其对应聚类中心总平均距离 ddis
dis = zeros(1,Nc);
ddis = 0;
for i = 1:Nc
index = find(class == i);
for j = 1:num(i)
dis(i) = dis(i) + norm(x(index(j),:) - center(i,:));
end
ddis = ddis + dis(i);
dis(i) = dis(i)/num(i);
end
ddis = ddis/n;
clear index;
% step7:判断分裂,合并及迭代
% 如果迭代次数到达 Imax 次,置 Qc = 0,跳出循环至 step14
if I == Imax                                %
Qc = 0;
break;
end
if (Nc <= K/2)                              % 如果不进入分裂,则跳到 step11,合并
separate = 1;
```

```
end
if(mod(I,2) == 0|Nc >= 2 * K) %
break;
else
separate = 1;
end
%step8:分裂
%计算每个聚类中,各样本到中心的标准差向量
sigma = zeros(Nc,d);                    %sigma(i)代表第i个聚类的标准差向量
for i = 1:Nc
index = find(class == i);
for j = 1:num(i)
sigma(i,:) = sigma(i,:) + (x(index(j),:) - center(i,:)).^2;
end
sigma(i,:) = sqrt(sigma(i,:)/num(i));
end
clear index;
%step9:求各个标准差{sigma_j}的最大分量
[sigma_max,max_index] = max(sigma,[],2);
%step10:分裂
k = 0.5; %分裂聚类中心时使用的系数
temp_Nc = Nc;
for i = 1:temp_Nc
if sigma_max(i)> Qs&((dis(i)> ddis&num(i)> 2 * (Qn + 1))|Nc <= K/2)
Nc = Nc + 1;
%将z(i)分裂为两个新的聚类中心
center(Nc,:) = center(i,:);
center(i,max_index(i)) = center(i,max_index(i)) + k * sigma_max(i);
center(Nc,max_index(i)) = center(Nc,max_index(i)) + k * sigma_max(i);
end
end
record(I) = Nc;
%绘制聚类效果图
figure;
for i = 1:30
if class(i) == 1
plot3(x(i,1),x(i,2),x(i,3),'r * ');       %红色 * 表示第1簇
hold on;
end
if class(i) == 2
plot3(x(i,1),x(i,2),x(i,3),'b + ');       %蓝色 + 表示第2簇
hold on;
end
if class(i) == 3
plot3(x(i,1),x(i,2),x(i,3),'go');         %绿色o表示第3簇
hold on;
end
if class(i) == 4
plot3(x(i,1),x(i,2),x(i,3),'kx');         %黑色x表示第4簇
hold on;
end
if class(i) == 5
plot3(x(i,1),x(i,2),x(i,3),'md');         %品红色菱形表示第5簇
hold on;
end
end
```

```
title('聚类效果图');
I = I+1;
end
% disp('正在运行合并');
if(I<Imax);
%% step11:合并
  %计算全部聚类中心间的距离
center_Dis = zeros(Nc-1,Nc);
for i=1:Nc
for j=i+1:Nc
center_Dis(i,j) = norm(center(i,:)-center(j,:));
end
end

%% step12,step13:如果距离最小的两个中心之间距离小于Qc,将其合并
%找出距离最近的两个中心
min_Dis = center_Dis(1,3);                  %最小距离
min_index = [1,3];                          %距离最近的两个中心的标号
for i=1:Nc
for j=i+1:Nc
if center_Dis(i,j)<min_Dis
min_Dis = center_Dis(i,j);
min_index = [i,j];
end
end
end
if min_Dis<Qc
%合并距离最近的两个中心
%合并产生的新中心为
new_center = (center(min_index(1),:)*num(min_index(1))+center(min_index(2),:)*num(min_
index(2)))/(num(min_index(1))+num(min_index(2)));
temp_center = zeros(1,Nc);
temp_center = center;
temp_center(min_index(1),:) = new_center;
temp_center(min_index(2),:) = center(Nc,:);
Nc = Nc-1; %聚类数目减1
center = temp_center(1:Nc,:);
clear temp_center
end
end
record(I) = Nc;
I =I+1
%绘制聚类效果图
hold off;
for i=1:30
if class(i)==1
plot3(x(i,1),x(i,2),x(i,3),'r*');                %红色*表示第1簇
hold on;
end
if class(i)==2
plot3(x(i,1),x(i,2),x(i,3),'b+');                %蓝色+表示第2簇
hold on;
end
if class(i)==3
plot3(x(i,1),x(i,2),x(i,3),'go');                %绿色o表示第3簇
hold on;
```

```
end
if class(i) == 4
plot3(x(i,1),x(i,2),x(i,3),'kx');                    %黑色 x 表示第 4 簇
hold on;
end
if class(i) == 5
plot3(x(i,1),x(i,2),x(i,3),'md');                    %品红色菱形表示第 5 簇
hold on;
end
if class(i) == 6
plot3(x(i,1),x(i,2),x(i,3),'c.');                    %青色实心点表示第 6 簇
hold on;
end
if class(i) == 7
plot3(x(i,1),x(i,2),x(i,3),'yp');                    %黄色五角星表示第 7 簇
hold on;
end
end
title('聚类效果图');
end
Nc
center
class;
%%
% figure(2);
% plot(record);
% title('聚类数目变化曲线');
%  %统计聚类效果
%  %result(i,j)代表第 i 类数据被聚类至第 j 簇的数量
% result = zeros(3,Nc);
% clear m;
% for m = 1:3
% for i = (50 * (m - 1) + 1):1:50 * m
% for j = 1:Nc
% if class(i) == j
% result(m,j) = result(m,j) + 1;
% end
% end
% end
% end
%  %计算准确率,召回率,F 值
%  %P(i,j)代表第 i 类数据与第 j 簇相应的准确率
%  %R(i,j)代表第 i 类数据与第 j 簇相应的召回率
% for i = 1:3
% for j = 1:Nc
% P(i,j) = result(i,j)/num(j);
% R(i,j) = result(i,j)/50;
% F(i,j) = 2 * P(i,j) * R(i,j)/(P(i,j) + R(i,j));
%
%  % disp('F(i,j)代表第 i 类数据与第 j 簇相应的 F 值');
%  % F
% disp('FF(i)代表第 i 类数据的 F 值');
% FF = max(F,[],2)
% disp('整个聚类结果的 F 值')
% F_final = mean(FF);
```

程序运行完之后,出现的聚类结果图界面如图 4-41 所示。

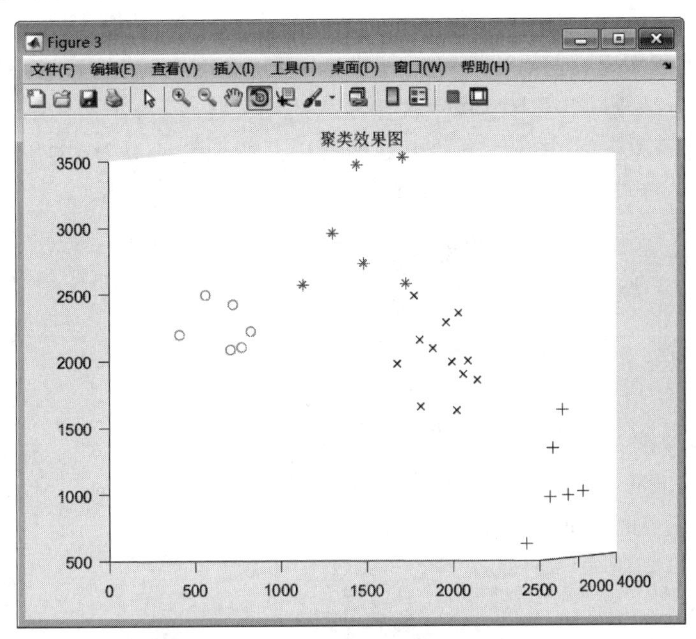

图 4-41 ISODATA 算法聚类结果图界面

程序运行完之后,在命令窗口出现如下结果:

```
是否要设置输入参数?是请输入'1',否请输入'0': T = 1
请输入预期聚类中心数目: K = 4
请输入每一聚类中最小样本数: Qn = 2
请输入一个聚类中样本距离分布的标准差: Qs = 1
请输入两类聚类中心间的最小距离: Qc = 4
I =
     7
Nc =
     4
center =
   1.0e + 03 *
     1.2492     1.9473     2.9441
     0.3012     3.2749     2.2052
     2.2603     3.0410     1.0579
     1.7434     1.7495     2.0070
ans =
1 至 27 列
4    4    1    4    2    3    3    4    2    1    4    4    1    3
2    3    2    4    2    3    3    4    4    1    1    2    1
28 至 30 列
4    4    4
```

4.7.3 结论

ISODATA 算法通过设置初始参数而引入人机对话环节,并使用归并和分裂等机制,当两聚类中心小于某个阈值时,将它们合并为一类;当某类的标准差大于某一阈值时或其样本数目超过某一阈值时,将其分裂为两类;在某类样本数目小于某一阈值时,将其取消。这样根据初始聚类中心和设定的类别数目等参数迭代，最终就能得到一个比较理想的分类结果。

MATLAB编程实现的优点主要是通过模拟ISODATA算法的思想，根据同一类样本分布的密集性，很容易归类。但是，由于大量地采用矩阵运算，每次迭代都会产生新的重排矩阵，对于计算时间和空间并不是一种很好的利用。特别是针对ISODATA这种算法，在样本数目非常大时是非常费时的，因此有必要进一步改进。

习题

1. 什么是聚类？聚类的准则是什么？
2. 简述 K 均值聚类的原理。
3. 简述 K 均值算法的优缺点。
4. 简述 K 均值算法、K-近邻算法及PAM算法的区别。
5. 层次聚类算法的原理是什么？
6. 简述ISODATA算法的原理。

第5章

模糊聚类分析

这是一个古老的希腊悖论："一粒种子肯定不叫一堆，两粒也不是，三粒也不是……但是，所有的人都同意，一亿粒种子肯定叫一堆。那么，适当的界限在哪里？我们能不能说，123585 粒种子不叫一堆而 123586 粒就构成一堆呢？"

这一古老的问题向"精确"求解问题提出了挑战。那么"模糊"是否可以给这一古老的问题画上圆满的句号呢？

5.1 模糊逻辑的发展

许多概念没有一个清晰的外延，比如我们不能在年龄上画线，线内是年轻人，而在线外就是老年人；另外，有些概念本身具有开放性，比如智慧，我们不可能列举出应满足的全部条件。因此，出现了"模糊"。模糊性是伴随着复杂性而出现的，比如判断一个人是否年轻，可能就会从年龄、外貌、心态等方面综合考察。模糊性也是起源于事物的发展变化性的，比如人是从年轻逐渐走向年老的，这一过程是渐变的，处于过渡阶段的事物的基本特征是不确定的，其类属是不清楚的。所以，总是存在不确定性，即模糊。模糊逻辑是一种基于"真实度"而不是现代计算机所基于的"对或错"(1 或 0)布尔逻辑的计算方法。

19 世纪以前，是传统逻辑的时代，主要是亚里士多德的精确数学，后来柏拉图反对这种非此即彼的思维方法，他认为真假之间应该存在一种灰色地带，而有关模糊逻辑的第一次发表要追溯到 1965 年。美国加利福尼亚大学伯克利分校的系统理论专家 L. A. Zadeh 教授把经典集合与 J. Lukasievicz 的多值逻辑融为一体，创立了模糊逻辑理论。Zadeh 教授在研究计算机对自然语言的理解问题时，发现理解自然语言(正如生活中大多数其他活动，甚至是宇宙中的大多数其他活动一样)不容易转换为 0 和 1 的绝对项。模糊逻辑既包括 0 和 1 这两种极端的真实情况，又包括介于两者之间的各种真实状态。模糊逻辑相对来说更接近我们大脑的工作方式。我们汇总数据并形成许多局部事实，然后进一步汇总为更高的事实，这些事实又在超过某些阈值时引起某些进一步的结果，例如运动反应。在人工神经网络和专家系统中使用了类似的过程。

模糊逻辑的首次应用发生在欧洲。1974 年，英国伦敦 Queen Mary 学院的 E. H. Mamdani 教授使用模糊逻辑控制不能使用传统技术控制的蒸汽机，从而开创了模糊控制的历史。

之后，德国亚琛工业大学的 Hans-Jürgen Zimmermann 将模糊逻辑用于决策支持系统。

随后,模糊逻辑相继应用到其他工业领域,如多变量非线性热水场的控制和水泥窑的控制等,但此时模糊逻辑在工业上仍未得到广泛肯定。而为数不多的使用模糊逻辑的应用也通过使用多值逻辑或连续逻辑限制模糊逻辑,从而掩盖了模糊逻辑的思维模式。

在欧洲,从1980年左右开始,模糊逻辑在决策支持和数据分析应用方面势头强劲。

5.2 模糊集合

医生在评估患者是否患有重感冒时,在脑子中没有精确的阈值,那么他们是如何下定论的呢?心理学研究已经表明:医生在做出结论时要与两个"原型"对照,一个"原型"为理性的重感冒患者,症状是脸色苍白、出汗并伴有寒战;另一个"原型"为没有发热且没有发热征兆的健康人。医生参照这两个极端,确诊该就诊者属于这两个极端的程度。

5.2.1 由经典集合到模糊集合

如何对医生诊断过程建立数学模型?根据集合理论,首先定义一个包括所有重感冒患者的集合,然后定义一个数学函数,用于表明每个患者是否属于这个集合。在传统数学中,这个指标函数可以唯一鉴定每个患者是集合的成员或非成员,如图5-1所示。图中黑色区域为"重感冒的患者"的集合,体温高于102℉的患者属于重感冒患者。

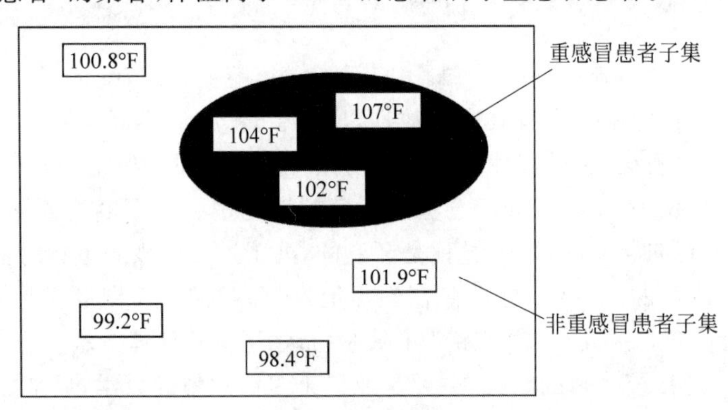

图5-1 经典集合表示重感冒患者集合(体温高于102℉的患者属于重感冒患者)

在经典集合中涉及如下概念。

论域:被讨论对象的全体,又称为全域,通常用大写字母U、E、X、Y等来表示。

元素:组成某个集合的单个对象就称为该集合的一个元素,通常用小写a、b、x、y等来表示。

子集:由同一集合的部分元素组成的一个新集合,称为原集合的一个子集,通常用大写字母A、B、C等来表示。

通常将集合分为有限集(含有有限多个元素)和无限集(含有无限多个元素)。有限集常用枚举法表示,如$A=\{x_1,x_2,\cdots,x_n\}$,表明集合A含有n个元素;如果对象个体x是A的一个元素,就记为$x\in A$,读作x属于A;如果对象个体x不是集合A的元素,就记为$x\notin A$,读作x不属于A。无限集常用描述法表示,如$B=\{x|x>2\}$,表明所有大于2的数都属于集合B。

经典集合还有一种表示方法,即特征函数(或隶属度函数)法,它用特征函数来确定一个集合。

设集合 A 是论域 U 的一个子集。所谓 A 的特征函数 $\chi_A(x)$：$\forall x \in U$，若 $x \in A$，则规定 $\chi_A(x)=1$；否则 $\chi_A(x)=0$，即 $\chi_A(x)=\begin{cases}1, & x \in A \\ 0, & x \notin A\end{cases}$。任一特征函数都唯一确定了一个集合。也就是说，对于经典集合，论域 U 中的任何一个元素 x，对于某一确定的集合 A，要么 $x \in A$，要么 $x \notin A$。特征函数示意图如图 5-2 所示。

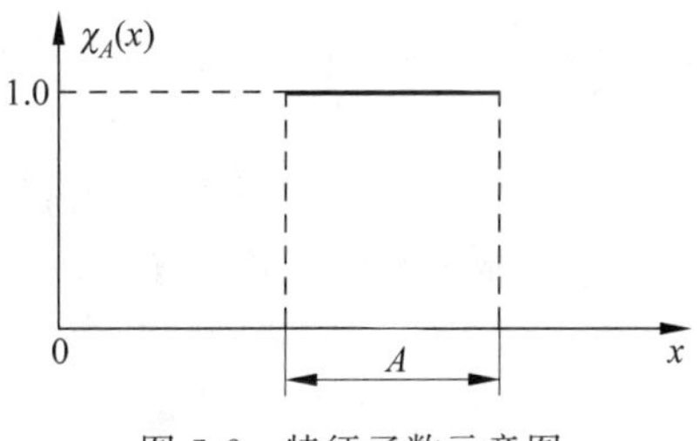

图 5-2　特征函数示意图

显然，如果想根据患者是重感冒患者还是非重感冒患者来定义一个 U 上的经典集合，将存在一定的困难。对于某些不具有清晰的边界的集合，经典集合无法定义。

由于经典理论存在这样的局限性，而人们又希望使用集合的概念表述模糊的事物，这就需要新的理论弥补经典集合的局限性，因而引出了模糊集合理论。

5.2.2　模糊集合的基本概念

模糊集合论是一门用清晰的数学方法描述边界不清的事物的数学理论。1965 年美国教授 L. A. Zadeh 将经典集合里的特征函数的取值范围由{0,1}扩展到闭区间[0,1]，认为某一事物属于某个集合的特征函数不仅只有 0 或 1，而是可以取 0～1 的任何数值，即一个事物属于某个集合的程度，可以是 0～1 的任何值。图 5-3 所示为用模糊集合表示的重感冒患者集合。图中使用颜色深浅来表示不同体温隶属于重感冒集合的程度。从图中可以看出：体温为 98℉的患者肯定不是重感冒患者，而体温为 106℉的患者一定是重感冒患者，而体温介于二者之间的患者仅在一定程度上趋向于重感冒，这样就引出了模糊集合的概念。

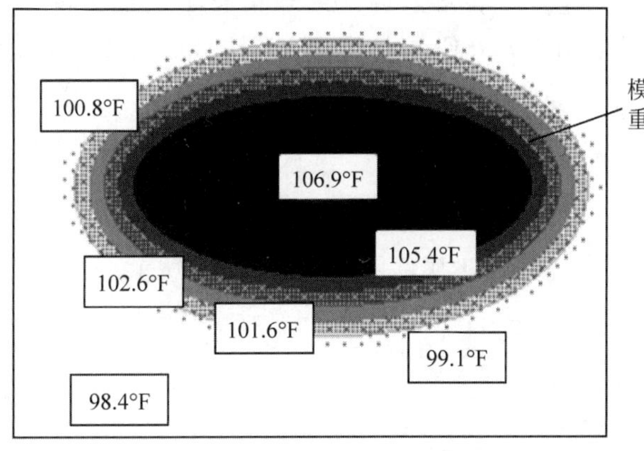

图 5-3　用模糊集合表示的重感冒患者集合

定义 1：设 U 是论域，U 上的一个实值函数用 $\mu_A(x)$ 来表示，即 $\mu_A(x): x \to [0,1]$，则称集合 A 为论域 U 上的模糊集合或模糊子集；对于 $x \in A$，$\mu_A(x)$ 称为 x 对 A 的隶属度，而 $\mu_A(x)$ 称为隶属度函数。

这样，对于论域 U 的一个元素 x 和 U 上的一个模糊子集 A，我们不再是简单地问 x 绝对属于还是不属于 A，而是问 x 在多大程度上属于 A。隶属度 $\mu_A(x)$ 正是 x 属于 A 的程度

的数量指标。若

$\mu_A(x)=1$,则认为 x 完全属于 A;

$\mu_A(x)=0$,则认为 x 完全不属于 A;

$0<\mu_A(x)<1$,则认为 x 在 $\mu_A(x)$ 程度上属于 A。

这时,在完全属于 A 和不完全属于 A 的元素之间,呈现出中间过渡状态,或者叫作连续变化状态,这就是我们所说的 A 的外延表现出不分明的变化层次,或者表现出模糊性。

此时,根据模糊的定义就可以在患者体温和重感冒之间做出如下分析:

$$\mu_A(96°\text{F})=0,\quad \mu_A(100°\text{F})=0.1,\quad \mu_A(104°\text{F})=0.65$$

$$\mu_A(98°\text{F})=0,\quad \mu_A(102°\text{F})=0.35,\quad \mu_A(106°\text{F})=0.9$$

为了清晰地判断患者的体温是否已达到重感冒的程度,或者患者的体温属于重感冒的程度,可以使用图 5-4 所示的隶属度函数表示。从图中可以看出,102°F的体温和 101.9°F的体温被评估为重感冒的程度是不同的,但它们之间的差别特别小。这样的表示方法更接近人的思维习惯。

综上所述,我们可以得出这样的结论:模糊集是传统集合的推广;传统指标函数的 $\mu=0$ 和 $\mu=1$ 刚好是模糊集合的特例。

模糊集合 A 是一个抽象的东西,而函数 $\mu_A(x)$ 则是具体的,即重感冒患者的模糊集合很难把握,因此只能通过体温属于重感冒的隶属度函数来认识和掌握集合 A。

常用的模糊集合有以下 3 种表示方法。

(1) 序偶表示法:$A=\{(x,\mu_A(x)),x\in U\}$。

(2) Zadeh 表示法:当论域 U 为有限集,即 $U=\{x_1,x_2,\cdots,x_n\}$ 时,U 上的模糊集合 A 可表示为 $A=\{\mu_A(x_1)/x_1+\mu_A(x_2)/x_2,\cdots,\mu_A(x_n)/x_n\}$;当论域 U 为无限集时,记作 $A=\int_x \mu_A(x)/x$。

(3) 隶属度函数解析式表示法:当论域 U 上为实数集 **R** 上的某区间时,直接给出模糊集合隶属度函数的解析式,是使用十分方便的一种表达形式。如 Zadeh 给出"年轻"的模糊集合 Y,其隶属度函数为

$$\mu_Y(x)=\begin{cases}1 & 0\leqslant x\leqslant 25\\ \left[1+\left(\dfrac{x-25}{5}\right)^2\right]^{-1} & 25<x\leqslant 100\end{cases}\tag{5-1}$$

Zadeh 给出"年轻"的模糊集合 Y 的隶属度函数图如图 5-5 所示。

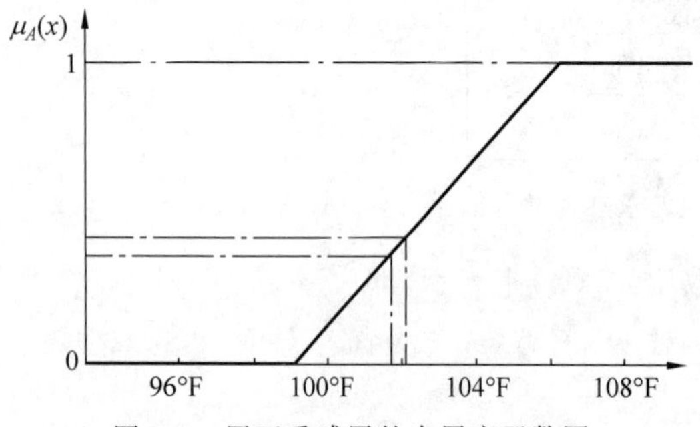

图 5-4 属于重感冒的隶属度函数图

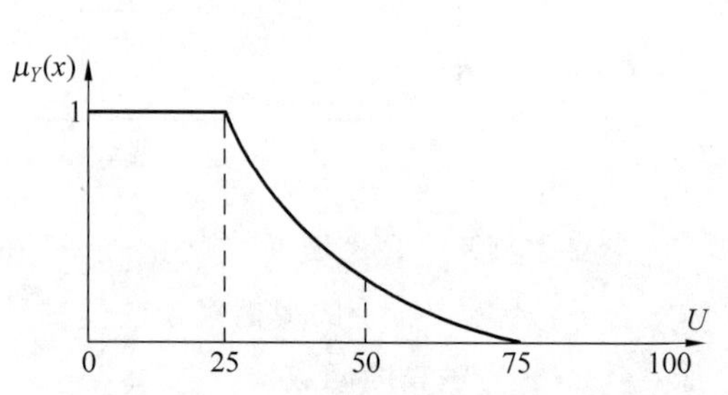

图 5-5 Zadeh 给出"年轻"的模糊集合 Y 的隶属度函数图

为了书写方便,模糊集合可写成 F 集(Fuzzy 的首个大写字母);F 集合 A 的隶属度函数 $\mu_A(x)$ 简记为 $A(x)$。

定义 2:设 A 和 B 均为 U 上的模糊集,如果对所有的 x,即 $\forall x \in U$,均有 $\mu_A(x)=\mu_B(x)$,则称 A 和 B 相等,记作 $A=B$。

定义 3:设 A 和 B 均为 U 上的模糊集,如果 $\forall x \in U$,均有 $\mu_A(x) \leqslant \mu_B(x)$,则称 B 包含 A,或者称 A 是 B 的子集,记作 $A \subseteq B$。

定义 4:设 A 为 U 中的模糊集,如果对 $\forall x \in U$,均有 $\mu_A(x)=0$,则称 A 为空集,记作 $\varnothing$。

定义 5:设 A 为 U 中的模糊集,如果对 $\forall x \in U$,均有 $\mu_A(x)=1$,则称 A 为全集,记作 Ω。

显然,$\varnothing \leqslant A \leqslant \Omega$。

对于同样的背景,我们可能有多个主观判断,如图 5-6 所示。其中,low 曲线为“体温低于正常体温”隶属度函数图;normal 曲线为“正常体温”隶属度函数图;raised 曲线为“体温高于正常体温但低于重感冒患者体温”隶属度函数图;strong_fever 曲线为“重感冒患者体温”的隶属度函数图。

定义 6:论域 U 上的模糊集 A 包含了 U 中所有在 A 上具有非零隶属度值的元素,即 $\mathrm{supp}(A)=\{x \in U | \mu_A(x)>0\}$,式中 $\mathrm{supp}(A)$ 表示模糊集合 A 的支集。模糊集的支集是经典集合。

定义 7:如果一个模糊集的支集是空的,则称该模糊集为空模糊集。

定义 8:如果模糊集合的支集仅包含 U 中的一个点,则称该模糊集为模糊单值。

定义 9:论域 U 上的模糊集 A 包含了 U 中所有在 A 上隶属度值为 1 的元素,即 $\mathrm{Ker}(A)=\{x \in U | \mu_A(x)=1\}$,式中 $\mathrm{Ker}(A)$ 表示模糊集合 A 的核。模糊集的核也是经典集合。

定义 10:如果模糊集的隶属度函数达到其最大值的所有点的均值是有限值,则将该均值定义为模糊集的中心;如果该均值为正(负)无穷大,则将该模糊集的中心定义为所有达到最大隶属度值的点中的最小(最大)点的值,如图 5-7 所示。

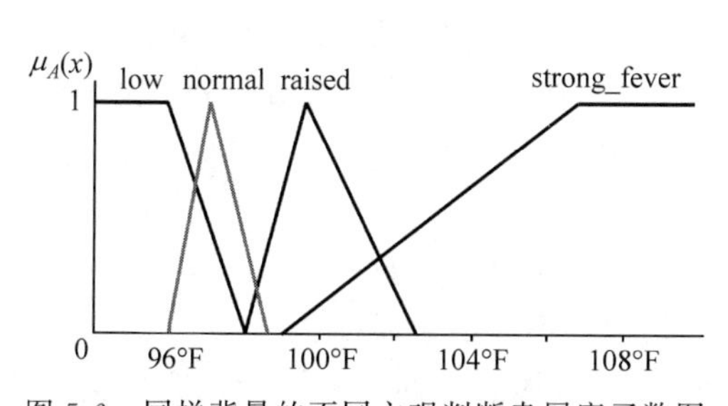

图 5-6 同样背景的不同主观判断隶属度函数图

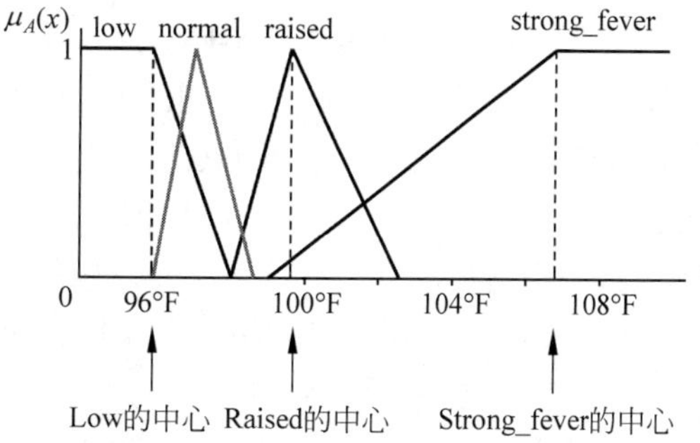

图 5-7 一些典型模糊集的中心

定义 11:一个模糊集的交叉点就是 U 中隶属于 A 的隶属度值等于 0.5 的值。

定义 12:模糊集的高度是指任意点所达到的最大隶属度值。图 5-8 所示的隶属度函数的高度均等于 1。

如果一个模糊集的高度等于 1,则称为标准模糊集。

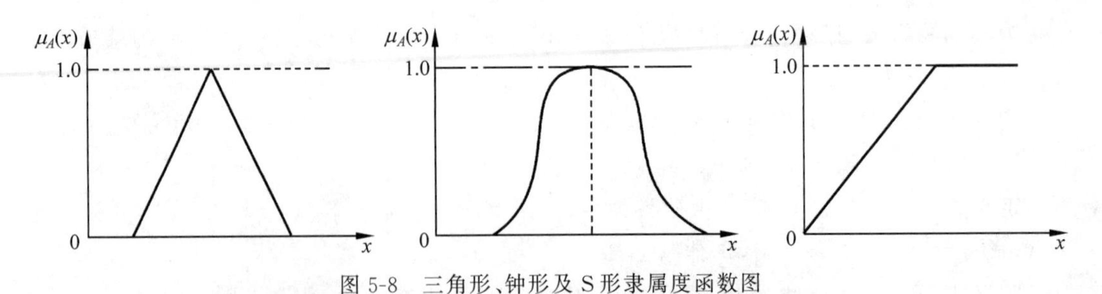

图 5-8 三角形、钟形及 S 形隶属度函数图

定义 13：设 A 是以实数 $\mathbf{R}$ 为论域的模糊集，其隶属度函数为 $\mu_A(x)$，如果对任意实数 $a<x<b$，都有

$$\mu_A(x) \geqslant \min(\mu_A(a), \mu_A(b)), \quad a, b, x \in \mathbf{R}$$

则称 A 是一个凸模糊集。

与凸模糊集相对的为非凸模糊集，凸模糊集与非凸模糊集的示意图如图 5-9 所示。

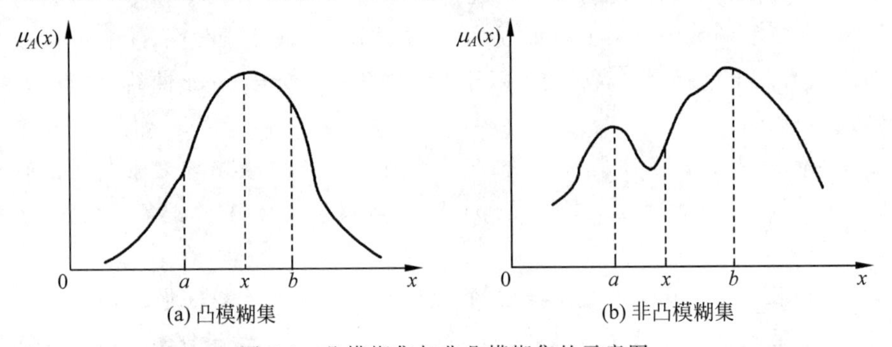

图 5-9 凸模糊集与非凸模糊集的示意图

5.2.3 隶属度函数

经典集合使用特征函数来描述，模糊集合使用隶属度函数作定量描述。因此，隶属度函数是模糊集合的核心。定义一个模糊集合就是定义论域中各个元素对该模糊集合的隶属度。

隶属函数是模糊集合的实质。经典集合的特征函数的值域为集合{0,1}，模糊集合的隶属度函数的值域为区间[0,1]。隶属度函数是特征函数的扩展和一般化。隶属函数也被称为模糊集的特征函数。隶属函数用于将域中的每一个元素的隶属度关联到一个对应的模糊集。模糊集中的隶属函数可以是任何的形状和类型，它由定义模糊集领域内的专家确定。但隶属需要满足以下约束：

(1) 一个隶属函数必须被 0 和 1 限制上下界，因此一个隶属函数的范围必须为[0,1]。

(2) 对于同一个模糊集而言，同一个元素不能映射到不同的隶属度。

从使用模糊集合表示的重感冒患者一例中可以看出，体温隶属于重感冒的程度需要人为确定，即模糊集合隶属度函数是人为主观定义的一种函数。从隶属度函数的确定过程看，隶属度函数本质上说应该是客观的，但每个人对于同一个模糊概念的认识理解又有差异。因此，隶属度函数的确定又带有主观性。所以，隶属度函数包含了太多的人的主观意志，从而很难使用统一的方法确定隶属度函数。

对于同一个模糊概念，不同的人会建立不完全相同的隶属度函数，尽管形式不完全相同，只要能反映同一模糊概念，在解决和处理实际模糊信息的问题上仍然殊途同归，这是因为隶属度函数是人们长期实践经验的总结，可以反映客观实际，还具有一定的客观性、科学性和准确性。迄今为止，确定隶属度函数的方法大多依靠经验、实践和实验数据，经常使用的确定隶属度函数的方法有以下4种。

1. 模糊统计法

模糊统计法的基本思想：对论域U上的一个确定元素x_1是否属于论域上的一个可变动的经典集合B做出清晰的判断。对于不同的试验者，经典集合B可以有不同的边界，但它们都对应于同一个模糊集A。在每次统计中，x_1是固定的，B的值是可变的，作n次试验，其模糊统计可按下式进行计算：

$$x_1\text{对}A\text{的隶属频率}=\frac{x_1\in A\text{的次数}}{\text{试验总次数}n} \tag{5-2}$$

随着n的增大，隶属频率也会趋向稳定，这个稳定值就是x_1对A的隶属度值。这种方法较直观地反映了模糊概念中的隶属程度，但其计算量较大。

2. 例证法

例证法的主要思想是从已知有限个$\mu_A(x)$的值，来估计论域U上的模糊子集A的隶属度函数。如论域U代表全体人类，A是"高个子的人"，显然A是一个模糊子集。为了确定μ_A，先确定一个高度值h，然后选定几个语言真值(即一句话的真实程度)中的一个来回答某人是否算"高个子"。语言真值可分为"真的""大致真的""似真似假""大致假的"和"假的"五种情况，并且分别用数字1、0.75、0.5、0.25、0来表示这些语言真值。对n个不同高度$h_1,h_2,\cdots,h_n$都作同样的询问，就可以得到A的隶属度函数的离散表示。

3. 专家经验法

专家经验法是根据专家的实际经验给出模糊信息的处理算式或相应权系数值来确定隶属度函数的一种方法。在许多情况下，首先确定粗略的隶属度函数，然后再通过"学习"和实践检验逐步修改和完善，而实际效果正是检验和调整隶属度函数的依据。

4. 二元对比排序法

二元对比排序法是一种较实用的确定隶属度函数的方法。它通过对多个事物之间的两两对比来确定某种特征下的顺序，由此来决定这些事物对该特征的隶属度函数的大体形状。二元对比排序法根据对比测度不同，可分为相对比较法、对比平均法、优先关系定序法和相似优先对比法等。

在实际工作中，为了兼顾计算和处理的简便性，经常把使用不同方法得出的数据近似地表示成常用的解析函数形式，构成常用的隶属度函数。

(1) 三角形。三角形隶属度曲线对应的数学表达式为

$$f(x,a,b,c)=\begin{cases}0 & x\leqslant a\\ \dfrac{x-a}{b-a} & a\leqslant x\leqslant b\\ \dfrac{c-x}{c-b} & b\leqslant x\leqslant c\\ 0 & x\geqslant c\end{cases} \tag{5-3}$$

(2) 钟形。钟形隶属度曲线对应的数学表达式为

$$f(x,a,b,c)=\frac{1}{1+\left|\frac{x-c}{a}\right|^{2b}} \tag{5-4}$$

式中,c 决定函数的中心位置;a、b 决定函数的形状。

(3) 高斯。高斯隶属度曲线对应的数学表达式为

$$f(x,\sigma,c)=\mathrm{e}^{-\frac{(x-c)^2}{2\sigma^2}} \tag{5-5}$$

式中,c 决定函数的中心位置;σ 决定函数曲线的宽度。

(4) 梯形。梯形隶属度曲线对应的数学表达式为

$$f(x,a,b,c,d)=\begin{cases}0 & x\leqslant a\\ \dfrac{x-a}{b-a} & a\leqslant x\leqslant b\\ 1 & b\leqslant x\leqslant c\\ \dfrac{d-x}{d-c} & c\leqslant x\leqslant d\\ 0 & x\geqslant d\end{cases} \tag{5-6}$$

式中 $a\leqslant b, c\leqslant d$。

(5) Sigmoid形。Sigmoid形隶属度曲线对应的数学表达式为

$$f(x,a,c)=\frac{1}{1+\mathrm{e}^{-a(x-c)}} \tag{5-7}$$

式中,a、c 决定函数的形状。

5.2.4 模糊与概率

是否不确定性就是随机性?概率的概念是否包含了所有不确定性的概念?模糊与概率的不同点如下。

由概率统计给出的确定性程度仅在相关事件发生前有意义。对于模糊集,在一个事件发生之后对模糊集的隶属度仍旧是有意义的。

概率假定事件之间独立,而模糊并不基于该假设。

概率是假定任何事情均可知的一个封闭世界模型,模型中的概率是局域发生事件的频率度量。模糊并不假设所有的事情都已知,并且按照隶属函数而不是主观的频率度量。相似性:通过单位间隔[0,1]间的数来表述不确定性。

模糊并不是概率,概率也并不是模糊。

例1:

(1) 有20%的机会下雨(可能性 & 客观)

(2) 下的是小雨(模糊 & 主观)

例2:

(1) 下一个出现的图片将会是椭圆或者圆(可能性 & 客观)

(2) 下一个图片将会是一个不确定的椭圆(模糊 & 主观)

5.3 模糊集合的运算

和经典集合一样，模糊集合也包含“交”“并”和“补”运算。比如选购衣服，到底选择哪件衣服呢？花色较好、样式不错、价格也合理的衣服应该是理想的选择，这就应用到了模糊集合的“交”运算；比如点菜，要荤素搭配，此时就需要进行模糊集合的“并”运算；比如租一处面积不大的房子，则可求取“面积大的房子”的集合的补集。可见，通过对模糊集合作运算，可得到更多衍生结论。

5.3.1 模糊集合的基本运算

定义 14：设 A、B 为 U 中的两个模糊集。隶属度函数分别为 $\mu_A(x)$ 和 $\mu_B(x)$，则模糊集 A 和 B 的并集 $A\cup B$、交集 $A\cap B$ 和补集 A^C 的运算可通过它们的隶属度函数来定义：

并集：$\mu_{A\cup B}(x)=\mu_A(x)\vee\mu_B(x)$，其中“$\vee$”表示两者比较后取大值

交集：$\mu_{A\cap B}(x)=\mu_A(x)\wedge\mu_B(x)$，其中“$\wedge$”表示两者比较后取小值

补集：$\mu_{A^C}(x)=1-\mu_A(x)$

模糊集合的基本运算可用图 5-10 所示曲线加以说明。

例 3：设 $U=\{u_1,u_2,u_3,u_4,u_5\}$，若 $A,B\in F(U)$，$A=\frac{0.2}{u_1}+\frac{0.7}{u_2}+\frac{1}{u_3}+\frac{0.5}{u_5}$，$B=\frac{0.5}{u_1}+\frac{0.3}{u_2}+\frac{0.1}{u_4}+\frac{0.7}{u_5}$，求 $A\cup B$、$A\cap B$、A^C、$A\cup A^C$ 和 $A\cap A^C$。

解：

$$A\cup B=\frac{0.2\vee 0.5}{u_1}+\frac{0.7\vee 0.3}{u_2}+\frac{1\vee 0}{u_3}+\frac{0\vee 0.1}{u_4}+\frac{0.5\vee 0.7}{u_5}$$

$$=\frac{0.5}{u_1}+\frac{0.7}{u_2}+\frac{1}{u_3}+\frac{0.1}{u_4}+\frac{0.7}{u_5}$$

$$A\cap B=\frac{0.2\wedge 0.5}{u_1}+\frac{0.7\wedge 0.3}{u_2}+\frac{1\wedge 0}{u_3}+\frac{0\wedge 0.1}{u_4}+\frac{0.5\wedge 0.7}{u_5}$$

$$=\frac{0.2}{u_1}+\frac{0.3}{u_2}+\frac{0.5}{u_5}$$

$$A^C=\frac{1-0.2}{u_1}+\frac{1-0.7}{u_2}+\frac{1-1}{u_3}+\frac{1-0}{u_4}+\frac{1-0.5}{u_5}$$

$$=\frac{0.8}{u_1}+\frac{0.3}{u_2}+\frac{1}{u_4}+\frac{0.5}{u_5}$$

$$A\cup A^C=\frac{0.2\vee 0.8}{u_1}+\frac{0.7\vee 0.3}{u_2}+\frac{1\vee 0}{u_3}+\frac{0\vee 1}{u_4}+\frac{0.5\vee 0.5}{u_5}$$

$$=\frac{0.8}{u_1}+\frac{0.7}{u_2}+\frac{1}{u_3}+\frac{1}{u_4}+\frac{0.5}{u_5}\quad\text{（不是全集）}$$

$$A\cap A^C=\frac{0.2\wedge 0.8}{u_1}+\frac{0.7\wedge 0.3}{u_2}+\frac{1\wedge 0}{u_3}+\frac{0\wedge 1}{u_4}+\frac{0.5\wedge 0.5}{u_5}$$

$$=\frac{0.2}{u_1}+\frac{0.3}{u_2}+\frac{0.5}{u_5}\quad\text{（不是空集）}$$

需要注意的是,在经典集合中,集合 A 和它的补集 A^C 的并集为全集,集合 A 和它的补集 A^C 的交集为空集,但在模糊集合论中却没有这样的结论,这里用图示的方法加以理解,如图 5-11 所示。

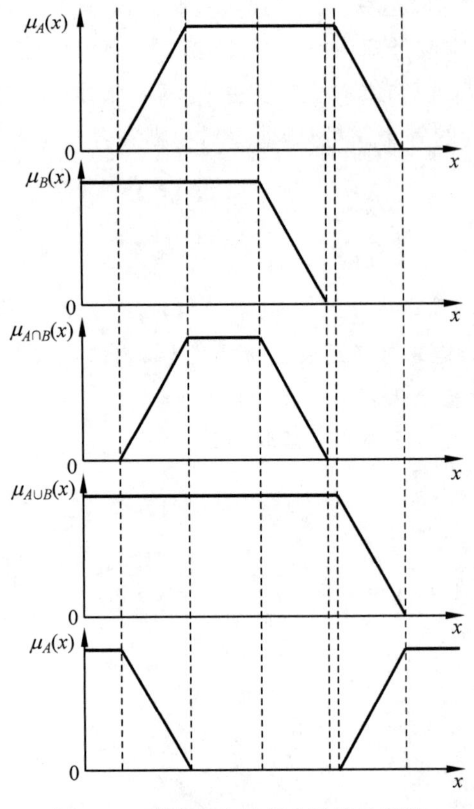

图 5-10 模糊集合的基本运算示意图

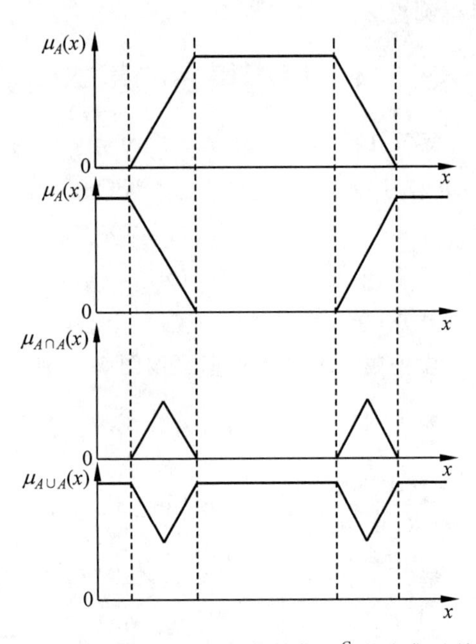

图 5-11 模糊集合 A 和它的补集 A^C 的交集及并集

虽然模糊集合的基本运算与经典集合的基本运算有许多相似之处,但是经典运算是对论域中元素的归属做新的划分,而模糊集合的运算是对论域中的元素对于模糊集合的隶属度做新的调整。

定义 15:设 A、B 为 U 中的两个模糊集,隶属度函数分别为 $\mu_A(x)$和 $\mu_B(x)$,则模糊集 A 和 B 的代数积($A\cdot B$)、代数和($A+B$)、有界和($A\oplus B$)、有界积($A\odot B$)可通过它们的隶属度函数定义如下:

代数积:$\mu_{A\cdot B}(x)=\mu_A(x)\times\mu_B(x)$

代数和:$\mu_{A+B}(x)=\mu_A(x)+\mu_B(x)-\mu_A(x)\cdot\mu_B(x)$

有界和:$\mu_{A\oplus B}(x)=(\mu_A(x)+\mu_B(x))\wedge 1=\min(A(x)+B(x),1)$

有界积:$\mu_{A\odot B}(x)=(\mu_A(x)+\mu_B(x))\vee 0=\max(0,A(x)+B(x)-1)$

式中,min 为取最小值运算;max 为取最大值运算。图 5-12 所示为模糊集合代数和、代数积、有界和、有界积的图示。

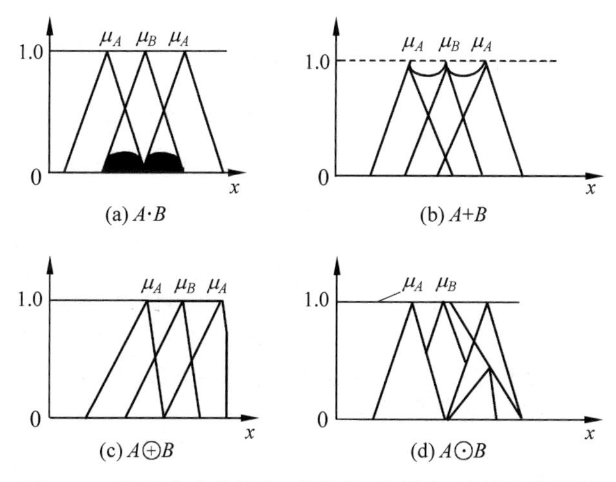

图 5-12 模糊集合代数和、代数积、有界和、有界积的图示

5.3.2 模糊集合的基本运算规律

两个模糊集合的运算，实际上就是逐点对其隶属度作相应的运算。模糊集合 $A,B,C \in F(U)$的并、交、补运算满足以下性质。

(1) 幂等律：$A \cup A = A, A \cap A = A$。

(2) 交换律：$A \cup B = B \cup A, A \cap B = B \cap A$。

(3) 结合律：$(A \cup B) \cup C = A \cup (B \cup C), (A \cap B) \cap C = A \cap (B \cap C)$。

(4) 吸收律：$(A \cap B) \cup A = A, (A \cup B) \cap A = A$。

(5) 分配律：$A \cap (B \cup C) = (A \cap B) \cup (A \cap C), A \cup (B \cap C) = (A \cup B) \cap (A \cup C)$。

(6) 零一律：$A \cup U = U$；$A \cap U = A$；$A \cup \varnothing = A$；$A \cap \varnothing = \varnothing$。

(7) 复原律：$(A^C)^C = A$。

(8) 摩根律：$(A \cup B)^C = A^C \cap B^C$；$(A \cap B)^C = A^C \cup B^C$。

模糊集合与经典集合的一个显著的不同之处是：模糊集合的并、交、补运算一般不满足补余律，即 $A \cup A^C \neq U, A \cap A^C \neq \varnothing$。

5.3.3 模糊集合与经典集合的联系

当医生诊断发热患者是否为重感冒患者时，就需要对“重感冒”这一模糊概念有明确的认识和判断；当判断某个发热患者对“重感冒”集合的明确归属时，这就要求模糊集合与经典集合可以依据某种法则相互转换。模糊集合与经典集合之间的联系可通过 λ-截集和分解定理表示。

定义 16：一个模糊集的 λ-截集是指包含 U 中所有隶属于 A 的、隶属度值大于等于 λ 的元素，即 $A_\lambda = \{x \in U | \mu_A(x) \geqslant \lambda\}$。$\lambda$-截集示意图如图 5-13 所示。

其中，图 5-13(b)所示为 λ_1-截集的特征函数描述；图 5-13(c)所示为 λ_2-截集的特征函数描述。从图 5-13 可以看出，λ-截集是经典集合。对于 λ-截集，我们可以这样理解：模糊集合 A 本身是一个没有确定边界的集合，但是如果约定，凡 x 对 A 的隶属度达到或超过某个

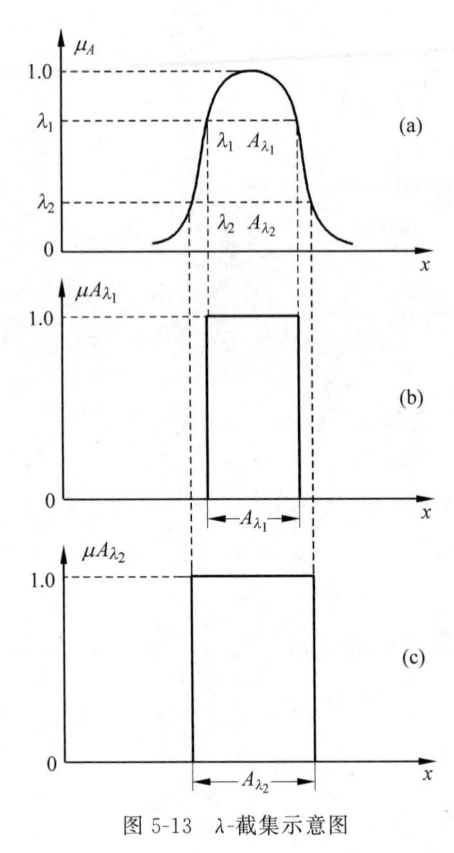

图 5-13 λ-截集示意图

λ 水平者才算是 A 的成员,那么模糊集合 A 就变成了普通集合 A_λ。

当 $\lambda=1$ 时,得到最小水平截集 A_1,即模糊集 A 的核;当 $\lambda=0^+$ 时,得到最大水平的截集,即模糊集 A 的支集。

若模糊集 A 的核非空,则称 A 为正规模糊集;否则,称 A 为非正规模糊集。

定义 17:设 A 是普通集合,$\lambda\in[0,1]$,做数量积运算,得到一个特殊的模糊集 λ_A,其隶属度函数为:

$$\mu_{\lambda_A}(x)=\begin{cases}\lambda, & x\in A\\ 0, & x\notin A\end{cases} \tag{5-8}$$

分解定理:设 A 为论域 x 上的模糊集合,A_λ 是 A 的截集,则 $A=\bigcup\limits_{\lambda\in[0,1]}\lambda A_\lambda$。

分解定理可用图 5-14 表示。

如果 λ 遍取区间[0,1]中的实数,按照模糊集合求并运算的法则,$\bigcup\limits_{\lambda\in[0,1]}\lambda A_\lambda$ 恰好取各 λ 点隶属度函数的最大值,将这些点连成一条曲线,正是 A 的隶属度函数 $\mu_A(x)$。

例 4:设 $A=\dfrac{0.2}{u_1}+\dfrac{0.7}{u_2}+\dfrac{1}{u_3}+\dfrac{0.6}{u_4}+\dfrac{0.5}{u_5}$,则

$A_{0.2}=\{u_1,u_2,u_3,u_4,u_5\}$

$0.2A_{0.2}=\dfrac{0.2}{u_1}+\dfrac{0.2}{u_2}+\dfrac{0.2}{u_3}+\dfrac{0.2}{u_4}+\dfrac{0.2}{u_5}$

$A_{0.5}=\{u_2,u_3,u_4,u_5\}$

$0.5A_{0.5}=\dfrac{0.5}{u_2}+\dfrac{0.5}{u_3}+\dfrac{0.5}{u_4}+\dfrac{0.5}{u_5}$

$A_{0.6}=\{u_2,u_3,u_4\}$

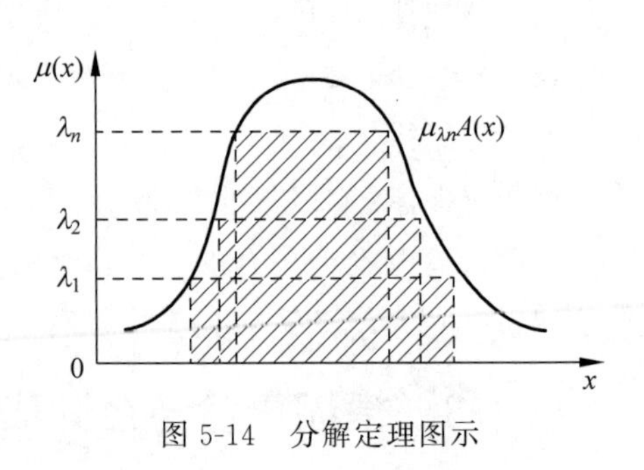

图 5-14 分解定理图示

$$0.6A_{0.6}=\frac{0.6}{u_2}+\frac{0.6}{u_3}+\frac{0.6}{u_4}$$

$$A_{0.7}=\{u_2,u_3\}$$

$$0.7A_{0.7}=\frac{0.7}{u_2}+\frac{0.7}{u_3}$$

$$A_1=\{u_3\}$$

$$1\times A_1=\frac{1}{u_3}$$

则 $A=\bigcup_{\lambda\in[0,1]}\lambda A_\lambda=0.2A_{0.2}\cup 0.5A_{0.5}\cup 0.6A_{0.6}\cup 0.7A_{0.7}\cup A_1$

$$=\frac{0.2}{u_1}+\frac{0.7}{u_2}+\frac{1}{u_3}+\frac{0.6}{u_4}+\frac{0.5}{u_5}$$

A 是模糊集合,A_λ 是经典集合,它们之间的联系和转化由分解定理用数学语言表达出来,这个定理也说明了模糊性的成因,大量甚至无限多的清晰事物叠加在一起,总体上就形成了模糊事物。

5.4 模糊关系与模糊关系的合成

事物都是普遍联系的,集合论中的“关系”抽象地刻画了事物“精确性”的联系,而模糊关系则从更深刻的意义上表现了事物间更广泛的联系。从某种意义上讲,模糊关系的抽象更接近人的思维方式。

5.4.1 模糊关系的基本概念

元素间的联系不是简单的有或无,而是不同程度的隶属关系,因此这里引入模糊关系。

定义 18:给定集合 X 和 Y,由全体$(x,y)(x\in X,y\in Y)$组成的集合,叫作 X 和 Y 的笛卡儿积(或称直积),记做 $X\times Y$,$X\times Y=\{(x,y)|(x\in X,y\in Y)\}$。

例 5:国际上常用的人的体重计算公式为标准体重=(身高(cm)－100)×0.9(kg),那么实际身高与实际体重之间就存在模糊关系。如果身高的集合 $X=\{150,155,160,165\}$,体重的集合 $Y=\{45,49.5,54,58.5\}$,则

$$\begin{aligned}X\times Y=\{&(150,45),(150,49.5),(150,54),(150,58.5),\\&(155,45),(155,49.5),(155,54),(155,58.5),\\&(160,45),(160,49.5),(160,54),(160,58.5),\\&(165,45),(165,49.5),(165,54),(165,58.5)\}\end{aligned}$$

定义 19:存在集合 X 和 Y,它们的笛卡儿积 $X\times Y$ 的一个子集 R 叫作 X 到 Y 的二元关系,简称关系,$R\subseteq X\times Y$。序偶(x,y)是笛卡儿积 $X\times Y$ 的元素,它是无约束的组对。若给组对以约束,便体现了一种特定的关系。受到约束的序偶则形成了 $X\times Y$ 的一个子集。

- 若 $X=Y$,则称 R 是 X 中的关系。
- 如果$(x,y)\in R$,则称 X 和 Y 有关系 R,记作 xRy。

例 6:身高集合 $X=\{150,155,160,165\}$,体重集合 $Y=\{45,49.5,54,58.5\}$,根据国际上常用的人的体重计算公式:标准体重=(身高(cm)－100)×0.9(kg),则对应身高“非标准”体重时,可采用模糊关系表示身高、体重与标准体重之间的关系,如表 5-1 所示。

表 5-1 身高、体重与标准体重的模糊关系表

$\mu_R(x,y)$	体重			
	45	49.5	54	58.5
150	1	0.75	0.3	0
155	0.75	1	0.75	0.3
160	0.3	0.75	1	0.75
165	0	0.3	0.75	1

- 如果$(x,y)\notin R$,则称 X 和 Y 没有关系,记作 $x\bar{R}y$,也可用特征函数表示为

$$\mu_R(x,y)=\begin{cases}1, & (x,y)\in R\\ 0, & (x,y)\notin R\end{cases} \tag{5-9}$$

- 当 X 和 Y 都是有限集合时,关系可以用矩阵来表示,称关系矩阵。设 $X=\{x_1,x_2,\cdots,x_m\}$,$Y=\{y_1,y_2,\cdots,y_n\}$,则 $\boldsymbol{R}$ 可以表示为 $\boldsymbol{R}=[r_{ij}]$。其中 $r_{ij}=\mu_R(x_i,y_j)$;$i=1,2,\cdots,m$;$j=1,2,\cdots,n$。

例 7:身高集合 $X=\{150,155,160,165\}$,体重集合 $Y=\{45,49.5,54,58.5\}$,根据国际上常用的人的体重计算公式:标准体重=(身高(cm)-100)×0.9(kg),则对应身高"非标准"体重时,可采用模糊矩阵表示身高、体重与标准体重之间的关系。

$$\boldsymbol{R}=\begin{bmatrix}1 & 0.75 & 0.3 & 0\\ 0.75 & 1 & 0.75 & 0.3\\ 0.3 & 0.75 & 1 & 0.75\\ 0 & 0.3 & 0.75 & 1\end{bmatrix}$$

当矩阵中的元素等于1或等于0时,将这种矩阵称为布尔矩阵。

定义 20:设有集合 X、Y,如果有一对关系存在,对于任意 $x\in X$,有唯一的一个 $y\in Y$ 与之对应,我们就说,其对应关系是一个由 X 到 Y 的映射 f,记作

$$f:X\rightarrow Y$$

对任意 $x\in X$ 经映射后变成 $y\in Y$,则记作 $Y=f(x)$,此时 X 叫作 f 的定义域,而集合 $f(x)=\{f(x)|x\in X\}$ 称为 f 的值域,显然 $f(x)\subseteq Y$。

映射有时也叫作函数,但它是通常函数概念的推广。

定义 21:设 $f:X\rightarrow Y$

- 如果对每一 $x_1,x_2\in X$,$x_1\neq x_2$,则称 f 为单射(或称一一映射)。
- 如果 f 的值域是整个 Y,则称 f 为满射。
- 如果 f 既是单射的,又是满射的,则称 f 为一一对应的映射。

模糊关系是指笛卡儿积上的模糊集合,表示多个集合的元素间所具有的某种关系的程度。

定义 22:所谓 X、Y 两集合的笛卡儿积 $X\times Y=\{(x,y)|(x\in X,y\in Y)\}$ 中的一个模糊关系 $\boldsymbol{R}$,是指以 $X\times Y$ 为论域的一个模糊子集,序偶(x,y) 的隶属度为 $\mu_R(x,y)$。$\mu_R(x,y)$ 在实轴的闭区间取值,它的大小反映了(x,y)具有关系 $\boldsymbol{R}$ 的程度。

由于模糊关系是一种模糊集合,因此模糊集合的相等、包含等概念对模糊关系同样具有意义。

设 X 是 m 个元素构成的有限论域,Y 是 n 个元素构成的有限论域。对于 X 到 Y 的一个模糊关系 $\boldsymbol{R}$,可以用一个 $m\times n$ 阶矩阵表示为

$$\boldsymbol{R}=\begin{bmatrix}r_{11} & r_{12} & \cdots & r_{1n}\\ r_{21} & r_{22} & \cdots & r_{2n}\\ \vdots & \vdots & \ddots & \vdots\\ r_{m1} & r_{m2} & \cdots & r_{mn}\end{bmatrix} \tag{5-10}$$

或 $\boldsymbol{R}=[r_{ij}]$,$r_{ij}=\mu_R(x_i,x_j)$,$i=1,2,\cdots,m$,$j=1,2,\cdots,n$。

如果一个矩阵是模糊矩阵,它的每个元素属于[0,1],则令

$$F_{m\times n}=\{R=[r_{ij}];0\leqslant r_{ij}\leqslant 1\} \tag{5-11}$$

$F_{m\times n}$ 表示 $m\times n$ 阶模糊矩阵的全体。

在有限论域间,普通集合与布尔矩阵建立了一一对应的关系,模糊关系和模糊矩阵建立了一一对应的关系。

由于模糊矩阵本身是表示一个模糊关系的子集 R,因此根据模糊集的并、交、补运算的定义,模糊矩阵也可看作相应的运算。

设模糊矩阵 $\boldsymbol{R}$ 和 $\boldsymbol{Q}$ 是 $X\times Y$ 的模糊关系,$\boldsymbol{R}=[r_{ij}]_{m\times n}$,$\boldsymbol{Q}=[q_{ij}]_{m\times n}$,模糊集合的并、交、补运算为:

- 模糊矩阵并运算:$\boldsymbol{R}\cup\boldsymbol{Q}=[r_{ij}\vee q_{ij}]_{m\times n}$
- 模糊矩阵交运算:$\boldsymbol{R}\cap\boldsymbol{Q}=[r_{ij}\wedge q_{ij}]_{m\times n}$
- 模糊矩阵补运算:$\boldsymbol{R}^C=[1-r_{ij}]_{m\times n}$

如果 $r_{ij}\leqslant q_{ij}$,$i=1,2,\cdots,m$,$j=1,2,\cdots,n$,则称 $\boldsymbol{R}$ 被模糊矩阵 $\boldsymbol{S}$ 包含,记为 $\boldsymbol{R}\subseteq\boldsymbol{S}$;如果 $r_{ij}=q_{ij}$,$i=1,2,\cdots,m$,$j=1,2,\cdots,n$,则称 $\boldsymbol{R}$ 与模糊矩阵 $\boldsymbol{S}$ 相等。

必须指出,一般 $\boldsymbol{R}\cup\boldsymbol{R}^C\neq\boldsymbol{F}$,$\boldsymbol{R}\cup\boldsymbol{R}^C\neq\boldsymbol{O}$,即对模糊矩阵互补律不成立。其中,$\boldsymbol{O}$、$\boldsymbol{F}$ 分别称为零矩阵及全矩阵,即

$$\boldsymbol{O}=\begin{bmatrix}0&0&\cdots&0\\0&0&\cdots&0\\\vdots&\vdots&\ddots&\vdots\\0&0&\cdots&0\end{bmatrix}\quad \boldsymbol{F}=\begin{bmatrix}1&1&\cdots&1\\1&1&\cdots&1\\\vdots&\vdots&\ddots&\vdots\\1&1&\cdots&1\end{bmatrix} \tag{5-12}$$

与模糊集的 λ-截集相似,在模糊矩阵的矩阵截集定义为

$$\boldsymbol{R}_\lambda=[\lambda r_{ij}]_{m\times n},\quad \lambda\in[0,1] \tag{5-13}$$

$$\text{或 }\boldsymbol{R}_\lambda=\{(x,y)\mid \mu_R(x,y)\geqslant\lambda\} \tag{5-14}$$

例 8:身高集合 $X=\{150,155,160,165\}$,体重集合 $Y=\{45,49.5,54,58.5\}$,根据国际上常用的人的体重计算公式:标准体重=(身高(cm)−100)×0.9(kg),则 $X\times Y$ 中的 $\boldsymbol{R}$ 为

$$\boldsymbol{R}=\begin{bmatrix}1&0.75&0.3&0\\0.75&1&0.75&0.3\\0.3&0.75&1&0.75\\0&0.3&0.75&1\end{bmatrix}$$

则 $R_{0.75}=\{(x,y)\mid\mu_R(x,y)\geqslant 0.75\}$,即 $R_{0.75}=\{(x_1,y_1),(x_1,y_2),(x_2,y_1),(x_2,y_2),(x_2,y_3),(x_3,y_2),(x_3,y_3),(x_3,y_4),(x_4,y_3),(x_4,y_4)\}$。

如果用矩阵表示,则

$$\boldsymbol{R}_\lambda=\begin{bmatrix}1&1&0&0\\1&1&1&0\\0&1&1&1\\0&0&1&1\end{bmatrix}$$

5.4.2 模糊关系的合成

模糊关系合成是指由第一个集合和第二个集合之间的模糊关系及第二个集合和第三个

集合之间的模糊关系得到第一个集合和第三个集合之间的模糊关系的一种运算。

模糊关系的合成的计算方法有取大-取小合成法、取大-乘积合成法、加法-相乘合成法。下面给出常用的取大-取小合成法的定义。

定义 23：设 $\boldsymbol{R}$ 是 $X \times Y$ 中的模糊关系，$\boldsymbol{S}$ 是 $Y \times Z$ 中的模糊关系，$\boldsymbol{R}$ 和 $\boldsymbol{S}$ 的合成是下列定义在 $X \times Z$ 上的模糊关系 $\boldsymbol{Q}$，记作

$$\boldsymbol{Q} = \boldsymbol{R} \circ \boldsymbol{S} \tag{5-15}$$

或

$$\mu_{R \circ S}(x,z) = \vee \{\mu_R(x,y) \wedge \mu_S(y,z)\} \tag{5-16}$$

式中，$\wedge$ 代表取小，$\vee$ 代表取大。因此，这一计算方法称为取大-取小(max-min)合成法。

定义 24：设 $\boldsymbol{Q} = (q_{ij})_{n \times m}$，$\boldsymbol{R} = (r_{jk})_{m \times l}$ 是两个模糊矩阵，它们的合成 $\boldsymbol{Q} \circ \boldsymbol{R}$ 指的是一个 n 行 l 列的模糊矩阵 $\boldsymbol{S}$，$\boldsymbol{S}$ 的第 i 行第 k 列的元素 s_{ik} 等于 $\boldsymbol{Q}$ 的第 i 行元素与第 k 列对应元素两两先取较小者，然后在所有的结果中取较大者，即

$$s_{ik} = \bigvee_{i=1}^{m} (q_{ij} \wedge r_{jk}), \quad 1 \leqslant i \leqslant n, 1 \leqslant k \leqslant l \tag{5-17}$$

模糊矩阵 $\boldsymbol{Q}$ 与 $\boldsymbol{R}$ 的合成 $\boldsymbol{Q} \circ \boldsymbol{R}$ 又称为 $\boldsymbol{Q}$ 对 $\boldsymbol{R}$ 的模糊乘积，或者称模糊矩阵的乘法。

例 9：现对某一餐馆的品质进行评判，评判的指标包括饭菜口感、饭菜色相、环境舒适度、服务态度及卫生状况 5 方面，用论域 Y 来表示，即

$$Y = \{饭菜口感,饭菜色相,环境舒适度,服务态度,卫生状况\}$$

而评判论域用 Z 来表示，即

$$Z = \{很好,较好,可以,不好\}$$

现邀请一些专家对这一餐馆给出评价，即得出 $Y \times Z$ 中的模糊关系 S，表 5-2 列出了 $Y \times Z$ 中的模糊关系 S。

表 5-2 $Y \times Z$ 中的模糊关系 S

Y	Z			
	很好	较好	可以	不好
饭菜口感	0.8	0.15	0.05	0
饭菜色相	0.7	0.2	0.1	0
环境舒适度	0.5	0.3	0.15	0.05
服务态度	0.4	0.25	0.2	0.15
卫生状况	0	0.2	0.3	0.5

上述表格使用模糊矩阵表示为

$$\boldsymbol{S} = \begin{bmatrix} 0.8 & 0.15 & 0.05 & 0 \\ 0.7 & 0.2 & 0.1 & 0 \\ 0.5 & 0.3 & 0.15 & 0.05 \\ 0.4 & 0.25 & 0.2 & 0.15 \\ 0 & 0.2 & 0.3 & 0.5 \end{bmatrix}$$

在对餐馆作综合评定时，各指标对综合评定结果的影响因子不同，对餐馆饭菜口感(0.5)和餐馆卫生状况(0.25)要求较高，其次为服务态度(0.1)和饭菜色相(0.1)，对环境的舒适度要求较低(0.05)，则得出影响因子集合 X 与评判指标 Y 之间的模糊关系 R，表 5-3 列出了

$X \times Y$ 中的模糊关系 R。

表 5-3 $X \times Y$ 中的模糊关系 $\boldsymbol{R}$

X	Y				
	饭菜口感	饭菜色相	环境舒适度	服务态度	卫生状况
影响因子	0.5	0.1	0.05	0.1	0.25

上述表格使用模糊矩阵表示为 $\boldsymbol{R}=[0.5 \quad 0.1 \quad 0.05 \quad 0.1 \quad 0.25]$。

现要求在不同权重因子下,做出餐馆综合品质结论。

此时就要求做模糊关系的合成,即餐馆的综合品质 $\boldsymbol{Q}$ 为

$$\boldsymbol{Q}=\boldsymbol{R} \circ \boldsymbol{S}=[0.5 \quad 0.1 \quad 0.05 \quad 0.1 \quad 0.25] \circ \begin{bmatrix} 0.8 & 0.15 & 0.05 & 0 \\ 0.7 & 0.2 & 0.1 & 0 \\ 0.5 & 0.3 & 0.15 & 0.05 \\ 0.4 & 0.25 & 0.2 & 0.15 \\ 0 & 0.2 & 0.3 & 0.5 \end{bmatrix}$$

根据取大-取小的原则

$$q_1=(0.5 \wedge 0.8) \vee (0.1 \wedge 0.7) \vee (0.05 \wedge 0.5) \vee (0.1 \wedge 0.4) \vee (0.25 \wedge 0)$$
$$=0.5$$

$$q_2=(0.5 \wedge 0.15) \vee (0.1 \wedge 0.2) \vee (0.05 \wedge 0.3) \vee (0.1 \wedge 0.25) \vee (0.25 \wedge 0.2)$$
$$=0.2$$

$$q_3=(0.5 \wedge 0.05) \vee (0.1 \wedge 0.1) \vee (0.05 \wedge 0.15) \vee (0.1 \wedge 0.2) \vee (0.25 \wedge 0.3)$$
$$=0.25$$

$$q_4=(0.5 \wedge 0) \vee (0.1 \wedge 0) \vee (0.05 \wedge 0.05) \vee (0.1 \wedge 0.15) \vee (0.25 \wedge 0.5)$$
$$=0.25$$

即 $\boldsymbol{Q}=\boldsymbol{R} \circ \boldsymbol{S}=[0.5 \quad 0.2 \quad 0.25 \quad 0.25]$。

根据计算结果可知,该餐馆综合品质为很好。

根据模糊关系合成的计算方式可知,模糊关系合成不满足交换律。对于例 7,$\boldsymbol{R} \circ \boldsymbol{S}$ 有意义,而 $\boldsymbol{S} \circ \boldsymbol{R}$ 没有意义。

设 $\boldsymbol{R}$、$\boldsymbol{S}(\boldsymbol{T})$ 及 $\boldsymbol{U}$ 分别为 $X \times Y$、$Y \times Z$ 及 $Z \times W$ 中的模糊关系,则有以下 5 个基本性质。

(1) 结合律:如果 $\boldsymbol{S} \subseteq \boldsymbol{T}$,则有 $\boldsymbol{R} \circ \boldsymbol{S} \subseteq \boldsymbol{R} \circ \boldsymbol{T}$ 或 $\boldsymbol{S} \circ \boldsymbol{U} \subseteq \boldsymbol{T} \circ \boldsymbol{U}$。

(2) 并运算上的弱分配律:$\boldsymbol{R} \circ (\boldsymbol{S} \cup \boldsymbol{T}) \subseteq (\boldsymbol{R} \circ \boldsymbol{S}) \cup (\boldsymbol{S} \circ \boldsymbol{T})$ 或 $(\boldsymbol{S} \cup \boldsymbol{T}) \circ \boldsymbol{U} \subseteq (\boldsymbol{S} \circ \boldsymbol{U}) \cup (\boldsymbol{T} \circ \boldsymbol{U})$。

(3) 交运算上的弱分配律:$\boldsymbol{R} \circ (\boldsymbol{S} \cap \boldsymbol{T}) \subseteq (\boldsymbol{R} \circ \boldsymbol{S}) \cap (\boldsymbol{S} \circ \boldsymbol{T})$ 或 $(\boldsymbol{S} \cap \boldsymbol{T}) \circ \boldsymbol{U} \subseteq (\boldsymbol{S} \circ \boldsymbol{U}) \cap (\boldsymbol{T} \circ \boldsymbol{U})$。

(4) $\boldsymbol{O} \circ \boldsymbol{R}=\boldsymbol{R} \circ \boldsymbol{O}$ 或 $\boldsymbol{I} \circ \boldsymbol{R}=\boldsymbol{R} \circ \boldsymbol{I}=\boldsymbol{R}$($\boldsymbol{O}$ 为零矩阵,$\boldsymbol{I}$ 为单位矩阵)。

(5) 若 $\boldsymbol{R}_1 \subseteq \boldsymbol{R}_2$,$\boldsymbol{S}_1 \subseteq \boldsymbol{S}_2$,则 $\boldsymbol{R}_1 \circ \boldsymbol{S}_1 \subseteq \boldsymbol{R}_2 \circ \boldsymbol{S}_2$。

5.4.3 模糊关系的性质

定义 25:设 $\boldsymbol{R}$ 是 X 中的模糊关系。若对 $\forall x \in X$,都有 $\mu_R(x,x)=1$,则称 $\boldsymbol{R}$ 为具有自反性的模糊关系。

对应于自反关系的模糊矩阵的对角元素为 1。

定义 26：设 $\boldsymbol{R}\in \boldsymbol{U}(X\times X)$，$\boldsymbol{R}^{\mathrm{T}}$ 是 $\boldsymbol{R}$ 的转置。即 $\boldsymbol{R}^{\mathrm{T}}\in \boldsymbol{U}(X\times X)$，并且满足 $\mu_R^{\mathrm{T}}(y,x)\in\mu_R(y,x)$，其中 $(x,y)\in Y\times X$。

关系的转置有以下性质：

- $(\boldsymbol{R}^{\mathrm{T}})^{\mathrm{T}}=\boldsymbol{R}$
- $(\boldsymbol{R}\cup \boldsymbol{Q})^{\mathrm{T}}=\boldsymbol{R}^{\mathrm{T}}\cup \boldsymbol{Q}^{\mathrm{T}}$ 或 $(\boldsymbol{R}\cap \boldsymbol{Q})^{\mathrm{T}}=\boldsymbol{R}^{\mathrm{T}}\cap \boldsymbol{Q}^{\mathrm{T}}$
- $(\boldsymbol{R}\circ \boldsymbol{Q})^{\mathrm{T}}=\boldsymbol{Q}^{\mathrm{T}}\circ \boldsymbol{R}^{\mathrm{T}}$ 或 $(\boldsymbol{R}^n)^{\mathrm{T}}=(\boldsymbol{Q}^{\mathrm{T}})^n$
- $(\boldsymbol{R}^{\mathrm{T}})_\lambda=(\boldsymbol{R}_\lambda)^{\mathrm{T}}$

定义 27：设 $\boldsymbol{R}\in \boldsymbol{U}(X\times X)$，若 $\boldsymbol{R}^{\mathrm{T}}=\boldsymbol{R}$，则称 $\boldsymbol{R}$ 为对称的模糊关系。在有限论域中时，称为对称模糊矩阵。

例 10：设身高集合 $X=\{150,155,160,165\}$，体重集合 $Y=\{45,49.5,54,58.5\}$，根据国际上常用的人的体重计算公式：标准体重＝(身高(cm)－100)×0.9(kg)，则对应身高“非标准”体重时，可采用模糊矩阵表示身高、体重与标准体重之间的关系。

$$\boldsymbol{R}=\begin{bmatrix}1 & 0.75 & 0.3 & 0\\ 0.75 & 1 & 0.75 & 0.3\\ 0.3 & 0.75 & 1 & 0.75\\ 0 & 0.3 & 0.75 & 1\end{bmatrix}$$

由于 $\mu_R(1,1)=\mu_R(2,2)=\mu_R(3,3)=\mu_R(4,4)=1$，则 $\boldsymbol{R}$ 为具有自反性的模糊关系；由于 $\boldsymbol{R}^{\mathrm{T}}=\boldsymbol{R}$，则 $\boldsymbol{R}$ 为具有对称性的模糊关系，即 $\boldsymbol{R}$ 是自反的对称模糊矩阵。

定义 28：设 $\boldsymbol{R}\in \boldsymbol{U}(X\times X)$，即 $\boldsymbol{R}$ 是 X 中的模糊关系。若 $\boldsymbol{R}$ 满足 $\boldsymbol{R}\circ\boldsymbol{R}\subseteq\boldsymbol{R}$，则称 $\boldsymbol{R}$ 为传递的模糊关系。

从定义可见，传递性关系包含着它与它自己的关系合成。对于传递性关系可以等价表示为 $\mu_R(x,y)\geqslant\vee(\mu_R(x,y)\wedge\mu_R(y,z))$，$\forall x,y,z\in X$。

例 11：设 $\boldsymbol{R}=\begin{bmatrix}0.1 & 0.5 & 0.8 & 1\\ 0 & 0.2 & 0.6 & 0.8\\ 0 & 0 & 0.3 & 0.7\\ 0 & 0 & 0 & 0.4\end{bmatrix}$

则 $\boldsymbol{R}\circ\boldsymbol{R}=\begin{bmatrix}0.1 & 0.5 & 0.8 & 1\\ 0 & 0.2 & 0.6 & 0.8\\ 0 & 0 & 0.3 & 0.7\\ 0 & 0 & 0 & 0.4\end{bmatrix}\circ\begin{bmatrix}0.1 & 0.5 & 0.8 & 1\\ 0 & 0.2 & 0.6 & 0.8\\ 0 & 0 & 0.3 & 0.7\\ 0 & 0 & 0 & 0.4\end{bmatrix}=\begin{bmatrix}0.1 & 0.2 & 0.5 & 0.7\\ 0 & 0.2 & 0.3 & 0.6\\ 0 & 0 & 0.3 & 0.4\\ 0 & 0 & 0 & 0.4\end{bmatrix}$

根据定义，$\boldsymbol{R}\circ\boldsymbol{R}\subseteq\boldsymbol{R}$，则 $\boldsymbol{R}$ 为传递的模糊关系。

定义 29：设 R 是 X 中的模糊关系，若 R 具有自反性和对称性，则 R 称为模糊相似关系。若 R 同时具有自反性、对称性和传递性，则称 R 是模糊等价关系。

利用模糊等价关系对事物进行分类，称为模糊聚类分析。

5.4.4 模糊变换

模糊变换是指给定两个集合之间的一个模糊关系，据此将一个集合上的模糊子集经运算得到另一个集合上的模糊子集的过程。

定义 30：称映射 $F: X\rightarrow Y$ 为从 X 到 Y 的模糊变换。模糊变换实现了将 X 中的模糊集变为 Y 上的模糊集，实际上实现了论域的转换。

当 X、Y 均为有限集时，映射 $F: \mu_{1\times m} \to \mu_{1\times n}$ 就是模糊变换。

定义 31：给定一个模糊变换 $F: X \to Y$，若存在 $R \subseteq X \times Y$，使得 $\forall A \in X$，有

$$F(A) = A \circ R \in V \tag{5-18}$$

此处 $\mu_{X\circ R} = \vee(\mu_X(x) \wedge \mu_R(x,y))$，$\forall y \in Y$，则为线性模糊变换。

例 12：某一水位控制系统，当前水位的模糊集合 $A=\{0.6, 0.3, 0.1\}$，水位与阀门开度的模糊矩阵为

$$\boldsymbol{R} = \begin{bmatrix} 0.1 & 0.3 & 0.6 \\ 0.2 & 0.5 & 0.3 \\ 0.6 & 0.3 & 0.1 \end{bmatrix}$$

则在当前水位下，阀门开度为

$$\boldsymbol{Y} = \boldsymbol{A} \circ \boldsymbol{R} = [0.6 \quad 0.3 \quad 0.1] \circ \begin{bmatrix} 0.1 & 0.3 & 0.6 \\ 0.2 & 0.5 & 0.3 \\ 0.6 & 0.3 & 0.1 \end{bmatrix} = [0.2 \quad 0.3 \quad 0.6]$$

在模糊集合论中还有一个重要的定义，即扩张原理。它是指模糊集合 A 经过映射 f 之后，记为 $f(A)$，而 A 和 $f(A)$ 的相应元素的隶属度保持不变，也就是模糊集合 A 的元素隶属度可以通过映射，无保留地传递到模糊集合 $f(A)$ 的相应元素中。

定义 32：设有映射 $f: X \to Y$，并且 A 是 X 中的模糊集合，记 A 在 f 下的像为 $f(A)$，它是 Y 中的模糊集合，并且具有如下隶属度函数

$$\mu_{f(A)}(y) = \begin{cases} \bigvee\limits_{x \in f^{-1}(y)} (\mu_A(x)), & f^{-1}(y) \neq \phi \\ 0, & f^{-1}(y) = \phi \end{cases} \tag{5-19}$$

即若 $A = \frac{\mu_1}{x_1} + \frac{\mu_2}{x_2} + \cdots + \frac{\mu_m}{x_m}$，则由映射 f 作用之后有 $f(A)$，$f(A) = \frac{\mu_1}{f(x_1)} + \frac{\mu_2}{f(x_2)} + \cdots + \frac{\mu_m}{f(x_m)}$。

当 f 为一一映射时，$f(A)$ 的隶属度函数公式可简化为

$$\mu_{f(A)}(y) = \begin{cases} (\mu_A(x)), & f^{-1}(y) \neq \phi \\ 0, & f^{-1}(y) = \phi \end{cases}$$

例 13：设 $A = \frac{0.1}{x_1} + \frac{0.3}{x_2} + \frac{0.4}{x_3} + \frac{0.7}{x_4} + \frac{0.5}{x_5} + \frac{0.2}{x_6}$，$Y=\{y_1, y_2, y_3\}$，映射 $f: X \to Y$，它具有 $f(x_1)=y_1$，$f(x_2)=y_2$，$f(x_3)=y_2$，$f(x_4)=y_2$，$f(x_5)=y_3$ 及 $f(x_6)=y_3$，则 $f(y_1)=\{x_1\}$，$f(y_2)=\{x_2, x_3, x_4\}$，$f(y_3)=\{x_5, x_6\}$。得

$$\mu_{f(A)}(y_1) = \bigvee_{\{x_1\}} (0.1) = 0.1$$

$$\mu_{f(A)}(y_2) = \bigvee_{\{x_2, x_2, x_4\}} (0.3, 0.4, 0.7) = 0.7$$

$$\mu_{f(A)}(y_3) = \bigvee_{\{x_5, x_6\}} (0.5, 0.2) = 0.5$$

即 $f(A) = \frac{0.1}{y_1} + \frac{0.7}{y_2} + \frac{0.5}{y_3}$。

5.5 模糊逻辑及模糊推理

模糊集合是经典集合的真实概括,经典集合是模糊集合的特例。使用隶属度函数定义的模糊集合称为模糊逻辑。模糊集合中的隶属度函数用于鉴定"陈述"为"真"的程度。例如,体温为104℉的患者隶属于"重感冒患者"集合的程度为0.65。任一体温的患者隶属于"重感冒患者"集合的程度可用图5-15所示的隶属度函数曲线表示。

语言变量是模糊逻辑系统的基本构成,它对同样背景使用多个主观分类进行描述。以发热为例,将描述发热的程度用高烧(strong-fever)、发热(raised)、正常(normal)和低体温(low)4个语言变量来描述。图5-16所示为所有语言变量就"发热"事件的隶属度函数曲线。

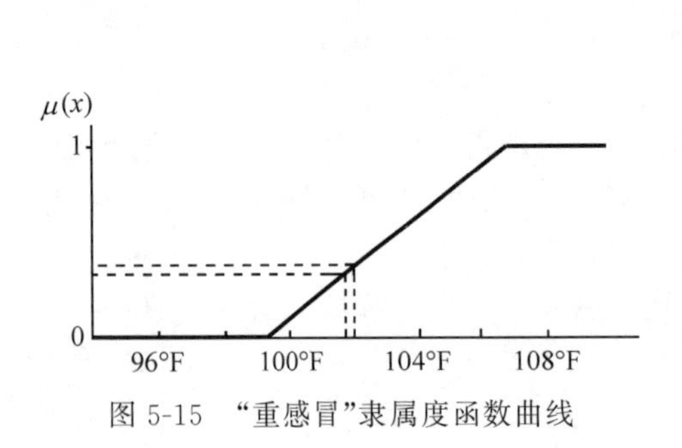

图5-15 "重感冒"隶属度函数曲线

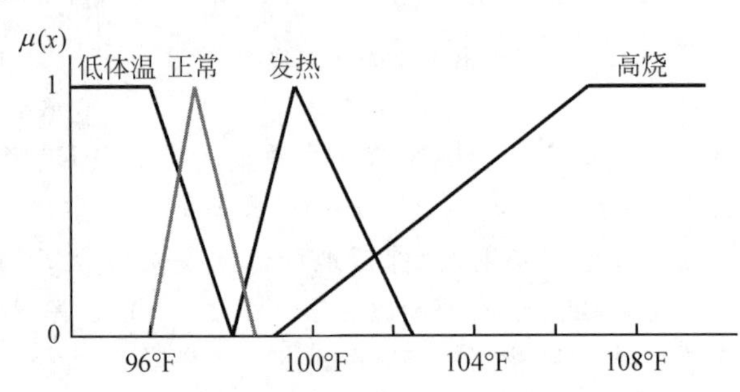

图5-16 所有语言变量就"发热"事件的隶属度函数曲线

使用模糊隶属度函数后,以华氏温度测量的体温可以转换为语言描述。例如,体温为100℉的患者将可确诊为基本属于发烧状态,并有轻微的高烧现象。

5.5.1 模糊逻辑技术

随着人们对模糊逻辑理解的加深,使用模糊集合的方法不断更新。本书只涉及基于规则的模糊逻辑技术。几乎所有的近期的模糊逻辑应用都基于该方法。这里简要介绍集装箱起重机控制实例的基于规则的模糊逻辑系统的基本技术。

集装箱起重机控制系统界面如图5-17所示。

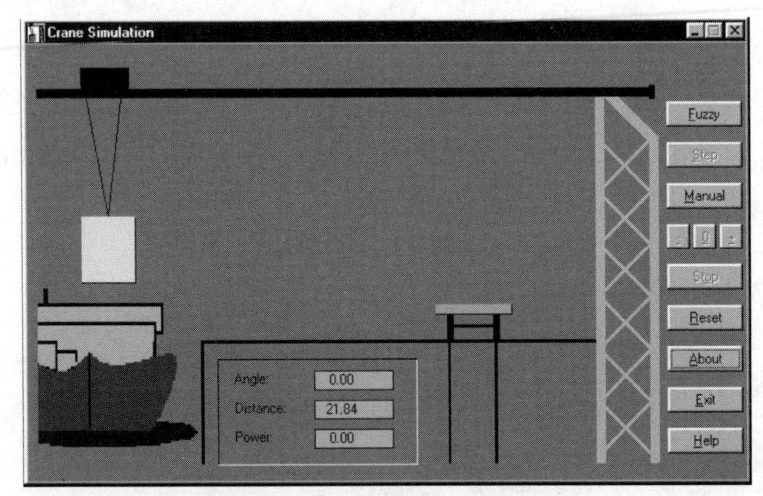

图5-17 集装箱起重机控制系统界面

集装箱起重机用于装载集装箱到船上或从港口的船上卸载集装箱。使用连接到起重机头上的软电缆吊起单个集装箱,起重机头采用水平移动方式。当一个集装箱被提起,起重机头开始移动,此时集装箱随着起重机头的移动和惯性力的作用开始晃动。在运输过程中,集装箱的晃动基本不会影响运输过程,但晃动的集装箱必须稳定后才能放下。

解决这个问题有两种方法。第一种方法是准确定位起重机头到目标位置上方,接着一直等待集装箱的摆动达到规定的稳定状态。当然,摆动的集装箱最终会稳定,但等待会造成相当多时间的浪费。由于成本原因一个集装箱船需要在最短时间内被装载和卸载,因此第一种方法不符合成本最小化的要求。第二种方法就是提起集装箱,然后慢慢移动它,致使集装箱不发生晃动,但这一方法也将花费大量的时间。

一个比较折中的方法就是,在操作过程中使用附加电缆固定集装箱的位置来构建集装箱起重机。但这个方案花费较高,很少有起重机利用这个技术。

由于这些原因,大多数集装箱起重机在操作员的指导下对起重机电动机采用连续速度控制。操作员需要在控制晃动的同时,确保集装箱在最短时间内达到目标位置。实现这个目标,对于操作人员来说非常不容易,但熟练的操作员能够做到。为了降低操作的难度,工程师们曾尝试采用控制策略实现自动控制,如线性PID控制、基于模型控制和模糊逻辑控制。

传统的PID(比例-积分-微分)控制试验未能成功,因为控制任务是非线性的。当集装箱接近目标时,晃动最小化是重要的;在基于模型的控制试验时,工程师推导出描述起重机机械行为的数学模型为五阶微分方程式,这在理论上说明基于模型的控制策略是可行的,但试验却也不成功。造成这一策略不成功的原因如下。

(1) 起重机电动机行为不是模型中假设的那样线性。

(2) 起重机头移动时有摩擦。

(3) 在模型中未包含干扰量,如风的干扰。

鉴于以上控制策略的不足,引入了模糊逻辑的语言控制策略。

5.5.2 语言控制策略

在人为控制中,操作员并非按照微分方程式进行控制,甚至无须使用基于模型的控制策略中的电缆长度传感器。一旦操作员提起集装箱,首先使用中功率电动机,以便查看集装箱如何晃动。然后依据晃动的程度,调整电动机功率使集装箱在起重机头后面一点,这时系统将获得最大的传输速度,并且使集装箱的晃动最小。

当接近目标位置时,操作员减小电动机功率或使用负电压刹车。当起重机很接近目标且电压进一步减小或反向时,使集装箱的位置稍微超过起重机头,直到集装箱几乎达到目标位置。最终,电动机功率增加以致起重机头超过目标位置且摆动为0。在整个操作过程中,不需要微分方程式,系统干扰或非线性问题可通过操作员对集装箱位置的观察,依据经验进行补偿。

在对操作员操作过程的分析中,使用了一些经验规则描述控制策略。

(1) 在起动时使用中功率电动机,以便观察集装箱的晃动情况。

(2) 如果已经起动且仍然远离目标,增加电动机功率,以使集装箱到达起重机头后面一点。

(3) 如果接近目标,减小速度以至集装箱在起重机头前面一点。

(4) 当集装箱超过目标,并且晃动为0时,停止电动机。

用距离传感器测量起重机头的位置,用相角传感器测量集装箱晃动相角,并将测量结果应用到自动控制起重机中。使用测量结果描述起重机的当前状况,并采用“如果——则”格式描述经验控制规则。

(1) 如果起重机头与目标位置之间的距离较远,并且集装箱与垂直方向的相角等于0,则使用中功率电动机。

(2) 如果起重机头与目标位置之间的距离较远,并且集装箱与垂直方向的相角小于0,则使用大功率电动机。

(3) 如果起重机头与目标位置之间的距离较近,并且集装箱与垂直方向的相角小于0,则使用中功率电动机。

(4) 如果起重机头与目标位置之间的距离适中,并且集装箱与垂直方向的相角小于0,则使用中功率电动机。

(5) 如果起重机头到达目标位置,并且集装箱与垂直方向的相角等于0,则停止电动机。

从经验控制规则可知,采用“如果——则”格式描述经验控制规则的通用式为

如果<状态>则<动作>。

就集装箱起重机而言,状态由两个条件确定:第一个条件描述起重机头与目标位置之间的距离值;第二个条件描述集装箱与垂直方向的相角。当两个条件同时满足相应的状态时,系统给出控制策略。

在设置规则时,使用到语言变量。

5.5.3 模糊语言变量

带有模糊性的语言称为模糊语言,如高、矮、胖、瘦、轻、重、缓、急等。此外,在自然语言中有一些词可以表达语气的肯定程度,如“非常”“狠”“极”等;也有一类词,如“大概”“近似于”等,将这些词置于某个词前面,如年轻,则使该词意义变为模糊,如很年轻;还有些词,如“偏向”“倾向于”等可使词义由模糊变为肯定,如倾向于短等。在模糊控制中,常见的模糊语言还有正大、正中、正小、零、负小、负中、负大等。

人类自然语言具有模糊性,而通常的计算机语言有严格的语法规则和语义,不存在任何的模糊性和歧义,即计算机对模糊性缺乏识别和判断能力。为了实现用自然语言跟计算机进行直接对话,就必须把人类的语言和思维过程提炼成数学模型。

语言变量是指以自然或人工语言的词、词组或句子作为值的变量。如模糊控制中的“偏差”“偏差变化率”等,并且语言变量的取值通常不是数,而是用模糊语言表示的模糊集合,如“偏差很大”“偏差大”“偏差适中”“偏差小”和“偏差较小”。

定义33:一个语言变量可定义为多元组$(x,T(x),U,G,M)$。其中,x为变量名;$T(x)$为x的词集,即语言值名称的集合;U为论域;G是产生语言值名称的语法规则;M是与各语言值含义有关的语法规则。语言变量的每个语言值对应一个定义在论域U中的模糊数。语言变量基本词集把模糊概念与精确值联系起来,实现对定性概念的定量化及定量数据的定性模糊化。

依然以偏差为例,则T(偏差)={很大、大、适中、小、较小}。

上述每个模糊语言(如大、适中等)是定义在论域U上的一个模糊集合。设论域$U=$

[0,5],则可大致认为小于1为小,2左右为适中,大于3以上为大。

语法规则是根据原子单词来生成的语言值集合 $T(x)$ 中各个合成词语的语法规则。

(1) 前缀限制词 H 方式,在原子单词 C 之前引入算子 H 概念,形成合成语言词 $T=HC$。例如:“极”“很”“相当”等都可以作为算子来处理。算子有很多种,经常使用的有语气算子(“极”“很”)、散漫化算子(“略”“微”)、概率算子(“大概”“将近”)、判定化算子(“倾向于”“多半是”)等。

(2) 加连接词“或”“且”和否定词“非”,如“非大于”等。

(3) 混合式,即上述两种合成方式重复或交叉使用,形成各种复杂的语言值。

以偏差为例的语言变量的结构图如图5-18所示。

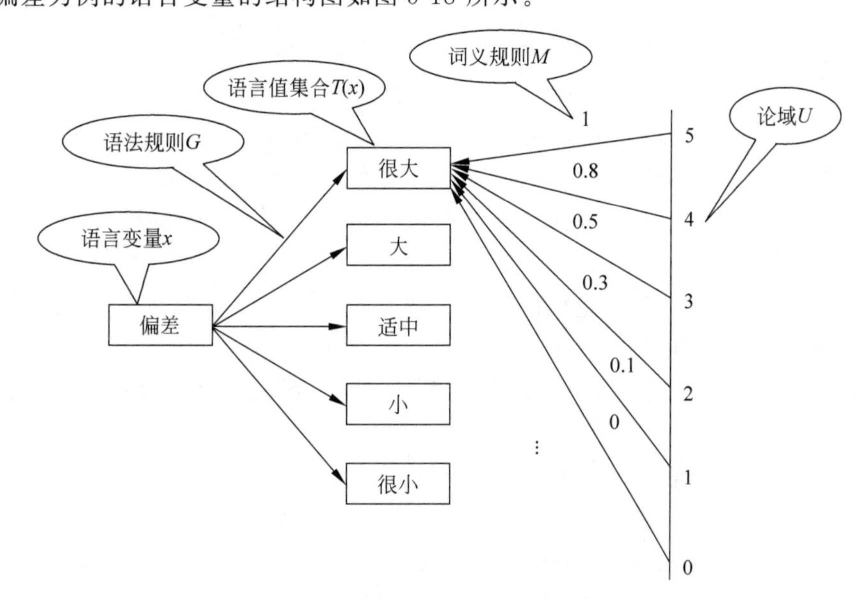

图5-18 以偏差为例的语言变量的结构图

5.5.4 模糊命题与模糊条件语句

人们把具有模糊概念的陈述句称为模糊命题,如“天气很热”。模糊命题的标识符通常用大写字母 P、Q、R 等下面加波浪~表示。

表征模糊命题真实程度的量叫作模糊命题的真值,记作

$$V(\underset{\sim}{P})=x,\quad 0\leqslant x\leqslant 1 \tag{5-20}$$

当 $V(\underset{\sim}{P})=1$ 时,表示 $\underset{\sim}{P}$ 陈述的信息完全真;当 $V(\underset{\sim}{P})=0$ 时,表示 $\underset{\sim}{P}$ 陈述的信息完全假;而当 $V(\underset{\sim}{P})$ 的值介于0~1之间时,表示 $\underset{\sim}{P}$ 陈述的信息不完全真,也不完全假,并且 $V(\underset{\sim}{P})$ 的值越接近于1,表示 $\underset{\sim}{P}$ 陈述的信息越真实。模糊命题比二值逻辑中的命题更能符合人脑的思维方式,反映了真或假的程度。

模糊命题的一般形式为 $\underset{\sim}{P}$::“u 是 A”(或 u is A)。

其中,u 是个体变元,它属于论域 U,即 $u\in U$;A 是某个模糊概念所对应的模糊集合。模糊命题的真值由该变元对模糊集合的隶属程度表示,定义为

$$V(\underset{\sim}{P})=\mu_A(u) \tag{5-21}$$

在模糊命题中,“is A ”部分是表示一个个体模糊性质或多个个体之间的模糊关系的部

分,称为模糊谓词。和二值逻辑一样,使用析取、合取、取非、蕴涵及等价运算可构成复合模糊命题。

设有模糊命题 $\underset{\sim}{P}$:偏差大,$\underset{\sim}{Q}$:偏差变化率小,则

- 析取:表示两者间的关系为"或",记为 $\underset{\sim}{P}\cup\underset{\sim}{Q}$,其真值为 $V(\underset{\sim}{P})\vee V(\underset{\sim}{Q})=\mu_A(p)\vee\mu_B(q)$,意为偏差大或偏差变化率小,即两者满足其一即可。
- 合取:表示两者间的关系为"且",记为 $\underset{\sim}{P}\cap\underset{\sim}{Q}$,其真值为 $V(\underset{\sim}{P})\wedge V(\underset{\sim}{Q})=\mu_A(p)\wedge\mu_B(q)$,意为偏差大,并且偏差变化率小,即要求两者同时满足。
- 取非:表示两者间的关系为"非",记为 $\underset{\sim}{P}^C$,其真值为 $1-V(\underset{\sim}{P})=1-\mu_A(p)$,意为偏差不大。
- 蕴涵:表示两者间的关系为"若 ……,则……",记为 $V(\underset{\sim}{P})\rightarrow V(\underset{\sim}{Q})$。
- 等价:表示两者间的关系为"互相蕴含",记为 $V(\underset{\sim}{P})\leftrightarrow V(\underset{\sim}{Q})$。

从真值表达式可知,模糊命题真值之间的运算,也就是其相应隶属度函数之间的运算。

在使用模糊策略时,会用到一系列模糊控制规则,如"如果起重机头与目标位置之间的距离较远,并且集装箱与垂直方向的相角等于0,则使用中等功率电动机",或者"如果偏差较大,而偏差变化率较小,则阀门半开"等。其中"远""中等""大""小""半开"等词均为模糊词,这些带模糊词的条件语句就是模糊条件语句。

在模糊控制中,经常用到3种条件语句。

(1) If 条件 then 语句,其简记形式为 if A then B。其中 if A 部分称为前件或条件部分,then B 部分称为后件或结论部分。

例句:如果水位达到要求,则关闭进水阀门。

(2) If 条件 then 语句 1 else 语句 2,其简记形式为 if A then B else C。

例句:如果苹果比橘子贵,则买橘子;否则,买苹果。

(3) If 条件 1 and 条件 2 then 语句,其简记形式为 if A and B then C。

例句:如果他跑得快,并且球技好,则让他当前锋。

5.5.5 判断与推理

判断和推理是思维形式的一种。判断是概念与概念的联合,而推理则是判断与判断的联合。推理根据一定的原则,从一个或几个已知判断引出一个新判断。一般情况下,推理包含两部分的判断:一部分是已知的判断,作为推理的出发点,叫作前提或前件;由前提所推出的新判断,叫作结论或后件。

只有一个前提的推理称为直接推理,有两个或两个以上前提的推理称为间接推理。间接推理依据认识的方向,又可分为演绎推理、归纳推理和类比推理等。

演绎推理是前提与结论之间有蕴涵关系的推理。演绎推理中最常用的形式是假言推理,有肯定式推理和否定式推理两类。

肯定式:

大前提(规则)	若 x 是 A,则 y 是 B
小前提(已知)	x 是 A
结论	y 是 B

否定式：

大前提(规则)	若 x 是 A,则 y 是 B
小前提(已知)	y 不是 B
结论	x 不是 A

这就是"三段论"推理模式,用数学形式表述如下：

$A \to B$	$A \to B$
A	B^C
B	A^C
肯定式	否定式

"三段论"给出了在大前提 $A \to B$ 之下,若小前提是 A,则可推出结论为 B。然而,当小前提不是严格的 A,而是在某种程度上接近于 A,记为 A',此时结论应该是什么呢?"三段论"没能给出答案,即三段论对模糊性问题的推理无能为力,此时需要使用模糊推理方法。

5.5.6 模糊推理

模糊推理又称模糊逻辑推理,是应用模糊关系表示模糊条件句,将推理的判断过程转换为对隶属度的合成及演算的过程。即已知模糊命题(包括大前提和小前提),推出新的模糊命题作为结论的过程。模糊推理即近似推理,这两个术语不加区分,可以混用。

L. A. Zadeh 在 1973 年对于模糊命题"若 A 则 B",利用模糊关系的合成运算提出了一种近似推理的方法,称为"关系合成推理法",简称 CRI 法,是实际控制中应用较广的一种模糊推理算法。其原理表述为：用一个模糊集合表述大前提中全部模糊条件语句前件的基础变量和后件的基础变量间的关系；用一个模糊集合表述小前提；进而用基于模糊关系的模糊变换运算给出推理结果。

常用的推理方法有 Zadeh 推理方法、Mamdani 推理方法、多输入模糊推理和多输入多规则推理。

1. Zadeh 推理方法

设 A 是 X 上的模糊集合,B 是 Y 上的模糊集合,模糊蕴涵关系"若 A 则 B ",用 $A \to B$ 表示。Zadeh 把它定义成 $X \times Y$ 的模糊关系,即

$$R = A \to B = (A \times B) \cup (A^C \times Y) \tag{5-22}$$

其隶属度函数式为 $R(x,y)=[A(x) \wedge B(x)] \vee (1-A(x))$。

给定一个模糊关系 R,就决定了一个模糊变换,利用模糊关系的合成有如下推理规则。

(1) 已知模糊蕴涵关系 $A \to B$ 的模糊关系 R,对于给定的 A',$A' \in X$,则可推出结论 B',$B' \in Y$,$B' = A' \circ R$,其中"$\circ$"表示合成运算。即当 Y 为有限论域时,

$$B'(y) = \vee \{A'(x) \wedge [A(x) \wedge B(y) \vee (1-A(x))]\} \tag{5-23}$$

(2) 已知模糊蕴涵关系 $A \to B$ 的模糊关系 R,对于给定的 B',$B' \in Y$,则可推出结论 A',$A' \in X$,$A' = R \circ B'$,其中"$\circ$"表示合成运算。即当 X 为有限论域时,

$$A'(x) = \vee \{[A(x) \wedge B(y) \vee (1-A(x))] \wedge B'(y)\} \tag{5-24}$$

2. Mamdani 推理方法

Mamdani 的推理方法本质上是一种 CRI 法,只是 Mamdani 把模糊蕴涵关系 $A \to B$ 用

A 和 B 的笛卡儿积表示，即 $R=A\rightarrow B=A\times B$，也可写为 $R(x,y)=A(x)\times B(y)$。

已知模糊蕴涵关系 $A\rightarrow B$ 的模糊关系 R，对于给定的 A'，$A'\in X$，则可推出结论 B'，$B'\in Y$，$B'=A'\circ R$，其中"$\circ$"表示合成运算。即当 Y 为有限论域时，

$$B'(y)=\vee\{A'(x)\wedge[A(x)\wedge B(y)]\} \tag{5-25}$$

或者使用隶属度函数表示为

$$\begin{aligned}\mu_{B'}(y)&=\vee\{\mu_{A'}(x)\wedge[\mu_A(x)\wedge\mu_B(y)]\}\\&=\vee\{\mu_{A'}(x)\wedge\mu_A(x)\}\wedge\mu_B(y)\\&=\alpha\wedge\mu_B(y)\end{aligned} \tag{5-26}$$

其中，$\alpha=\vee\{\mu_{A'}(x)\wedge\mu_A(x)\}$，是模糊集 A'与 A 交集的高度，如图 5-19 所示。也可表示为 $\alpha=H(A'\cap A)$，α 可以看成是 A'对 A 的适配程度。

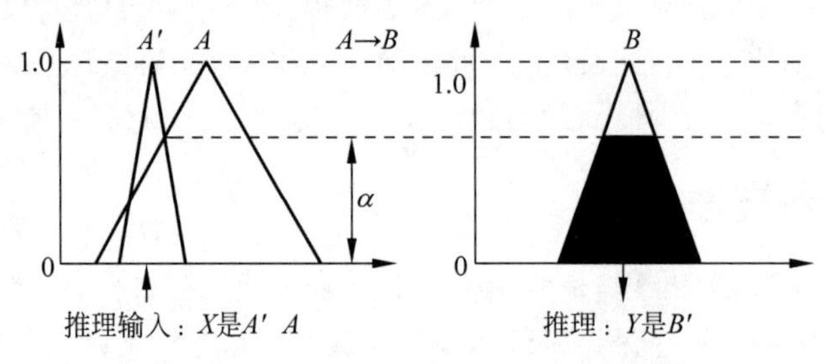

图 5-19　$\alpha=\vee\{\mu_{A'}(x)\wedge\mu_A(x)\}$的图示

根据 Mamdani 推理方法，结论可用此适配度与模糊集合进行模糊与，即取小运算(min)而得到。在图形上就是用基准去切割 B，便可得到推论结果，所以这种方法经常又形象地称为削顶法。

已知模糊蕴涵关系 $A\rightarrow B$ 的模糊关系 R，对于给定的 B'，$B'\in Y$，则可推出结论 A'，$A'\in X$，$A'=R\circ B'$，其中"$\circ$"表示合成运算。即当 X 为有限论域时，$A'(x)=\vee\{[A(x)\wedge B(y)]\wedge B'(y)\}$，或者使用隶属度函数表示为

$$\mu_{A'}=\vee\{[\mu A(x)\wedge B(y)]\wedge B'(y)\} \tag{5-27}$$

例 14：设 $A\in X$，$B\in Y$，$A=$数量多，$B=$质量大。论域 X(数量)$=\{0,2,4,6,8,10\}$，$\mu_A(x)=\frac{0}{0}+\frac{0.1}{2}+\frac{0.3}{4}+\frac{0.6}{6}+\frac{0.9}{8}+\frac{1}{10}$，$Y$(质量)$=\{0,1,2,3,4,5,6,7\}$，$\mu_B(y)=\frac{0}{0}+\frac{0.1}{1}+\frac{0.2}{2}+\frac{0.4}{3}+\frac{0.6}{4}+\frac{0.8}{5}+\frac{0.9}{6}+\frac{1}{7}$。"若 A 则 B"(若数量多，则质量大)为推论的大前提，给出模糊关系 $R=A\rightarrow B$。使用 Mamdani 推理方法推导出给定 A'，$\mu_{A'}(x)=\frac{0}{0}+\frac{0.2}{2}+\frac{0.5}{4}+\frac{0.8}{6}+\frac{1}{8}+\frac{0.8}{10}$，在"数量较多"情况下的结论 B' ("质量较大")。

由式 $\alpha=\vee\{\mu_{A'}(x)\wedge\mu_A(x)\}$，先求出 A'对 A 的适配度为

$$\begin{aligned}\alpha&=\vee\left\{\frac{0\wedge 0}{0}+\frac{0.1\wedge 0.2}{2}+\frac{0.3\wedge 0.5}{4}+\frac{0.6\wedge 0.8}{6}+\frac{0.9\wedge 1}{8}+\frac{1\wedge 0.8}{10}\right\}\\&=\vee\left\{\frac{0}{0}+\frac{0.1}{2}+\frac{0.3}{4}+\frac{0.6}{6}+\frac{0.9}{8}+\frac{0.8}{10}\right\}\\&=0.9\end{aligned}$$

然后用 α 切割 B 的隶属度函数：

$$\begin{aligned}\mu_{B'}(y) &= \alpha \wedge \mu_B(y)\\ &= 0.9 \wedge \left(\frac{0}{0}+\frac{0.1}{1}+\frac{0.2}{2}+\frac{0.4}{3}+\frac{0.6}{4}+\frac{0.8}{5}+\frac{0.9}{6}+\frac{1}{7}\right)\\ &= 0.9 \wedge \left(\frac{0}{0}+\frac{0.1}{1}+\frac{0.2}{2}+\frac{0.4}{3}+\frac{0.6}{4}+\frac{0.8}{5}+\frac{0.9}{6}+\frac{1}{7}\right)\\ &= \frac{0}{0}+\frac{0.1}{1}+\frac{0.2}{2}+\frac{0.4}{3}+\frac{0.6}{4}+\frac{0.8}{5}+\frac{0.9}{6}+\frac{0.9}{7}\end{aligned}$$

3. 多输入模糊推理方法

已知推理大前提的条件为“if A and B then C”，$A \in F(x)$，$B \in F(y)$，$C \in F(z)$，模糊蕴涵关系为

$$R = A \times B \times C = (A \times B) \to C \tag{5-28}$$

或

$$R(x, y, z) = A(x) \wedge B(y) \wedge C(z)$$

当已知输入 A'、B'，小前提为 A' 且 B'，则可推出 C'

$$C' = (A' \times B') \circ R \tag{5-29}$$

其中，$A' = F(x)$，$B' = F(y)$，$C' = F(z)$。即

$$C' = (A' \times B') \circ [(A \times B) \to C] \tag{5-30}$$

例 15：以模糊自动洗衣机为例，已知泥污量适中为 $\boldsymbol{A}$，$\mu_A(x) = \frac{0.3}{1}+\frac{1}{2}+\frac{0.5}{4}$，油脂量适中为 $\boldsymbol{B}$，$\mu_B(y) = \frac{0.2}{1}+\frac{1}{2}+\frac{0.7}{3}$，洗涤时间适中为 $\boldsymbol{C}$，$\mu_C(z) = \frac{0.3}{3}+\frac{1}{6}+\frac{0.7}{9}$。

已知泥污量多为 $\boldsymbol{A}'$，$\mu_{A'}(x) = \frac{0.1}{1}+\frac{0.6}{2}+\frac{0.9}{3}$，油脂量多为 $\boldsymbol{B}'$，$\mu_{B'}(y) = \frac{0.1}{1}+\frac{0.7}{2}+\frac{1}{3}$，求泥污量大且油脂量多的情况下，洗涤时间长 $\boldsymbol{C}'$。

由于 $\boldsymbol{R} = \boldsymbol{A} \times \boldsymbol{B} \times \boldsymbol{C} = (\boldsymbol{A} \times \boldsymbol{B}) \to \boldsymbol{C}$，则

$$\boldsymbol{R}_1 = \boldsymbol{A} \times \boldsymbol{B} = \begin{bmatrix}0.3\\1\\0.5\end{bmatrix} \cdot [0.2 \quad 1 \quad 0.7] = \begin{bmatrix}0.2 & 0.3 & 0.3\\0.2 & 1 & 0.7\\0.2 & 0.5 & 0.5\end{bmatrix}$$

把 $\boldsymbol{R}_1$ 写成列向量的形式，即

$$\boldsymbol{R}_1^{\mathrm{T}} = \begin{bmatrix}0.2\\0.3\\0.3\\0.2\\1\\0.7\\0.2\\0.5\\0.5\end{bmatrix}$$

$$R=R_1^{\mathrm{T}}\times C=R_1^{\mathrm{T}}\times[0.3\quad 1\quad 0.7]=\begin{bmatrix}0.2\\0.3\\0.3\\0.2\\1\\0.7\\0.2\\0.5\\0.5\end{bmatrix}\cdot[0.3\quad 1\quad 0.7]=\begin{bmatrix}0.2&0.2&0.2\\0.3&0.3&0.3\\0.3&0.3&0.3\\0.2&0.2&0.2\\0.3&1&0.7\\0.3&0.7&0.7\\0.2&0.2&0.2\\0.3&0.5&0.5\\0.3&0.5&0.5\end{bmatrix}$$

由于 $C'=(A'\times B')\circ R$,令 $R_2=A'\times B'$,则

$$R_2=\begin{bmatrix}0.1\\0.6\\0.9\end{bmatrix}\cdot[0.1\quad 0.7\quad 1]=\begin{bmatrix}0.1&0.1&0.1\\0.1&0.6&0.6\\0.1&0.7&0.9\end{bmatrix}$$

把 R_2 写成行向量的形式,即 $R_2^{\mathrm{T}}=[0.1\quad 0.1\quad 0.1\quad 0.1\quad 0.6\quad 0.6\quad 0.1\quad 0.7\quad 0.9]$,则
$C'=(A'\times B')\circ R=R_2^{\mathrm{T}}$

$$=[0.1\quad 0.1\quad 0.1\quad 0.1\quad 0.6\quad 0.6\quad 0.1\quad 0.7\quad 0.9]\circ\begin{bmatrix}0.2&0.2&0.2\\0.3&0.3&0.3\\0.3&0.3&0.3\\0.2&0.2&0.2\\0.3&1&0.7\\0.3&0.7&0.7\\0.2&0.2&0.2\\0.3&0.5&0.5\\0.3&0.5&0.5\end{bmatrix}$$

$$=[0.3\quad 0.6\quad 0.7]$$

或

$$C'=\frac{0.3}{3}+\frac{0.6}{6}+\frac{0.7}{9}。$$

用图形方式来说明两输入推理法过程:

大前提(规则)	若 A 且 B,则 C
小前提(已知)	若 A' 且 B'
结论	$C'=(A'\times B')\circ[(A\times B)\rightarrow C]$

其中,$A\in F(x)$,$B\in F(y)$,$C\in F(z)$。

对于多维模糊条件语句 R: if A and B then C,可分解为 R': if A then C,并且 R'': if B then C,则由 R 作近似推理的结论 C' 等于 R' 和 R'' 的"交"运算,$C'=R'\wedge R''$,即

$$C'=A'\circ(A\times C)\cap B'\circ(B\times C)$$

其隶属度函数为

$$\mu_{C'}(z)=\bigvee_{x\in X}\{\mu_{A'}(x)\wedge[\mu_A(x)\wedge\mu_C(z)]\}\cap\bigvee_{y\in Y}\{\mu_{B'}(y)\wedge[\mu_A(y)\wedge\mu_C(z)]\}$$

$$=\bigvee_{x\in X}\{\mu_{A'}(x)\wedge\mu_A(x)\}\wedge\mu_C(z)\cap\bigvee_{y\in Y}\{\mu_{B'}(y)\wedge\mu_A(y)\}\wedge\mu_C(z)$$

$$=(\alpha_A\wedge\mu_C(z))\cap(\alpha_B\wedge\mu_C(z))$$

$$=(\alpha_A\wedge\alpha_B)\wedge\mu_C(z)$$

这在 Mamdani 推理削顶法中的几何意义是，像单输入情况一样，分别求出 A' 对 A、B' 对 B 的隶属度 α_A 和 α_B，并取这两个之中小的一个值作为总的模糊推理前件的隶属度，再以此为基准去切割推理后件的隶属度函数，便得到结论 C^*，推理过程如图 5-20 所示。

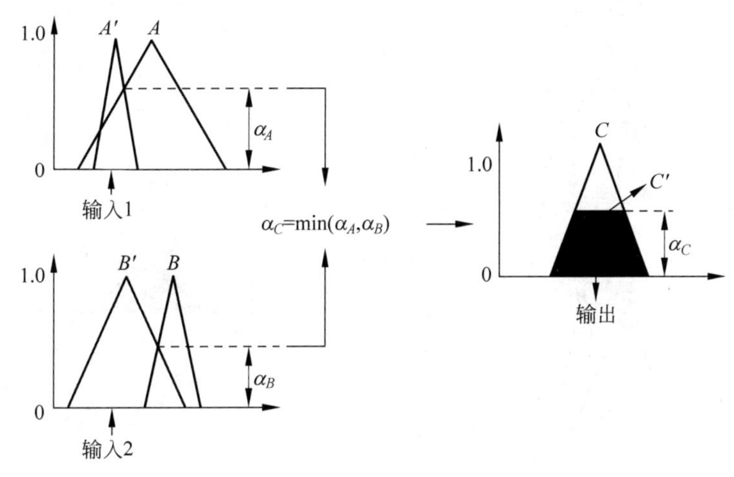

图 5-20 二维输入 Mamdani 推理过程

4. 多输入多规则推理方法

以两输入的多规则为例，其形式为

	若 A_1 且 B_1，则 C_1，否则
大前提(规则)	若 A_2 且 B_2，则 C_2，否则
	⋮
	若 A_n 且 B_n，则 C_n，否则
小前提(已知)	若 A' 且 B'
结论	C'

其中，A_i 和 A'、B_i 和 B'、C_i 和 C' 分别是不同论域 X、Y、Z 的模糊集合，"否则"表示"或"运算，可写为并集形式

$$C'=(A'\times B')\circ\{[(A_1\times B_1)\to C_1]\cup\cdots\cup[(A_n\times B_n)\to C_n]\}\tag{5-31}$$

其中，$C_i'=(A'\times B')\circ[(A_i\times B_i)\to C_i]=[A'\circ(A_i\to C_i)]\cap[B'\circ(B_i\to C_i)]$，其中 $i=1,2,\cdots,n$。

其隶属度函数为

$$\mu_{C_i}(z)=\bigvee_{x\in X}\{\mu_{A'}(x)\wedge[\mu_{A_i}(x)\wedge\mu_{C_i}(z)]\}\cap\bigvee_{y\in Y}\{\mu_{B'}(y)\wedge[\mu_{B_i}(y)\wedge\mu_{C_i}(z)]\}$$

$$=\bigvee_{x\in X}[\mu_{A'}(x)\wedge\mu_{A_i}(x)]\wedge\mu_{C_i}(z)\cap\bigvee_{y\in Y}[\mu_{B'}(y)\wedge\mu_{B_i}(y)]\wedge\mu_{C_i}(z)$$

$$=(\alpha_{A_i} \wedge \mu_{C_i}(z)) \cap (\alpha_{B_i} \wedge \mu_{C_i}(z))$$

$$=(\alpha_{A_i} \wedge \alpha_{B_i}) \wedge \mu_{C_i}(z)), \text{其中 } i=1,2,\cdots,n。 \tag{5-32}$$

如果有两条二维输入规则,则得到两个结论

$$R_1: \mu_{C'_1}(Z)=\alpha_{A_1} \wedge \alpha_{B_1} \wedge \mu_{C_1}(z) \tag{5-33}$$

$$R_2: \mu_{C'_2}(Z)=\alpha_{A_2} \wedge \alpha_{B_2} \wedge \mu_{C_2}(z) \tag{5-34}$$

则

$$C'=C'_1 \cup C'_2 \tag{5-35}$$

即分别从不同的规则得到两个结论,再对所有的结论进行并运算,便得到总的推理结论,其推理过程可用图 5-21 来表示。

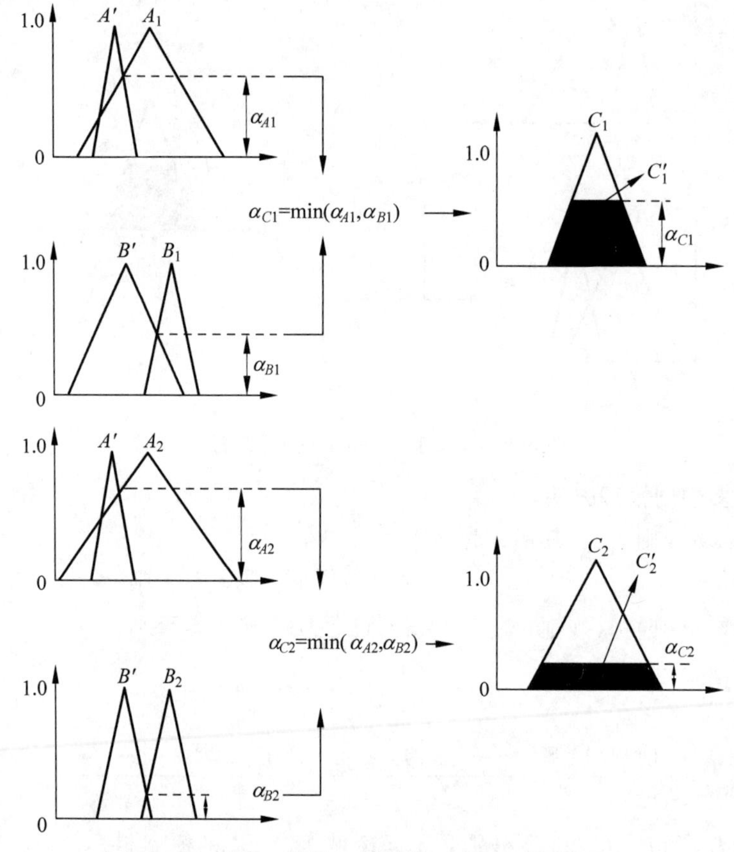

图 5-21 两条二维输入规则的 Mamdani 推理过程

对于多输入多规则的模糊推理,可依据具体任务的先前提,对大前提中每条模糊条件语句分别进行推理,并将其结果综合成最终推理结果的模糊推理方法,即

$$\mu_{C'_i}(z)=\bigvee_{x \in X}\{\mu_{A'}(x) \wedge [\mu_{A_i}(x) \wedge \mu_{C_i}(z)]\} \cap \bigvee_{y \in Y}\{\mu_{B'}(y) \wedge [\mu_{B_i}(y) \wedge \mu_{C_i}(z)]\} \tag{5-36}$$

可改写为

$$\mu_{C'_i}(z)=\alpha_{A_i}\alpha_{B_i}\alpha_{C_i} \quad i=1,2,\cdots,n \tag{5-37}$$

模糊推理时,依赖的规则,就是模糊规则,一般是“if,then”“如果,就是”的形式。

将输入的模糊集合，通过一定的运算对应到特定的输出模糊集，这个计算过程就是模糊推理。将输入转换为输出，其过程模块包括模糊规则库、模糊化、推理方法、去模糊化，如图 5-22 所示。

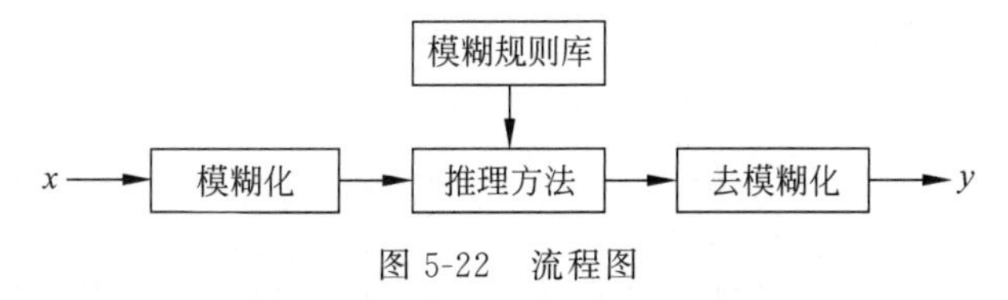

图 5-22　流程图

模糊化：根据隶属度函数从具体的输入得到对模糊集隶属度的过程。

推理方法：从模糊规则和输入对相关模糊集的隶属度得到模糊结论的方法。

去模糊化：将模糊结论转换为具体的、精确的输出的过程。

其计算流程大致如下：

输入(采集数据)→模糊化(分段函数、分布函数，得到隶属度模糊集(特征数据))→规则库＋推理方法→模糊结论→去模糊化

普通模糊计算的缺点：模糊规则的专家库设计，目前需要人类的专家来设计，且无演化能力。

优点：推理能力强，能够模拟人脑的非线性、非精确的信息处理能力。

5.6　数据聚类——模糊聚类

5.6.1　模糊聚类的应用背景

模式识别是一门研究对象描述和分类方法的学科。但在实际应用中，数据分布性质不好，致使模式分类时无法精确地定义“规律”或“结构”，而“模糊”的性质对解决该问题提供了思路。伴随着模糊集理论的形成、发展和深化，RusPini 率先提出模糊划分的概念。以此为起点和基础，模糊聚类理论和方法迅速蓬勃发展起来。针对不同的应用，人们提出了很多模糊聚类算法。模糊聚类分析按照聚类过程的不同大致可以分为以下三类。

(1) 基于模糊关系的分类法：其中包括谱系聚类算法(又称系统聚类法)、基于等价关系的聚类算法、基于相似关系的聚类算法和图论聚类算法等。它是研究比较早的一种方法，但是它不能适用于大数据量的情况。

(2) 基于目标函数的模糊聚类算法：该方法把聚类分析归结成一个带约束的非线性规划问题，通过优化求解获得数据集的最优模糊划分和聚类。该方法设计简单，解决问题的范围广，还可以转换为优化问题而借助经典数学的非线性规划理论求解，并易于使用计算机实现。因此，随着计算机的应用和发展，基于目标函数的模糊聚类算法成为新的研究热点。

(3) 基于神经网络的模糊聚类算法：它是兴起比较晚的一种算法，主要是采用竞争学习算法来指导网络的聚类过程。

5.6.2　基于 MATLAB 的 GUI 工具的模糊算法构建——数据模糊化

首先对表 1-2 给定的数据进行分析。很明显，这是一个 3 输入 1 输出系统，3 个输入变量分别为 A、B、C。分别对 3 个输入变量确定各自的输入/输出关系，如表 5-4 所示。

表 5-4 输入与输出的关系表

A	B	C	输 出
864.45～1449.58	1641.58～2031.66	2665.9～3405.12	1
2063.54～2949.16	2557.04～3340.14	535.62～1984.98	2
1571.17～1845.59	1575.78～1918.81	1514.98～2396	3
104.8～499.85	3059.54～377.95	2002.33～2462.9	4

1. 输入模糊化

为了更为明确地观察输入和输出的关系，将给定的数据关系利用 MATLAB 工具转换为图形关系，从而得出关系图，然后对 A、B、C 三个变量用模糊化的语言描述。

利用 MATLAB 画出变量 A 与输出的关系图，如图 5-23 所示。

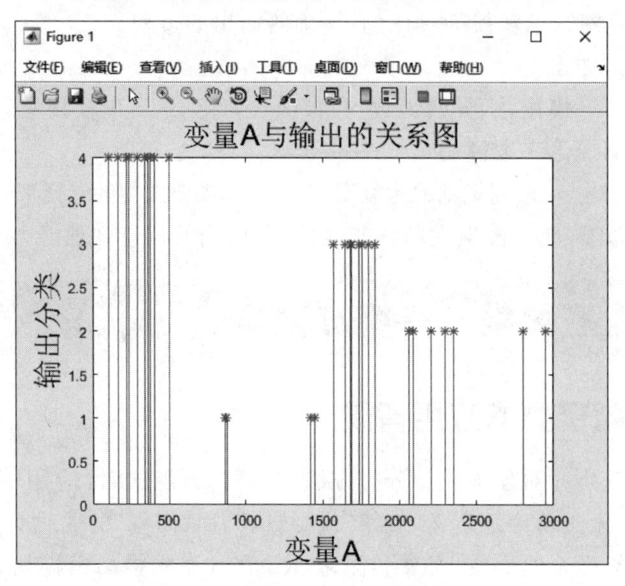

图 5-23 变量 A 与输出的关系图

程序代码如下：

```
data = [1739.94  1675.15  2395.96 3
373.3      3087.05     2429.47 4
1756.77    1652        1514.98 3
864.45     1647.31     2665.9 1
222.85     3059.54     2002.33 4
877.88     2031.66     3071.18 1
1803.58    1583.12     2163.05 3
2352.12    2557.04     1411.53 2
401.3      3259.94     2150.98 4
363.34     3477.95     2462.86 4
1571.17    1731.04     1735.33 3
104.8      3389.83     2421.83 4
499.85     3305.75     2196.22 4
2297.28    3340.14     535.62 2
2092.62    3177.21     584.32 2
1418.79    1775.89     2772.9 1
1845.59    1918.81     2226.49 3
```

```
2205.36     3243.74     1202.69 2
2949.16     3244.44     662.42 2
1692.62     1867.5      2108.97 3
1680.67     1575.78     1725.1 3
2802.88     3017.11     1984.98 2
172.78      3084.49     2328.65 4
2063.54     3199.76     1257.21 2
1449.58     641.58      3405.12 1
1651.52     1713.28     1570.38 3
341.59      3076.62     2438.63 4
291.02      3095.68     2088.95 4
237.63      3077.78     2251.96 4
];
stem(data(:,1),data(:,4),'*','r');                    %绘制输入输出的二维杆图
title('变量 A 与输出的关系图');
xlabel('变量 A');
ylabel('输出分类');
```

从输入和输出的关系图中,可以看出,可将 A 模糊化为 4 种状态,分别为小、偏小、偏大、大,从而完成对输入 A 的模糊化。

同理,利用 MATLAB 画出变量 B 与输出的关系图,以及变量 C 与输出的关系图,结果如图 5-24 所示。

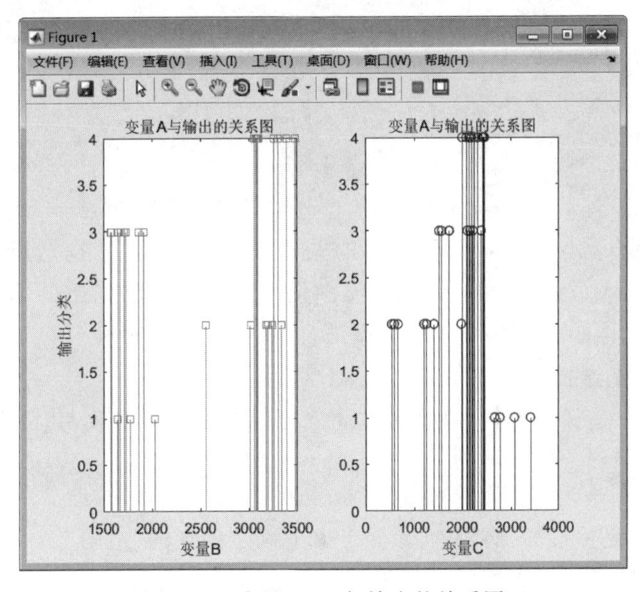

图 5-24 变量 B、C 与输出的关系图

程序代码如下:

```
data = [1739.94    1675.15     2395.96 3
373.3       3087.05     2429.47 4
1756.77     1652        1514.98 3
864.45      1647.31     2665.9 1
222.85      3059.54     2002.33 4
877.88      2031.66     3071.18 1
1803.58     1583.12     2163.05 3
2352.12     2557.04     1411.53 2
401.3       3259.94     2150.98 4
```

```
363.34      3477.95     2462.86 4
1571.17     1731.04     1735.33 3
104.8       3389.83     2421.83 4
499.85      3305.75     2196.22 4
2297.28     3340.14     535.62 2
2092.62     3177.21     584.32 2
1418.79     1775.89     2772.9 1
1845.59     1918.81     2226.49 3
2205.36     3243.74     1202.69 2
2949.16     3244.44     662.42 2
1692.62     1867.5      2108.97 3
1680.67     1575.78     1725.1 3
2802.88     3017.11     1984.98 2
172.78      3084.49     2328.65 4
2063.54     3199.76     1257.21 2
1449.58     1641.58     3405.12 1
1651.52     1713.28     1570.38 3
341.59      3076.62     2438.63 4
291.02      3095.68     2088.95 4
237.63      3077.78     2251.96 4
];
subplot(1,2,1);             (生成1*2个子图,当前激活第一个子图)
stem(data(:,2),data(:,4),'g','s');
title('变量A与输出的关系图');
xlabel('变量B');
ylabel('输出分类');
subplot(1,2,2);
stem(data(:,3),data(:,4),'b','o');
title('变量A与输出的关系图');
xlabel('变量C');
ylabel('输出分类');
```

从图5-24中可以看出,输入B和输出的关系不是非常明显,在这里试将B模糊化为小、中、大3种状态,从而完成对输入B的模糊化;而输入C和输出的关系相对明朗,在此时将C模糊化为小、偏小、偏大、大4个模糊语言,从而完成了对输入C的模糊化。

2. 隶属度函数的选择

隶属度函数可以是任意形状的曲线,在此选择梯形隶属度函数,其格式如下:

```
y = trapmf(x,[a b c d])
```

其中,参数a和d确定梯形的"脚";而参数b和c确定梯形的"肩膀"。

各输入信号隶属度函数参数的选择如下:

```
A:  small    [0 0 499 864]
    psmall   [499 864 1450 1571]
    pbig     [1450 1571 1846 2064]
    big      [1846 2064 3000 3000]
B:  small    [1400 1400 2032 2557]
    mid      [2032 2557 3017 3060]
    big      [3017 3060 3500 3500]
C:  small    [0 350 1412 1515]
    psmall   [1412 1515 1735 2002]
    pbig     [1735 2002 2463 2666]
    big:     [2463 2666 3500 3500]
```

3. 模糊规则的建立

```
A(偏小)and B(小)and C (大),输出为 1
A(大) and B(大)and C (小),输出为 2
A(大) and B(中)and C (小),输出为 2
A(偏大)and B(小)and C(偏小),输出为 3
A(偏大)and B(小)and C(偏大),输出为 3
A(小) and B(大)and C(偏大),输出为 4
```

5.6.3　基于 MATLAB 的 GUI 工具的模糊算法构建——FIS 实现

首先在 FIS 界面设置模糊运算方式,选择结果如图 5-25 所示。

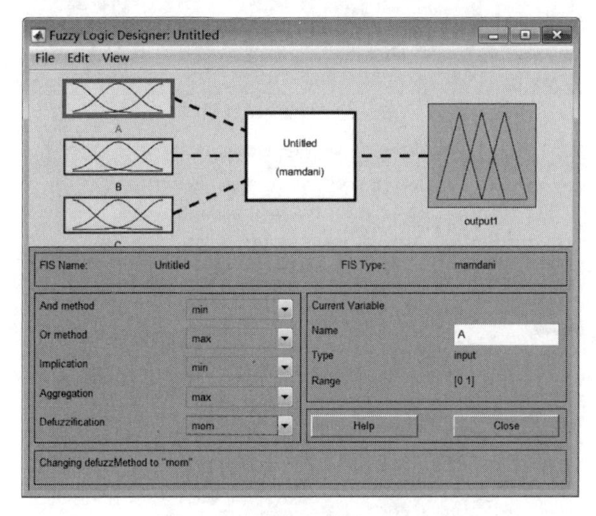

图 5-25　模糊运算方式选择

其中,解模糊选择 MOM 方式。然后编辑输入变量和输出变量的隶属度函数,如图 5-26 所示。

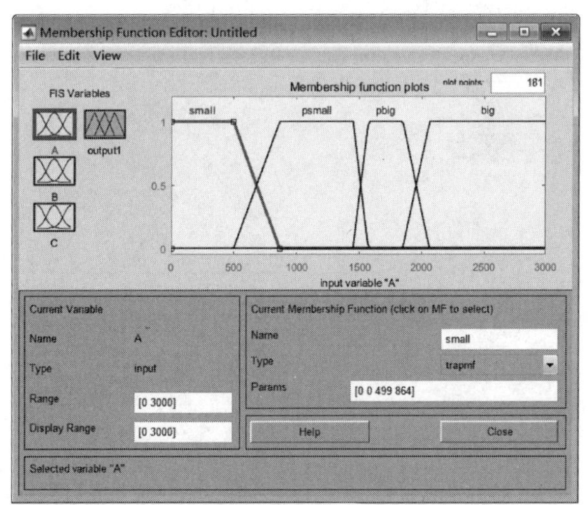

(a) 输入变量A的隶属度函数

图 5-26　输入变量和输出变量的隶属度函数

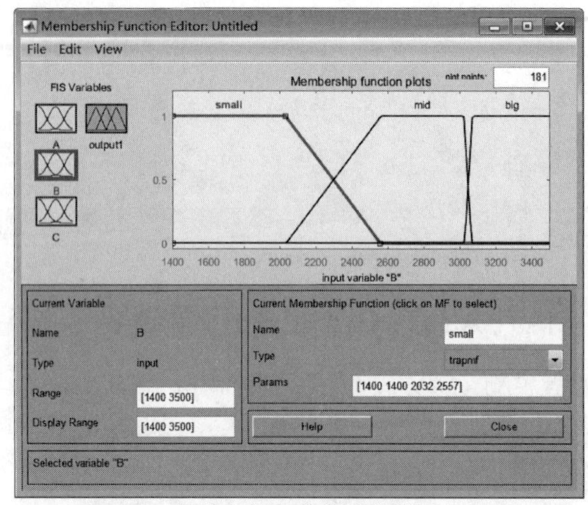

(b) 输入变量B的隶属度函数

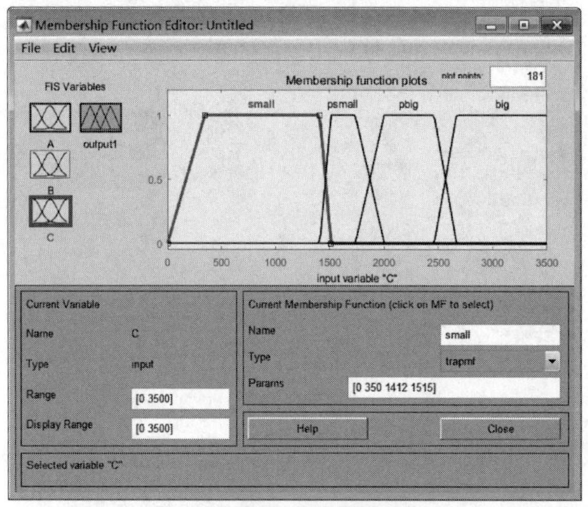

(c) 输入变量C的隶属度函数

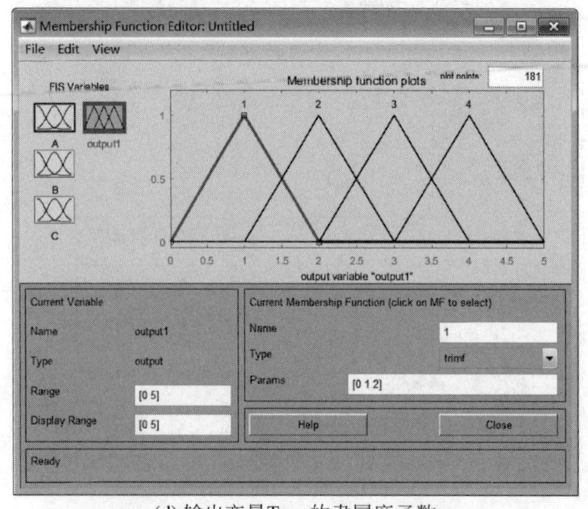

(d) 输出变量Type的隶属度函数

图 5-26 (续)

输入模糊规则表,如图 5-27 所示。

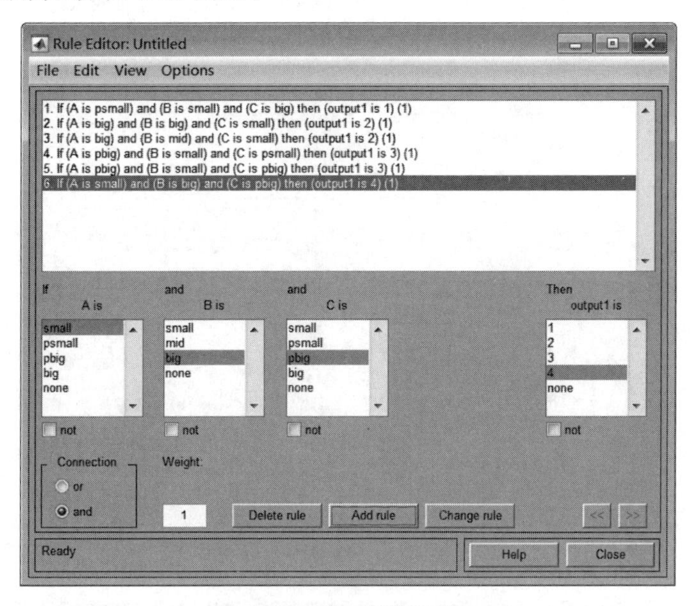

图 5-27 输入模糊规则表

此时,用户可以从输出曲面观测器中观测整个论域上输出变量与输入变量的关系。图 5-28 所示为输入变量 A、B 与输出变量间的关系图。

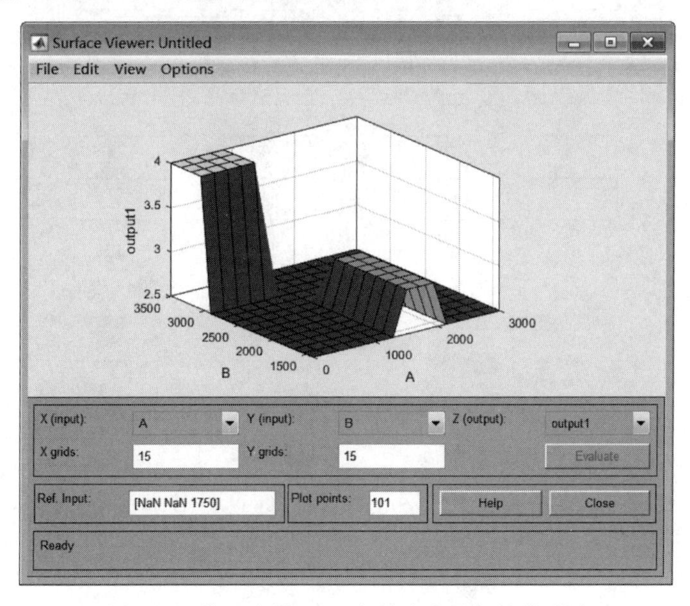

图 5-28 输入变量 A、B 与输出变量间的关系图

至此模糊分类系统设计完成。

5.6.4 模糊聚类的结果分析

打开规则观测器,如图 5-29 所示。

在 Input 文本框输入样本,即可从输出端口得到相应的分类结果,如图 5-30 所示。

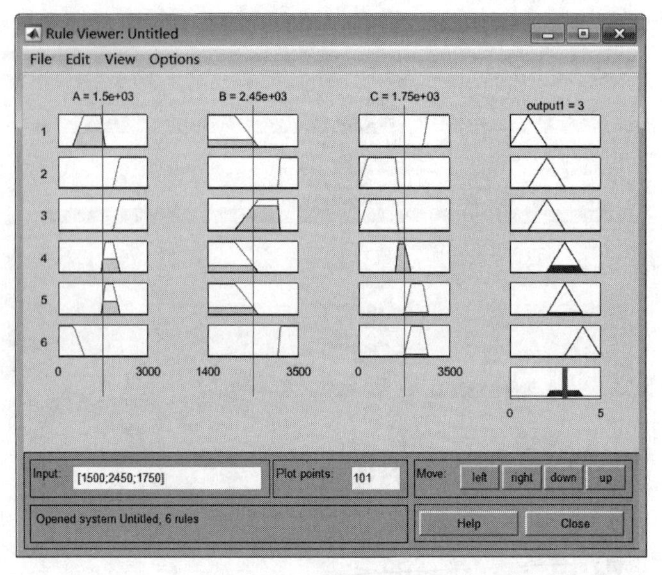

图 5-29　规则观测器

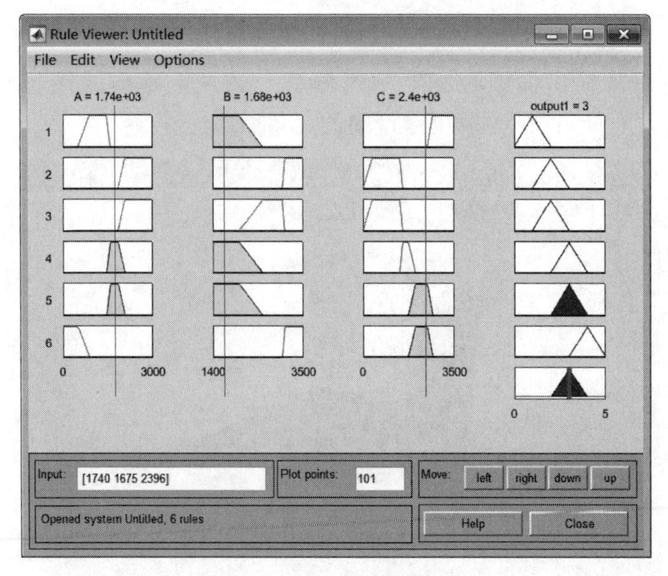

图 5-30　测试数据窗口

输入样本数据[1739.94 1675.15 2395.96]后，即可得分类值 3。按照上述方法测试数据，结果如表 5-5 所示。

表 5-5　模糊系统分类结果

序　号	A	B	C	目标分类结果	模糊分类系统测试结果
1	1739.94	1675.15	2395.96	3	3
2	373.3	3087.05	2429.47	4	4
3	1756.77	1652	1514.98	3	3
4	864.45	1647.31	2665.9	1	1
5	222.85	3059.54	2002.33	4	4

续表

序　　号	A	B	C	目标分类结果	模糊分类系统测试结果
6	877.88	2031.66	3071.18	1	1
7	1803.58	1583.12	2163.05	3	3
8	2352.12	2557.04	1411.53	2	2
9	401.3	3259.94	2150.98	4	4
10	363.34	3477.95	2462.86	4	4
11	1571.17	1731.04	1735.33	3	3
12	104.8	3389.83	2421.83	4	4
13	499.85	3305.75	2196.22	4	4
14	2297.28	3340.14	535.62	2	2
15	2092.62	3177.21	584.32	2	2
16	1418.79	1775.89	2772.9	1	1
17	1845.59	1918.81	2226.49	3	3
18	2205.36	3243.74	1202.69	2	2
19	2949.16	3244.44	662.42	2	2
20	1692.62	1867.5	2108.97	3	3
21	1680.67	1575.78	1725.1	3	3
22	2802.88	3017.11	1984.98	2	2.5
23	172.78	3084.49	2328.65	4	4
24	2063.54	3199.76	1257.21	2	2
25	1449.58	1641.58	3405.12	1	1
26	1651.52	1713.28	1570.38	3	3
27	341.59	3076.62	2438.63	4	4
28	291.02	3095.68	2088.95	4	4
29	237.63	3077.78	2251.96	4	4
30	1702.8	1639.79	2068.74		3
31	1877.93	1860.96	1975.3	—	3
32	867.81	2334.68	2535.1	—	1
33	1831.49	1713.11	1604.68	—	3
34	460.69	3274.77	2172.99	—	4
35	2374.98	3346.98	975.31	—	2
36	2271.89	3482.97	946.7	—	2
37	1783.64	1597.99	2261.31	—	3
38	198.83	3250.45	2445.08	—	4
39	1494.63	2072.59	2550.51	—	1
40	1597.03	1921.52	2126.76	—	3
41	1598.93	1921.08	1623.33	—	3
42	1243.13	1814.07	3441.07	—	1
43	2336.31	2640.26	1599.63	—	2.5
44	354	3300.12	2373.61	—	4
45	2144.47	2501.62	591.51	—	2
46	426.31	3105.29	2057.8	—	4

续表

序　号	A	B	C	目标分类结果	模糊分类系统测试结果
47	1507.13	1556.89	1954.51	—	3
48	343.07	3271.72	2036.94	—	4
49	2201.94	3196.22	935.53	—	2
50	2232.43	3077.87	1298.87	—	2
51	1580.1	1752.07	2463.04	—	3
52	1962.4	1594.97	1835.95	—	3
53	1495.18	1957.44	3498.02	—	1
54	1125.17	1594.39	2937.73	—	1
55	24.22	3447.31	2145.01	—	4
56	1269.07	1910.72	2701.97	—	1
57	1802.07	1725.81	1966.35	—	3
58	1817.36	1927.4	2328.79	—	3
59	1860.45	1782.88	1875.13	—	3

从系统的分类结果可知,错误率为1/29≈3.4%。用户可修改输入数据的隶属度函数、模糊控制规则表,进一步降低分类错误率。

5.7 数据聚类——模糊 C 均值聚类

5.7.1 模糊 C 均值聚类的应用背景

传统的聚类分析是一种硬划分(Crisp Partition),它把每个待辨识的对象严格地划分到某类中,具有“非此即彼”的性质,因此这种类别划分的界限是分明的。然而实际上大多数对象并没有严格的属性,它们在性质和类属方面存在着中介性,具有“亦此亦彼”的性质,因此适合进行软划分。Zadeh提出的模糊集理论为这种软划分提供了有力的分析工具,人们开始用模糊方法来处理聚类问题,并称为模糊聚类分析。模糊聚类得到了样本属于各个类别的不确定性程度,表达了样本类属的中介性,建立起了样本对于类别的不确定性的描述,能更客观地反映现实世界,从而成为聚类分析研究的主流。

在基于目标函数的聚类算法中模糊 C 均值(FCM,Fuzzy C—Means)类型算法的理论最为完善,应用最为广泛。模糊 C 均值是通过优化目标函数得到每个样本点对所有类中心的隶属度,从而决定样本点的类属以达到自动对样本数据进行分类的目的。是无监督机器学习的主要技术之一。相对于 K 均值算法的硬聚类,模糊 C 均值提供了更加灵活的聚类结果。模糊 C 均值定义了隶属度的概念,用于衡量某个对象对各个簇的隶属程度。因此,在模糊的数据集中使用模糊 C 均值算法可以得到更好的结果。

5.7.2 模糊 C 均值算法

1. 模糊 C 均值聚类的准则

设 $x_i(i=1,2,\cdots,n)$ 是 n 个样本组成的样本集合,c 为预定的类别数目,$\mu_j(x_i)$ 是第 i 个样本对于第 j 类的隶属度函数。用隶属度函数定义的聚类损失函数可以写为

$$J_f=\sum_{j=1}^{c}\sum_{i=1}^{n}[\mu_j(x_i)]^b \|x_i-m_j\|^2 \tag{5-38}$$

其中，$b>1$，是一个可以控制聚类结果的模糊程度的常数。

在不同的隶属度定义方法下最小化聚类损失函数，就得到不同的模糊聚类方法。其中最有代表性的是模糊 C 均值方法，它要求一个样本对于各个聚类的隶属度之和为 1，即

$$\sum_{j=1}^{c}\mu_j(x_i)=1 \quad i=1,2,\cdots,n \tag{5-39}$$

2. 模糊 *C* 均值算法步骤(算法流程图见图 5-31)

(1) 设定聚类数目 c 和加权指数 b。

J. C. Bezdek 根据经验，认为 b 取 2 最合适。

Cheung 和 Chen 从汉字识别的应用背景得出 b 的最佳取值应为 1.25～1.75。

Bezdek 和 Hathaway 等从算法收敛性角度着手，得出 b 的取值与样本数目 n 有关的结论，建议 b 的取值要大于 $n/(n-2)$。

Pal 等从聚类有效性方面的实验研究得到 b 的最佳选取区间为[1.5,2.5]，在不做特殊要求下可取区间中值 $b=2$。

(2) 初始化各个聚类中心 m_i

$$m_i=\frac{1}{N_i}\sum_{y\in\Gamma_i}y \tag{5-40}$$

式中，N_i 是第 i 聚类 Γ_i 中的样本数目。

(3) 重复下面的运算，直到各个样本的隶属度值稳定。

用当前的聚类中心根据下式计算隶属度函数：

$$\mu_j(x_i)=\frac{\left(\frac{1}{x_i}-m_j^2\right)^{\frac{1}{b-1}}}{\sum_{k=1}^{c}\left(\frac{1}{x_i}-m_k^2\right)^{\frac{1}{b-1}}} \tag{5-41}$$

用当前的隶属度函数按下式更新计算各类聚类中心：

$$m_j=\frac{\sum_{i=1}^{n}[\mu_j(x_i)]^b x_i}{\sum_{i=1}^{n}[\mu_j(x_i)]^b} \tag{5-42}$$

当模糊 C 均值算法收敛时，就得到了各类的聚类中心和各个样本对于各类的隶属度值，从而完成了模糊聚类划分。如果需要，还可以将模糊聚类结果进行解模糊，即用一定的规则把模糊聚类划分转化为确定性分类。

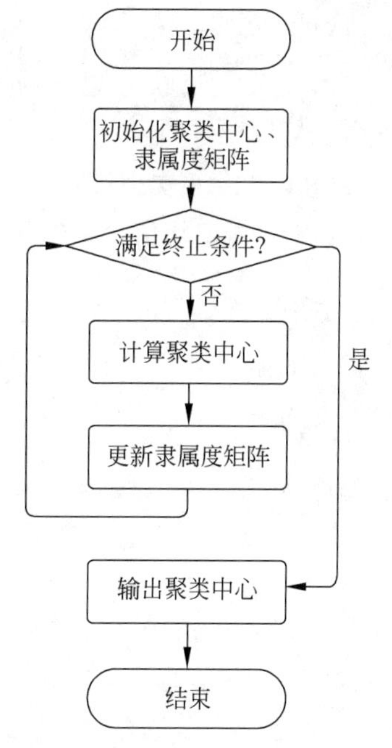

图 5-31　模糊 C 均值算法流程图

5.7.3　模糊 *C* 均值聚类的 MATLAB 实现

这里还是采用表 1-2 所示的数据。

1. MATLAB 模糊 *C* 均值数据聚类识别函数

在 MATLAB 中($b=2$)，只要直接调用如下程序即可实现模糊 C 均值聚类：

```
[Center,U,obj_fcn] = fcm(data,cluster_n)
```

其中,data:要聚类的数据集合,每一行为一个样本;cluster_n:聚类数;Center:最终的聚类中心矩阵,每一行为聚类中心的坐标值;U:最终的模糊分区矩阵;obj_fcn:在迭代过程中的目标函数值。

注意:在使用上述方法时,要根据中心坐标 Center 的特点分清楚每一类中心所代表的实际中的哪一类,然后才能准确地将待聚类的各方案准确地分为各自所属的类别;否则,就会出现张冠李戴的现象。

2. MATLAB 图形显示聚类模式

使用命令[Center,U,obj_fcn]=fcm(data,4)进行聚类后,可调用 MATLAB 图形窗口显示聚类结果,命令格式如下:

```
maxU = max(U);                          %最大隶属度
index1 = find(U(1,:) == maxU)           %找到属于第一类的点
index2 = find(U(2,:) == maxU)           %找到属于第二类的点
index3 = find(U(3,:) == maxU)           %找到属于第三类的点
index4 = find(U(4,:) == maxU)           %找到属于第四类的点
```

为了提高图形的区分度,添加如下命令:

```
line(data(index1,1),data(index1,2),data(index1,3),'linestyle','none','marker','*','color','g');
line(data(index2,1),data(index2,2),data(index2,3),'linestyle','none','marker','*','color','r');
line(data(index3,1),data(index3,2),data(index3,3),'linestyle','none','marker','+','color','b');
line(data(index4,1),data(index4,2),data(index4,3),'linestyle','none','marker','+','color','y');
```

3. MATLAB 实现模糊 *C* 均值聚类

实现模糊 *C* 均值聚类的代码如下:

```
clear all;
data = [1739.94   1675.15   2395.96
373.3      3087.05    2429.47
1756.77    1652       1514.98
864.45     1647.31    2665.9
222.85     3059.54    2002.33
877.88     2031.66    3071.18
1803.58    1583.12    2163.05
2352.12    2557.04    1411.53
401.3      3259.94    2150.98
363.34     3477.95    2462.86
1571.17    1731.04    1735.33
104.8      3389.83    2421.83
499.85     3305.75    2196.22
2297.28    3340.14    535.62
2092.62    3177.21    584.32
1418.79    1775.89    2772.9
1845.59    1918.81    2226.49
2205.36    3243.74    1202.69
2949.16    3244.44    662.42
1692.62    1867.5     2108.97
1680.67    1575.78    1725.1
2802.88    3017.11    1984.98
172.78     3084.49    2328.65
2063.54    3199.76    1257.21
```

```
1449.58      1641.58      3405.12
1651.52      1713.28      1570.38
341.59       3076.62      2438.63
291.02       3095.68      2088.95
237.63       3077.78      2251.96
1702.8       1639.79      2068.74
1877.93      1860.96      1975.3
867.81       2334.68      2535.1
1831.49      1713.11      1604.68
460.69       3274.77      2172.99
2374.98      3346.98      975.31
2271.89      3482.97      946.7
1783.64      1597.99      2261.31
198.83       3250.45      2445.08
1494.63      2072.59      2550.51
1597.03      1921.52      2126.76
1598.93      1921.08      1623.33
1243.13      1814.07      3441.07
2336.31      2640.26      1599.63
354          3300.12      2373.61
2144.47      2501.62      591.51
426.31       3105.29      2057.8
1507.13      1556.89      1954.51
343.07       3271.72      2036.94
2201.94      3196.22      935.53
2232.43      3077.87      1298.87
1580.1       1752.07      2463.04
1962.4       1594.97      1835.95
1495.18      1957.44      3498.02
1125.17      1594.39      2937.73
24.22        3447.31      2145.01
1269.07      1910.72      2701.97
1802.07      1725.81      1966.35
1817.36      1927.4       2328.79
1860.45      1782.88      1875.13
];
[center,U,obj_fcn] = fcm(data,4);
plot3(data(:,1),data(:,2),data(:,3),'o');
grid;
maxU = max(U);
index1 = find(U(1,:) == maxU)
index2 = find(U(2,:) == maxU)
index3 = find(U(3,:) == maxU)
index4 = find(U(4,:) == maxU)
line(data(index1,1),data(index1,2),data(index1,3),'linestyle','none','marker','*','color','g');
line(data(index2,1),data(index2,2),data(index2,3),'linestyle','none','marker','*','color','r');
line(data(index3,1),data(index3,2),data(index3,3),'linestyle','none','marker','+','color','b');
line(data(index4,1),data(index4,2),data(index4,3),'linestyle','none','marker','+','color','y');
title('模糊C均值聚类分析图');
xlabel('第一特征坐标');
ylabel('第二特征坐标');
zlabel('第三特征坐标');
```

5.7.4 模糊 C 均值聚类的结果分析

运行 MATLAB 程序，数据的模糊 C 均值聚类分析数据如下：

```
Iteration count = 1, obj. fcn = 28484303.583307
Iteration count = 2, obj. fcn = 22894174.219903
Iteration count = 3, obj. fcn = 22492974.034424
Iteration count = 4, obj. fcn = 20879539.602697
Iteration count = 5, obj. fcn = 14444987.068964
Iteration count = 6, obj. fcn = 8322567.664727
Iteration count = 7, obj. fcn = 7551351.839018
Iteration count = 8, obj. fcn = 7439273.677928
Iteration count = 9, obj. fcn = 7421451.003657
Iteration count = 10, obj. fcn = 7417960.721127
Iteration count = 11, obj. fcn = 7417133.213718
Iteration count = 12, obj. fcn = 7416918.432660
Iteration count = 13, obj. fcn = 7416860.845351
Iteration count = 14, obj. fcn = 7416845.240472
Iteration count = 15, obj. fcn = 7416840.997724
Iteration count = 16, obj. fcn = 7416839.842995
Iteration count = 17, obj. fcn = 7416839.528623
Iteration count = 18, obj. fcn = 7416839.443030
Iteration count = 19, obj. fcn = 7416839.419726
Iteration count = 20, obj. fcn = 7416839.413381
Iteration count = 21, obj. fcn = 7416839.411653
Iteration count = 22, obj. fcn = 7416839.411183
Iteration count = 23, obj. fcn = 7416839.411055
Iteration count = 24, obj. fcn = 7416839.411020
Iteration count = 25, obj. fcn = 7416839.411010
index1 =
4  6  16  25  32  39  42  53  54  56
index2 =
2  5  9  10  12  13  23  27  28  29  34  38  44  46  48  55
index3 =
8  14  15  18  19  22  24  35  36  43  45  49  50
index4 =
1  3  7  11  17  20  21  26  30  31  33  37  40  41  47  51  52  57
58  59
```

分类结果图如图 5-32 所示。

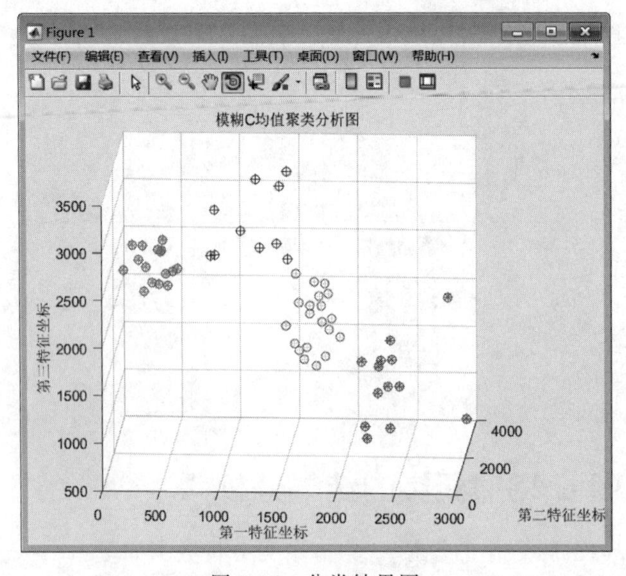

图 5-32　分类结果图

经过对比发现，用模糊 C 均值进行聚类分析的分类结果与给定结果完全吻合。

5.8 数据聚类——模糊 ISODATA 聚类

5.8.1 模糊 ISODATA 聚类的应用背景

G. H. Ball 与 D. J. Hall 于 1965 年提出的 ISODATA 算法是一个通过逐步修改聚类中心的个数与位置来达到分类目的的集群算法，后来不断有人提出它的各种改进算法，其中包括 Ball 和 Hall 1967 年提出的改进算法、CLASS、Asp 等。1974 年 J. C. Dunn 首次提出应用模糊数学判据的 ISODATA 集群算法——模糊 ISODATA。算法通过每个样本点对各类的隶属度矩阵表示分类结果，通过不断修改聚类中心的位置来进行分类。1976 年 J. C. Bezdek 把 Dunn 的方法推广到更一般的情形，并得到了一些有益的结论，其中包括新的判据，隶属度函数与聚类中心的计算公式。Bezdek 于 1979 年用 W. Zangwill 的理论证明了模糊 ISODATA 的收敛性。该方法已在行星跟踪系统、心脏病分析和天气预报等方面得到了应用。

5.8.2 模糊 ISODATA 算法的基本原理

J. C. Bezdek 在普通分类基础上，利用模糊集合的概念提出了模糊分类问题。认为被分类对象集合 $\boldsymbol{X}$ 中的样本 $\boldsymbol{X}_i$ 以一定的隶属度属于某一类，即所有的样本都分别以不同的隶属度属于某一类。因此每一类就被认为是样本集 $\boldsymbol{X}$ 上的一个模糊子集，于是，每一种这样的分类结果所对应的分类矩阵，就是一个模糊矩阵。模糊 ISODATA 聚类方法从选择的初始聚类中心出发，根据目标函数，用数学迭代计算的方法反复修改模糊矩阵和聚类中心，并对类别进行合并、分解和删除等操作，直到合理为止。

ISODATA 算法是由 K 均值算法发展而来的一种重要的聚类分析算法，这种算法具有类别调整功能，可以对类别进行合并、分解和删除等操作，因而聚类过程中类别数是可变的。类别调整部分是该算法的核心，正因为增加了这一功能，算法的聚类能力明显优于 K 均值算法。模糊 ISODATA 算法是把模糊方法引入 ISODATA 算法而得到的一种模糊聚类分析法。

设有限样本集(论域)$X=\{X_1,X_2,\cdots,X_N\}$，每个样本有 s 个特征 $X_j=\{x_{j1},x_{j2},\cdots,x_{js}\}$，$(j=1,2,\cdots,N)$。即样本的特征的矩阵

$$\boldsymbol{X}_{N\times s}=\begin{bmatrix} x_1 \\ x_2 \\ \cdots \\ x_n \end{bmatrix}=\begin{bmatrix} x_{11} & x_{12} & \cdots & x_{1s} \\ x_{21} & x_{22} & \cdots & x_{2s} \\ \cdots & \cdots & \cdots & \cdots \\ x_{N1} & x_{N2} & \cdots & x_{Ns} \end{bmatrix} \tag{5-43}$$

欲把它分为 K 类$(2\leqslant K\leqslant N)$，则 N 个样本划分为 K 类的模糊分类矩阵为

$$\boldsymbol{U}_{K\times N}=\begin{bmatrix} \mu_1 \\ \mu_2 \\ \cdots \\ \mu_K \end{bmatrix}=\begin{bmatrix} \mu_{11} & \mu_{12} & \cdots & \mu_{1N} \\ \mu_{21} & \mu_{22} & \cdots & \mu_{2N} \\ \cdots & \cdots & \cdots & \cdots \\ \mu_{K1} & \mu_{K2} & \cdots & \mu_{KN} \end{bmatrix} \tag{5-44}$$

其满足下列三个条件：

(1) $$0\leqslant \mu_{ij}\leqslant 1, i=1,2,\cdots,K; j=1,2,\cdots,N \tag{5-45}$$

(2)
$$\sum_{i=1}^{N}\mu_{ij}=1, j=1,2,\cdots,N \tag{5-46}$$

(3)
$$0<\sum_{i=1}^{N}\mu_{ij}<N, i=1,2,\cdots,K \tag{5-47}$$

条件(2)表明每一样本属于各类的隶属度之和为1；条件(3)表明每一类模糊集不可能是空集合，即总有样本不同程度地隶属于某类。

定义 K 个聚类中心 $Z=\{Z_1,Z_2,\cdots,Z_K\}$。其中：$Z_i=\{Z_{i1},Z_{i2},\cdots,Z_{is}\}, i=1,2,\cdots,K$。

$$\boldsymbol{Z}_{K\times s}=\begin{bmatrix} Z_1 \\ Z_2 \\ \cdots \\ Z_K \end{bmatrix}=\begin{bmatrix} z_{11} & z_{12} & \cdots & z_{1s} \\ z_{21} & z_{22} & \cdots & z_{2s} \\ \cdots & \cdots & \cdots & \cdots \\ z_{K1} & z_{K2} & \cdots & z_{Ks} \end{bmatrix} \tag{5-48}$$

第 i 类的中心 Z_i 即人为假想的理想样本，它对应的 s 个指标值是该类样本所对应的指标值的平均值

$$Z_{ij}=\frac{\sum_{k=1}^{N}(\mu_{ik})^m X_{kj}}{\sum_{k=1}^{N}(\mu_{ik})^m}, \quad i=1,2,\cdots,K; j=1,2,\cdots,s \tag{5-49}$$

构造准则函数

$$J=\sum_{i=1}^{K}\sum_{j=1}^{N}[\mu_{ij}(L+1)]^m \| X_j-Z_i \|^2 \tag{5-50}$$

其中，$\| X_j-Z_i \|$ 表示第 j 个样本与第 i 类中心之间的欧氏距离；J 表示所有待聚类样本与所属类的聚类中心之间距离的平方和。

为了确定最佳分类结果，就是寻求最佳划分矩阵 $\boldsymbol{U}$ 和对应的聚类中心 $\boldsymbol{Z}$，使 J 达到极小。Dunn 证明了求上述泛函的极小值的问题可解。

5.8.3 模糊 ISODATA 算法的基本步骤

(1) 选择初始聚类中心 $Z_i(0)$。例如，可以将全体样本的均值作为第一个聚类中心，然后在每个特征方向上加和减一个均方差，共得 $(2n+1)$ 个聚类中心，n 是样本的维数(特征数)。也可以用其他方法选择初始聚类中心。

(2) 若已选择了 K 个初始聚类中心，接着利用模糊 K 均值算法对样本进行聚类。由于现在得到的不是初始隶属度矩阵 $\boldsymbol{U}(0)$，而是各类聚类中心，所以算法应从模糊 K 均值算法的第四步开始，即直接计算下一步的隶属度矩阵 $\boldsymbol{U}(0)$。继续 K 均值算法直到收敛为止，最终得到隶属度矩阵 $\boldsymbol{U}$ 和 K 个聚类中心 $Z=\{Z_1,Z_2,\cdots,Z_K\}$。然后进行类别调整。

① 计算初始隶属度矩阵 $\boldsymbol{U}(0)$，矩阵元素的计算方法为

$$\mu_{ij}(0)=\frac{1}{\sum_{p=1}^{K}\left(\frac{d_{ij}}{d_{pj}}\right)^{\frac{2}{(m-1)}}}, \quad i=1,2,\cdots,K; j=1,2,\cdots,N; m\geqslant 2 \tag{5-51}$$

式中,d_{ij} 是第 j 个样本到第 i 类初始聚类中心 $Z_i(0)$的距离。为避免分母为0,特规定:若 $d_{ij}=0$,则 $\mu_{ij}=1,\mu_{pj}(0)=0(p\neq i)$;可见,$d_{ij}$ 越大,$\mu_{ij}(0)$越小。

② 求各类的新的聚类中心 $Z_i(L)$,L 为迭代次数。

$$Z_i(L)=\frac{\sum_{j=1}^{N}[\mu_{ij}(L)]^m X_j}{\sum_{j=1}^{N}[\mu_{ij}(L)]^m},\quad j=1,2,\cdots,K \tag{5-52}$$

式中,参数 $m\geqslant 2$,是一个控制聚类结果模糊程度的常数。可以看出各聚类中心的计算必须用到全部的 N 个样本,这是与非模糊的 K 均值算法的区别之一。在 K 均值算法中,某一类的聚类中心仅由该类样本决定,不涉及其他类。

③ 计算新的隶属度矩阵 $\boldsymbol{U}(L+1)$,矩阵元素的计算方法为

$$\mu_{ij}(L+1)=\frac{1}{\sum_{p=1}^{K}\left(\frac{d_{ij}}{d_{pj}}\right)^{\frac{2}{(m-1)}}},\quad i=1,2,\cdots,K;j=1,2,\cdots,N;m\geqslant 2 \tag{5-53}$$

式中,d_{ij} 是第 L 次迭代完成时,第 j 个样本到第 i 类聚类中心 $Z_i(L)$的距离。为避免分母为0,特规定:若 $d_{ij}=0$,则 $\mu_{ij}(L+1)=1,\mu_{pj}(L+1)=0(p\neq i)$;可见,$d_{ij}$越大,$\mu_{ij}(L+1)$ 越小。

④ 回到第③步,重复至收敛。收敛条件为$\max\limits_{i,j}\{|\mu_{ij}(L+1)-\mu_{ij}(L)|\}\leqslant\varepsilon$,其中,$\varepsilon$ 为规定的参数。

(3) 类别调整。调整分三种情形:

① 合并。

假定各聚类中心之间的平均距离为 D,则取合并阈值为

$$M_{\text{ind}}=D[1-F(K)] \tag{5-54}$$

其中,$F(K)$是人为构造的函数,$0\leqslant F(K)\leqslant 1$,而且 $F(K)$应是 K 的减函数,通常取 $F(K)=\frac{1}{K^{\alpha}}$,$\alpha$ 是一个可选择的参数。可见,若 D 确定,则 K 越大时 M_{ind} 也越大,即合并越容易发生。

若聚类中心 Z_i 和 Z_j 间的距离小于 M_{ind},则合并这两个点而得到新的聚类中心 Z_L,Z_L 为

$$Z_L=\frac{(\sum_{p=1}^{N}\mu_{ip})Z_i+(\sum_{p=1}^{N}\mu_{ip})Z_j}{\sum_{p=1}^{N}\mu_{ip}+\sum_{p=1}^{N}\mu_{ip}} \tag{5-55}$$

式中,N 为样本个数。可见,Z_L 是 Z_i 和 Z_j 的加权平均,而所用的权系数便是全体样本对 ω_i 和 ω_j 两类的隶属度。

② 分解。

首先计算各类在每个特征方向上的"模糊化方差"。对于 ω_i 类的第 j 个特征,模糊化方差的计算公式为

$$S_{ij}^2=\frac{1}{N+1}\sum_{p=1}^{N}\mu_{ip}^{\beta}(x_{pj}-z_{ij})^2,\quad j=1,2,\cdots,n;i=1,2,\cdots,K \tag{5-56}$$

式中,β 是参数,通常选 $\beta=1$。x_{pj},z_{ij} 分别表示样本 X_p 和聚类中心 Z_i 的第 j 个特征值。

$S_{ij}=\sqrt{S_{ij}^2}$,全体 S_{ij} 的平均值记作 S,然后求阈值

$$F_{\text{std}}=S[1+G(K)] \tag{5-57}$$

$G(K)$是类数 K 的增函数,通常取 $G(K)=K^\gamma$,γ 是参数。式(5-57)表明,当 S 确定时,类数 K 越大,越不易分解。下面分两步进行分解:

第一步,检查各类的"聚集程度"。对于任一类 ω_i,取 $\text{sum}_i=\sum_{p=1}^{N}t_{ip}\mu_{ip}$,其中,$t_{ip}=\begin{cases}0, 当\ \mu_{ip}\leqslant\theta\\1, 当\ \mu_{ip}>\theta\end{cases}$。然后取 $T_i=\sum_{p=1}^{N}t_{ip}$,$C_i=\text{sum}_i/T_i$,θ 为一参数,$0<\theta<0.5$。C_i 表示 ω_i 类的聚集程度。上两式的含义是对于每一类 ω_i,首先舍去那些对它的隶属度太小的样本,然后计算其他各样本对该类的平均隶属度 C_i。若 $C_i>A_{\text{vms}}$(A_{vms} 为参数),则表示 ω_i 类的聚集程度较高,不必进行分解;否则考虑下一步。

第二步,分解。对于任一不满足 $C_i>A_{\text{vms}}$ 的 ω_i 类考虑其每个 S_{ij},若 $S_{ij}>F_{\text{std}}$,便在第 j 个特征方向上对聚类中心 Z_i 加和减 kS_{ij}(k 为分裂系数,$0<k\leqslant1$),得到两个新的聚类中心。

注意,这里每个量的计算都考虑到了全体样本对各类的隶属度。

③ 删除。

删除某个类 ω_i 或聚类中心 Z_i 的条件有两个。

条件1:$T_i\leqslant\delta N/K$,δ 是参数,T_i 见上式,它表示对 ω_i 类隶属度超过 θ 的点数。这一条件表示对 ω_i 类隶属度高的点很少,应该删除。

条件2:$C_i\leqslant A_{\text{vms}}$,但 ω_i 类不满足分解条件,即对所有的 j,$S_{ij}\leqslant F_{\text{std}}$。这个条件表明,在 Z_i 的周围存在着一批样本点,它们的聚集程度不高,但也不是非常分散。这时,我们认为 Z_i 也不是一个理想的聚类中心。

符合以上两个条件之一者,将被删除。

如果在第(3)步类别调整中进行了合并、分解或删除,则在每次处理后都应进行下面所指出的讨论,并在全部处理结束后做出一个选择:停止在某个结果上,或者转到第(2)步重新迭代。如果在第(3)步中没有进行任何类别调整,则表示已经不需要改进结果,计算停止。

(4) 关于最佳类数或最佳结果的讨论。

上述所得为预选定分类数 K 时的最优解,为局部最优解。最优聚类数 K 可借助下列判定聚类效果的指标值得到

分类系数:$F(R)=\dfrac{1}{n}\sum_{i=1}^{K}\sum_{j=1}^{N}\mu_{ij}^2$,$F$ 越接近1,聚类效果越好。

平均模糊熵:$H(R)=\dfrac{1}{n}\sum_{i=1}^{K}\sum_{j=1}^{N}\mu_{ij}\ln(\mu_{ij})$,$H$ 越接近于0,聚类效果越好。

由此,可以分别选定 $K(2<K\leqslant N)$,计算其所得聚类结果的聚类指标值并进行比较,求得最优聚类个数 K,即满足 F 最接近1或 H 最接近0的 K 值。

(5) 分类清晰化。有两种方法:

① X_j 与哪一类的聚类中心最接近,就将 X_j 归到哪一类,即 $\forall X_j\in X$,若 $\|X_j-Z_{\omega_i}\|=\min\|X_j-Z_{\omega_i}\|$,就将 $X_j\in\omega_i$ 类。

② X_j 对哪一类的隶属度最大,就将它归于哪一类,即在 U 的第 j 列中,若 $\mu_{ij}(L+1)=$

$\max\limits_{1\leqslant p\leqslant K}\mu_{pj}(L+1),j=1,2,\cdots,N$，则 $X_j\in\omega_i$ 类。

当算法结束时，就得到了各类的聚类中心以及表示各样本对各类隶属程度的隶属度矩阵，模糊聚类到此结束。这时，准则函数 $J=\sum\limits_{i=1}^{K}\sum\limits_{j=1}^{N}[\mu_{ij}(L+1)]^m\|X_j-Z_i\|^2$ 达到最小。

5.8.4 模糊 ISODATA 算法的 MATLAB 程序实现

这里使用表 1-2 的 59 组数据为例来实现聚类，模糊 ISODATA 算法 MATLAB 程序流程图如图 5-33 所示。

1. 调节参数初始化

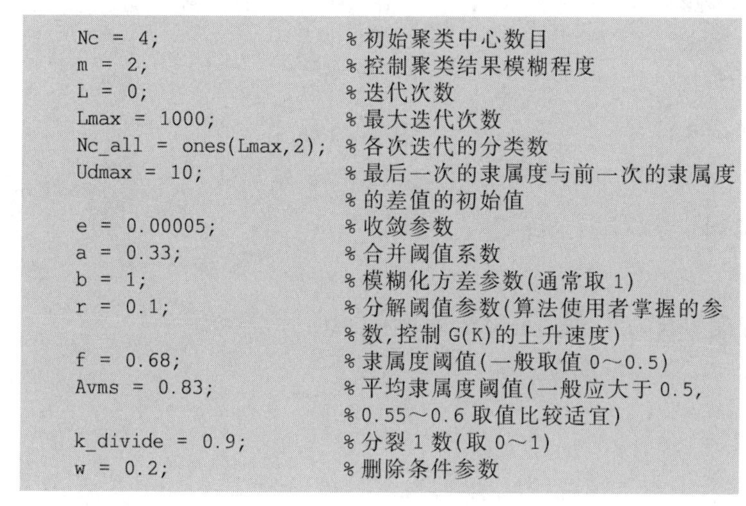

```
Nc = 4;                      % 初始聚类中心数目
m = 2;                       % 控制聚类结果模糊程度
L = 0;                       % 迭代次数
Lmax = 1000;                 % 最大迭代次数
Nc_all = ones(Lmax,2);       % 各次迭代的分类数
Udmax = 10;                  % 最后一次的隶属度与前一次的隶属度
                             % 的差值的初始值
e = 0.00005;                 % 收敛参数
a = 0.33;                    % 合并阈值系数
b = 1;                       % 模糊化方差参数(通常取 1)
r = 0.1;                     % 分解阈值参数(算法使用者掌握的参
                             % 数,控制 G(K)的上升速度)
f = 0.68;                    % 隶属度阈值(一般取值 0~0.5)
Avms = 0.83;                 % 平均隶属度阈值(一般应大于 0.5,
                             % 0.55~0.6 取值比较适宜)
k_divide = 0.9;              % 分裂 1 数(取 0~1)
w = 0.2;                     % 删除条件参数
```

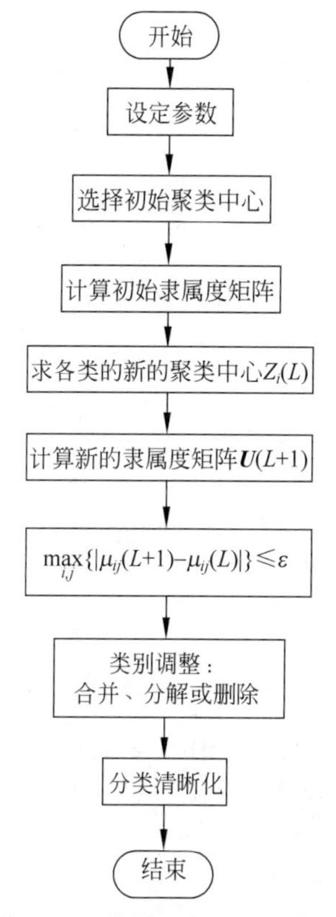

图 5-33 模糊 ISODATA 算法 MATLAB 程序流程图

2. 程序运行结果

程序运行结果如图 5-34 所示。

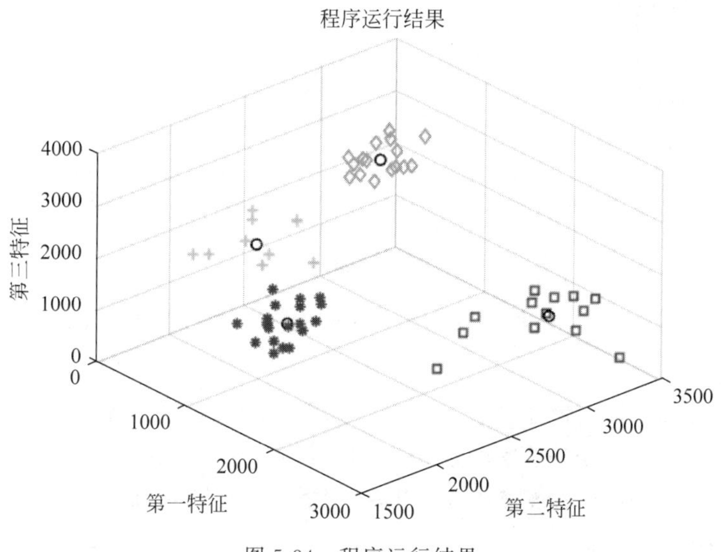

图 5-34 程序运行结果

参数调试过程如下。

1) 调试控制聚类结果模糊程度参数 m

(1) 控制聚类结果模糊程度参数 $m=1.5$ 时聚类结果如图 5-35：

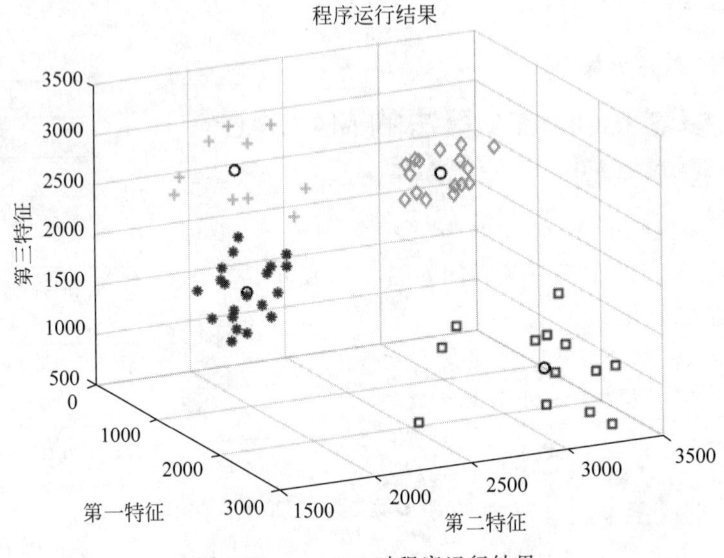

图 5-35 $m=1.5$ 时程序运行结果

此时迭代次数 $L=21$。

(2) 控制聚类结果模糊程度参数 $m=2$ 时，聚类结果如图 5-36：

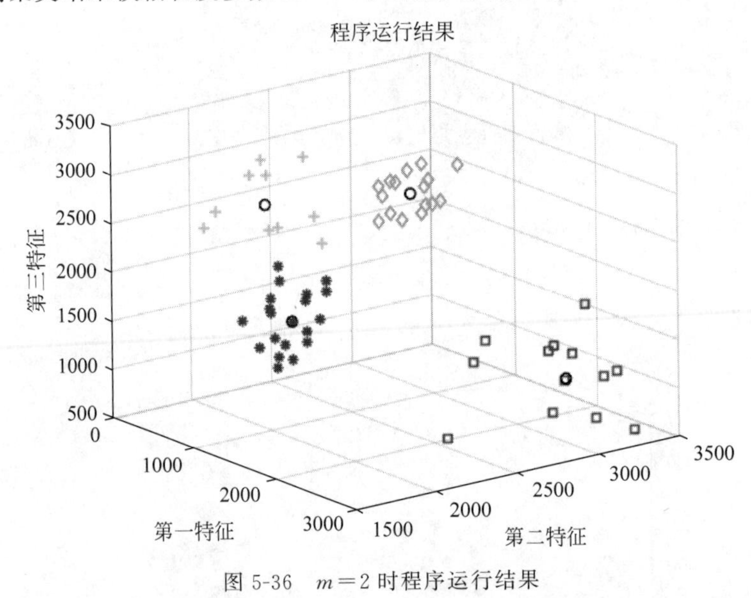

图 5-36 $m=2$ 时程序运行结果

此时迭代次数 $L=31$。

(3) 控制聚类结果模糊程度参数 $m=2.5$ 时，聚类结果如图 5-37：

此时的聚类只聚了 2 类，迭代次数 $L=63$。

(4) 控制聚类结果模糊程度参数 $m=3$ 时，聚类结果如图 5-38：

此时程序运行出错，无法出图，提示“Subscripted assignment dimension mismatch”，迭

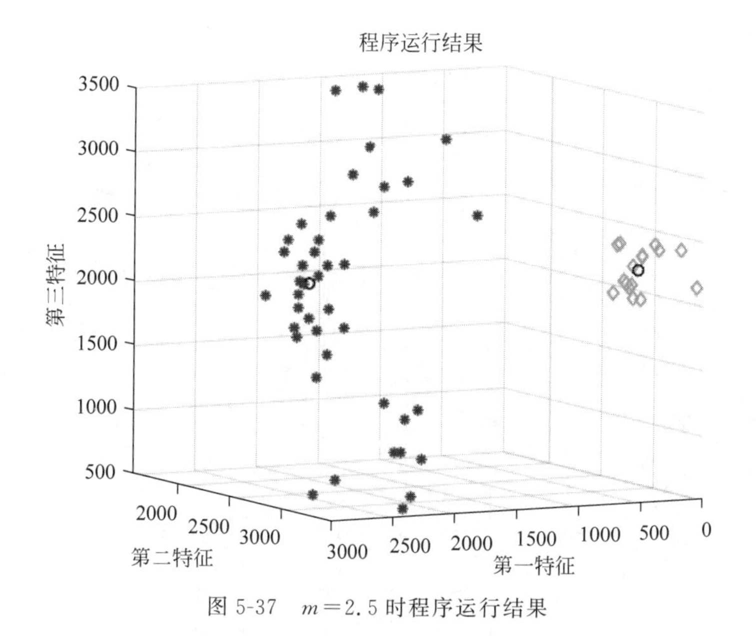

图 5-37 $m=2.5$ 时程序运行结果

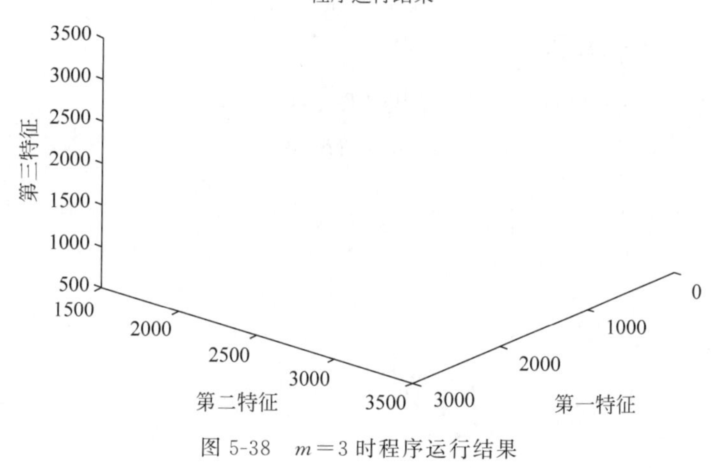

图 5-38 $m=3$ 时程序运行结果

代次数 $L=91$。

加权指数 m 控制着模糊类间的分享程度，m 值的选取对整个聚类过程和聚类结果有较大影响。参数 m 越接近 1，分类的模糊性越小。当 $m=1$ 时，分类变成硬分类；参数 m 越大，分类的模糊性越大，它的意义也更不明确。由于 m 作为一个指数出现在泛函 J 中，它的值不宜太大，否则会引起失真，因而在 $m>1$ 的前提下，它的值越小越好；另外 $m-1$ 作为分母，故 m 值又不能太接近于 1，否则会引起计算溢出。

实际应用中发现，m 值的选取应注意：m 值越小，迭代次数越少，分类速度越快，分类矩阵 $\boldsymbol{U}$ 的值越趋向于 0、1 两极，最优分类矩阵的模糊性越小，聚类效果越好；m 的取值过大，会使运算的复杂度增加，进而使得运算的时间增加，并且造成聚类矩阵的发散。显然，参数 m 的引入在数学理论上不够严密，实际上就如何确定 m 缺乏依据，从而引入一定的主观任意性。为此，Bezdek 对参数 m 的确定进行了模拟试验研究，试验结果表明，参数 m 采用 2 为优。

2）调试收敛参数 e

（1）收敛参数 $e=0.5$ 时，聚类结果如图 5-39：

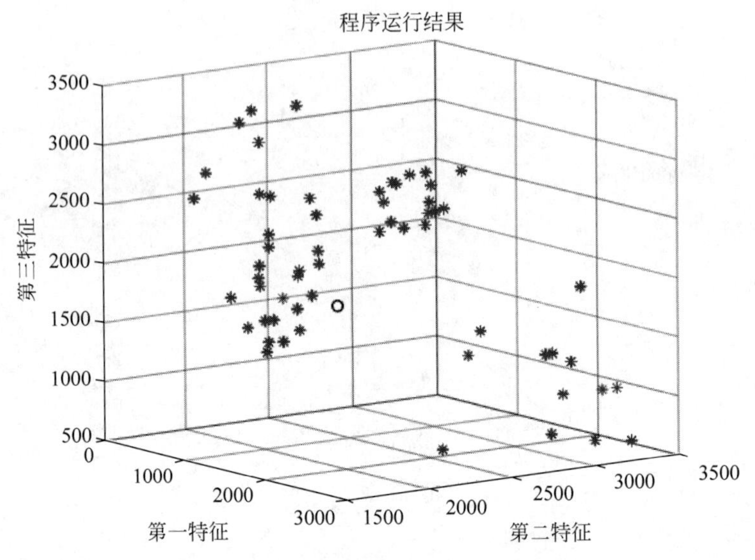

图 5-39　$e=0.5$ 时程序运行结果

此时只聚了一类，迭代次数 $L=3$。

（2）收敛参数 $e=0.00005$ 时，聚类结果如图 5-40：

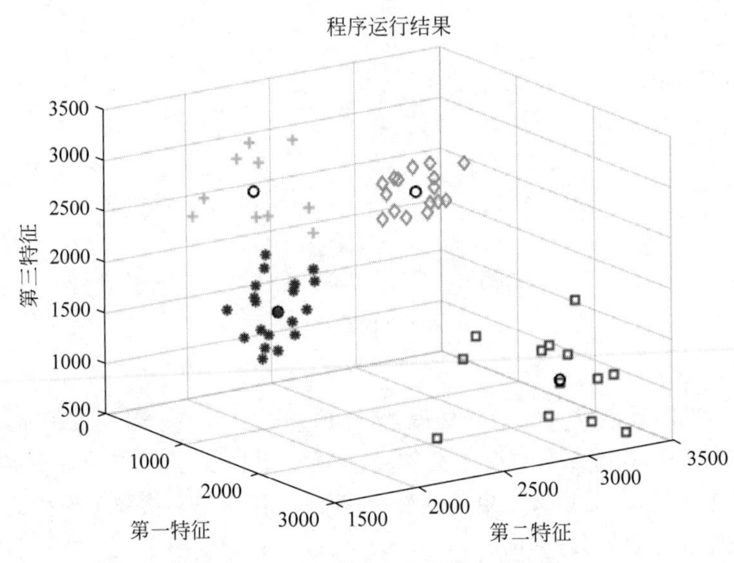

图 5-40　$e=0.00005$ 时程序运行结果

此时分类成功，迭代次数 $L=25$。

（3）收敛参数 $e=0.000000005$ 时，聚类结果如图 5-41：

此时分类成功，迭代次数 $L=47$。

e 的取值有精度要求，这对于整个聚类结果有一定影响。e 太大时，聚类结果不精确；e 的取值越小则迭代的次数越多。为了保证聚类结果的可靠性，e 的取值一般为 $10^{-4}\sim 10^{-6}$。

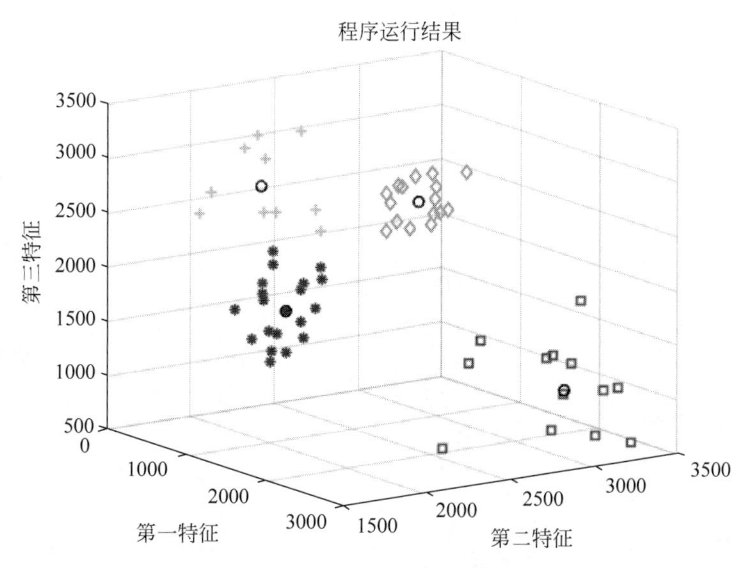

图 5-41 $e=0.000000005$ 时程序运行结果

3. 模糊 ISODATA 函数

模糊 ISODATA 的函数定义代码如下：

```
function [X, Z, U, Nc, L, Dcc, Dccm, Mind, S, Smean, Fstd, T, C, k_delete, Dpc] = FussyISODATA_
function(data, Nc, m, L, Lmax, Nc_all, Udmax, e, a, b, r, f, Avms, k_divide, w)
          %       data  样本特征库
          %         Nc  初始聚类中心数目
          %          m  控制聚类结果模糊程度
          %          L  迭代次数
          %       Lmax  最大迭代次数
          %     Nc_all  各次迭代的分类数
          %      Udmax  最后一次的隶属度与前一次的隶属度的差值的初始值
          %          e  收敛参数
          %          a  合并阈值系数
          %          b  模糊化方差参数
          %          r  分解阈值参数
          %          f  隶属度阈值
          %       Avms  平均隶属度阈值
          %   k_divide  分裂系数
          %          w  删除条件参数
          %   返回值:
          %          X  样本结构体数组：样本特征、所属类别
          %          Z  聚类中心结构体数组：聚类中心特征、所属类别及其包含的样本数
          %          U  隶属度矩阵
          %         Nc  聚类中心数目
          %          L  迭代次数
          %        Dcc  两两聚类中心之间的距离矩阵
          %       Dccm  两两聚类中心之间的距离的平均值
          %       Mind  合并阈值
          %          S  各类在每个特征方向上的模糊化标准差矩阵
          %      Smean  模糊化标准差平均值
          %       Fstd  分解阈值
          %          T  各类超过隶属度阈值 f 的样本数矩阵
          %          C  各类的聚集程度矩阵
```

```
% k_delete  删除阈值
%       Dpc  各样本点到各聚类中心的距离矩阵
```

4. 聚类函数

聚类函数的代码如下：

```
function [Z, U, Nc, Nc_all, L, Dpc] = FussyISODATA_newcentre(X, Z, U, Nc, Nc_all, Np, Nq, e, m, L, Lmax, Udmax)
% 名称:   FussyISODATA_newcentre
% 参数:
%           X  样本结构体数组:样本特征、所属类别
%           Z  聚类中心结构体数组:聚类中心特征、所属类别及其包含的样本数
%           U  隶属度矩阵
%          Nc  聚类中心数目
%      Nc_all  各次迭代的分类数
%          Np  样本数目
%          Nq  样本维数
%           e  收敛参数
%           m  控制聚类结果模糊程度
%           L  迭代次数
%        Lmax  最大迭代次数
%       Udmax  最后一次的隶属度与前一次的隶属度的差值的初始值
% 返回值:
%           Z  聚类中心结构体数组:聚类中心特征、所属类别及其包含的样本数
%           U  隶属度矩阵
%          Nc  聚类中心数目
%      Nc_all  各次迭代的分类数
%           L  迭代次数
%         Dpc  各样本点到各聚类中心的距离矩阵
% 功能:
%          重复计算新的隶属度矩阵及聚类中心,直至收敛
```

5. 类别调整函数

类别调整函数代码如下：

```
function [Z, U, Nc, Dcc, Dccm, Mind, S, Smean, Fstd, T, C, k_delete] = FussyISODATA_adjust(X, Z, U, Nc, Np, Nq, a, f, Avms, b, r, k_divide, w)
% 名称:   FussyISODATA_adjust
% 参数:
%           X  样本结构体数组:样本特征、所属类别
%           Z  聚类中心结构体数组:聚类中心特征、所属类别及其包含的样本数
%           U  隶属度矩阵
%          Nc  聚类中心数目
%          Np  样本数目
%          Nq  样本维数
%           a  合并阈值系数
%           f  隶属度阈值
%        Avms  平均隶属度阈值
%           b  模糊化方差参数
%           r  分解阈值参数
%    k_divide  分裂系数
%           w  删除条件参数
% 返回值:
%           Z  聚类中心结构体数组:聚类中心特征、所属类别及其包含的样本数
%           U  隶属度矩阵
```

```
%          Nc  聚类中心数目
%         Dcc  两两聚类中心之间的距离矩阵
%        Dccm  两两聚类中心之间的距离的平均值
%        Mind  合并阈值
%           S  各类在每个特征方向上的模糊化标准差矩阵
%       Smean  模糊化标准差平均值
%        Fstd  分解阈值
%           T  各类超过隶属度阈值 f 的样本数矩阵
%           C  各类的聚集程度矩阵
%   k_delete 删除阈值
% 功能:
%        调整聚类结果: 合并,分解,或者删除
```

6. 完整 MATLAB 程序及仿真结果

完整的 MATLAB 程序代码如下：

```
        close all;                  %关闭窗口
        clear all;                  %清空工作空间
        data = xlsread('Nfsensor.csv','Nfsensor');      %读入样本数据
        Nc = 4;                     % 初始聚类中心数目
        m = 2;                      % 控制聚类结果模糊程度
        L = 0;                      % 迭代次数
        Lmax = 1000;                % 最大迭代次数
        Nc_all = ones(Lmax,2); % 各次迭代的分类数
        Udmax = 10;                 %最后一次的隶属度与前一次的隶属度的差值的初始值
        e = 0.00005;                % 收敛参数
        a = 0.33;                   % 合并阈值系数
        b = 1;                      % 模糊化方差参数(通常取 1)
        r = 0.1;                    % 分解阈值参数(算法使用者掌握的参数,控制 G(K)的上升速度)
        f = 0.68;                   % 隶属度阈值(一般取值 0~0.5)
        Avms = 0.83;                % 平均隶属度阈值(一般应大于 0.5,0.55~0.6 取值比较适宜)
        k_divide = 0.9;             %分裂 1 数(取 0~1)
        w = 0.2;                    % 删除条件参数
        Nc_start = Nc;
        %调用 Fuzzy ISODATA 函数
        [X, Z, U, Nc, L, Dcc, Dccm, Mind, S, Smean, Fstd, T, C, k_delete, Dpc] = FussyISODATA_
function(data, Nc, m, L, Lmax, Nc_all, Udmax, e, a, b, r, f, Avms, k_divide, w)
        [Np, Nq] = size(data); % Np 样本数目; Nq 样本维数
        %将聚类结果在三维图中显示
        figure;
        hold on;
        for i = 1:Np
            for j = 1:Nc
                if Nc > 8
                    disp('聚类中心数目大于 8 个');
                else
                    switch X(i,1).category
                        case 1
                      plot3(X(i,1).feature(1,1),X(i,1).feature(1,2),X(i,1).feature(1,
3),'b*');                      %第 1 类样本,蓝色 *
                            grid on;box;
                              plot3(Z(j,1).feature(1,1),Z(j,1).feature(1,2),Z(j,1)
.feature(1,3),'ko');           %第 1 类聚类中心,黑色 o
                            grid on;
                        case 2
```

```
                    plot3(X(i,1).feature(1,1),X(i,1).feature(1,2),X(i,1)
.feature(1,3),'gd');            %第2类样本,绿色菱形
                  grid on;
                    plot3(Z(j,1).feature(1,1),Z(j,1).feature(1,2),Z(j,1)
.feature(1,3),'ko');            %第2类聚类中心,黑色o
                  grid on;
              case 3
                    plot3(X(i,1).feature(1,1),X(i,1).feature(1,2),X(i,1)
.feature(1,3),'rs');            %第3类样本,红色方块
                  grid on;
                    plot3(Z(j,1).feature(1,1),Z(j,1).feature(1,2),Z(j,1)
.feature(1,3),'ko');            %第3类聚类中心,黑色o
                  grid on;
              case 4
                    plot3(X(i,1).feature(1,1),X(i,1).feature(1,2),X(i,1)
.feature(1,3),'c+');            %第4类样本,青色+
                  grid on;
                    plot3(Z(j,1).feature(1,1),Z(j,1).feature(1,2),Z(j,1)
.feature(1,3),'ko');            %第4类聚类中心,黑色o
                  grid on;
              case 5
                    plot3(X(i,1).feature(1,1),X(i,1).feature(1,2),X(i,1)
.feature(1,3),'mx');            %第5类样本,品红色x
                  grid on;
                    plot3(Z(j,1).feature(1,1),Z(j,1).feature(1,2),Z(j,1)
.feature(1,3),'ko');            %第5类聚类中心,黑色o
                  grid on;
              case 6
                    plot3(X(i,1).feature(1,1),X(i,1).feature(1,2),X(i,1)
.feature(1,3),'yh');            %第6类样本,黄色六角星
                  grid on;
                    plot3(Z(j,1).feature(1,1),Z(j,1).feature(1,2),Z(j,1)
.feature(1,3),'ko');            %第6类聚类中心,黑色o
                  grid on;
              case 7
                    plot3(X(i,1).feature(1,1),X(i,1).feature(1,2),X(i,1)
.feature(1,3),'k.');            %第7类样本,黑色.
                  grid on;
                    plot3(Z(j,1).feature(1,1),Z(j,1).feature(1,2),Z(j,1)
.feature(1,3),'ko');            %第7类聚类中心,黑色o
                  grid on;
              case 8
                    plot3(X(i,1).feature(1,1),X(i,1).feature(1,2),X(i,1)
.feature(1,3),'rp');            %第8类样本,红色五角星
                  grid on;
                    plot3(Z(j,1).feature(1,1),Z(j,1).feature(1,2),Z(j,1)
.feature(1,3),'ko');            %第8类聚类中心,黑色o
                  grid on;
            end
         end
      end
   end
   %显示方向轴名称
   xlabel('第一特征');
   ylabel('第二特征');
   zlabel('第三特征');
```

```
        title('程序运行结果');
        %显示各聚类中心
        for i = 1:Nc
            A(i,:) = Z(i,1).feature(1,:);
        end
        %显示各样本所属类别
        for i = 1:Np
            B(i,1) = X(i,1).category;
        End
        function [X, Z, U, Nc, L, Dcc, Dccm, Mind, S, Smean, Fstd, T, C, k_delete, Dpc] =
FussyISODATA_function(data, Nc, m, L, Lmax, Nc_all, Udmax, e, a, b, r, f, Avms, k_divide, w)
         Ln = zeros(Lmax,1);
         [Np, Nq] = size(data);                          % Np为样本数目; Nq为样本维数
         for i = 1:Np
               X(i,1).feature = [data(i,:)];             %将样本数据导入样本结构体数组
         end
         % 选取Nc个初始聚类中心
         for i = 1:Nc                                    % 选取前Nc个样本为初始聚类中心
               X(i,1).category = i;                      % 第i个样本所属类别
               Z(i,1).feature = X(i,1).feature;          % 选取初始聚类中心
               Z(i,1).index = i;                         % 第i聚类
               Z(i,1).patternNum = 1;                    % 第i聚类中样本数
         end
         % 计算所有样本到各初始聚类中心的距离
         Dpc = zeros(Nc,Np);
         for i = 1:Nc
               for j = 1:Np
                    Dpc(i,j) = sqrt((X(j,1).feature(1,1) - Z(i,1).feature(1,1))^2 +
(X(j,1).feature(1,2) - Z(i,1).feature(1,2))^2 + (X(j,1).feature(1,3) - Z(i,1).feature
(1,3))^2);
               end
         end
         % 计算初始隶属度矩阵U(0)
         for i = 1:Nc
               for j = 1:Np
                    if Dpc(i,j) == 0                     % Dpc(i,j) = 0时,U(i,j) = 1
                         U(i,j) = 1;
                    else
                         d = 0;
                         for k = 1:Nc
                               % Dpc(i,j) = 0且k~ = i时,U(i,j) = 0
                              if (Dpc(k,j) == 0) & (k~ = i)
                                   U(k,j) = 0;
                               % Dpc(i,j) = 0且k = i时,U(i,j) = 1
                              elseif (Dpc(k,j) == 0) & (k == i)
                                   U(k,j) = 1;
                              else
                                    % Dpc(i,j)~ = 0时,计算隶属度函数的分母
                                   d = d + (Dpc(i,j)/Dpc(k,j))^(2/(m-1));
                              end
                         end
                         U(i,j) = 1/d;                    % 计算隶属度
                    end
               end
         end
```

```
            % 调用求新的聚类中心及隶属度矩阵的函数
            [Z, U, Nc, Nc_all, L, Dpc] = FussyISODATA_newcentre(X, Z, U, Nc, Nc_all, Np, Nq, e, m, L, Lmax, Udmax)
            % 调用类别调整函数,对聚类结果进行合并、分解或者删除
            [Z, U, Nc, Dcc, Dccm, Mind, S, Smean, Fstd, T, C, k_delete] = FussyISODATA_adjust(X, Z, U, Nc, Np, Nq, a, f, Avms, b, r, k_divide, w)

            % 类别调整后,重新计算所有样本到各新聚类中心的距离
           Dpc = zeros(Nc,Np);
            for i = 1:Nc
                    for j = 1:Np
                        Dpc(i,j) = sqrt((X(j,1).feature(1,1) - Z(i,1).feature(1,1))^2 + (X(j,1).feature(1,2) - Z(i,1).feature(1,2))^2 + (X(j,1).feature(1,3) - Z(i,1).feature(1,3))^2);
                    end
            end
               % 类别调整后,计算新隶属度矩阵
               U = zeros(Nc,Np);
               for i = 1:Nc
                    for j = 1:Np
                        if Dpc(i,j) == 0 % Dpc(i,j) = 0 时,U(i,j) = 1
                            U(i,j) = 1;
                        else
                            d = 0;
                            for k = 1:Nc
                                % Dpc(i,j) = 0 且 k~ = i 时,U(i,j) = 0
                                if (Dpc(k,j) == 0) & (k~ = i)
                                    U(i,j) = 1;
                                % Dpc(i,j) = 0 且 k = i 时,U(i,j) = 1
                                elseif (Dpc(k,j) == 0) & (k == i)
                                    U(k,j) = 1;
                                else
                                    % Dpc(i,j)~ = 0 时,计算隶属度函数的分母
                                    d = d + (Dpc(i,j)/Dpc(k,j))^(2/(m - 1));
                                end
                            end
                            U(i,j) = 1/d;     % 计算隶属度
                        end
                    end
               end
               %类别调整后,调用求新的聚类中心及隶属度矩阵的函数,重新计算聚类中心
               [Z, U, Nc, Nc_all, L, Dpc] = FussyISODATA_newcentre(X, Z, U, Nc, Nc_all, Np, Nq, e, m, L, Lmax, Udmax)
               % 重新划分样本类别
               for i = 1:Np
                    Umax(1,i) = max(U(:,i));    % 找出各样本对所有聚类中心隶属度的最大值
               end
               for i = 1:Nc
                    Z(i,1).patternNum = 0;      % 初始化各类包含的样本数
               end
               for i = 1:Np
                    [i1, i2] = find(U(:,i) == Umax(1,i)); % 找出各样本对所有聚类中心隶属度
                                                          % 的最大值在隶属度矩阵中的位置
                    if size(i1) == 1            % 各样本对所有聚类中心隶属度的最大值只有 1 个
                        X(i,1).category = i1;  % 第 i 个样本所属的类别
```

```
                else                                  % 各样本对所有聚类中心隶属度的最大值不止
%1个
                    i1 = i1(fix(rand * size(i1) + 1));   % 从多个隶属度相同的聚类中心中,
%随机选取一类
                    X(i,1).category = i1;     % 第 i 个样本所属的类别
            end
        end
    function [Z, U, Nc, Nc_all, L, Dpc] = FussyISODATA_newcentre(X, Z, U, Nc, Nc_all,
Np, Nq, e, m, L, Lmax, Udmax)

        while Udmax > e % 重复计算新的聚类中心和隶属度矩阵,至满足收敛条件
            % 判断是否超过最大迭代次数,超过则跳出子函数
            if L > Lmax
                return;
            end
            Dpc = zeros(Nc,Np);               % 初始化各样本点到各聚类中心的距离矩阵
            % 计算新的聚类中心
            U1 = U.^m;                        % 求隶属度矩阵各值的 m 次方
            A = zeros(1,Nq);                  % 定义一个中间变量,全零矩阵
            B = sum((U.^m)');                 % 求隶属度矩阵各值的 m 次方后,各行的和
            for i = 1:Nc
                for j = 1:Np
                    A(1,:) = A(1,:) + U1(i,j) * X(j).feature(1,:); % 求聚类中心函
                                                                    % 数的分子
                end
                Z(i,1).feature(1,:) = A(1,:)./B(1,i);   % 求新的聚类中心
                A = zeros(1,Nq);
            end
            Up = U;                           %Up 为第 L 次隶属度矩阵

            %计算所有样本到各聚类中心的距离
            for i = 1:Nc
              for j = 1:Np
                    Dpc(i,j) = sqrt((X(j,1).feature(1,1) - Z(i,1).feature(1,1))^2 +
(X(j,1).feature(1,2) - Z(i,1).feature(1,2))^2 + (X(j,1).feature(1,3) - Z(i,1).feature
(1,3))^2);
              end
            end
            %计算第 L+1 次隶属度矩阵 U(L+1)
            for i = 1:Nc
                for j = 1:Np
                    if Dpc(i,j) == 0
                        U(i,j) = 1;          %U 为第 L+1 次隶属度矩阵
                    else
                        d = 0;
                        for k = 1:Nc
                            if (Dpc(k,j) == 0) & (k~ = i)
                                U(k,j) = 0;
                            elseif (Dpc(k,j) == 0) & (k == i)
                                U(k,j) = 1;
                            else
                                d = d + (Dpc(i,j)/Dpc(k,j))^(2/(m-1));
                            end
                        end
                        U(i,j) = 1/d;
```

```
                    end
                end
            end

            Udmax = max(max(U - Up));          % 计算收敛条件值
            L = L + 1;                          % 迭代次数 + 1
           Nc_all(L,1) = Nc;                    % 记录第 L 次迭代的聚类中心数
          end
      function [Z, U, Nc, Dcc, Dccm, Mind, S, Smean, Fstd, T, C, k_delete] = FussyISODATA_
adjust(X, Z, U, Nc, Np, Nq, a, f, Avms, b, r, k_divide, w)

         % 变量初始化
         Dcc = zeros(Nc,Nc);                    % 两两聚类中心之间的距离矩阵
         Dccm = 0;                              % 两两聚类中心之间的距离的平均值
         Mind = 0;                              % 合并阈值
         S = zeros(Nc,Nq);                      % 各类在每个特征方向上的模糊化标准差矩阵
         Smean = 0;                             % 模糊化标准差平均值
         Fstd = 0;                              % 分解阈值
         T = zeros(Nc,1);                       % 各类超过隶属度阈值 f 的样本数矩阵
         C = zeros(Nc,1);                       % 各类的聚集程度矩阵
         k_delete = 0;                          % 删除阈值
         % 1. 合并
         % 计算各聚类中心之间的距离 Dcc(i,j)
          DccSum = 0;                           % 所有聚类中心距离的和
          for i = 1:(Nc - 1)
            for j = (i + 1):Nc
                 % 两两聚类中心之间的距离
                Dcc(i,j) = sqrt((Z(j,1).feature(1,1) - Z(i,1).feature(1,1))^2 + ((Z(j,
1).feature(1,2) - Z(i,1).feature(1,2))^2 + ((Z(j,1).feature(1,3) - Z(i,1).feature(1,3))
^2)));
                DccSum = DccSum + Dcc(i,j);            % 所有聚类中心距离的和
            end
          end

         % 计算各聚类中心之间的平均距离 Dccm
          Ncc = nchoosek(Nc,2);                         % 两两聚类中心的组合数
          Dccm = DccSum/Ncc;                            % 两两聚类中心之间的距离的平均值

         % 计算合并阈值
          Mind = Dccm * (1 - 1/(Nc^a));

         % 根据合并阈值判断,合并聚类中心,得到新的聚类中心
         Y1 = Z;                                        % 中间变量
         flag1 = 0;                                     % 中间标志
         Nc_combine = Nc;                               % 合并后的聚类中心数
         N_combine = 0;                                 % 合并次数
          for i = 1:(Nc - 1)
              for j = (i + 1):Nc
                  if Dcc(i,j) < Mind                    % 两聚类中心之间的距离小于合并阈值
                                                        % 时,合并这两个聚类中心
                      ki = sum(U(i,:));
                      kj = sum(U(j,:));
                        Y1(i).feature(1,:) = (ki * Z(i,1).feature(1,:) + kj * Z(j,1)
.feature(1,:))/(ki + kj);                               % 合并后的聚类中心
                      Y1(j).feature(1,:) = [zeros(1,Nq)]; % 被合并的聚类中心赋 0
```

```
                N_combine = N_combine + 1;          % 合并次数+1
                Nc_combine = Nc_combine - 1;        % 类别数-1
          if (Nc_combine <= 2) | (Nc_combine >= 8)  % 分类数不满足要求时,跳出循环
                    flag1 = 1;
%                        Z = Y1;
                    break;
                  end
              end
          end
          if flag1 == 1
              break;
          end
    end
      % 2.分解
      % 计算模糊化方差
      S_mid = 0;                                    % 中间变量
      for i = 1:Nc
        for j = 1:Nq
            for p = 1:Np
                S_mid = S_mid + (U(i,p)^b) * ((X(p,1).feature(1,j) - Z(i,1)
.feature(1,j))^2);                                  % 模糊化方差的分子
            end
            S2(i,j) = S_mid/(Np-1);                 % 模糊化方差
            S(i,j) = sqrt(S2(i,j));                 % 模糊化标准差
        end
    end
    % 计算全体模糊化方差的平均值
    Smean = sum(sum(S))/(Nq * Nc);
    % 计算分解阈值
    Fstd = Smean * (Nc^r);

    % 检查各类的聚集程度
    Sum = zeros(Nc,1);                              % 聚集程度C的分子
    for i = 1:Nc
    for p = 1:Np
          if U(i,p)> f
              t(i,p) = 1;
          else
              t(i,p) = 0;
          end
          T(i,1) = T(i,1) + t(i,p);                 % 计算聚集程度C的分母
          Sum(i,1) = Sum(i,1) + t(i,p) * U(i,p);    % 计算聚集程度C的分子
      end
  end
  C = Sum./T;                                       % 计算聚集程度矩阵

  % 根据平均分解阈值判断是否进行分解
  Nc_divide = Nc;                                   % 分解后的聚类中心数
  N_divide = 0;                                     % 分解次数
  flag2 = 0;                                        % 中间标志
  Y2 = Z;
  for i = 1:Nc
        if C(i,1)<= Avms
            for j = 1:3
              if S(i,j)> Fstd
```

```
                    N_divide = N_divide + 1;     % 分解次数 + 1
                    Zdiv1 = Z(i,1).feature(1,:);
                    Zdiv2 = Z(i,1).feature(1,:);
                    % 分解后,新的聚类中心 1
                    Zdiv1(i,j) = Z(i,1).feature(1,j) + k_divide * S(i,j);
                    % 分解后,新的聚类中心 2
                    Zdiv2(i,j) = Z(i,1).feature(1,j) - k_divide * S(i,j);
                      % 分解后,新的聚类中心 1 写入聚类中心结构体数组第 i 项
                      Y2(i,1).feature(1,:) = [Zdiv1(1,:)];
                      % 分解后,新的聚类中心 2 写入聚类中心结构体数组第 Nc + N_divide 项
                      Y2(Nc + N_divide,1).feature(1,:) = [Zdiv2(1,:)];
                    Nc_divide = Nc_divide + 1;   % 分解后的聚类中心数
                    % 分类数不满足要求时,跳出循环
                    if (Nc_divide <= 2) | (Nc_divide >= 8)
                        flag2 = 1;               % 中间标志为 1,跳出循环
                        break;
                      end
                  end
              end
          end
        if flag2 == 1;                           % 中间标志为 1,跳出循环
              break;
          end
    end

    % 3. 删除
    Nc_delete = Nc;                              % 删除后的聚类中心数
    N_delete = 0;                                % 删除次数
    flag3 = 0;                                   % 中间标志
    Y3 = Z;
    k_delete = w * Np/Nc;
      for i = 1:Nc
        for j = 1:Nq
              % 删除条件
            if (T(i,1)<= k_delete) | (C(i,1)<= Avms & max(S(i,:))<= Fstd)
                Y3(i,1).feature(1,:) = [zeros(1,Nq)]; % 删除的聚类中心特征值赋 0
                N_delete = N_delete + 1; % 删除次数 + 1
                Nc_delete = Nc_delete - 1; % 删除后的聚类中心数 - 1
                % 分类数不满足要求时,跳出循环
                if (Nc_delete <= 2) | (Nc_delete >= 8)
                        flag3 = 1; % 中间标志为 1,跳出循环
                        break;
                  end
              end
          end
          if flag3 == 1;                         % 中间标志为 1,跳出循环
                break;
          end
      end

      % 类别调整后的聚类中心特征值
      Y4 = Z;
      for i = 1:Nc
          if Y1(i,1).feature(1,:)~ = Y4(i,1).feature(1,:)
             Z(i,1).feature(1,:) = Y1(i,1).feature(1,:);
```

```
                elseif Y2(i,1).feature(1,:)~= Y4(i,1).feature(1,:)
                    Z(i,1).feature(1,:) = Y2(i,1).feature(1,:);
                elseif Y3(i,1).feature(1,:)~= Y4(i,1).feature(1,:)
                    Z(i,1).feature(1,:) = Y3(i,1).feature(1,:);
                end
            end
            if Nc_divide > Nc
                for i = Nc + 1:Nc_divide
                    Z(i,1).feature(1,:) = Y2(i,1).feature(1,:);
                end
            end
            Y5 = Z;
            N1 = 0;                        % 已删除的聚类中心个数
            for i = 1:Nc_divide
                if Y5(i,1).feature(1,:) == [zeros(1,Nq)]
                    for i1 = i - N1:Nc_divide - N1 % 删除特征值为 0 的聚类中心
                        Z(i1,1).feature(1,:) = Y5(i1 + N1,1).feature(1,:);
                    end
                    N1 = N1 + 1;
                end
            end

        % 类别调整后的分类数
        Nc = Nc - N_combine + N_divide - N_delete;
```

程序运行完之后，出现如图 5-42 所示的 59 组数据分类图。

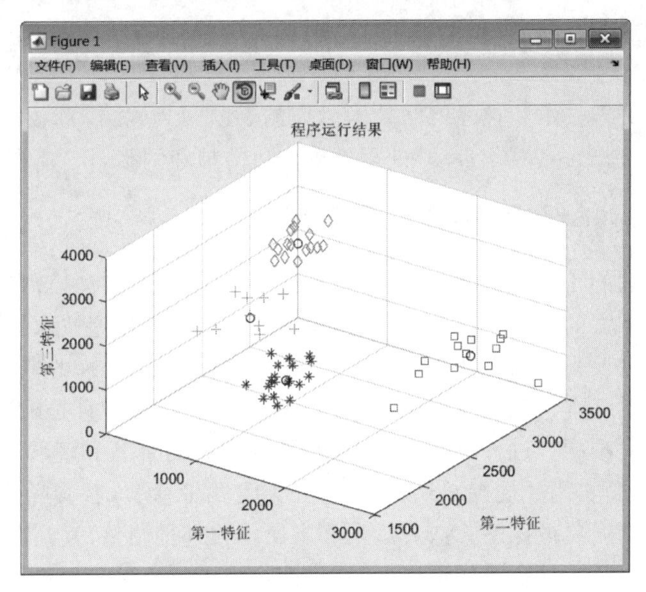

图 5-42 测试样本分类图

MATLAB 的运行结果如下：

```
A =
   1.0e+03 *
     1.7443    1.7519    1.9495
     0.3120    3.2136    2.2506
     2.2940    3.1569    1.0036
     1.2553    1.8340    2.9638
```

```
B' =
1 至 27 列
1    2    1    4    2    4    1    3    2    2    1    2    2    3
3    4    1    3    3    1    1    3    2    3    4    1    2
28 至 54 列
2    2    1    1    4    1    2    3    3    1    2    4    1    1
4    3    2    3    2    1    2    3    3    1    1    4    4
55 至 59 列
2    4    1    1    1
```

其中 A 为聚类中心,B′为分类结果。

5.8.5 结论

模糊 ISODATA 聚类分析方法对特性比较复杂而人们又缺少认识的对象进行分类,可以有效地实施人工干预,加入人脑思维信息,使分类结果更符合客观实际,给出相对的最优分类结果,因而具有一定的实用性。

然而由于该方法在计算中需要人为选择和确定不同的参数,该方法在数学理论上显得不够严谨。参数的选取也缺乏理论依据,选取最合适的参数也非常困难。这些参数的设定问题直接影响到模糊分类的分类精度和算法实现,使模糊 ISODATA 算法在实际应用中受到限制。

5.9 模糊神经网络

随着模糊信息处理技术和神经网络技术研究的不断深入,将模糊技术与神经网络技术进行了有机融合,构造出一种可“自动”处理模糊信息的神经网络——模糊神经网络。

5.9.1 模糊神经网络的应用背景

从模糊信息处理的角度来讲,自从模糊集合理论提出至今,有关模糊信息处理的理论和应用研究已取得了重大的发展,各种基于模糊逻辑和模糊信息处理技术的智能产品,已经走进各个工业控制领域及人们的消费生活中。但是作为模糊信息处理的核心,“模糊规则的自动处理”及“模糊变量基本状态隶属度函数的自动生成”问题,却一直是困扰模糊信息处理技术进一步推广的两大难题。过去,这些工作主要靠开发者的智慧和经验来进行。人们根据自己的经验,建立一套实用的规则及隶属函数,并去实践中检验,看实际系统的性能要求是否符合,如果不符,则通过试探的方法对规则和隶属函数进行调整,直到满足性能要求为止。但是正确的调整并不是一件容易的事,这一工作往往需要很长时间和反复探索才能完成。

然而,以非线性大规模并行处理为主要特征的神经网络技术的出现,凭借其强大的自学习功能,帮助模糊推理系统解决了“模糊规则的自动处理”及“模糊变量基本状态隶属度函数的自动生成”问题。模糊神经网络(Fuzzy Neural Network,FNN)将模糊系统和神经网络相结合,充分考虑了二者的互补性,集逻辑推理、语言计算、非线性动力学于一体,具有学习、联想、识别、自适应和模糊信息处理等功能。其本质就是将模糊输入信号和模糊权值输入常规的神经网络。

模糊神经网络有如下三种形式:①逻辑模糊神经网络;②算术模糊神经网络;③混合

模糊神经网络。模糊神经网络就是具有模糊权系数或者输入信号是模糊量的神经网络。上面三种形式的模糊神经网络中执行的运算方法不同。

模糊神经网络无论作为逼近器,还是模式存储器,都是需要学习和优化权系数的。学习算法是模糊神经网络优化权系数的关键。对于逻辑模糊神经网络,可采用基于误差的学习算法,也即监视学习算法。

对于算术模糊神经网络,则有模糊 BP 算法,遗传算法等。对于混合模糊神经网络,目前尚未有合理的算法;不过,混合模糊神经网络一般是用于计算而不是用于学习的,它不必一定学习。

本节将采用模糊神经网络离线的从学习样本数据中自动提取参数优化后的模糊参考模型,实现模糊推理系统的合理、正确建模。

5.9.2 模糊神经网络算法的原理

模糊推理系统类型的基本结构是一个模型,它将输入特性映射为输入隶属函数、输入隶属函数映射为规则、规则映射为一组输出特性、输出特性映射为输出隶属函数、输出隶属函数映射为一个单值输出或与输出相关的决策。因此,输入输出变量空间的划分、变量模糊集隶属函数的确定以及规则的个数、形式和各模糊算子 AND/OR 等的定义,对于模糊推理系统的建模至关重要。

假设要将模糊推理应用于一个系统,对该系统我们已经收集了用于建模、模型跟随或模式识别的输入/输出数据。但是,在某些情况下,不能根据数据就辨识出隶属函数的形状及决定语言变量的个数。即使对给定的隶属度函数也不能任意选择参数,参数的选择应使隶属度函数适应输入/输出数据。这时,就需借助模糊逻辑工具箱中的被称为神经自适应学习技术 ANFIS 选取最优的参数。

1. ANFIS 编辑器简介

ANFIS(Adaptive Neuro-Fuzzy Inference System,自适应神经模糊推理系统),最早于 1993 年由 Jyh-Shing Roger Jang 提出。采用模糊 if-then 规则建立模糊推理系统,该系统可以构造基于人类知识(以模糊 if-then 规则的形式)和规定的输入/输出数据对的输入输出映射,通过一给定的输入/输出数据集,利用 ANFIS 编辑器 GUI 构建一个模糊推理系统(FIS),与隶属度函数相关的参数将通过学习过程来改变,ANFIS 或者单独使用反向传播算法或者结合最小二乘法一起进行隶属度函数参数的预测与优化。神经自适应学习技术为模糊建模过程学习一个数据集的信息提供了一种方法,为计算隶属度函数参数最好允许相关的模糊推理系统跟踪给定的输入/输出数据(及自动调节隶属度函数的参数)。完成这一隶属度函数参数调节的模糊逻辑工具箱的函数是 anfis。可以从命令行或通过 ANFIS 编辑器 GUI 使用 anfis。为了操作简捷,这里选择 ANFIS 编辑器 GUI 实现 ANFIS 推理。

ANFIS 的某些约束如下。

ANFIS 比模糊推理系统复杂,并且并不是对所有的模糊推理系统都可用。特别地,ANFIS 只支持 Sugeno 型系统,并且还要满足:

(1) 一阶或零阶 Sugeno 型系统;

(2) 单输出,使用加权平均反模糊化法得到(线性或恒值输出隶属度函数);

(3) 每条规则的权值为 1。

如果建模的 FIS 结构不遵守这些约束将产生错误。

进一步,ANFIS 不能接受基本模糊推理允许的所有定制选项,即不能生成自己的隶属度函数和反模糊化函数,而必须使用其提供的一种。

下面给出了一种用神经网络实现基于 Takagi-Sugeno 型模糊系统的结构,将神经网络的学习功能引入模糊推理系统中,通过自学习的过程来修正隶属度函数,以提高系统的自适应能力,达到满意的期望值。

2. 两种典型的神经网络

- 基于标准模型的模糊神经网络
- 基于 T-S 的模糊神经网络

3. Takagi-Sugeno 模型

Takagi-Sugeno 型模糊推理计算简单,易于数学分析。与其他类型的模糊推理方法不同,Takagi-Sugeno 型模糊推理将去模糊化也结合到模糊推理中,其输出为精确量。一阶 Takagi-Sugeno 型模糊规则表达及计算公式如下:

$$R^{\prime}: IFx_1ISA_{1j}ANDx_2ISA_{2k}ANDx_3ISA_{3k}THENyISf_i \tag{5-58}$$

$$\mu_i = A_{1j}(x_1)\cdot A_{2k}(x_2)\cdot A_{3k}(x_3) \tag{5-59}$$

$$\overline{\mu_i} = \frac{\mu_i}{\sum\limits_{k=1}^{p}\mu_k} \tag{5-60}$$

$$y^* = \sum \overline{\mu_i} f_i \tag{5-61}$$

其中 A_{1j}, A_{2k}, A_{3l} 为模糊变量,$A_{1j}(x_1), A_{2k}(x_2), A_{3l}(x_3)$为隶属函数,$f_i$ 为常数。

设 $j=1,2,\cdots,j_0, k=1,2,\cdots,k_0, l=1,2,\cdots,l_0$;$j_0, k_0, l_0$ 是模糊子集个数,则 $p=j_0\cdot k_0\cdot l_0$ 为模糊规则最大条数。若取 $j_0=k_0=l_0=3$,则有 $p=27$。

4. 模糊神经网络的结构与学习算法

利用 ANFIS 构造的模糊神经网络结构如图 5-43 所示。该网络由前件网络和后件网络

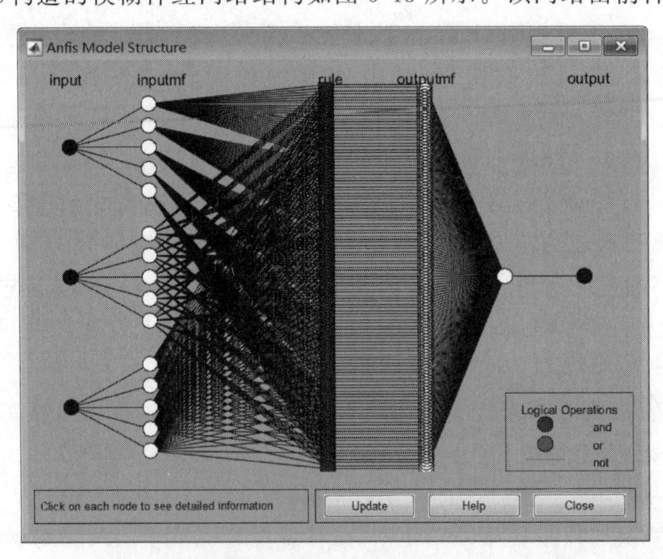

图 5-43　利用 ANFIS 构造的模糊神经网络结构

两部分组成，前件网络由前四层构成，用来匹配模糊规则的前件，后件网络简化为最后一层，用来产生模糊规则的后件。

网络由 5 层构成，第 1 层为网络的模式输入层，输入节点是线性的，由 3 个神经元组成，将网络的输入信号 $\boldsymbol{x}=[x_1,x_2,x_3]^{\mathrm{T}}$ 传送到下一层。

第 2 层为网络的隐含层，计算各输入分量属于语言变量值的模糊集的隶属函数 μ_i^j，其中 $\mu_i^j=\mu_{A_i^j}(x_i)(i=1,2,\cdots,n;j=1,2,\cdots,m_i)$，$n$ 是输入量维数 3，m_i 为输入量的模糊分割数 5；隶属函数为

$$\mu_i^j=\exp\left[\frac{-(x_i-c_{ij})^2}{\sigma_{ij}^2}\right] \tag{5-62}$$

式中 c_{ij} 和 σ_{ij} 分别表示隶属函数的中心和宽度。

第 3 层的每个节点代表一条模糊规则，用来匹配模糊规则的前件，计算出每条规则的适用度。即

$$a_j=\min\{\mu_j^{i1},\mu_j^{i2},\mu_j^{i3}\},j=1,2,\cdots,m;m=\prod_{i=1}^{n}m_i \tag{5-63}$$

$$i_1\in\{1,2,\cdots,m_1\},i_2\in\{1,2,\cdots,m_2\},i_3\in\{1,2,\cdots,m_3\} \tag{5-64}$$

该层的节点总数 $\mathrm{N}_3=m$，对于给定的输入，只有在输入点附近的语言变量值才有较大的隶属度值，远离输入点的语言变量值的隶属度或者很小或者为 0。当隶属度很小(例如小于 0.05)时近似取为 0。

第 4 层的节点数与第 3 层相同，即 $\mathrm{N}_4=\mathrm{N}_3=m$，它所实现的是归一化计算，即

$$\bar{\alpha}=\alpha_i/m\sum_{i=1}\alpha_i(j=1,2,\cdots,m) \tag{5-65}$$

第 5 层是后件网络，用于计算每一条规则的后件，即

$$v_j=p_{j0}+p_{j1}x_1+\cdots+p_{jn}x_n=\sum_{k=0}^{n}p_{jk}x_k \tag{5-66}$$

式中 $j=1,2,\cdots,m$。

每条规则的后件在简化结构中变成了最后一层的连接权，系统的输出为

$$v=\sum_{j=1}^{m}\bar{\alpha}v_j \tag{5-67}$$

可见 v 是各规则后件的加权和，加权系数为各模糊规则归一化的适用度，也即前件网络的输出用作后件网络的连接权值。

假设各输入分量的模糊分割数是预先确定的，那么需要学习的参数主要是后件网络的连接权 $p_{ji}(j=1,2,\cdots,m;i=0,1,\cdots,n)$ 以及前件网络第二层各节点隶属函数的中心值 c_{ij} $(j=1,2,\cdots,m;i=0,1,\cdots,m_i)$ 和宽度 $\sigma_{ij}(j=1,2,\cdots,m;i=0,1,\cdots,m_i)$。

设误差代价函数为

$$E=\frac{1}{2}\sum_{i=1}^{r}(v_{di}-v_i)^2 \tag{5-68}$$

式中，v_{di} 和 v_i 分别表示期望输出和实际输出。

下面首先给出参数 p_{ji}^k 的学习算法

$$\frac{\partial E}{\partial p_{ji}^{k}}=\frac{\partial E}{\partial v_k}\frac{\partial v_k}{\partial v_{kj}}\frac{\partial v_{kj}}{\partial p_{ji}^{k}}=-(v_{dk}-v_k)\overline{\alpha_j}x_i \tag{5-69}$$

$$p_{ji}^{k}(l+1)=p_{ji}^{k}(l)-\beta\frac{\partial E}{\partial p_{ji}^{k}}=p_{ji}^{k}(l)+\beta(V_{dk}-v_k)\overline{\alpha_j}x_i \tag{5-70}$$

式中,$j=1,2,\cdots,m$; $i=0,1,\cdots,n$; $k=1,2,\cdots,r$; $\beta>0$ 为学习率。

这时可将参数 p_{ji}^{k} 固定,利用误差反传算法来计算 $\frac{\partial E}{\partial c_{ij}}$ 和 $\frac{\partial E}{\partial \sigma_{ij}}$,再利用梯度寻优算法来调节 c_{ij} 和 σ_{ij},可得所求一阶梯度为

$$\frac{\partial E}{\partial c_{ij}}=\frac{\partial E}{\partial f_{ij}^{(2)}}\frac{\partial f_{ij}^{(2)}}{\partial c_{ij}}=-\delta_{ij}^{(2)}\frac{2(x_i-c_{ij})}{\sigma_{ij^2}} \tag{5-71}$$

$$\frac{\partial E}{\partial \sigma_{ij}}=\frac{\partial E}{\partial f_{ij}^{(2)}}\frac{\partial f_{ij}^{(2)}}{\partial \sigma_{ij}}=-\delta_{ij}^{(2)}\frac{2(x_i-c_{ij})}{\sigma_{ij^3}} \tag{5-72}$$

最后可给出参数调整的学习算法为

$$c_{ij}(l+1)=c_{ij}(l)-\beta\frac{\partial E}{\partial c_{ij}} \quad i=1,2,\cdots,m;j=0,1,\cdots,m_i \tag{5-73}$$

$$\sigma_{ij}(l+1)=\sigma_{ij}(l)-\beta\frac{\partial E}{\partial \sigma_{ij}} \quad i=1,2,\cdots,m;j=0,1,\cdots,m_i \tag{5-74}$$

其中,$\beta>0$ 为学习率。

在设计中使用BP神经网络训练系统,其学习的主要参数为第2层各节点隶属函数的转折点,并依据输出误差优化隶属度函数。

5.9.3 模糊系统与神经网络的比较

模糊系统与神经网络可以从知识的表达方式、存储方式、运用方式、获取方式进行比较,如表5-6所示。

表5-6 模糊系统与神经网络的区别与联系

	神经网络	模糊系统
基本组成	多个神经元	模糊规则
知识获取	样本、算法实例	专家知识、逻辑推理
知识表示	分布式表示	隶属函数
推理机制	学习函数的自控制、并行运算、速度快	模糊规则的组合、启发式探索、速度慢
推理操作	神经元的叠加	隶属函数的最大——最小
自然语言	实现不明确,灵活性低	实现明确,灵活性高
自适应性	通过调整权值学习,容错性高	归纳学习,容错性低
优点	自学习自组织能力,容错,泛化能力	可利用专家的经验
缺点	黑箱模型,难以表达知识	难于学习,推理过程中模糊性增加

模糊系统——可以表达人的经验性知识,便于理解;
将知识存在规则集中;
同时激活的规则不多,计算量小;
规则靠专家提供或设计,难以自动获取。

神经网络——只能描述大量数据之间的复杂函数关系；

将知识存在权系数中，具有分布存储的特点；

涉及的神经元很多，计算量大；

权系数可从输入输出样本中学习，无须人来设置；

黑箱模型，参数不直观，物理意义不明确。

5.9.4　模糊神经网络分类器的 MATLAB 实现

1. 样本数据的标准化

为提高运算速率及误差精度，需要对训练样本及测试样本进行数据的标准化。样本数据的标准化只对样本指标数据进行预处理，使其特征值映射到[0,1]区间上。设有 f 个样本 $x_1, x_2, \cdots, x_f$，每个样本 x_i 具有 n 个样本指标 $z_1, z_2, \cdots, z_n$；x_{ij} 表示第 i 个样本的第 j 个指标，f 个样本的 n 个指标可用表 5-7 表示。

表 5-7　样本指标数据

指　　标	z_1	z_2	z_3	……	z_n
x_1	x_{11}	x_{12}	x_{13}	……	x_{1n}
x_2	x_{21}	x_{22}	x_{23}	……	x_{2n}
……	……	……	……	……	……
x_f	x_{f1}	x_{f2}	x_{f3}	……	x_{fn}

f 个样本第 j 个指标的平均值及标准差分别为

均值：$x_j = \frac{1}{f}\sum_{i=1}^{f} x_{ij}$　　(5-75)

标准差：$S_j = \sqrt{\frac{1}{f}\sum_{i=1}^{f}(x_{ij} - x_j)^2}$　　(5-76)

原始数据标准化为 $x'_{ij} = \frac{x_{ij} - x_j}{S_j}$　　(5-77)

运用极值标准化值公式，将标准化数据压缩到[0,1]内，即

$$x_{ij} = \frac{x'_{ij} - x'_{j\min}}{x'_{j\max} - x'_{j\min}} \tag{5-78}$$

式中，$x'_{j\min}$ 和 $x'_{j\max}$ 分别表示 $x'_{1j}, x'_{2j}, \cdots, x'_{fj}$ 中最小值和最大值；x_{ij} 为标准化后的指标，标准化后的样本如表 5-8 所示。

表 5-8　标准化后的样本

样　本　号	特 征 向 量		
Record_#1	0.5866	0.0613	0.628
Record_#2	0.1194	0.7945	0.6393
Record_#3	0.5924	0.0493	0.3306
Record_#4	0.2874	0.0467	0.7192
Record_#5	0.068	0.7802	0.4952
Record_#6	0.292	0.2465	0.856
Record_#7	0.6083	0.0135	0.5494

续表

样 本 号	特 征 向 量		
Record_#8	0.7959	0.5193	0.2956
Record_#9	0.129	0.8842	0.5453
Record_#10	0.1106	0.9974	0.6505
Record_#11	0.529	0.0903	0.405
Record_#12	0.0277	0.9516	0.6367
Record_#13	0.1626	0.908	0.5605
Record_#14	0.7772	0.9258	0
Record_#15	0.7072	0.8412	0.0164
Record_#16	0.4768	0.1135	0.7552
Record_#17	0.6227	0.1877	0.5709
Record_#18	0.7457	0.8759	0.2252
Record_#19	1	0.8762	0.0428
Record_#20	0.5705	0.1611	0.5312
Record_#21	0.5663	0.0097	0.4015
Record_#22	0.95	0.7581	0.4893
Record_#23	0.0508	0.7931	0.6053
Record_#24	0.6972	0.853	0.2436
Record_#25	0.4873	0.0439	0.9687
Record_#26	0.5563	0.0811	0.3493
Record_#27	0.1086	0.7891	0.6425
Record_#28	0.0913	0.7988	0.5244
Record_#29	0.073	0.7896	0.5794
Record_#30	0.5738	0.043	0.5176
Record_#31	0.6338	0.1579	0.4859
Record_#32	0.2884	0.4038	0.675
Record_#33	0.6179	0.0811	0.361
Record_#34	0.1493	0.8919	0.5527
Record_#35	0.8037	0.9295	0.1485
Record_#36	0.7686	1	0.1387
Record_#37	0.6016	0.0212	0.5826
Record_#38	0.0598	0.8793	0.6446
Record_#39	0.5027	0.2677	0.6802
Record_#40	0.5378	0.1892	0.5371
Record_#41	0.5384	0.1889	0.3673
Record_#42	0.4168	0.1336	0.9808
Record_#43	0.7905	0.5623	0.3593
Record_#44	0.1128	0.9051	0.6205
Record_#45	0.7249	0.4904	0.0189
Record_#46	0.1375	0.804	0.5139
Record_#47	0.5071	0	0.4789
Record_#48	0.109	0.8902	0.5069
Record_#49	0.7447	0.8512	0.1351
Record_#50	0.755	0.7896	0.2577
Record_#51	0.532	0.1012	0.6507

续表

样 本 号	特 征 向 量		
Record_#52	0.6627	0.0198	0.4389
Record_#53	0.5029	0.2078	1
Record_#54	0.3765	0.0195	0.8109
Record_#55	0	0.9817	0.5432
Record_#56	0.4258	0.1837	0.7313
Record_#57	0.6079	0.0877	0.483
Record_#58	0.6131	0.1923	0.6053
Record_#59	0.6279	0.1172	0.4522

2. 建立 BP 神经网络

BP 神经网络 MATLAB 程序代码如下：

```
function f = bpfun()
% Neural Network—bpfun.m
% 输入矩阵的范围(数据源)
P = [20 3000;1400 3500;500 3500;];
% 创建网络
net = newff(P,[6 1],{'tansig' 'purelin'});
% 初始化神经网络
net = init(net);
% 两次显示之间的训练步数 默认为 25
net.trainParam.show = 50;
% lr 不能选择太大 太大了会造成算法不收敛 太小了会使训练时间太长
% 一般选择 0.1～0.01
% 训练速度
net.trainParam.lr = 0.05;
% 训练次数 默认为 100
net.trainParam.epochs = 2000;
% 训练时间 默认为 inf,表示训练时间不限
net.trainParam.time = 5000;
% 训练的目标 默认为 0
net.trainParam.goal = 0.001;
% 建立源数据的矩阵
SourceDataConvert = importdata('bp_train_sample_data.dat');
SourceData = SourceDataConvert'
TargetConvert = importdata('bp_train_target_data.dat');
Target = TargetConvert'
% 神经网络训练
net = train(net,SourceData,Target)
% 显示训练后的各层权重
mat1 = cell2mat(net.LW(1,1))
mat2 = cell2mat(net.LW(2,1))
% mat3 = cell2mat(net.LW(3,2))
% 读取仿真文件数据
simulate_data_convert = importdata('bp_simulate_data.dat');
simulate_data = simulate_data_convert';
result = sim(net,simulate_data)
result = result'
grid;
Title('bp 神经网络：训练次数 - 输出误差对应关系图');
```

```
XLabel('训练次数');
YLabel('误差值');
%打开存储仿真结果的文件 a 追加结果 w+ 清除原有内容后读或写
fid=fopen('result.dat','w+');
if fid==-1
       disp('file open error')
       fclosed(fid);
       return;
else
         ;
end
%仿真的样本数
simulate_num=30;
%存储结果到文件中
for i=1:1:simulate_num
       fprintf(fid,'%f',result(i));
       fprintf(fid,'%s','');
end
%换行输入
fprintf(fid,'%s\r\n','');
%fprintf(fid,'%f',20);

%关闭文件
fclose(fid);

%可以把结果文件的数据读出进行操作
matrix=importdata('result.dat');
```

由 BP 网络分出类的测试样本将被用于下面的检验。

3. 利用 ANFIS 编辑器 GUI 建模过程

在 MATLAB 命令行键入 anfisedit 即可进入 ANFIS 编辑器的 GUI 图形编辑环境,如图 5-44 所示。

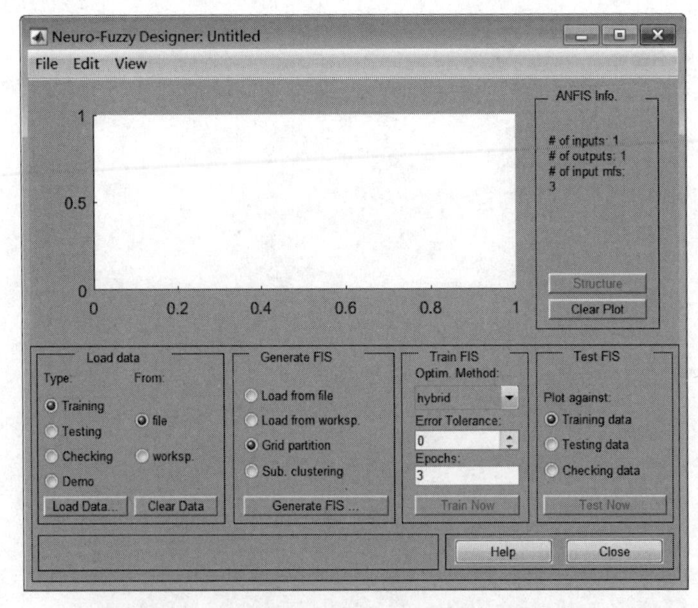

图 5-44 ANFIS 编辑器的 GUI 图形编辑环境界面

选择给定的已分类的数据作为训练样本，选择利用 BP 神经网络分出类的测试样本作为检验样本，然后选中 Grid partition，单击 Generate FIS，即可生成一个基于 Sugeno 模型的 FIS 界面，如图 5-45 所示。选择 INPUT Number OF MFs 为 5，MF TYPE 为 gaussmf（高斯型），选择输出为 constant，单击 OK 按钮，即可生成一个 FIS，如图 5-46 所示。

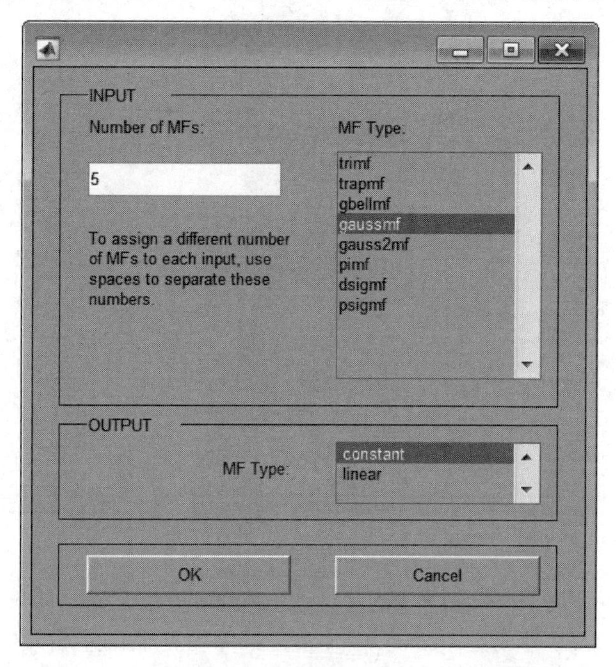

图 5-45　设置输入变量函数的个数、类型及输出类型

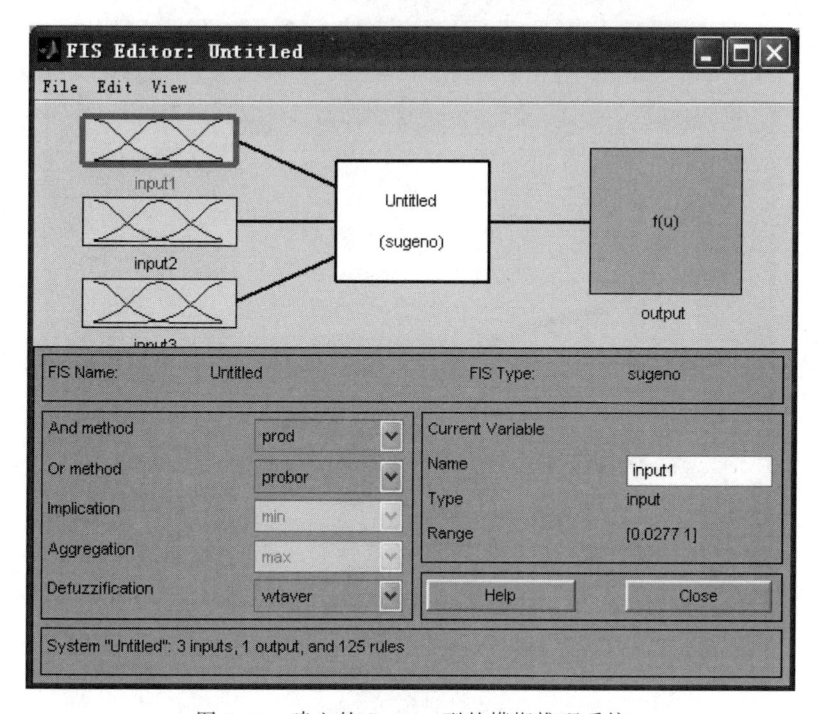

图 5-46　建立的 Sugeno 型的模糊推理系统

单击 Structure 可以观察模糊神经网络的结构,如图 5-47 所示。

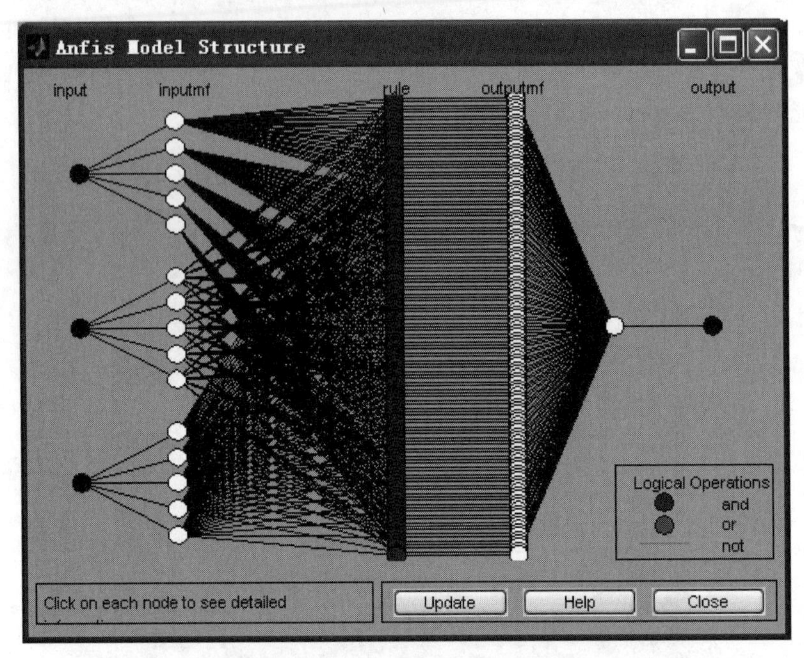

图 5-47　模糊神经网络的结构图

选择 Optim. Method 为 backpropa; Error Tolerance 为 0.001; Epochs 为 1300,进行训练,即可通过神经网络对生成的 FIS 进行训练。逼近均方根误差曲线图如图 5-48 所示,当训练次数为 690 时,误差降到约为 0.0001。

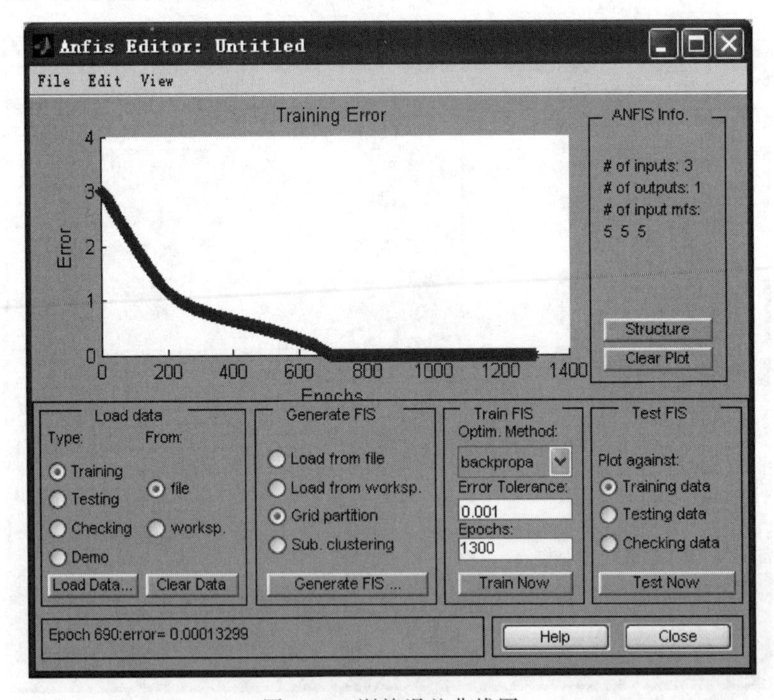

图 5-48　训练误差曲线图

训练样本经过 FIS 后，其输出散点图如图 5-49 所示。

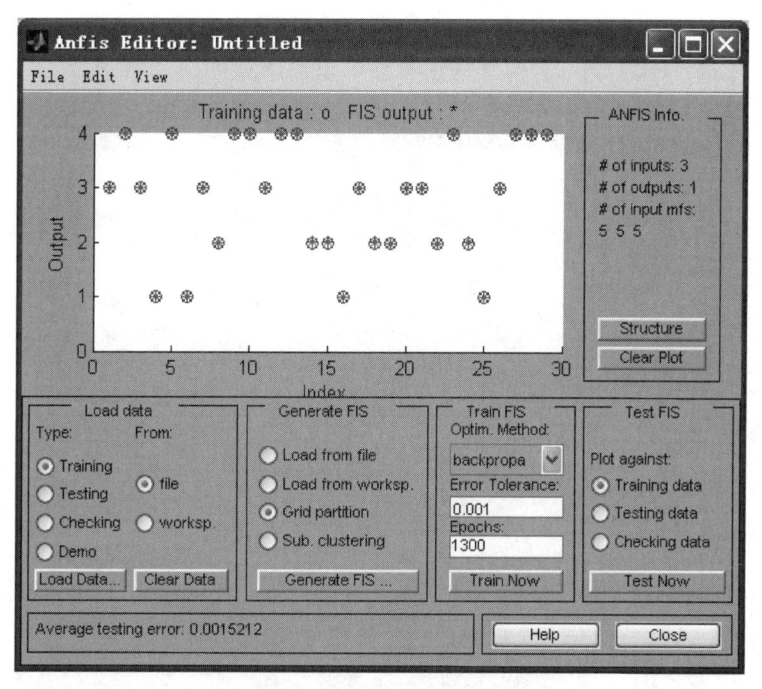

图 5-49 输出散点图

使用经 BP 神经网络训练后分类的测试样本作为检测集，同样的测试样本经过 ANFIS 后其输出散点图与 BP 神经网络分类的散点对比图如图 5-50 所示。

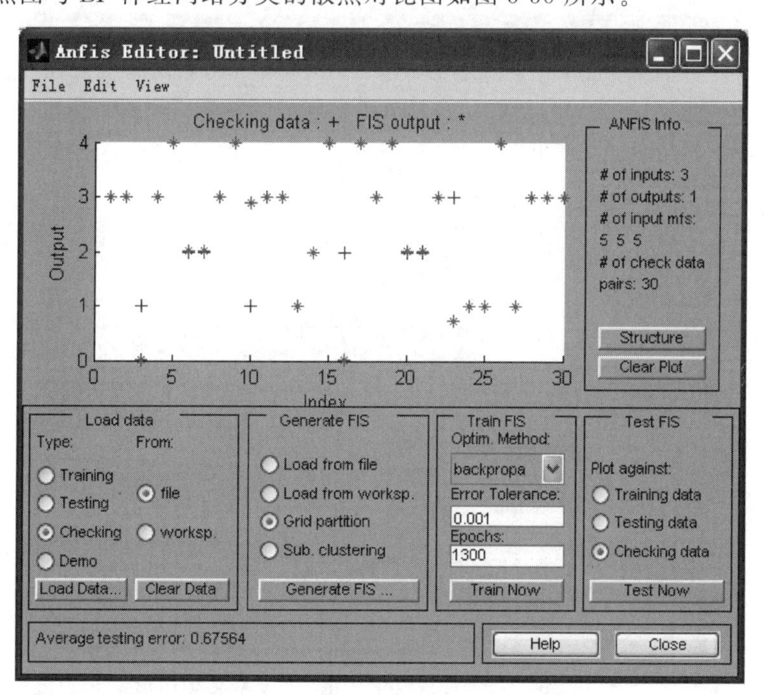

图 5-50 对比图

如图 5-50 所示，测试集中第 3、16、23 个样本的输出与 BP 神经网络分类不同，其他值均完全符合。经过反向误差传播算法优化后的 FIS 系统三个输入变量的隶属函数分别如图 5-51、图 5-52、图 5-53 所示，输出变量优化后的隶属函数如图 5-54 所示。

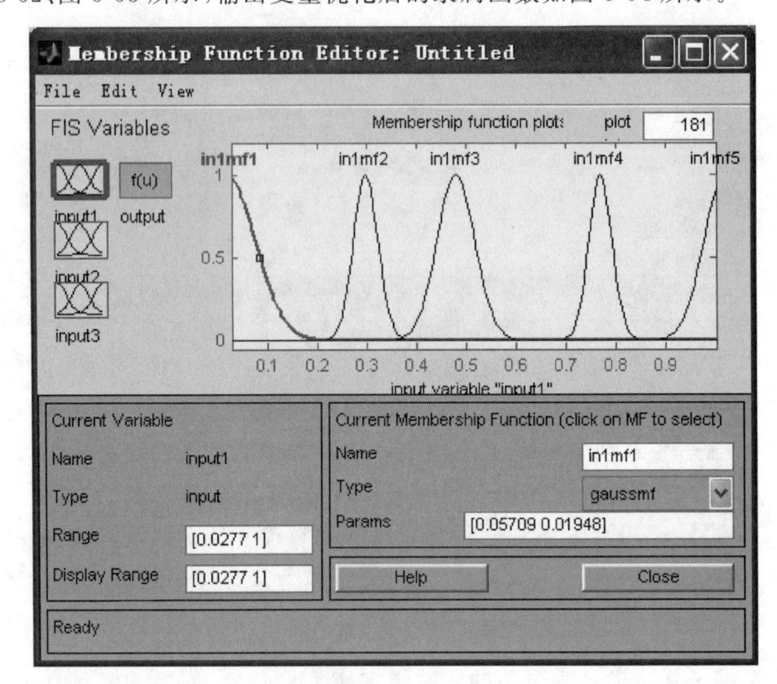

图 5-51 第 1 个输入变量优化后的隶属函数图形

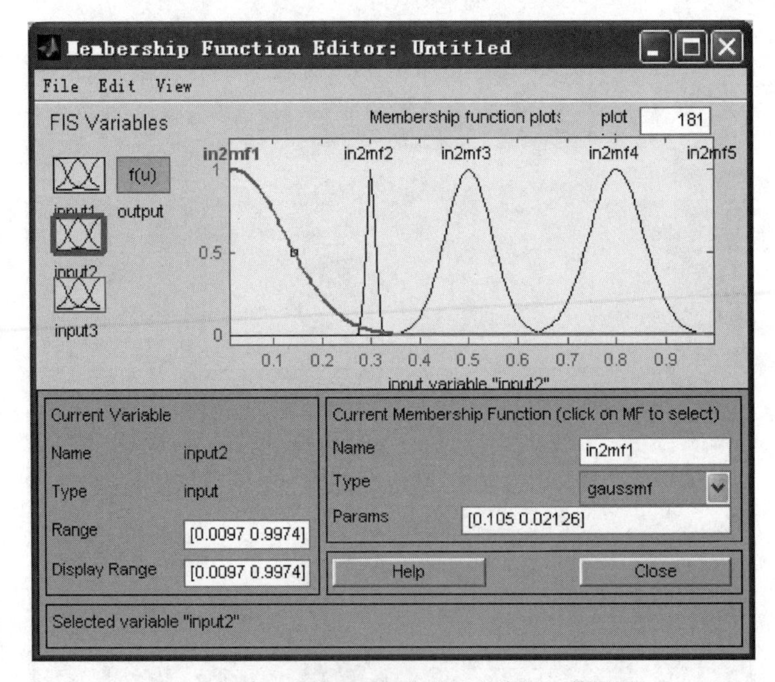

图 5-52 第 2 个输入变量优化后的隶属函数图形

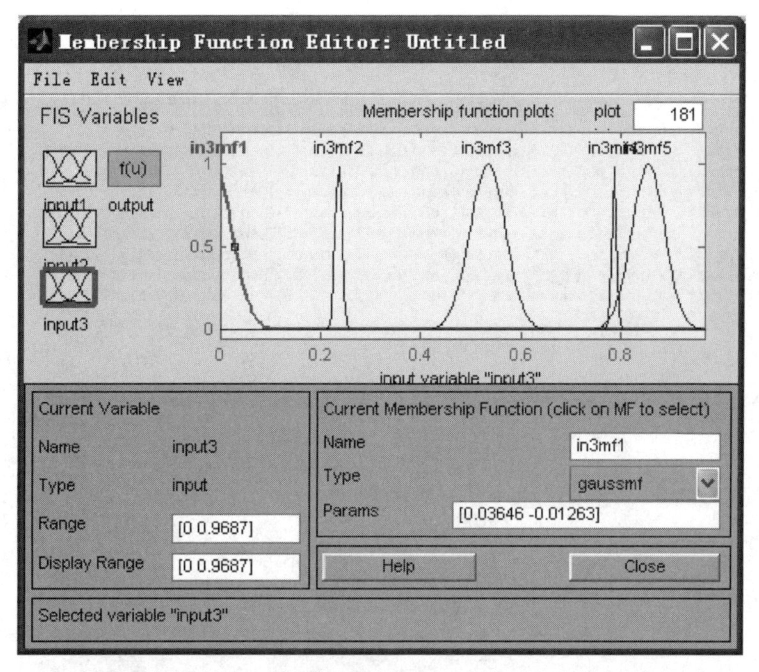

图 5-53 第 3 个输入变量优化后的隶属函数图形

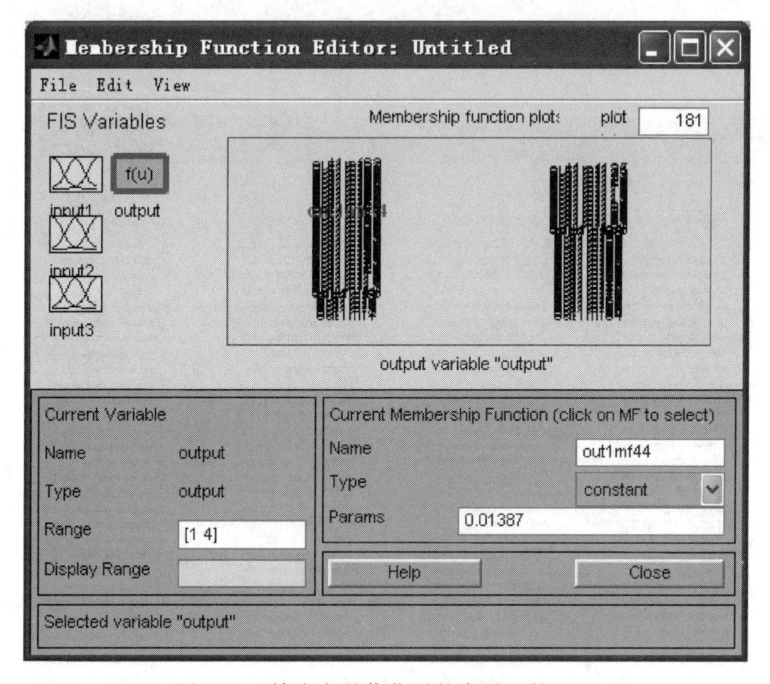

图 5-54 输出变量优化后的隶属函数图形

模糊规则如图 5-55 所示,其中所有规则的权重值均为 1。

规则编辑器如图 5-56 所示。

经过训练优化后的曲面观测图如图 5-57 所示。

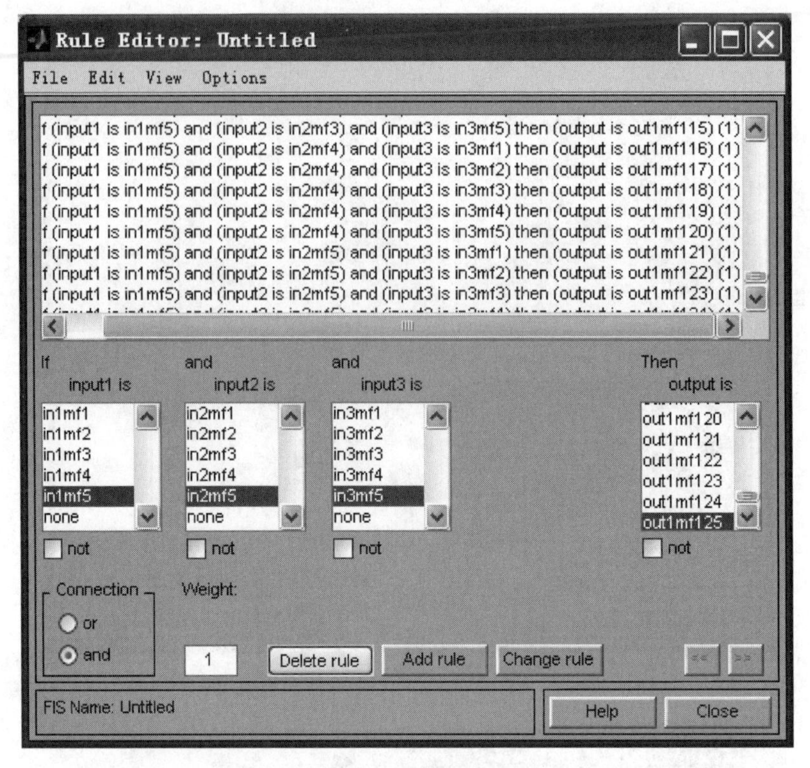

图 5-55　FIS 模糊规则图

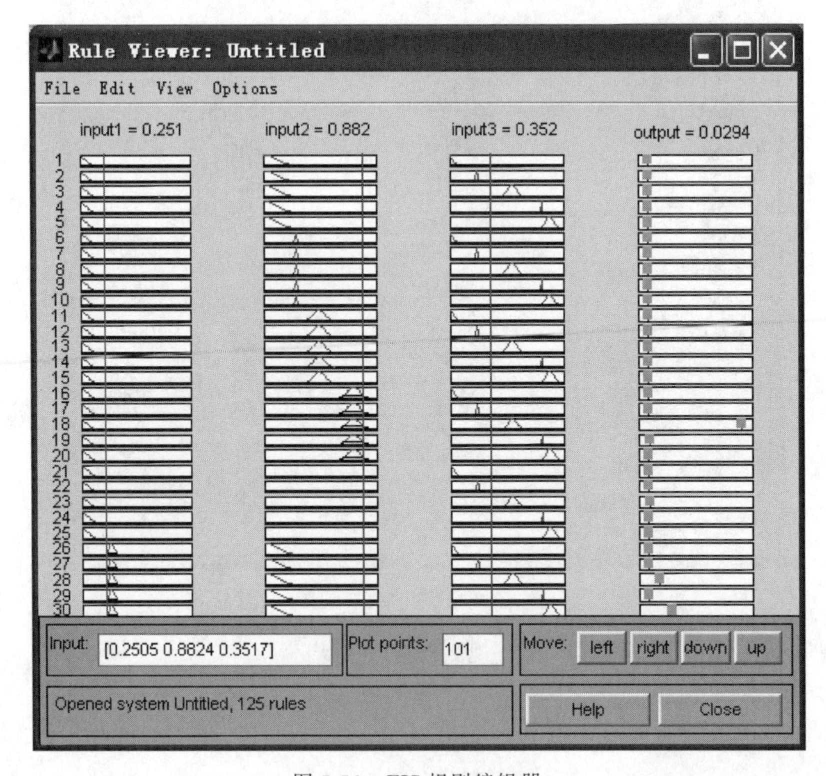

图 5-56　FIS 规则编辑器

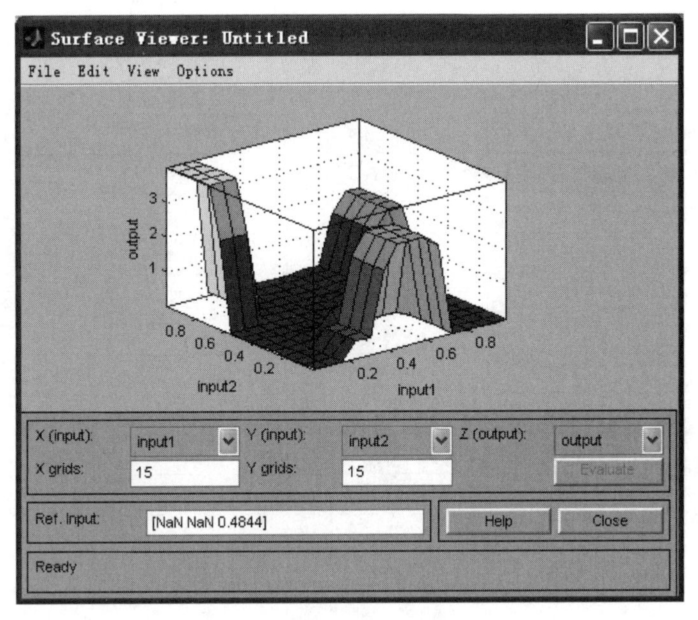

图 5-57　曲面观测图

4. 模糊神经网络分类结果

模糊神经网络的分类结果如表 5-9 所示。

表 5-9　模糊神经网络的分类结果

特征向量			BP 模糊仿真结果	样本分类
1702.8	1639.79	2068.74	3	3
1877.93	1860.96	1975.3	3	3
867.81	2334.68	2535.1	未分出	1
1831.49	1713.11	1604.68	3	3
460.69	3274.77	2172.99	4	4
2374.98	3346.98	975.31	2	2
2271.89	3482.97	946.7	2	2
1783.64	1597.99	2261.31	3	3
198.83	3250.45	2445.08	4	4
1494.63	2072.59	2550.51	2.8	3
1597.03	1921.52	2126.76	3	3
1598.93	1921.08	1623.33	3	3
1243.13	1814.07	3441.07	1	1
2336.31	2640.26	1599.63	2	2
354	3300.12	2373.61	4	4
2144.47	2501.62	591.51	未分出	2
426.31	3105.29	2057.8	4	4
1507.13	1556.89	1954.51	3	3

续表

特征向量			BP模糊仿真结果	样本分类
343.07	3271.72	2036.94	4	4
2201.94	3196.22	935.53	2	2
2232.43	3077.87	1298.87	2	2
1580.1	1752.07	2463.04	3	3
1962.4	1594.97	1835.95	未分出	3
1495.18	1957.44	3498.02	1	1
1125.17	1594.39	2937.73	1	1
24.22	3447.31	2145.01	4	4
1269.07	1910.72	2701.97	1	1
1802.07	1725.81	1966.35	3	3
1817.36	1927.4	2328.79	3	3
1860.45	1782.88	1875.13	3	3

5.9.5 结论

模糊神经网络结合了神经网络系统和模糊系统的长处,它在处理非线性、模糊性等问题上有很大的优越性,在智能信息处理方面存在巨大的潜力,使得越来越多的专家学者投入到这个领域中,并做出了卓有成效的研究成果。模糊神经网络可用于模糊回归、模糊控制器、模糊专家系统、模糊谱系分析、模糊矩阵方程、通用逼近器等领域。

习题

1. 从模糊逻辑的发展过程看,模糊逻辑具有哪些特点?
2. 模糊逻辑描述的不确定性包含哪些?请举例说明。
3. 如何理解模糊集合与经典集合的关系?隶属度函数的引入对模糊系统有何意义?
4. 简述模糊 C 均值算法的原理。
5. 简述模糊神经网络的原理。
6. 设 $U=\{u_1,u_2,u_3,u_4,u_5,u_6\}$,若 $A,B\in F(U)$,$A=\frac{0.1}{u_1}+\frac{0.8}{u_2}+\frac{1}{u_3}+\frac{0.6}{u_5}$,$B=\frac{0.2}{u_1}+\frac{0.5}{u_2}+\frac{0.1}{u_4}+\frac{1}{u_6}$,求 $A\cup B$、$A\cap B$、A^C、$A\cup A^C$ 和 $A\cap A^C$。
7. 已知 $X\times Y$ 的二元关系矩阵 $\boldsymbol{R}$ 为

$$\boldsymbol{R}=\begin{bmatrix}0.1 & 0.5 & 0.3 & 0.8 & 1 & 0.6\\0.2 & 0.3 & 0.7 & 1 & 0.9 & 0.3\\0.2 & 0.2 & 0.1 & 1 & 0.8 & 0.9\\0.5 & 0.4 & 0.6 & 0.6 & 0.2 & 0.6\\0.3 & 1 & 1 & 0.8 & 0.8 & 0.5\\1 & 1 & 1 & 0.9 & 0.1 & 0.2\end{bmatrix}$$

当$\lambda=0.8$时，求$\boldsymbol{R}_{\lambda}$。

8. 已知温度-压力的关系模糊矩阵$\boldsymbol{R}=\begin{bmatrix}0.8 & 0.6 & 0.3\\0.5 & 0.2 & 0.7\\0.3 & 0.9 & 0.5\end{bmatrix}$，压力-湿度的关系模糊矩阵$\boldsymbol{R}=\begin{bmatrix}0.7 & 0.5 & 0.2\\0.1 & 0.2 & 0.5\\0.3 & 0.5 & 0.7\end{bmatrix}$，求温度-湿度的关系模糊矩阵。

9. 设$A\in X,B\in Y,A=$任务量大，$B=$时间长。论域X（任务量）$=\{1,2,3,4,5,6\}$，$\mu_A(x)=\frac{0.1}{1}+\frac{0.2}{2}+\frac{0.4}{3}+\frac{0.6}{4}+\frac{0.9}{5}+\frac{1}{6}$，$Y$（时间）$=\{1,2,3,4,5,6,7\}$，$\mu_B(y)=\frac{0.1}{1}+\frac{0.2}{2}+\frac{0.4}{3}+\frac{0.6}{4}+\frac{0.8}{5}+\frac{0.9}{6}+\frac{1}{7}$。"若$A$则$B$"（若任务量大，则需要的时间长）为推论的大前提，给出模糊关系$R=A\rightarrow B$。使用Mamdani推理方法推导出给定A'，$\mu_{A'}(x)=\frac{0.2}{1}+\frac{0.5}{2}+\frac{0.8}{3}+\frac{1}{4}+\frac{0.8}{5}$，在"任务量较大"情况下的结论$B'$（"时间较长"）。

10. 在电饭煲的模糊控制中，已知米量适中为A，$\mu_A(x)=\frac{0.3}{1}+\frac{0.6}{2}+\frac{1}{3}+\frac{0.5}{4}+\frac{0.1}{5}$，水量适中为$B$，$\mu_B(y)=\frac{0.2}{1}+\frac{1}{2}+\frac{0.7}{3}$，加热时间适中为$C$，$\mu_C(z)=\frac{0.3}{11}+\frac{1}{13}+\frac{0.7}{17}$。已知米量大为$A'$，$\mu_{A'}(x)=\frac{0.1}{1}+\frac{0.6}{2}+\frac{0.9}{3}+\frac{1}{4}+\frac{0.8}{5}$，水量多为$B'$，$\mu_{B'}(y)=\frac{0.1}{1}+\frac{0.7}{2}+\frac{0.9}{3}$，求在米量大且水量多的情况下，加热时间长$C'$。

第6章

神经网络及聚类设计

在 20 世纪的很长时间里，科学家期望使用计算机系统模拟人类思维。大约 50 年过去了，研究者建立了第一个神经网络的电子硬件模型。从此，大量科学团体致力于新的数学模型和训练算法的研究。

6.1 什么是神经网络

从生物学的角度说，“神经”就是“神经系统”的缩写。“神经系统”是机体内起主导作用的系统，包括中枢神经和周围神经两部分。中枢神经通过周围神经与其他各个器官、系统发生极其广泛的联系。

那么这种联系是如何发生的呢？这与神经系统的生物结构有关，神经系统由神经细胞（神经元）和神经胶质组成。在人体的神经系统里，神经元的神经纤维主要集中在周围神经系统，其中许多神经纤维集结成束，外面包着由结缔组织组成的膜，就成为一条神经。它可以把中枢神经系统的兴奋传递给各个器官，也可把各个器官的兴奋传递给中枢神经系统的组织，这样就实现了中枢神经与人体其他各个器官、系统的联系。

上面所叙述的内容只是纯粹的生物学理论，那么又和控制理论中的“神经网络”有何关联？让我们从“神经网络”技术的发展历程寻找答案。

6.1.1 神经网络的发展历程

神经网络研究的主要发展过程大致可分为 4 个阶段。

1. 第一阶段：启蒙时期（20 世纪 60 年代以前）

西班牙解剖学家 Cajal 于 19 世纪末创立了神经元学说，该学说认为神经元的形状呈两极，其细胞体和树突从其他神经元接受冲动，而轴突则将信号向远离细胞体的方向传递。在他之后发明的各种染色技术和微电极技术不断提供了有关神经元的主要特征及其电学性质。

M-P 神经网络模型：1943 年，美国的心理学家 W. S. McCulloch 和数学家 W. A. Pitts 在论文《神经活动中所蕴含思想的逻辑活动》中，提出了一个非常简单的神经元模型，即 M-P 模型。该模型将神经元当作一个功能逻辑器件来对待，从而开创了神经网络模型的理论研究。

Hebb 学习法则：1949 年，心理学家 D. O. Hebb 写了《行为的组织》一书，在这本书中他提出了神经元之间连接强度变化的规则，即后来所谓的 Hebb 学习法则。Hebb 写道："当神经细胞 A 的轴突足够靠近细胞 B 并能使之兴奋时，如果 A 重复或持续地激发 B，那么这两个细胞或其中一个细胞上必然有某种生长或代谢过程上的变化，这种变化使 A 激活 B 的效率有所增加。"简单地说，就是如果两个神经元都处于兴奋状态，那么它们之间的突触连接强度将会得到增强。

20 世纪 50 年代初，生理学家 Hodykin 和数学家 Huxley 在研究神经细胞膜等效电路时，将膜上离子的迁移变化分别等效为可变的 Na^+ 电阻和 K^+ 电阻，从而建立了著名的 Hodykin-Huxley 方程。这些先驱者的工作激发了许多学者从事这一领域的研究，从而为神经计算的出现打下了基础。

感知器模型：1958 年，F. Rosenblatt 等研制出了历史上第一个具有学习型神经网络特点的模式识别装置，即代号为 Mark I 的感知器(Perceptron)。对于最简单的没有中间层的感知器，Rosenblatt 证明了一种学习算法的收敛性，这种学习算法通过迭代的改变连接权来使网络执行预期的计算。

ADALINE 模型：1959 年，Rosenblatt 和 B. Widrow 等创造出了一种不同类型的会学习的神经网络处理单元，即自适应线性元件 Adaline，并且还为 Adaline 找出了一种有力的学习规则，这个规则至今仍被广泛应用。Widrow 还建立了第一家神经计算机硬件公司，并在 20 世纪 60 年代中期实际生产商用神经计算机和神经计算机软件。

除 Rosenblatt 和 Widrow 外，在这个阶段还有许多人在神经计算的结构和实现思想方面做出了很大的贡献。例如，K. Steinbuch 研究了称为学习矩阵的一种二进制联想网络结构及其硬件实现。N. Nilsson 于 1965 年出版的《机器学习》一书对这一时期的活动做了总结。

2. 第二阶段：低潮时期(20 世纪 60 年代末到 80 年代初)

1969 年 M. Minsky 和 S. Papert 所著的《感知器》一书出版了。该书对单层神经网络进行了深入分析，并且从数学上证明了这种网络功能有限，甚至不能解决像"异或"这样的简单逻辑运算问题。同时，他们还发现有许多模式是不能用单层网络训练的，而多层网络是否可行还很值得怀疑。

由于 M. Minsky 在人工智能领域中的巨大威望，他在论著中做出的悲观结论给当时神经网络沿感知机方向的研究泼了一盆冷水。在《感知器》一书出版后，美国联邦基金有 15 年之久没有资助神经网络方面的研究工作，苏联也取消了几项有前途的研究计划。

但是，即使在这个低潮期里，仍有一些研究者继续从事神经网络的研究工作，如美国波士顿大学的 S. Grossberg、芬兰赫尔辛基技术大学的 Teuvo Kohonen 和日本东京大学的甘利俊一等。他们坚持不懈的工作为神经网络研究的复兴开辟了道路。

自组织神经网络 SOM 模型：1972 年，芬兰的 Teuvo Kohonen 教授，提出了自组织神经网络 SOM(Self-Organizing feature map)。后来的神经网络主要是根据 Teuvo Kohonen 的工作来实现的。SOM 网络是一类无导师学习网络，主要用于模式识别、语音识别及分类问题。它采用一种"胜者为王"的竞争学习算法，与先前提出的感知器有很大的不同，同时它的学习训练方式是无指导训练，是一种自组织网络。这种学习训练方式往往是在不知道有哪些分类类型存在时，用作提取分类信息的一种训练。

自适应共振理论 ART：1976 年，美国 Grossberg 教授提出了著名的自适应共振理论

(Adaptive Resonance Theory,ART),其学习过程具有自组织和自稳定的特征。

3. 第三阶段：复兴时期(20世纪80年代初到90年代)

Hopfield模型：1982年,美国加州理工学院的生物物理学家J. J. Hopfield采用全互联型神经网络模型,利用所定义的计算能量函数,成功地求解了计算复杂度为NP完全型的旅行商问题(Travelling Salesman Problem,TSP)。这项突破性进展标志着神经网络方面的研究进入了第三阶段,也是蓬勃发展的阶段。Hopfield模型提出后,许多研究者力图扩展该模型,使之更接近人脑的功能特性。

Boltzmann机：1983年,T. Sejnowski和G. Hinton提出了“隐单元”的概念,并且研制出了Boltzmann机。日本的福岛邦房在Rosenblatt的感知机的基础上,增加隐含层单元,构造出了可以实现联想学习的“认知机”。Kohonen应用3000个阈器件构造神经网络,实现了二维网络的联想式学习功能。1986年,D. Rumelhart和J. McClelland出版了具有轰动性的著作《并行分布处理——认知微结构的探索》,该书的问世宣告神经网络的研究进入了高潮。

BP神经网络模型：1986年,儒默哈特(D. E. Rumelhart)等在多层神经网络模型的基础上,提出了多层神经网络权值修正的反向传播算法——BP算法(BackPropagation Algorithm),解决了多层前向神经网络的学习问题,证明了多层神经网络具有很强的学习能力。它可以完成许多学习任务,解决许多实际问题。

1987年,首届国际神经网络大会在圣地亚哥召开,国际神经网络联合会(INNS)成立。随后INNS创办了刊物*Journal Neural Networks*,其他专业杂志如*Neural Computation*、*IEEE Transactions on Neural Networks*、*International Journal of Neural Systems*等也纷纷问世。世界上许多著名大学相继宣布成立神经计算研究所并制订有关教育计划,许多国家也陆续成立了神经网络学会,并召开了多种地区性、国际性会议,优秀论著、重大成果不断涌现。

细胞神经网络模型：1988年,Chua和Yang提出了细胞神经网络(CNN)模型,它是一个细胞自动机特性的大规模非线性计算机仿真系统。Kosko建立了双向联想存储模型(BAM),该模型具有非监督学习能力。

Darwinism模型：Edelman提出的Darwinism模型在20世纪90年代初产生了很大的影响,他建立了一种神经网络系统理论。

1988年,Linsker对感知机网络提出了新的自组织理论,并在Shannon信息论的基础上形成了最大互信息理论,从而点燃了基于NN的信息应用理论的光芒。

1988年,Broomhead和Lowe用径向基函数(Radial Basis Function,RBF)提出分层网络的设计方法,从而将NN的设计与数值分析和线性适应滤波挂钩。

1991年,Haken把协同引入神经网络。在他的理论框架中,他认为,认知过程是自发的,并断言模式识别过程即是模式形成过程。

1994年,廖晓昕关于细胞神经网络的数学理论与基础的提出,带来了这个领域的新进展。通过拓广神经网络的激活函数类,给出了更一般的时滞细胞神经网络(DCNN)、Hopfield神经网络(HNN)、双向联想记忆网络(BAM)模型。

20 世纪 90 年代初，Vapnik 等提出了支持向量机(Support Vector Machines，SVM)和 VC(Vapnik-Chervonenkis)维数的概念。

4. 第四阶段：高潮时期(21 世纪初至今)

深度学习(Deep Learning，DL)由 Hinton 等于 2006 年提出，是机器学习(Machine Learning，ML)的一个新领域。深度学习本质上是构建含有多隐含层的机器学习架构模型，通过大规模数据进行训练，得到大量更具代表性的特征信息。深度学习算法打破了传统神经网络对层数的限制，可根据设计者需要选择网络层数。

经过多年的发展，已有上百种的神经网络模型被提出。神经网络的研究工作已进入了决定性的阶段。日本、美国及西欧各国均制定了有关的研究规划。

从神经网络的发展历程可以得到以下两个结论。

(1) 控制理论中的"神经网络"是对生物神经系统的模拟，希望通过对生物神经系统智能工作过程的"物理"模拟，实现一个"智能"的"物理"系统。

(2) 控制理论中的"神经网络"的发展是人们在对生物神经系统的组织结构和功能机制进行深入探索研究的基础上不断发展的。

6.1.2 生物神经系统的结构及冲动的传递过程

神经系统是机体内起主导作用的系统。内、外环境的各种信息，由感受器接受后，通过周围神经传递到脑和脊髓的各级中枢进行整合，再经周围神经控制和调节机体各系统器官的活动，以维持机体与内、外界环境的相对平衡。

神经系统由神经细胞(神经元)和神经胶质所组成。

神经元是一种高度特化的细胞，是神经系统的基本结构和功能单位，具有感受刺激和传导兴奋的功能。神经元由胞体和突起两部分构成。胞体的中央有细胞核，核的周围为细胞质，细胞质内除有一般细胞所具有的细胞器（如线粒体、内质网等）外，还含有特有的神经元纤维及尼氏体。神经元的突起根据形状和机能又分为树突和轴突。树突较短，但分支较多，它接受冲动，并将冲动传至细胞体，各类神经元树突的数目多少不等，形态各异。每个神经元只发出一条轴突，长短不一，胞体发出的冲动沿轴突传出。神经元的结构如图 6-1 所示。

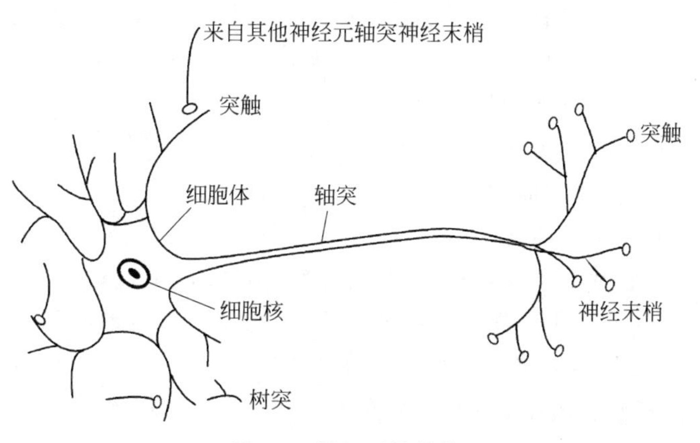

图 6-1 神经元的结构

突触的结构如图6-2所示。

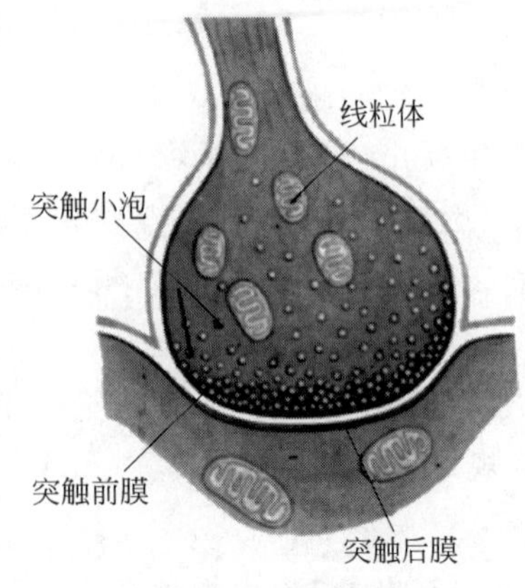

图6-2 突触的结构

突触传递冲动的过程如下。

(1) 神经冲动到达突触前神经元轴突末梢→突触前膜去极化。

(2) 电压门控 Ca^{2+} 通道开放→膜外 Ca^{2+} 内流入前膜。

(3) Ca^{2+} 与胞浆CaM结合成 $4Ca^{2+}$-CaM复合物→激活CaM依赖的PK Ⅱ→囊泡外表面突触蛋白Ⅰ磷酸化→蛋白Ⅰ与囊泡脱离→解除蛋白Ⅰ对囊泡与前膜融合及释放递质的阻碍作用。

(4) 囊泡通过出胞作用量子式释放递质入间隙(囊泡可再循环利用)。

(5) 神经递质→作用于后膜上特异性受体或化学门控离子通道→后膜对某些离子通透性改变→带电离子发生跨膜流动→后膜发生去极化或超极化→产生突触后电位。

从突触传递冲动的过程可得到以下结论：在突触传递冲动的过程中，突触前末梢去极化是诱发递质释放的关键因素→开启电压门控 Ca^{2+} 通道；Ca^{2+} 是前膜兴奋和递质释放过程的耦联因子→递质释放量与内流入前膜的 Ca^{2+} 量呈正相关；囊泡膜的再循环利用是突触传递持久进行的必要条件。

突触后电位又分为兴奋性突触后电位和抑制性突触后电位。

在兴奋性突触后电位的作用下，突触后膜在递质作用下发生去极化，使突触后神经元兴奋性提高，如图6-3所示，外部可变刺激作用于肌梭传入纤维后，神经元发生去极化，产生兴奋性突触后电位。随着刺激强度的增加，兴奋性突触后电位发生总和逐渐增大，使膜电位降低，如使膜电位由静息时的－70mV去极化至－58mV。当兴奋性突触后电位总和达到阈电位(即使膜电位去极化为－52mV)时，系统将冲动传导至整个突触后神经元。

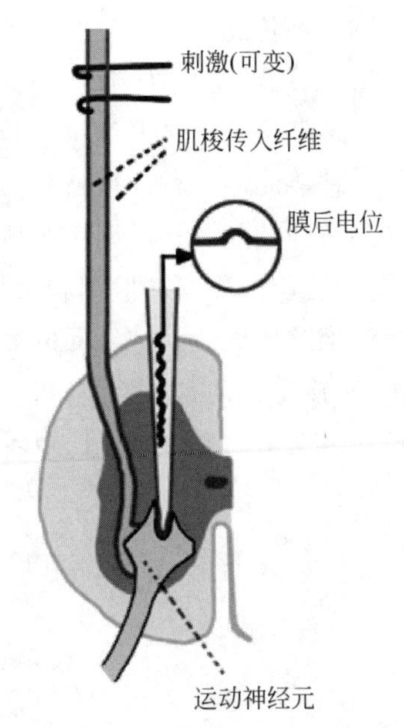

图6-3 冲动在神经元中的传递

在抑制性突触后电位的作用下，突触后膜在递质作用下发生超极化，即膜电位静息时为－70mV，超极化后膜电位为－76mV，从而抑制冲动的向后传递。

一个神经元往往与周围的许多神经元形成大量的突触联系，它包含众多的兴奋性和抑制性突触，如果兴奋性和抑制性的作用发生在同一个神经元，则将发生整合，即一个神经元最终产生的效应将取决于大量传入信息共同作用的结果。

然而，这种共同的作用不是简单的汇聚作用，因为每一突触形成的位置不同，形成突触后电位的离子流动不同，导致突触传入信息的强度和时间组合的变化足以使神经元接收信息量成倍增加。在突触后膜中，一些突触能够产生大的变化，而另一些可能引起很小的变化。

6.1.3 人工神经网络的定义

神经系统是人体内由神经组织构成的全部装置，主要由神经元组成。神经系统具有重要的功能：一方面它控制与调节各器官、系统的活动，使人体成为一个统一的整体；另一方面神经系统通过分析与综合，使机体对环境变化的刺激做出相应的反应，达到机体与环境的统一。人的神经系统是亿万年不断进化的结晶，它有着十分完善的"生理结构"和"心理功能"。

因此，以人的大脑组织结构和功能特性为原型设法构建一个与人类大脑结构和功能拓扑对应的人类智能系统是人工神经网络的原则和目标。

1987 年，Simpson 提出了神经网络定义："人工神经网络是一个非线性的有向图，图中含有可以通过改变权大小来存放模式的加权边，并且可以从不完整的或未知的输入找到模式。"

而在 1988 年，Hecht-Nielsen 提出神经网络的定义："人工神经网络是一个并行、分布处理结构，它由处理单元及其称为连接的无向信号通道互连而成。这些处理单元(Processing Element，PE)具有局部内存，并可以完成局部操作。每个处理单元有一个单一的输出连接，这个输出可以根据需要被分支成希望个数的许多并行连接，并且这些并行连接都输出相同的信号，即相应处理单元的信号，信号的大小不因分支的多少而变化。处理单元的输出信号可以是任何需要的数学模型，每个处理单元中进行的操作必须是完全局部的。也就是说，它必须仅仅依赖于经过输入连接到达处理单元的所有输入信号的当前值和存储在处理单元局部内存中的值。"在这一定义中强调：人工神经网络是并行、分布处理结构；一个处理单元的输出可以被任意分支且大小不变；输出信号可以是任意的数学模型；处理单元可以完成局部操作。

目前使用得最广泛的是 T. Koholen 的定义，即"神经网络是由具有适应性的简单单元组成的广泛并行互连的网络，它的组织能够模拟生物神经系统对真实世界物体所做出的交互反应"。

6.2 人工神经网络模型

人工神经网络是对人类神经系统的模拟，神经系统以神经元为基础，因此神经网络也是以人工神经元模型为基本构成单位的。

6.2.1 人工神经元的基本模型

目前，计算机科学的分支——联结机制已经获得相当大的普及。研究领域集中在高度并行计算机架构的行为，也就是说人工神经网络。这些网络使用很多简单计算单元，叫作神经元，每个都试着模拟单个人脑细胞的行为。

神经网络领域的研究者已经分析了人类脑细胞的不同模型。人脑包含 1000 亿个神经元，大约有 100 万亿个神经连接。图 6-4 为人类神经元的简化原理图。表 6-1 为生物神经元与人工神经元关系对照表。

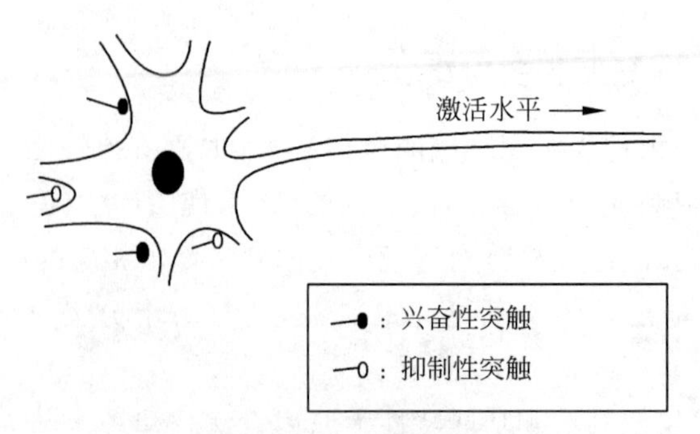

图 6-4 人类神经元的简化原理图

表 6-1 生物神经元与人工神经元关系对照表

生物神经元	人工神经元	作　　用
树突	输入层	接收输入的信号
细胞体	加权和	加工和处理信号
轴突	阈值函数（激活函数）	控制输出
突触	输出层	输出结果

细胞本身包含的细胞核被电气膜包围。每个神经元有一个激活水平，其范围在最大值与最小值之间。因此，与布尔逻辑相比，不仅仅是两个可能值或可能存在的状态。

突触存在增加或减少这个神经元的激活程度，作为其他神经元的输入结果。这些突触代表从一个发送神经元到一个接收神经元传输的激活水平。如果突触是兴奋的，发送神经元的激活水平增加接收神经元的激活水平；如果突触是抑制的，发送神经元的激活水平减少接收神经元的激活水平。突触差异不仅在于它们是否兴奋或抑制接收神经元，也在于影响的权值（突触强度）。每个神经元的输出都由轴突转换，像 10 000 个突触影响其他神经元一样。

综上所述，生物神经元信息传递的过程是：当一个兴奋性的冲动到达突触前膜持续约 0.5ms，其去极性效应就会在突触后膜上记录下来，随着突触后膜接触的神经递质量的增加而增加其幅度，并增加突触后神经元对刺激的兴奋性反应；与此相反，抑制性突触后电位可使突触后神经元对后继刺激的兴奋性反应降低，兴奋性突触后电位与抑制性突触后电位在时空上可进行代数累积，一旦这种累积超过某个阈值，神经元即发生动作电位或神经冲动。

如果将上述过程用数学图形方式表示，则可获得人工神经元的模型，如图 6-5 所示。

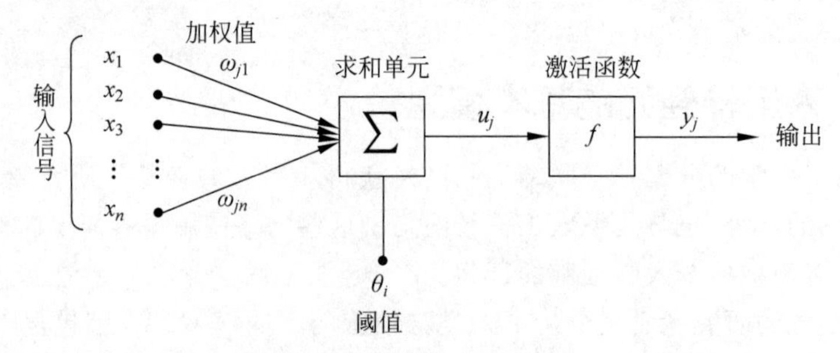

图 6-5 人工神经元模型

数学模型以公式形式表示如下。

$$u_j = \sum_{i=1}^{n} \omega_{ji} x_i + \theta_i$$

$$y_j = f(u_j)$$

人工神经元模型为一个多输入单输出的信息处理单元。其中，ω_{ji} 为输入信号加权值；θ_i 为阈值，即输入信号的加权乘积的和必须大于阈值，输入信号才能向后传递；$f(u_j)$为输入信号与输出信号的转换函数。常见的转换函数如图 6-6 所示。

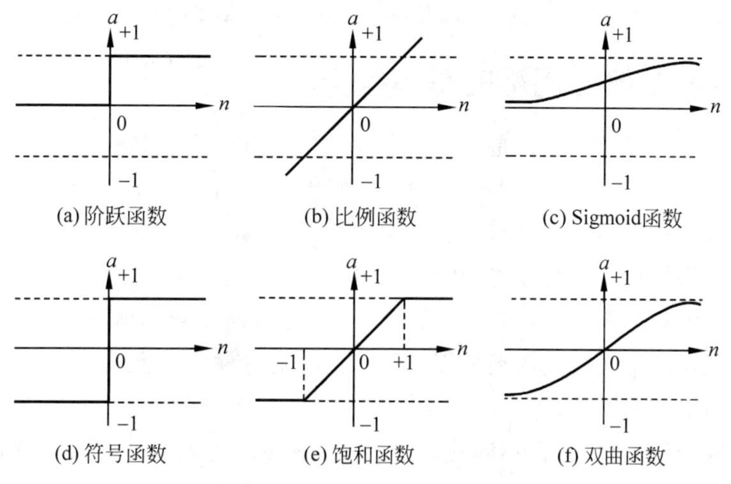

图 6-6　常见的转换函数

阶跃函数的解析表达式：$a=f(n)=\begin{cases}1 & n\geqslant 0\\ 0 & n<0\end{cases}$ (6-1)

比例函数的解析表达式：$a=f(n)=n$ (6-2)

Sigmoid 函数的解析表达式：$a=f(n)=\dfrac{1}{1+\mathrm{e}^{-\mu n}}$ (6-3)

符号函数的解析表达式：$a=f(n)=\begin{cases}1 & n\geqslant 0\\ -1 & n<0\end{cases}$ (6-4)

饱和函数的解析表达式：$a=f(n)=\begin{cases}1 & n\geqslant 1\\ n & -1<n<1\\ -1 & n<-1\end{cases}$ (6-5)

双曲函数的解析表达式：$a=f(n)=\dfrac{1-\mathrm{e}^{-\mu n}}{1+\mathrm{e}^{-\mu n}}$ (6-6)

大脑可被视作由 1000 亿神经元组成的神经网络。神经元的信息传递和处理是一种电化学活动。树突由于电化学作用接受外界的刺激，通过胞体内的活动体现为轴突电位，当轴突电位达到一定的值则形成神经脉冲或动作电位，再通过轴突末梢传递给其他的神经元。从控制论的观点来看，这一过程可被看作一个多输入单输出非线性系统的动态过程。

神经元的功能特性如下：

①时空整合功能；②神经元的动态极化性；③兴奋与抑制状态；④结构的可塑性；⑤脉冲与电位信号的转换；⑥突触延期和不应期；⑦学习、遗忘和疲劳。

人工神经网络的分类如下。

- 按性能分，有连续型和离散型网络，或确定型和随机型网络。
- 按拓扑结构分，有前馈网络和反馈网络。前馈网络有自适应线性神经网络(Adaline)、感知器、BP等，网络结构简单，易于实现。反馈网络有Hopfield、Hamming、BAM等。
- 按学习方法分，有有监督的学习网络和无监督的学习网络。
- 按连接突触性质分，有一阶线性关联网络和高阶非线性关联网络。

6.2.2 人工神经网络的基本构架

人脑之所以有高等智慧能力是因为有大量的生物神经细胞构成神经网络。同样，若要让“人工神经网络”具有一定程度人的智慧，则必须将许多的人工神经元经由适当的连接，构架一个“类神经网络”的网络，我们称这一“类神经网络”为人工神经网络。

一个神经网络包括一组交互连接的同样单元。每个单元可以被看作从许多其他单元聚合信息的简单处理器。聚合后，这个单元计算通过通路连接到其他单元的输出。一些单元通过输入单元或输出单元被连接到外部世界。信息通过输入单元首先传入系统，接着通过网络处理并从输出单元读取。

基于简单神经元模型，存在不同的数学模型。图6-7为人工神经元的基本结构。

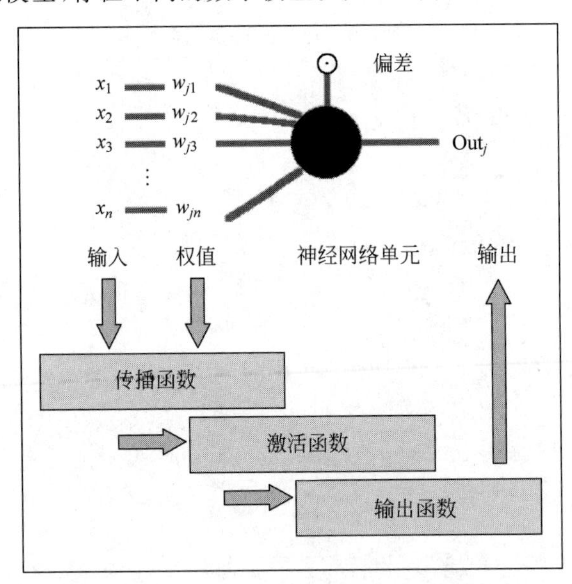

图6-7 人工神经元的基本结构

单个神经元的行为由下面的函数确定。

1. 传播函数

传播函数结合所有基于发送神经元的输入 x_i。组合的方法主要是加权和，权值 w_i 代表突触的强度。刺激突触为正的权值；抑制突触为负的权值。偏差 θ_i 被加到加权和，表达神经元的后台激活水平。

2. 激活函数

传播函数的结果用于计算有所谓激活函数的神经元的激活。不同类型的函数用于这一函数计算，其中 Sigmoid 函数是最常用的。

3. 输出函数

有时，由激活函数产生的计算结果接着被其他输出函数进一步处理。这允许额外过滤每个单元的输出信息。

就是这样简单的神经元模型支撑着今天大多数神经网络应用。

注意：这个模型仅是实际神经网络的一个很简单的近似描述。目前为止还不能准确地建立一个单个的人类神经元模型，因为建模已超出了人类当前的技术能力。因此，基于这个简单神经元模型的任何应用都不能准确复制人脑。但是，很多成功应用这种技术的例子证明，基于简单神经元模型的神经网络具有一定的优点。

从上面的结构可知，人工神经网络用于模拟生物神经网络。模拟从以下两方面进行：一是从结构和实现机理方面进行模拟；二是从功能上进行模拟。根据不同的应用背景及不同的应用要求，实际的神经网络结构形式多样，其中最典型的人工神经网络结构如图 6-8 所示。

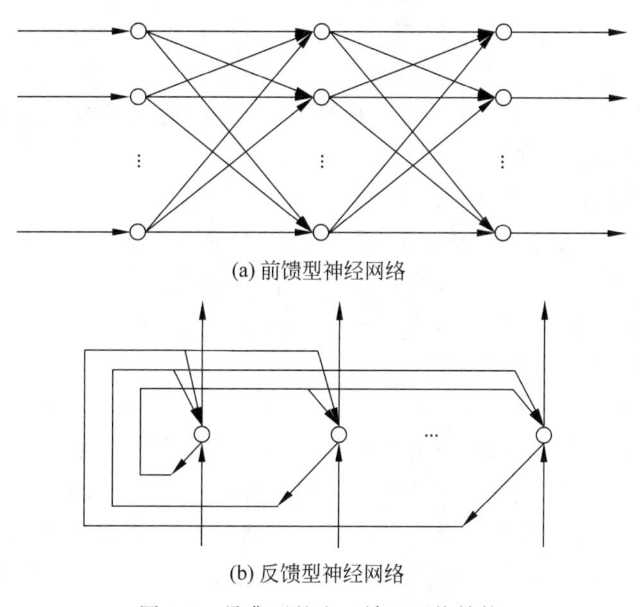

(a) 前馈型神经网络

(b) 反馈型神经网络

图 6-8　最典型的人工神经网络结构

前馈型神经网络是一类单方向层次性网络模块，它包含输入层、隐含层和输出层。每一层皆由一些神经元构架而成，而同一层中的神经元彼此不相连，不同层间的神经元则彼此相连。信号的传输方向也是单方向的，由输入层传输至输出层。这种类型的网络结构简单，可实现反应式的感知、识别和推理。

反馈型神经网络是一类可实现联想记忆即联想映射的网络。网络中的人工神经元彼此相连，对每个神经元而言，它的输出连接至所有其他神经元，而它的输入则来自所有其他神经元的输出。可以说，网络中的每个神经元平行地接受所有神经元输入，再平行地将结果输出到网络中其他神经元上。反馈型神经网络在智能模拟中得到广泛应用。

从人工神经网络的结构可知，人工神经网络是一个并行和分布式的信息处理网络，由多个神经元组成,每个神经元有一个单一的输出,可以连接到很多其他的神经元,输入有多个连接通路,每个连接通路对应一个连接权系数。

6.2.3 人工神经网络的工作过程

就像人的认知过程一样,人工神经网络也存在学习的过程。神经网络结构图中,信号的传递过程中要不断进行加权处理,即确定系统各个输入对系统性能的影响程度,这些加权值是通过对系统样本数据的学习确定的。当给定神经网络一组已知的知识,在特定的输入信号作用下,反复运算网络中的连接权值,使其得到期望的输出结果,这一过程称为学习过程。

神经网络的学习规则:神经网络的学习规则是修正权值的一种算法,分为联想式和非联想式学习,有监督学习和无监督学习等。下面介绍几个常用的学习规则。

(1) 误差修正型规则:一种有监督的学习方法,根据实际输出和期望输出的误差进行网络连接权值的修正,最终网络误差小于目标函数达到预期结果。

误差修正法,权值的调整与网络的输出误差有关,它包括 δ 学习规则、Widrow-Hoff 学习规则、感知器学习规则和误差反向传播(Error Back Propagation)学习规则等。

(2) 竞争型规则:无监督学习过程,网络仅根据提供的一些学习样本进行自组织学习,没有期望输出,通过神经元相互竞争对外界刺激模式响应的权利进行网络权值的调整来适应输入的样本数据。

对于无监督学习的情况,事先不给定标准样本,直接将网络置于“环境”之中,学习(训练)阶段与应用(工作)阶段成为一体。

(3) Hebb 型规则:利用神经元之间的活化值(激活值)来反映它们之间连接性的变化,即根据相互连接的神经元之间的活化值(激活值)来修正其权值。

在 Hebb 学习规则中,学习信号简单地等于神经元的输出。Hebb 学习规则代表一种纯前馈、无导师学习。该学习规则至今在各种神经网络模型中起着重要作用。典型的应用有利用 Hebb 规则训练线性联想器的权矩阵。

(4) 随机型规则:在学习过程中结合了随机、概率论和能量函数的思想,根据目标函数(即网络输出均方差)的变化调整网络的参数,最终使网络目标函数达到收敛值。

对于前馈型神经网络,它从样本数据中取得训练样本及目标输出值,然后将这些训练样本当作网络的输入,利用最速下降法反复地调整网络的连接加权值,使网络的实际输出与目标输出值一致。当输入一个非样本数据时,已学习的神经网络就可以给出系统最可能的输出值。

对于反馈型神经网络,它从样本数据中取得需记忆的样本,并以 Hebbian 学习规则来调整网络中的连接加权值,以“记忆”这些样本。当网络将样本数据记忆完成,这时如果给神经网络一个输入,当这一输入是一个“不完整的”“带有噪声”的数据时,神经网络通过联想,将输入信号与记忆中的样本对照,给出输入所对应的最接近的样本数据的输出值。

6.2.4 人工神经网络的特点

基于神经元构建的人工神经网络具有如下特点。

1. 并行数据处理

人工神经网络采用大量并行计算方式,经由不同的人工神经元来做运算处理。因此,用硬件实现的神经网络的处理速度远远高于通常计算机的处理速度。

2. 强的容错能力和泛化能力

人工神经网络在运作时具有很强的容错能力,即使输入信号"不完整"或"带有噪声",也不会影响其运作的正确性。而且即使有部分人工神经元损坏,也不会影响整个神经网络的整体性能。神经网络通过记忆已知样本数据,对其他输入信号进行运算,计算该输入相对应的输出值。

3. 良好的自适应、自学习功能

神经网络可以根据系统提供的样本数据,通过学习和训练,找出和输出之间的内在联系,从而求得问题的解,而不是依赖对问题的经验知识和规则,因此它具有很好的适应性。神经网络可在约束条件下,使整个设计目标达到最优化状态。

4. 高度的非线性全局作用

人工神经网络每个神经元接受大量其他神经元的输入,并通过并行网络产生输出,影响其他神经元。网络之间的这种互相制约和互相影响,实现了从输入状态到输出状态空间的非线性映射。从全局的观点来看,网络整体性能不是网络局部性能的叠加,而是表现出某种集体性的行为。

非线性关系是自然界的普遍特性。大脑的智慧就是一种非线性现象。人工神经元处于激活或抑制两种不同的状态,这种行为在数学上表现为一种非线性人工神经网络。具有阈值的神经元构成的网络具有更好的性能,可以提高容错性和存储容量。

5. 知识的分布存储

在神经网络中,知识不是存储在特定的存储单元中,而是分布在整个系统中,要存储多个知识就需要很多链接。神经网络采用分布式存储方式表示知识,通过网络对输入信息的响应将激活信号分布在网络神经元上,通过网络训练和学习使得特征被准确地记忆在网络的连接权值上,当同样的模式再次输入时网络就可以进行快速判断。

6. 非凸性

一个系统的演化方向,在一定条件下将取决于某个特定的状态函数。例如能量函数,它的极值相应于系统比较稳定的状态。非凸性是指这种函数有多个极值,故系统具有多个较稳定的平衡态,这将导致系统演化的多样性。

正是神经网络所具有的这种学习和适应能力,以及自组织、非线性和运算高度并行的特点,解决了传统人工智能对于直觉处理方面的缺陷,例如对非结构化信息、语音模式识别等的处理,使之成功应用于神经专家系统、组合优化、智能控制、预测、模式识别等领域。

6.3 前馈神经网络

对于很多应用,一个确定的网络计算与确定的时间行为一样重要。网络架构允许中间单元的循环结构计算依靠神经元内部激活的输出值。即使输入不变化,输出也可能不同,直到网络内的计算达到稳定状态,单元之间不仅有单方向连接的网络,而且有反方向的网络,这些相反方向的网络称为前馈网络。在实际应用中,前馈类型的网络非常重要。

神经网络的对象以之前训练得到的网络处理信息。使用输入和相应输出样本数据集,或者估计神经网络性能的“导师”进行网络训练。神经网络使用学习算法完成期望的训练。之前建立的神经网络未经训练,不能反映任何行为。学习算法接着网络进行训练,并修改网络的单个神经元和它们连接的权,使网络行为反映期望的行为。网络学习的知识通常由连接单元的连接强度表示,有时也由单元自己的配置表示。

所以,用户如何使一个神经网络学习呢?这个方法类似于巴甫洛夫对狗的训练。一百多年前,研究者巴甫洛夫使用狗实验。当他拿出狗食时,狗在流口水。他接着在狗笼装了一个铃。当他敲铃时狗没有流口水,因此他看到在铃和食物之间没有联系。他接着使用铃声训练狗使其和食物发生联系,当他拿出狗食时总是让铃响。一段时间后,当铃声响起没有食物时,狗也流口水。巴甫洛夫的实验原理如图 6-9 所示。

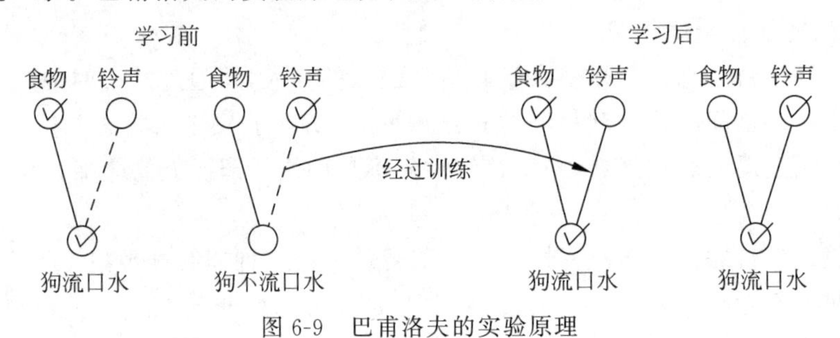

图 6-9 巴甫洛夫的实验原理

图 6-9 将简单神经元模型看作巴甫洛夫的狗。有两个输入神经元,一个表示狗看食物的事实,另一个表示铃响的事实。输入神经元与输出神经元的连接叫作突触。线的虚实表示突触的权。在学习之前,狗仅对食物有反应,对铃声无反应。因此,从左边输入神经元到输出神经元的线是实的,而从右边输入神经元到输出神经元的线是虚的。

当拿出食物时,重复让狗在铃和食物间建立关联。因此,右边的线也变实——突触的权增加。从这些实验中研究者使用 Hebb 名字演绎下面的学习规则:

如果神经元的输出要激活,增加活性输入神经元的权;

如果神经元的输出要停止,减小活性输入神经元的权。

这个规则叫作 Hebbian 规则,是所有学习算法之父。必须关注学习原理以说明这个规则如何被应用到今天的学习方法中。

1) 监督学习

如果一个给定的输入模式(如一个可识别字符)必须与指定输出模式关联(如所有有效字符集),则可以通过对照计算的结果和期望的结果监督彼此学习。

2) 非监督学习

如果训练过程的任务要发现环境的规律性(像给定输入模式的类属性),通常没有指定的输出模式或结构监督训练结果。这个学习过程被叫作非监督学习。

神经网络行为通过改变连接单元的连接强度配置输出。监督学习仅能使用与这个过程完全独立的样本数据完成。因此,学习和工作阶段不能分割。

1）训练阶段

建立一个神经网络解决方案意味着要训练网络按照期望的行为运行，这一训练过程称为学习阶段。样本数据集或“导师”在这一阶段使用。“导师”可以是一个数学函数或估计神经网络性能质量的人。因为神经网络多用于没有适当数学模型存在的复杂应用，并且神经网络性能评估在大多数应用中很难，所以大多数系统使用样本数据训练。

2）工作阶段

学习完成后，神经网络准备进入工作阶段。作为一个训练结果，当输入值匹配训练样本之一时，神经网络输出值几乎等于样本数据集的那些值。对于样本数据输入值中间的输入值，近似输出值。在工作阶段，神经网络的行为是确定的。因此，每个可能输入值的组合总是产生同样的输出值。在工作阶段，神经网络不能学习。这在大多数技术应用中是重要的，是确保系统永远也不要走向危险状态的前提。

监督学习的训练阶段和工作阶段示意图如图 6-10 所示。

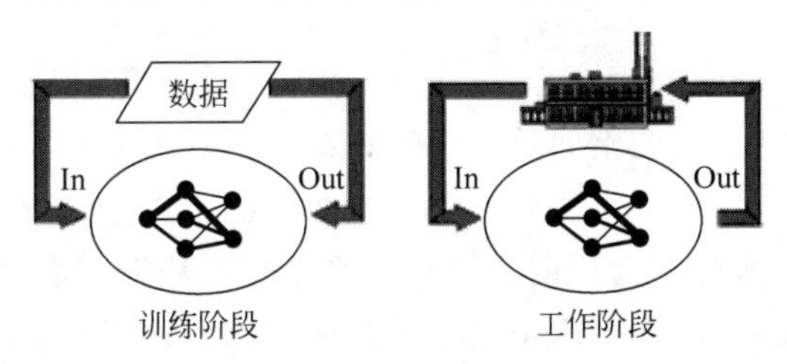

图 6-10 监督学习的训练阶段和工作阶段示意图

目前，经常使用的神经网络算法是将监督训练程序应用到前馈网络中。

前馈型神经网络具有分层结构，第一层是输入层，中间是隐含层，最后一层是输出层。其信息从输入层依次向后传递，直至输出层。

6.3.1 感知器网络

感知器模型是美国学者 Rosenblatt 为研究大脑的存储、学习和认知过程而提出的一类具有自学习能力的神经网络模型，它把神经网络的研究从纯理论探讨引向了从工程上的实现。感知器网络是最简单的前馈网络，主要用于模式分类，也可用在基于模式分类的学习控制和多模态控制中。

1. 单层感知器网络

单层感知器网络的结构如图 6-11 所示。图中 $\boldsymbol{x}=[x_1,x_2,\cdots,x_n]^{\mathrm{T}}$ 是输入特征向量，ω_{ij} 是 x_i 到 y_j 的连接权，输出量 $y_j(j=1,2,\cdots,n)$ 是按照不同特征的分类结果。由于按不同特征的分类是互相独立的，因此可以取出其中的一个神经元来讨论，如图 6-12 所示。

其输入到输出的变换关系为

$$s_j=\sum_{i=1}^{n} w_{ij}x_i-\theta_j \tag{6-7}$$

$$y_j=f(s_j)=\begin{cases}1, & s_j\geqslant 0\\ -1, & s_j<0\end{cases} \tag{6-8}$$

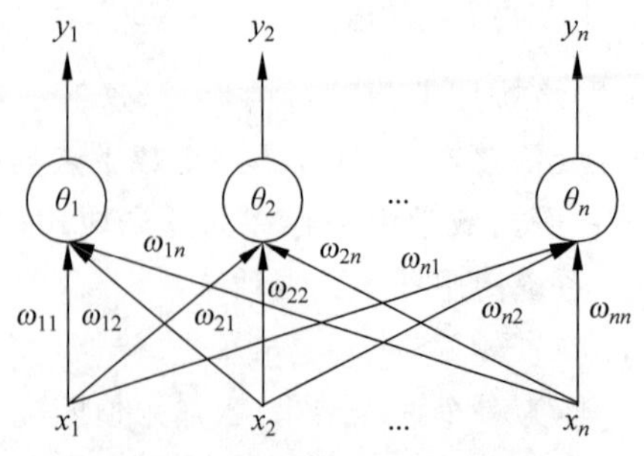

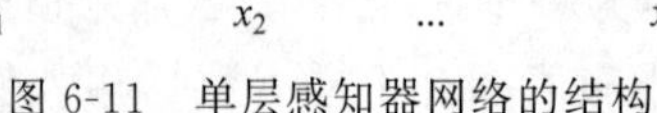

图 6-11　单层感知器网络的结构

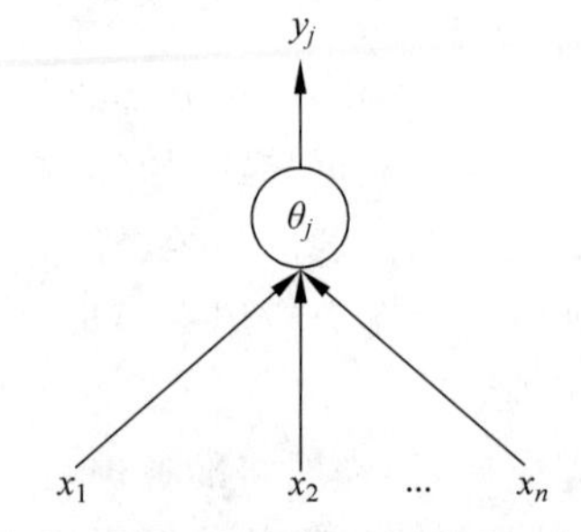

图 6-12　单个神经元的感知器

若有 P 个输入样本 $x^p(p=1,2,\cdots,P)$，经过该感知器的输出，y_j 只有两种可能，即 $y_j=1$ 或 $y_j=-1$，从而说明它将输入模式分成了两类。若将 $x^p(p=1,2,\cdots,P)$ 看成 n 维空间的 P 个点，则该感知器将该 P 个点分成了两类，它们分属于 n 维空间的两个不同的部分。

以二维空间为例，如图 6-13 所示。图中以三角形和长方形代表输入的特征点，三角形和长方形表示具有不同特征的两类向量。根据感知器的变换关系，可知分界线的方程为

$$\omega_1 x+\omega_2 y-\theta=0 \tag{6-9}$$

显然，这是一条直线方程。这说明：只有那些线性可分模式类才能用感知器来加以区分。图 6-14 所示的异或关系，显然是线性不可分的。因此，单层感知器网络对异或关系的两维输入是线性不可分的。

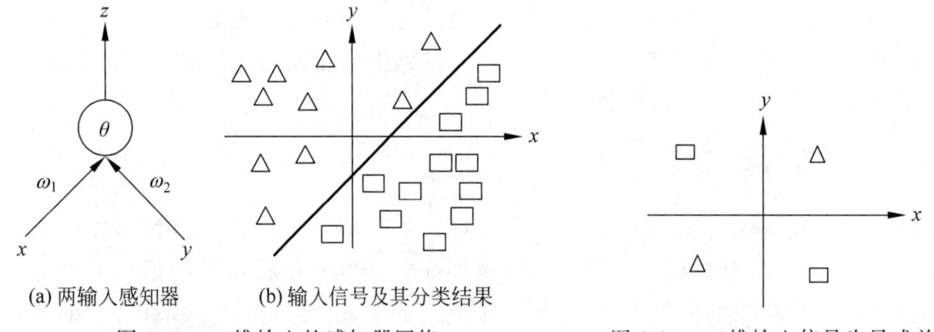

图 6-13　二维输入的感知器网络

图 6-14　二维输入信号为异或关系

2. 多层感知器网络

由于不可能对单层感知器网络实现正确的区分，因此需要增加神经元数量。对于上例中提到的异或问题，可采用图 6-15 所示的两层二维输入的感知器网络实现异或逻辑。

(1) 第一层第一个神经元所完成的工作为 $\omega_{11}x+\omega_{12}y-\theta_1^1=0$，即在输入点坐标中产生第 1 条分类线，如图 6-16 所示。

(2) 第一层第二个神经元所完成的工作为 $\omega_{21}x+\omega_{22}y-\theta_2^1=0$，即在输入点坐标中产生第 2 条分类线，如图 6-17 所示。

(3) 第二层神经元所完成的工作为 $\omega_1^1x^1+\omega_2^1y^1-\theta_2=0$，即将上述两条直线所确定的区域进行划分，从而将具有异或关系的输入进行分类。

从上述对异或输入的处理可知，只要建立足够多的神经元连接，即构建多层感知器网络，就可以实现任意形状的划分。多层感知器网络的结构如图 6-18 所示。图 6-18 中，第一

层为输入层,中间层为隐含层,最后一层为输出层。

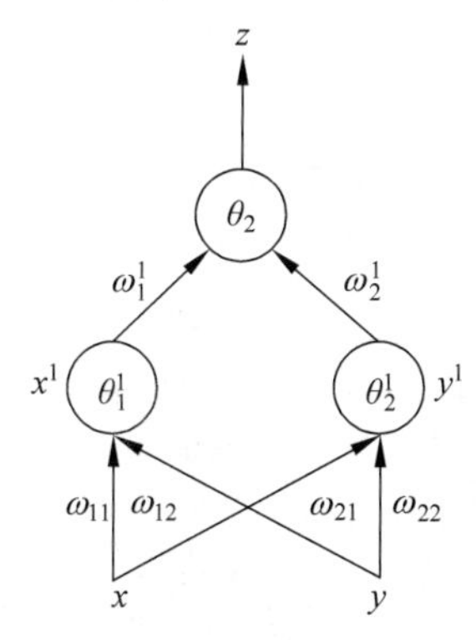

图 6-15 两层二维输入的感知器网络

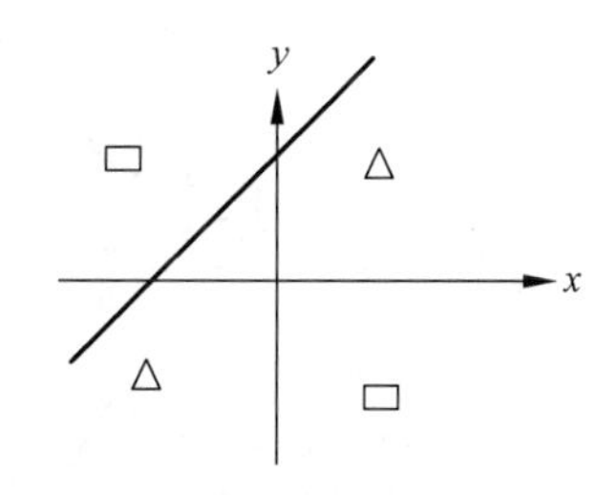

图 6-16 异或关系第一次分类

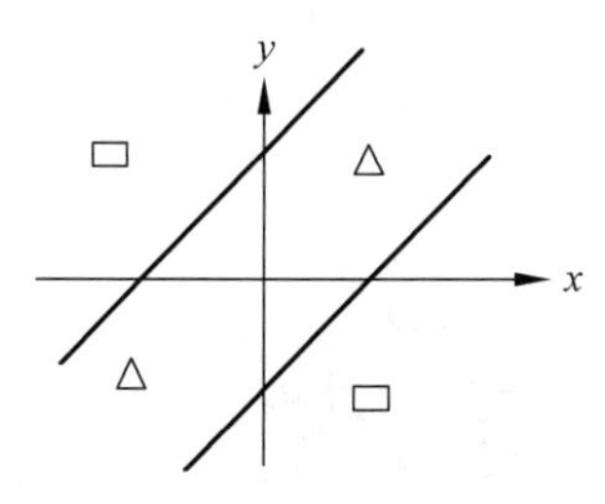

图 6-17 异或关系第二次分类

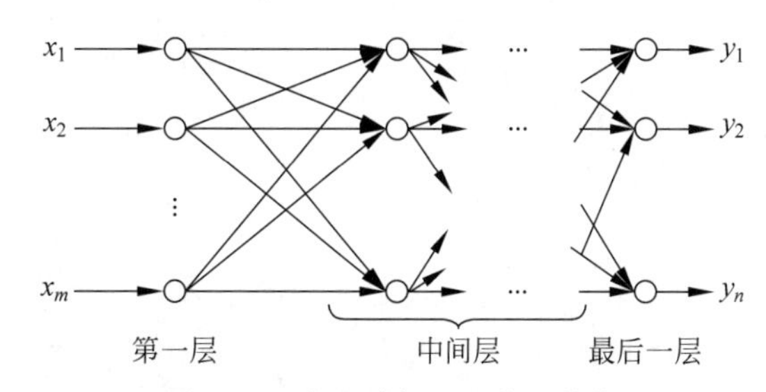

图 6-18 多层感知器网络的结构

6.3.2 BP 网络

感知器网络中神经元的变换函数采用的是符号函数,即输出为二值量 1 或 −1,它主要用于模式分类。当神经元变换函数采用 Sigmoid 函数时,系统的输出量为 0~1 的连续量,它可实现从输入到输出的任意非线性映射。由于连接权的调整采用的是反向传播(Back Propagation,BP)的学习算法,因此该网络也称为 BP 网络。BP 网络在 1986 年由 Rumelhart 和 McCelland 为首的科学家小组提出,是一种按误差逆传播算法训练的多层前馈网络,是目前应用最广泛的神经网络模型之一。BP 神经网络结构如图 6-19 所示。BP 网络能学习和存储大量的输入/输出模式的映射关系,而无须事前揭示描述这种映射关系的数学方程。它的学习规则是使用最速下降法,通过反向传播来不断调整网络的权值和阈值,使网络的误差平方和最小。BP 神经网络模型拓扑结构包括输入层(input layer)、隐含层(hide layer)和输出层(output layer)。在人工神经网络的实际应用中,BP 网络广泛应用于函数逼近、模式识别分类、数据压缩等领域,80%~90%的人工神经网络模型采用 BP 网络或它的变化形式,它也是前馈网络的核心部分,体现了人工神经网络最精华的部分。

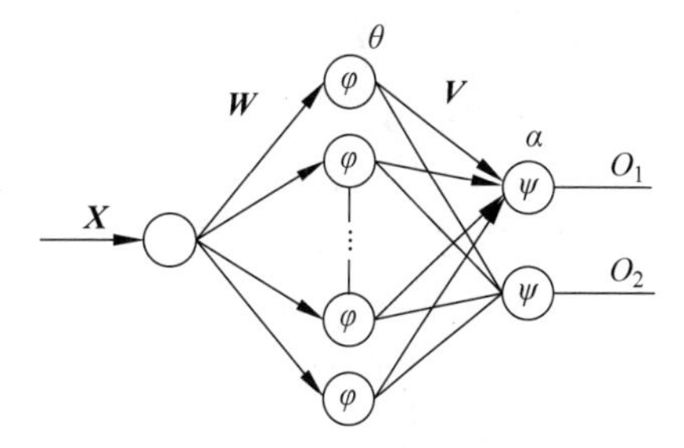

图 6-19 BP 神经网络结构

反向传播网络是将 W-H 学习规则一般化,对非线性可微分函数进行权值训练的多层网络,权值的调整采用反向传播的学习算法。其主要思想是从后向前(反向)逐层传播输出层的误差,以间接计算出隐含层误差。算法分为两部分:第一部分(正向传播过程)输入信息从输入层经隐含层逐层计算各单元的输出值;第二部分(反向传播过程)输出误差逐层向前计算出隐含层各单元的误差,并用此误差修正前层权值。

反向传播网络包含两个过程,即正向传播和反向传播,如图 6-20 所示。

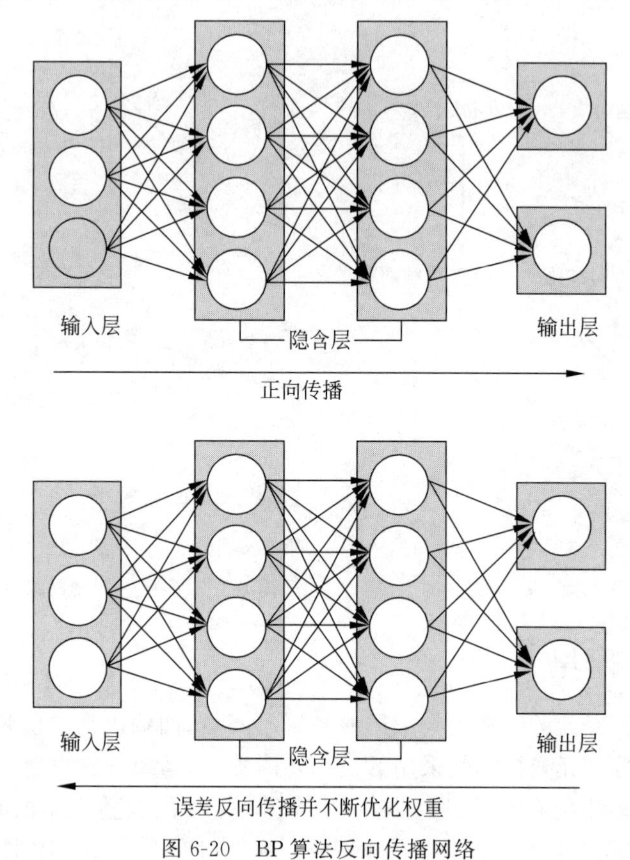

图 6-20 BP 算法反向传播网络

(1) 正向传播:输入的样本从输入层经过隐含层单元一层一层进行处理,通过所有的隐含层之后,则传向输出层;在逐层处理的过程中,每一层神经元的状态只对下一层神经元的状态产生影响。在输出层把当前输出和期望输出进行比较,如果当前输出不等于期望输出,则进入反向传播过程。

(2) 反向传播:反向传播时,把误差信号按照原来正向传播的通路反向传回,并对每个隐含层的各个神经元的连接权系统进行调整,以使期望误差信号趋于最小。

BP 网络的计算过程如下:设第 q 层($q=1,2,\cdots,Q$) 的神经元个数为 n_q,输入第 q 层的第 i 个神经元的连接权系数为 ω_{ij}^q($i=1,2,\cdots,n_q$; $j=1,2,\cdots,n_{q-1}$),则该多层感知器网络的输入/输出变换关系为

$$s_i^q=\sum_{j=0}^{n_{q-1}}\omega_{ij}^q x_j^{q-1} \tag{6-10}$$

其中,$\omega_{i0}^q=-1$; $x_0^{q-1}=\theta_i^q$; $x_i^{q-1}=f(s_i^q)=\dfrac{1}{1+\mathrm{e}^{-\mu s_i^q}}$; $i=1,2,\cdots,n_q$; $j=1,2,\cdots,n_{q-1}$; $q=1,2,\cdots,Q$。

设给定 P 组输入输出样本 $\boldsymbol{x}_p^0=[x_{p1}^0,x_{p2}^0,\cdots,x_{pn_0}^0]^{\mathrm{T}}$，$\boldsymbol{d}_p=[d_{p1},d_{p2},\cdots,d_{pn_Q}]^{\mathrm{T}}(p=1,2,\cdots,P)$，利用该样本集首先对 BP 网络进行训练，即对网络的连接权系数进行学习和调整，以使该网络实现给定的输入/输出映射关系。经过训练的 BP 网络，对于不是样本集中的输入也能给出合适的输出。该性质称为泛化(generalization)功能。从函数拟合的角度看，说明 BP 网络具有插值功能。

对于 BP 神经网络，设取拟合误差函数的代价函数为

$$E=\frac{1}{2}\sum_{p=1}^{P}\sum_{i=1}^{n_Q}(d_{pi}-x_{pi}^Q)^2=\sum_{p=1}^{P}E_p \tag{6-11}$$

即

$$E_p=\sum_{i=1}^{n_Q}(d_{pi}-x_{pi}^Q)^2 \tag{6-12}$$

问题是如何调整连接权系数以使代价函数 E 最小。优化计算的方法很多，比较典型的是一阶梯度法，即最速下降法。

一阶梯度法寻优的关键是计算优化目标函数(即本问题中的误差代价函数)E 对寻优参数的一阶导数，即

$$\frac{\partial E}{\partial \omega_{ij}^q}\quad (q=Q,Q-1,\cdots,1) \tag{6-13}$$

由于$\dfrac{\partial E}{\partial \omega_{ij}^q}=\sum\limits_{p=1}^{P}\dfrac{\partial E_p}{\partial \omega_{ij}^q}$，因此下面重点讨论$\dfrac{\partial E_p}{\partial \omega_{ij}^q}$的计算。

对于第 Q 层，有

$$\frac{\partial E_p}{\partial \omega_{ij}^Q}=\frac{\partial E_p}{\partial x_{pi}^Q}\frac{\partial x_{pi}^Q}{\partial s_{pi}^Q}\frac{\partial s_{pi}^Q}{\partial \omega_{ij}^Q}=-(d_{pi}-x_{pi}^Q)f'(s_{pi}^Q)x_{pi}^{Q-1}=-\delta_{pi}^Q x_{pi}^{Q-1} \tag{6-14}$$

其中

$$\delta_{pi}^Q=-\frac{\partial E_p}{\partial x_{pi}^Q}=(d_{pi}-x_{pi}^Q)f'(s_{pi}^Q) \tag{6-15}$$

x_{pi}^Q、s_{pi}^Q 及 x_{pi}^{Q-1} 表示利用第 p 组输入样本所算得的结果。

对于第$(Q-1)$层，有

$$\frac{\partial E_p}{\partial \omega_{ij}^{Q-1}}=\frac{\partial E_p}{\partial x_{pi}^{Q-1}}\frac{\partial x_{pi}^{Q-1}}{\partial \omega_{ij}^{Q-1}}=\left(\sum_{k=1}^{n_Q}\frac{\partial E}{\partial s_{pk}^Q}\frac{\partial s_{pk}^Q}{\partial x_{pi}^{Q-1}}\right)\frac{\partial x_{pi}^{Q-1}}{\partial s_{pk}^{Q-1}}\frac{\partial s_{pk}^{Q-1}}{\partial \omega_{ij}^{Q-1}} \tag{6-16}$$

$$=\left(\sum_{k=1}^{n_Q}-\delta_{pk}^Q\omega_{ki}^Q\right)f'(s_{pi}^{Q-1})x_{pj}^{Q-2}=-\delta_{pi}^{Q-1}x_{pj}^{Q-2} \tag{6-17}$$

其中

$$\delta_{pi}^{Q-1}=-\frac{\partial E_p}{\partial x_{pi}^{Q-1}}=(\sum_{k=1}^{n_Q}\delta_{pk}^Q\omega_{ki}^Q)f'(s_{pi}^{q-1}) \tag{6-18}$$

显然，它是反向递推计算的公式，即首先计算出 δ_{pi}^Q，然后递推计算出 δ_{pi}^{Q-1}。依此类推，可继续反向递推计算出 δ_{pi}^q 和$\dfrac{\partial E_p}{\partial \omega_{ij}^{q1}}$，$q=Q\times 2,Q\times 3,\cdots,1$。从式中可以看出，在 δ_{pi}^q 的表达式中包含了导数项 $f'(s_{pi}^q)$，由于假定 $f(\cdot)$为 Sigmoid 函数，因此可求得其导数

$$x_{pi}^{q}=f(s_{pi}^{q})=\frac{1}{1+\mathrm{e}^{-\mu s_{pi}^{q}}} \tag{6-19}$$

$$f'(s_{pi}^{q})=\frac{\mu\mathrm{e}^{-\mu s_{pi}^{q}}}{(1+\mathrm{e}^{-\mu s_{pi}^{q}})^{2}}=\mu f(s_{pi}^{q})[1-f(s_{pi}^{q})]=\mu x_{pi}^{q}(1-x_{pi}^{q}) \tag{6-20}$$

最后可归纳出 BP 网络的学习算法如下

$$W_{ij}^{q}(k+1)=w_{ij}^{q}(k)+\alpha D_{ij}^{q}(k),\alpha>0 \tag{6-21}$$

$$D_{ij}^{q}=\sum_{p=1}^{P}\delta_{pi}^{q}x_{pj}^{q-1} \tag{6-22}$$

$$\delta_{pi}^{q}=\left(\sum_{k=1}^{n_{Q}-1}\delta_{pk}^{q+1}\omega_{ki}^{q+1}\right)\mu x_{pi}^{q}(1-x_{pi}^{q}) \tag{6-23}$$

$$\delta_{pi}^{Q}=(d_{pi}-x_{pi}^{Q})\mu x_{pi}^{Q}(1-x_{pi}^{Q}) \tag{6-24}$$

其中,$q=Q,Q-1,\cdots,1$;$i=1,2,\cdots,n_{q}$;$j=1,2,\cdots,n_{q-1}$。

对于给定的样本集,目标函数 E 是全体连接权系数 w_{ij}^{q} 的函数。因此,要寻优的参数 w_{ij}^{q} 个数比较多。也就是说,目标函数 E 是关于连接权的一个非常复杂的超曲面,这就给寻优带来一系列问题。其中最大的一个问题就是收敛速度慢。由于待寻优的参数太多,必然导致收敛速度慢的缺点。第二个问题就是系统可能陷入局部极值,即 E 的超曲面可能存在多个极值点。按照上面的寻优算法,它一般收敛到初值附近的局部极值。

BP 网络具有以下主要优点。

(1) 非线性映照能力:只有有足够多的隐含层节点和隐含层,BP 网络可以逼近任意的非线性映射关系。

(2) 并行分布处理方式:在神经网络中信息是分布存储和并行处理的,这使它具有很强的容错性和很快的处理速度。

(3) 自学习和自适应能力:神经网络在训练时,能从输入、输出的数据中提取出规律性的知识,记忆于网络的权值中,并具有泛化能力。

(4) 数据融合的能力:神经网络可以同时处理定量信息和定性信息,因此它可以利用传统的工程技术(数值运算)和人工智能技术(符号处理)。

(5) 多变量系统:神经网络的输入和输出变量的数目是任意的,对单变量系统与多变量系统提供了一种通用的描述方式,不必考虑各子系统间的解耦问题。

BP 网络的主要缺点如下。

(1) 收敛速度慢。

(2) 容易陷入局部极值点。

(3) 难以确定隐含层和隐含层节点的个数。

BP 算法局限性如下。

(1) 在误差曲面上有些区域平坦,此时误差对权值的变化不敏感,误差下降缓慢,调整时间长,影响收敛速度。这时误差的梯度变化很小,即使权值的调整量很大,误差仍然下降很慢。造成这种情况的原因与各节点的净输入过大有关。

(2) 存在多个极小点。从两维权空间的误差曲面可以看出,其上存在许多凸凹不平,其低凹部分就是误差函数的极小点。可以想象多维权空间的误差曲面，会更加复杂，存在更多个局部极小点，它们的特点都是误差梯度为0。BP算法权值调整依据是误差梯度下降，当梯度为0时，BP算法无法辨别极小点性质，因此训练常陷入某个局部极小点而不能自拔，使训练难以收敛于给定误差。

误差曲面的平坦区将使误差下降缓慢，调整时间加长，迭代次数增多，影响收敛速度；而误差曲面存在的多个极小点会使网络训练陷入局部极小，从而使网络训练无法收敛于给定误差。这两个问题是BP网络标准算法的固有缺陷。

针对此，国内外不少学者提出了许多改进算法，几种典型的改进算法如下。

(1) 增加动量项：标准BP算法在调整权值时，只按t时刻误差的梯度下降方向调整，而没有考虑t时刻以前的梯度方向，从而常使训练过程发生振荡，收敛缓慢。为了提高训练速度，可以在权值调整公式中增加动量项。大多数BP算法中都增加了动量项，以至于有动量项的BP算法成为一种新的标准算法。

(2) 可变学习速度的反向传播算法(variable learning rate back propagation，VLBP)：多层网络的误差曲面不是二次函数。曲面的形状随参数空间区域的不同而不同。可以在学习过程中通过调整学习速度来提高收敛速度，技巧是决定何时改变学习速度和怎样改变学习速度。VLBP算法有许多不同的方法来改变学习速度。

(3) 学习率的自适应调节：VLBP算法需要设置多个参数，算法的性能对这些参数的改变往往十分敏感，处理起来也较麻烦。此处给出一种简洁的学习率的自适应调节算法。学习率的调整只与网络总误差有关。学习率η也称步长，在标准BP中是一常数，但在实际计算中，很难给定出一个从始至终都很合适的最佳学习率。从误差曲面可以看出，在平坦区内η太小会使训练次数增加，这时候希望η值大一些；而在误差变化剧烈的区域，η太大会因调整过量而跨过较窄的“凹坑”处，使训练出现振荡，反而使迭代次数增加。为了加速收敛过程，最好是能自适应调整学习率η，使其该大则大，该小则小。例如，可以根据网络总误差来调整。

(4) 引入陡度因子——防止饱和：误差曲面上存在着平坦区。其权值调整缓慢的原因是Sigmoid函数具有饱和特性造成的。如果在调整进入平坦区后，设法压缩神经元的净输入，使其输出退出转移函数的饱和区，就可改变误差函数的形状，从而使其调整脱离平坦区。实现这一思路的具体做法是在转移函数中引进一个陡度因子。

由于BP网络有很好的逼近非线性映射的能力，它可应用于信息处理、图像识别、模型辨识、系统控制等方面。

6.3.3 BP网络的建立及执行

1. 建立BP网络

首先需要选择网络的层数和每层的节点数。

对于具体问题，若确定了输入变量和输出变量，则网络输入层和输出层的节点个数与输入变量个数及输出变量个数对应。隐含层节点的选择应遵循以下原则：在能正确反映输入/输出关系的基础上，尽量选取较少的隐含层节点，而使网络尽量简单。一种方法是先设置较少节点，对网络进行训练，并测试网络的逼近能力，然后逐渐增加节点数，直到测试的误差不再有明显的较小为止；另一种方法是先设置较多的节点，在对网络进行训练时，采用如

下的误差代价函数

$$E_f=\frac{1}{2}\sum_{p=1}^{P}\sum_{i=1}^{n_Q}(d_{pi}-x_{pi}^{Q})^2+\varepsilon\sum_{q=1}^{Q}\sum_{i=1}^{n_Q}\sum_{j=1}^{n_Q-1}|\omega_{ij}^{q}|=E+\varepsilon\sum_{q,i,j}|\omega_{ij}^{q}| \tag{6-25}$$

其中,E 仍与以前的定义相同,它表示输出误差的平方和。第二项的作用相当于引入一个“遗忘”项,其目的是使训练后的连接权系数尽量小。可以求得这时 E_f 对 ω_{ij}^{q} 的梯度为

$$\frac{\partial E_f}{\partial \omega_{ij}^{q}}=\frac{\partial E}{\partial \omega_{ij}^{q}}+\varepsilon \operatorname{sgn}(\omega_{ij}^{q}) \tag{6-26}$$

利用该梯度可以求得相应的学习算法。在训练过程中只有那些确实有必要的连接权才予以保留,而那些不必要的连接权将逐渐衰减为零。最后可去掉那些影响不大的连接权和相应的节点,从而得到一个适合规模的网络结构。

若采用单隐含层的BP网络,当隐含层的节点数目太大时,可应用两层隐含层的BP网络。一般而言,采用两层隐含层的节点总数比采用一层隐含层所用的节点数少。

网络的节点数对网络的泛化能力影响很大。节点数太多,它倾向于记住所有的训练数据,包括噪声的影响,反而降低了泛化能力;而节点数太少,它不能拟合样本数据,因此也谈不上有较好的泛化能力。

2. 确定网络的初始权值 ω_{ij}

BP网络的各层初始权值一般选取一组较小的非零随机数。为了避免出现局部极值问题,可选取多组初始权值,最后选用最好的一组。

3. 产生训练样本

一个性能良好的神经网络离不开学习,神经网络的学习是针对样本数据进行学习的。因此,数据样本对于神经网络的性能有着至关重要的影响。

建立样本数据之前,首先要收集大量的原始数据,并在大量的原始数据中确定出最主要的输入模式,分析数据的相关性,选择其中最主要的输入模式,确保所选择的输入模式互不相同。

在确定了最重要的输入模式后,需要进行尺度变换和预处理。在进行尺度变换之前,必须检查是否存在异常点。如果存在异常点,则异常点必须剔除。通过对数据的预处理分析还可以检验所选择的输入模式是否存在周期性、固定变化趋势或其他关系。对数据的预处理就是要使得经变换后的数据对神经网络更容易学习和训练。

对于一个复杂问题,应该选择多少个数据,也是一个关键性问题。系统的输入/输出关系就包含在样本数据中。一般来说,取的数据越多,学习和训练的结果越能正确反映输入/输出关系。但是选太多的数据将增加收集、分析数据及网络训练所付出的代价。当然,选择太少的数据则可能得不到正确的结果。事实上数据的多少取决于许多因素,如网络的大小、网络测试的需要和输入/输出的分布等。其中,网络的大小是最关键的因素。通常较大的网络需要较多的训练数据。经验规则:训练模式应是连接权总数的3~5倍。

样本数据包含两部分:一部分用于网络的训练;另一部分用于网络的测试。测试数据应是独立的数据集合。一般而言,将收集到的样本数据随机地分成两部分,一部分作训练数据,另一部分作测试数据。

影响样本数据大小的另一个因素是输入模式和输出结果的分布,对数据预先加以分类可以减少所需的数据量。相反,数据稀薄不均甚至互相覆盖,则势必要增加数据量。

4. 训练网络

在对网络进行训练的过程中，训练样本需要反复使用。对所有训练样本数据正向运行一次并反传修改连接权一次称为一次训练（或一次学习），这样的训练需要反复进行，直至获得合适的映射结果。通常，训练一个网络需要多次。

特别应该注意的是，并非训练的次数越多，越能得到正确的输入/输出的映射关系。训练网络的目的在于找出蕴含在样本数据中的输入和输出之间的本质联系，从而对于未经训练的输入也能给出合适的输出，即具备泛化功能。由于所收集的数据都是包含噪声的，训练的次数过多，网络将包含噪声的数据都记录下来，在极端的情况下，训练后的网络可以实现查表的功能。但是，对于新的输入数据却不能给出合适的输出，即并不具有很好的泛化能力。网络的性能主要用它的泛化能力来衡量，并不是用对训练数据的拟合程度来衡量，而是要用一组独立的数据来加以测试和检验。

5. 测试网络

用一组独立的测试数据测试网络的性能，在测试时需要保持连接权系数不改变，只用该数据作为网络的输入，正向运行该网络，检验输出的均方误差。

6. 判断网络

在实际确定 BP 网络时，通常应将训练和测试交替进行，即每训练一次，同时用测试数据测试一遍网络，画出均方误差随训练次数的变化曲线，如图 6-21 所示。从误差曲线来看，在用测试数据检验时，均方误差开始逐渐减小，当训练次数再增加时，测试检验误差反而增加。误差曲线上极小点所对应的即为恰当的训练次数，若再训练即为“过度训练”。

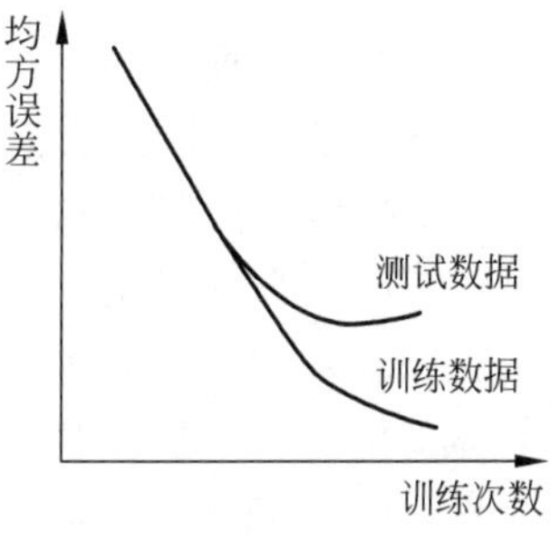

图 6-21　均方误差曲线

6.3.4　BP 网络应用于模式分类

在人工神经网络的实际应用中，BP 网络广泛应用于函数逼近、模式识别/分类、数据压缩等。80%～90%的人工神经网络模型采用 BP 网络或它的变化形式，它也是前馈网络的核心部分，体现了人工神经网络最精华的部分。

下面使用 MATLAB 构建 BP 神经网络。

1. 网络的构建

首先需要构造一个网络构架，函数 newff()就是用于构建神经网络的。

它需要四个输入条件，依次是：由 R 维的输入样本最大最小值构成的 $R\times2$ 维矩阵、各层的神经元个数、各层神经元的传递函数以及训练用函数的名称。下面具体介绍这些参数的选择。

网络层数：BP 网络可以包含不同的隐含层。但理论上已经证明，在不限制隐含层节点数的情况下，两层（只有一个隐含层）的 BP 网络可以实现任意非线性映射。因此选用两层 BP 网络即可。

输入层节点数 m：输入层起缓冲存储器的作用，它接受外部的输入数据，因此其节点数取决于向量的维数。

输出层节点数 n：输出层的节点数取决于两方面，输出数据类型和表示该类型所需数据大小。当BP网络用于模式分类时,输出层的节点数可根据待分类模式数来确定。

隐含层节点数:一般认为,隐含层节点数与求解问题的要求、输入输出单元数多少都有直接的关系。对于用于模式识别/分类的BP网络,根据前人经验,可以参照以下公式进行设计:$S_1=\sqrt{n+m}+a$。其中,m 为输入层节点数;n 为输出层节点数;a 为1~10的常数。

传输函数:BP网络中的传输函数通常采用Sigmoid函数:$f(x)=\frac{1}{1+e^{-x}}$,在某些特定情况下还可能采用纯线性(pureline)函数。

训练函数:BP神经网络的训练函数有traingd、traingdm、traingdx、trainrp、traincgf、traincgp、traincgb、trainscg、trainbfg、trainoss、trainlm、trainbr等,每种训练函数各有特点,但是没有一种函数能适应所有情况下的训练过程。代码如下:

```
net = newff(minmax(p),[12,4],{'tansig','logsig'},'trainlm');
```

2. 网络的初始化

网络的输入向量:$\boldsymbol{P}_k=[a_1,a_2,\cdots,a_n]$。

网络的目标向量:$\boldsymbol{t}_k=[y_1,y_2,\cdots,y_q]$。

网络初始化程序:net=init(net)。

将所用的数据以文本文件的形式输入,如果所收集的数据不在同一数量级,要进行归一化处理。归一化是为了加快训练网络的收敛性,也可以不进行归一化处理。归一化的具体作用是归纳统一样本的统计分布性。归一化在0~1是统计的概率分布,归一化在−1~+1是统计的坐标分布。归一化有同一、统一和合一的意思。无论是为了建模还是为了计算,首先基本度量单位要同一,神经网络是以样本在事件中的统计分别几率来进行训练(概率计算)和预测的,归一化是统一在0~1的统计概率分布;

当所有样本的输入信号都为正值时,与第一隐含层神经元相连的权值只能同时增加或减小,从而导致学习速度很慢。为了避免出现这种情况,加快网络学习速度,可以对输入信号进行归一化,使得所有样本的输入信号其均值接近于0或与其均方差相比很小。

归一化是因为Sigmoid函数的取值是0~1,网络最后一个节点的输出也是如此,所以经常要对样本的输出归一化处理。所以这样做分类的问题时用[0.9 0.1 0.1]就要比用[1 0 0]要好。

程序代码如下:

```
[pn,minp,maxp] = premnmx(p); (归一化处理,归一化后的数据将分布在[-1,1]内)
[r,q] = size(p);                  % 训练输入样本集 p 的行数 r 和列数 q
[s2,q] = size(t);                 % 训练目标样本集 t 的行数 s2 和列数 q
```

3. 训练参数初始化

隐含层节点数的确定:$S_1=\sqrt{n+m}+a$。其中,m 为输入层节点数;n 为输出层节点数;a 为1~10的常数。因为此处是3输入4输出的神经网络,所以隐含层节点数选择9。代码如下:

```
max_epoch = x;                    % 最大训练次数 x
err_goal = E;                     % 期望误差
```

4. 网络训练

程序代码如下：

```
net = train(net,p,t);
```

5. 网络仿真

程序代码如下：

```
y = sim(net,p_test);
```

6. 结果对比

在本例中采用表 1-2 的三原色数据，希望将数据按照颜色数据所表征的特点，将数据按照各自所属的类别归类。其中，前 29 组数据已确定类别，后 30 组数据待确定类别。

在此使用 BP 网络对数据分类。BP 网络的输入和输出层的神经元数目由输入和输出向量的维数确定。输入向量由 A、B、C 这三列决定，所以输入层的神经元数目为 3；输出结果有 4 种模式，1、2、3、4 代表 4 种输出，因此输出层的神经元个数为 4。模式识别程序如下：

```
 %构建训练样本中的输入向量 p
p = [1739.94  373.3  1756.77  864.45  222.85  877.88  1803.58  2352.12  401.3  363.34  1571.17
104.8 499.85  2297.28  2092.62  1418.79  1845.59  2205.36  2949.16  1692.62  1680.67  2802.88
172.78 2063.54 1449.58 1651.52 341.59 291.02 237.63;
1675.15  3087.05  1652  1647.31  3059.54  2031.66  1583.12  2557.04  3259.94  3477.95  1731.04
3389.83 3305.75 3340.14 3177.21 1775.89 1918.81 3243.74 3244.44 1867.5 1575.78 3017.11
3084.49 3199.76 1641.58 1713.28 3076.62 3095.68 3077.78;
2395.96 2429.47 1514.98 2665.9 2002.33 3071.18 2163.05 1411.53 2150.98 2462.86 1735.33
2421.83  2196.22  535.62  584.32  2772.9  2226.49  1202.69  662.42  2108.97  1725.1  1984.98
2328.65 1257.21 3405.12 1570.38 2438.63 2088.95 2251.96];
 %构建训练样本中的目标向量 t
t = [0 1 0 0 1 0 0 0 1 1 0 1 1 0 0 0 0 0 0 0 0 1 0 0 0 1 1 1;
    1 0 1 0 0 0 1 0 0 0 1 0 0 0 0 0 1 0 0 1 1 0 0 0 0 1 0 0 0;
    0 0 0 0 0 0 0 1 0 0 0 0 0 1 1 0 0 1 1 0 0 1 0 1 0 0 0 0 0;
    0 0 0 1 0 1 0 0 0 0 0 0 0 0 0 1 0 0 0 0 0 0 0 0 1 0 0 0 0];
 %创建一个 BP 网络，隐含层有 12 个神经元，传递函数为 tansig
 %中间层有 4 个神经元，传递函数为 logsig，训练函数为 trainlm
net = newff(minmax(p),[12,4],{'tansig','logsig'},'trainlm');
 %训练次数 默认为 100
net.trainParam.epochs = 500;
 %训练的目标 默认为 0
net.trainParam.goal = 0.01;
 %神经网络训练
  net = train(net,p,t);
 %测试样本进行分类
  p_test = [1702.8 1877.93 867.81 1831.49 460.69 2374.98 2271.89 1783.64 198.83 1494.63
1597.03  1598.93  1243.13  2336.31  354  2144.47  426.31  1507.13  343.07  2201.94  2232.43
1580.1 1962.4 1495.18 1125.17 24.22 1269.07 1802.07 1817.36 1860.45;

     1639.79  1860.96  2334.68  1713.11  3274.77  3346.98  3482.97  1597.99  3250.45  2072.59
1921.52 1921.08 1814.07 2640.26 3300.12 2501.62 3105.29 1556.89 3271.72 3196.22 3077.87
1752.07 1594.97 1957.44 1594.39 3447.31 1910.72 1725.81 1927.4 1782.88;

    2068.74 1975.3 2535.1 1604.68 2172.99 975.31 946.7 2261.31 2445.08 2550.51 2126.76
1623.33 3441.07  1599.63  2373.61  591.51  2057.8  1954.51  2036.94  935.53  1298.87  2463.04
1835.95 3498.02 2937.73 2145.01 2701.97 1966.35 2328.79 1875.83];
  y = sim(net,p_test);
```

运行上述程序代码后,可以得到网络的训练结果:

```
TRAINLM - calcjx, Epoch 0/500, MSE 0.303441/0.01, Gradient 173.123/1e - 010
TRAINLM - calcjx, Epoch 25/500, MSE 0.0862919/0.01, Gradient 0.0209707/1e - 010
TRAINLM - calcjx, Epoch460/500, MSE 0.00159/0.01, Gradient 0.226/1e - 07
TRAINLM, Performance goal met
```

图 6-22 为神经网络训练模块,在这里可以查看训练结果、训练状态等。可见网络经过 460 次训练后即可达到误差要求,结果如图 6-23 所示。从图中可以看出,网络具有非常好的学习性能,网络输出与目标输出的误差已经达到了预先的要求。

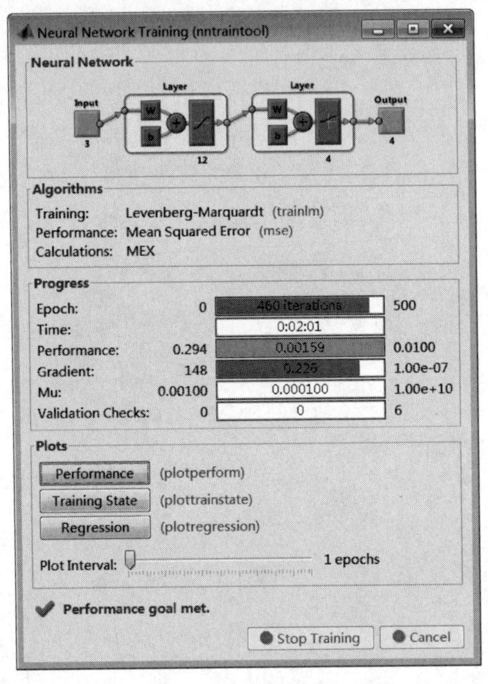

图 6-22 神经网络训练模块

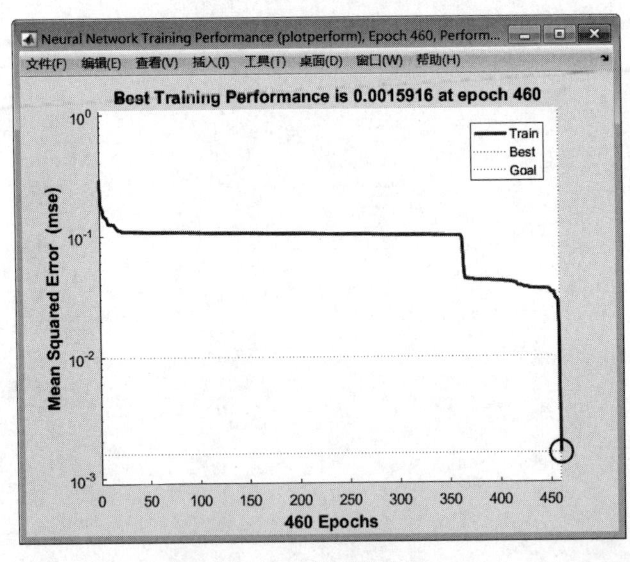

图 6-23 训练曲线图

对预测样本值的仿真输出结果如下：

```
y =

  1 至 18 列

  0.0144    0.0144    0.4828    0.0144    0.9788    0.0353    0.0353    0.0144
  0.9788    0.0877    0.0144    0.0239    0.0525    0.0353    0.9788    0.0353
  0.9788    0.0144    0.9857    0.9857    0.3637    0.9857    0.0187    0.0300
  0.0300    0.9857    0.0187    0.9528    0.9857    0.8961    0.1056    0.0300
  0.0187    0.0300    0.0187    0.9857    0.0057    0.0057    0.0020    0.0057
  0.0221    0.9693    0.9693    0.0057    0.0221    0.0006    0.0057    0.0822
  0.0001    0.9693    0.0221    0.9693    0.0221    0.0057    0.0264    0.0264
  0.0233    0.0264    0.0565    0.0050    0.0050    0.0264    0.0565    0.0453
  0.0264    0.0099    0.8830    0.0050    0 .0565   0.0050    0.0565    0.0264

  19 至 30 列

  0.9787    0.0353    0.0353    0.0144    0.0144    0.0525    0.0525    0.9788
  0.0568    0.0144    0.0144    0.0144    0.0187    0.0300    0.0300    0.9857
  0.9857    0.1056    0.1056    0.0187    0.1208    0.9857    0.9857    0.9857
  0.0221    0.9693    0.9693    0.0057    0.0057    0.0001    0.0001    0.0221
  0.0001    0.0057    0.0057    0.0057    0.0565    0.0050    0.0050    0.0264
  0.0264    0.8830    0.8830    0.0565    0.8643    0.0264    0.0264    0.0264
```

将 BP 网络的识别结果与模糊模式识别器的分类结果进行对比，结果如表 6-2 所示。

表 6-2 BP 网络分类结果

序号	A	B	C	模糊分类系统测试结果	BP 网络分类结果
1	1702.8	1639.79	2068.74	3	3
2	1877.93	1860.96	1975.3	3	3
3	867.81	2334.68	2535.1	1	4
4	1831.49	1713.11	1604.68	3	3
5	460.69	3274.77	2172.99	4	4
6	2374.98	3346.98	975.31	2	4/2
7	2271.89	3482.97	946.7	2	4/2
8	1783.64	1597.99	2261.31	3	1/3
9	198.83	3250.45	2445.08	4	4
10	1494.63	2072.59	2550.51	1	3
11	1597.03	1921.52	2126.76	3	3
12	1598.93	1921.08	1623.33	3	3
13	1243.13	1814.07	3441.07	1	1
14	2336.31	2640.26	1599.63	2.5	—
15	354	3300.12	2373.61	4	4
16	2144.47	2501.62	591.51	2	2
17	426.31	3105.29	2057.8	4	4
18	1507.13	1556.89	1954.51	3	3
19	343.07	3271.72	2036.94	4	4
20	2201.94	3196.22	935.53	2	2/4
21	2232.43	3077.87	1298.87	2	2/4
22	1580.1	1752.07	2463.04	3	3

续表

序号	A	B	C	模糊分类系统测试结果	BP 网络分类结果
23	1962.4	1594.97	1835.95	3	1/3
24	1495.18	1957.44	3498.02	1	1
25	1125.17	1594.39	2937.73	1	1
26	24.22	3447.31	2145.01	4	4
27	1269.07	1910.72	2701.97	1	3
28	1802.07	1725.81	1966.35	3	3
29	1817.36	1927.4	2328.79	3	3
30	1860.45	1782.88	1875.13	3	3

从表中的数据可以看出,系统不够理想。此时,可增加训练数据和训练次数来提高系统的识别能力。此外,可使用其他的训练函数训练 BP 神经网络。

6.3.5 BP 网络的其他学习算法的应用

在应用其他学习方法训练 BP 网络之前,先将样本数据(bp_train_sample_data.dat)、目标数据(bp_train_target_data.dat)及待分类数据(bp_simulate_data.dat)存放到数据文件,各文件内容及格式如图 6-24 所示。

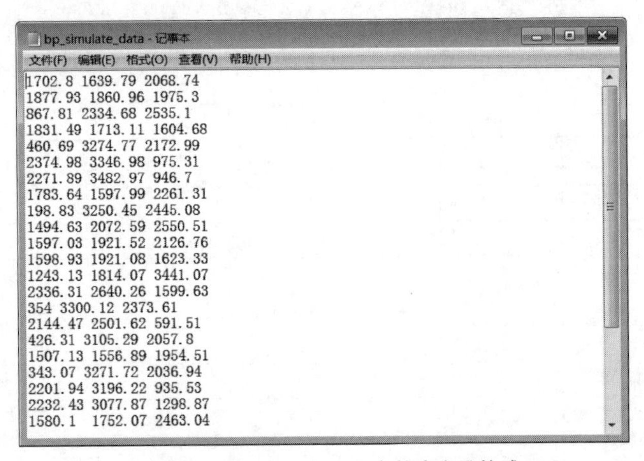

(a) bp_train_sample_data.dat文件内容及格式

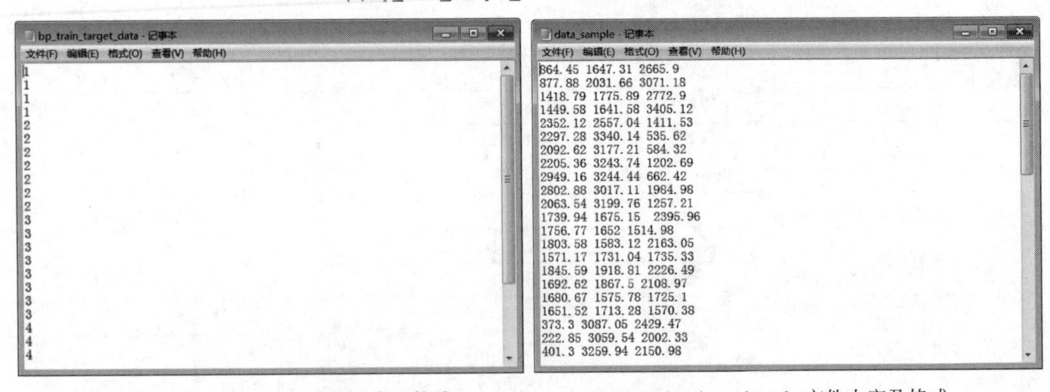

(b) bp_train_target_data.dat文件内容及格式 (c) bp_simulate_data.dat文件内容及格式

图 6-24 数据文件内容及格式

1. 采用梯度法进行学习

前向神经网络BP算法采用最速下降寻优算法，即梯度法。假设有 N 对学习样本，采取批处理学习方法，目标函数 $E=\frac{1}{2N}\sum_{K=1}^{N}(\boldsymbol{T}_K-\boldsymbol{Y}_K)^2$，其中 $\boldsymbol{T}_K$、$\boldsymbol{Y}_K$ 分别为第 K 对样本的期望输出和实际输出向量。E 反映网络输出与样本的总体误差。学习过程就是通过修改各神经元之间的权值，使得目标函数 E 的值最小，权值按下列公式修正

$$\Delta W_{ij}=-\eta\frac{\partial E}{\partial W_{ij}} \tag{6-27}$$

其中，η 为学习率。

应用traingd函数训练，应调整权值和阈值沿着表现函数的负梯度方向，如果应用梯度下降法训练函数，需要在训练之前将网络构成函数的相应参数trainFen设置为traingd。

与函数traingd有关的训练参数有：epochs、goal、Ir、max_fail、min_grad、show、time，如果不设置就表示应用默认值。

net.trainParam.epochs	最大训练次数(默认为10)
net.trainParam.goal	训练要求精度(默认为0)
net.trainParam.lr	学习率(默认为0.01)
net.trainParam.max_fail	最大失败次数(默认为5)
net.trainParam.min_grad	最小梯度要求(默认为1e-10)
net.trainParam.show	显示训练迭代过程(NaN表示不显示，默认为25)
net.trainParam.time	最大训练时间(默认为inf)

其中，学习率是很重要的参数，它和负梯度的乘积决定了权值和阈值的调整量，学习率越大，调整步伐越大。学习率过大，算法会变得不稳定；但是如果学习率太小，算法收敛的时间就会增加。

训练过程中，只要满足下面5个条件之一，训练就会停止：

(1) 超过最大迭代次数epochs。

(2) 表现函数值小于误差指标goal。

(3) 梯度值小于要求精度mingrad。

(4) 训练所用时间超过时间限制time。

(5) 最大失败次数超过次数限制max_fail。

在MATLAB中创建BP网络可以调用相应函数，代码如下：

```
function f = bpfun()
% Neural Network
% build train and simulate
% bpfun.m

% 输入矩阵的范围(数据源)
P = [20 3000;1400 3500;500 3500;];

% 创建网络
net = newff(P,[12 4 1],{'tansig' 'tansig' 'purelin','traingd'});
% 初始化神经网络
net = init(net);
```

```
%设置训练的参数
%停止方式按键
%pause;
%两次显示之间的训练步数,默认为25
net.trainParam.show = 50;
%lr不能选择太大,太大会造成算法不收敛,太小会使训练时间太长
%一般选择0.01~0.1
%训练速度
net.trainParam.lr = 0.05;
%训练次数 默认为100
net.trainParam.epochs = 3000;
%训练时间 默认为inf,表示训练时间不限
net.trainParam.time = 6000;
%训练的目标 默认为0
net.trainParam.goal = 0.001;

%建立源数据的矩阵
SourceDataConvert = importdata('bp_train_sample_data.dat');
SourceData = SourceDataConvert'
TargetConvert = importdata('bp_train_target_data.dat');
Target = TargetConvert'
%神经网络训练
net = train(net,SourceData,Target)
%显示训练后的各层权重
mat1 = cell2mat(net.LW(1,1))
mat2 = cell2mat(net.LW(2,1))
mat3 = cell2mat(net.LW(3,2))
%读取仿真文件数据
simulate_data_convert = importdata('bp_simulate_data.dat');
simulate_data = simulate_data_convert';
result = sim(net,simulate_data)
```

多次运行上述程序,可以得到满足误差要求的网络的训练结果:

```
T TRAINLM - calcjx, Epoch 0/3000, Time 0.0%, MSE 14.4178/0.001, Gradient 10741.9/1e-010
TRAINLM - calcjx, Epoch 40/3000, Time 0.0%, MSE 0.000438/0.001, Gradient 0.196/1e-07
TRAINLM, Performance goal met
```

图6-25为神经网络训练模块,在这里可以查看训练结果、训练状态等。训练后即可达到误差要求,结果如图6-26所示。

对预测样本值的仿真输出结果如下:

```
result =
1 至 9 列
3.0016    3.0016    0.9969    3.0011    3.9847    1.9460    1.9460    3.0016    3.9873
10 至 18 列
0.9973    3.0016    2.9982    0.9969    2.0245    3.9873    1.9460    3.9850    3.0016
19 至 27 列
3.8844    1.9460    2.0245    2.5884    3.0016    0.9969    0.9969    3.9816    0.9969
28 至 31 列
3.0016    3.0016    3.0016    3.0015
```

2. 采用带动量最速下降法进行学习

带动量最速下降法在非二次型较强的区域能使目标函数收敛较快。BP算法的最速下

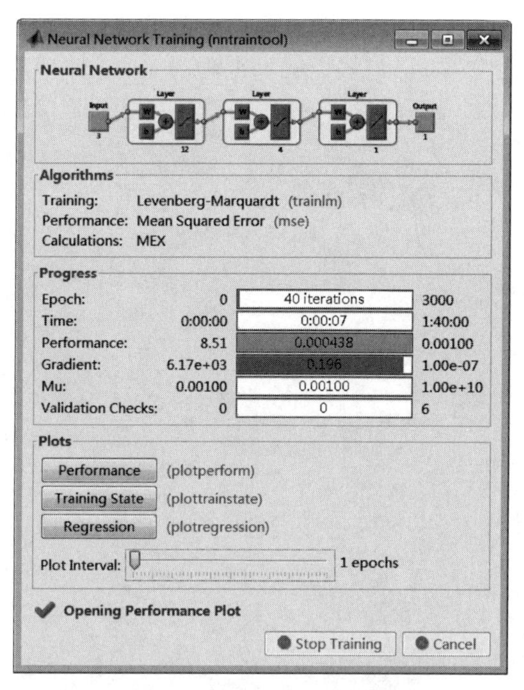

图 6-25 神经网络训练模块

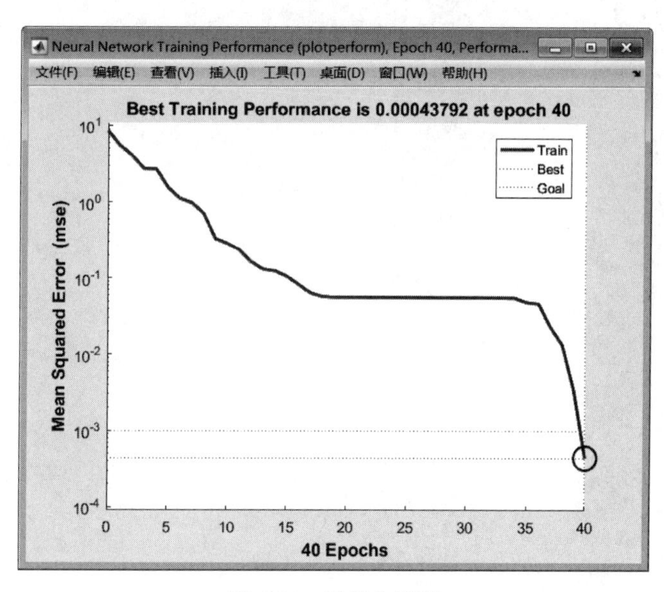

图 6-26 训练曲线图

降方向即目标函数 E 在权值空间上的负梯度方向，在无约束优化目标函数 E 时，相邻的两个搜索方向正交。因此，当权值接近于极值区域时，每次迭代移动的步长很小，呈现出“锯齿”现象，严重影响了收敛速率，有时甚至不能收敛而在局部极值区域振荡。为此，提出了各种加速学习率的优化算法，其中加动量项的算法为当前广为应用的方法，其权值修正公式 $\Delta W_{ij}(t)=-\eta\frac{\partial E}{\partial W_{ij}}+\alpha\Delta W_{ij}(t-1)$，$\alpha$ 为动量系数。引入动量项后，使得调节向着底部的平均方向变化，不致产生大的摆动，即起到缓冲平滑的作用。若系统进入误差函数面的平坦区,那么误差变化将很小,动量项的引入使得调节尽快脱离这一平坦区,有助于缩短向极值逼近的时间。所以,动量项的引入,加快了学习速度。

在训练过程中,若能选择合适的速率,使它的值尽可能大但又不至于引起振荡,则能使训练快速达到要求。

在 MATLAB 中创建 BP 网络的程序如下:

```
function f = bpfun()
%Neural Network
%build train and simulate
%bpfun.m
%输入矩阵的范围(数据源)
P = [20 3000;1400 3500;500 3500;];

%创建网络
net = newff(P,[12 4 1],{'tansig' 'tansig' 'purelin','traingdx'});
%初始化神经网络
net = init(net);

%设置训练的参数
%停止方式按键
%pause;
%两次显示之间的训练步数,默认为 25
net.trainParam.show = 50;
%lr 不能选择太大,太大会造成算法不收敛,太小会使训练时间太长
%一般选择 0.01~0.1
%训练速度
net.trainParam.lr = 0.05;
%速度增长系数
net.trainParam.lr_inc = 1.2;
%速度下调系数
net.trainParam.lr_dec = 0.8;
%添加动量因子
net.trainParam.mc = 0.9;

%训练次数 默认为 100
net.trainParam.epochs = 3000;
%训练时间 默认为 inf,表示训练时间不限
net.trainParam.time = 6000;
%训练的目标 默认为 0
net.trainParam.goal = 0.001;

%建立源数据的矩阵
SourceDataConvert = importdata('bp_train_sample_data.dat');
SourceData = SourceDataConvert'
TargetConvert = importdata('bp_train_target_data.dat');
Target = TargetConvert'
%神经网络训练
net = train(net,SourceData,Target)
%显示训练后的各层权重
mat1 = cell2mat(net.LW(1,1))
mat2 = cell2mat(net.LW(2,1))
mat3 = cell2mat(net.LW(3,2))
%读取仿真文件数据
simulate_data_convert = importdata('bp_simulate_data.dat');
simulate_data = simulate_data_convert';
result = sim(net,simulate_data)
```

多次运行上述程序，可以得到满足误差要求的网络的训练结果：

```
TRAINLM-calcjx, Epoch 0/3000, Time 0.0%, MSE 14.0262/0.001, Gradient 7315.37/1e-010
TRAINLM-calcjx, Epoch 335/3000, Time 0.0%, MSE 0.000442/0.001, Gradient1.19/1e-7
TRAINLM, Performance goal met
```

神经网络训练工具如图 6-27 所示，训练后即可达到误差要求，结果如图 6-28 所示。

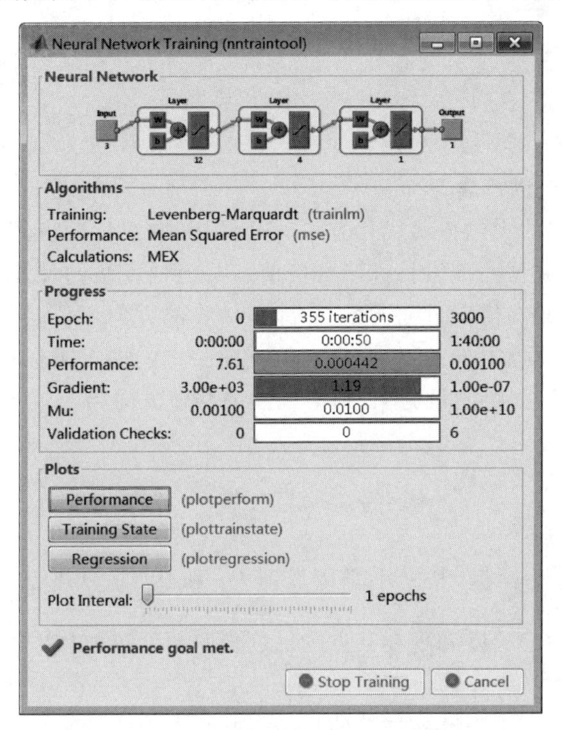

图 6-27　神经网络训练工具

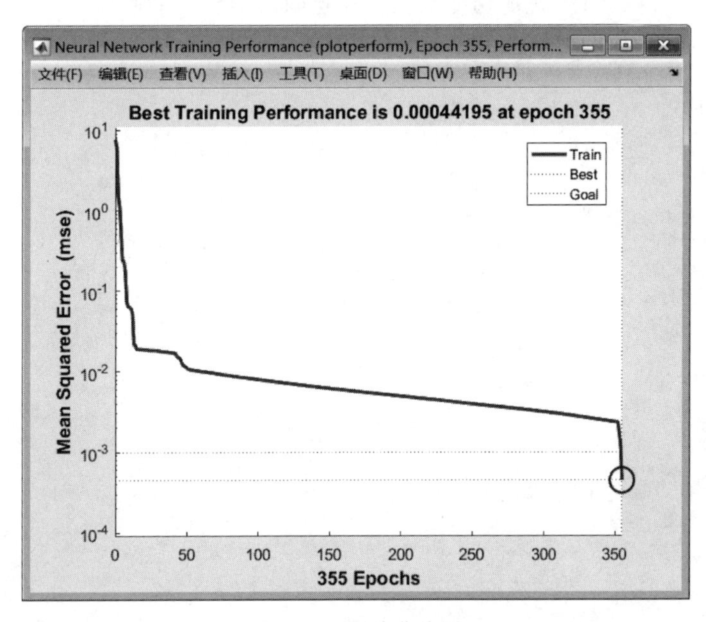

图 6-28　训练曲线图

对预测样本值的仿真输出结果如下：

```
result =
1 至 9 列
3.0296    2.9309    1.5220    2.9256    3.9876    1.9889    1.9904    3.0315    3.9897
10 至 18 列
1.3982    3.0274    2.5501    1.0009    2.0562    3.9843    2.0376    3.9917    3.0733
19 至 27 列
3.9915    2.0045    2.0212    1.8679    2.9285    0.9716    1.0037    4.0013    1.4880
28 至 31 列
2.9780    2.9835    2.9379    3.0032
```

3. 采用共轭梯度法进行学习

共轭梯度法是重要的无约束最优化方法，它利用一维搜索所得到的极小点处的最速下降方向生成共轭方向，并据此搜索目标函数极值。共轭梯度法的计算步骤和梯度法的计算步骤差别不大，主要差别在搜索方向的不同，即每一步的方向不再是梯度方向，而是一种共轭的方向，由原来的负梯度方向加上一个修正项(前一点的梯度乘以适当的系数)得到共轭方向。设梯度向量为 $\boldsymbol{g}$，共轭向量为 $\boldsymbol{P}$，则第 k 次的共轭方向为

$$\boldsymbol{P}_k=\begin{cases}-\boldsymbol{g}_k, & k=0\\ -\boldsymbol{g}_k+\beta_{k-1}\boldsymbol{P}_{k-1}, & k\geqslant 1\end{cases}\tag{6-28}$$

其中，$\beta_{k-1}=\dfrac{\boldsymbol{g}_k\boldsymbol{g}_k^{\mathrm{T}}}{\boldsymbol{g}_{k-1}\boldsymbol{g}_{k-1}^{\mathrm{T}}}$为标量，其大小必须保证 $\boldsymbol{P}_k$ 和 $\boldsymbol{P}_{k-1}$ 为共轭方向。因此，可以说共轭梯度法综合利用过去的梯度和现在某点的梯度信息，用其线性组合来构造更好的搜索方向，这样权值的修正公式 $W_{ij}(k)=W_{ij}(k-1)+\eta P_k$。

共轭梯度法在二次型较强的区域能使目标函数收敛较快。而一般目标函数在极小点附近的形态近似于二次函数，故共轭梯度法在极小点附近有较好的收敛性。

在 MATLAB 中创建 BP 网络的程序如下：

```
function f = bpfun()
% Neural Network
% build train and simulate
% bpfun.m
% 输入矩阵的范围(数据源)
P = [20 3000;1400 3500;500 3500;];
% 创建网络
net = newff(P,[12 4 1],{'tansig' 'tansig' 'purelin','traincgb'});
% 初始化神经网络
net = init(net);

% 设置训练的参数
% 停止方式按键
% pause;
% 两次显示之间的训练步数,默认为 25
net.trainParam.show = 50;
% lr 不能选择太大,太大会造成算法不收敛,太小会使训练时间太长
% 一般选择 0.01~0.1
% 训练速度
net.trainParam.lr = 0.05;
```

```
%训练次数 默认为100
net.trainParam.epochs = 3000;
%训练时间 默认为 inf,表示训练时间不限
net.trainParam.time = 6000;
%训练的目标 默认为 0
net.trainParam.goal = 0.001;

%建立源数据的矩阵
SourceDataConvert = importdata('bp_train_sample_data.dat');
SourceData = SourceDataConvert'
TargetConvert = importdata('bp_train_target_data.dat');
Target = TargetConvert'
%神经网络训练
net = train(net,SourceData,Target)
%显示训练后的各层权重
mat1 = cell2mat(net.LW(1,1))
mat2 = cell2mat(net.LW(2,1))
mat3 = cell2mat(net.LW(3,2))
%读取仿真文件数据
simulate_data_convert = importdata('bp_simulate_data.dat');
simulate_data = simulate_data_convert';
result = sim(net,simulate_data)
```

多次运行上述程序,可以得到满足误差要求的网络的训练结果:

```
TRAINLM - calcjx, Epoch 0/3000, Time 0.0%, MSE 14.0262/0.001, Gradient 7315.37/1e-010
TRAINLM - calcjx, Epoch 7/3000, Time 0.0%, MSE 6.11e-0.5/0.001, Gradient 0.185/1e-07
TRAINLM, Performance goal met
```

图6-29为神经网络训练模块,在这里可以查看训练结果、训练状态等。训练后即可达到误差要求,结果如图6-30所示。

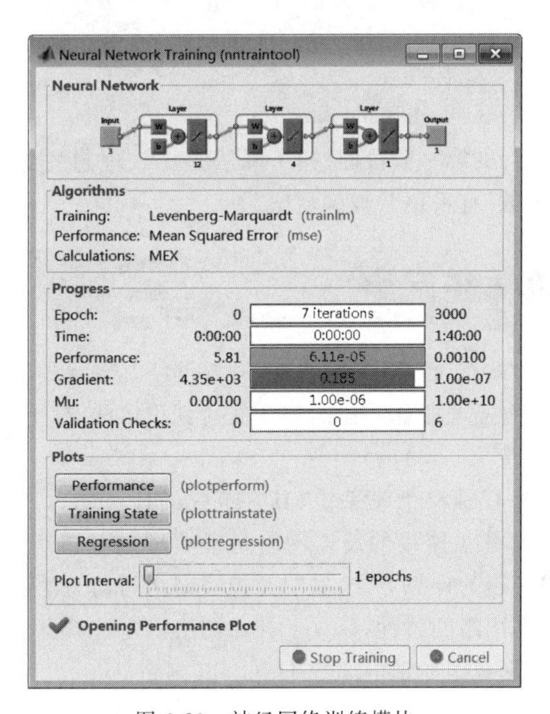

图6-29　神经网络训练模块

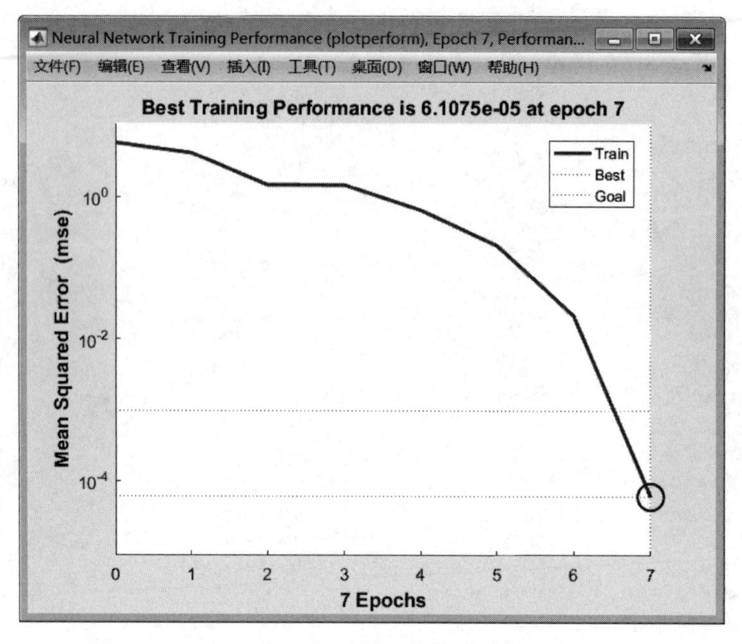

图 6-30 训练曲线图

对预测样本值的仿真输出结果如下：

```
result =
1 至 9 列
2.9953    2.9953    1.0002    2.9962    3.9875    2.6118    2.6118    2.9953    4.0590
10 至 18 列
3.2461    2.9953    3.4248    1.0096    1.9975    3.9875    2.0003    3.9875    2.9953
19 至 27 列
3.9875    2.6118    1.9975    3.0221    2.9953    1.0011    1.0137    3.9888    1.0001
28 至 31 列
2.9953    2.9953    2.9953    1.9339
```

综上所述，在计算过程的第一阶段，最速下降法是比较理想的寻优方法，而在最优点附近，由于接近于二次型函数，宜采用共轭梯度法。

6.4 反馈神经网络

由于反馈网络的输出端有反馈到其输入端，即该网络在输入的激励下，会产生不断的状态变化，因此反馈神经网络需要工作一段时间才能达到稳定状态。需要指出的是，反馈网络有稳定的，也有不稳定的。

反馈神经网络是一个反馈动力学系统，具有更强的计算能力。1982 年，J. Hopfield 提出的单层全互联含有对称突触连接的反馈网络是最典型的反馈网络模型。Hopfield 用能量函数的思想形成了一种新的计算方法，阐明了神经网络与动力学的关系，并用非线性动力学的方法来研究这种神经网络的特性，建立了神经网络稳定性判据，并指出信息存储在网络中神经元之间的连接上，形成了所谓的离散 Hopfield 网络。

1984 年，Hopfield 提出了网络模型实现的电子电路，成功地解决了旅行商(TSP)计算难题(优化问题),为神经网络的工程实现指明了方向。这种网络是反馈网络的一种,所有神经单元之间相互连接,具有丰富的动力学特性。现在,Hopfield 网络已经广泛应用于联想记忆和优化计算中,取得了很好的效果。根据网络的输入是连续量还是离散量,Hopfield 网络分为离散型和连续型两种网络模型,分别记作 DHNN(Discrete Hopfield Neural Network)和 CHNN(Continues Hopfield Neural Network)。这里以离散 Hopfield 网络为模型进行讲解。

6.4.1　离散 Hopfield 网络的结构

Hopfield 最早提出的网络是二值神经网络,神经元的输出只取 0 和 1(或−1 和 1)两个值,也称为离散 Hopfield 网络(DHNN)。DHNN 是一种单层的输入/输出为二值的反馈网络,主要用于联想记忆。网络的能量函数存在着一个或多个极小点,或者称为平衡点。当网络的初始状态确定后,网络状态按其工作规则向能量递减的方向变化,最后接近或达到平衡点。这种平衡点又称为吸引子。如果设法把网络所需记忆的模式设计成某个确定网络状态的一个平衡点,则当网络从与记忆模式较接近的某个初始状态出发后,按 Hopfield 运行规则进行状态更新,最后网络状态稳定在能量函数的极小点,即记忆模式所对应的状态。这样就完成了由部分信息或失真的信息到全部或完整信息的联想记忆过程。

离散型 Hopfield 神经网络是单层全互联的,其表现形式有两种,如图 6-31、图 6-32 所示。

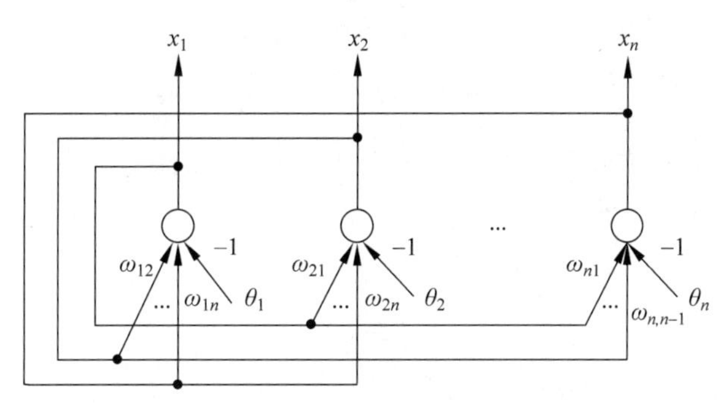

图 6-31　离散 Hopfield 网络的结构图(1)

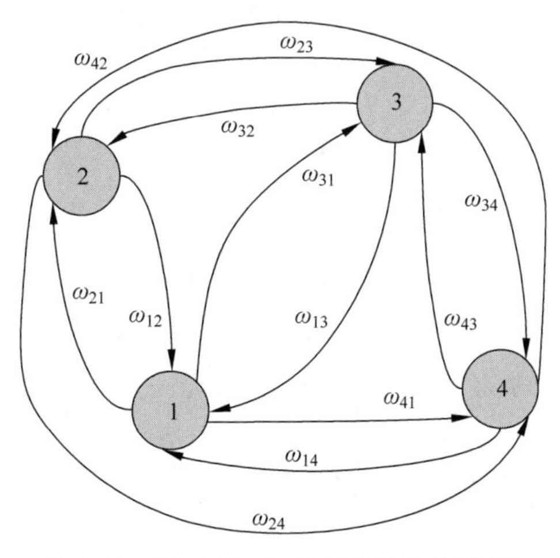

图 6-32　离散 Hopfield 网络的结构图(2)

离散 Hopfield 网络是一个单层网络,共有 n 个神经元节点,每个节点输出均连接到其他神经元的输入,同时所有其他神经元的输出均连到该神经元的输入。对于每个神经元节点,其工作方式仍同以前一样,即

$$s_i = \sum_{j=1, j\neq i}^{n} w_{ij} x_j - \theta_i \tag{6-29}$$

$$x_i = f(s_i) \tag{6-30}$$

其中,$f(\cdot)$取阶跃函数 $f(s)=\begin{cases}1, & s\geqslant 0\\ 0, & s<0\end{cases}$,或者取符号函数 $f(s)=\begin{cases}1, & s\geqslant 0\\ -1, & s<0\end{cases}$。

对于包含 n 个神经元节点的 Hopfield 网络,其网络状态是输出神经元信息的集合,由于每个输出端有两种状态,则网络共有 2^n 个状态。

如果 Hopfield 网络是稳定的,则在网络的输入端加入一个输入向量,则网络的状态就会发生变化,直至网络稳定在某一特定的状态。

1989 年,Hirsch 把神经网络看成一种非线性动力学系统,称为神经动力学(Neurodynamics)。确定性神经动力学将神经网络作为确定性行为,在数学上用非线性微分方程的集合来描述系统的行为,方程解为确定的解。统计性神经动力学将神经网络看成被噪声所扰动,在数学上采用随机性的非线性微分方程来描述系统的行为,方程的解用概率表示。

动力学系统是状态随时间变化的系统。令 $v_1(t), v_2(t), \cdots, v_N(t)$ 表示非线性动力学系统的状态变量,其中 t 是独立的连续时间变量,N 为系统状态变量的维数。大型的非线性动力学系统的动力特性可用下面的微分方程表示:

$$\frac{\mathrm{d}}{\mathrm{d}t} v_i(t) = F_i(v_i(t)), \quad i=1,2,\cdots,N \tag{6-31}$$

函数是包含自变量的非线性函数。为了表述方便,可将这些状态变量表示为一个 $N\times 1$ 维的向量,称为系统的状态向量。

可用向量形式表示系统的状态方程

$$\frac{\mathrm{d}}{\mathrm{d}t} V(t) = F(V(t)) \tag{6-32}$$

Hopfield 网络的“能量函数”定义为

$$E = -\frac{1}{2}\sum_{\substack{i=1\\ i\neq j}}^{n} \sum_{\substack{j=1\\ j\neq i}}^{n} w_{ij} x_i x_j + \sum_{i=1}^{n} x_i \theta_i \tag{6-33}$$

Hopfield 反馈网络是一个非线性动力学系统,Hopfield 网络按动力学方式运行,即按“能量函数”减小的方向进行演化,直到达到稳定状态。因而式(6-33)所定义的“能量函数”值应单调减小。

6.4.2 离散 Hopfield 网络的工作方式

离散 Hopfield 网络的工作方式分为同步方式和异步方式两种。

(1) 异步(串行)方式。每次只有一个神经元节点进行状态的调整计算,其他节点的状态均保持不变,即

$$x_i(k+1) = f\left(\sum_{j=1, j\neq i}^{n} w_{ij} x_j(k) - \theta_i\right) \tag{6-34}$$

$$x_j(k+1)=x_j(k) \tag{6-35}$$

n 个节点的调整次序可以随机选定，也可按规定的次序进行。

(2) 同步(并行)方式。所有的神经元节点同时调整状态，即对 $\forall i$，

$$x_i(k+1)=f\left(\sum_{j=1,j\neq i}^{n} w_{ij}x_j(k)-\theta_i\right) \tag{6-36}$$

该网络是动态的反馈网络，其输入是网络的状态初值：$\boldsymbol{X}(0)=[x_1(0),x_2(0),\cdots,x_n(0)]^{\mathrm{T}}$，输出是网络的稳定状态 $\lim\limits_{k\to\infty}\boldsymbol{X}(k)$。网络在异步方式下的稳定性称为异步稳定性。同理，在同步方式下的稳定性称为同步稳定性。神经网络稳定时的状态称为稳定状态。

6.4.3 Hopfield网络的稳定性和吸引子

离散 Hopfield 网络实质上是一个离散的非线性动力系统。因此，如果系统是稳定的，则它可以从任一初态收敛到一个稳定状态；若系统是不稳定的，由于网络节点输出点只有 1 和 −1(或 1 和 0)两种状态，因此系统不可能无限发散，只可能出现限幅的自持振荡或极限环。

如果将稳态视为一个记忆样本，那么初态朝稳态的收敛过程是寻找记忆样本的过程。初态可以认为是给定样本的部分信息，网络改变的过程可以认为是部分信息找到全部信息，从而实现了联想记忆的功能。

定义 3.1：若网络的状态 $\boldsymbol{x}$ 满足 $\boldsymbol{x}=f(W\boldsymbol{x}-\boldsymbol{\theta})$，则称 $\boldsymbol{x}$ 为网络的稳定点或吸引子。

定理 3.1：对于离散 Hopfield 网络，若按异步方式调整状态，并且连接权矩阵 $\boldsymbol{W}$ 为对称矩阵，则对于任意初态，网络都最终收敛到一个吸引子。

定理 3.2：对于离散 Hopfield 网络，若按同步方式调整状态，并且连接权矩阵 $\boldsymbol{W}$ 为非负定对称矩阵，则对于任意初态，网络都最终收敛到一个吸引子。

由上述定理可知，对于同步方式，它对连接权矩阵 $\boldsymbol{W}$ 的要求不仅为对称矩阵，同时要求非负定。若连接权矩阵 $\boldsymbol{W}$ 不满足非负定的要求，则 Hopfield 网络可能出现自持振荡(即极限环)。比较而言，异步方式比同步方式具有更好的稳定性。但异步方式失去了神经网络并行处理的优点。

定义 3.2：若 $\boldsymbol{x}^{(a)}$ 是吸引子，对于异步方式，若存在一个调整次序可以从 $\boldsymbol{x}$ 演变到 $\boldsymbol{x}^{(a)}$，则称 $\boldsymbol{x}$ 弱吸引到 $\boldsymbol{x}^{(a)}$；若对于任意调整次序都可以从 $\boldsymbol{x}$ 演变到 $\boldsymbol{x}^{(a)}$，则称 $\boldsymbol{x}$ 强吸引到 $\boldsymbol{x}^{(a)}$。

定义 3.3：对于所有 $\boldsymbol{x}\in R(\boldsymbol{x}^{(a)})$ 均有 $\boldsymbol{x}$ 弱(强)吸引到 $\boldsymbol{x}^{(a)}$，则称 $R(\boldsymbol{x}^{(a)})$ 为 $\boldsymbol{x}^{(a)}$ 的弱(强)吸引阈。

为了保证 Hopfield 网络在异步工作时能稳定收敛，则要求连接权矩阵 $\boldsymbol{W}$ 为对称矩阵，同时要求对于给定的样本必须是网络的吸引子，而且要有一定的吸引阈，这样才能正确实现联想记忆功能。为了实现上述功能，通常采用 Hebb 规则来设计连接权。

设给定 m 个样本 $\boldsymbol{x}^{(k)}(k=1,2,\cdots,m)$，并设 $\boldsymbol{x}\in\{-1,1\}^n$，则按 Hebb 规则设计的连接权为

$$w_{ij}=\begin{cases}\sum\limits_{k=1}^{m} x_i^{(k)}x_j^{(k)}, & i\neq j\\ 0, & i=j\end{cases} \tag{6-37}$$

或

$$\begin{cases} w_{ij}(k)=w_{ij}(k-1)+x_i^{(k)}x_j^{(k)}, & k=1,2,\cdots,m \\ w_{ij}(0)=0, & w_{ii}=0 \end{cases} \tag{6-38}$$

写成矩阵的形式则为

$$\begin{aligned} \boldsymbol{W} &= [\boldsymbol{x}^{(1)},\boldsymbol{x}^{(2)},\cdots,\boldsymbol{x}^{(m)}]\begin{bmatrix} \boldsymbol{x}^{(1)\mathrm{T}} \\ \boldsymbol{x}^{(2)\mathrm{T}} \\ \vdots \\ \boldsymbol{x}^{(m)\mathrm{T}} \end{bmatrix} - m\boldsymbol{I} = \sum_{k=1}^{m}\boldsymbol{x}^{(k)}\boldsymbol{x}^{(k)\mathrm{T}} - m\boldsymbol{I} \\ &= \sum_{k=1}^{m}(\boldsymbol{x}^{(k)}\boldsymbol{x}^{(k)\mathrm{T}} - \boldsymbol{I}) \end{aligned} \tag{6-39}$$

其中,$\boldsymbol{I}$ 为单位矩阵。

当网络节点状态为 1 或 0 两种状态,即 $\boldsymbol{x}\in\{0,1\}^n$ 时,相应的连接权为

$$w_{ij}=\begin{cases} \sum_{k=1}^{m}(2x_i^{(k)}-1)(2x_j^{(k)}-1), & i\neq j \\ 0, & i=j \end{cases} \tag{6-40}$$

或

$$\begin{cases} w_{ij}(k)=w_{ij}(k-1)+(2x_i^{(k)}-1)(2x_j^{(k)}-1), & k=1,2,\cdots,m \\ w_{ij}(0)=0, & w_{ii}=0 \end{cases} \tag{6-41}$$

写成矩阵的形式,则

$$\boldsymbol{W}=\sum_{k=1}^{m}(2\boldsymbol{x}^{(k)}-\boldsymbol{b})(2\boldsymbol{x}^{(k)}-\boldsymbol{b})^{\mathrm{T}}-m\boldsymbol{I} \tag{6-42}$$

其中,$\boldsymbol{b}=[1,1,\cdots,1]^{\mathrm{T}}$。

Hopfield 网络存在稳定状态,则要求 Hopfield 网络模型满足如下条件:

(1) 网络为对称连接,即 $w_{ij}=w_{ji}$;

(2) 神经元自身无连接,即 $w_{ii}=0$。

在满足以上参数条件下,Hopfield 网络"能量函数"的"能量"在网络运行过程中应不断地降低,最后达到稳定的平衡状态。能量函数的变化曲线如图 6-33 所示,曲线含有全局最小点和局部最小点。将这些极值点作为记忆状态,可将 Hopfield 网络用于联想记忆;将能量函数作为代价函数,全局最小点看成最优解,则 Hopfield 网络可用于最优化计算。

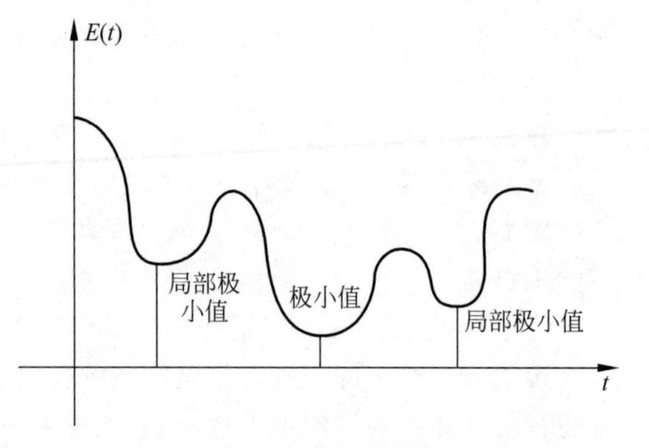

图 6-33 能量函数的变化曲线

6.4.4 Hopfield 网络的连接权设计

Hopfield 网络的一个功能是用于联想记忆,即联想存储器。用于联想记忆时,首先通

过一个学习训练过程确定网络中的权系数，使所记忆的信息在网络的 n 维超立方体的某个顶角处的能量最小。

离散 Hopfield 网络的连接权是设计出来的，设计方法的主要思路是使被记忆的模式样本对应于网络能量函数的极小值。

设有 m 个 n 维记忆模式，要设计网络连接权 ω_{ij} 和阈值 θ，使这 m 个模式正好是网络能量函数的 m 个极小值。比较常用的设计方法是"外积法"。设

$$\boldsymbol{U}_k = [U_1^k, U_2^k, \cdots, U_n^k] \tag{6-43}$$

其中，$k=1,2,\cdots,m$；$U_i^k \in \{0,1\}$，$i=1,2,\cdots,n$；m 表示的是模式类别数；n 为每一类模式的维数；$\boldsymbol{U}_k$ 为模式 k 的向量表达。

要求网络记忆的 $m(m\leqslant n)$ 个记忆模式向量两两正交，即满足下式

$$(\boldsymbol{U}'_i)(\boldsymbol{U}_j) = \begin{cases} 0 & j \neq i \\ n & j = i \end{cases} \tag{6-44}$$

各神经元的阈值 $\theta_i = 0$，网络的连接权矩阵按下式计算：

$$\boldsymbol{W} = \sum_{k=1}^{m} \boldsymbol{U}_k (\boldsymbol{U}_k)' \tag{6-45}$$

则所有向量 $\boldsymbol{U}_k$ 在 $1\leqslant k \leqslant m$ 内都是稳定点。

在网络结构参数一定的条件下，要保证联想功能的正确实现，网络所能存储的最大的样本数与网络的节点数 n 有关。当网络结构确定时，即节点数 n 为定值时，适当地调整设计连接权可以调高网络存储的样本数。同时，对于用 Hebb 规则设计连接权的网络，如果输入样本是正交的，则可以获得最大的样本记忆数。此外，最大的样本记忆数还与吸引阈有关，吸引阈越大，则最大的样本记忆数越小。

对于网络结构参数一定的一般记忆样本而言，可以通过下述方法提高最大的样本记忆数。

设给定 m 个样本向量 $\boldsymbol{x}^{(k)}(k=1,2,\cdots,m)$，先组成如下的 $n\times(m-1)$ 阶矩阵：

$$\boldsymbol{A} = [\boldsymbol{x}^{(1)} - \boldsymbol{x}^{(m)}, \boldsymbol{x}^{(2)} - \boldsymbol{x}^{(m)}, \cdots, \boldsymbol{x}^{(m-1)} - \boldsymbol{x}^{(m)}] \tag{6-46}$$

对 $\boldsymbol{A}$ 进行奇异值分解：

$$\boldsymbol{A} = \boldsymbol{U} \sum \boldsymbol{V}^{\mathrm{T}} \tag{6-47}$$

其中，

$$\boldsymbol{\Sigma} = \begin{bmatrix} S & 0 \\ 0 & 0 \end{bmatrix}, \quad \boldsymbol{S} = \mathrm{diag}(\sigma_1, \sigma_2, \cdots, \sigma_r) \tag{6-48}$$

$\boldsymbol{U}$ 为 $n\times n$ 正交矩阵，$\boldsymbol{V}$ 为 $(m-1)\times(m-1)$ 正交矩阵，$\boldsymbol{U}$ 可表示成

$$\boldsymbol{U} = [u_1, u_2, \cdots, u_r, u_{r+1}, \cdots, u_n] \tag{6-49}$$

则 $\boldsymbol{u}_1, \boldsymbol{u}_2, \cdots, \boldsymbol{u}_r$ 是对应于非零奇异值 $\sigma_1, \sigma_2, \cdots, \sigma_r$ 的左奇异向量，并且组成了 $\boldsymbol{A}$ 的值域空间的正交基；$u_{r+1}, \cdots, u_n$ 是 $\boldsymbol{A}$ 的值域的正交补空间的正交基。

按如下方法组成连接权矩阵 $\boldsymbol{W}$ 和阈值向量 $\boldsymbol{\theta}$。

$$\boldsymbol{W} = \sum_{k=1}^{r} \boldsymbol{u}_k \boldsymbol{u}_k^{\mathrm{T}} \tag{6-50}$$

$$\boldsymbol{\theta} = \boldsymbol{W}\boldsymbol{x}^{(m)} - \boldsymbol{x}^{(m)} \tag{6-51}$$

经证明,按照上述方法设计的连接权矩阵可以使所有的样本 $\boldsymbol{x}^{(k)}$ 均为网络的吸引子。

Hopfield 神经网络的提出与其实际应用密切相关,其主要功能表现在以下两方面。

1) 联想记忆

输入-输出模式的各元素之间,并不存在一对一的映射关系,输入/输出模式的维数也不要求相同;联想记忆时,只给出输入模式部分信息,就能联想出完整的输出模式,即具有容错性。

2) CHNN 的优化计算功能

应用 Hopfield 神经网络来解决优化计算问题一般有以下步骤。

(1) 分析问题:网络输出与问题的解相对应。

(2) 构造网络能量函数:构造合适的网络能量函数,使其最小值对应问题最佳解。

(3) 设计网络结构:将能量函数与标准式相比较,定出权矩阵与偏置电流。

(4) 由网络结构建立网络的电子线路并运行,稳态-优化解或计算机模拟运行。

6.4.5 Hopfield 网络应用于模式分类

有一组三原色数据,希望将数据按照颜色数据所表征的特点,将数据按各自所属的类别归类。三原色数据如表 1-2 所示。其中,前 29 组数据已确定类别,后 30 组数据待确定类别。

1. 运用 Hopfield 网络的步骤

将具体数据的分类标准作为网络的标准模式使网络记忆它们的特征,得到权值,也就是得到一个 Hopfield 网络的结构;输入采样点的实测值,利用得到的网络进行联想,最后确定采样点属于哪种标准模式,就可以得到分类结果。运用 Hopfield 网络进行分类的步骤如下:

第一步,设定网络的记忆模式,即将预存储的模式或类别进行编码,得到取值为 1 和 −1 的记忆模式。由于原始给定数据分为 4 类,采用 3 项特征来进行判别,因此记忆模式为

$$\boldsymbol{U}_k=[u_1^k,u_2^k,\cdots,u_n^k] \tag{6-52}$$

其中,$k=1,2,\cdots,n$;$n=40$。用"1"来表示达到某一分级标准,用"−1"表示未达到某一分级标准,表 6-3 所列为将数据标准化且压缩在{−1,1}后进行的数据离散化和类别编码。

表 6-3 数据离散化和类别编码

分类	特征 1				特征 2				特征 3			
1 类	1	−1	−1	−1	−1	1	1	−1	−1	−1	−1	1
2 类	−1	1	1	−1	−1	−1	−1	1	1	−1	−1	−1
3 类	1	1	1	1	1	1	1	1	1	−1	−1	1
4 类	1	−1	−1	−1	−1	−1	−1	1	−1	−1	1	−1
特征类	−1	−0.5	0.5	1	−1	−0.5	0.5	1	−1	−0.5	0.5	1

表 6-3 中的 −0.5 和 0.5 是指在 −1～−0.5 和 0.5～1 的特征指标。

第二步,建立网络,即运用 MATLAB 工具箱提供的 newhop 函数建立 Hopfield 网络,参数为 U_k,并且可得到设计权值矩阵 $\boldsymbol{W}$ 及阈值向量 $\boldsymbol{\theta}$。

第三步,将待分类的数据转换为网络的预识别模式,即转换为二值型的模式。

第四步,将其设为网络的初始状态,运用 MATLAB 提供的 sim 函数进行多次迭代使其收敛,最终得出所属类别。

综上所述，Hopfield 网络的分类器设计过程如图 6-34 所示。

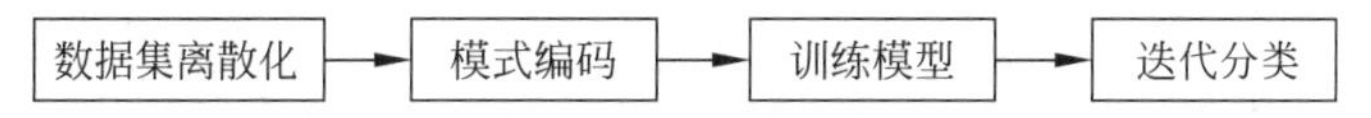

图 6-34　Hopfield 网络的分类器设计过程

其中，关键是数据集离散化和模式编码，分类器的性能好坏基本由这几步决定。尤其是分辨率的高低，很大程度上依赖离散化和模式编码的好坏。

2. 数据集离散化

数据集离散化的目的是定义一组映射，允许在各种抽象级别上处理数据，在多个层面上发现知识。常用的数据集离散化方法有分箱、直方图分析、聚类分析和基于熵的数据离散化。

为了将取值控制在一个合理的范围内，将监测特征参量的值域变化范围划分间隔，称为箱。通过将数据分布到不同的箱中，并利用箱中数据的均值或中位数替换箱中的每个值，实现数据离散化。常用的分箱策略：等宽分箱，这种方法中每个分箱的间隔相同；等高分箱，每个分箱所包含元组相同；基于同质分箱，这种方法中每个分箱的大小是基于相应方向中的元组分布相似进行划分的。

直方图离散化是指属性 A 的直方图将 A 的数据取值分布划分为不相交的子集或桶，这些子集或桶沿水平轴显示，其高度或面积与该桶所代表的平均出现频率成正比，通常每个桶代表某个属性的一段连续值。

聚类技术将数据视为对象，通过聚类分析所获得的组或类有如下性质：同一组或类中的对象彼此相似，而不同组或类中的对象彼此不相似。

基于熵的数据离散化是通过递归地划分数值属性，使之分层离散化。

Hopfield 神经网络的数据离散化采用等宽分箱与直方图结合的方法，如图 6-35 所示。

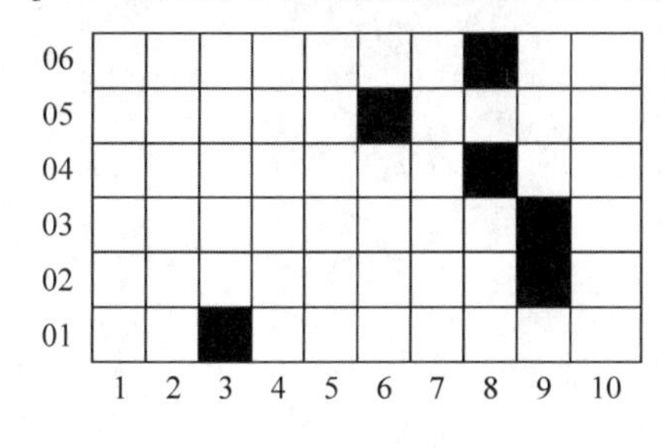

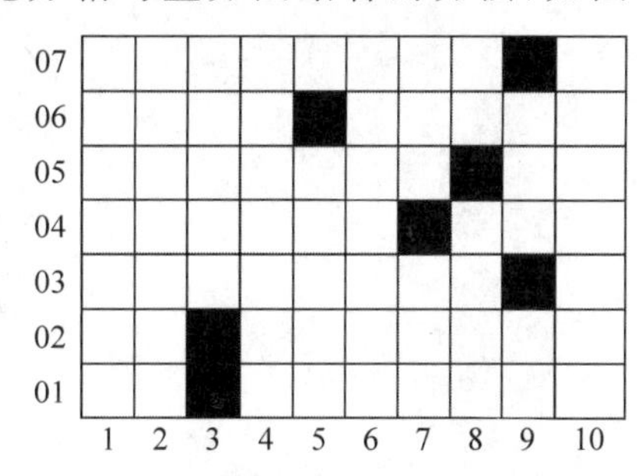

图 6-35　利用等宽分箱和直方图的特征离散表示

选出数据集相同属性的最大值与最小值，差值通过直方图和等宽分箱的方法得到。Hopfield 神经网络中每个节点的输出只有两种状态{－1 或＋1}，因此，要将特征量转换成数据矩阵，存储于网络中。其中，白色区域表示为＋1，黑色区域表示为－1。

在本例中，利用分箱与直方图结合的方法将数据离散化。首先将数据存放到数据文件 data_sample. dat 中，数据内容及格式如图 6-36 所示。

data_sample - 记事本
文件(F) 编辑(E) 格式(O) 查看(V) 帮助(H)

```
1507.13 1556.89 1954.51
343.07  3271.72 2036.94
2201.94 3196.22 935.53
2232.43 3077.87 1298.87
1580.1  1752.07 2463.04
1962.4  1594.97 1835.95
1495.18 1957.44 3498.02
1125.17 1594.39 2937.73
24.22   3447.31 2145.01
1269.07 1910.72 2701.97
1802.07 1725.81 1966.35
1817.36 1927.4  2328.79
1860.45 1782.88 1875.13
```

图 6-36　data_sample. dat 数据内容及格式

MATLAB 程序代码如下：

```
clear;
clc;
p = importdata('data_sample.dat');
%数据标准化同时压缩在{-1,1}
[pn,minp,maxp] = premnmx(p);
P = zeros(59,4);
for i = 1:59
    if pn(i,1) == -1
        P(i,1) = 1;P(i,2) = -1;P(i,3) = -1;P(i,4) = -1;
    else if (1 - pn(i,1))> 1
            P(i,1) = -1;P(i,2) = 1; P(i,3) = -1;P(i,4) = -1;
        else if pn(i,1) == 1
            P(i,1) = -1;P(i,2) = -1; P(i,3) = -1;P(i,4) = 1;
            else P(i,1) = -1;P(i,2) = -1; P(i,3) = 1;P(i,4) = -1;
            end
        end
    end
end
%利用以上循环将第一个特征向量离散化
P1 = P;
P = zeros(59,4);
for i = 1:59
    if pn(i,2) == -1
        P(i,1) = 1;P(i,2) = -1;P(i,3) = -1;P(i,4) = -1;
    else if (1 - pn(i,2))> 1
            P(i,1) = -1;P(i,2) = 1; P(i,3) = -1;P(i,4) = -1;
        else if pn(i,2) == 1
            P(i,1) = -1;P(i,2) = -1; P(i,3) = -1;P(i,4) = 1;
            else P(i,1) = -1;P(i,2) = -1; P(i,3) = 1;P(i,4) = -1;
            end
        end
    end
end
P2 = P;
P = zeros(59,4);
for i = 1:59
    if pn(i,3) == -1
        P(i,1) = 1;P(i,2) = -1;P(i,3) = -1;P(i,4) = -1;
    else if (1 - pn(i,3))> 1
            P(i,1) = -1;P(i,2) = 1; P(i,3) = -1;P(i,4) = -1;
        else if pn(i,3) == 1
            P(i,1) = -1;P(i,2) = -1; P(i,3) = -1;P(i,4) = 1;
            else P(i,1) = -1;P(i,2) = -1; P(i,3) = 1;P(i,4) = -1;
            end
        end
    end
end
P3 = P;
%输出离散化的数据
P = [P1,P2,P3]
```

运行上述程序后,即可得到数据离散化结果:

```
P =
    -1     1    -1    -1     1    -1    -1    -1    -1    -1    -1     1
     1    -1    -1    -1    -1    -1    -1     1    -1    -1     1    -1
    -1    -1    -1     1    -1    -1     1    -1     1    -1    -1    -1
     1    -1    -1    -1    -1     1    -1    -1    -1    -1    -1     1
     1    -1    -1    -1    -1    -1    -1     1    -1    -1     1    -1
     1    -1    -1    -1    -1    -1     1    -1    -1    -1    -1     1
    -1     1    -1    -1     1    -1    -1    -1    -1    -1    -1     1
    -1    -1     1    -1    -1    -1    -1     1     1    -1    -1    -1
     1    -1    -1    -1    -1    -1    -1     1    -1    -1     1    -1
     1    -1    -1    -1    -1    -1    -1     1    -1    -1     1    -1
     1    -1    -1    -1    -1    -1     1    -1    -1    -1    -1     1
     1    -1    -1    -1    -1    -1    -1     1    -1    -1     1    -1
     1    -1    -1    -1    -1    -1    -1     1    -1    -1     1    -1
    -1    -1     1    -1    -1    -1    -1     1     1    -1    -1    -1
    -1    -1     1    -1    -1    -1    -1     1     1    -1    -1    -1
     1    -1    -1    -1    -1     1    -1    -1    -1    -1    -1     1
     1    -1    -1    -1    -1     1    -1    -1    -1    -1    -1     1
    -1     1    -1    -1    -1    -1    -1     1     1    -1    -1    -1
    -1    -1     1    -1    -1    -1    -1     1     1    -1    -1    -1
     1    -1    -1    -1    -1     1    -1    -1    -1    -1    -1     1
    -1    -1     1    -1     1    -1    -1    -1    -1    -1    -1     1
    -1    -1     1    -1    -1    -1    -1     1     1    -1    -1    -1
     1    -1    -1    -1    -1    -1    -1     1    -1    -1     1    -1
    -1     1    -1    -1    -1    -1    -1     1     1    -1    -1    -1
     1    -1    -1    -1    -1     1    -1    -1    -1    -1    -1     1
    -1    -1     1    -1    -1    -1    -1     1     1    -1    -1    -1
     1    -1    -1    -1    -1    -1    -1     1    -1    -1     1    -1
     1    -1    -1    -1    -1    -1    -1     1    -1    -1     1    -1
     1    -1    -1    -1    -1    -1    -1     1    -1    -1     1    -1
    -1     1    -1    -1     1    -1    -1    -1    -1    -1    -1     1
    -1     1    -1    -1     1    -1    -1    -1    -1    -1    -1     1
     1    -1    -1    -1    -1    -1     1    -1    -1    -1    -1     1
    -1    -1    -1     1    -1     1    -1    -1     1    -1    -1    -1
     1    -1    -1    -1    -1    -1    -1     1    -1    -1     1    -1
    -1    -1     1    -1    -1    -1    -1     1     1    -1    -1    -1
    -1    -1     1    -1    -1    -1    -1     1     1    -1    -1    -1
    -1     1    -1    -1     1    -1    -1    -1    -1    -1    -1     1
     1    -1    -1    -1    -1    -1    -1     1    -1    -1     1    -1
     1    -1    -1    -1    -1    -1     1    -1    -1    -1    -1     1
     1    -1    -1    -1    -1    -1     1    -1    -1    -1    -1     1
     1    -1    -1    -1    -1    -1    -1     1    -1     1    -1    -1
     1    -1    -1    -1    -1     1    -1    -1    -1    -1    -1     1
    -1    -1     1    -1    -1    -1    -1     1     1    -1    -1    -1
     1    -1    -1    -1    -1    -1    -1     1    -1    -1     1    -1
    -1    -1     1    -1    -1    -1    -1     1     1    -1    -1    -1
     1    -1    -1    -1    -1    -1    -1     1    -1    -1     1    -1
     1    -1    -1    -1    -1     1    -1    -1    -1    -1    -1     1
     1    -1    -1    -1    -1    -1    -1     1    -1    -1     1    -1
    -1    -1     1    -1    -1    -1    -1     1     1    -1    -1    -1
    -1    -1     1    -1    -1    -1    -1     1     1    -1    -1    -1
     1    -1    -1    -1    -1     1    -1    -1    -1    -1    -1     1
    -1    -1    -1     1     1    -1    -1    -1    -1    -1     1    -1
     1    -1    -1    -1    -1     1    -1    -1    -1    -1    -1     1
```

```
     1  -1  -1  -1  -1   1  -1  -1  -1  -1  -1   1
     1  -1  -1  -1  -1  -1  -1   1  -1  -1   1  -1
     1  -1  -1  -1  -1   1  -1  -1  -1  -1  -1   1
    -1   1  -1  -1   1  -1  -1  -1  -1  -1  -1   1
     1  -1  -1  -1  -1   1  -1  -1  -1  -1  -1   1
    -1  -1   1  -1   1  -1  -1  -1  -1  -1  -1   1
    -1  -1   1  -1   1  -1  -1  -1  -1  -1  -1   1
```

3. 模式编码

按照表6-3进行模式编码,MATLAB程序代码如下:

```
one = [1 -1 -1 -1 -1 1 1 -1 -1 -1 -1 1];
two = [ -1 1 1 -1 -1 -1 -1 1 1 -1 -1 -1];
three = [1 1 1 1 1 1 1 1 1 -1 -1 1];
four = [1 -1 -1 -1 -1 -1 -1 1 -1 -1 1 - 1];
```

4. 网络学习

Hopfield网络学习的MATLAB程序代码如下:

```
T = [one;two;three;four]';
%输出Hopfield网络
net = newhop(T);
%输出权值与偏差
w = net.lw{1,1},b = net.b{1};
```

5. 输出网络分类结果

输出网络分类结果的MATLAB程序代码如下:

```
L = zeros(59,1);
for i = 1:59
a = {[P(i,1),P(i,2),P(i,3),P(i,4),P(i,5),P(i,6),P(i,7),P(i,8),P(i,9),P(i,10),P(i,11),
P(i,12)]'};
[y,Pf,Af] = sim(net,{1 60},[],a);
    if y{50}' == one
        L(i,1) = 1;
    else if y{50}' == two
            L(i,1) = 2;
        else if y{50}' == four
                L(i,1) = 4;
            else L(i,1) = 3;
            end
        end
    end
end
L
```

6. 以图形方式输出分类结果

以图形方式输出分类结果的MATLAB程序代码如下:

```
hold off
f = L';
index1 = find(f == 1);
index2 = find(f == 2);
```

```
index3 = find(f == 3);
index4 = find(f == 4);
plot3(p(:,1),p(:,2),p(:,3),'o');
line(p(index1,1),p(index1,2),p(index1,3),'linestyle','none','marker','*','color','g');
line(p(index2,1),p(index2,2),p(index2,3),'linestyle','none','marker','*','color','r');
line(p(index3,1),p(index3,2),p(index3,3),'linestyle','none','marker','+','color','b');
line(p(index4,1),p(index4,2),p(index4,3),'linestyle','none','marker','+','color','y');
box;grid on;hold on;
xlabel('A');
ylabel('B');
zlabel('C');
title('Hopfield Network State Space');
```

运行程序后，系统分类结果如图 6-37 所示。

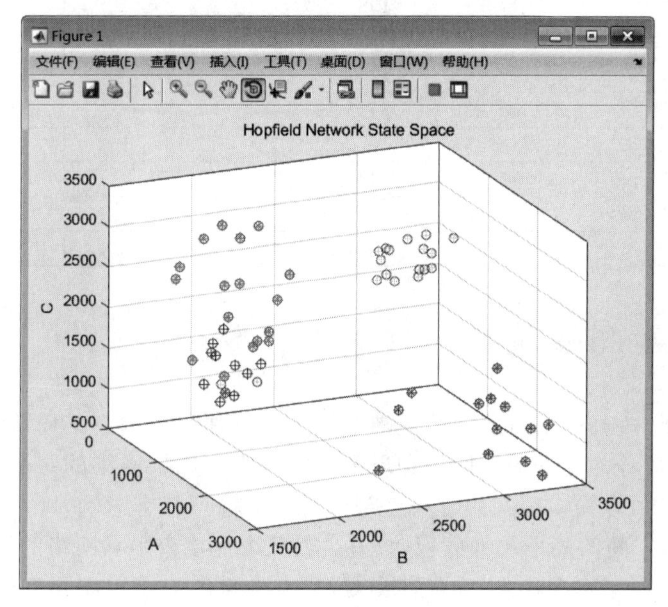

图 6-37 系统分类结果

将 Hopfield 网络的分类结果与原始数据的分类结果进行对比，如表 6-4 所示。

表 6-4 Hopfield 网络分类结果

序 号	A	B	C	原始数据分类结果	Hopfield 网络分类结果
1	1739.94	1675.15	2395.96	3	3
2	373.3	3087.05	2429.47	4	4
3	1756.77	1652	1514.98	3	3
4	864.45	1647.31	2665.9	1	1
5	222.85	3059.54	2002.33	4	4
6	877.88	2031.66	3071.18	1	1
7	1803.58	1583.12	2163.05	3	3
8	2352.12	2557.04	1411.53	2	2
9	401.3	3259.94	2150.98	4	4
10	363.34	3477.95	2462.86	4	4
11	1571.17	1731.04	1735.33	3	1
12	104.8	3389.83	2421.83	4	4

续表

序　号	A	B	C	原始数据分类结果	Hopfield 网络分类结果
13	499.85	3305.75	2196.22	4	4
14	2297.28	3340.14	535.62	2	2
15	2092.62	3177.21	584.32	2	2
16	1418.79	1775.89	2772.9	1	1
17	1845.59	1918.81	2226.49	3	1
18	2205.36	3243.74	1202.69	2	2
19	2949.16	3244.44	662.42	2	2
20	1692.62	1867.5	2108.97	3	1
21	1680.67	1575.78	1725.1	3	3
22	2802.88	3017.11	1984.98	2	2
23	172.78	3084.49	2328.65	4	4
24	2063.54	3199.76	1257.21	2	2
25	1449.58	1641.58	3405.12	1	1
26	1651.52	1713.28	1570.38	3	2
27	341.59	3076.62	2438.63	4	4
28	291.02	3095.68	2088.95	4	4
29	237.63	3077.78	2251.96	4	4

6.5 径向基函数

从结构上分类,神经网络可分为前馈神经网络和反馈神经网络。而从对函数的逼近功能而言,神经网络可分为全局逼近网络和局部逼近网络。如果网络的一个或多个连接权系数或自适应可调参数在输入空间的每一点对任何一个输入都有影响,则称该网络为全局逼近网络;若对输入空间的某个局部区域,只有少数几个连接权影响网络的输出,则称该网络为局部逼近网络。对于每个输入/输出数据对,只有少量的连接权需要进行调整,从而使局部逼近网络具有学习速度快的优点。径向基函数(Radial Basis Function,RBF)就属于局部逼近神经网络。RBF 网络的基本思想是:用 RBF 作为隐单元的"基"构成隐含层空间,隐含层对输入向量进行变换,将低维的模式输入数据变换到高维空间内,使得在低维空间内的线性不可分的问题在高维空间内线性可分。RBF 神经网络结构简单、训练简洁而且学习收敛速度快,能够逼近任意非线性函数,因此它已被广泛应用于时间序列分析、模式识别、非线性控制和图形处理等领域。

6.5.1 径向基函数的网络结构及工作方式

径向基函数(RBF)神经网络(简称径向基网络)是由 J. Moody 和 C. Darken 于 20 世纪 80 年代末提出的一种神经网络结构,是一种性能良好的前向网络,具有最佳逼近及克服局部极小值问题的性能。RBF 网络起源于数值分析中的多变量插值的径向基函数方法,径向基函数的网络结构如图 6-38 所示。

RBF 神经网络的拓扑结构是一种三层前向网络:输入层由信号源节点构成,仅起到数据信息的传递作用,对输入信息不进行任何变换;第二层为隐含层,节点数视需要而定,隐含层神经元的核函数(作用函数)为高斯函数,对输入信息进行空间映射变换;第三层为输

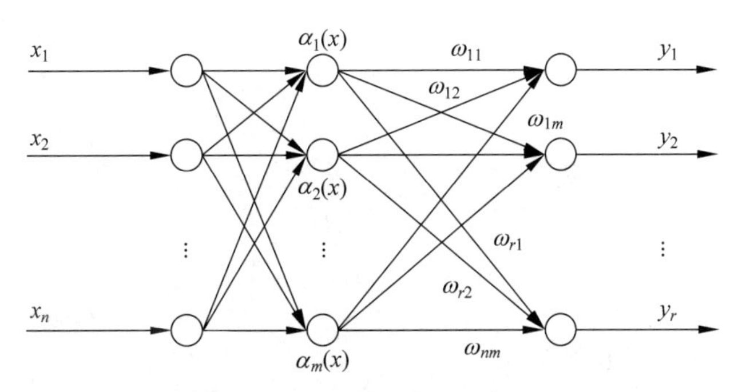

图 6-38 径向基函数的网络结构

出层,它对输入模式做出响应,输出层神经元的作用函数为线性函数,对隐含层神经元输出的信息进行线性加权后输出,作为整个神经网络的输出结果。

RBF 神经网络只有一个隐含层,隐含层单元采用径向基函数 $\alpha_j(x)$作为其输出特性,输入层到隐含层之间的权值均固定为 1;输出节点为线性求和单元,隐含层到输出节点之间的权值 w_{ij} 可调,因此输出为

$$y_i = \sum_{j=1}^{m} w_{ij}\alpha_j(x), \quad i = 1,2,\cdots,r \tag{6-53}$$

径向基函数为某种沿径向对称的标量函数。隐含层径向基神经元模型结构如图 6-39 所示。由图 6-39 可见,径向基网络传递函数是以输入向量与阈值向量之间的距离 $\| \boldsymbol{X} - \boldsymbol{C}_j \|$ 作为自变量的,其中 $\| \boldsymbol{X} - \boldsymbol{C}_j \|$ 是通过输入向量和加权矩阵 $\boldsymbol{C}$ 的行向量的乘积得到的。径向基网络传递函数可以取多种形式,最常用的有下面三种,函数图像如图 6-40 所示。

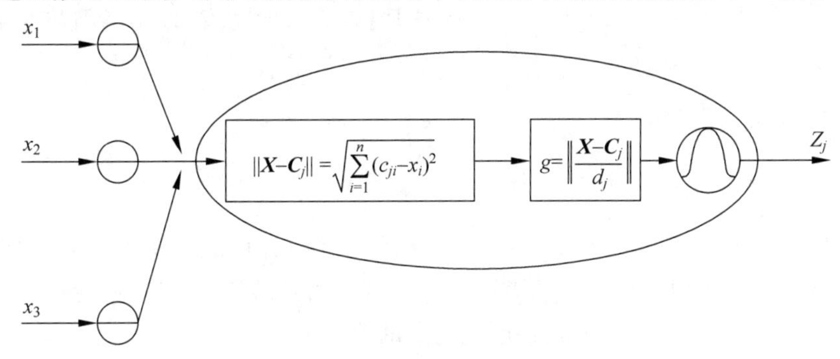

图 6-39 隐含层径向基神经元模型结构

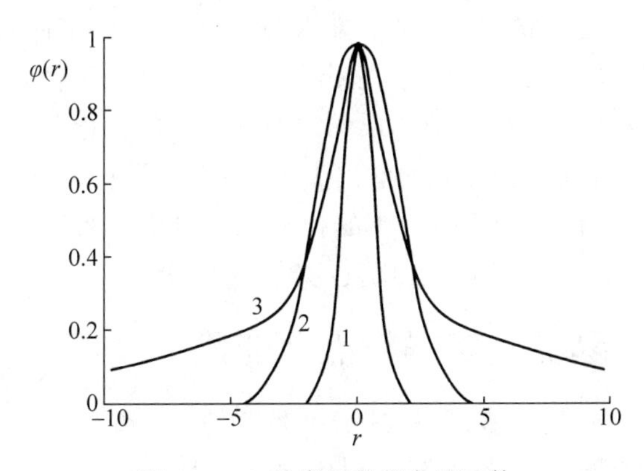

图 6-40 3 种常用的径向基函数

(1) Gaussian 函数：

$$\varphi(r)=\exp\left(-\frac{r^2}{2\sigma^2}\right) \tag{6-54}$$

(2) Reflected Sigmoid 函数：

$$\varphi(r)=\frac{1}{1+\exp\left(\frac{r^2}{\sigma^2}\right)} \tag{6-55}$$

(3) 拟 Multiquaric 函数：

$$\varphi(r)=\frac{1}{(r^2+\sigma^2)^{1/2}} \tag{6-56}$$

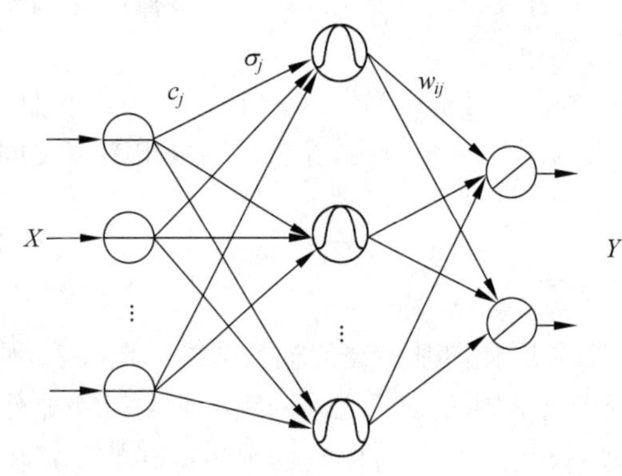

图 6-41 基于高斯基函数的 RBF 神经网络的拓扑结构

σ 称为基函数的扩展常数或宽度，σ 越小，径向基函数的宽度越小，基函数就越有选择性。

最常用的 RBF 基函数是高斯基函数

$$\alpha_j(x)=\psi_j\left(\frac{\| x-c_j \|}{\sigma_j}\right)=\mathrm{e}^{-\frac{\| x-c_j \|^2}{\sigma_j^2}} \tag{6-57}$$

其中，c_j 是第 j 个基函数的中心点；σ_j 是一个可以自由选择的参数，它决定了该基函数围绕中心点的宽度，控制了函数的作用范围。基于高斯基函数的 RBF 神经网络的拓扑结构如图 6-41 所示。

其连接权的学习算法为

$$w_{ij}(l+1)=w_{ij}(l)+\beta[y_i^d-y_i(l)]\frac{\alpha_j(x)}{\alpha^{\mathrm{T}}(x)\alpha(x)} \tag{6-58}$$

当输入自变量为 0 时，传递函数取得最大值，为 1。随着权值和输入向量的距离不断减小，网络输出递增。也就是说，径向基函数对输入信号在局部产生响应。函数的输入信号 $\boldsymbol{X}$ 靠近函数的中央范围时，隐含层节点将产生较大的输出。

当输入向量添加到网络输入端时，径向基层每个神经元都会输出一个值，这个值代表输入向量与神经元权值向量之间的接近程度。如果输入向量与权值向量相差很多，则径向基层输出接近 0，经过第二层的线性神经元，输出也接近于 0；如果输入向量与权值向量很接近，则径向基层的输出接近于 1，经过第二层的线性神经元输出值就靠近第二层权值。在这个过程中，如果只有一个径向基神经元的输出为 1，而其他的神经元输出均为 0 或者接近 0，那么线性神经元的输出就相当于输出为 1 的神经元相对应的第二层权值的值。一般情况下，不止一个神经元的输出为 1，所以输出值也就会有不同。

6.5.2 径向基函数网络的特点及作用

径向基函数由于采用了高斯基函数，具有如下优点。

(1) 表示形式简单，即使是多变量输入也不增加太多的复杂性。

（2）径向对称。

（3）光滑性好。

径向基函数网络具有如下作用：

（1）一般任何函数都可以表示成一组基函数的加权和，因此径向基函数网络可以逼近任意未知函数。

（2）在径向基网络中，从输入层到隐含层的基函数是一种非线性映射，而输出则是线性映射。因此，径向基函数可以看成将原始的非线性可分的特征空间变换到另一个高维空间。通过合理选择这一变换，使在新的空间中原问题线性可分，如图 6-42 所示。

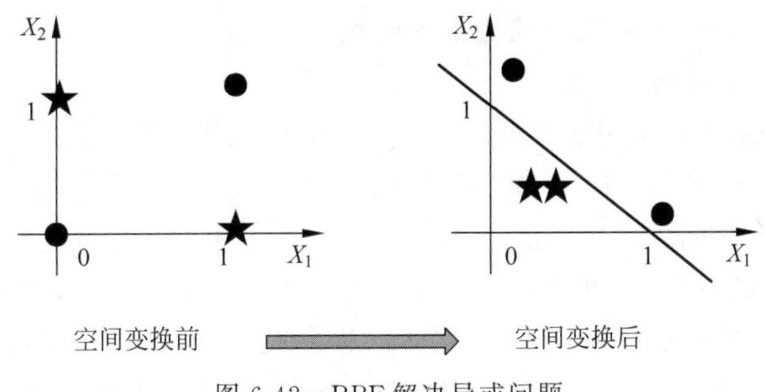

图 6-42　RBF 解决异或问题

6.5.3　径向基函数网络的参数选择

径向基函数网络中，可调整第 j 个基函数的中心点 c_j 及其方差 σ_j。常采用如下方法进行调整。

（1）根据经验选择函数中心点 c_j。如果只训练样本的分布能代表所给问题，则可根据经验选定均匀的 m 个中心点，其间距为 d，则基函数方差 $\sigma_j = d/\sqrt{2m}$。

（2）用聚类方法选择基函数。可以以各类聚类中心作为基函数的中心点，而以各类样本的方差的某一函数作为各个基函数的宽度参数。

1. 自组织选取中心学习方法

RBF 神经网络的训练可以分为两个阶段：

第一阶段为无监督学习，从样本数据中选择记忆样本/中心点，可以使用聚类算法，也可以选择随机给定的方式，如图 6-43 所示。

第二阶段为监督学习，主要计算样本经过 RBF 转换后和输出之间的关系/权重，可以使用 BP 算法计算，也可以使用简单的数学公式计算，如图 6-44 所示。

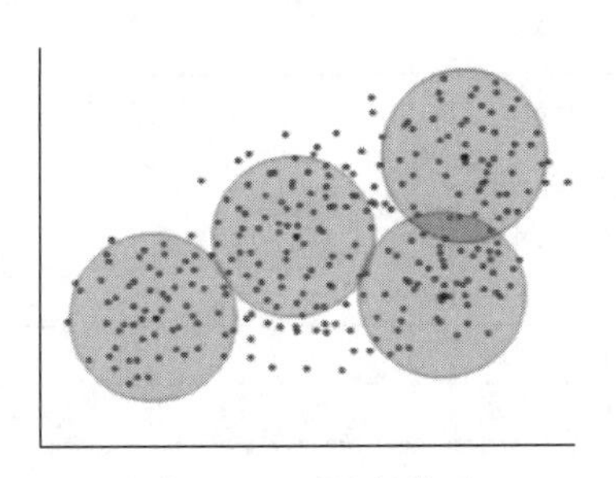

图 6-43　无监督学习

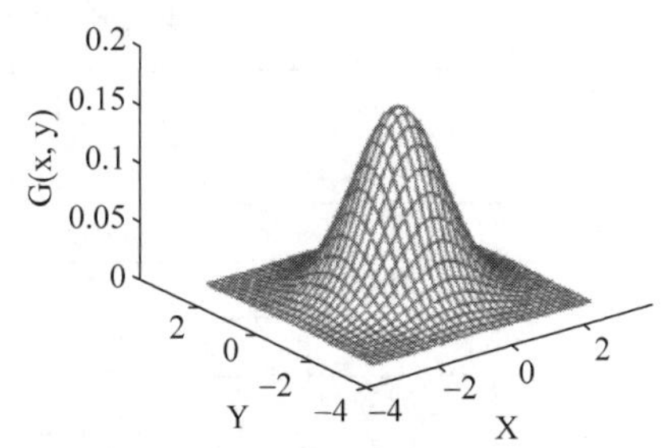

图 6-44　监督学习

首先,选取 h 个中心做 K 均值聚类,对于高斯核函数的径向基,方差由公式(6-59)求解

$$\sigma_i = \frac{c_{\max}}{\sqrt{2h}}, \quad i = 1,2,\cdots,h \tag{6-59}$$

其中,$c_{\max}$ 为所选取中心点之间的最大距离。

隐含层至输出层之间的神经元的连接权值可以用最小二乘法直接计算得到,即对损失函数求解关于 ω 的偏导数,使其等于0,可以化简得到计算公式为

$$\omega = \exp\left(\frac{h}{c_{\max}^2} \| x_p - c_i \|^2\right), \quad p = 1,2,\cdots,P;\ i = 1,2,\cdots,h \tag{6-60}$$

2. RBF 神经网络与 BP 神经网络之间的区别

(1) 局部逼近与全局逼近

BP 神经网络的隐节点采用输入模式与权向量的内积作为激活函数的自变量,而激活函数采用 Sigmoid 函数。各调参数对 BP 网络的输出具有同等地位的影响,因此 BP 神经网络是对非线性映射的全局逼近。RBF 神经网络的隐节点采用输入模式与中心向量的距离(如欧氏距离)作为函数的自变量,并使用径向基函数(如 Gaussian 函数)作为激活函数。神经元的输入离径向基函数中心越远,神经元的激活程度就越低(高斯函数)。RBF 网络的输出与部分调参数有关。譬如,一个 w_{ij} 值只影响一个 y_i 的输出,RBF 神经网络因此具有"局部映射"特性。

(2) 中间层数的区别

BP 神经网络可以有多个隐含层,但是 RBF 只有一个隐含层。

(3) 训练速度的区别

使用 RBF 的训练速度快,一方面是因为隐含层较少,另一方面,局部逼近可以简化计算量。对于一个输入 x,只有部分神经元会有响应,其他的都近似为0,对应的 w 就不用调参了。

6.5.4 RBF 网络应用于模式分类

以表1-2所示的三原色数据为例,希望将数据按照颜色数据所表征的特点,将数据按各自所属的类别归类。其中,前29组数据已确定类别,后30组数据待确定类别。

1. 从样本数据库中获取训练数据

取前29组数据作为训练样本。为了编程方便,先对这29组数据按类别进行升序排序。重新排序后的数据如表6-5所示。

表 6-5 重新排序后的数据表

序 号	A	B	C	分类结果
4	864.45	1647.31	2665.9	1
6	877.88	2031.66	3071.18	1
16	1418.79	1775.89	2772.9	1
25	1449.58	1641.58	3405.12	1
8	2352.12	2557.04	1411.53	2
14	2297.28	3340.14	535.62	2
15	2092.62	3177.21	584.32	2

续表

序号	A	B	C	分类结果
18	2205.36	3243.74	1202.69	2
19	2949.16	3244.44	662.42	2
22	2802.88	3017.11	1984.98	2
24	2063.54	3199.76	1257.21	2
1	1739.94	1675.15	2395.96	3
3	1756.77	1652	1514.98	3
7	1803.58	1583.12	2163.05	3
11	1571.17	1731.04	1735.33	3
17	1845.59	1918.81	2226.49	3
20	1692.62	1867.5	2108.97	3
21	1680.67	1575.78	1725.1	3
26	1651.52	1713.28	1570.38	3
2	373.3	3087.05	2429.47	4
5	222.85	3059.54	2002.33	4
9	401.3	3259.94	2150.98	4
10	363.34	3477.95	2462.86	4
12	104.8	3389.83	2421.83	4
13	499.85	3305.75	2196.22	4
23	172.78	3084.49	2328.65	4
27	341.59	3076.62	2438.63	4
28	291.02	3095.68	2088.95	4
29	237.63	3077.78	2251.96	4

将排序后的数据及其类别在三维图中直观地表示出来，作为RBF网络训练时应达到的目标。排序后的数据及其类别的三维图如图6-45所示。

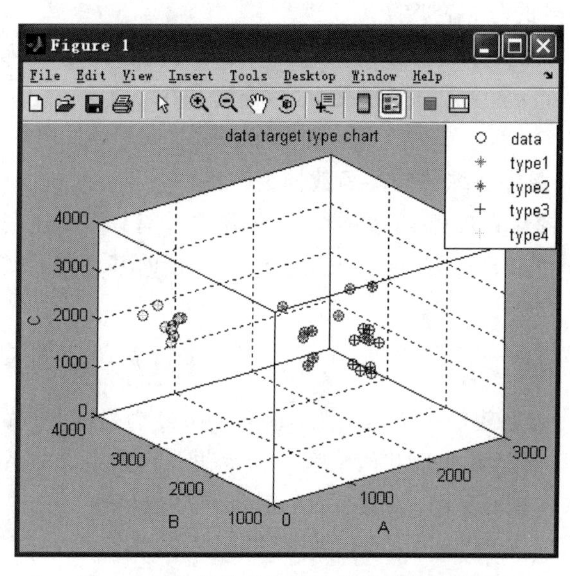

图6-45 排序后的数据及其类别的三维图

将样本数据及分类结果分别存放到“.dat”文件中。数据文件内容及格式如图 6-46 所示。

```
rbf_train_sample_dat...
文件(F) 编辑(E) 格式(O) 查看(V) 帮助(H)
864.45  1647.31 2665.9
877.88  2031.66 3071.18
1418.79 1775.89 2772.9
1449.58 1641.58 3405.12
2352.12 2557.04 1411.53
2297.28 3340.14 535.62
2092.62 3177.21 584.32
2205.36 3243.74 1202.69
2949.16 3244.44 662.42
2802.88 3017.11 1984.98
2063.54 3199.76 1257.21
1739.94 1675.15 2395.96
1756.77 1652    1514.98
1803.58 1583.12 2163.05
```

(a) rbf_train_sample_data.dat文件内容及格式

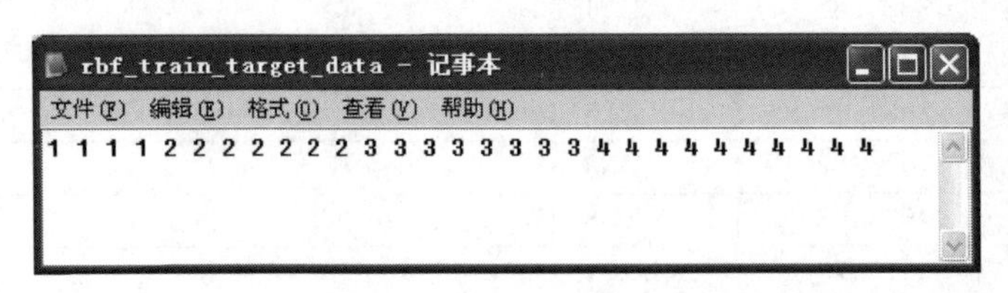

```
rbf_train_target_data - 记事本
文件(F) 编辑(E) 格式(O) 查看(V) 帮助(H)
1 1 1 1 2 2 2 2 2 2 2 3 3 3 3 3 3 3 3 4 4 4 4 4 4 4 4 4 4
```

(b) rbf_train_target_data.dat文件内容及格式

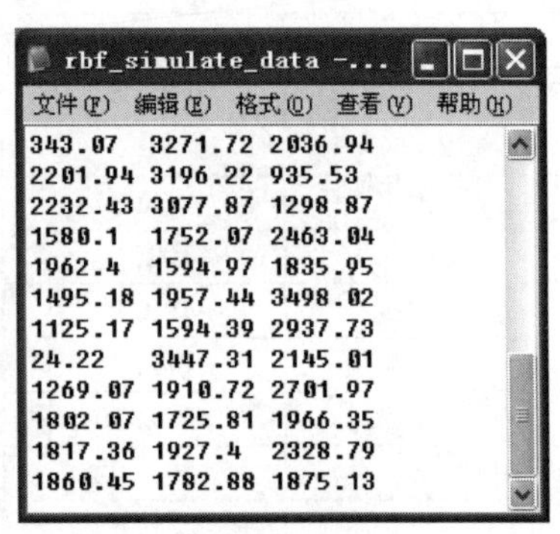

```
rbf_simulate_data -...
文件(F) 编辑(E) 格式(O) 查看(V) 帮助(H)
343.07  3271.72 2036.94
2201.94 3196.22 935.53
2232.43 3077.87 1298.87
1580.1  1752.07 2463.04
1962.4  1594.97 1835.95
1495.18 1957.44 3498.02
1125.17 1594.39 2937.73
24.22   3447.31 2145.01
1269.07 1910.72 2701.97
1802.07 1725.81 1966.35
1817.36 1927.4  2328.79
1860.45 1782.88 1875.13
```

(c) rbf_simulate_data.dat文件内容及格式

图 6-46　数据文件内容及格式

2. 设置径向基函数的分布密度

Spread 为径向基层的分布密度,又称散布常数,默认值为 1。散布常数是 RBF 网络设计过程中一个非常重要的参数。一般情况下,散布常数应该足够大,使得神经元响应区域覆盖所有输入区间。

3. 调用 newrbe 构建并训练径向基函数神经网络

在 MATLAB 中,构建径向基函数网络的函数文件有两个,分别为 newrbe()函数和 newrb()函数。应用 newrbe()函数可以快速设计一个径向基函数网络,并且使得设计误差为 0,调用方式如下:

```
net = newrbe(p,t,spread);
```

其中,p 为输入向量;t 为期望输出向量(目标值),spread 为径向基层的散布常数,默认值为 1。输出为一个径向基网络,其权值和阈值完全满足输入和期望值关系要求。

由 newrbe()函数构建的径向基函数网络,其径向基层(第一层)神经元数目等于输入向量的个数,那么在输入向量较多的情况下,则需要很多的神经元,这就给网络设计带来一定的难度。函数 newrb()则可自动增加网络的隐含层神经元数目,直到均方差满足精度或神经元数目达到最大为止。

newrb 定义为 net＝newrb(p,t,GOAL,SPREAD,MN,DF)，各个参数的定义如下：

- P——Q 个输入向量的 R×Q 维矩阵。这里 Q＝29，R＝3。
- T——Q 个目标类别向量的 S×Q 维矩阵。这里 S＝1。
- GOAL——期望的均方误差值，默认为 0.0。这里选择默认值。
- SPREAD——径向基函数的散布常数，默认为 1.0。
- MN——神经元的最大数目，默认等于 Q。这里设置为 28。
- DF——每次显示时增加的神经元数目，默认为 25，并且返回一个新的径向基函数网络。这里设置为 2。

4. 调用 sim 及识别样本

调用 sim，测试 RBF 网络的训练效果，再次调用 sim 识别样本所属类别。

基于 MATLAB 的 RBF 模式分类程序代码如下：

```
clear;
clc;
%网络训练目标
pConvert = importdata('C:\Users\Administrator\Desktop\RBF\rbf_train_sample_data.dat');
p = pConvert';
t = importdata('C:\Users\Administrator\Desktop\RBF\rbf_train_target_data.dat');
plot3(p(1,:),p(2,:),p(3,:),'o');
grid;box;
for i = 1:29,text(p(1,i),p(2,i),p(3,i),sprintf(' %g',t(i))),end
hold off
f = t';
index1 = find(f == 1);
index2 = find(f == 2);
index3 = find(f == 3);
index4 = find(f == 4);
line(p(1,index1),p(2,index1),p(3,index1),'linestyle','none','marker',' * ','color','g');
line(p(1,index2),p(2,index2),p(3,index2),'linestyle','none','marker',' * ','color','r');
line(p(1,index3),p(2,index3),p(3,index3),'linestyle','none','marker',' + ','color','b');
line(p(1,index4),p(2,index4),p(3,index4),'linestyle','none','marker',' + ','color','y');
box;grid on;hold on;
axis([0 3500 0 3500 0 3500]);
title('训练用样本及其类别');
xlabel('A');
ylabel('B');
zlabel('C');
% RBF 网络的创建和训练过程
net = newrb(p,t,0,410,28,2);
A = sim(net,p)
plot3(p(1,:),p(2,:),p(3,:),'r .'),grid;box;
axis([0 3500 0 3500 0 3500])
for i = 1:29,text(p(1,i),p(2,i),p(3,i),sprintf(' %g',A(i))),end
hold off
f = A';
index1 = find(f == 1);
index2 = find(f == 2);
index3 = find(f == 3);
index4 = find(f == 4);
line(p(1,index1),p(2,index1),p(3,index1),'linestyle','none','marker',' * ','color','g');
line(p(1,index2),p(2,index2),p(3,index2),'linestyle','none','marker',' * ','color','r');
```

```
line(p(1,index3),p(2,index3),p(3,index3),'linestyle','none','marker','+','color','b');
line(p(1,index4),p(2,index4),p(3,index4),'linestyle','none','marker','+','color','y');
box;grid on;hold on;
title('网络训练结果');
xlabel('A');
ylabel('B');
zlabel('C');
%对测试样本进行分类
pConvert = importdata('C:\Users\Administrator\Desktop\RBF\rbf_simulate_data.dat');
p = pConvert';
a = sim(net,p)
```

运行程序后,系统首先输出训练用样本及其类别分类,如图 6-47 所示。

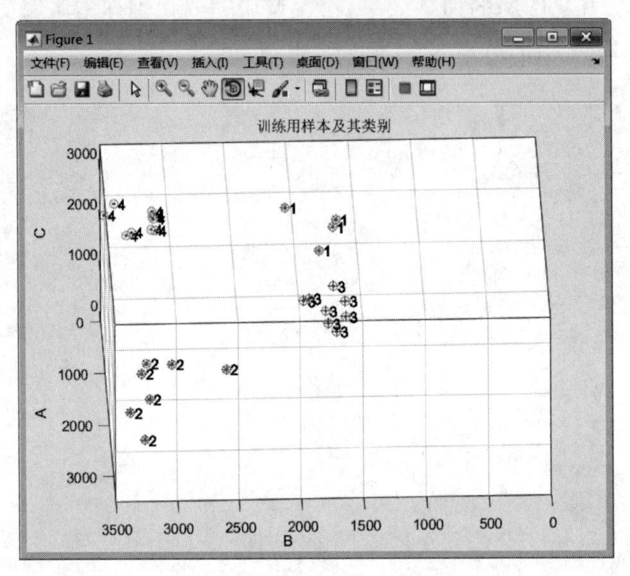

图 6-47 训练用样本及其类别分类

接着输出 RBF 网络的训练结果,如图 6-48 所示。

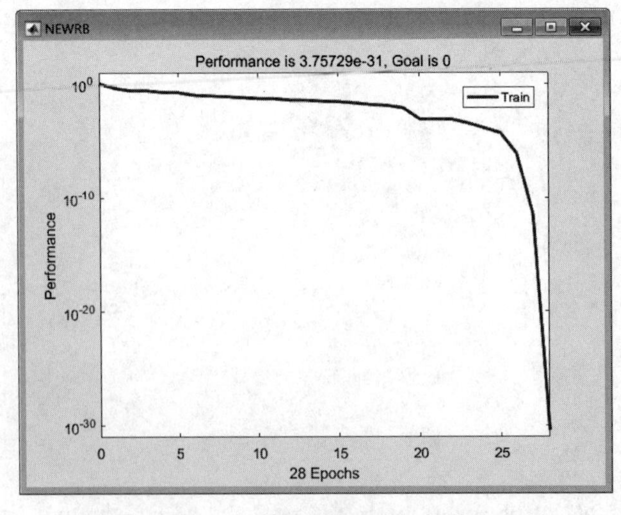

图 6-48 RBF 网络的训练结果

训练后的 RBF 网络对训练数据进行分类后的结果与目标结果对比，如表 6-6 所示。

表 6-6 训练后的 RBF 网络对训练数据进行分类后的结果与目标结果对比

序 号	A	B	C	目标结果	RBF 网络分类结果
4	864.45	1647.31	2665.9	1	1
6	877.88	2031.66	3071.18	1	1
16	1418.79	1775.89	2772.9	1	1
25	1449.58	1641.58	3405.12	1	1
8	2352.12	2557.04	1411.53	2	2
14	2297.28	3340.14	535.62	2	2
15	2092.62	3177.21	584.32	2	2
18	2205.36	3243.74	1202.69	2	2
19	2949.16	3244.44	662.42	2	2
22	2802.88	3017.11	1984.98	2	2
24	2063.54	3199.76	1257.21	2	2
1	1739.94	1675.15	2395.96	3	3
3	1756.77	1652	1514.98	3	3
7	1803.58	1583.12	2163.05	3	3
11	1571.17	1731.04	1735.33	3	3
17	1845.59	1918.81	2226.49	3	3
20	1692.62	1867.5	2108.97	3	3
21	1680.67	1575.78	1725.1	3	3
26	1651.52	1713.28	1570.38	3	3
2	373.3	3087.05	2429.47	4	4
5	222.85	3059.54	2002.33	4	4
9	401.3	3259.94	2150.98	4	4
10	363.34	3477.95	2462.86	4	4
12	104.8	3389.83	2421.83	4	4
13	499.85	3305.75	2196.22	4	4
23	172.78	3084.49	2328.65	4	4
27	341.59	3076.62	2438.63	4	4
28	291.02	3095.68	2088.95	4	4
29	237.63	3077.78	2251.96	4	4

训练后的 RBF 网络对训练数据进行分类后的结果与目标结果完全吻合，可见 RBF 网络训练效果良好。以下为神经元逐渐增加的过程及对应输出的均方误差。

```
NEWRB, neurons = 0, MSE = 1.1082
NEWRB, neurons = 2, MSE = 0.262521
NEWRB, neurons = 4, MSE = 0.188316
NEWRB, neurons = 6, MSE = 0.104082
NEWRB, neurons = 8, MSE = 0.0794035
NEWRB, neurons = 10, MSE = 0.0524248
NEWRB, neurons = 12, MSE = 0.0377437
NEWRB, neurons = 14, MSE = 0.0302773
NEWRB, neurons = 16, MSE = 0.0209541
NEWRB, neurons = 18, MSE = 0.0124128
NEWRB, neurons = 20, MSE = 0.000818943
```

```
NEWRB, neurons = 22, MSE = 0.000771163
NEWRB, neurons = 24, MSE = 0.000131081
NEWRB, neurons = 26, MSE = 7.66274e-07
NEWRB, neurons = 28, MSE = 3.75729e-31
```

从运行过程可以看出,随着神经元数目的逐渐增加,均方误差逐渐减小。当神经元数目增加到 28 时,误差已经很接近 0,基本可以达到要求。

继续执行程序,系统将给出训练后的 RBF 网络对训练样本数据的识别结果,如图 6-49 所示。

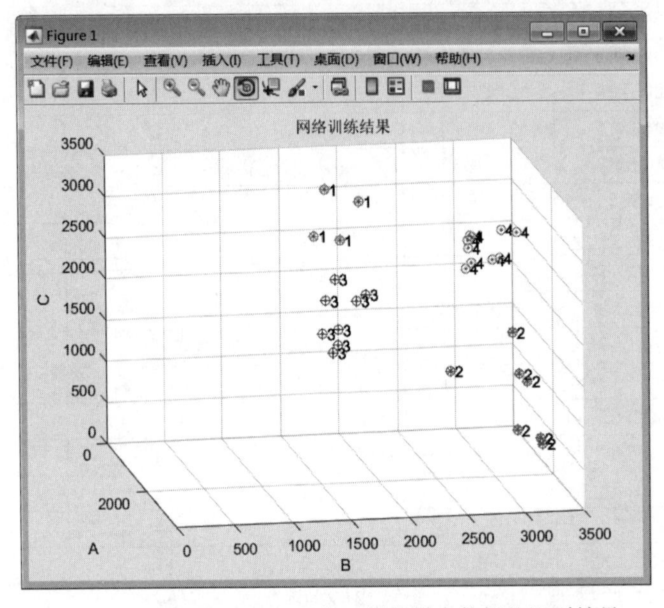

图 6-49 训练后的 RBF 网络对训练样本数据的识别结果

继续执行程序,可得到测试样本的分类结果:

```
a =
1 至 9 列
1.0000    1.0000    1.0000    1.0000    2.0000    2.0000    2.0000    2.0000    2.0000
10 至 18 列
2.0000    2.0000    3.0000    3.0000    3.0000    3.0000    3.0000    3.0000    3.0000
19 至 27 列
3.0000    4.0000    4.0000    4.0000    4.0000    4.0000    4.0000    4.0000    4.0000
28 至 36 列
4.0000    4.0000    2.8969    3.2124    2.9232    4.0000    2.2147    2.4485    3.0550
37 至 45 列
4.0009    2.6013    3.1286    3.1476    1.3241    2.1283    4.0008    3.6605    3.9999
46 至 48 列
3.1801    3.9996    1.8306
```

a 为测试数据的分类结果,对 a 进行近似处理后可得最终的分类结果:

```
a =
1 至 9 列
1    1    1    1    2    2    2    2    2
10 至 18 列
2    2    3    3    3    3    3    3    3
```

```
19 至 27 列
3       4       4       4       4       4       4       4       4
28 至 36 列
4       4       3       3       3       4       2       2.4485  3
37 至 45 列
4       2.6013  3       3       1       2       4       3.6605  4
46 至 48 列
3       4       2
```

可以发现，在未对数据进行近似处理之前，类别均为小数，而且对于某些数据，分类的结果介于两类之间，无法人为决定其所属类别。这是因为：其一，虽然目前已经证明径向基函数网络能够以任意精度逼近任意连续函数，但对于本例的离散数据，理论上就不能做到完全逼近；其二，径向基函数神经网络的输出层为线性层，神经元层的输出乘以输出层权值之后直接输出结果，输出层不会计算某一数据属于某一类别的概率。由径向基函数神经元与竞争神经元一起构成的另一种神经网络结构——概率神经网络(PNN)可以解决这个问题。

6.6 广义回归神经网络

广义回归神经网络(Generalized Regression Neural Network，GRNN)由 D. F. Specht 博士于 1991 年提出，是径向基神经网络的一种变形形式。GRNN 建立在非参数回归的基础上，以样本数据为后验条件，执行 Parzen 非参数估计，依据最大概率原则计算网络输出。GRNN 具有很强的非线性映射能力和柔性网络结构以及高度的容错性和健壮性，适用于解决非线性问题。GRNN 在逼近能力和学习速度上较 RBF 网络有更强的优势，网络最后收敛于样本量积聚较多的优化回归面，并且在样本数据较少时，预测效果也较好。此外，该网络还可以处理不稳定的数据。因此，GRNN 在信号过程、结构分析、教育产业、能源、食品科学、控制决策系统、药物设计、金融领域、生物工程等各个领域得到了广泛的应用。

6.6.1 GRNN 的结构

GRNN 在结构上与 RBF 网络较为相似，如图 6-50 所示，GRNN 是四层结构，分别为输入层(input layer)、模式层(pattern layer)、求和层(summation layer)和输出层(output layer)。对应网络输入 net=newgrnn(P,T,SPREAD)，其输出为 Y=sim(net,P)。

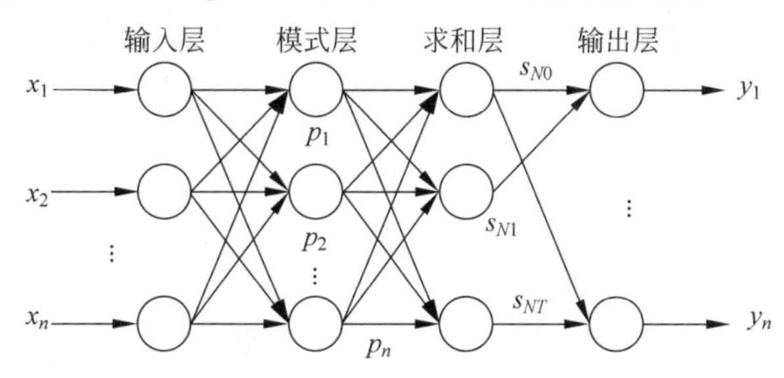

图 6-50 广义回归神经网络结构

1. 输入层

输入层神经元的数目等于学习样本中输入向量的维数，各神经元是简单的分布单元，直接将输入变量传递给模式层。

2. 模式层

模式层神经元数目等于学习样本的数目 n,各神经元对应不同的样本,模式层神经元传递函数为

$$p_i = \exp\left[-\frac{(X-X_i)^{\mathrm{T}}(X-X_i)}{2\delta^2}\right] \quad i=1,2,\cdots,n \tag{6-61}$$

神经元 i 的输出为输入变量与其对应的样本 X 之间欧几里得距离平方 $D_i^2=(X-X_i)^{\mathrm{T}}(X-X_i)$的指数形式。式中,$X$ 为网络输入变量; X_i 为第 i 个神经元对应的学习样本。

3. 求和层

求和层中使用两种类型神经元进行求和。

一类的计算公式为$\sum_{i=1}^{n}\exp\left[-\frac{(X-X_i)^{\mathrm{T}}(X-X_i)}{2\delta^2}\right]$,它对所有模式层神经元的输出进行算数求和,其模式层与各神经元的连接权值为1,传递函数为

$$S_D = \sum_{j=1}^{n} p_j \tag{6-62}$$

另一类计算公式为$\sum_{i=1}^{n}Y_j\exp\left[-\frac{(X-X_i)^{\mathrm{T}}(X-X_i)}{2\delta^2}\right]$,它对所有模式出的神经元进行加权求和,模式层中第 i 个神经元与求和层第 j 个分子求和神经元之间的连接权值为第 j 个输出样本 Y_j 中的第 j 个元素,传递函数为

$$S_{nj} = \sum_{n=1}^{n} y_{nj} P_i \quad j=1,2,\cdots,k \tag{6-63}$$

4. 输出层

输出层中的神经元数目等于学习样本中输出向量的维数 k,各神经元将求和层的输出相除,神经元 j 的输出对应估计结果 $\hat{Y}(X)$的第 j 个元素,即

$$y_j = \frac{S_{Nj}}{S_D} \quad j=1,2,\cdots,k \tag{6-64}$$

6.6.2 GRNN的理论基础

广义回归神经网络的理论基础是非线性回归分析,非独立变量 Y 相对于独立变量 x 的回归分析实际上是计算具有最大概率值的 y。设随机变量 x 和随机变量 y 的联合概率密度函数为 $f(x,y)$,已知 x 的观测值为 X,则 y 相对于 X 的回归,也即条件均值为

$$\hat{Y} = E(y/X) = \frac{\int_{-\infty}^{+\infty} y f(X,y)\mathrm{d}y}{\int_{-\infty}^{+\infty} f(X,y)\mathrm{d}y} \tag{6-65}$$

式中,$\hat{Y}$ 即为在输入为 X 的条件下,Y 的预测输出。

应用 Parzen 非参数估计,可由样本数据集$\{x_i,y_i\}_{i=1}^{n}$,估算密度函数 $\hat{f}(X,y)$。

$$\hat{f}(X,y) = \frac{1}{n(2\pi)^{\frac{p-1}{2}}\delta^{p+1}}\sum_{i=1}^{n}\exp\left[-\frac{(X-X_i)^{\mathrm{T}}(X-X_i)}{2\delta^2}\right]\exp\left[-\frac{(X-Y_i)^2}{2\delta^2}\right] \tag{6-66}$$

式中，X_i，Y_i 为随机变量 x 和 y 的样本观测值；n 为样本容量；p 为随机变量 x 的维数；δ 为高斯函数的宽度系数，在此称为光滑因子。

用 $\hat{f}(X,y)$代替 $f(X,y)$，代入式(6-6)，并交换积分与加和的顺序

$$\hat{Y}(X)=\frac{\sum_{i=1}^{n}\exp\left[-\frac{(X-X_i)^{\mathrm{T}}(X-X_i)}{2\delta^2}\right]\int_{-\infty}^{+\infty}y\exp\left[-\frac{(Y-Y_i)^2}{2\delta^2}\right]\mathrm{d}y}{\sum_{i=1}^{n}\exp\left[-\frac{(X-X_i)^{\mathrm{T}}(X-X_i)}{2\delta^2}\right]\int_{-\infty}^{+\infty}\exp\left[-\frac{(Y-Y_i)^2}{2\delta^2}\right]\mathrm{d}y} \tag{6-67}$$

由于$\int_{-\infty}^{+\infty}z\mathrm{e}^{\mathrm{e}^z}\mathrm{d}z=0$，对两个积分进行计算后可得网络的输出$\hat{Y}(X)$ 为

$$\hat{Y}(X)=\frac{\sum_{i=1}^{n}Y_i\exp\left[-\frac{(X-X_i)^{\mathrm{T}}(X-X_i)}{2\delta^2}\right]}{\sum_{i=1}^{n}\exp\left[-\frac{(X-X_i)^{\mathrm{T}}(X-X_i)}{2\delta^2}\right]} \tag{6-68}$$

估计值 $\hat{Y}(X)$为所有样本观测值 Y_i 的加权平均，每个观测值 Y_i 的权重因子为相应的样本 Y_i 与 X 之间欧几里得距离平方的指数。当光滑因子 δ 非常大的时候，$\hat{Y}(X)$近似于所有样本因变量的均值。相反，当光滑因子 δ 趋于 0 的时候，$\hat{Y}(X)$和训练样本非常接近，当需要预测的点被包含在训练样本集中时，公式求出的因变量的预测值会和样本中对应的因变量非常接近，而一旦碰到样本中未能包含进去的点，有可能预测效果会非常差，这种现象说明网络的泛化能力差。当 δ 取值适中，求解预测值 $\hat{Y}(X)$时，所有训练样本的因变量都被考虑了进去，与预测点距离近的样本点对应的因变量被加了更大的权。

6.6.3 GRNN 的特点及作用

相比于 BP 网络，GRNN 网络具有以下优点。

(1) GRNN 同样能够以任意精度逼近任意非线性连续函数，且预测效果接近甚至优于 BP 网络。

(2) GRNN 的网络训练非常简单。当训练样本通过隐含层的同时，网络训练随即完成。它的训练过程不需要迭代，较 BP 网络的训练过程快得多，更适合于在线数据的实时处理。

(3) GRNN 所需的训练样本较 BP 网络少得多，取得同样的效果，GRNN 所需样本是 BP 网络的 1%。

(4) GRNN 的网络结构相对简单，除了输入和输出层外，一般只有两个隐含层，模式层和求和层。而模式中隐含单元的个数，与训练样本的个数是相同的。

(5) 由于简单的网络结构，不需要对网络的隐含层数和隐含单元的个数进行估算和猜测。由于它是从径向基函数引申而来，因此只有一个自由参数，即径向基函数的平滑参数。而它的优化值可以通过交叉验证的方法非常容易地得到。

6.6.4 GRNN 用于模式分类

有一组三原色数据，希望将数据按照颜色数据所表征的特点，将数据按各自所属的类别归类。三原色数据如表 1-2 所示。其中，前 29 组数据已确定类别，后 30 组数据待确定类别。

1. 从样本数据库中获取训练数据

取前29组数据作为训练样本,并将样本数据及分类结果分别存放到".dat"文件中。数据文件内容及格式如图6-51所示。

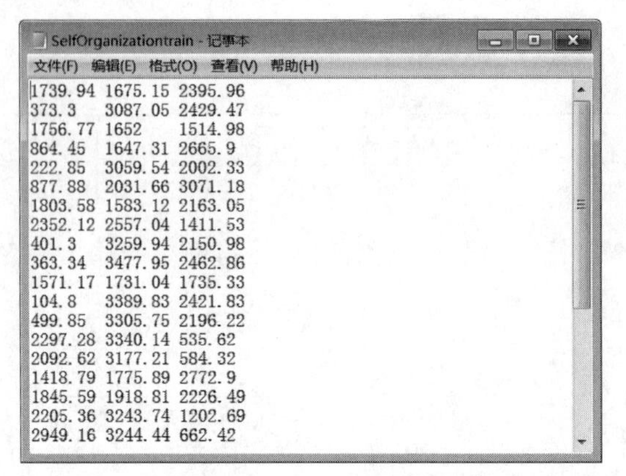
SelfOrganizationtrain - 记事本
文件(F) 编辑(E) 格式(O) 查看(V) 帮助(H)
1739.94 1675.15 2395.96
373.3 3087.05 2429.47
1756.77 1652 1514.98
864.45 1647.31 2665.9
222.85 3059.54 2002.33
877.88 2031.66 3071.18
1803.58 1583.12 2163.05
2352.12 2557.04 1411.53
401.3 3259.94 2150.98
363.34 3477.95 2462.86
1571.17 1731.04 1735.33
104.8 3389.83 2421.83
499.85 3305.75 2196.22
2297.28 3340.14 535.62
2092.62 3177.21 584.32
1418.79 1775.89 2772.9
1845.59 1918.81 2226.49
2205.36 3243.74 1202.69
2949.16 3244.44 662.42

(a) SelfOrganizationSimulation.dat文件内容及格式

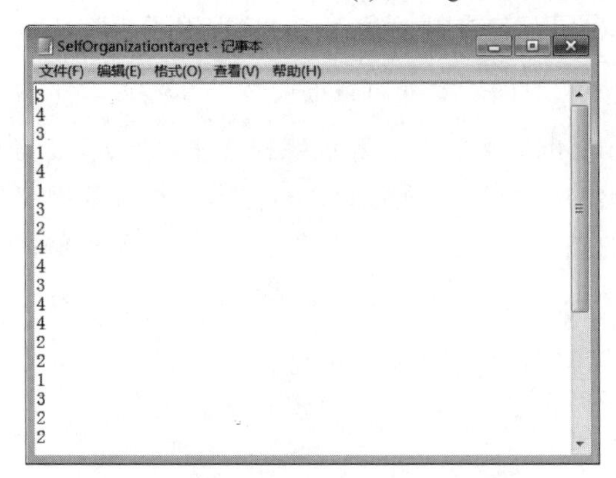
SelfOrganizationtarget - 记事本
文件(F) 编辑(E) 格式(O) 查看(V) 帮助(H)
3
4
3
1
4
1
3
2
4
4
3
4
4
2
2
1
3
2
2

(b) SelfOrganizationtarget.dat文件内容及格式

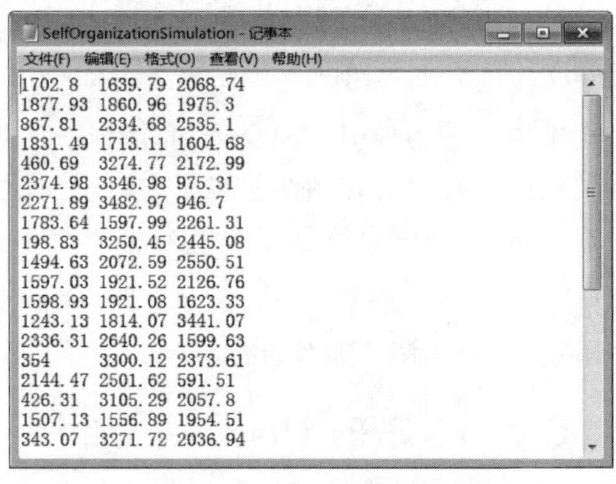
SelfOrganizationSimulation - 记事本
文件(F) 编辑(E) 格式(O) 查看(V) 帮助(H)
1702.8 1639.79 2068.74
1877.93 1860.96 1975.3
867.81 2334.68 2535.1
1831.49 1713.11 1604.68
460.69 3274.77 2172.99
2374.98 3346.98 975.31
2271.89 3482.97 946.7
1783.64 1597.99 2261.31
198.83 3250.45 2445.08
1494.63 2072.59 2550.51
1597.03 1921.52 2126.76
1598.93 1921.08 1623.33
1243.13 1814.07 3441.07
2336.31 2640.26 1599.63
354 3300.12 2373.61
2144.47 2501.62 591.51
426.31 3105.29 2057.8
1507.13 1556.89 1954.51
343.07 3271.72 2036.94

(c) SelfOrganizationSimulation.dat文件内容及格式

图6-51 数据文件内容及格式

2. 设置径向基函数的分布密度

Spread为径向基层的分布密度,又称散布常数,默认值为1。散布常数是GRNN设计过程中一个非常重要的参数。一般情况下,散布常数应该足够大,使得神经元响应区域覆盖所有输入区间。

3. 调用newgrnn构建并训练广义神经网络

在MATLAB中,应用newgrnn()函数可以快速设计一个广义神经网络,并且使得设计误差为0,调用方式如下:

```
net = newgrnn(p,t,spread);
```

其中,p为输入向量;t为期望输出向量(目标值),spread为广义神经网络的散布常数,默认值为1。输出为一个广义神经网络,其权值和阈值完全满足输入和期望值关系要求。

4. 调用sim及识别样本

调用sim,测试GRNN的训练效果,再次调用sim识别样本所属类别。

基于MATLAB的GRNN模式分类程序代码如下:

```
clear;
clc;
%网络训练样本
pConvert = importdata('C:\Users\Administrator\Desktop\ln\SelfOrganizationtrain.dat');;
p = pConvert';
%训练样本的目标矩阵
t = importdata('C:\Users\Administrator\Desktop\ln\SelfOrganizationtarget.dat');
plot3(p(1,:),p(2,:),p(3,:),'o');
grid;box;
for i = 1:29,text(p(1,i),p(2,i),p(3,i),sprintf(' %g',t(i))),end
hold off
f = t;
index1 = find(f == 1);
index2 = find(f == 2);
index3 = find(f == 3);
index4 = find(f == 4);
line(p(1,index1),p(2,index1),p(3,index1),'linestyle','none','marker',' * ','color','g');
line(p(1,index2),p(2,index2),p(3,index2),'linestyle','none','marker',' * ','color','r');
line(p(1,index3),p(2,index3),p(3,index3),'linestyle','none','marker',' + ','color','b');
line(p(1,index4),p(2,index4),p(3,index4),'linestyle','none','marker',' + ','color','y');
box;grid on;hold on;
axis([0 3500 0 3500 0 3500]);
title('训练用样本及其类别');
xlabel('A');
ylabel('B');
zlabel('C');
t = t';
t = ind2vec(t);
spread = 30;
% GRNN 的创建和训练过程
net = newgrnn(p,t,spread);
A = sim(net,p);
Ac = vec2ind(A)
plot3(p(1,:),p(2,:),p(3,:),'.'),grid;box;
axis([0 3500 0 3500 0 3500])
for i = 1:29,text(p(1,i),p(2,i),p(3,i),sprintf(' %g',Ac(i))),end
%以图形方式输出训练结果
hold off
f = Ac';
index1 = find(f == 1);
index2 = find(f == 2);
index3 = find(f == 3);
index4 = find(f == 4);
line(p(1,index1),p(2,index1),p(3,index1),'linestyle','none','marker',' * ','color','g');
line(p(1,index2),p(2,index2),p(3,index2),'linestyle','none','marker',' * ','color','r');
line(p(1,index3),p(2,index3),p(3,index3),'linestyle','none','marker',' + ','color','b');
line(p(1,index4),p(2,index4),p(3,index4),'linestyle','none','marker',' + ','color','y');
box;grid on;hold on;
title('网络训练结果');
xlabel('A');
ylabel('B');
zlabel('C');
%对待分类样本进行分类
pConvert = importdata('C:\Users\Administrator\Desktop\ln\SelfOrganizationSimulation.dat');
p = pConvert';
a = sim(net,p);
ac = vec2ind(a)
```

运行程序后，系统首先输出训练用样本及其类别分类，如图 6-52 所示。

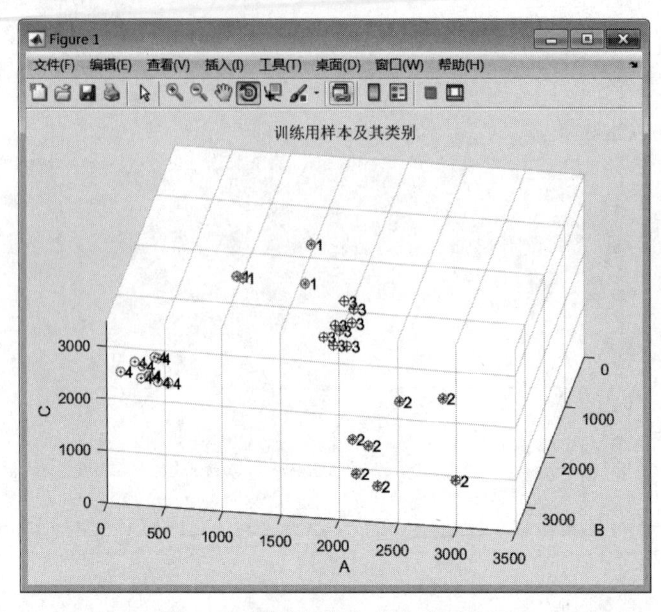

图 6-52 训练用样本及其类别分类

接着输出 GRNN 的训练结果，如图 6-53 所示。

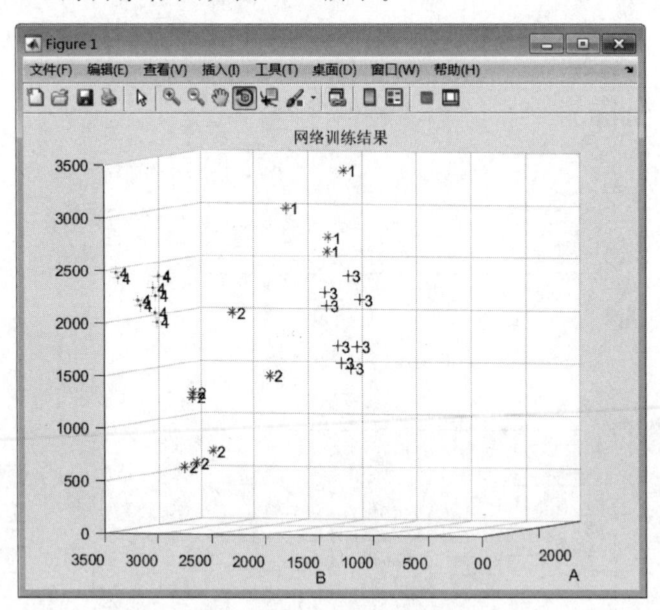

图 6-53 GRNN 的训练结果

训练后的 GRNN 对训练数据进行分类后的结果与目标结果对比，如表 6-7 所示。

表 6-7 训练后的 GRNN 对训练数据进行分类后的结果与目标结果对比

序号	A	B	C	目标结果	GRNN 网络分类结果
4	864.45	1647.31	2665.9	1	1
6	877.88	2031.66	3071.18	1	1

续表

序　号	A	B	C	目标结果	GRNN网络分类结果
16	1418.79	1775.89	2772.9	1	1
25	1449.58	1641.58	3405.12	1	1
8	2352.12	2557.04	1411.53	2	2
14	2297.28	3340.14	535.62	2	2
15	2092.62	3177.21	584.32	2	2
18	2205.36	3243.74	1202.69	2	2
19	2949.16	3244.44	662.42	2	2
22	2802.88	3017.11	1984.98	2	2
24	2063.54	3199.76	1257.21	2	2
1	1739.94	1675.15	2395.96	3	3
3	1756.77	1652	1514.98	3	3
7	1803.58	1583.12	2163.05	3	3
11	1571.17	1731.04	1735.33	3	3
17	1845.59	1918.81	2226.49	3	3
20	1692.62	1867.5	2108.97	3	3
21	1680.67	1575.78	1725.1	3	3
26	1651.52	1713.28	1570.38	3	3
2	373.3	3087.05	2429.47	4	4
5	222.85	3059.54	2002.33	4	4
9	401.3	3259.94	2150.98	4	4
10	363.34	3477.95	2462.86	4	4
12	104.8	3389.83	2421.83	4	4
13	499.85	3305.75	2196.22	4	4
23	172.78	3084.49	2328.65	4	4
27	341.59	3076.62	2438.63	4	4
28	291.02	3095.68	2088.95	4	4
29	237.63	3077.78	2251.96	4	4

训练后的GRNN对训练数据进行分类后的结果与目标结果完全吻合，可见GRNN训练效果良好。

继续执行程序，可得到待分类样本的分类结果：

```
ac =
1 至 15 列
3    3    1    3    4    2    2    3    4    1    3    3    1    2
4
16 至 30 列
2    4    3    4    2    2    3    3    1    1    4    1    3    3
3
```

6.7 小波神经网络

小波分析是20世纪80年代中期发展起来的一门新的数学理论和方法，是时间-频率分析领域的一种新技术。小波分析的基本思想类似于傅里叶变换，小波变换是一种信号的时间-尺度(时间-频率)分析方法,它具有多分辨分析的特点,而且在时频两域都具有表征信号局部特征的能力,是一种窗口大小固定不变但其形状可改变,时间窗和频率窗都可以改变的时频局部化分析方法。也就是说,在低频部分具有较低的时间分辨率和较高的频率分辨率,在高频部分具有较高的时间分辨率和较低的频率分辨率,很适合于分析非平稳的信号和提取信号的局部特征,所以小波变换被誉为分析处理信号的显微镜。在处理分析信号时,小波变换具有对信号的自适应性,也是一种优于傅里叶变换和窗口傅里叶变换的信号处理方法。神经网络起源于20世纪40年代,是由大量的、简单的处理单元(神经元)广泛地互相连接形成的复杂网络系统,它反映了人脑功能的许多基本特征,是一个高度复杂的非线性动力学系统。由于小波变换能够反映信号的时频局部特性和聚焦特性,而神经网络在信号处理方面具有自学习、自适应、健壮性、容错性等能力,如何把二者的优势结合起来一直是人们所关心的问题,小波神经网络就是小波分析和神经网络相结合的产物。

小波神经网络是一种以BP神经网络拓扑结构为基础,把小波基函数作为隐含层节点的传递函数,信号前向传播的同时误差反向传播的神经网络。

6.7.1 小波神经网络的基本结构

小波变换被认为是傅里叶发展史上一个新的里程碑,它克服了傅里叶分析不能作局部分析的缺点,是傅里叶分析划时代发展的结果。随着小波理论发展日益成熟,其应用领域也变得十分广泛,特别是在信号处理、数值计算、模式识别、图像处理、语音分析、量子物理、生物医学工程、计算机视觉、故障诊断及众多非线性领域等,小波变换都在不断发展之中。

神经网络是在现代神经学的研究基础上发展起来的一种模仿人脑信息处理机制的网络系统,它具有自组织、自学习和极强的非线性处理能力,能够完成学习、记忆、识别和推理等功能。神经网络的崛起,对认知和智力本质的基础研究乃至计算机产业都产生了空前的刺激和极大的推动作用。

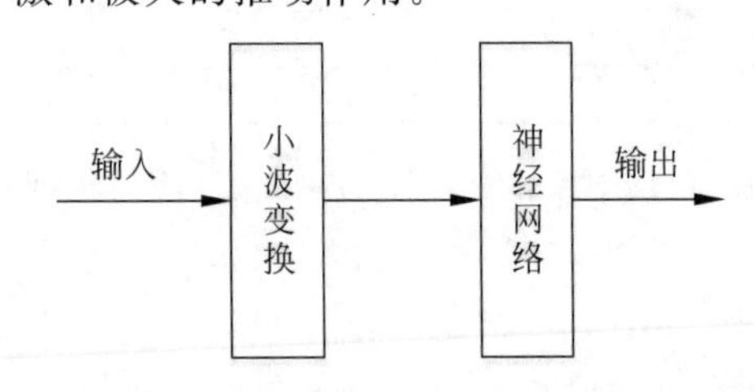

图6-54 小波神经网络松散型结构

目前,小波分析与神经网络主要有两种结合方式:一种是“松散型”,如图6-54所示,即先用小波分析对信号进行预处理,然后再送入神经网络处理;另一种是“紧致型”,如图6-55所示,即小波神经网络(wavelet neural network)或小波网络,它是结合小波变换理论与神经网络的思想而构造的一种新的神经网络模型。其方法是将神经网络隐含层中神经元的传递激发函数用小波函数来代替,充分继承了小波变换良好的时频局部化性质及神经网络的自学习功能的特点,被广泛运用于信号处理、数据压缩、模式识别和故障诊断等领域。“紧致型”小波神经网络具有更好的数据处理能力,是小波神经网络的研究方向。在图6-55中,有输入层、隐含层和输出层,输出层采用线性输出,输入层有$m(m=1,2,\cdots,M)$个神经元,隐含层有$k(k=1,2,\cdots,K)$个神经元,输出层有$n(n=1,2,\cdots,N)$个神经元。

根据基函数$g_k(x)$和学习参数的不同,图6-55中小波神经网络的结果可分为3类。

(1) 连续参数的小波神经网络。这是小波最初被提出采用的一种形式。令图6-55中基函数为

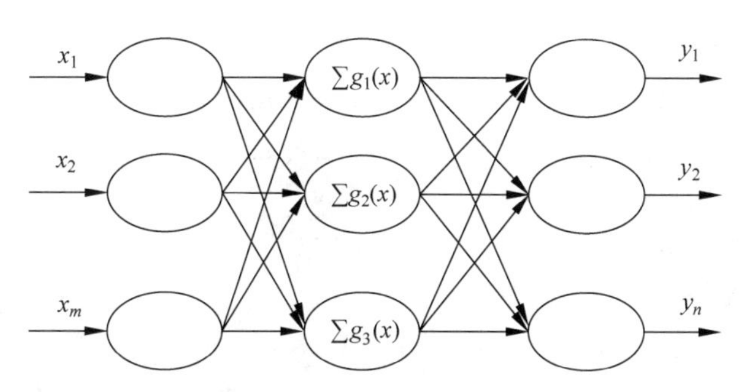

图 6-55 小波神经网络紧致型结构

$$g_j(x)=\prod_{i=1}^{M}\Psi\left(\frac{x_i-b_{ij}}{a_{ij}}\right)=\Psi(A_jx-b'_j) \tag{6-69}$$

则网络输出为

$$\hat{y}_i=\sum_{j=1}^{K}C_{ji}g_j(x) \tag{6-70}$$

其中，$1\leqslant j\leqslant K$，$A_j=\mathrm{diag}(a_{1j}^{-1},L,a_{Mj}^{-1})$，$1\leqslant i\leqslant N$，$b'_j=[a_{1j}^{-1}b_{ij},L,a_{Mj}^{-1}b_{Mj}]^{\mathrm{T}}$，在网络学习中尺度因子 a_{ij}、平移因子 b_{ij}、输出权值 C_{ij} 一起进行某种修正。这种小波网络类似于径向基函数网络，借助于小波分析理论，可使网络具有较简单的拓扑结构和较快的收敛速度。但由于尺度和评议参数均可调，要使其与输出为非线性关系，通常需利用非线性优化方法进行参数修正，易带来类似 BP 网络参数修正时存在局部极小值的弱点。

(2) 由框架作为基函数的小波神经网络。由于不考虑正交性，小波函数的选取有很大自由度。令图 6-55 中的基函数为

$$g(x)=\prod_{i=1}^{P}g(x_i)=\prod_{i=1}^{P}\Psi(2^jx_i-k) \tag{6-71}$$

则网络输出为

$$\hat{y}_i=\sum C_{j,k}\Psi_{j,k} \tag{6-72}$$

根据函数 f 的时频特性确定取值范围后，网络的可调参数只有权值，其与输出呈线性关系，可通过最小二乘法或其他优化法修正权值，使网络能充分逼近 $f(x)$。

这种形式的网络虽然基函数选取灵活，但由于框架是线性相关的，使得网络函数的个数有可能存在冗余，对过于庞大的网络需考虑优化结构算法。

(3) 基于多分辨分析的正交基小波网络。网络隐节点由小波节点 Ψ 和尺度函数节点 φ 构成，网络输出为

$$\hat{y}_i(x)=\sum_{j=L,k=z}d_{j,k}\varphi_{j,k}(x)+\sum_{j\geqslant L,k\in x}C_{j,k}\Psi_{j,k}(x) \tag{6-73}$$

当尺度 L 足够大时，忽略式(6-73)右端第 2 项表示的小波细节分量，这种形式的小波网络的主要依据是 Daubechies 的紧支撑正交小波及 Mallat 的多分辨分析理论。

尽管正交小波网络在理论上研究较为方便，但正交基函数的构造复杂，不如一般的基于框架的小波网络实用。

6.7.2 小波神经网络的训练算法

小波神经网络最早是由法国著名的信息科学机构 IRISA 的 Zhang Qinghua 等于 1992

年提出的,是在小波分析的基础上提出的一种多层前馈模型网络,可以使网络从根本上避免局部最优并且加快了收敛速度,具有很强的学习和泛化能力。小波神经网络是用非线性小波基取代通常的非线性 Sigmoid 函数,其信号表述是通过将所选取的小波基进行线性叠加来表现的。

设小波神经网络有 m 个输入节点、N 个输出节点、n 个隐含层节点。网络的输入和输出数据分别用向量 $\boldsymbol{X}$ 和 $\boldsymbol{Y}$ 来表示,即

$$\boldsymbol{X}=(x_1,x_2,\cdots,x_m),\quad \boldsymbol{Y}=(y_1,y_2,\cdots,y_n)$$

若设为 x_k 输入层的第 k 个输入样本,y_i 为输出层的第 i 个输出值,w_{ij} 为连接输出层节点 i 和隐含层节点 j 的权值,w_{jk} 为连接隐含层节点 j 和输出层节点 k 的权值。令 w_{i0} 是第 j 个输出层节点阈值,w_{j0} 是第 j 个隐含层节点阈值 (相应的输入 $x_0=-1$),a_j 为第 j 个隐含层节点的伸缩因子、b_j 为第 j 个隐含层节点的平移因子,则小波神经网络模型为

$$\boldsymbol{y}_i=\sigma\left[\sum_{i=0}^{n}w_{ij}\psi_{a,b}\left(\sum_{k=0}^{m}w_{jk}x_k(t)\right)\right] \tag{6-74}$$

式中,$i=1,2,\cdots,N$,$\sigma(t)=\dfrac{1}{1+\mathrm{e}^{-t}}$。令 $\mathrm{net}_j=\sum\limits_{k=0}^{m}w_{jk}x_k$,则

$$\psi_{a,b}(\mathrm{net}_j)=\frac{(\mathrm{net}_j-b_j)}{a_j} \tag{6-75}$$

$$\boldsymbol{y}_i=\sigma\left[\sum_{i=0}^{n}w_{ij}\psi_{a,b}(\mathrm{net}_j)\right] \tag{6-76}$$

给定样本集$\{(x_i,y_i)\}i=1,2,\cdots,N$ 后,网络的权值被调整,使如下的误差目标函数达到最小

$$E(\boldsymbol{w})=\frac{1}{2}\sum_{i=1}^{n}\|Y_i-\boldsymbol{d}_i\|^2 \tag{6-77}$$

式中,$\boldsymbol{d}_i$ 为网络的输出向量,$\boldsymbol{w}$ 为网络中所有权值组成的权向量,$\boldsymbol{w}\in R^t$。网络的学习可以归结为如下的无约束最优化问题:

小波神经网络采用梯度法,即最快下降法来求解该问题,那么小波网络的权值的调整规则处理过程分为 2 个阶段:一是从网络的输入层开始逐层向前计算,根据输入样本计算各层的输出,最终求出网络输出层的输出,这是前向传播过程;二是对权值的修正,从网络的输出层开始逐层向后进行计算和修正,这是反向传播过程。两个过程反复交替,直到收敛为止。通过不断修正权值 $\boldsymbol{W}$,使 $E(\boldsymbol{w})$达到最小值。

令 $\boldsymbol{d}_i{}^p$ 为第 P 个模式第 i 个期望输出,基于最小二乘法的代价函数可表示为

$$E=\frac{1}{2}\sum_{p=1}^{p}\sum_{i=1}^{N}(d_i^p-y_i^p)^2 \tag{6-78}$$

则可以计算得到下列偏导数

$$\frac{\partial E}{\partial w_{ij}}=-\sum_{p=1}^{p}(\boldsymbol{d}_i^p-y_i^p)y_i^p(1-y_i^p)\psi_{a,b}(\mathrm{net}_j^p) \tag{6-79}$$

$$\frac{\partial E}{\partial w_{jk}}=-\sum_{p=1}^{p}\sum_{i=1}^{N}(\boldsymbol{d}_i^p-y_i^p)y_i^p(1-y_i^p)w_{ij}\psi'_{a,b}(\mathrm{net}_j^p)\boldsymbol{x}_k^p/a_j \tag{6-80}$$

$$\frac{\partial E}{\partial a_j}=-\sum_{p=1}^{p}\sum_{i=1}^{N}(\boldsymbol{d}_i^p-y_i^p)y_i^p(1-y_i^p)w_{ij}\psi'_{a,b}(\mathrm{net}_j^p)\frac{(\mathrm{net}_j^p-b_j)}{a_j}/a_j \tag{6-81}$$

$$\frac{\partial E}{\partial b_j}=-\sum_{p=1}^{p}\sum_{i=1}^{N}(\boldsymbol{d}_i^p-y_i^p)y_i^p(1-y_i^p)w_{ij}\psi'_{a,b}(\mathrm{net}_j^p)/a_j \tag{6-82}$$

为了加快算法的收敛速度,引入动量因子 α,因此权向量的迭代公式为

$$w_{ij}(t+1)=w_{ij}(t)-\eta\frac{\partial E}{\partial w_{ij}}+\alpha\Delta w_{ij}(t) \tag{6-83}$$

$$w_{jk}(t+1)=w_{jk}(t)-\eta\frac{\partial E}{\partial w_{jk}}+\alpha\Delta w_{jk}(t) \tag{6-84}$$

$$a_j(t+1)=a_j(t)-\eta\frac{\partial E}{\partial a_j}+\alpha\Delta a_j(t) \tag{6-85}$$

$$b_j(t+1)=b_j(t)-\eta\frac{\partial E}{\partial b_j}+\alpha\Delta b_j(t) \tag{6-86}$$

在网络权值的调整过程中,往往是在学习的初始阶段,学习步长选择大一些,以使学习速度加快;当接近最佳点时,学习率选择小一些,否则连接权值将产生振荡而难以收敛。学习步长调整的一般规则是:在连续迭代过程中,若新误差大于旧误差,则学习率减小;若新误差小于旧误差,则增大学习步长。

6.7.3 小波神经网络的结构设计

1. 小波函数的选择

小波的选择具有相对的灵活性,对不同的数据信号,x 要选择恰当的小波作为分解基。小波变换不像傅里叶变换是由正弦函数唯一决定的,小波基可以有很多种,不同的小波适合不同的信号。

(1) Mexican hat 和 Morlet 小波基没有尺度函数,是非正交小波基。其优点是函数对称且表达式清楚简单,缺点是无法对分解后的信号进行重构。采用 Morlet 小波(r 通常取值为 1.75)构造的小波网络已经被用于各种领域。图 6-56 所示为两种小波。

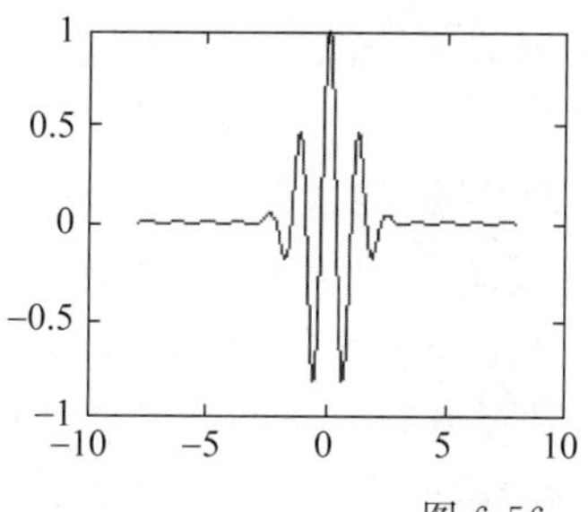

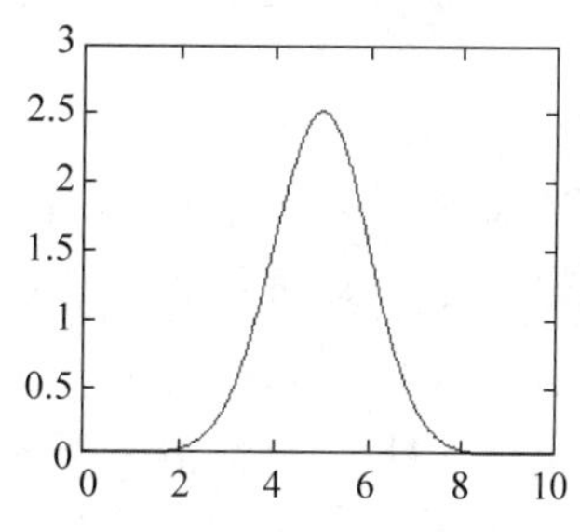

图 6-56 Morlet 小波

(2) Daubechies 是一种具有紧支撑的正交小波,随着 N 的增加,Daubechies 小波的时域支撑长度变长;矩阵阶数增加;特征正则性增加,幅频特性也越接近理想。当选取 N 值越大的高阶 db 小波时,其构成可近似看成一个理想的低通滤波器和理想的带通滤波器,且具有能量无损性。图 6-57、图 6-58 所示为两种尺度函数和小波。

通常在信号的近似和估计作用中,小波函数选择应与信号的特征匹配,应考虑小波的波

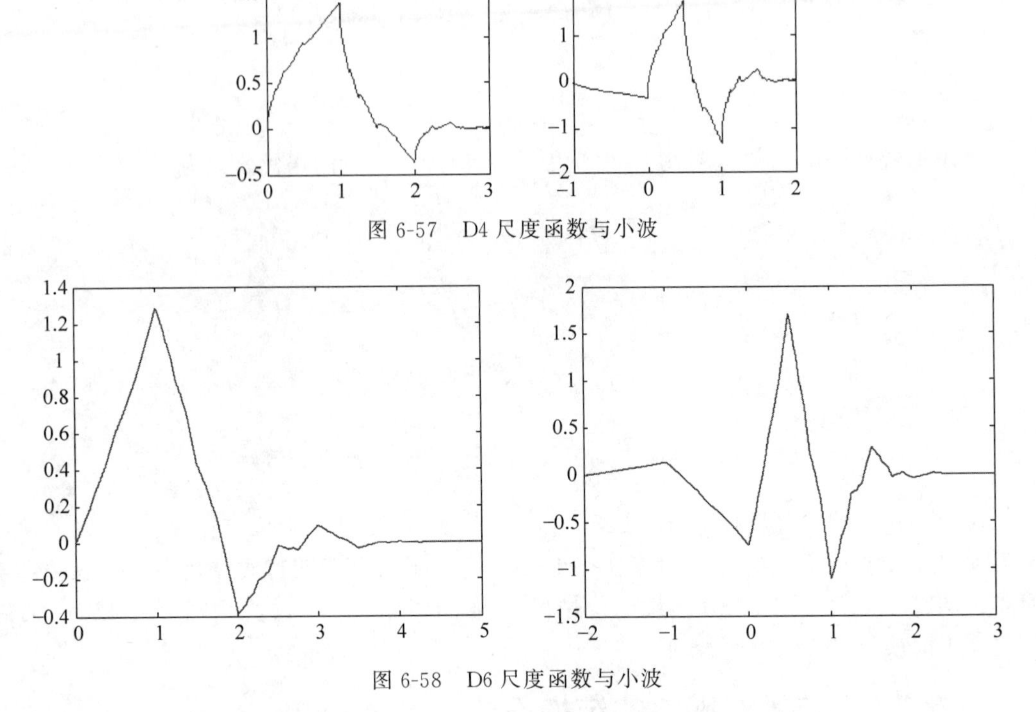

图 6-57 D4 尺度函数与小波

图 6-58 D6 尺度函数与小波

形、支撑大小和消失矩阵的数目。连续的小波基函数都在有效支撑区域之外快速衰减。有效支撑区域越长,频率分辨率越好;有效支撑区域越短,时间分辨率越好。如果进行时频分析,则要选择光滑的连续小波,因为时域越光滑的基函数,在频域的局部化特性越好。如果进行信号检测,则应尽量选择与信号波形相近似的小波。

2. 隐含层节点的选取

隐含层节点的作用是从样本中提取并存储其内在规律,每个隐含层节点有若干权值,而每个权值都是增强网络映射能力的参数。隐含层节点数量太少,网络从样本中获取信息的能力就差,不足以概括和体现训练集中的样本规律;隐含层节点数目太多,又可能把样本中非规律性的内容也会牢记,从而出现所谓的"过拟合"问题,反而降低了网络的泛化能力。此外,隐含层节点数过多会增加神经网络的训练时间。

3. 小波神经网络的优点

(1) 小波变换通过尺度伸缩和平移对信号进行多尺度分析,能有效提取信号的局部信息。

(2) 神经网络具有自学习、自适应和容错性等特点,并且是一类通用函数逼近器。

(3) 小波神经网络的基元和整个结构是依据小波分析理论确定的,可以避免BP神经网络等结构设计上的盲目性。

(4) 小波神经网络有更强的学习能力,精度更高;对同样的学习任务,小波神经网络结构更简单,收敛速度更快。

4. 小波神经网络的缺点

(1) 在多维输入情况下,随着网络的输入维数增加,网络所训练的样本呈指数增长,网络结构也将随之变得庞大,使得网络收敛速度大大下降。

(2) 隐含层节点数难以确定。

(3) 小波网络中初始化参数问题,若尺度参数与位移参数初始化不合适,将导致整个网络学习过程的不收敛。

(4) 未能根据实际情况来自适应选取合适的小波基函数。

6.7.4 小波神经网络应用于模式分类

1. 程序模块介绍

程序中用到的小波神经网络工具箱调用代码如下:

```
function y = d_mymorlet(t)
y =  -1.75 * sin(1.75 * t). * exp( - (t.^2)/2) - t *  cos(1.75 * t). * exp( - (t.^2)/2);
function y = mymorlet(t)
y = exp( - (t.^2)/2) * cos(1.75 * t);
```

1) 初始化程序

在程序开始,首先需要设置网络的相关参数,具体的 MATLAB 程序代码如下。

网络参数配置:

```
load wavelet2 input output input_test output_test
M = size(input,2);                          %输入节点个数
N = size(output,2);                         %输出节点个数
n = 10;                                     %隐含层节点个数
lr1 = 0.01;                                 %学习概率
lr2 = 0.001;                                %学习概率
maxgen = 200;                               %迭代次数
```

权值初始化:

```
Wjk = randn(n,M);Wjk_1 = Wjk;Wjk_2 = Wjk_1;             %% Wjk 和 Wij 为网络连接权重
Wij = randn(N,n);Wij_1 = Wij;Wij_2 = Wij_1;
a = randn(1,n);a_1 = a;a_2 = a_1;                       %% 小波函数伸缩因子
b = randn(1,n);b_1 = b;b_2 = b_1;                       %% 小波函数平移因子
```

节点初始化:

```
y = zeros(1,N);
net = zeros(1,n);
net_ab = zeros(1,n);
```

权值学习增量初始化:

```
d_Wjk = zeros(n,M);
d_Wij = zeros(N,n);
d_a = zeros(1,n);
d_b = zeros(1,n);
```

输入输出数据归一化处理:

```
[inputn,inputps] = mapminmax(input');
[outputn,outputps] = mapminmax(output');
inputn = inputn';
outputn = outputn';
```

2）网络训练程序

循环训练的MATLAB程序代码如下：

```
for kk = 1:size(input,1)
          x = inputn(kk,:);
          yqw = outputn(kk,:);

          for j = 1:n
                 for k = 1:M
                       net(j) = net(j) + Wjk(j,k) * x(k);
                       net_ab(j) = (net(j) - b(j))/a(j);
                 end
                 temp = mymorlet(net_ab(j));
                 for k = 1:N
                     y = y + Wij(k,j) * temp; % 小波函数
                 end
          end
```

3）计算误差和

计算误差和语句如下：

```
error(i) = error(i) + sum(abs(yqw - y));
```

4）权值调整

权值调整的程序代码如下：

```
          for j = 1:n
               % 计算 d_Wij
               temp = mymorlet(net_ab(j));
               for k = 1:N
                    d_Wij(k,j) = d_Wij(k,j) - (yqw(k) - y(k)) * temp;
               end
               % 计算 d_Wjk
               temp = d_mymorlet(net_ab(j));
               for k = 1:M
                    for l = 1:N
                         d_Wjk(j,k) = d_Wjk(j,k) + (yqw(l) - y(l)) * Wij(l,j);
                    end
                    d_Wjk(j,k) = - d_Wjk(j,k) * temp * x(k)/a(j);
               end
               % 计算 d_b
               for k = 1:N
                    d_b(j) = d_b(j) + (yqw(k) - y(k)) * Wij(k,j);
               end
               d_b(j) = d_b(j) * temp/a(j);
               % 计算 d_a
               for k = 1:N
                    d_a(j) = d_a(j) + (yqw(k) - y(k)) * Wij(k,j);
               end
               d_a(j) = d_a(j) * temp * ((net(j) - b(j))/b(j))/a(j);
          end
          % 权值参数更新
          Wij = Wij - lr1 * d_Wij;
          Wjk = Wjk - lr1 * d_Wjk;
          b = b - lr2 * d_b;
```

```
        a = a - lr2 * d_a;

        d_Wjk = zeros(n,M);
        d_Wij = zeros(N,n);
        d_a = zeros(1,n);
        d_b = zeros(1,n);

        y = zeros(1,N);
        net = zeros(1,n);
        net_ab = zeros(1,n);

        Wjk_1 = Wjk;Wjk_2 = Wjk_1;
        Wij_1 = Wij;Wij_2 = Wij_1;
        a_1 = a;a_2 = a_1;
        b_1 = b;b_2 = b_1;
    end
end
```

5）网络预测

网络预测的程序代码如下：

```
for i = 1:10
    x_test = x(i,:);

    for j = 1:1:n
        for k = 1:1:M
            net(j) = net(j) + Wjk(j,k) * x_test(k);
            net_ab(j) = (net(j) - b(j))/a(j);
        end
        temp = mymorlet(net_ab(j));
        for k = 1:N
            y(k) = y(k) + Wij(k,j) * temp;
        end
    end

    yuce(i) = y(k);
    y = zeros(1,N);
    net = zeros(1,n);
    net_ab = zeros(1,n);
end
```

2. MATLAB 完整程序及仿真结果

小波神经网络数据分类的完整 MATLAB 程序代码如下：

```
%% 清空环境变量
clc
clear

%% 网络参数配置
load wavelet2 input output input_test output_test
M = size(input,2);                                   %输入节点个数
N = size(output,2);                                  %输出节点个数
n = 10;                                              %隐含层节点个数
lr1 = 0.01;                                          %学习概率
lr2 = 0.001;                                         %学习概率
maxgen = 200;                                        %迭代次数
```

```
%权值初始化
Wjk = randn(n,M);Wjk_1 = Wjk;Wjk_2 = Wjk_1;           %% Wjk 和 Wij 为网络连接权重
Wij = randn(N,n);Wij_1 = Wij;Wij_2 = Wij_1;
a = randn(1,n);a_1 = a;a_2 = a_1;                     %% 小波函数伸缩因子
b = randn(1,n);b_1 = b;b_2 = b_1;                     %% 小波函数平移因子

%节点初始化
y = zeros(1,N);
net = zeros(1,n);
net_ab = zeros(1,n);

%权值学习增量初始化
d_Wjk = zeros(n,M);
d_Wij = zeros(N,n);
d_a = zeros(1,n);
d_b = zeros(1,n);

%% 输入输出数据归一化
[inputn,inputps] = mapminmax(input');
[outputn,outputps] = mapminmax(output');
inputn = inputn';
outputn = outputn';

%% 网络训练
for i = 1:maxgen

    %误差累计
    error(i) = 0;

    % 循环训练
    for kk = 1:size(input,1)
        x = inputn(kk,:);
        yqw = outputn(kk,:);

        for j = 1:n
            for k = 1:M
                net(j) = net(j) + Wjk(j,k) * x(k);
                net_ab(j) = (net(j) - b(j))/a(j);
            end
            temp = mymorlet(net_ab(j));
            for k = 1:N
                y = y + Wij(k,j) * temp;          %小波函数
            end
        end

        %计算误差和
        error(i) = error(i) + sum(abs(yqw - y));

        %权值调整
        for j = 1:n
            %计算 d_Wij
            temp = mymorlet(net_ab(j));
            for k = 1:N
                d_Wij(k,j) = d_Wij(k,j) - (yqw(k) - y(k)) * temp;
            end
```

```
            %计算 d_Wjk
            temp = d_mymorlet(net_ab(j));
            for k = 1:M
                for l = 1:N
                    d_Wjk(j,k) = d_Wjk(j,k) + (yqw(l) - y(l)) * Wij(l,j);
                end
                d_Wjk(j,k) = - d_Wjk(j,k) * temp * x(k)/a(j);
            end
            %计算 d_b
            for k = 1:N
                d_b(j) = d_b(j) + (yqw(k) - y(k)) * Wij(k,j);
            end
            d_b(j) = d_b(j) * temp/a(j);
            %计算 d_a
            for k = 1:N
                d_a(j) = d_a(j) + (yqw(k) - y(k)) * Wij(k,j);
            end
            d_a(j) = d_a(j) * temp * ((net(j) - b(j))/b(j))/a(j);
        end
        %权值参数更新
        Wij = Wij - lr1 * d_Wij;
        Wjk = Wjk - lr1 * d_Wjk;
        b = b - lr2 * d_b;
        a = a - lr2 * d_a;

        d_Wjk = zeros(n,M);
        d_Wij = zeros(N,n);
        d_a = zeros(1,n);
        d_b = zeros(1,n);

        y = zeros(1,N);
        net = zeros(1,n);
        net_ab = zeros(1,n);

        Wjk_1 = Wjk;Wjk_2 = Wjk_1;
        Wij_1 = Wij;Wij_2 = Wij_1;
        a_1 = a;a_2 = a_1;
        b_1 = b;b_2 = b_1;
    end
end

%% 网络预测
%预测输入归一化
x = mapminmax('apply',input_test',inputps);
x = x';

%网络预测
for i = 1:10
    x_test = x(i,:);

    for j = 1:1:n
        for k = 1:1:M
            net(j) = net(j) + Wjk(j,k) * x_test(k);
            net_ab(j) = (net(j) - b(j))/a(j);
        end
        temp = mymorlet(net_ab(j));
        for k = 1:N
            y(k) = y(k) + Wij(k,j) * temp;
```

```
        end
    end

    yuce(i) = y(k);
    y = zeros(1,N);
    net = zeros(1,n);
    net_ab = zeros(1,n);
end
% 预测输出反归一化
ynn = mapminmax('reverse',yuce,outputps);
ynnn = roundn(ynn,0);
if ynnn >= 4
    yn = 4
elseif ynnn >= 1
    yn = ynnn
else yn = 1
end;

%% 结果分析
figure(1)
plot(yn,'r*:')
hold on
plot(output_test,'bo--')
title('预测分类','fontsize',12)
legend('预测分类','实际分类')
xlabel('数据组')
ylabel('类别')
%% 误差显示
figure(2)
plot(error,'g')
title('网络进化过程','fontsize',12)
xlabel('进化次数')
ylabel('预测误差')
```

(1) 前29组数据(29×3)作为训练输入,后30组数据(30×3)作为测试输入,得到的结果与实际分类进行比对。

设置迭代次数为200次,网络进化过程如图6-59所示,预测分类结果如图6-60所示。

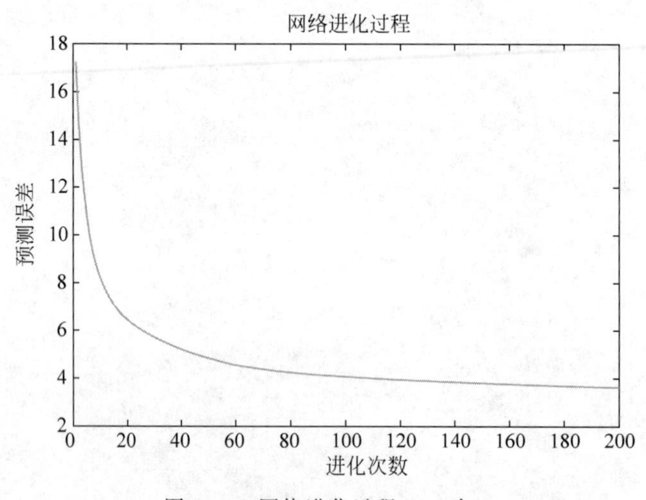

图6-59 网络进化过程(200次)

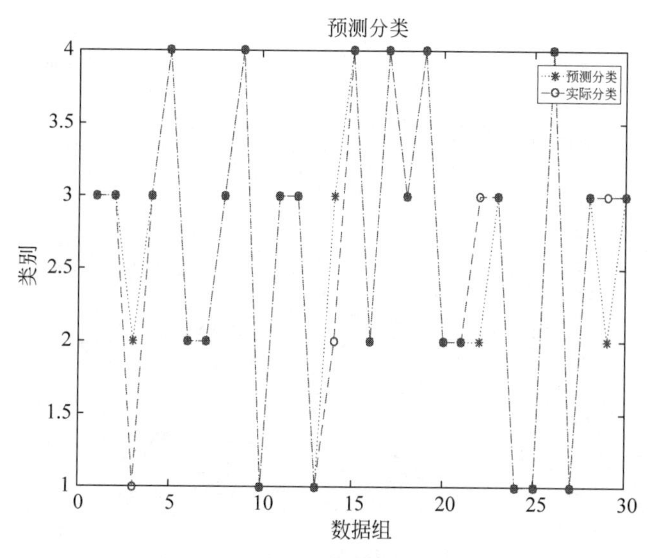

图 6-60　预测分类结果(200 次)

对预测分类的输出结果(yn)如下：

```
yn =
1 至 15 列
      3     3     2     3     4     2     2     3     4     1     3     3     1     3     4
16 至 30 列
      2     4     3     4     2     2     2     3     1     1     4     1     3     2     3
```

由网络的进化过程曲线可以看出，当进化次数为 100 次的时候，误差已经趋于稳定，学习率较快，但是由预测分类的结果可以看出，30 组数据的分类结果并没有和实际分类完全重合，有 4 组数据的分类不准确，错误率为 4/30(约 13%)。因此尝试增加迭代次数，进行第二次分类。

设置迭代次数为 300 次，网络进化过程如图 6-61 所示，预测分类结果如图 6-62 所示。

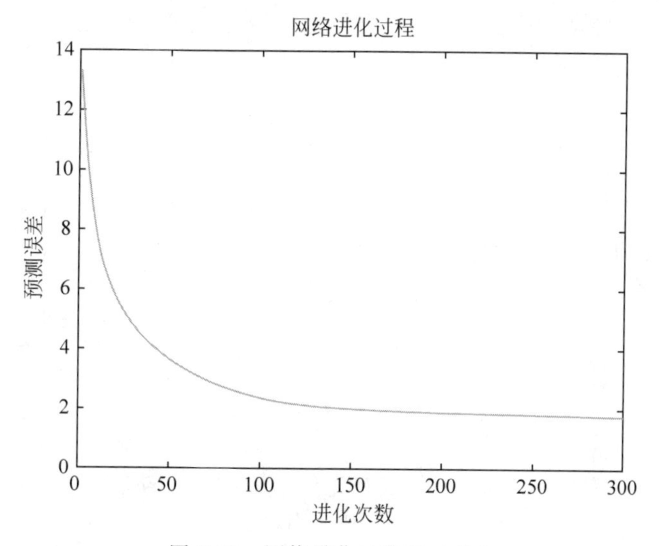

图 6-61　网络进化过程(300 次)

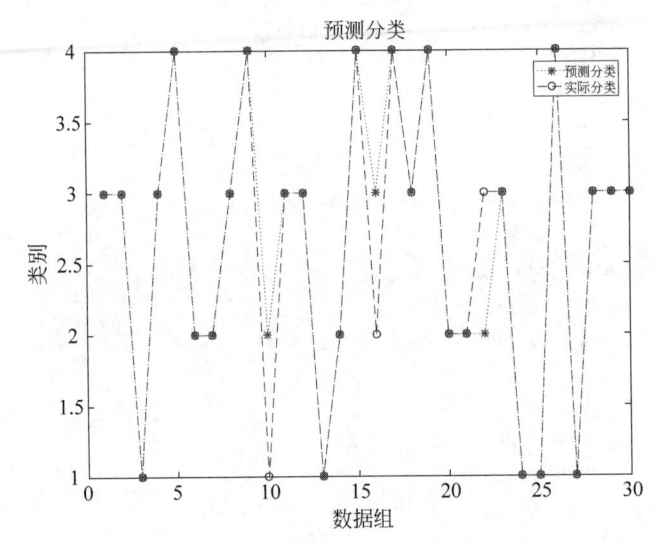

图 6-62 预测分类结果(300 次)

对预测分类的输出结果(yn)如下:

```
yn =
1 至 15 列
3    3    1    3    4    2    2    3    4    2    3    3    1    2    4
16 至 30 列
3    4    3    4    2    2    2    3    1    1    4    1    3    3    3
```

由网络的进化过程曲线可以看出,同样,当进化次数为 100 次的时候,误差已经趋于稳定,学习率较快,但是由预测分类的结果可以看出,30 组数据的分类结果依然没有和实际分类完全重合,有 3 组数据的分类不准确,错误率为 3/30(即 10%)。可以看出,通过增加迭代次数,错误率有一定的下降。下面尝试继续增加训练次数,进行第三次分类。

迭代次数为 1000 次,网络进化过程如图 6-63 所示,预测分类结果如图 6-64 所示。

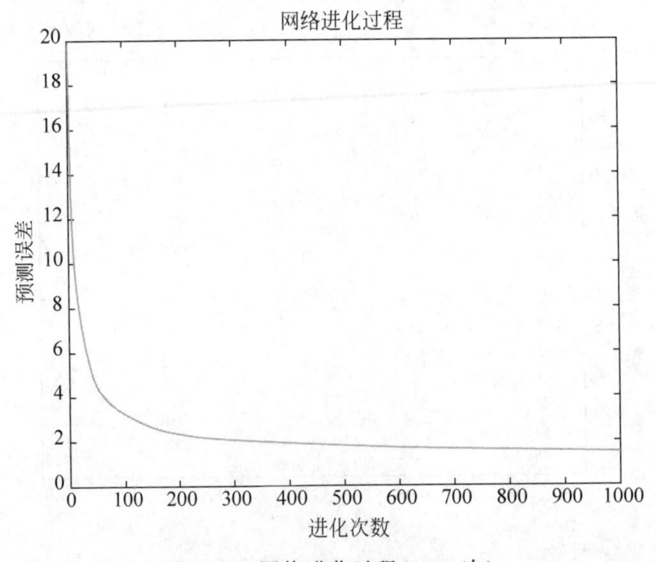

图 6-63 网络进化过程(1000 次)

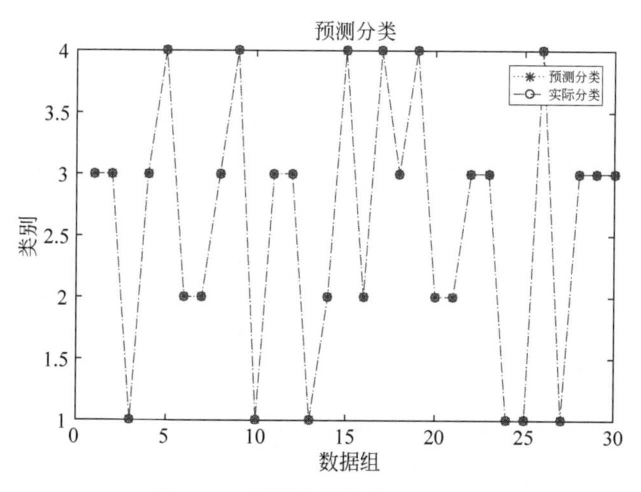

图 6-64　预测分类结果(1000 次)

对预测分类的输出结果(yn)如下：

```
yn =
1 至 15 列
      3    3    1    3    4    2    2    3    4    1    3    3    1    2    4
16 至 30 列
      2    4    3    4    2    2    3    3    1    1    4    1    3    3    3
```

(2) 前 49 组数据(49×3)作为训练输入，后 10 组数据(10×3)作为测试输入，得到的结果与实际分类进行比对。

设置迭代次数为 200 次，网络进化过程如图 6-65 所示，预测分类结果如图 6-66 所示。

```
yn =
      2    3    3    1    1    4    1    3    3    3
```

设置迭代次数为 300 次，网络进化过程如图 6-67 所示，预测分类结果如图 6-68 所示。

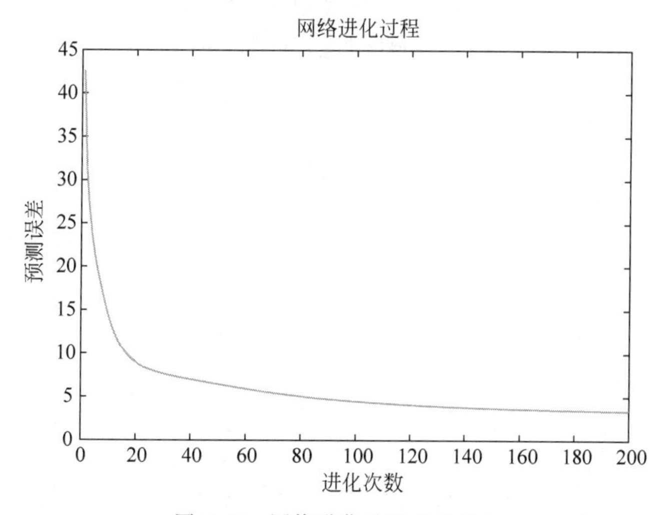

图 6-65　网络进化过程(200 次)

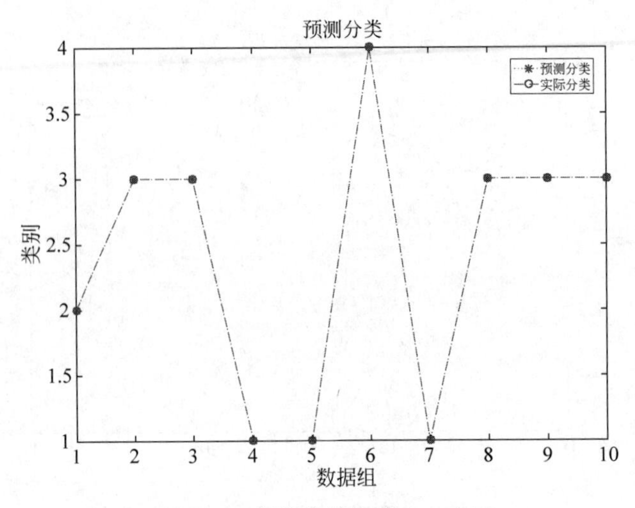

图 6-66 预测分类结果(200 次)

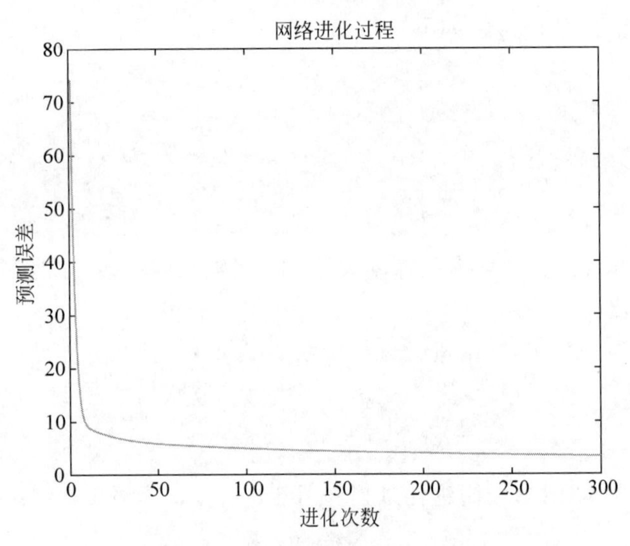

图 6-67 网络进化过程(300 次)

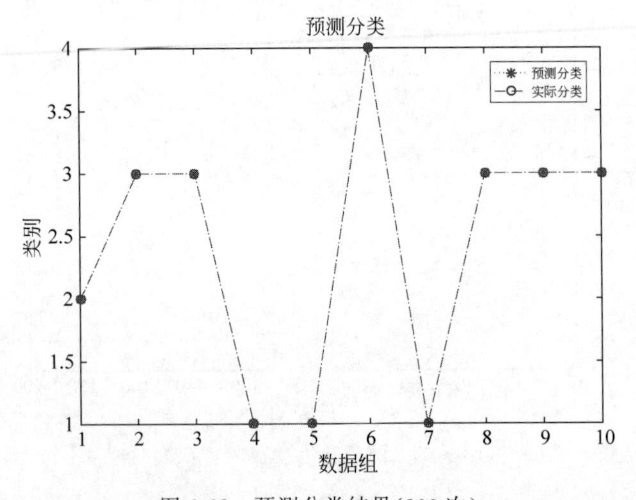

图 6-68 预测分类结果(300 次)

6.8 卷积神经网络

6.8.1 卷积神经网络的背景

卷积神经网络发展历史中的第一件里程碑事件发生在20世纪60年代左右的神经科学(neuroscience)中,加拿大神经科学家David H. Hubel和Torstcn Wicscl于1959年提出猫的初级视皮层中单个神经元的"感受野"(receptive field)概念,紧接着于1962年发现了猫的视觉中枢里存在感受野、双目视觉和其他功能结构,标志着神经网络结构首次在大脑视觉系统中被发现。

随后,Yann LeCun等人在1998年提出基于梯度学习的卷积神经网络算法,并将其成功用于手写数字字符识别,在那时的技术条件下就能取得低于1%的错误率。因此,LeNet这一卷积神经网络便在当时效力于全美几乎所有的邮政系统,用来识别手写邮政编码进而分拣邮件和包裹。可以说,LeNet是第一个产生实际商业价值的卷积神经网络,同时也为卷积神经网络以后的发展奠定了坚实的基础。鉴于此,Google在2015年提出GoogLeNet时还特意将"L"大写,从而向"前辈"LeNet致敬。

2012年,在有计算机视觉界"世界杯"之称的ImageNet图像分类竞赛四周年之际,Geoffrey E. Hinton等人凭借卷积神经网络Alex-Net力挫日本东京大学、英国牛津大学VGG组等劲旅,且以超过第二名近12%的准确率一举夺得该竞赛冠军,一时间学界业界纷纷惊愕哗然。自此便揭开了卷积神经网络在计算机视觉领域逐渐称霸的序幕,此后每年ImageNet竞赛的冠军非深度卷积神经网络莫属。直到2015年,在改进了卷积神经网络中的激活函数(activation function)后,卷积神经网络在ImageNet数据集上的性能(4.94%)第一次低于了人类预测的错误率(5.1%)。近年来,随着神经网络特别是卷积神经网络相关领域研究人员的增多、技术的日新月异,卷积神经网络也变得愈宽愈深愈加复杂,从最初的8层、16层,到诸如MSRA提出的152层Residual Net甚至上千层网络已被广大研究者和工程实践人员司空见惯。

6.8.2 卷积神经网络的原理

在了解深度卷积神经网络的基本架构之后,本节主要介绍卷积神经网络中的一些重要部件(或模块),正是这些部件的层层堆叠使得卷积神经网络可以直接从原始数据中学习其特征表示并完成最终任务。

1."端到端"思想

深度学习的一个重要思想即"端到端"的学习方式,属于表示学习的一种。这是深度学习区别于其他机器学习算法的最重要的一个方面。其他机器学习算法,如特征选择算法、分类器算法、集成学习算法等,均假设样本特征表示是给定的,并在此基础上设计具体的机器学习算法。在深度学习时代之前,样本表示基本都使用人工特征,但"巧妇难为无米之炊",实际上人工特征的优劣往往很大程度决定了最终的任务精度。这样便催生了一种特殊的机器学习分支——特征工程。特征工程在数据挖掘的工业界应用以及计算机视觉应用中都是深度学习时代之前非常重要和关键的环节。

特别是计算机视觉领域，在深度学习之前，针对图像、视频等对象的表示可谓“百花齐放、百家争鸣”。仅拿图像表示举例，从表示范围可将其分为全局特征描述子和局部特征，而单说局部特征描述子就有数十种之多，如 SIFT、PCA-SIFT、SURF、HOG……同时，不同局部描述子擅长的任务又不尽相同，一些适用于边缘检测、一些适用于纹理识别，这便使得实际应用中挑选合适的特征描述子成为一件令人头疼的麻烦事。对此，甚至有研究者于 2004 年在相关领域国际顶级期刊 TPAMI（IEEE Transactions on pattern Recognition and Machine Intelligence）上发表实验性综述“A Performance Evaluation of Local Descriptors”来系统性地理解不同局部特征描述子的作用，至今已获得近 8000 次引用。而在深度学习普及之后，人工特征已逐渐被表示学习根据任务自动需求“学到”的特征表示所取代。

更重要的是，过去解决一个人工智能问题（以图像识别为例）往往通过分治法将其分解为预处理、特征提取与选择、分类器设计等若干步骤。分治法的动机是将图像识别的母问题分解为简单、可控且清晰的若干小的子问题。不过分步解决子问题时，尽管可在子问题上得到最优解，但子问题上的最优并不意味着就能得到全局问题的最优解。对此，深度学习则提供了另一种范式（paradigm）即“端到端”学习方式，整个学习流程并不进行人为的子问题划分，而是完全交给深度学习模型直接学习从原始输入到期望输出的映射。相比分治策略，“端到端”的学习方式具有协同增效的优势，有更大可能获得全局最优解。

对深度模型而言，其输入数据是未经任何人为加工的原始样本形式，后续则是堆叠在输入层上的众多操作层。这些操作层整体可看作一个复杂的函数 fCNN，最终损失函数由数据损失（data loss）和模型参数的正则化组成。卷积神经网络基本流程如图 6-69 所示。

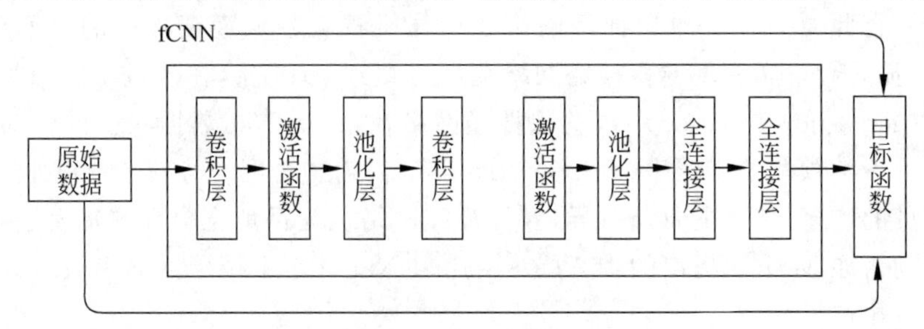

图 6-69 卷积神经网络基本流程图

2. 卷积层

卷积层（convolution layer）是卷积神经网络中的基础操作，甚至在网络最后起分类作用的全连接层在工程实现时也是由卷积操作替代的。

1）什么是卷积

卷积运算实际是分析数学中的一种运算方式，在卷积神经网络中通常仅涉及离散卷积的情形。下面以步长为 1 的情形为例介绍二维场景的卷积操作。假设输入图像（输入数据）为图 6-70 中右侧的 5×5 矩阵，其对应的卷积核为一个 3×3 的矩阵。同时，假定卷积操作时每做一次卷积，卷积核移动一个像素位置，即卷积步长为 1。

1	0	1
0	1	0
1	0	1

卷积核

1	2	3	4	5
6	7	8	9	0
9	8	7	6	5
4	3	2	1	0
1	2	3	4	5

输入数据

图 6-70 二维场景下的卷积核与输入数据

第一次卷积操作从图像(0,0)像素开始,由卷积核中参数与对应位置图像像素逐位相乘后累加作为一次卷积操作结果,即 $1\times1+2\times0+3\times1+6\times0+7\times1+8\times0+9\times1+8\times0+7\times1=1+3+7+9+7=27$,如图 6-71(a)所示。类似地,在步长为 1 时,如图 6-71(b)~图 6-71(d)所示,卷积核按照步长大小在输入图像上从左至右自上而下依次将卷积操作进行下去,最终输出 3×3 大小的卷积特征,同时该结果将作为下一层操作的输入。

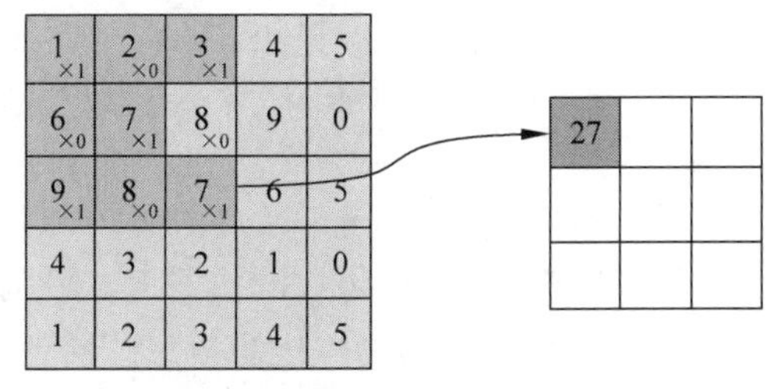

(a) 第一次卷积操作及得到的卷积特征

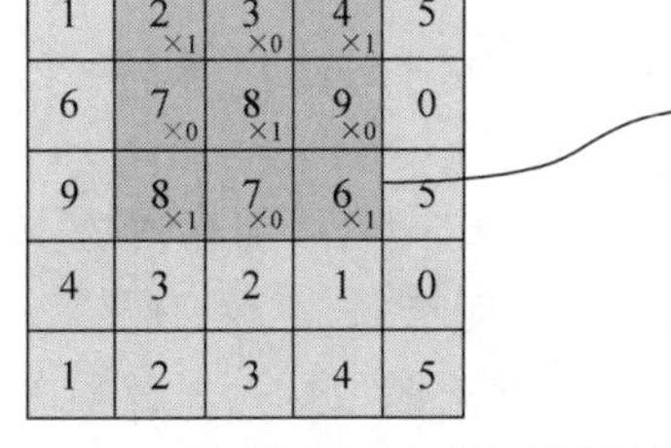

(b) 第二次卷积操作及得到的卷积特征

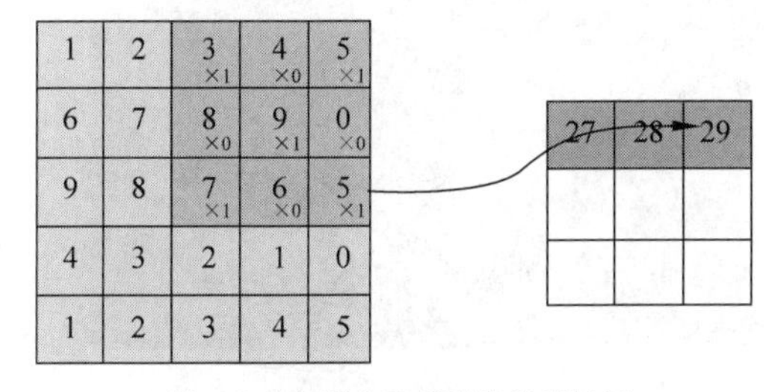

(c) 第三次卷积操作及得到的卷积特征

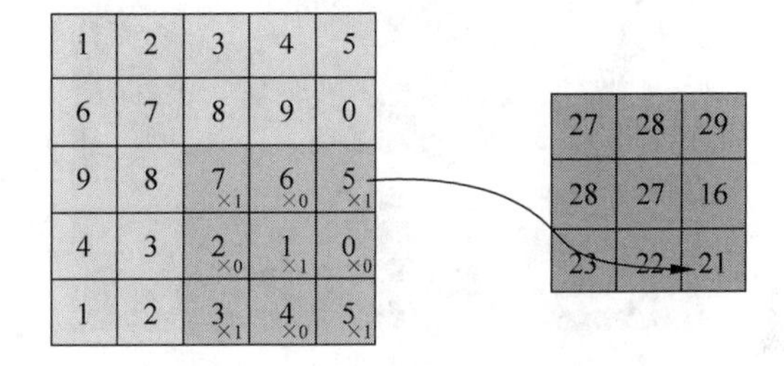

(d) 第九次卷积操作及得到的卷积特征

图 6-71 卷积操作实例

与之类似,若三维情形下的卷积层 l 的输入张量为 $x^l \in R^{H^l W^l D^l}$,该层卷积核为 $f^l \in R^{HWD}$。三维输入时卷积操作实际只是将二维卷积扩展到了对应位置的所有通道上(即 D^l),最终将一次卷积处理的所有 HWD^l 个元素求和作为该位置卷积结果。

进一步地,若类似 f^1 这样的卷积核有 D 个,则在同一个位置上可得到 $1\times1\times1\times D$ 维度的卷积输出,而 D 即为第 $l+1$ 层特征 x^{l+1} 的通道数 D^{l+1}。形式化的卷积操作可表示为

$$y_{i^{l+1},j^{l+1},d}=\sum_{i=1}^{H}\sum_{j=1}^{w}\sum_{d^l=1}^{D^l} f_{i,j,D_l,d}\times x^l_{i^{l+1}+i,j^{l+1}+j,d^l} \tag{6-87}$$

其中,(i^{l+1},j^{l+1})为卷积结果的位置坐标,满足下式

$$0\leqslant i^{l+1}<H^l-H+1=H^{l+1} \tag{6-88}$$

$$0\leqslant j^{l+1}+1<W^l-W+1=W^{l+1} \tag{6-89}$$

需要指出的是,式(6-87)中的 $f_{i,j,D_l,d}$ 可视作学习到的权重,可以发现该项权重对不同位置的所有输入都是相同的,这便是卷积层“权值共享”特性。除此之外,通常还会在 $y_{i^{l+1},j^{l+1}},d$ 上加入偏置项 b_d。在误差反向传播时,可针对该层权重和偏置项分别设置随机梯度下降的学习率。当然,根据实际问题需要,也可以将某层偏置项设置为全 0,或将学习率设置为 0,以起到固定该层偏置或权重的作用。此外,卷积操作中有两个重要的超参数,卷积核大小和卷积步长。合适的超参数设置会给最终模型带来理想的性能提升。

2）卷积操作的作用

可以看出卷积是一种局部操作，通过一定大小的卷积核作用于局部图像区域获得图像的局部信息。下面以三种边缘卷积核(也可称为滤波器)来说明卷积神经网络中卷积操作的作用，图 6-72 为分别作用整体边缘滤波器、横向边缘滤波器和纵向边缘滤波器，这三种滤波器(卷积核)分别为式(6-90)中的 3×3 大小卷积核 $\boldsymbol{K}_e$、$\boldsymbol{K}_h$ 和 $\boldsymbol{K}_v$：

$$\boldsymbol{K}_e=\begin{bmatrix}0 & -4 & 0\\ -4 & 16 & -4\\ 0 & -4 & 0\end{bmatrix},\quad \boldsymbol{K}_h=\begin{bmatrix}1 & 2 & 1\\ 0 & 0 & 0\\ -1 & -2 & -1\end{bmatrix},\quad \boldsymbol{K}_v=\begin{bmatrix}1 & 0 & -1\\ 2 & 0 & -2\\ 1 & 0 & -1\end{bmatrix} \tag{6-90}$$

试想，若原图像素(x,y)处可能存在物体边缘，则其四周$(x-1,y)$，$(x+1,y)$，$(x,y-1)$，$(x,y+1)$ 处的像素值应与(x,y)处有显著差异。此时，如作用以整体边缘滤波器 $\boldsymbol{K}_2$，可消除四周像素值差异小的图像区域而保留显著差异区域，以此可检测出物体边缘信息。同理，类似 $\boldsymbol{K}_h$ 和 $\boldsymbol{K}_v$ 的横向、纵向边缘滤波器可分别保留横向、纵向的边缘信息。

(a) 原图

(b) 整体边缘滤波器$\boldsymbol{K}_e$

(c) 横向边缘滤波器$\boldsymbol{K}_h$

(d) 纵向边缘滤波器$\boldsymbol{K}_v$

图 6-72 卷积操作示例

事实上，卷积网络中的卷积核参数是通过网络训练出来的，除了可以学到类似的横向、纵向边缘滤波器，还可以学到任意角度的边缘滤波器。当然，不仅如此，检测颜色、形状、纹理等众多基本模式的滤波器(卷积核)都可以包含在一个足够复杂的深层卷积神经网络中。

3. 池化层

通常使用的池化操作为平均值池化和最大值池化。需要指出的是，同卷积层操作不同，池化层不包含需要学习的参数。使用时仅需指定池化类型、池化操作的核大小和池化操作的步长等超参数即可。

1）什么是池化

第 1 层池化核可表示为 $p^1\in R^{H\times W\times D}$。平均值(最大值)池化在每次操作时，将池化核覆盖区域中所有值的平均值(最大值)作为池化结果。

图 6-73 为 2×2 大小、步长为 1 的最大值池化操作示例。

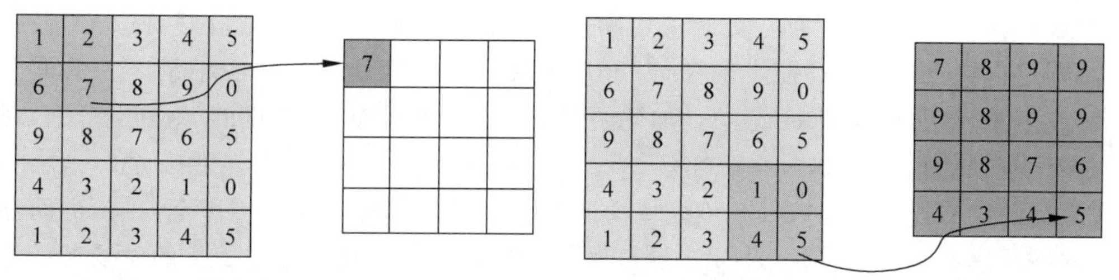

(a) 第一次池化操作及得到的池化特征　　(b) 第十六次池化操作及得到的池化特征

图 6-73　最大值池化操作示例

除了最常用的上述两种池化操作外，随机池化则介于二者之间。随机池化操作非常简单，只需对输入数据中的元素按照一定概率值大小随机选择，并不像最大值池化那样永远只取最大值元素。对随机池化而言，元素值大的响应被选中的概率也大，反之亦然。可以说，在全局意义上，随机池化与平均值池化近似；在局部意义上，则服从最大值池化的准则。

2）池化操作的作用

在图 6-73 的例子中可以发现，池化操作后的结果相比其输入减小了，其实池化操作就是一种“降采样”操作。另外，池化也看成一个用 p-范数作为非线性映射的“卷积”操作，特别的，当 p 趋近正无穷时就是最常见的最大值池化。池化层的引入是仿照人的视觉系统对视觉输入对象进行降维（降采样）和抽象。在卷积神经网络过去的工作中，研究者普遍认为池化层有如下三种功效。

（1）特征不变性。池化操作使模型更关注是否存在某些特征而不是特征具体的位置，可看作一种很强的先验，使特征学习包含某种程度的自由度，能容忍一些特征微小的位移。

（2）特征降维。由于池化操作的降采样作用，池化结果中的一个元素对应于原输入数据的一个子区域，因此池化相当于在空间范围内做了维度约减，从而使模型可以抽取更广范围的特征。同时减小了下一层输入大小，进而减小计算量和参数个数。

（3）在一定程度上防止过拟合，更方便优化。

4. 激活函数

激活函数层又称非线性映射层，顾名思义，激活函数的引入为的是增加整个网络的表达能力（即非线性）。否则，若干线性操作层的堆叠仍然只能起到线性映射的作用，无法形成复杂的函数。在实际使用中，有多达十几种激活函数可供选择。下面以 Sigmoid 激活函数和 ReLU 函数为例，介绍涉及激活函数的若干基本概念和问题。

直观上，激活函数模拟了生物神经元特性：接受一组输入信号并产生输出。在神经科学中，生物神经元通常有一个阈值，当神经元所获得的输入信号累积效果超过了该阈值，神经元就被激活而处于兴奋状态；否则处于抑制状态。在人工神经网络中，Sigmoid 函数可以模拟这一生物过程，从而在神经网络发展历史进程中曾处于相当重要的地位。

Sigmoid 函数也称 Logistic 函数

$$\sigma(x)=\frac{1}{1+\exp(-x)} \tag{6-91}$$

其函数形状如图 6-74(a)所示。很明显能看出,经过 Sigmoid 函数作用后,输出响应的值域被压缩到[0,1]之间,而 0 对应了生物神经元的“抑制状态”,1 则恰好对应了“兴奋状态”。不过再深入地观察还能发现在 Sigmoid 函数两端,对于大于 5(或小于-5)的值无论多大(或多小)都会压缩到 1(或 0)。如此便带来一个严重问题,即梯度的“饱和效应”。对照 Sigmoid 函数的梯度图,如图 6-74(b)所示,大于 5(或小于-5)部分的梯度接近 0,这会导致在误差反向传播过程中导数处于该区域的误差将很难甚至根本无法传递至前层,进而导致整个网络无法训练(导数为 y 将无法更新网络参数)。此外,在参数初始化的时候还需特别注意,要避免初始化参数直接将输出值域带入这一区域——一种可能的情形是当初始化参数过大时,将直接引发梯度饱和效应而无法训练。

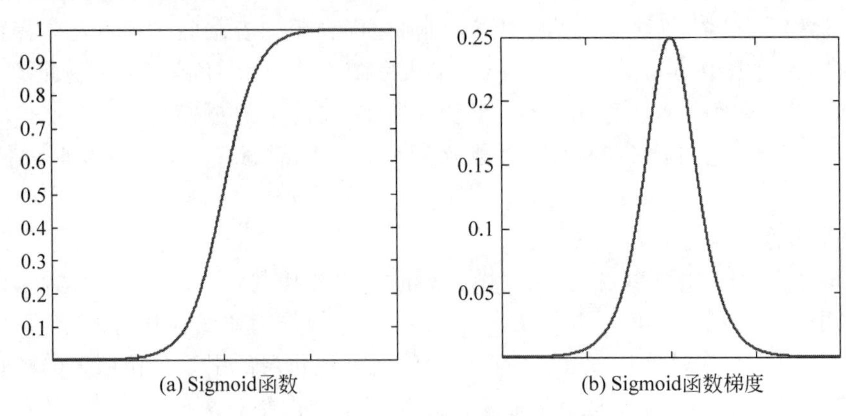

(a) Sigmoid函数　　(b) Sigmoid函数梯度

图 6-74　Sigmoid 函数及其函数梯度

为了避免梯度饱和效应的发生,Nair 和 Hinton 于 2010 年将修正线性单元引入神经网络。ReLU 函数是目前深度卷积神经网络中最为常用的激活函数之一。另外,根据 ReLU 函数改进的其他激活函数也展示出更好的性能。

ReLU 函数实际上是一个分段函数,其定义为

$$\text{rectifier}(x)=\max\{0,x\}=\begin{cases}x, & x\geqslant 0\\ 0, & x<0\end{cases} \tag{6-92}$$

由图 6-75 可见,ReLU 函数的梯度在 $x\geqslant 0$ 时为 R,反之为 y,对 $x\geqslant 0$ 部分完全消除了 Sigmoid 函数的梯度饱和效应。同时,在实验中还发现相比 Sigmoid 函数,ReLU 函数有助于随机梯度下降方法收敛,收敛速度快 6 倍左右。

5. 全连接层

全连接层在整个卷积神经网络中起到“分类器”的作用。如果说卷积层、池化层和激活函数层的操作是将原始数据映射到隐含层特征空间,全连接层则起到将学到的特征表示映射到样本的标记空间的作用。在实际使用中,全连接层可由卷积操作实现:对前层是全连接的全连接层可以转换为卷积核为 1×1 的卷积;而前层是卷积层的全连接层可以转换为卷积核为 $h\times w$ 的全局卷积,h 和 w 分别为前层卷积输出结果的高和宽。例如,对于 28×28×1 的图像输入,最后一层卷积层可得输出为 7×10×10×20 的特征张量,若后层是一层含 100 个神经元的全连接层时,则可用卷积核为 10×10×20×100 的全局卷积来实现这一全连接运算过程。

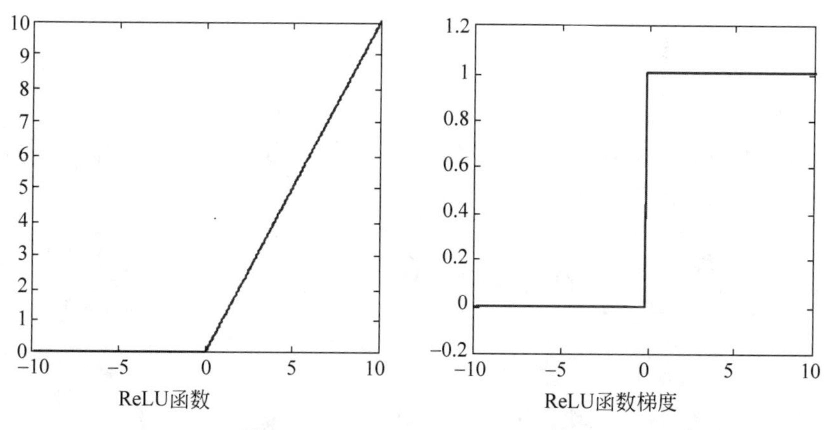

图 6-75 ReLU 函数及其函数梯度

6. 分类任务和目标函数

本次分类任务共 7000 个训练样本，针对网络最后分类层第 i 个样本的输入特征为 x_i，其对应的真实标记为 $y_i \in \{1,2,\cdots,70\}$，$\boldsymbol{h}=(h_1,h_2,\cdots,h_{70})$ 为网络的最终输出，即样本 i 的预测结果，其中 70 为分类任务类别数。

7. 交叉熵损失函数

交叉熵(cross entropy)损失函数又称为 Softmax 损失函数，是目前卷积神经网络中最常用的分类目标函数。其形式为

$$L_{\text{cross entropy loss}} = L_{\text{softmax loss}} = -\frac{1}{N}\sum_{i=1}^{N}\log\left(\frac{\mathrm{e}^{h_{y_i}}}{\sum_{j=1}^{70}\mathrm{e}^{h_j}}\right) \tag{6-93}$$

即通过指数化变换使网络输出 h 转换为概率形式。

综上所述，卷积神经网络的结构如图 6-76 所示。其中卷积层和池化层可以重复多次。

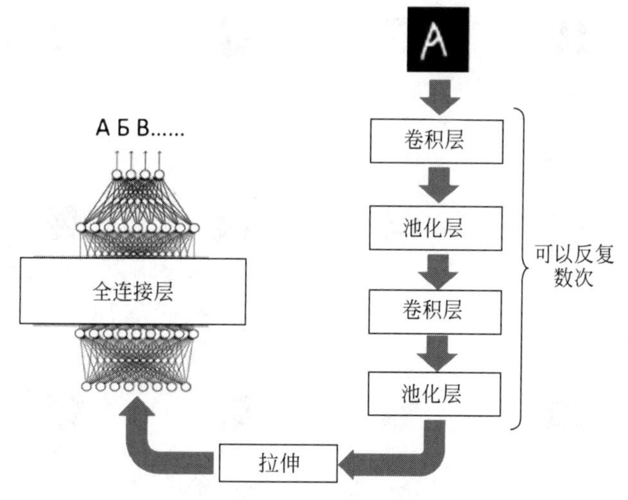

图 6-76 卷积神经网络结构

6.8.3 卷积神经网络应用于图片分类

1. 图像预处理

本节设计所使用的数据集为70个手写字母，每个字母153个手写图片(本设计只使用100张)共7000张图片。部分数据集如图6-77所示。

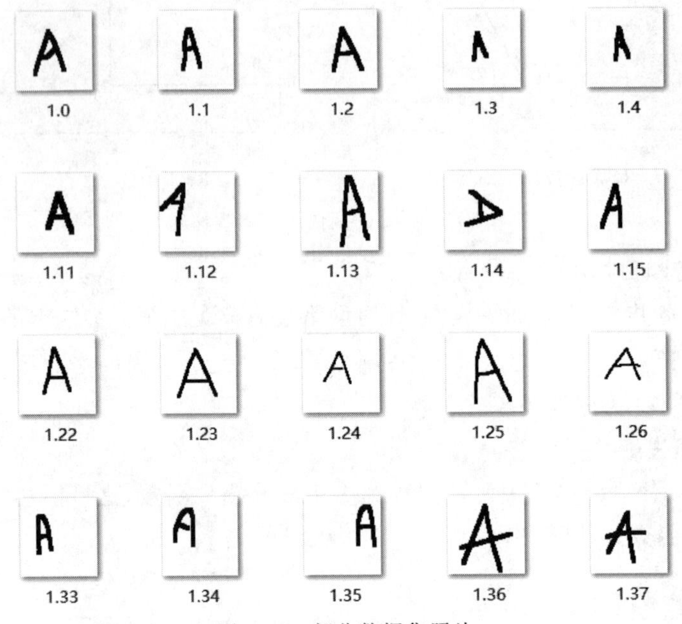

图6-77 部分数据集照片

由于初始数据集照片像素为72×72，全部输入神经网络会使神经网络结构增大并且训练过慢，故将数据集图片批量变为28×28像素，并且进行二值化处理。

将处理后的图片重命名放入70个文件夹中，处理后的部分图片如图6-78所示。

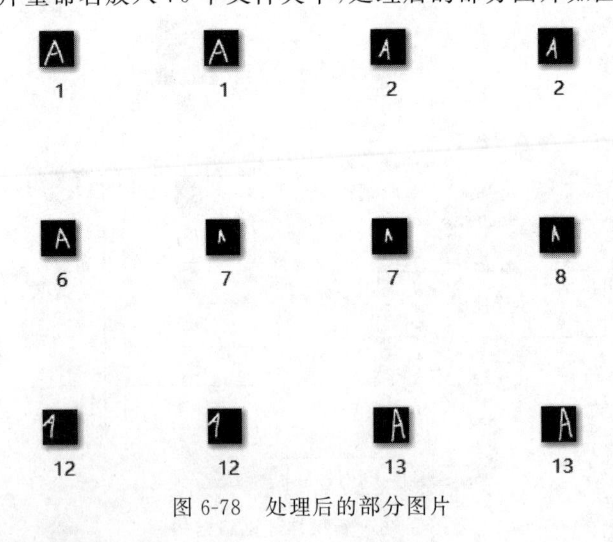

图6-78 处理后的部分图片

2. 卷积神经网络结构

本次设计的网络结构如图6-79所示。本次设计的卷积层为1层。输入层为28×28×1

的灰度图，经过 9×9×20 个卷积核，输出卷积特征为 20×20×20，经过平均池化层后池化特征为 10×10×20。全连接层有 100 个神经元，输出为 70 个。

3. 超参数设定和训练方式

1）卷积层参数设定

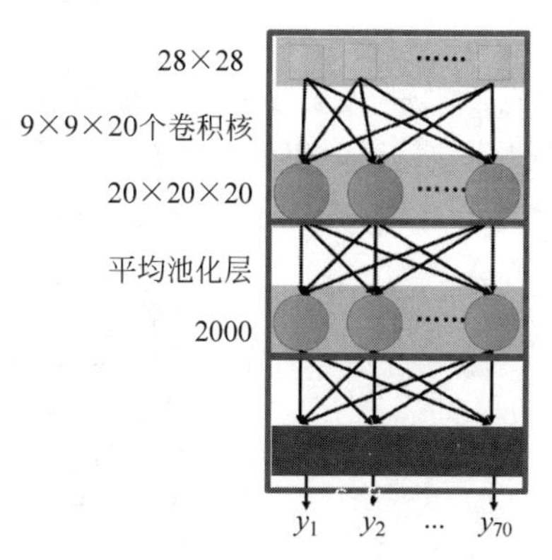

图 6-79 卷积神经网络结构

卷积层的超参数主要包括卷积核大小、卷积操作的步长和卷积核个数。关于卷积核大小，小卷积核相比大卷积核有两项优势：

(1) 增强网络容量和模型复杂度；

(2) 减少卷积参数个数。

因此，本设计中使用 5×5 这样的小卷积核，其对应卷积操作步长设为 1。此外，卷积操作前还可搭配填充操作。该操作有两层功效：

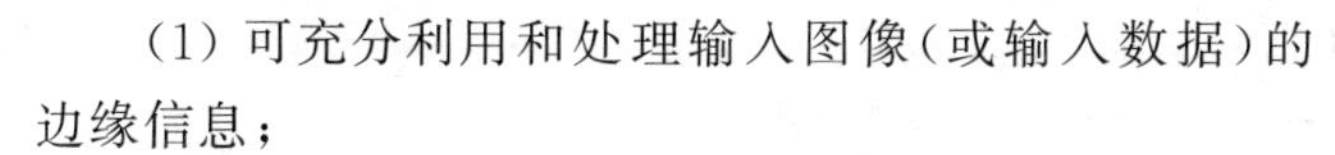

(1) 可充分利用和处理输入图像(或输入数据)的边缘信息；

(2) 搭配合适的卷积层参数可保持输出与输入同等大小，避免随着网络深度增加，输入大小的急剧减小。

由于输入图像比较小，故没有采用。

2）池化层参数的设定

同卷积核大小类似，池化层的核大小一般也设为较小的值，采用 2×2 的核，池化步长为 1。在此设定下，输出结果大小仅为输入数据长宽大小的二分之一，也就是说输入数据中有 50%的响应值被丢弃，这也就起到了“下采样”的作用。为了不丢弃过多输入响应而损失网络性能，池化操作极少使用超过 3×3 大小的池化操作。

3）训练方法

信息论中曾提到：“从不相似的事件中学习总是比从相似事件中学习更具信息量”。在训练卷积神经网络时，尽管训练数据固定，但由于采用了随机批处理的训练机制，我们可在模型每轮训练进行前将训练数据集随机打乱，确保模型不同轮数相同批次“看到”的数据是不同的。这样的处理不仅会提高模型收敛速率，同时相对固定次序训练的模型，此操作会略微提升模型在测试集上的预测结果。

4. 网络正则化

机器学习的一个核心问题是如何使学习算法不仅在训练样本上表现良好，并且在新数据或测试集上同样奏效，学习算法在新数据上的这种表现称为模型的“泛化性”或“泛化能力”。若某学习算法在训练集表现优异，同时在测试集依然工作良好，可以说该学习算法有较强泛化能力；若某算法在训练集表现优异，但测试集却非常糟糕，就说这样的学习算法并没有泛化能力，这种现象也称为“过拟合”。

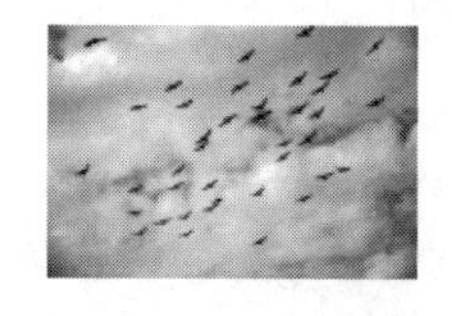

图 6-80 模型正则化示意图

在本次设计中使用“正则化”技术来防止过拟合情况。正则化是机器学习中通过显式地控制模型复杂度来避免模型过拟合、确保泛化能力的一种有效方式，如图 6-80 所示，如果将模型原始的假设空间比作“天空”，那么天空中自由飞翔的“鸟”就是模型可能收敛到的一个个最优解。在施加了模型正则化后,就好比将原假设空间(“天空”)缩小到一定的空间范围。

5. 训练批次

训练批次对结果影响是不能忽略的,如图 6-81 所示,如果不规定训练批次,随着迭代次数的增加,正确率的变化很小,但如果规定训练批次,可以有很好的效果。一般选取最小批次进行迭代,本次设计为 25 张图片。

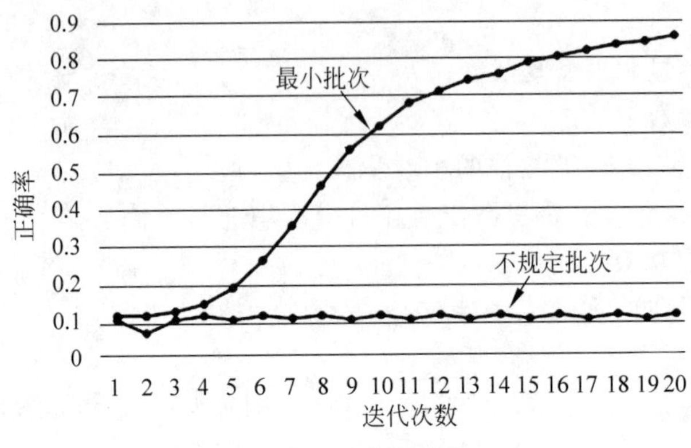

图 6-81 迭代示意图

6. 分类结果

1) 识别 70 个字母

首先将 7000 张图片导入矩阵中,打乱顺序后将前 6600 张图片作为训练集,后 400 张图片作为测试集。学习率设定为 0.05,每批次训练 25 张图片,训练 80 次,训练过程如图 6-82 所示,正确率为 63.83%,如图 6-83 所示。

```
epoch =

    79

epoch =

    80
```

图 6-82 训练过程图

2) 仅识别大写字母

识别大写字母时将 3500 张图片导入矩阵中,打乱顺序后将前 3300 张图片作为训练集,后 200 张图片作为测试集。学习率设定为 0.05,每批次训练 25 张照片,训练 50 次,训练过程如图 6-84 所示,正确率为 75.50%,如图 6-85 所示。

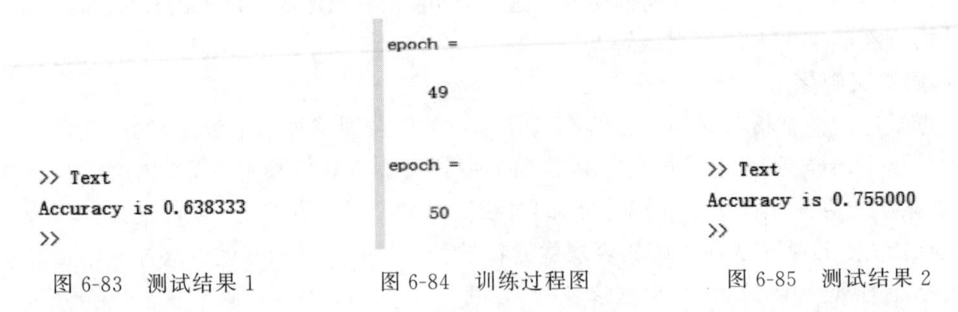

>> Text
Accuracy is 0.638333
>>
epoch =
49
epoch =
50
>> Text
Accuracy is 0.755000
>>

图 6-83 测试结果 1　　图 6-84 训练过程图　　图 6-85 测试结果 2

完整代码如下。

图像预处理部分程序代码如下:

```
clc;
clear all;
       for i = 1:70
```

```
            for j = 1:100
  image = imread(strcat('C:\Users\Administrator\Desktop\数据集','\',int2str(i),'\',int2str(i),
'.',int2str(j),'.png'));
        imwrite(image,strcat('E:\Deeplearning\mengwen\s',int2str(i),'\',int2str(j),'.bmp'));
            end
            disp(strcat('s',int2str(i),'转换结束.'));
        end
        disp('批量转换结束.');
        %%
        %读取训练集
        menwen = [];
        for i = 1:70
            for j = 1:100
                a = imread(strcat('E:\Deeplearning\mengwen\s',num2str(i),'\',num2str(j),'.png'));
                a  =  imresize(a, [28 28]);
                b = a(1:28 * 28);
                b = double(b);
                menwen = [menwen; b];
             end
         end

         Labels = [];
         for i = 1:70
              for j = 1:100
                     Labels = [Labels;i];
              end
         end
         DataAndLabel = [menwen, Labels];
         Data = DataAndLabel(randperm(numel(DataAndLabel)/785),:);
         Images = Data(:,1:784);
         Labels = Data(:,785);
         save('C:\Users\Administrator\Desktop\数据集\\myData1.mat','Images','Labels');
```

训练部分程序代码如下：

```
clear;
load('C:\Users\Administrator\Desktop\数据集\\myData1.mat');
Images  = Images';
Images  =  mapminmax(Images);                        %归一化处理
Images  =  reshape(Images, 28, 28, []);

W1  =  1e-2 * randn([9 9 20]); %20 个 9 * 9 卷积核
W5  =  (2 * rand(100, 2000)  -  1)  *  sqrt(6) / sqrt(360  +  2000);
Wo  =  (2 * rand( 70, 100)  -  1)  *  sqrt(6) / sqrt( 70  +  100);

X  =  Images(:, :, 1:6600);
D  =  Labels(1:6600);

for epoch  =  1:80
  epoch
  [W1, W5, Wo]  =  MnistConv(W1, W5, Wo, X, D);
end

save('C:\Users\Administrator\Desktop\数据集\\netWork2.mat','epoch','W1','W5','Wo');
function y  =  Conv(x, W)
%
```

```
%
[wrow, wcol, numFilters] = size(W);
[xrow, xcol, ~] = size(x);

yrow = xrow - wrow + 1;
ycol = xcol - wcol + 1;

y = zeros(yrow, ycol, numFilters);
for k = 1:numFilters
  filter = W(:, :, k);
  filter = rot90(squeeze(filter), 2);
  y(:, :, k) = conv2(x, filter, 'valid');
end

end

function [W1, W5, Wo] = MnistConv(W1, W5, Wo, X, D)
alpha = 0.005;
beta = 0.95;

momentum1 = zeros(size(W1));
momentum5 = zeros(size(W5));
momentumo = zeros(size(Wo));

N = length(D);

bsize = 25;
blist = 1:bsize:(N - bsize + 1);

 % One epoch loop
 %
for batch = 1:length(blist)
  dW1 = zeros(size(W1));
  dW5 = zeros(size(W5));
  dWo = zeros(size(Wo));

   % Mini - batch loop
   %
  begin = blist(batch);
  for k = begin:begin + bsize - 1
     % Forward pass = inference
     %
x = X(:, :, k);                                      % 输入
y1 = Conv(x, W1);                                    % 卷积
    y2 = ReLU(y1);                                   % 整线流激活函数
    y3 = Pool(y2);                                   % Pooling,取平均值
y4 = reshape(y3, [], 1);                             % 拉伸为全连接层
    v5 = W5 * y4;
    y5 = ReLU(v5);                                   % 激活函数 ReLU
v = Wo * y5;                                         % Softmax
    y = Softmax(v);                                  %% 独热编码
    d = zeros(70, 1);
    d(sub2ind(size(d), D(k), 1)) = 1;
     % Backpropagation
     %
     e = d - y;                                      % 输出层
```

```
      delta = e;
      e5 = Wo' * delta;                          % 隐含层(ReLU)
      delta5 = (y5 > 0) .* e5;

      e4 = W5' * delta5;                         % 轮询层

      e3 = reshape(e4, size(y3));

  e2 = zeros(size(y2));
    W3 = ones(size(y2)) / (2 * 2);
      for c = 1:20
        e2(:, :, c) = kron(e3(:, :, c), ones([2 2])) .* W3(:, :, c);
      end

      delta2 = (y2 > 0) .* e2;                   % ReLU 层

      delta1_x = zeros(size(W1));                % 卷积层
      for c = 1:20
        delta1_x(:, :, c) = conv2(x(:, :), rot90(delta2(:, :, c), 2), 'valid');
      end

      dW1 = dW1 + delta1_x;
      dW5 = dW5 + delta5 * y4';
      dWo = dWo + delta * y5';
    end

    % Update weights
    %
    dW1 = dW1 / bsize;
    dW5 = dW5 / bsize;
    dWo = dWo / bsize;

    momentum1 = alpha * dW1 + beta * momentum1;
    W1        = W1 + momentum1;

    momentum5 = alpha * dW5 + beta * momentum5;
    W5        = W5 + momentum5;

    momentumo = alpha * dWo + beta * momentumo;
    Wo        = Wo + momentumo;
end

end
function y = Pool(x)
%
% 2x2 mean pooling
%
%
[xrow, xcol, numFilters] = size(x);

y = zeros(xrow/2, xcol/2, numFilters);
for k = 1:numFilters
  filter = ones(2) / (2 * 2);                  % 求平均

image = conv2(x(:, :, k), filter, 'valid');
```

```
    y(:, :, k) = image(1:2:end, 1:2:end);
  end

  end
  function y = ReLU(x)
    y = max(0, x);
  end
  function y = Softmax(x)
  % x = 100 * x;
    ex = exp(x);
    y = ex / sum(ex);
  % y1 = softmax.apply(x);
  End
```

测试部分程序代码如下：

```
clear
load('netWork2.mat');
load('myData1.mat');
Images = Images';
Images = mapminmax(Images);
Images = reshape(Images, 28, 28, []);
% Labels = Labels';
% Test
%

X = Images(:, :, 6401:7000);
D = Labels(6401:7000);

acc = 0;
N   = length(D);
for k = 1:N
  x = X(:, :, k);                   % Input,          28x28
  y1 = Conv(x, W1);                 % Convolution,    20x20x20
  y2 = ReLU(y1);                    %
  y3 = Pool(y2);                    % Pool,           10x10x20
  y4 = reshape(y3, [], 1);          %                 2000
  v5 = W5 * y4;                     % ReLU,           360
  y5 = ReLU(v5);                    %
  v = Wo * y5;                      % Softmax,        10
  y = Softmax(v);                   %

  [~, i] = max(y);

if i == D(k)
    acc = acc + 1;
  end
end
acc = acc / N;
fprintf('Accuracy is %f\n', acc)
```

6.8.4 卷积神经网络应用于颜色分类

以表1-2 59组三原色数据为例,说明卷积神经网络的MATLAB实现。其中,前29组数据已确定类别,作为训练数据;后30组作为测试数据,来确定类别。

卷积神经网络数据分类的完整 MATLAB 程序代码如下：

```
% 指定表格文件路径
file_path = 'C:\Users\Administrator\Desktop\数据集\wine_data.xlsx';

% 指定要读取的列范围
data_range = 'B:D'; % 读取 B 列到 D 列
    lable_range = 'E:E';
    num_features = 3 ;
    num_classes = 4 ;
    % 使用 xlsread 函数读取指定范围的数据
    X = xlsread(file_path, data_range);
    y = xlsread(file_path, lable_range)';

    % 将数据 reshape 成"伪图像",以适应卷积神经网络
    X_image = reshape(X', [1, num_features, 1, length(y)]);

    % 划分训练集、验证集和测试集
    train_ratio = 0.5;
    val_ratio = 0.3;
    test_ratio = 0.2;

    [trainInd, valInd, testInd] = dividerand(length(y), train_ratio, val_ratio, test_ratio);

    X_train = X_image(:, :, :, trainInd);
    y_train = y(trainInd);

    X_val = X_image(:, :, :, valInd);
    y_val = y(valInd);

    X_test = X_image(:, :, :, testInd);
    y_test = y(testInd);

    % 创建卷积神经网络模型
    layers = [
        imageInputLayer([1, num_features, 1])
        convolution2dLayer([1, 3], 32)
        reluLayer
        fullyConnectedLayer(num_classes)
        softmaxLayer
        classificationLayer
    ];

    options = trainingOptions('adam', ...
        'MaxEpochs', 1000, ...
        'MiniBatchSize', 64, ...
        'ValidationData', {X_val, categorical(y_val)}, ...
        'Plots', 'none');

    % 训练卷积神经网络
    net = trainNetwork(X_train, categorical(y_train), layers, options);

    % 使用测试集进行预测
    test_predictions = classify(net, X_test);
    % 计算测试集准确率
    test_accuracy = sum(test_predictions' == categorical(y_test)) / length(testInd) * 100;
disp(['Accuracy on test data: ', num2str(test_accuracy), '%']);
```

训练 1000 次,测试结果正确率为 91.6667%,结果如图 6-86 所示。

Epoch	Iteration	Time Elapsed (hh:mm:ss)	Mini-batch Accuracy	Validation Accuracy	Mini-batch Loss	Validation Loss	Base Learning Rate
1	1	00:00:00	65.52%	38.89%	4.8414	9.4317	0.0010
50	50	00:00:00	96.55%	88.89%	0.4374	0.9220	0.0010
100	100	00:00:01	100.00%	83.33%	0.0057	2.3937	0.0010
150	150	00:00:01	100.00%	83.33%	0.0027	2.3700	0.0010
200	200	00:00:02	100.00%	83.33%	0.0021	2.3740	0.0010
250	250	00:00:02	100.00%	83.33%	0.0018	2.3987	0.0010
300	300	00:00:03	100.00%	77.78%	0.0016	2.4346	0.0010
350	350	00:00:03	100.00%	77.78%	0.0015	2.4750	0.0010
400	400	00:00:04	100.00%	77.78%	0.0013	2.5150	0.0010
450	450	00:00:04	100.00%	77.78%	0.0012	2.5525	0.0010
500	500	00:00:04	100.00%	77.78%	0.0012	2.5866	0.0010
550	550	00:00:05	100.00%	77.78%	0.0011	2.6177	0.0010
600	600	00:00:05	100.00%	77.78%	0.0010	2.6459	0.0010
650	650	00:00:06	100.00%	77.78%	0.0010	2.6719	0.0010
700	700	00:00:06	100.00%	77.78%	0.0009	2.6958	0.0010
750	750	00:00:07	100.00%	77.78%	0.0009	2.7181	0.0010
800	800	00:00:07	100.00%	77.78%	0.0008	2.7390	0.0010
850	850	00:00:08	100.00%	77.78%	0.0008	2.7587	0.0010
900	900	00:00:08	100.00%	77.78%	0.0007	2.7774	0.0010
950	950	00:00:09	100.00%	77.78%	0.0007	2.7951	0.0010
1000	1000	00:00:09	100.00%	77.78%	0.0006	2.8121	0.0010

```
Accuracy on test data: 91.6667%
>> cov
```

图 6-86 结果图(正确率为 91.6667%)

6.9 其他形式的神经网络

在此只介绍竞争型人工神经网络、概率神经网络和 CPN 神经网络。

6.9.1 竞争型人工神经网络——自组织竞争

生物学研究表明,在人脑的感觉通道上,神经元的组织原理是有序排列的。当外界的特定时空信息输入时,大脑皮层的特定区域兴奋,而且类似的外界信息在对应的区域是连续映像的。生物视网膜中有许多特定的细胞对特定的图形比较敏感,当视网膜中有若干接收单元同时受特定模式刺激时,大脑皮层中的特定神经元开始兴奋,输入模式接近,与之对应的兴奋神经元也接近;在听觉通道上,神经元在结构排列上与频率的关系十分密切,对于某个频率,特定的神经元具有最大的响应,位置相邻的神经元具有相近的频率特征,而远离的神经元具有的频率特征差别也较大。大脑皮层中神经元的这种响应特点不是先天安排好的,而是通过后天的学习自组织形成的。

在生物神经系统中,存在着一种侧抑制现象,即一个神经细胞兴奋以后,会对周围其他神经细胞产生抑制作用。这种抑制作用会使神经细胞之间出现竞争,其结果是某些获胜,而另一些则失败。表现形式是获胜神经细胞兴奋,失败神经细胞抑制。自组织(竞争型)神经网络就是模拟上述生物神经系统功能的人工神经网络。

自组织竞争人工神经网络正是基于上述生物结构和现象形成的。神经网络分类器的学习方法,除了有导师或监督(supervised)、自监督(self-supervised)学习方法外,还有一种很重要的无导师或非监督(unsupervised)学习方法。自组织竞争系统就属于无导师型神经网络，这种自组织系统在待分类的模式无任何先验学习的情况下很有用。它能够对输入模式进行自组织训练和判断，并将其最终分为不同的类型。

自组织（竞争型）神经网络在网络结构上，一般是由输入层和竞争层构成的两层网络，两层之间各神经元实现双向连接，而且网络没有隐含层。在学习算法上，它通过模拟生物神经元之间的兴奋、抑制与协调、竞争作用的信息处理的动力学原理来指导网络的学习与工作，而不像多层神经网络那样是以网络的误差作为算法的准则。竞争型神经网络构成的基本思想是网络的竞争层各神经元竞争对输入模式响应的机会，最后仅有一个神经元成为竞争的胜者。这一获胜神经元则表示对输入模式的分类。因此，很容易把这样的结果和聚类联系在一起。

1. 自组织竞争网络

竞争网络由单层神经元网络组成，其输入节点与输出节点之间为全互联结构。因为网络在学习中的竞争特性也表现在输出层上，所以竞争网络中的输出层又称为竞争层，而与输入节点相连的权值及其输入合称为输入层。自组织竞争网络结构如图 6-87 所示。

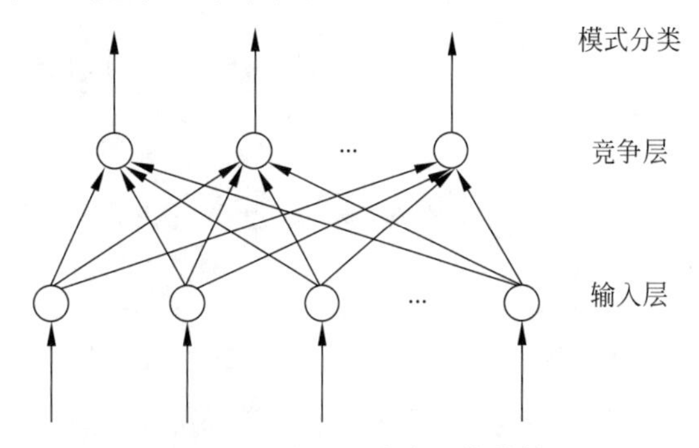

图 6-87　自组织竞争网络结构

网络竞争层各神经元竞争对输入模式的响应机会，最后仅一个神经元成为竞争的胜利者，并对那些与获胜神经元有关的各连接权值朝着更有利于竞争的方向调整，获胜神经元表示输入模式的分类。

网络权值的调整公式为

$$w_{ij}=w_{ij}+a\left(\frac{x_i}{m}-w_{ij}\right)\tag{6-94}$$

该网络适合用于模式识别和模式分类，尤其适合用于具有大批相似数组的分类问题。

竞争网络适用于具有典型聚类特性的大量数据的辨识，但当遇到大量的具有概率分布的输入向量时，竞争网络就无能为力了。

除了靠竞争手段使神经元获胜的方法外，还有靠抑制手段使神经元获胜的方法。当竞争层某个神经元的输入值大于其他所有神经元的输入值时，依靠其输出所具有的优势（即其输出值较其他的神经元大）通过抑制作用将其他神经元的输出值逐渐减小。这样，竞争层各神经元的输出就形成连续变化的模拟量。

设网络的输入向量 $\boldsymbol{P}=[p_1,p_2,\cdots,p_r]$；对应网络的输出向量 $\boldsymbol{A}=[a_1,a_2,\cdots,a_s]$。

由于竞争网络中含有两种权值，因此激活函数的加权输入和也分为两部分：来自输入节点的加权输入和 N 与来自竞争层内互相抑制的加权输入和 G。对于第 i 个神经元，有

(1) 来自输入节点的加权输入和 $n_i=\sum\limits_{j=1}^{r}w_{ij}\cdot p_j$　(6-95)

(2) 来自竞争层内互相抑制的加权输入和 $g_i=\sum\limits_{k\in D}w_{ij}\cdot f(a_k)$　(6-96)

如果在竞争后，第 i 个节点“赢”了，则有 $a_k=1$，其中 $k=i$，而其他所有节点的输出均为零，即 $a_k=0$，其中 $k=1,2,\cdots,s$ 且 $k\neq i$。此时，$g_i=\sum\limits_{k=1}^{s}w_{ik}\cdot f(a_k)=w_{ii}>0$。如果在竞

争后,第 i 个节点"输"了,而"赢"的节点为 l,则

$$\begin{cases} a_k = 1, & k = l \\ a_k = 0, & k = 1,2,\cdots,s \text{ 且 } k \neq l \end{cases} \tag{6-97}$$

此时,$g_i = \sum_{k=1}^{s} w_{ik} \cdot f(a_k) = w_{il} < 0$。

所以,对整个网络的加权输入总和有下式成立

$$\begin{cases} s_l = n_l + w_{il}, & \text{对于"赢" 的字节 } l \\ s_l = n_l - | w_{il} |, & \text{对于所有"赢" 的字节 } i = 1,2,\cdots,s \text{ 且 } k \neq l \end{cases}$$

由此可以看出,经过竞争后只有获胜的那个节点的加权输入总和为最大。竞争网络的输出

$$a_k = \begin{cases} 1, & s_k = \max(s_i, i = 1,2,\cdots,s) \\ 0, & \text{其他} \end{cases} \tag{6-98}$$

判断竞争网络节点胜负的结果时,可直接采用 n_i,即

$$n_{\text{赢}} = \max\left(\sum_{j=1}^{r} w_{ij} p_j\right) \tag{6-99}$$

取偏差 b 为 0 是判定竞争网络获胜节点时的典型情况,偶尔也采用下式进行竞争结果的判定:

$$n_{\text{赢}} = \max\left(\sum_{j=1}^{r} w_{ij} p_j + b\right), \quad -1 < b < 0 \tag{6-100}$$

综上所述,竞争网络的激活函数使加权输入和为最大的节点赢得输出为 1,而其他神经元的输出皆为 0。

总结来说,竞争学习的步骤是:

(1) 向量归一化;

(2) 寻找获胜神经元;

(3) 网络输出与权值调整。

步骤(3)完成后回到步骤(1)继续训练,直到学习率衰减到 0。学习率处于(0,1],一般随着学习的进展而减小,即调整的程度越来越小,神经元(权重)趋于聚类中心。

这个竞争过程可用 MATLAB 描述如下:

```
n = W * P;
[S,Q] = size(n);
x = n + b * ones(1,Q);
y = max(x);
for q = 1: Q
        % 找出最大加权输入和 y(q)所在的行
        s = find(x(:, q) = y(q));
        % 令元素 a(z,q) = 1,其他值为 0
        a(z(1),q) = 1;
end
```

这个竞争过程的程序已被包含在竞争激活函数 compet. m 之中:

```
A = compet(W * P,B);
```

网络创建函数：net＝newc(PR,S,KLR,CLR)，各参数含义如下：

(1) PR：输入向量的范围，对未归一化的数据可以用语句 minmax(P)求出，P 为输入向量。

(2) S：神经元个数，即分类目标数。

(3) KLR：Kohonen 学习率，通常设为 0.1，默认为 0.01。

(4) CLR：Conscience 学习率，默认为 0.001，通常设为 0.001。

2. 自组织竞争网络应用于模式分类

以表 1-2 的三原色数据为例，按照颜色数据所表征的特点，将数据按各自所属的类别归类。其中，前 29 组数据已确定类别，后 30 组数据待确定类别。

使用自组织竞争网络对三原色数据进行分类，其 MATLAB 程序代码如下：

```
clear all
%训练样本
clc;
%训练样本
pConvert = importdata('SelfOrganizationCompetitiontrain.dat');
p = pConvert';
%创建网络
net = newc(minmax(P),4,0.1);
%网络初始化
net = init(net);
%设置训练次数,在消耗时间与精确度之间折中
net.trainParam.epochs = 200;
%开始训练
net = train(net,P);
Y = sim(net,P)
%分类数据转换输出
Yc = vec2ind(Y)
pause
%待分类数据
dataConvert = importdata('SelfOrganizationCompetitionSimulation.dat');
data = dataConvert';
%用训练好的自组织竞争网络分类样本数据
Y = sim(net,data);
Ys = vec2ind(Y)
```

由于竞争型网络采用的是无导师学习方式，没有期望输出，因此训练过程中不用设置判断网络是否结束的误差项。只要设置网络训练次数就可以了，并且在训练过程中也只显示训练次数。运行上述程序后，系统显示运行过程，并给出聚类结果：

```
TRAINR, Epoch 0/200
TRAINR, Epoch 25/200
TRAINR, Epoch 50/200
TRAINR, Epoch 75/200
TRAINR, Epoch 100/200
TRAINR, Epoch 125/200
TRAINR, Epoch 150/200
TRAINR, Epoch 175/200
TRAINR, Epoch 200/200
TRAINR, Maximum epoch reached.
```

```
Yc =
1 至 16 列
4    3    4    1    3    1    4    2    3    3    4    3    3    2
2    1
17 至 29 列
4    2    2    4    4    2    3    2    1    4    3    3    3
```

系统训练结束后,给出分类结果。由于竞争型网络采用的是无导师学习方式,因此其显示分类结果的方式与目标设置方式可能不同,这里采用统计法比较自组织竞争网络给出的结果与原始分类结果,如表 6-8 所示。

表 6-8　自组织竞争网络输出结果与原始分类结果对照表

原始分类结果统计	A	(数据序号)4、6、16、25
	B	(数据序号)8、14、15、18、19、22、24
	C	(数据序号)1、3、7、11、17、20、21、26
	D	(数据序号)2、5、9、10、12、13、23、27、28、29
自组织竞争网络分类	A	(数据序号)4、6、16、25
	B	(数据序号)8、14、15、18、19、22、24
	C	(数据序号)1、3、7、11、17、20、21、26
	D	(数据序号)2、5、9、10、12、13、23、27、28、29

从统计结果可知,自组织竞争网络输出结果与原始分类结果完全吻合。继续运行程序,则可得到待分类样本数据的分类结果。

```
Ys =
1 至 15 列
4    2    4    3    2    3    4    1    2    2    4    2    2    1    1
16 至 30 列
3    4    1    1    4    4    1    2    1    3    4    2    2    2    4
31 至 45 列
4    3    4    2    1    1    4    2    3    4    4    3    1    2    1
46 至 49 列
2    4    2    1
```

6.9.2　竞争型人工神经网络——自组织特征映射(SOM)神经网络

自组织特征映射(SOM)神经网络也是无导师学习网络,主要用于对输入向量进行区域分类。其结构与基本竞争型神经网络很相似。与自组织竞争网络的不同之处是,SOM 网络不但识别属于区域邻近的区域,还研究输入向量的分布特性和拓扑结构。

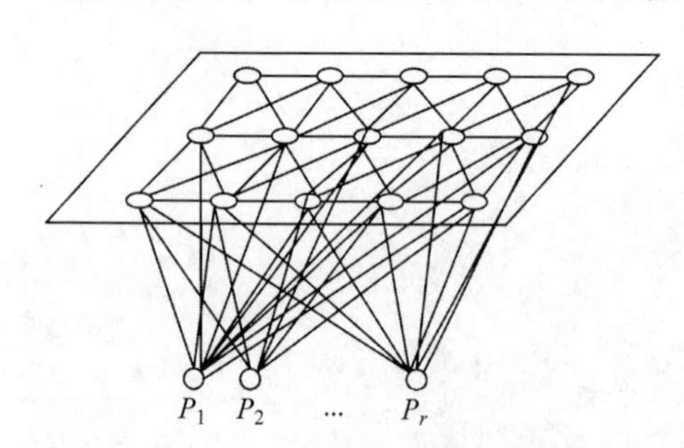

图 6-88　SOM 网络的拓扑结构

自组织特征映射网络的基本思想是,最近的神经元相互激励,较远的神经元相互抑制,更远的神经元则又具有较弱的激励作用。SOM 网络的拓扑结构如图 6-88 所示。

SOM 网络结构也是两层:输入层和竞争层。与基本竞争型网络不同之处是其竞争层可以由一维或二维网络矩阵方式组成,并且权值修正的策略也不同。一维网络结构与基本竞争学习网络相同。

SOM网络可以用来识别获胜神经元 i。不同的是，自组织竞争网络只修正获胜神经元，而SOM网络依据Kohonen规则，同时修正获胜神经元附近区域 $N_i(d)$ 内的所有神经元。

SOM网络神经元邻域示意图如图6-89所示。

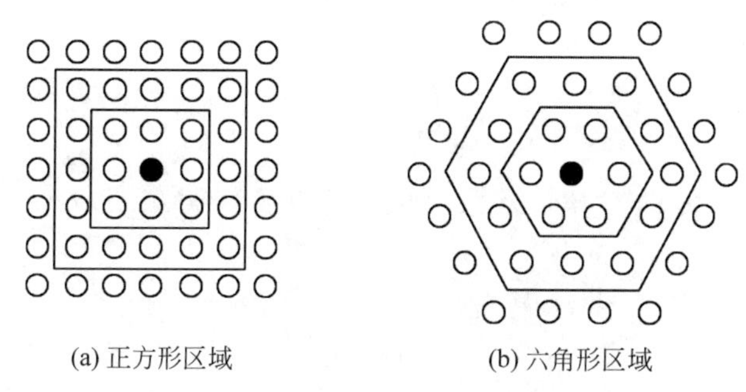

图6-89 SOM网络神经元邻域示意图

SOM功能有如下几种。

(1) 保序映射。将输入空间的样本模式类有序地映射在输出层上。

(2) 数据压缩。将高维空间的样本在保持拓扑结构不变的条件下投影到低维的空间，在这方面SOM网具有明显的优势。无论输入样本空间是多少维，其模式都可以在SOM网输出层的某个区域得到响应。SOM网经过训练以后，在高维空间输入相近的样本，其输出相应的位置也相近。

(3) 特征提取。从高维空间样本向低维空间的映射，SOM网的输出层相当于低维特征空间。

自组织特征映射神经网络与 K 均值算法的区别如下。

(1) K 均值算法需要事先确定类的个数，也就是 K 的值。而自组织特征映射神经网络则不用，隐含层中的某些节点可以没有任何输入数据属于它，因此聚类结果的实际簇数可能会小于神经元的个数。而 K 均值算法受 K 值设定的影响要更大一些。

(2) K 均值算法为每个输入数据找到一个最相似的类后，只更新这个类的参数；自组织特征映射神经网络则会更新邻近的节点。所以，K 均值算法受噪声数据的影响比较大，而自组织特征映射神经网络的准确性可能会比 K 均值算法低(因为也更新了邻近节点)。

(3) 相比较而言，自组织特征映射神经网络的可视化比较好。

在MATLAB工具箱中有一个求获胜神经元的邻域的函数，在二维竞争层中，邻域函数为neighb2d.m，用法如下：

```
Np = [x y];
in = neighb2d(I, Np, N);
```

网络创建函数如下：

```
net = newsom(PR,[D1,D2 … ],TFCN,DFCN)
```

各参数含义如下。

PR：输入向量的范围。

Di：第 i 维神经元个数，与分类目标数有关。

TFCN：布局函数，默认为 hextop(六角形布局)。

DFCN：距离函数，默认为 linkdist(连接距离)。

其他：排序调整等学习率，通常使用默认值。

使用自组织特征映射神经网络将三原色数据按照颜色数据所表征的特点归类。其 MATLAB 实现程序代码如下：

```
clear;
clc;
%训练样本
pConvert = importdata('SelfOrganizationCompetitiontrain.dat');
p = pConvert';
net = newsom(minmax(p),[4 1]);
%神经元排列为[1 4]时结果相同,只是神经元的位置改变了
%设置网络训练次数
net.trainParam.epochs = 200;
%开始训练
net = train(net,p);
%绘制网络的神经元分布图
plotsom(net.layers{1}.positions);
%用训练好的自组织竞争网络对样本点分类
Y = sim(net,p);
%分类数据转换输出
Yt = vec2ind(Y)
pause
%待分类数据
dataConvert = importdata('SelfOrganizationCompetitionSimulation.dat');
data = dataConvert';
%用训练好的自组织竞争网络分类样本数据
Y = sim(net,data);
Ys = vec2ind(Y)
```

由于自组织特征映射神经网络采用的是无导师学习方式，没有期望输出，因此训练过程中不用设置判断网络是否结束的误差项，只要设置网络训练次数就可以了，并且在训练过程中也只显示训练次数。运行上述程序后，系统显示运行过程，并给出聚类结果：

```
TRAINR, Epoch 0/200
TRAINR, Epoch 25/200
TRAINR, Epoch 50/200
TRAINR, Epoch 75/200
TRAINR, Epoch 100/200
TRAINR, Epoch 125/200
TRAINR, Epoch 150/200
TRAINR, Epoch 175/200
TRAINR, Epoch 200/200
TRAINR, Maximum epoch reached.
Yt =
1 至 16 列
2    4    2    3    4    3    2    1    4    4    2    4    4    1    1    3
17 至 29 列
2    1    1    2    2    1    4    1    3    2    4    4    4
```

系统训练结束后，给出分类结果。由于竞争型网络采用的是无导师学习方式，因此其显示分类结果的方式与目标设置方式可能不同，这里采用统计法比较自组织竞争网络给出的结果与原始分类结果，如表 6-9 所示。

表 6-9 自组织特征映射神经网络分类结果与原始分类结果对照表

原始分类结果统计	A	(数据序号)4、6、16、25
	B	(数据序号)8、14、15、18、19、22、24
	C	(数据序号)1、3、7、11、17、20、21、26
	D	(数据序号)2、5、9、10、12、13、23、27、28、29
自组织特征映射神经网络分类结果统计	A	(数据序号)4、6、16、25
	B	(数据序号)8、14、15、18、19、22、24
	C	(数据序号)1、3、7、11、17、20、21、26
	D	(数据序号)2、5、9、10、12、13、23、27、28、29

从统计结果可知,自组织特征映射神经网络输出结果与原始分类结果完全吻合。网络的神经元分布图如图 6-90 所示。

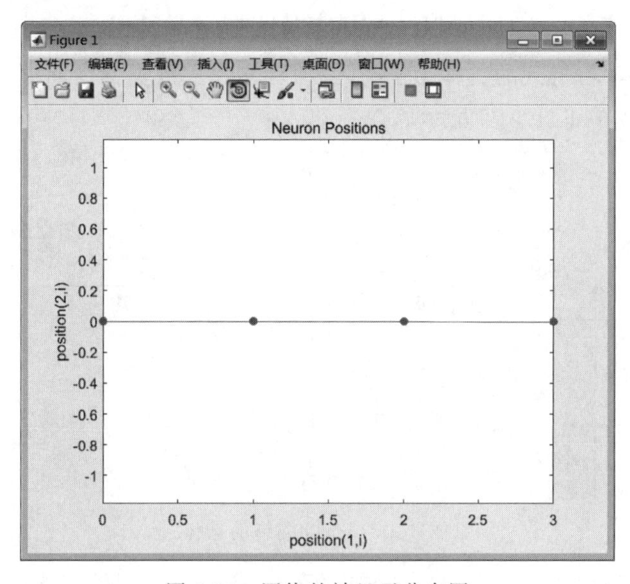

图 6-90 网络的神经元分布图

继续运行程序,则可得到待分类样本数据的分类结果(调整显示分类结果方式后):

```
Ys =
1 至 15 列
2    4    2    3    4    3    2    1    4    4    2    4    4    1    1
16 至 30 列
3    2    1    1    2    2    1    4    1    3    2    4    4    4    2
31 至 45 列
2    3    2    4    1    1    2    4    3    2    2    3    1    4    1
46 至 49 列
4    2    4    1
```

6.9.3 竞争型人工神经网络——学习向量量化(LVQ)神经网络

学习向量量化(Learning Vector Quantization,LVQ)神经网络是 Kohonen 于 1989 年提出基于竞争网络的学习向量量化网络。LVQ 网络是一种有导师训练竞争层的方法,主要用来进行向量识别。LVQ 网络是三层的网络结构:第一层是输入层;第二层为竞争层(隐含层),和前面的自组织竞争网络的竞争层功能相似,用于对输入向量分类;第三层为线性输出层,将竞争层传递过来的分类信息转换为使用者所定义的期望类别,如图 6-91 所示。

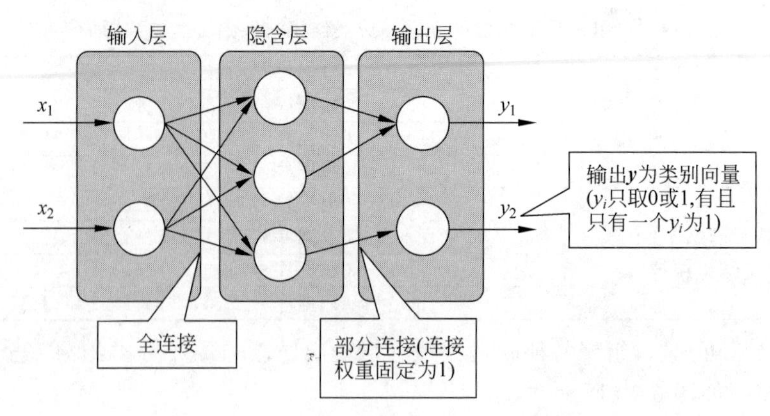

图 6-91 学习向量量化的基本模型

通常将竞争层学习得到的类称为子类,经线性输出层的类称为期望类别(目标类)。LVQ 网络的运作如图 6-92 所示。

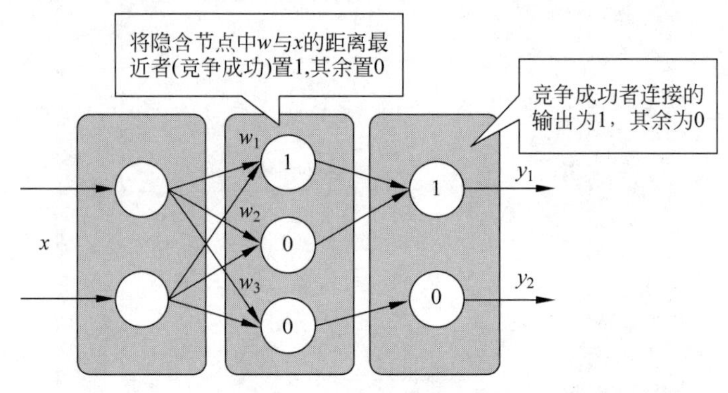

图 6-92 LVQ 网络的运作

LVQ 网络的本质是,每个隐含神经元代表一个中心点,x 离哪个神经元(中心点)近,就属于哪个隐含神经元所连接的类别。找出 k 个中心点,每个中心点都代表一个类别,然后用中心点判别样本的类别。隐含节点就是中心点,隐含节点个数就是中心点的个数,而隐含节点与输入的权重就是中心点的位置,而隐含节点与输出的权重(连接)就是隐含节点所代表的类别。

LVQ 的训练是调整隐含层与输入层的权重,也就是调整隐含节点的位置,如图 6-93 所示。

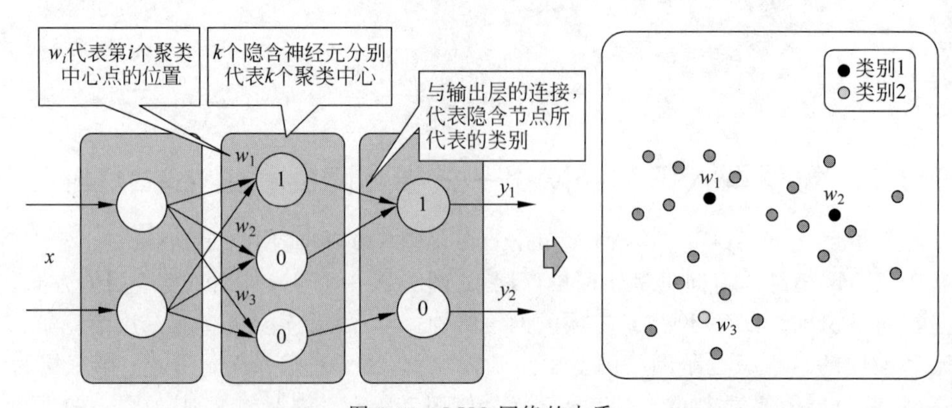

图 6-93 LVQ 网络的本质

网络的学习算法如下所示。

第一步，设置变量和参量。

$\boldsymbol{X}(n)=[x_1(n),x_2(n),\cdots,x_N(n)]^{\mathrm{T}}$，为输入向量，或称训练样本。

$\boldsymbol{W}_i(n)=[w_{11}(n),\cdots,w_{ij}(n),\cdots,w_{MN}(n)]^{\mathrm{T}}$，为权值向量，$i=1,2,\cdots,M$

选择学习率的函数 $\eta(n)$，n 为迭代次数，K 为迭代总次数。

第二步，初始化权值向量 $\boldsymbol{W}_i(0)$ 及学习率 $\eta(0)$。

第三步，从训练集合中选取输入向量 $\boldsymbol{X}$。

第四步，寻找获胜神经元 c

$$\|\boldsymbol{X}-W_c\| = \min\|\boldsymbol{X}-\boldsymbol{W}_i\|,\quad i=1,2,\cdots,M \tag{6-101}$$

第五步，判断分类是否正确，根据以下规则调整获胜神经元的权值向量

用 L_{wc} 代表与获胜神经元权值向量相联系的类，用 L_{x^i} 代表与输入向量相联系的类。

如果 $L_{x^i}=L_{wc}$，则 $\boldsymbol{W}_c(n+1)=\boldsymbol{W}_c(n)+\eta(n)[\boldsymbol{X}-\boldsymbol{W}_c(n)]$；否则，当

$$\boldsymbol{W}_c(n+1)=\boldsymbol{W}_c(n)-\eta(n)[\boldsymbol{X}-\boldsymbol{W}_c(n)] \tag{6-102}$$

对于其他神经元，保持权值向量不变。

第六步，调整学习率 $\eta(n)$

$$\eta=\eta(0)\left(1-\frac{n}{N}\right) \tag{6-103}$$

第七步，判断迭代次数 n 是否超过 K。如果 $n\leqslant K$，则将 n 增加1，转到第三步；否则结束迭代过程。

注意：在算法中，必须保证学习函数 $\eta(n)$ 随着迭代次数 n 的增加单调减小。例如，$\eta(n)$ 被初始化为0.1或更小，之后随着 n 的增加而减小。在算法中我们没有对权值向量和输入向量进行归一化处理，这是因为网络直接把权值向量和输入向量的最小欧氏距离作为判断竞争获胜的条件。

网络创建函数如下：

```
net = newlvq(PR,S1,PC,LR,LF)
```

函数各参数含义如下。

PR：输入向量的范围。

S：竞争层神经元个数，可设置为分类目标数。

PC：线性层输出类别比率向量。

LR：学习率，默认为0.01。

LF：学习函数，默认为learnlv1。

使用LVQ神经网络将三原色数据按照颜色数据所表征的特点归类。其MATLAB实现程序代码如下：

```
clear;
clc;
%训练样本
pConvert = importdata ('C:\Users\Administrator\Desktop\ln\SelfOrganizationtrain.dat');
p = pConvert';
%训练样本的目标矩阵
```

```
t = importdata ('C:\Users\Administrator\Desktop\ln\SelfOrganizationtarget.dat');
t = t';
% 向量转换
t = ind2vec(t);
% 创建网络
net = newlvq(minmax(p),4,[.32 .29 .25 .14]);
% 开始训练
net = train(net,p,t);
% 用训练好的自组织竞争网络对样本点分类
Y = sim(net,p);
% 分类数据转换输出
Yt = vec2ind(Y)
pause
% 待分类数据
dataConvert = importdata ('C:\Users\Administrator\Desktop\ln\SelfOrganizationSimulation.dat');
data = dataConvert';
% 用训练好的自组织竞争网络分类样本数据
Y = sim(net,data);
Ys = vec2ind(Y)
```

运行上述程序后,系统显示运行过程,并给出聚类结果:

```
TRAINR, Epoch 0/100
TRAINR, Epoch 4/100
TRAINR, Performance goal met.
Yt =
1 至 15 列
3    4    3    1    4    1    3    2    4    4    3    4    4    2    2
16 至 29 列
1    3    2    2    3    3    2    4    2    1    3    4    4    4
```

图 6-94 为神经网络训练模块,在这里可以查看训练结果、训练状态等。训练后即可达到误差要求,结果如图 6-95 所示。

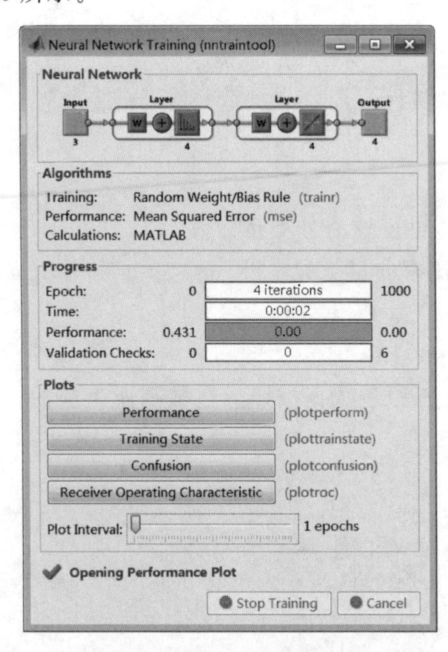

图 6-94 神经网络训练模块

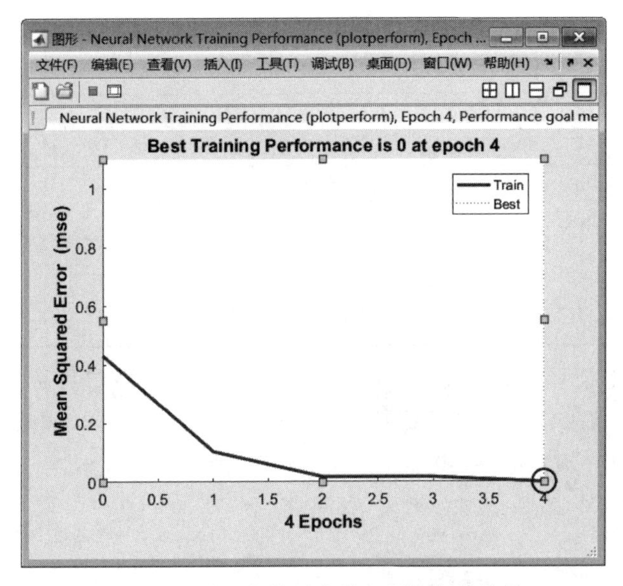

图 6-95　学习向量量化神经网络训练结果

训练后的 LVQ 神经网络对训练数据进行分类后的结果与目标结果对比，如表 6-10 所示。

表 6-10　训练后的 LVQ 神经网络对训练数据进行分类后的结果与目标结果对比

序　号	A	B	C	原始分类结果	LVQ 神经网络分类结果
1	1739.94	1675.15	2395.96	3	3
2	373.3	3087.05	2429.47	4	4
3	1756.77	1652	1514.98	3	3
4	864.45	1647.31	2665.9	1	1
5	222.85	3059.54	2002.33	4	4
6	877.88	2031.66	3071.18	1	1
7	1803.58	1583.12	2163.05	3	3
8	2352.12	2557.04	1411.53	2	2
9	401.3	3259.94	2150.98	4	4
10	363.34	3477.95	2462.86	4	4
11	1571.17	1731.04	1735.33	3	3
12	104.8	3389.83	2421.83	4	4
13	499.85	3305.75	2196.22	4	4
14	2297.28	3340.14	535.62	2	2
15	2092.62	3177.21	584.32	2	2
16	1418.79	1775.89	2772.9	1	1
17	1845.59	1918.81	2226.49	3	3
18	2205.36	3243.74	1202.69	2	2
19	2949.16	3244.44	662.42	2	2
20	1692.62	1867.5	2108.97	3	3
21	1680.67	1575.78	1725.1	3	3
22	2802.88	3017.11	1984.98	2	2

续表

序　　号	A	B	C	原始分类结果	LVQ神经网络分类结果
23	172.78	3084.49	2328.65	4	4
24	2063.54	3199.76	1257.21	2	2
25	1449.58	1641.58	3405.12	1	1
26	1651.52	1713.28	1570.38	3	3
27	341.59	3076.62	2438.63	4	4
28	291.02	3095.68	2088.95	4	4
29	237.63	3077.78	2251.96	4	4

训练后的LVQ神经网络对训练数据进行分类后的结果与目标结果完全吻合，可见LVQ神经网络训练效果良好。继续运行程序，则可得到待分类样本数据的分类结果：

```
Ys =
1 至 15 列
3    4    3    1    4    1    3    2    4    4    3    4    4    2    2
16 至 30 列
1    3    2    2    3    3    2    4    2    1    3    4    4    4    3
31 至 45 列
3    4    3    4    2    2    3    4    1    3    3    1    2    4    2
46 至 49 列
4    3    4    2
```

比较三种竞争型人工神经网络分类器的分类结果：

```
Ys =(自组织竞争调整显示方式后的输出结果)
3    3    1    3    4    2    2    3    4    1    3    3    1
2    4    2    4    3    4    2    2    3    3    1    1    4
1    3    3    3
Ys =(SOM 调整显示方式后的输出结果)
3    3    1    3    4    2    2    3    4    1    3    3    1
2    4    2    4    3    4    2    2    3    3    1    1    4
1    3    3    3
Ys =(LVQ)
3    3    4    3    4    2    2    3    4    1    3    3    1
2    4    2    4    3    4    2    2    3    3    1    1    4
1    3    3    3
```

经对比可知，基本竞争型网络与SOM神经网络的分类结果相同，而与LVQ神经网络第3组数据的分类结果不同，与人工分类对比，发现LVQ神经网络出错。前两种网络对数据的分类完全正确。

调整LVQ网络后用训练样本进行训练，但分类结果没有改变，与原分类结果相同(因为该网络对其他数据的分类结果正确，所以未对网络参数做调整)。原因为LVQ网络的竞争层识别的类别仅与输入向量间的距离有关。如果两个输入向量类似，竞争层就可能将其归为一类，竞争层的设计并没有严格界定不能将任意两个输入向量归于同一类。

6.9.4 概率神经网络

概率神经网络(Probabilistic Neural Networks，PNN)是由D. F. Specht在1989年提出的。其主要思想是用贝叶斯决策规则，即错误分类的期望风险最小，在多维输入空间内分离决策空间。它是一种基于统计原理的人工神经网络，是以 Parzen 窗口函数为激活函数的一种前馈网络模型。PNN 吸收了径向基神经网络与经典的概率密度估计原理的优点，与传统的前馈神经网络相比，在模式分类方面尤其具有较为显著的优势。

1. 概率神经网络结构和工作原理

PNN 的结构模型分为四层：输入层、模式层(也称样本层)、求和层和竞争层(也称决策层)。在输入层中，神经网络计算输入向量与所有训练样本向量之间的距离；在模式层中，激活函数选用高斯函数，替代神经网络中常用的 Sigmoid 激活函数，进而构造出能够计算非线性判别边界的概率神经网络，该判定边界接近于贝叶斯最佳判定面；在求和层中，模式层的输出被按类相加，相当于 N 个加法器；竞争层输出判决结果，输出结果中只有一个 1，其余结果都是 0，其中概率值最大的那一类输出结果为 1。

在 PNN 模型中，输入层中的神经元数目等于学习样本中的输入向量数目，各神经元是简单的分布单元，直接将输入变量传递给样本层。

模式层的节点数由输入样本和待匹配类别的乘积决定。模式层是将输入节点传来的输入进行加权求和，然后经过一个激活函数运算后，再传给求和层。这里激活函数采用高斯函数，则输出为

$$\theta_i = \exp\left(-\sum\left(\| \boldsymbol{x} - c_i \|^2 / 2\sigma_i^2\right)\right) \tag{6-104}$$

式中，x 为识别样本的输入，c_i 为径向基函数的中心，σ_i 表示特性函数第 i 个分量对亦的开关参数。隐含层中每个节点均为 RBF 的中心，采用的特性函数为径向基函数——高斯函数，计算未知模式与标准模式间相似度。

求和层各单元只与相应类别的模式单元相连，各单元只依据 Parzen 方法求和估计各类的概率，即其概率密度函数估计

$$p(\boldsymbol{x} \mid w_i) = \frac{1}{N}\sum_{k=1}^{N_i} \frac{1}{(2\pi)^{\frac{1}{2}}\sigma^l} \exp\left(-\frac{\| \boldsymbol{x} - \boldsymbol{x}_{ik} \|^2}{2\sigma^2}\right) \tag{6-105}$$

式中，w_i 为分类的类别，$\boldsymbol{x}$ 为识别样本，$\boldsymbol{x}_{ik}$ 为类别 i 的训练样本(在概率神经网络中作为权值，l 为向量维数，σ 为平滑参数)。

决策层节点数等于待匹配类别数，为 L。根据各类对输入向量概率的估计，采用贝叶斯分类规则，选择出具有最小“风险”的类别，即具有最大后验概率的类别。采用的判别函数如下式

$$g_i(\boldsymbol{x}) = \frac{p(w_i)}{N_i}\sum_{k=1}^{N_i} \exp\left(-\frac{\| \boldsymbol{x} - \boldsymbol{x}_{ik} \|^2}{2\sigma^2}\right) = \frac{p(w_i)}{N_i}\sum_{k=1}^{N_i} \exp\left(\frac{\boldsymbol{x}^{\mathrm{T}}\boldsymbol{x}_{ik} - 1}{\sigma^2}\right) \tag{6-106}$$

根据判别函数，可用下式来表达其判别规则

如果

$$g_i(\boldsymbol{x}) > g_j(\boldsymbol{x}), \quad \forall j \neq i$$

则

$$\boldsymbol{x} \in w_i \tag{6-107}$$

与其他方法相比较，PNN 不需进行多次充分的计算，就能稳定收敛于贝叶斯优化解。在训练模式样本一定的情况下，只需进行平滑因子的调节，网络收敛快。平滑因子值的大小决定了模式样本点之间的影响程度，关系到概率密度分布函数的变化。通常，网络只要求经

验给定一个平滑因子。

概率神经网络的特点如下。

(1) 训练容易,收敛速度快,从而非常适用于实时处理。在基于密度函数核估计的PNN中,每一个训练样本确定一个隐含层神经元,神经元的权值直接取自输入样本值,可以实现任意的非线性逼近,用PNN所形成的判决曲面与贝叶斯最优准则下的曲面非常接近。

(2) 隐含层采用径向基的非线性映射函数,考虑了不同类别模式样本的交错影响,具有很强的容错性。只要有充足的样本数据,概率神经网络都能收敛到贝叶斯分类器,没有BP网络的局部极小值问题。

(3) 隐含层的传输函数可以选用各种用来估计概率密度的基函数,且分类结果对基函数的形式不敏感。

(4) 扩充性能好。网络的学习过程简单,增加或减少类别模式时不需要重新进行长时间的训练学习。

概率神经网络的缺点如下。

(1) 计算复杂度高。每个测试样本要与全部的训练样本进行计算。

(2) 空间复杂度高。因为没有模型参数,对于测试样本全部的训练样本都要参与计算,因此需要存储全部的训练样本。

概率神经网络主要用于分类和模式识别领域。其中分类方面应用最为广泛,这种网络已较广泛地应用于非线性滤波、模式分类、联想记忆和概率密度估计中。它的优势在于用线性学习算法来完成非线性学习算法所做的工作,同时保证非线性算法的高精度等特性。

2. 概率神经网络分类器的实现步骤

(1) 提取样本数据。样本数据如表1-2所示。其中,前29组数据已确定类别,后30组数据待确定类别。取前29组数据作为训练样本。为了编程方便,先对这29组数据按类别进行升序排序。

(2) 调用ind2vec函数,将类别向量转换为PNN可以使用的目标向量。

(3) 设定径向基函数的散布常数。

在概率神经网络分类器的设计中,同样需要设定径向基函数的散布常数。同样,散布常数是分类器的设计中非常重要的参数,默认为1。这里散布常数确定为30～260。

(4) 调用函数newpnn,构建并训练PNN。

在MATLAB中,构建概率神经网络的函数文件为newpnn(),newpnn文件的定义如下:

```
net = newpnn(P,T,SPREAD)
```

各个参数的定义如下。

P——Q个输入向量的R×Q维矩阵。这里Q=29,R=3。

T——Q个目标类别向量的S×Q维矩阵。这里S=1。

SPREAD——径向基函数的散布常数,默认为1.0。

(5) 调用sim,测试PNN的训练效果。

(6) 再次调用sim,识别测试样本所属类别。

(7) 调用vec2ind函数,将分类结果转换为容易识别的类别向量。

3. MATLAB 实现概率神经网络分类器

使用 MATLAB 软件实现概率神经网络分类器，程序代码如下：

```
clear;
clc;
%网络训练样本
pConvert = importdata('C:\Users\Administrator\Desktop\RBF\rbf_train_sample_data.dat');
p = pConvert';
%训练样本的目标矩阵
t = importdata('C:\Users\Administrator\Desktop\RBF\rbf_train_target_data.dat');
plot3(p(1,:),p(2,:),p(3,:),'o');
grid;box;
for i = 1:29,text(p(1,i),p(2,i),p(3,i),sprintf(' %g',t(i))),end
%以图形方式输出训练样本点
hold off
f = t';
index1 = find(f == 1);
index2 = find(f == 2);
index3 = find(f == 3);
index4 = find(f == 4);
line(p(1,index1),p(2,index1),p(3,index1),'linestyle','none','marker',' * ','color','g');
line(p(1,index2),p(2,index2),p(3,index2),'linestyle','none','marker',' * ','color','r');
line(p(1,index3),p(2,index3),p(3,index3),'linestyle','none','marker',' + ','color','b');
line(p(1,index4),p(2,index4),p(3,index4),'linestyle','none','marker',' + ','color','y');
box;grid on;hold on;
axis([0 3500 0 3500 0 3500]);
title('训练用样本及其类别');
xlabel('A');
ylabel('B');
zlabel('C');
pause
t = ind2vec(t);
spread = 30;
% PNN 的创建和训练过程
net = newpnn(p,t,spread);
A = sim(net,p);
Ac = vec2ind(A)
plot3(p(1,:),p(2,:),p(3,:),'.'),grid;box;
axis([0 3500 0 3500 0 3500])
for i = 1:29,text(p(1,i),p(2,i),p(3,i),sprintf(' %g',Ac(i))),end
%以图形方式输出训练结果
hold off
f = Ac';
index1 = find(f == 1);
index2 = find(f == 2);
index3 = find(f == 3);
index4 = find(f == 4);
line(p(1,index1),p(2,index1),p(3,index1),'linestyle','none','marker',' * ','color','g');
line(p(1,index2),p(2,index2),p(3,index2),'linestyle','none','marker',' * ','color','r');
line(p(1,index3),p(2,index3),p(3,index3),'linestyle','none','marker',' + ','color','b');
line(p(1,index4),p(2,index4),p(3,index4),'linestyle','none','marker',' + ','color','y');
box;grid on;hold on;
title('网络训练结果');
xlabel('A');
ylabel('B');
```

```
zlabel('C');
pause
% 对待分类样本进行分类
pConvert = importdata('C:\Users\Administrator\Desktop\RBF\rbf_simulate_data.dat');
p = pConvert';
a = sim(net,p);
ac = vec2ind(a)
```

运行上述程序后,系统首先输出训练用样本及其类别分类,如图 6-96 所示。

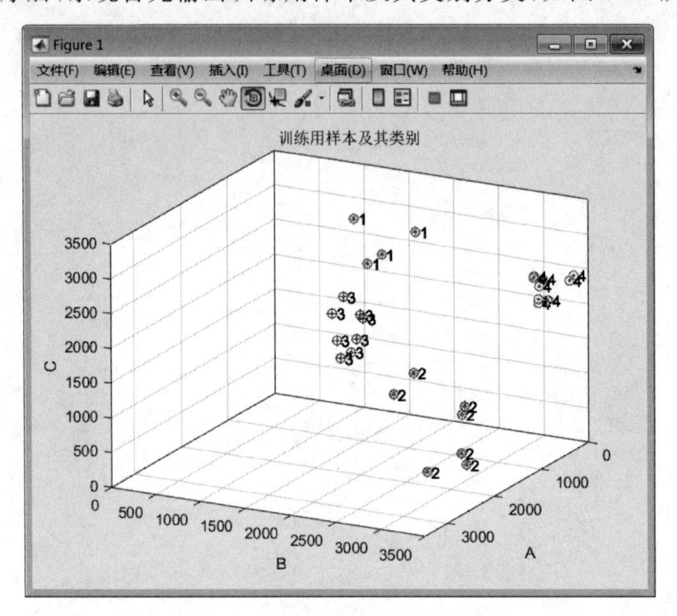

图 6-96　训练用样本及其类别分类

接着输出 PNN 的训练结果,如图 6-97 所示。

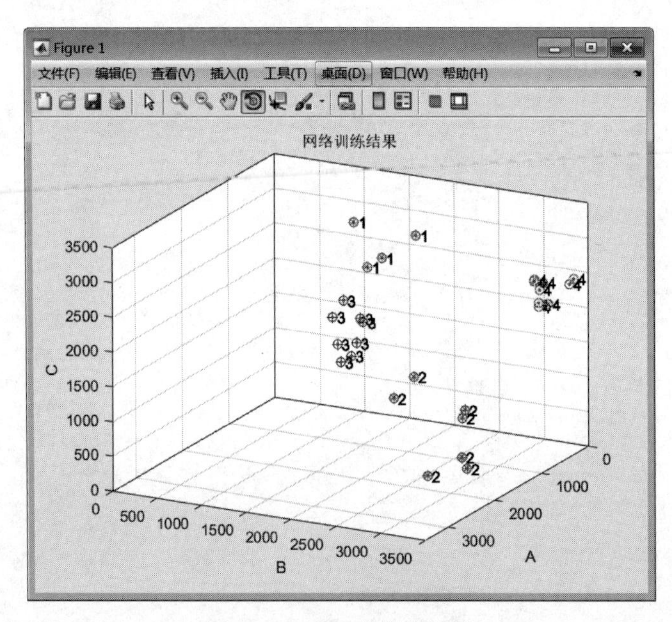

图 6-97　PNN 的训练结果

训练用样本及其类别分类与PNN的训练结果是完全吻合的，用户可改变视角查看。此外，通过训练后的PNN对训练数据进行分类后的结果与目标结果对比也可验证上述结论，如表6-11所示。

表6-11　训练后的PNN对训练数据进行分类后的结果与目标结果对比

序　　号	A	B	C	目标结果	PNN分类结果
4	864.45	1647.31	2665.9	1	1
6	877.88	2031.66	3071.18	1	1
16	1418.79	1775.89	2772.9	1	1
25	1449.58	1641.58	3405.12	1	1
8	2352.12	2557.04	1411.53	2	2
14	2297.28	3340.14	535.62	2	2
15	2092.62	3177.21	584.32	2	2
18	2205.36	3243.74	1202.69	2	2
19	2949.16	3244.44	662.42	2	2
22	2802.88	3017.11	1984.98	2	2
24	2063.54	3199.76	1257.21	2	2
1	1739.94	1675.15	2395.96	3	3
3	1756.77	1652	1514.98	3	3
7	1803.58	1583.12	2163.05	3	3
11	1571.17	1731.04	1735.33	3	3
17	1845.59	1918.81	2226.49	3	3
20	1692.62	1867.5	2108.97	3	3
21	1680.67	1575.78	1725.1	3	3
26	1651.52	1713.28	1570.38	3	3
2	373.3	3087.05	2429.47	4	4
5	222.85	3059.54	2002.33	4	4
9	401.3	3259.94	2150.98	4	4
10	363.34	3477.95	2462.86	4	4
12	104.8	3389.83	2421.83	4	4
13	499.85	3305.75	2196.22	4	4
23	172.78	3084.49	2328.65	4	4
27	341.59	3076.62	2438.63	4	4
28	291.02	3095.68	2088.95	4	4
29	237.63	3077.78	2251.96	4	4

训练后的PNN对训练数据进行分类后的结果与目标结果完全吻合，可见PNN训练效果良好。

继续执行程序，可得到待分类样本的分类结果：

```
ac =
1 至 15 列
1    1    1    1    2    2    2    2    2    2    2    3    3    3    3
16 至 30 列
3    3    3    3    4    4    4    4    4    4    4    4    4    4    3
```

```
31 至 45 列
1    3    4    2    2    3    4    1    3    3    1    2    4    2    4
46 至 48 列
3    4    2
```

4. RBF与PNN分类器比较

RBF神经网络对待分类样本的分类结果如下：

```
a =
1 至 9 列
1.0000   1.0000   1.0000   1.0000   2.0000   2.0000   2.0000   2.0000   2.0000
10 至 18 列
2.0000   2.0000   3.0000   3.0000   3.0000   3.0000   3.0000   3.0000   3.0000
19 至 27 列
3.0000   4.0000   4.0000   4.0000   4.0000   4.0000   4.0000   4.0000   4.0000
28 至 36 列
4.0000   4.0000   2.8969   3.2124   2.9232   4.0000   2.2147   2.4485   3.0550
37 至 45 列
4.0009   2.6013   3.1286   3.1476   1.3241   2.1283   4.0008   3.6605   3.9999
46 至 48 列
3.1801   3.9996   1.8306
a为测试数据的分类结果,对a进行近似处理后可得最终的分类结果:
a =
1 至 9 列
1    1    1    1    2    2    2    2    2
10 至 18 列
2    2    3    3    3    3    3    3    3
19 至 27 列
3    4    4    4    4    4    4    4    4
28 至 36 列
4    4    3    3    3    4    2    2.4485    3
37 至 45 列
4    2.6013    3    3    1    2    4    3.6605    4
46 至 48 列
3    4    2
```

PNN对待分类样本的分类结果如下：

```
ac =
1 至 15 列
1    1    1    1    2    2    2    2    2    2    2    3    3    3    3
16 至 30 列
3    3    3    3    4    4    4    4    4    4    4    4    4    4    3
31 至 45 列
1    3    4    2    2    3    4    1    3    3    1    2    4    2    4
46 至 48 列
3    4    2
```

从上面两组数据可以看出,对于径向基函数神经网络的分类结果a,那些不能确定具体类别的数据,概率神经网络却给出了明确的分类结果。另外,对于同一组数据,两种分类器得出了不同的结果,但用概率神经网络得到的分类结果与人工分类结果相同,这说明在用径向基函数神经网络分类器进行分类时,由于函数本身在数据分类方面的缺陷以及人为调整散布常数等问题,造成了最终分类结果的不准确。

径向基神经网络和概率神经网络均可以实现对给定数据的分类,并且概率神经网络的分类结果更理想。这是因为径向基网络主要用于函数的逼近,而概率神经网络主要用于解决分类问题,可以弥补径向基网络在分类方面的不足。

6.9.5 对向传播网络

1. CPN 的结构

对向传播网络(Counter Propagation Net,CPN),是将 Kohonen 特征映射网络与 Grossberg 基本竞争型网络相结合,发挥各自特长的一种新型特征映射网络。它是美国计算机专家 Robert Hecht-Nielsen 于 1987 年提出的。这种网络被广泛地用于模式分类、函数近似、统计分析和数据压缩等领域。CPN 的结构如图 6-98 所示。

CPN 分为输入层、竞争层和输出层。输入层与竞争层构成 SOM 网络,竞争层与输出层构成基本竞争型网络。从整体上看,网络属于有导师型的网络,而由输入层和竞争层构成的 SOM 网络又是一种典型的无导师型神经网络。因此,该网络既汲取了无导师型网络分类灵活、算法简练的优点,又采纳了有导师型网络分类精细、准确的长处,使两种不同类型的网络有机地结合起来。

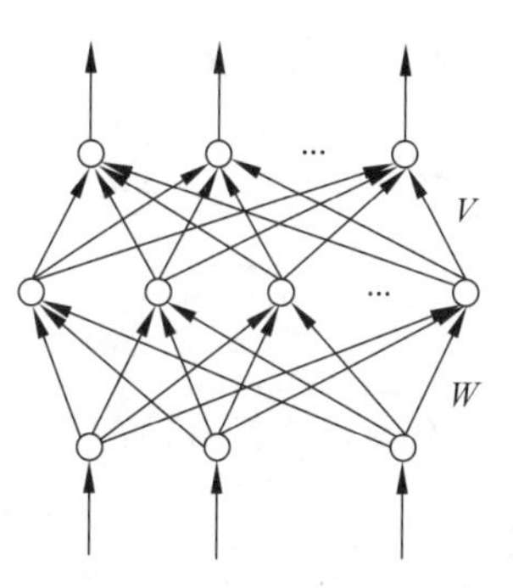

图 6-98 CPN 的结构

CPN 的基本思想是,由输入层至输出层,网络按照 SOM 学习规则产生竞争层的获胜神经元,并按这一规则调整相应的输入层至竞争层的连接权;由竞争层到输出层,网络按照基本竞争型网络学习规则,得到各输出神经元的实际输出值,并按照有导师型的误差校正方法,修正由竞争层到输出层的连接权。经过这样的反复学习,可以将任意的输入模式映射为输出模式。

从这一基本思想可以发现,处于网络中间位置的竞争层获胜神经元使用与其相关的连接权向量,既反映了输入模式的统计特性,又反映了输出模式的统计特性。因此,可以认为,输入、输出模式通过竞争层实现了相互映射,即网络具有双向记忆的功能。如果输入/输出采用相同的模式对网络进行训练,则由输入模式至竞争层的映射可以认为是对输入模式的压缩;而由竞争至输出层的映射可以认为是对输入模式的复原。利用这一特性,可以有效地解决图像处理及通信中的数据压缩及复原问题,并可得到较高的压缩比。

2. CPN 的学习及工作规则

假定输入层有 N 个神经元,p 个连续值的输入模式为 $\boldsymbol{A}_k=(a_1^k,a_2^k,\cdots,a_N^k)$,竞争层有 Q 个神经元,对应的二值输出向量为 $\boldsymbol{B}_k=(b_1^k,b_2^k,\cdots,b_Q^k)$,输出层有 M 个神经元,其连续值的输出向量为 $\boldsymbol{C}'_k=(c_1'^k,c_2'^k,\cdots,c_M'^k)$,目标输出向量为 $\boldsymbol{C}_k=(c_1^k,c_2^k,\cdots,c_M^k)$。其中,$k=1,2,\cdots,p$。

由输入层至竞争层的连接权值向量为 $\boldsymbol{W}_j=(w_{j1},w_{j2},\cdots,w_{jN})$,$j=1,2,\cdots,Q$;由竞争层到输出层的连接权值向量为 $\boldsymbol{V}_l=(v_{l1},v_{l2},\cdots,v_{lQ})$,$l=1,2,\cdots,M$。

(1) 初始化。

将连接权值向量 $\boldsymbol{W}_j$ 和 $\boldsymbol{V}_l$ 赋予区间[0,1]内的随机值。将所有的输入模式 $\boldsymbol{A}_k$ 进行归一化处理：$a_1^k=\frac{a_1^k}{\|\boldsymbol{A}_k\|}$,其中 $\|\boldsymbol{A}_k\|=\sqrt{\sum_{i=1}^{N}(a_i^k)^2}$,$i=1,2,\cdots,N$。

(2) 将第 k 个输入模式 $\boldsymbol{A}_k$ 提供给网络的输入层。

(3) 将连接权值向量 $\boldsymbol{W}_j$ 按照下式进行归一化处理：$w_{j1}=\frac{w_{j1}}{\|w_{ji}\|}$,其中 $\|w_{ji}\|=\sqrt{\sum_{i=1}^{N}w_{ji}^2}$,$i=1,2,\cdots,N$。

(4) 求竞争层中每个神经加权输入和：$s_j=\sum_{j=1}^{Q}a_i^k w_{ji}$，其中 $j=1,2,\cdots,Q$。

(5) 求连接权值向量 $\boldsymbol{W}_j$ 中与 $\boldsymbol{A}_k$ 距离最近的向量 $\boldsymbol{W}_g$：

$\boldsymbol{W}_g=\max\limits_{j=1,2,\cdots,Q}\sum_{i=1}^{N}a_j^k w_{ji}=\max\limits_{j=1,2,\cdots,Q}s_j$，将神经元 g 的输出设定为1,其余竞争层神经元的输出设定为0,即 $b_j=\begin{cases}1, & j=g\\0, & j\neq g\end{cases}$。

(6) 将连接权值向量 $\boldsymbol{W}_g$ 按照下式进行修正：

$$w_{gi}(t+1)=w_{gi}(t)+\alpha(a_i^k-w_{gi}(t)) \tag{6-108}$$

其中,$i=1,2,\cdots,N$；$-1<\alpha<1$,为学习率。

(7) 将连接权值向量 $\boldsymbol{W}_g$ 重新归一化,归一化算法同上。

(8) 按照下式修正竞争层到输出层的连接权值向量$\boldsymbol{V}_l$：

$$v_{li}(t+1)=v_{li}(t)+\beta b_j(c_l-c_l') \tag{6-109}$$

其中,$l=1,2,\cdots,M$；$j=1,2,\cdots,Q$；β 为学习率。由步骤(5)可将上式简化为

$$v_{1g}(t+1)=v_{1g}(t)+\beta b_j(c_l-c_l') \tag{6-110}$$

由此可见,只需要调整竞争层获胜神经元 g 到输出层神经元的连接权值向量$\boldsymbol{V}_g$ 即可,其他连接权值向量保持不变。

(9) 求输出层各神经元的加权输入,并将其作为输出神经元的实际输出值,$c_l'=\sum_{j=0}^{Q}b_j v_{1g}$，其中 $l=1,2,\cdots,M$,同理可将其简化为 $c_l'=v_{1g}$。

(10) 返回步骤(2),直到将 p 个输入模式全部提供给网络。

(11) 令 $t=t+1$,将输入模式 $\boldsymbol{A}_k$ 重新提供给网络学习,直到 $t=T$。其中,T 为预先设定的学习总次数,一般取 $500<T<10\ 000$。

3. 改进的 CPN

1) 双获胜节点 CPN

在完成训练后的运行阶段允许隐含层有两个神经元同时竞争获得胜利,这两个获胜神经元均取值为1,其他神经元则取值为0。于是有两个获胜神经元同时影响网络输出。图6-99给出了一个例子,表明了CPN能对复合输入模式包含的所有训练样本对应的输出进行线性叠加,这种能力对于图像的叠加等应用十分合适。

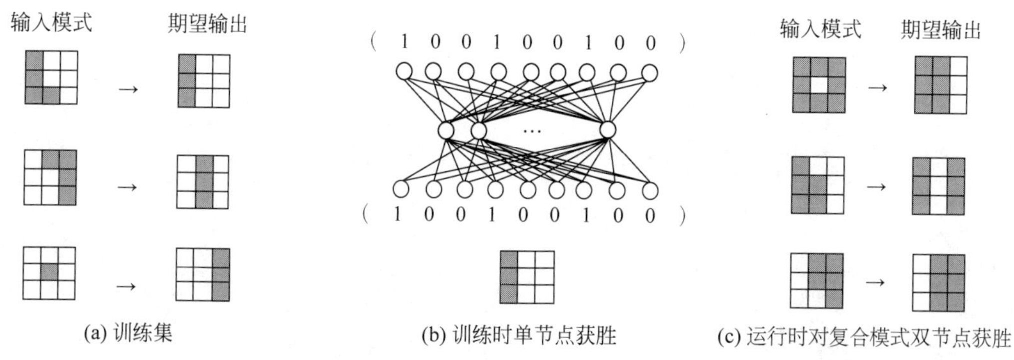

图 6-99 双获胜节点 CPN

2）双向 CPN

将 CPN 的输入层和输出层各自分为两组，如图 6-100 所示。双向 CPN 的优点是可以同时学习两个函数，例如 $\boldsymbol{Y}=f(\boldsymbol{X}),\boldsymbol{X}'=f(\boldsymbol{Y}')$。

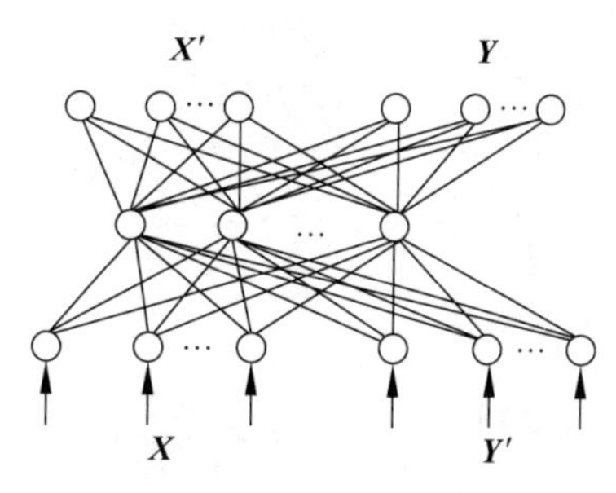

图 6-100 双向 CPN 网络

4. CPN 用于模式分类

三原色数据表如表 1-2 所示。其中，前 29 组数据已确定类别，后 30 组数据待确定类别。

MATLAB 程序代码如下：

```
%初始化正向权值 w 和反向权值 v
w = rands(13,3)/2 + 0.5;
v = rands(1,13)/2 + 0.5;
%输入向量 P 和目标向量 T
P = importdata('C:\Users\Administrator\Desktop\ln\SelfOrganizationtrain.dat');
T = importdata('C:\Users\Administrator\Desktop\ln\SelfOrganizationtarget.dat');
T_out = T;
%设定学习步数为 1000 次
epoch = 1000;
%归一化输入向量 P
for i = 1:29
    if P(i,:) == [0 0 0]
            P(i,:) = P(i,:);
    else
            P(i,:) = P(i,:)/norm(P(i,:));
    end
end
%开始训练
while epoch > 0
for j = 1:29
    %归一化正向权值 w
        for i = 1:13
            w(i,:) = w(i,:)/norm(w(i,:));
            s(i) = P(j,:) * w(i,:)';
        end
    %求输出为最大的神经元,即获胜神经元
        temp = max(s);
        for i = 1:13
```

```
                if temp == s(i)
                            count = i;
                end
            end
        % 将所有竞争层神经单元的输出置 0
            for i = 1:13
                s(i) = 0;
            end
        % 将获胜的神经元输出置 1
            s(count) = 1;
        % 权值调整
            w(count,:) = w(count,:) + 0.1 * [P(j,:) - w(count,:)];
            w(count,:) = w(count,:)/norm(w(count,:));
            v(:,count) = v(:,count) + 0.1 * (T(j,:)' - T_out(j,:)');
        % 计算网络输出
            T_out(j,:) = v(:,count)';
end
% 训练次数递减
epoch = epoch - 1;
end
% 训练结束
T_out
% 网络回想
% 网络的输入模式 Pc
Pc = importdata('C:\Users\Administrator\Desktop\ln\SelfOrganizationSimulation.dat');
% 初始化 Pc
for i = 1:20
      if Pc(i,:) == [0 0 0]
               Pc(i,:) = Pc(i,:);
      else
               Pc(i,:) = Pc(i,:)/norm(Pc(i,:));
      end
end
% 网络输出
Outc = [0;0;0;0;0;0;0;0;0;0;0;0;0;0;0;0;0;0;0;0;];
for j = 1:20
      for i = 1:13
               sc(i) = Pc(j,:) * w(i,:)';
      end
               tempc = max(sc);
for i = 1:13
      if tempc == sc(i)
               countp = i;
      end
               sc(i) = 0;
end
               sc(countp) = 1;
               Outc(j,:) = v(:,countp)';
end
% 回想结束
Outc
```

运行上述程序,系统给出使用 CPN 神经网络训练的分类器对样本数据的分类结果:

```
T_out =
    3.0000
```

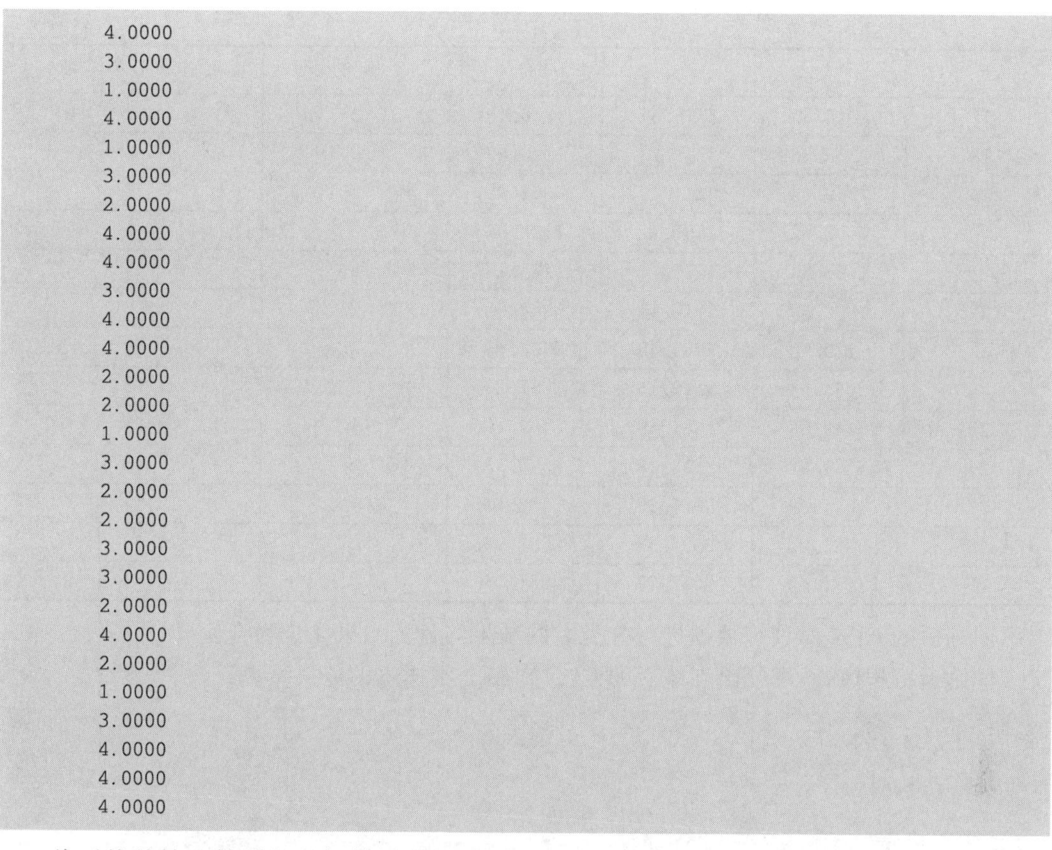

```
4.0000
3.0000
1.0000
4.0000
1.0000
3.0000
2.0000
4.0000
4.0000
3.0000
4.0000
4.0000
2.0000
2.0000
1.0000
3.0000
2.0000
2.0000
3.0000
3.0000
2.0000
4.0000
2.0000
1.0000
3.0000
4.0000
4.0000
4.0000
```

将系统的输出结果与目标结果对比,结果如表 6-12 所示。

表 6-12 训练后的 CPN 对训练数据进行分类后的结果与目标结果对比

序 号	A	B	C	目 标 结 果	CPN 分类结果
1	1739.94	1675.15	2395.96	3	3
2	373.3	3087.05	2429.47	4	4
3	1756.77	1652	1514.98	3	3
4	864.45	1647.31	2665.9	1	1
5	222.85	3059.54	2002.33	4	4
6	877.88	2031.66	3071.18	1	1
7	1803.58	1583.12	2163.05	3	3
8	2352.12	2557.04	1411.53	2	2
9	401.3	3259.94	2150.98	4	4
10	363.34	3477.95	2462.86	4	4
11	1571.17	1731.04	1735.33	3	3
12	104.8	3389.83	2421.83	4	4
13	499.85	3305.75	2196.22	4	4
14	2297.28	3340.14	535.62	2	2
15	2092.62	3177.21	584.32	2	2
16	1418.79	1775.89	2772.9	1	1

续表

序　　号	A	B	C	目 标 结 果	CPN 分类结果
17	1845.59	1918.81	2226.49	3	3
18	2205.36	3243.74	1202.69	2	2
19	2949.16	3244.44	662.42	2	2
20	1692.62	1867.5	2108.97	3	3
21	1680.67	1575.78	1725.1	3	3
22	2802.88	3017.11	1984.98	2	2
23	172.78	3084.49	2328.65	4	4
24	2063.54	3199.76	1257.21	2	2
25	1449.58	1641.58	3405.12	1	1
26	1651.52	1713.28	1570.38	3	3
27	341.59	3076.62	2438.63	4	4
28	291.02	3095.68	2088.95	4	4
29	237.63	3077.78	2251.96	4	4

训练后的 CPN 对训练数据进行分类后的结果与目标结果完全吻合。

继续运行程序,系统给出训练后的 CPN 对待分类样本的分类结果:

```
Outc =
    3.0000
    3.0000
    1.0000
    3.0000
    4.0000
    2.0000
    2.0000
    3.0000
    4.0000
    3.0000
    3.0000
    3.0000
    1.0000
    2.0000
    4.0000
    2.0000
    4.0000
    3.0000
    4.0000
    2.0000
```

多次运行程序,程序对待分类样本数据给出分类结果,如表 6-13 所示。

表 6-13　待分类样本数据的分类结果

序　　号	次　　数							
	1	2	3	4	5	6	7	8
1	3	3	3	3	3	3	3	3
2	3	3	3	3	3	3	3	3
3	1	0.9726	1	1	1	0.8664	0.1947	0.8020

续表

序号	次数							
	1	2	3	4	5	6	7	8
4	3	2.5023	3	2.5023	2.7393	3	3	3
5	4	4	4	4	4	4	4	4
6	2	2	2	2	2	2	2	2
7	2	2	2	2	2	2	2	2
8	3	3	3	3	3	3	3	1.9524
9	4	4	4	4	4	4	4	4
10	0.9799	3	2.2689	3	3	1	3	1.9524
11	3	3	3	3	3	3	3	3
12	3	2.5023	3	2.5023	2.7393	3	3	3
13	1	1	1	1	1	1	1	1
14	2	2.5023	2	2.5023	2.7393	2	2	2
15	4	4	4	4	4	4	4	4
16	2	2	2	2	2	2	2	2
17	4	4	4	4	4	4	4	4
18	3	3	3	3	3	3	3	3
19	4	4	4	4	4	4	4	4
20	2	2	2	2	2	2	2	2
21	2	2	2	2	2	2	2	2
22	3	3	2.2689	3	3	3	3	1.9524
23	3	3	3	0.6795	3	3	3	3
24	1	1	1	1	1	1	1	1
25	1	1	1	1	1	1	1	1
26	4	4	4	4	4	4	4	4
27	1	1	1	1	1	1	1	1.9524
28	3	3	3	3	3	3	3	3
29	3	3	3	3	3	3	3	3
30	3	3	3	3	3	3	3	3

序号	次数							
	9	10	11	12	13	14	15	16
1	3	3	3	3	3	3	3	3
2	3	3	3	3	3	3	3	3
3	0.0419	1	0.3218	1	0.9597	1	0.0305	0.1711
4	3	3	3	3	3	3	3	3
5	3	4	4	4	4	4	4	4
6	3	2	2	2	2	2	2	2
7	3	2	2	2	2	2	2	2
8	3	3	3	3	3	3	3	3
9	3	4	4	4	4	4	4	4
10	1	3	0.3218	3	3	1.6042	1	3
11	3	3	3	3	3	3	3	3

续表

序号	次数							
	9	10	11	12	13	14	15	16
12	3	3	3	3	3	3	3	3
13	1	1	1	0.9876	1	1	1	1
14	2	2	2	2	2	2	2	2
15	4	4	4	4	4	4	4	4
16	2	2	2	2	2	2	2	2
17	4	4	4	4	4	4	4	4
18	3	3	3	3	3	3	3	3
19	4	1.1603	4	4	4	4	4	4
20	2	2	2	2	2	2	2	2
21	2	2	2	2	2	2	2	2
22	1	3	1	3	3	1.6042	3	3
23	3	3	3	3	3	3	3	3
24	1	1	1	1	1	1.6042	0.7150	1
25	1	1	1	1	1	1	1	1
26	4	4	4	4	4	4	4	4
27	1	1	1	1	1	1.6042	0.7150	1
28	3	3	3	3	3	3	3	3
29	3	3	3	3	3	3	3	3
30	3	3	3	3	3	3	3	3

从表6-13中可以看出,用CPN出现数据不稳定的原因主要是由于CPN算法设计的不完善所致。但仔细观察序号为10的数据的3个特征值,特征值A为1494.63,与第三类中的序号为8的数据的特征值A(1507.13)极其相近,而且特征值B和C与第3类中样本的特征值也相差不远,这也是被CPN误判的一个原因。

总之,CPN在模式分类上有较高的准确率,可以正确、有效、快速地区分不同的特征点,学习时间较短,学习效率较高。

习题

1. 神经网络的发展可以分为几个阶段,各个阶段对神经网络的发展有何意义?
2. 什么是人工神经网络?
3. 请对照神经细胞的工作机理,分析人工神经元基本模型的工作原理。
4. 简述人工神经网络的工作过程。
5. 基于神经元构建的人工神经网络具有哪些特点?
6. 感知器网络具有哪些特点?
7. 简述BP网络学习算法的主要思想。
8. 简述BP网络的建立方式及执行过程。
9. 简述离散Hopfield网络的工作方式及连接权设计的主要思想。
10. 简述径向基函数网络的工作方式、特点、作用及参数选择的方法。

11. 从资料中得到某地区的 12 个风蚀数据，每个样本数据用 6 个指标表示其性状，请分别用 BP 网络、RBF 网络、自组织竞争网络、SOM 网络、LVQ 网络、PNN 及 CPN 设计模式分类系统。

原始数据如表 6-14 所示。

表 6-14　某地区风蚀样本数据及其性状

序号	风蚀危险度	土壤细沙含量/g	沙地面积所占比例/%	地形起伏度/cm	风场强度/$(km \cdot s^{-1})$	2～5 月 NDVI 平均值	土壤干燥度/%
1	轻度	0.41	0.00	0.75	0.07	0.67	0.01
2	轻度	0.41	0.00	0.62	0.14	0.67	0.01
3	中度	0.68	0.3	0.22	0.12	0.41	0.04
4	中度	0.5	0.51	0.01	0.28	0.55	0.04
5	强度	0.80	0.96	0.15	0.05	0.17	0.10
6	强度	0.72	0.93	0.11	0.87	0.18	0.11
7	极强	0.62	0.91	0.29	0.29	0.05	0.44
8	极强	0.47	0.79	0.13	0.71	0.00	1.00
9	轻度	0.52	0.00	0.66	0.12	0.75	0.02
10	中度	0.69	0.52	0.57	0.12	0.54	0.04
11	强度	0.63	0.69	0.22	0.19	0.12	0.11
12	极强	0.49	0.86	0.18	0.23	0.07	0.25

注：NDVI 为归一化植被指数，无单位。

要求使用前 8 组数据作为训练数据，后 4 组数据作为测试数据。

第7章

模拟退火算法聚类设计

作为计算智能方法的一种，模拟退火算法（Simulated Annealing，SA）最早的思想是由N. Metropolis等人于1953年提出。1983年，S. Kirkpatrick等成功地将退火思想引入组合优化领域。它是基于迭代求解策略的一种随机寻优算法，其出发点是基于物理中固体物质的退火过程与一般组合优化问题之间的相似性。模拟退火算法从某一较高初温出发，伴随温度参数的不断下降，结合概率突跳特性在求解空间中随机寻找目标函数的全局最优解。

7.1 模拟退火算法简介

模拟退火算法是一种适合求解大规模组合优化问题的随机搜索算法。目前，模拟退火算法在求解TSP、VLSI电路设计等组合优化问题上取得了令人满意的结果。由于模拟退火算法具有适用范围广、求得全局最优解的可靠性高、算法简单、便于实现等优点，在应用于求解连续变量函数的全局优化问题上得到了广泛的研究，同时取得了很好的效果。但是，为了提高模拟退火算法的搜索效率，国内外的科研人员还在进行各种研究工作，并尝试从模拟退火算法的不同阶段入手对算法进行改进。同时，将模拟退火算法同其他的计算智能方法相结合，应用到各类复杂系统的建模和优化问题中也得到了越来越多的重视，已经逐渐成为一种重要的发展方向。

7.1.1 物理退火过程

模拟退火算法得益于材料的统计力学的研究成果。统计力学表明材料中粒子的不同结构对应于粒子的不同能量水平。在高温条件下，粒子的能量较高，可以自由运动和重新排序；在低温条件下，粒子能量较低。物理退火过程如图7-1所示，整个过程由三部分组成。

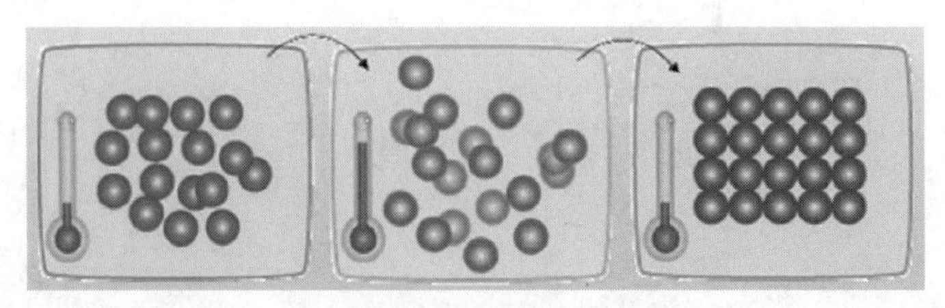

图7-1 物理退火过程

1. 升温过程

升温的目的是增强物体中粒子的热运动，使其偏离平衡位置成为无序状态。当温度足够高时，固体将熔化为液体，从而消除系统原先可能存在的非均匀态，使随后的冷却过程以某一平衡态为起点。升温过程与系统的熵增过程相关，系统能量随温度升高而增大。

2. 等温过程

在物理学中，对于与周围环境交换热量而温度不变的封闭系统，系统状态的自发变化总是朝向自由能减小的方向进行，当自由能达到最小时，系统达到平衡态。

3. 冷却过程

与升温过程相反，冷却过程使物体中粒子的热运动减弱并渐趋有序，系统能量随温度降低而下降，得到低能量的晶体结构。

7.1.2 Metropolis 准则

固体在恒定的温度下达到热平衡的过程可以用 Monte Carlo 方法进行模拟。Monte Carlo 方法的特点是算法简单，但必须大量采样才能得到比较精确的结果，因而计算量很大。

1953 年，Metropolis 等提出重要性采样法。他们用下述方法产生固体的状态序列：

先给定以粒子相对位置表征的初始状态 i，作为固体的当前状态，该状态的能量是 E_i。然后用摄动装置使随机选取的某个粒子的位移随机地产生一微小变化，得到一个新状态 j，新状态的能量是 E_j。如果 $E_j \leqslant E_i$，则该新状态就作为“重要”状态；如果 $E_j > E_i$，则考虑热运动的影响，该新状态是否为“重要”状态，要依据固体处于该状态的概率，由 $p=\exp\left(\frac{E_i-E_j}{kT}\right)$ 来判断，式中 k 为物理学中的波尔兹曼常数；T 为材料的绝对温度。

p 是一个小于 1 的数。用随机数发生器产生一个$[0,1)$区间的随机数 ξ，若 $p>\xi$，则新状态 j 为重要状态，否则舍弃。若新状态 j 是重要状态，就以 j 取代 i 成为当前状态，否则仍以 i 为当前状态。重复以上新状态的产生过程。

由 $p=\exp\left(\frac{E_i-E_j}{kT}\right)$ 可知，高温下可接受与当前状态能差较大的新状态为重要状态，而在低温下只能接受与当前状态能差较小的新状态为重要状态。这与不同温度下热运动的影响完全一致。在温度趋于零时，就不能接受任一 $E_j > E_i$ 的新状态 j 了。

7.1.3 模拟退火算法的基本原理

模拟退火算法来源于固体退火原理，将固体加温至充分高，再让其慢慢冷却。加温时，固体内部粒子随温升变为无序状，内能增大；而慢慢冷却时粒子渐趋有序，在每个温度都达到平衡态，最后在常温时达到基态，内能减为最小。

根据 Metropolis 准则，粒子在温度 T 时趋于平衡的概率为 $\exp[-\Delta E/(kT)]$，其中 E 为温度 T 时的内能，ΔE 为其改变量，k 为波尔兹曼常数。用固体退火模拟组合优化问题，

将内能 E 模拟为目标函数值 f,温度 T 演化成控制参数 t,即得到解组合优化问题的模拟退火算法：由初始解 i 和控制参数初值 t 开始,对当前解重复“产生新解→计算目标函数差→接受或舍弃”的迭代,并逐步衰减 t 值,算法终止时的当前解即为所得近似最优解,这是基于蒙特卡洛迭代求解法的一种启发式随机搜索过程。

退火过程由冷却进度表(cooling schedule)控制,包括控制参数的初值 t 及其衰减因子 Δt、每个 t 值时的迭代次数 L 和停止条件 S。

Metropolis 算法就是如何在局部最优解的情况下让其跳出来(如图 7-2 中 B、C、E 为局部最优),是退火的基础。假设开始状态在 A,多次迭代之后更新到 B 的局部最优解,这时发现更新到 B 时,能量比 A 要低,则说明接近最优解了,因此百分百转移,状态到达 B 后,发现下一步能量上升了,如果是梯度下降则是不允许继续向前的,而这里会以一定的概率跳出这个坑,这个概率和当前的状态、能量等都有关系。所以说这个概率的设计是很重要的。

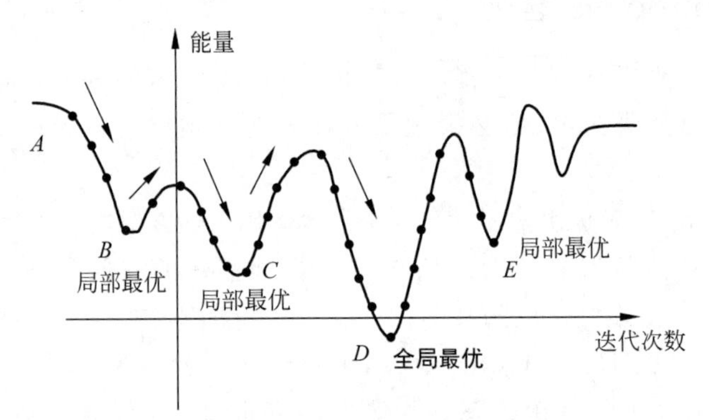

图 7-2　Metropolis 算法搜索过程

组合优化与物理退火算法具有相似性,如表 7-1 所示。

表 7-1　组合优化与物理退火的相似性

组合优化	物理退火	组合优化	物理退火
解	粒子状态	设定温度	熔化过程
最优解	能量最低态	Metropolis 抽样过程	等温过程
目标函数	能量	控制参数的下降	冷却

7.1.4　模拟退火算法的组成

模拟退火算法由解空间、目标函数和初始解组成。

(1) 解空间：对所有可能解均为可行解的问题定义为可能解的集合,对存在不可行解的问题,或限定解空间为所有可行解的集合,或允许包含不可行解但在目标函数中用罚函数惩罚以致最终完全排除不可行解。

(2) 目标函数：对优化目标的量化描述,是解空间到某个数集的一个映射,通常表示为若干优化目标的一个合式,应正确体现问题的整体优化要求且较易计算,当解空间包含不可行解时还应包括罚函数项。

(3) 初始解：是算法迭代的起点，实验表明，模拟退火算法是健壮的，即最终解的求得不十分依赖初始解的选取，从而可任意选取一个初始解。

7.1.5　模拟退火算法新解的产生和接受

模拟退火算法新解的产生和接受可分为以下四个步骤。

第一步是由一个产生函数从当前解产生一个位于解空间的新解。为便于后续的计算和接受，减少算法耗时，通常选择由当前新解经过简单变换即可产生新解的方法，如对构成新解的全部或部分元素进行置换、互换等。产生新解的变换方法决定了当前新解的邻域结构，因而对冷却进度表的选取有一定的影响。

第二步是计算与新解所对应的目标函数差。因为目标函数差仅由变换部分产生，所以目标函数差的计算最好按增量计算。事实表明，对大多数应用而言，这是计算目标函数差的最快方法。

第三步是判断新解是否被接受。接受状态的三条原则如下。

(1) 在固定温度下，接受使目标函数下降的候选解的概率要大于使目标函数上升的候选解的概率；

(2) 随着温度的下降，接受使目标函数上升的解的概率要逐渐减小；

(3) 当温度趋于 0 时，只能接受目标函数下降的解。

第四步是当新解被确定接受时，用新解代替当前解，这只需将当前解中对应于产生新解时的变换部分予以实现，同时修正目标函数值即可。此时，当前解实现了一次迭代。可在此基础上开始下一轮实验。而当新解被判定为舍弃时，则在原当前解的基础上继续下一轮实验。

7.1.6　模拟退火算法的基本过程

(1) 初始化，给定初始温度 T_0 及初始解 w，计算解对应的目标函数值 $f(w)$，在本节中 w 代表一种聚类划分。

(2) 模型扰动产生新解 w' 及对应的目标函数值 $f(w')$。

(3) 计算函数差值 $\Delta f = f(w') - f(w)$。

(4) 如果 $\Delta f \leqslant 0$，则接受新解作为当前解。

(5) 如果 $\Delta f > 0$，则以概率 p 接受新解。

$$p = \mathrm{e}^{-(f(w')-f(w))/f(kT)} \tag{7-1}$$

(6) 对当前 T 值降温，对(2)～(5)步骤迭代 N 次。

(7) 如果满足终止条件，输出当前解为最优解，结束算法；否则降低温度，继续迭代。

模拟退火算法的算法流程如图 7-3 所示。算法中包含一个内循环和一个外循环。内循环就是在同一温度下的多次扰动产生不同模型状态，并按照 Metropolis 准则接受新模型，因此是用模型扰动次数控制的；外循环包括了温度下降的模拟退火算法的迭代次数的递增和算法停止的条件，因此基本是用迭代次数控制的。

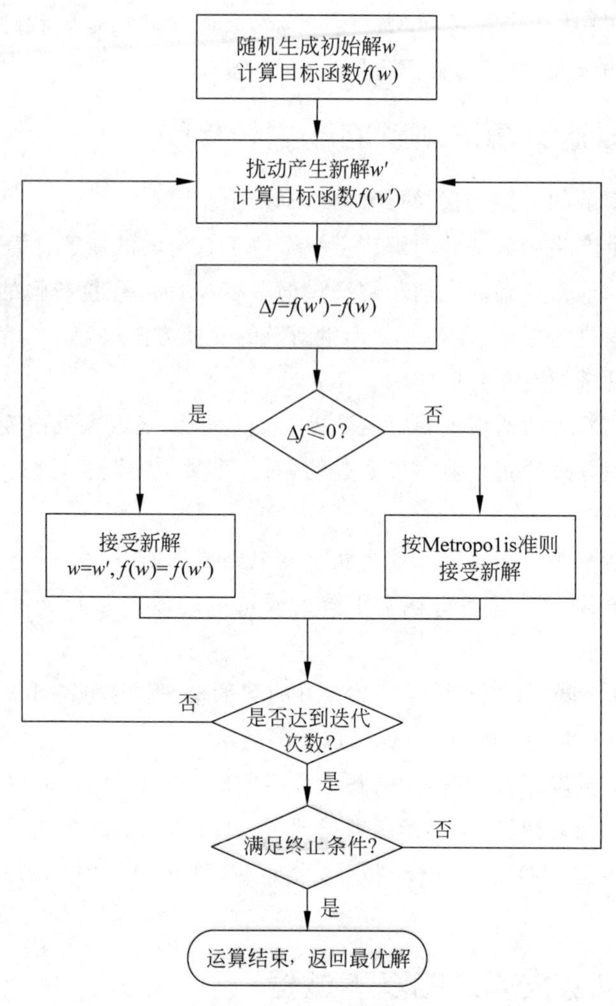

图 7-3　模拟退火算法流程图

7.1.7　模拟退火算法的参数控制问题

模拟退火算法的应用很广泛,可以求解 NP 完全问题,但其参数难以控制,其主要问题有以下三个。

1. 温度 T 的初始值设置问题

温度 T 的初始值设置是影响模拟退火算法全局搜索性能的重要因素之一。初始温度高,则搜索到全局最优解的可能性大,但因此要花费大量的计算时间；反之,则可节约计算时间,但全局搜索性能可能受到影响。实际应用中,初始温度一般需要依据实验结果进行若干次调整。

2. 退火速度问题

模拟退火算法的全局搜索性能也与退火速度密切相关。一般来说,同一温度下的“充分”搜索(退火)是相当必要的,但这需要计算时间。实际应用中,要针对具体问题的性质和特征设置合理的退火平衡条件。

3. 温度管理问题

温度管理问题也是模拟退火算法难以处理的问题之一。实际应用中，由于必须考虑计算复杂度的切实可行性等问题，常采用降温方式 $T(t+1)=k\times T(t)$，式中 k 为正的略小于1.00的常数，t 为降温的次数。

7.1.8　模拟退火算法的特点

1. 模拟退火算法的优点

（1）质量高。

（2）初值健壮性强。

（3）简单、通用、易实现。

2. 模拟退火算法的缺点

由于要求较高的初始温度、较慢的降温速率、较低的终止温度，以及各温度下足够多次的抽样，因此优化过程较长。

3. 改进的可行方案

（1）设计合适的状态产生函数。

（2）设计高效的退火历程。

（3）避免状态的迂回搜索。

（4）采用并行搜索结构。

（5）避免陷入局部极小，改进对温度的控制方式。

（6）选择合适的初始状态。

（7）设计合适的算法终止准则。

7.2　基于模拟退火思想的聚类算法

7.2.1　*K* 均值算法的局限性

基本的 K 均值算法目的是找到使目标函数值最小的 K 个划分，算法思想简单，易实现，而且收敛速度较快。如果各个簇之间区别明显，且数据分布稠密，则该算法比较有效，但如果各个簇的形状和大小差别不大，则可能会出现较大的簇分割现象。此外，在 K 均值算法聚类时，最佳聚类结果通常对应于目标函数的极值点，由于目标函数可能存在很多的局部极小值点，这就会导致算法在局部极小值点收敛。因此初始聚类中心的随机选取可能会使解陷入局部最优解，难以获得全局最优解。

该算法主要的局限性主要表现在以下方面。

（1）最终的聚类结果依赖于最初的划分。

（2）需要事先指定聚类的数目 M。

（3）产生的类大小相关较大，对于“噪声”和孤立点敏感。

（4）算法经常陷入局部最优。

（5）不适合对非凸面形状的簇或差别很小的簇进行聚类。

7.2.2 基于模拟退火思想的改进 K 均值聚类算法

模拟退火算法是一种启发式随机搜索算法，具有并行性和渐近收敛性，已在理论上证明它是一种以概率为 1，收敛于全局最优解的全局优化算法，因此用模拟退火算法对 K 均值聚类算法进行优化，可以改进 K 均值聚类算法的局限性，提高算法性能。

基于模拟退火思想的改进 K 均值聚类算法中，将内能 E 模拟为目标函数值，将基本 K 均值聚类算法的聚类结果作为初始解，初始目标函数值作为初始温度 T_0，对当前解重复"产生新解→计算目标函数差→接受或舍弃新解"的迭代过程，并逐步降低 T 值，算法终止时当前解为近似最优解。这种算法开始时以较快的速度找到相对较优的区域，然后进行更精确的搜索，最终找到全局最优解。

7.2.3 几个重要参数的选择

1. 目标函数

选择当前聚类划分的总类间离散度作为目标函数

$$J_w=\sum_{i=1}^{M}\sum_{\boldsymbol{X}\in w_i}d(\boldsymbol{X},\overline{X^{(w_i)}}) \tag{7-2}$$

式中，$\boldsymbol{X}$ 为样本向量；w 为聚类划分；$\overline{X^{(w_i)}}$ 为第 i 个聚类的中心；$d(\boldsymbol{X},\overline{X^{(w_i)}})$ 为样本到对应聚类中心距离；聚类准则函数 J_w 即为各类样本到对应聚类中心距离的总和。

2. 初始温度

一般情况下，为了使最初产生的新解被接受，在算法开始时就应达到准平衡。因此，选取初始温度聚类结果 $T_0=J_w$ 作为初始解。

3. 扰动方法

模拟退火算法中的新解的产生是对当前解进行扰动得到的。本算法采用一种随机扰动方法，即随机改变一个聚类样本的当前所属类别，从而产生一种新的聚类划分，从而使算法有可能跳出局部极小值。

4. 退火方式

模拟退火算法中，退火方式对算法有很大的影响。如果温度下降过慢，算法的收敛速度会大大降低。如果温度下降过快，可能会丢失极值点。为了提高模拟退火算法的性能，许多学者提出了退火方式，比较有代表性的退火方式如下(下面公式中，t 代表最外层当前循环次数；α 为可调参数，可以改善退火曲线的形态)。

$$T(t)=\frac{T_0}{\ln(1+t)} \tag{7-3}$$

其特点是温度下降缓慢，算法收敛速度也较慢。

$$T(t)=\frac{T_0}{\ln(1+\alpha t)} \tag{7-4}$$

α 为可调参数，可以改善退火曲线的形态。其特点是高温区温度下降较快，低温区温度下降较慢，即主要在低温区进行寻优。

$$T(t)=T_0\alpha^t \tag{7-5}$$

α 为可调参数，其特点是温度下降较快，算法收敛速度快。本算法采用此退火方式，其中 α 为退火速度，控制温度下降的快慢，取 $\alpha=0.99$。

7.3 模拟退火算法实现

7.3.1 实现步骤

基于模拟退火思想的 K 均值聚类算法流程如图 7-4 所示。

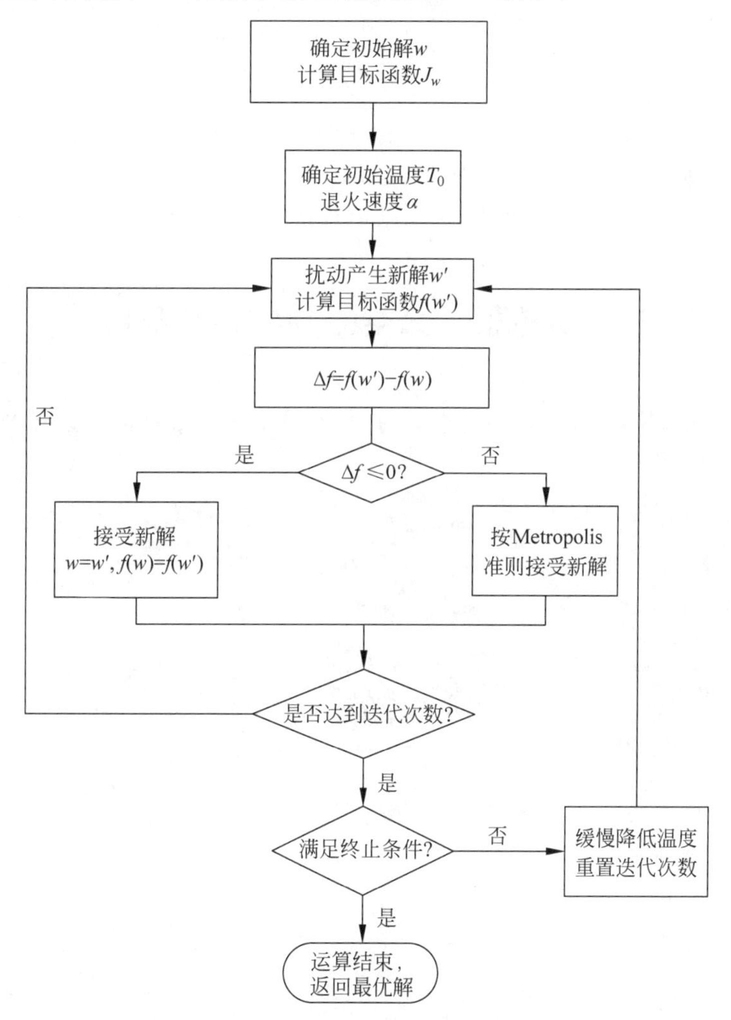

图 7-4 基于模拟退火思想的 K 均值聚类算法流程

算法中包含一个内循环和一个外循环，内循环就是在同一温度下的多次扰动产生不同模型状态，并按照 Metropolis 准则接受新模型，因此是用模型扰动次数控制的；外循环包括了温度下降的模拟退火算法的迭代次数的递增和算法停止的条件，因此基本是用迭代次数控制的。

(1) 对样本进行 K 均值聚类,将聚类划分结果作为初始解 w,根据 $J_w=\sum_{i=1}^{M}\sum_{\boldsymbol{X}\in w_i} d(\boldsymbol{X},\overline{X^{(w_i)}})$ 计算目标函数值 J_w。

(2) 初始化温度 T_0,令 $T_0=J_w$,初始化退火速度 α 和最大退火次数。

(3) 对于某一温度 t 在步骤(4)~(7)进行迭代,直到达到最大迭代次数跳到步骤(8)。

(4) 随机扰动产生新的聚类划分 w',即随机改变一个聚类样本的当前所属类别,计算新的目标函数 J'_w。

(5) 判断新的目标函数 $J_w{}'$ 是否为最优目标函数,是则保存聚类划分 w' 为最优聚类划分、J'_w 为最优目标函数;否则跳到下一步。

(6) 计算函数差值 $\Delta J=J'_w-J_w$。

(7) 判断 ΔJ 是否小于 0:

若 $\Delta J\leqslant 0$,则接受新解,即将新解作为当前解。

若 $\Delta J>0$,则根据 Metropolis 准则接受新解。

(8) 判断是否达到最大退火次数,是则结束算法,输出最优聚类划分;否则降低温度,继续迭代。

7.3.2 模拟退火实现模式分类的 MATLAB 程序

1. 初始化程序

程序首先需要输入样本数目、待分类的数目、初始分类及其他的一些相关参数,初始化程序代码如下:

```
[num,n] = size(p);                        %样本数目
centernum = 4;                            %类别数目
IDX0 = [1 2 3 4 4 4 4 4 4 4 4 4 4 4 4 4 4 4 4 4 4 4 4 4 4 4 4 4 4 4 4 4 4 4 4 4 4 4 4 4 4 4
4 4 4 4 4 4 4 4 4 ];                      % 设置样本的初始分类
time = 1;
Tbegin = 10;Tover = 0.1;                  %起始温度,终止温度
L = 500;                                  %内层循环次数
T = Tbegin;                               %初始化温度参数
timeb = 0;                                %最优目标首次出现的退火次数
```

2. 求初始聚类中心

其程序代码如下:

```
s4 = find(IDX0 == 4);                                              %聚类号为 4 的样本在 p 中的序号
s44 = p(s4,:);                                                     %全部为 4 类的样本矩阵
C0(4,:) = [sum(s44(:,1))/48,sum(s44(:,2))/48,sum(s44(:,3))/48]; %第 4 类的中心
J0 = 0;
j1 = 0; j2 = 0; j3 = 0; j4 = 0;
for i = 1:num
     if IDX0(i) == 4
          j4 = j4 + sqrt((p(i,1) - C0(1,1))^2 + (p(i,2) - C0(1,2))^2 + (p(i,3) - C0(1,3))^2);
     end
 end
  J0 = j1 + j2 + j3 + j4; %四种类别的类内所有点与该类中心的距离和
```

3. 产生随机扰动

产生随机扰动的程序代码如下：

```
%产生随机扰动,即随机改变一个聚类样本的当前所属类别
        t1 = fix(rand * num + 1);                    %随机抽取一个样本
        t2 = fix(rand * (centernum - 1) + 1);        %随机生成 1~3 的整数
        if(IDXN(t1) + t2 > centernum)
            IDXN(t1) = IDXN(t1) + t2 - centernum;
        else
            IDXN(t1) = IDXN(t1) + t2;
        end
```

4. 重新计算聚类中心

重新计算聚类中心的程序代码如下：

```
p1 = find(IDXN == 1);                                        %聚类号为 1 的样本在 p 中的序号
p11 = p(p1,:);                                               %全部为 1 类的样本矩阵
[b1, a1] = size(p1);
CN(1,:) = [sum(p11(:,1))/a1,sum(p11(:,2))/a1,sum(p11(:,3))/a1]; %第 1 类的中心
p2 = find(IDXN == 2);                                        %聚类号为 2 的样本在 p 中的序号
p22 = p(p2,:);                                               %全部为 2 类的样本矩阵
[b2, a2] = size(p2);
CN(2,:) = [sum(p22(:,1))/a2,sum(p22(:,2))/a2,sum(p22(:,3))/a2]; %第 2 类的中心
p3 = find(IDXN == 3);                                        %聚类号为 3 的样本在 p 中的序号
p33 = p(p3,:);                                               %全部为 3 类的样本矩阵
[b3, a3] = size(p3);
CN(3,:) = [sum(p33(:,1))/a3,sum(p33(:,2))/a3,sum(p33(:,3))/a3]; %第 3 类的中心
p4 = find(IDXN == 4);                                        %聚类号为 1 的样本在 p 中的序号
p44 = p(p4,:);                                               %全部为 4 类的样本矩阵
[b4, a4] = size(p4);
CN(4,:) = [sum(p44(:,1))/a4,sum(p44(:,2))/a4,sum(p44(:,3))/a4]; %第 4 类的中心
```

5. 计算目标函数

计算目标函数的程序代码如下：

```
            JN = 0;
            j1 = 0; j2 = 0; j3 = 0; j4 = 0;
            for i = 1:num
                if IDXN(i) == 1
                    j1 = j1 + sqrt((p(i,1) - CN(1,1))^2 + (p(i,2) - CN(1,2))^2 + (p(i,3) -
CN(1,3))^2);
                elseif IDXN(i) == 2
                    j2 = j2 + sqrt((p(i,1) - CN(2,1))^2  + (p(i,2) - CN(2,2))^2 + (p(i,3) -
CN(2,3))^2);
                elseif IDXN(i) == 3
    j3 = j3 + sqrt((p(i,1) - CN(3,1))^2 + (p(i,2) - CN(3,2))^2 + (p(i,3) - CN(3,3))^2);
                elseif IDXN(i) == 4
    j4 = j4 + sqrt((p(i,1) - CN(4,1))^2 + (p(i,2) - CN(4,2))^2 + (p(i,3) - CN(4,3))^2);
                end
            end
            JN = j1 + j2 + j3 + j4;        %四种类别的类内所有点与该类中心的距离和
            e = JN - J0;
```

6. 判断是否接受新解

判断是否接受新解的程序代码如下：

```
    if e<=0
          JO = JN;CO = CN;IDXO = IDXN;
    else
          if(rand<exp(-e/T))
              JO = JN;
              CO = CN;
              IDXO = IDXN;
          else
              IDXN = IDXO;IDX = IDXO;CN = CO;JN = JO;
          end
      end
```

模拟退火实现模式分类的MATLAB完整程序代码如下：

```
% clc;
close all;clear all;
p=[ 1739.94  1675.15  2395.96
373.3      3087.05    2429.47
1756.77    1652       1514.98
864.45     1647.31    2665.9
222.85     3059.54    2002.33
877.88     2031.66    3071.18
1803.58    1583.12    2163.05
2352.12    2557.04    1411.53
401.3      3259.94    2150.98
363.34     3477.95    2462.86
1571.17    1731.04    1735.33
104.8      3389.83    2421.83
499.85     3305.75    2196.22
2297.28    3340.14    535.62
2092.62    3177.21    584.32
1418.79    1775.89    2772.9
1845.59    1918.81    2226.49
2205.36    3243.74    1202.69
2949.16    3244.44    662.42
1692.62    1867.5     2108.97
1680.67    1575.78    1725.1
2802.88    3017.11    1984.98
172.78     3084.49    2328.65
2063.54    3199.76    1257.21
1449.58    1641.58    3405.12
1651.52    1713.28    1570.38
341.59     3076.62    2438.63
291.02     3095.68    2088.95
237.63     3077.78    2251.96
1702.8     1639.79    2068.74
1877.93    1860.96    1975.3
867.81     2334.68    2535.1
1831.49    1713.11    1604.68
460.69     3274.77    2172.99
2374.98    3346.98    975.31
2271.89    3482.97    946.7
1783.64    1597.99    2261.31
198.83     3250.45    2445.08
1494.63    2072.59    2550.51
1597.03    1921.52    2126.76
```

```
1598.93      1921.08      1623.33
1243.13      1814.07      3441.07
2336.31      2640.26      1599.63
354          3300.12      2373.61
2144.47      2501.62      591.51
426.31       3105.29      2057.8
1507.13      1556.89      1954.51
343.07       3271.72      2036.94
2201.94      3196.22      935.53
2232.43      3077.87      1298.87
1580.1       1752.07      2463.04
1962.4       1594.97      1835.95
1495.18      1957.44      3498.02
1125.17      1594.39      2937.73
24.22        3447.31      2145.01
1269.07      1910.72      2701.97
1802.07      1725.81      1966.35
1817.36      1927.4       2328.79
1860.45      1782.88      1875.13
];
[num,n] = size(p);                        %样本数目
centernum = 4;                            %类别数目

IDX0 = [1 2 3 4 4 4 4 4 4 4 4 4 4 4 4 4 4 4 4 4 4 4 4 4 4 4 4 4 4 4 4 4 4 4 4 4 4 4 4 4 4 4 4 4 4 4 4 4 4
4 4 4 4 4 4 4 4 4 4 ];
% size(IDX0)
C0(1,:) = [ 1739.94   1675.15   2395.96];
C0(2,:) = [373.3      3087.05   2429.47];
C0(3,:) = [1756.77    1652      1514.98];
% s1 = find(IDX0 == 1);                   %聚类号为 1 的样本在 p 中的序号
% s11 = p(s1,:)
s4 = find(IDX0 == 4);                     %聚类号为 4 的样本在 p 中的序号
s44 = p(s4,:);                            %全部为 4 类的样本矩阵
C0(4,:) = [sum(s44(:,1))/59,sum(s44(:,2))/59,sum(s44(:,3))/59]; %第 4 类的中心
J0 = 0;
j1 = 0; j2 = 0; j3 = 0; j4 = 0;
for i = 1:num
    if IDX0(i) == 4
        j4 = j4 + sqrt((p(i,1) - C0(1,1))^2 + (p(i,2) - C0(1,2))^2 + (p(i,3) - C0(1,3))^2);
    end
end
  J0 = j1 + j2 + j3 + j4;                 %四种类别的类内所有点与该类中心的距离和
  J0
  C = C0;J = J0;IDX = IDX0;

time = 1;
Tbegin = 10;Tover = 0.1;                  %起始温度,终止温度
L = 300;                                  %内层循环次数
T = Tbegin;                               %初始化温度参数
timeb = 0;                                %最优目标首次出现的退火次数
% K = 0.0001;
tic;
IDXN = IDX0;
while T > Tover
    tt = 0;
    for inner = 1:L
```

```
        %产生随机扰动,即随机改变一个聚类样本的当前所属类别
        t1 = fix(rand * num + 1);                    %随机抽取一个样本
        t2 = fix(rand * (centernum - 1) + 1);        %随机生成 1~3 的整数
        if(IDXN(t1) + t2 > centernum)
            IDXN(t1) = IDXN(t1) + t2 - centernum;
        else
            IDXN(t1) = IDXN(t1) + t2;
        end
          t1 = fix(rand * (num - 1) + 1);            %随机抽取一个样本
          t2 = fix(rand * (centernum - 1) + 1);      %随机生成 1~4 的整数
          if(IDXN(t1) + t2 > centernum)
              IDXN(t1) = IDXN(t1) + t2 - centernum;
          else
              IDXN(t1) = IDXN(t1) + t2;
          end
          IDXN(t1) = t2;
          IDXN;
        %重新计算聚类中心
        p1 = find(IDXN == 1);                        %聚类号为 1 的样本在 p 中的序号
        p11 = p(p1,:);                               %全部为 1 类的样本矩阵
        [b1, a1] = size(p1);
        CN(1,:) = [sum(p11(:,1))/a1,sum(p11(:,2))/a1,sum(p11(:,3))/a1]; %第 1 类的中心
        p2 = find(IDXN == 2);                        %聚类号为 2 的样本在 p 中的序号
        p22 = p(p2,:);                               %全部为 2 类的样本矩阵
        [b2, a2] = size(p2);
        CN(2,:) = [sum(p22(:,1))/a2,sum(p22(:,2))/a2,sum(p22(:,3))/a2]; %第 2 类的中心
        p3 = find(IDXN == 3);                        %聚类号为 3 的样本在 p 中的序号
        p33 = p(p3,:);                               %全部为 3 类的样本矩阵
        [b3, a3] = size(p3);
        CN(3,:) = [sum(p33(:,1))/a3,sum(p33(:,2))/a3,sum(p33(:,3))/a3]; %第 3 类的中心
        p4 = find(IDXN == 4);                        %聚类号为 1 的样本在 p 中的序号
        p44 = p(p4,:);                               %全部为 4 类的样本矩阵
        [b4, a4] = size(p4);
        CN(4,:) = [sum(p44(:,1))/a4,sum(p44(:,2))/a4,sum(p44(:,3))/a4]; %第 4 类的中心

        %计算目标函数
        JN = 0;
        j1 = 0; j2 = 0; j3 = 0; j4 = 0;
        for i = 1:num
            if IDXN(i) == 1
                j1 = j1 + sqrt((p(i,1) - CN(1,1))^2 + (p(i,2) - CN(1,2))^2 + (p(i,3) - CN(1,
3))^2);
            elseif IDXN(i) == 2
                j2 = j2 + sqrt((p(i,1) - CN(2,1))^2 + (p(i,2) - CN(2,2))^2 + (p(i,3) - CN(2,
3))^2);
            elseif IDXN(i) == 3
                j3 = j3 + sqrt((p(i,1) - CN(3,1))^2 + (p(i,2) - CN(3,2))^2 + (p(i,3) - CN(3,
3))^2);
            elseif IDXN(i) == 4
                j4 = j4 + sqrt((p(i,1) - CN(4,1))^2 + (p(i,2) - CN(4,2))^2 + (p(i,3) - CN(4,
3))^2);
            end
        end
        JN = j1 + j2 + j3 + j4;                      %四种类别的类内所有点与该类中心的距离和
```

```
            e = JN - JO;

            % 判断是否接受新解
            if e <= 0
                JO = JN;CO = CN;IDXO = IDXN;
            else
                if(rand < exp( - e/T))
                    JO = JN;
                    CO = CN;
                    IDXO = IDXN;
                else
                    IDXN = IDXO;IDX = IDXO;CN = CO;JN = JO;
                end
            end
            else
                IDXN = IDXO;IDX = IDXO;CN = CO;
                JN = JO;
            end

        end
    % 内层循环结束

        T = T * 0.9;
            if(T == 0)
                break;
            end
        time = time + 1;
            if(time - timeb > 1000)
                break;
            end
        disp('已退火次数');
        A = time - 1
        disp('最优目标函数值');
        J = JO
    end
    time1 = toc % 退火需要的时间

    hold on;
    plot3(CO(:,1),CO(:,2),CO(:,3),'o');grid;box
    % title('模拟退火聚类结果(R = 100,t = 10000)')
    xlabel('X')
    ylabel('Y')
    zlabel('Z')
    index1 = find(IDXN == 1)
    index2 = find(IDXN == 2)
    index3 = find(IDXN == 3)
    index4 = find(IDXN == 4)
    plot3(p(index1,1),p(index1,2),p(index1,3),'r + ');grid;
    plot3(p(index2,1),p(index2,2),p(index2,3),'g * ');grid;
    plot3(p(index3,1),p(index3,2),p(index3,3),'kx');grid;
    plot3(p(index4,1),p(index4,2),p(index4,3),'m.');grid;
```

程序运行完以后,出现如图 7-5 所示数据分类结果。

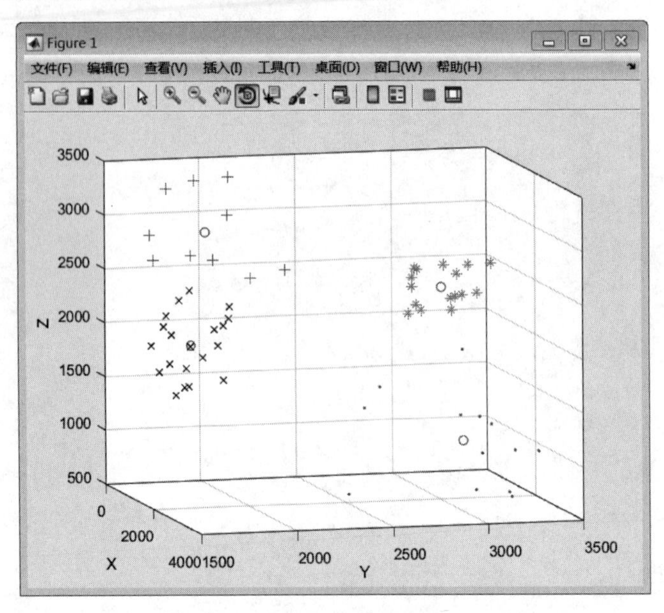

图 7-5　模拟退火分类结果

MATLAB 程序的运行结果如下:

```
index1 =
4    6    16    25    32    39    42    53    54    56
index2 =
1 至 15 列
2    5    9    10    12    13    23    27    28    29    34    38    44    46    48
16 列
55
index3 =
1 至 15 列
1    3    7    11    17    20    21    26    30    31    33    37    40    41    47
16 至 20 列
51    52    57    58    59
index4 =
8    14    15    18    19    22    24    35    36    43    45    49    50
```

将分类结果与原始分类结果对比,如表 7-2 所示,可以发现分类效果很好。

表 7-2　模拟退火分类结果

序　　号	A	B	C	原始分类结果	模拟退火分类结果
1	1739.94	1675.15	2395.96	3	3
2	373.3	3087.05	2429.47	4	4
3	1756.77	1652	1514.98	3	3
4	864.45	1647.31	2665.9	1	1
5	222.85	3059.54	2002.33	4	4
6	877.88	2031.66	3071.18	1	1
7	1803.58	1583.12	2163.05	3	3
8	2352.12	2557.04	1411.53	2	2

续表

序　号	A	B	C	原始分类结果	模拟退火分类结果
9	401.3	3259.94	2150.98	4	4
10	363.34	3477.95	2462.86	4	4
11	1571.17	1731.04	1735.33	3	1
12	104.8	3389.83	2421.83	4	4
13	499.85	3305.75	2196.22	4	4
14	2297.28	3340.14	535.62	2	2
15	2092.62	3177.21	584.32	2	2
16	1418.79	1775.89	2772.9	1	1
17	1845.59	1918.81	2226.49	3	1
18	2205.36	3243.74	1202.69	2	2
19	2949.16	3244.44	662.42	2	2
20	1692.62	1867.5	2108.97	3	1
21	1680.67	1575.78	1725.1	3	3
22	2802.88	3017.11	1984.98	2	2
23	172.78	3084.49	2328.65	4	4
24	2063.54	3199.76	1257.21	2	2
25	1449.58	1641.58	3405.12	1	1
26	1651.52	1713.28	1570.38	3	2
27	341.59	3076.62	2438.63	4	4
28	291.02	3095.68	2088.95	4	4
29	237.63	3077.78	2251.96	4	4
30	1702.8	1639.79	2068.74	3	3
31	1877.93	1860.96	1975.3	3	3
32	867.81	2334.68	2535.1	1	1
33	1831.49	1713.11	1604.68	3	3
34	460.69	3274.77	2172.99	4	4
35	2374.98	3346.98	975.31	2	2
36	2271.89	3482.97	946.7	2	2
37	1783.64	1597.99	2261.31	3	3
38	198.83	3250.45	2445.08	4	4
39	1494.63	2072.59	2550.51	1	1
40	1597.03	1921.52	2126.76	3	3
41	1598.93	1921.08	1623.33	3	3
42	1243.13	1814.07	3441.07	1	1
43	2336.31	2640.26	1599.63	2	2
44	354	3300.12	2373.61	4	4
45	2144.47	2501.62	591.51	2	2
46	426.31	3105.29	2057.8	4	4
47	1507.13	1556.89	1954.51	3	3
48	343.07	3271.72	2036.94	4	4
49	2201.94	3196.22	935.53	2	2
50	2232.43	3077.87	1298.87	2	2

续表

序　号	A	B	C	原始分类结果	模拟退火分类结果
51	1580.1	1752.07	2463.04	3	3
52	1962.4	1594.97	1835.95	3	3
53	1495.18	1957.44	3498.02	1	1
54	1125.17	1594.39	2937.73	1	1
55	24.22	3447.31	2145.01	4	4
56	1269.07	1910.72	2701.97	1	1
57	1802.07	1725.81	1966.35	3	3
58	1817.36	1927.4	2328.79	3	3
59	1860.45	1782.88	1875.13	3	3

7.4 结论

模拟退火算法是一种强大的随机搜索算法,具有对初始点的不依赖性,可以任意选取初始解和随机序列,应用广泛。模拟退火算法普及的最重要的原因是能在复杂的情况下产生更高质量的解,因此,它特别适用于非线性和复杂的系统。在多目标优化领域,模拟退火算法还处于起步阶段,模拟退火算法的改进及其在各类复杂系统建模及优化问题中的应用仍有大量的内容值得研究。

习题

1. 简述模拟退火过程。
2. 简述模拟退火算法的基本原理。
3. 简述模拟退火算法的组成。

第8章

遗传算法聚类设计

遗传算法是一种模拟自然进化的优化搜索算法。由于它仅依靠适应度函数就可以搜索最优解，不需要有关问题解空间的知识，并且适应度函数不受连续可微等条件的约束，因此在解决多维、高度非线性的复杂优化问题中得到了广泛应用和深入研究。

遗传算法在模式识别、神经网络、机器学习、工业优化控制、自适应控制、生物科学、社会科学等方面都得到了应用。

本章给出了一种基于遗传算法的聚类分析方法。采用浮点数编码方式对聚类的中心进行编码，并用特征向量与相应聚类中心的欧氏距离的和来判断聚类划分的质量，通过选择、交叉和变异操作对聚类中心的编码进行优化，得到使聚类划分效果最好的聚类中心。实验结果显示，该方法的聚类划分能得到比较满意的效果。由于前面章节已经对聚类算法做了详细介绍，此处不再赘述。

8.1 遗传算法的产生与发展

早在20世纪五六十年代，就有计算机科学家开展了“人工进化系统”的研究。这些研究大多都是以用计算机来模拟生物系统为主，从生物的角度进行进化模拟、遗传模拟等方面的研究工作。这形成了遗传算法的雏形。从20世纪60年代到20世纪70年代中期，是遗传算法的萌芽期。遗传算法的基本原理最早由美国科学家J. H. Holland在1962年提出；1967年，J. D. Bagay在他的博士论文中首次使用了遗传算法这个术语；20世纪70年代初，Holland提出了“模式定理”，一般认为是遗传算法的基本定理，从而奠定了遗传算法研究的理论基础。1975年，Holland在他出版的专著《自然界和人工系统的适应性》中详细地介绍了该算法，为其奠定了数学基础，人们常常把这一事件视为遗传算法正式得到承认的标志。它说明遗传算法已经完成孕育过程，Holland被视作该算法的创始人。20世纪80年代，Holland实现了第一个基于遗传算法的机器学习系统——分类器系统，开创了基于遗传算法学习的新概念，为分类器系统构造出了一个完整的框架。

从20世纪70年代中期到20世纪80年代，遗传算法得到了不断的完善，属于遗传算法的成长期。这一时期相继出现了有关遗传算法的博士论文，分别研究了遗传算法在函数优化，组合优化中的应用，并从数学上探讨了遗传算法的收敛性，对遗传算法的发展起到了很大的推动作用。30多年来，算法不论是实际应用还是建模，其范围不断扩大，而算法本身也渐渐成熟,形成了算法的大体框架,其后出现的遗传算法的许多改进研究,大体都遵循了这个框架。

20世纪80年代末以来是遗传算法的蓬勃发展期,这不仅表现在理论研究方面,还表现在应用领域方面。随着遗传算法研究和应用的不断深入,一系列以遗传算法为主题的国际会议十分活跃:开始于1985年的国际遗传算法会议ICGA(International Conference on Genetic Algorithm)每两年举办一次。在欧洲,从1990年开始也每隔一年举办一次类似的会议。这些会议的举办体现了遗传算法正不断地引起学术界的重视,同时这些会议的论文集中反映了遗传算法近年来的最新发展和动向。

随着计算速度的提高和并行计算的发展,遗传算法的速度已经不再是制约其应用的因素,遗传算法已在机器学习、过程控制、图像处理、经济管理等领域取得了巨大成功,但如何将各专业知识融入遗传算法中,目前仍在继续研究。

几个名词概念列举如下:

遗传算法——进化计算——计算智能——人工智能。

进化计算:由于遗传算法、进化规划和进化策略是不同领域的研究人员分别独立提出的,在相当长的时期里相互之间没有正式沟通,直到20世纪90年代才有所交流。他们发现彼此的基本思想具有惊人的相似之处,于是提出将这类方法称为“进化计算”(Evolutionary Computation)。

计算智能:计算智能主要包括神经计算、进化计算和模糊计算等。它们分别从不同的角度模拟人类的智能活动,以使计算机具有智能。通常将基于符号处理的传统人工智能称为符号智能,以区别于正在兴起的计算智能。符号智能的特点是以知识为基础,偏重逻辑推理,而计算智能则是以数据为基础,偏重数值计算。

8.2 遗传算法的原理

遗传算法(Genetic Algorithm,GA)是一种新近发展起来的搜索最优解方法。它是模拟达尔文的自然选择学说和自然界的生物进化过程的一种计算模型。它是采用简单的编码技术来表示各种复杂的结构,并通过对一组编码表示进行简单的遗传操作和优胜劣汰的自然选择来指导学习和确定搜索的方向。遗传算法的操作对象是一群二进制串(称为染色体、个体),即种群,每一个染色体都对应问题的一个解。遗传算法模拟了自然选择和遗传进化中发生的繁殖、交配和突变现象,从初始种群出发,采用基于适应度函数的选择策略在当前种群中选择个体,使用杂交和变异来产生下一代种群,使群体进化到搜索空间中越来越好的区域。这样一代一代不断繁殖、进化,最后收敛到一群最适应环境的个体上,求得问题的最优解。遗传算法对于复杂的优化问题无须建模和复杂运算,只要利用遗传算法的三种算子就能得到最优解。

经典遗传算法的一次进化过程示意图如图8-1所示,该图给出了第n代群体经过选择、交叉、变异生成第$n+1$代群体的过程。

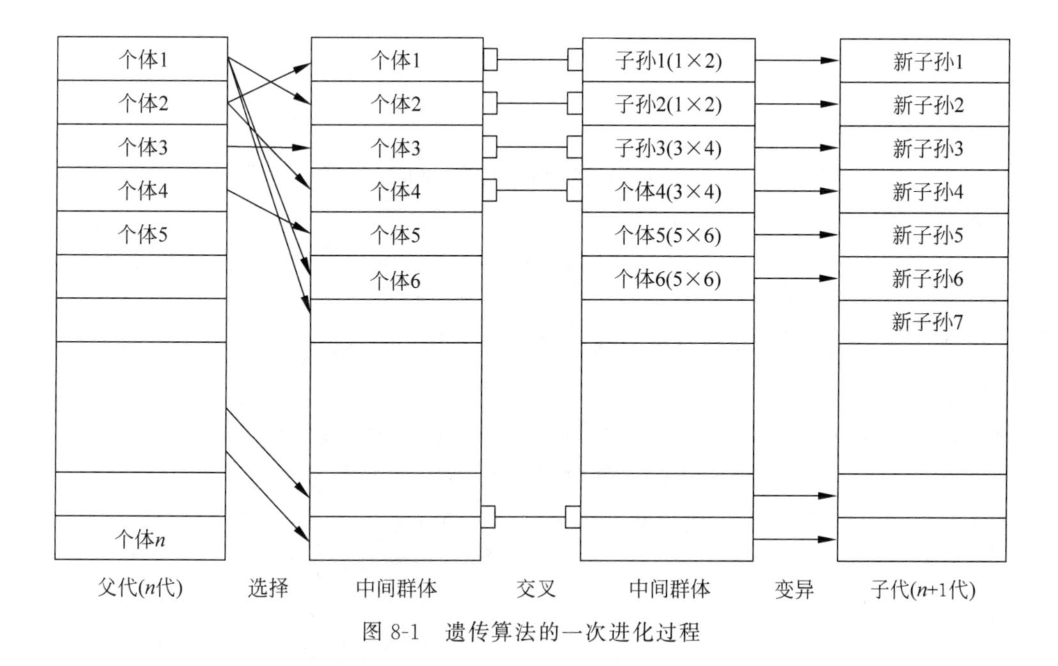

图 8-1 遗传算法的一次进化过程

8.2.1 遗传算法的基本术语

由于遗传算法是自然遗传学和计算机科学相互结合渗透而成的新的计算方法，因此遗传算法中经常使用自然进化中有关的一些基本术语。了解这些用语对理解遗传算法是十分必要的。

(1) 染色体(chromosome)，又称为个体(individual)。生物的染色体是由基因(gene)构成的位串，包含了生物的遗传信息。遗传算法中的染色体对应的是数据或数组，通常是由一维的串结构数据来表示的。串上每个位置上的数对应一个基因，而各位置上所取的值对应于基因值。

(2) 编码(coding)。把问题的解表示为位串的过程称为编码，编码后的每个位串就表示一个个体，即问题的一个解。

(3) 种群(population)。由一定数量的个体组成的群体，也就是问题的一些解的集合。种群中个体的数量称为种群规模。

(4) 适应度(fitness)。评价群体中个体对环境适应能力的指标，就是解的好坏，由评价函数 F 计算得到。在遗传算法中，F 是求解问题的目标函数，也就是适应度函数。

(5) 遗传算子(genetic operator)。产生新个体的操作，常用的遗传算子有选择、交叉和变异等。

(6) 选择(selection)：以一定概率从种群中选择若干个体的操作。一般而言，该操作是基于适应度进行的，适应度越高的个体，产生后代的概率就越高。

(7) 交叉(crossover)：把两个串的部分基因进行交换，产生两个新串作为下一代的个体。交叉概率(P_c)决定两个个体交叉操作的可能性。

(8) 变异(mutation)：随机地改变染色体的部分基因，例如把 0 变 1，或把 1 变 0，产生新的染色体。

8.2.2 遗传算法问题的求解过程

遗传算法进行问题求解过程如下。

(1) 编码：遗传算法在求解之前，先将题解空间的可行解表示成遗传空间的基因型串结构数据，串结构数据的不同组合构成了不同的可行解。

(2) 生成初始群体：随机产生 N 个初始串结构数据，每个串结构数据成为一个个体，N 个个体组成一个群体，遗传算法以该群体作为初始迭代点。

(3) 适应度评估检测：根据实际标准计算个体的适应度，评判个体的优劣，即该个体所代表的可行解的优劣。

(4) 选择：从当前群体中选择优良的(适应度高的)个体，使它们有机会被选中进入下一次迭代过程，舍弃适应度低的个体。体现了进化论的“适者生存”原则。

(5) 交叉：遗传操作，下一代中间个体的信息来自父辈个体，体现信息交换的原则。

(6) 变异：随机选择中间群体中的某个个体，以变异概率 P_m 大小改变个体某位基因的值。变异为产生新个体提供了机会。

表 8-1 为遗传算法与自然进化的比较，表 8-2 为生物遗传概念在遗传算法中的应用。

表 8-1 遗传算法与自然进化的比较

自然进化	遗传算法	自然进化	遗传算法
染色体	字符串	染色体位置	字符串位置
基因	字符，特征	基因型	结构
等位基因	特征值	表现型	参数集，译码结构

表 8-2 生物遗传概念在遗传算法中的应用

生物遗传概念	遗传算法中的应用
适者生存	算法停止，最优值被留住
个体	解
染色体	解的编码(字符串，向量等)
基因	解中每一分量特征(编码单元)
适应性	适应度函数
群体	搜索空间中选定的一组有效解
种群	根据适应函数值选定的一组解
交叉	交换部分基因产生一组新解的过程
变异	编码的某一分量发生变化

经典遗传算法流程图如图 8-2 所示，算法完全依靠三个遗传算子进行求解，当停止运算条件满足时，达到最大循环次数，同时最优个体不再进化。

8.2.3 遗传算法的特点

遗传算法是一类可用于复杂系统优化的具有健壮性的搜索算法，与传统的优化算法相比，采用了许多独特的方法和技术，归纳起来，主要有以下特点。

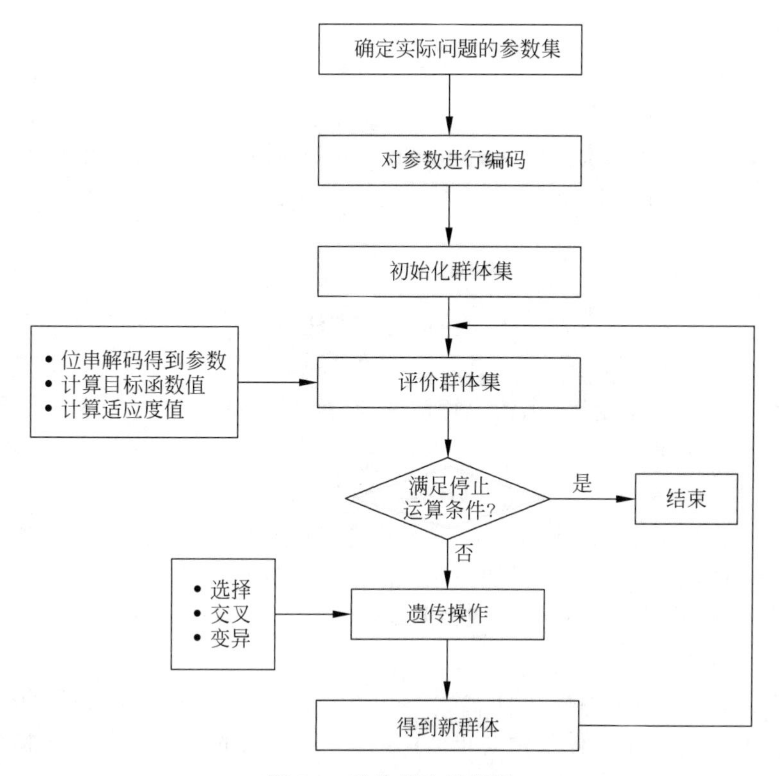

图 8-2 遗传算法流程图

(1) 遗传算法的处理对象是那些对参数集进行编码得到的个体,而不是参数本身。

(2) 具有并行性。遗传算法采用的是同时处理群体中多个个体的方法,即同时对搜索空间中的多个解进行评估。这一特点使遗传算法具有较好的全局搜索性能,从而减少了陷入局部最优解的可能。

(3) 仅用适应度函数来指导搜索。以往很多的搜索方法都需要辅助信息才能正常工作,如梯度法需要有关导数的信息才能爬上当前的峰值点,这就要求目标函数可导。而遗传算法则不需要类似的辅助信息,为了有效地搜索越来越好的编码结构,它仅需要与该编码串有关的适应度函数即可。

(4) 内在启发式随机搜索特性。遗传算法不是采用确定性规则,而是采用概率的变迁规则来指导它的搜索方向。概率仅作为一种工具来引导其搜索过程朝着搜索空间的最优化的解区域移动。

(5) 遗传算法易于介入已有模型,具有可扩展性,易于同别的技术混合。

同时也有一些缺乏的地方,例如:

(1) 编码不规范及编码存在表示的不准确性。

(2) 单一的遗传编码不能全面地将优化问题的约束表示出来。

(3) 不能保证收敛到最优解。

8.2.4 遗传算法的基本要素

遗传算法包含了如下 5 个基本要素:问题编码、初始群体的设定、适应度函数的设计、遗传操作设计、控制参数的设定。这 5 个要素构成了遗传算法的核心内容。

1. 问题编码

编码机制是遗传算法的基础。通常遗传算法不直接处理问题空间的数据,而是将各种实际问题变换为与问题无关的串个体。不同串长和不同的编码方式,对问题求解的精度和遗传算法的求解效率有着很大的影响,因此针对一个具体应用问题,应考虑多方面因素,以寻求一种描述方便、运行效率高的编码方案。迄今为止,遗传算法常采用的编码方法主要有两类:二进制编码和浮点数编码。

1)二进制编码

二进制编码是遗传算法中最常用的一种编码方法,该方法使用的编码符号集是由二进制符号0和1所组成的二值符号集{0,1},它所构成的个体是一个二进制编码符号串。二进制编码符号串的长度与问题所要求的求解精度有关。该编码方法具有操作简单、易于实现等特点。

2)浮点数编码

浮点数编码方法又叫真值编码方法,它是指个体的每个基因值用某一范围内的一个浮点数来表示,个体的编码长度等于其决策变量的个数。该编码方法具有适用于大空间搜索、局部搜索能力强、不易陷入局部极值、收敛速度快的特点。

2. 初始群体的生成

遗传算法处理流程中,编码设计之后的任务是初始群体的设定,并以此为起点进行一代一代的进化直到按照某种进化终止准则终止,最常用的初始方法是无指导的随机初始化。

3. 适应度函数的确定

在遗传算法中,按与个体适应度成正比的概率来决定当前群体中的每个个体遗传到下一代群体中的机会多少,一般希望适应值越大越好,且要求适应值非负。因此适应值函数的选取至关重要,它直接影响到算法的收敛速度及最终能否找到最优解。

适应度函数是根据目标函数确定的,针对不同种类的问题,目标函数有正有负,因此必须确定由目标函数值到适应度函数之间的映射规则,以适应上述的要求。适应度函数的设计应满足以下条件。

(1)单值、连续、非负、最大化。

(2)计算量小。适应度函数设计尽可能简单,以减少计算的复杂性。

(3)通用性强。适应度函数对某类问题,应尽可能通用。

4. 遗传操作

遗传算法遗传操作主要包括选择、交叉、变异三个算子。关于每个算子的作用前面已提及了,此处不再赘述。这里主要说一下每种算子常用的方法。

1)选择算子

在适应度计算之后是实际的选择,选择的目的是从当前群体中选出优良的个体,使它们作为父代进行下一代繁殖。采用基于适应度的选择原则,适应度越强被选中概率越大,体现优胜劣汰进化机制。这里介绍几种常用的选择方法。

(1)轮盘赌选择法。该方法中个体被选中的概率与其适应度大小成正比。

(2)最优保存策略。群体中适应度最高的个体不进行交叉变异,用它替换下一代种群中适应度最低的个体。

（3）锦标赛选择法。随机从种群中选取一定数目的个体，然后将适应度最高的个体遗传到下一代群体中。这个过程重复进行完成个体的选择。

（4）排序选择法。根据适应度对群体中个体排序，然后把事先设定的概率表分配给个体，作为各自的选择概率。这样，选择概率和适应度无关而仅与序号有关。

选择算子确定的好坏，直接影响遗传算法的计算结果。如果选择算子确定不当，会导致进化停滞不前或出现早熟问题。选择策略与编码方式无关。

2）交叉算子

交叉算子是遗传算法中最主要的遗传操作，也是遗传算法区别于其他进化运算的重要特征，通过交叉操作可以产生新个体。该操作模拟了自然界生物体的突变，体现了信息交换思想，决定着遗传算法的收敛性和全局搜索能力。

交叉算子的设计与实现与所研究的问题密切相关，一般要求它既不要破坏原个体的优良性，又能够产生出一些较好的新个体，而且，还要和编码设计一同考虑。目前适合于二进制编码的个体和浮点数编码的个体的交叉算法主要有：

（1）单点交叉。单点交叉又称简单交叉，是指在个体编码串中随机设置一个交叉点，实行交叉时，在该点相互交换两个配对个体的部分染色体。

（2）两点交叉与多点交叉。两点交叉是指在个体编码串中随机设置了两个交叉点，交换两个个体在所设定两个交叉点之间的部分染色体。例如：

A：$10|110|11 \Rightarrow A'=1001011$

B：$00|010|00 \Rightarrow B'=0011000$

多点交叉是两点交叉的推广。

（3）均匀交叉。均匀交叉也称一致交叉，是指两个交叉个体的每个基因都以相同的交叉概率进行交换，从而形成两个新的个体。

（4）算术交叉。算术交叉是指由两个个体的线性组合而产生的两个新的个体。该方法的操作对象一般是由浮点数编码产生的个体。

3）变异算子

选择和交叉算子基本上完成了遗传算法的大部分搜索功能，变异操作只是对产生的新个体起辅助作用，但是它必不可少，因为变异操作决定了遗传算法的局部搜索能力。变异算子与交叉算子相互配合，共同完成对搜索空间的全局搜索和局部搜索，从而使得遗传算法能够以良好的搜索性能找到最优解。

目前适合于二进制编码的个体和浮点数编码的个体的变异算法主要有：

（1）基本位变异。基本位变异是指对群体中的个体编码串根据变异概率，随机挑选一个或多个基因位并对这些基因位的基因值进行变动。例如：

个体 A：1011011→指定第三位为变异位→个体 A'：1001011

（2）均匀变异。均匀变异是指分别用符合某一范围内均匀分布的随机数，以某一较小的概率来替换个体编码串中各基因位上原有的基因值。

（3）边界变异。边界变异是均匀变异的一个变形。在进行边界变异时，随机选取基因座的两个对应边界基因值之一去替换原有的基因值。

（4）高斯近似变异。高斯变异是指进行变异操作时用符合均值为 P，方差为 P^2 的正态分布的一个随机数来替换原有的基因值。

5. 控制参数

控制参数主要有群体规模、迭代次数、交叉概率、变异概率等，对于它们基本的遗传算法都需要提前设定。

N：群体大小，即群体中所含个体的数量。如果群体规模大，可提供大量模式，使遗传算法进行启发式搜索，防止早熟发生，但会降低效率；如果群体规模小，可提高速度，但却会降低效率。一般取 20～100。

T：遗传运算的终止进化代数，一般取 100～500。

P_c：交叉概率。它影响着交叉算子的使用频率，交叉率越高，可以越快地收敛到全局最优解，因此一般选择较大的交叉率。但如果交叉率太高，也可能导致过早收敛，而交叉率太低，可能导致搜索停滞不前，一般取 0.4～0.99。

P_m：变异概率，变异率控制着变异算子的使用频率，它的大小将影响群体的多样性及成熟前的收敛性能。变异率的选取一般受种群大小、染色体长度等因素影响，通常选取很小的值。但变异率太低可能使某基因值过早丢失、信息无法恢复；变异率太高，遗传算法可能会变成了随机搜索。一般取 0.0001～0.1。

这四个运行参数对遗传算法的求解结果和求解效率都有一定的影响，但目前尚无合理选择它们的理论依据。在实际应用中，常常需要经过多次实验后才确定参数或其范围。

8.3 与其他优化技术结合的遗传算法

1. 与梯度法的结合

遗传算法虽然能避免陷入局部最优解，但也很难搜索到全局最优解，而只能搜索到全局次优解。与梯度法结合就是在主峰所在的区域上继续爬坡。其综合代价是比较小的，但比较容易搜索到全局最优。

2. 与其他离散优化技术的结合

与梯度法对应的离散优化技术没有固定的形式，其优化策略都是因问题而定的。与梯度法对应的离散优化技术通常也需要沿最速上升(或下降)的方向，使用穷举(或近似穷举)法寻找方向，使用贪心法前进。

3. 与其他方法结合时的注意事项

一般不要仅对遗传算法结束时的最优个体进行继续优化，而要对遗传算法结束时的一系列最优个体继续优化，从中选择最终的最优解。结合的遗传算法更能体现群体多样性的中重要性。

8.4 遗传算法的实现

本例使用表 1-2 的三原色数据，希望将数据按照颜色数据所表征的特点，将数据按照各自所属的类别归类。

取表 1-2 的 59 组数据为对象，确定其所属类别。下面使用 MATLAB 构建遗传优化算法。

程序流程如图 8-3 所示。

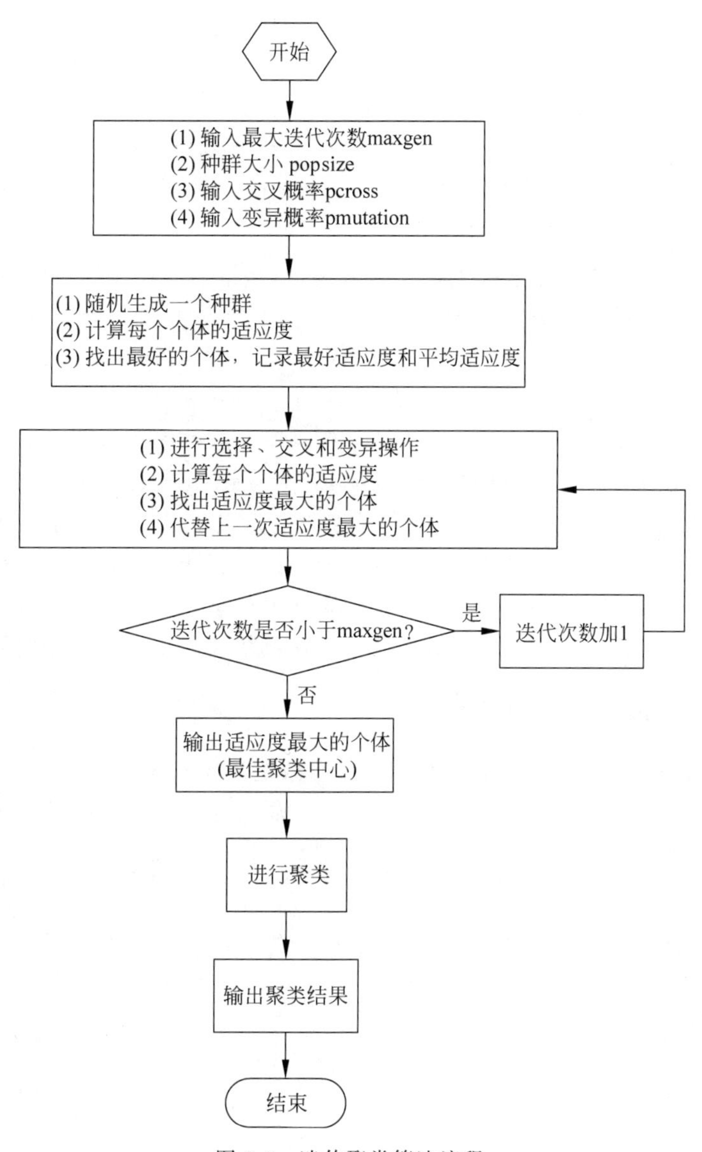

图 8-3 遗传聚类算法流程

8.4.1 种群初始化

遗传聚类算法需要设置的参数有四个，分别是交叉概率 pcross、变异概率 pmutation、进化代数(迭代次数)maxgen 和种群规模 popsize，这里的参数的设置如 MATLAB 程序代码中所示：

```
%% 参数初始化
maxgen = 100;                    % 进化代数,即迭代次数,初始预定值选为 100
sizepop = 100;                   % 种群规模,初始预定值选为 100
pcross = 0.9;                    % 交叉概率选择,0 和 1 之间,一般取 0.9
pmutation = 0.01;                % 变异概率选择,0 和 1 之间,一般取 0.01
```

按照遗传算法的程序流程，用遗传算法求解问题，首先要解决的问题是如何确定编码和解码运算。编码形式决定了交叉算子和变异算子的操作方式,并对遗传算法的性能如搜索能力和计算效率等影响很大。

由前节可知,遗传算法常用的编码方案有浮点数编码和二进制编码两种。由于聚类样本具有多维性、数据量大的特点,如果采用传统的二进制编码,染色体的长度会随着维数的增加或精度的提高而显著增加,从而使得搜索空间急剧增大,大大降低了计算效率。基于上面的分析,这里采用浮点数编码方法。

所谓的将聚类中心作为染色体的浮点数编码,就是把一条染色体看成是由 K 个聚类中心组成的一个串。具体编码方式如下：对于 D 维样本数据的 K 类聚类分析,基于聚类中心的染色体结构为：

$$S=\{x_{11},x_{12},\cdots,x_{1d},x_{21},x_{22},\cdots,x_{2d},\cdots,x_{k1},x_{k2},\cdots,x_{kd}\} \tag{8-1}$$

即每条染色体都是一个长度为 $k\times d$ 的浮点码串。这种编码方式意义明确、直观,避免了二进制编码在运算过程中反复进行译码、解码以及染色体长度受限等问题。

确定了编码方式之后,接下来要进行种群初始化。初始化的过程是随机产生一个初始种群的过程。首先从样本空间中随机选出 K 个个体,K 值由用户自己来指定,每个个体表示一个初始聚类中心,然后根据我们所采用的编码方式将这组个体(聚类中心)编码成一条染色体。然后重复进行 Psize 次染色体初始化(Psize 为种群大小),直到生成初始种群。

8.4.2 适应度函数的设计

根据前章的介绍可知遗传算法中的适应度函数是用来评价个体的适应度、区别群体中个体优劣的标准。个体的适应度越高,其存活的概率就越大。聚类问题实际上就是找到一种划分,该划分使待聚类数据集的目标函数 G_c($G_c=\sum_{j=1}^{c}\sum_{k=1}^{n_j}\|x_k^{(j)}-m_j\|^2$,$m_j(j=1,2,\cdots,c)$ 是聚类中心,x_k 是样本)达到最小。遗传算法在处理过程中根据每个染色体(K 个聚类中心)进行聚类划分,根据每个聚类中的点与相应聚类中心的距离作为判别聚类划分质量好坏的准则函数 G_c,G_c 越小表示聚类划分的质量越好。

遗传算法的目的是搜索使目标函数 G_c 值最小的聚类中心,因此可借助目标函数来构造适应度函数

$$\text{fit}=\frac{1}{G_c} \tag{8-2}$$

由上式可以看出,目标函数值越小的聚类中心,其适应度也就越大；目标函数值越大的聚类中心,其适应度也就越低。

种群初始化的 MATLAB 程序代码如下：

```
individuals = struct('fitness',zeros(1,sizepop), 'chrom',[]);
%种群,种群由 sizepop 条染色体(chrom)及每条染色体的适应度(fitness)组成
avgfitness = [];
%记录每一代种群的平均适应度,首先赋给一个空数组
bestfitness = [];
%记录每一代种群的最佳适应度,首先赋给一个空数组
bestchrom = [];
%记录适应度最好的染色体,首先赋给一个空数组

%初始化种群
```

```
for i = 1:sizepop
    % 随机产生一个种群
individuals.chrom(i,:) = 4000 * rand(1,12);
% 把 12 个 0～4000 的随机数赋给种群中的一条染色体,代表 K = 4 个聚类中心
    x = individuals.chrom(i,:);
    % 计算每条染色体的适应度
    individuals.fitness(i) = fitness(x);
end

%% 找最好的染色体
[bestfitness bestindex] = max(individuals.fitness);
% 找出适应度最大的染色体,并记录其适应度的值(bestfitness)和染色体所在的位置(bestindex)
bestchrom = individuals.chrom(bestindex,:);
% 把最好的染色体赋给变量 bestchrom
avgfitness = sum(individuals.fitness)/sizepop;
% 计算群体中染色体的平均适应度

% 记录每一代进化中最好的适应度和平均适应度
trace = [avgfitness bestfitness];
```

适应度函数的 MATLAB 程序代码如下：

```
function fit = fitness(x)
%% 计算个体适应度值
% x      input     个体
% fit    output    适应度值
data = load["a.txt"];
kernel = [x(1:3);x(4:6);x(7:9);x(10:12)];
% 对染色体进行编码,其中 x(1:3)代表第一个聚类中心,x(4:6)代表第二个聚类中心,x(7:9)代表第
% 三个聚类中心,x(10:12)代表第四个聚类中心
Gc = 0;
% Gc 代表聚类的准则函数
[n,m] = size(data);
% 求出待聚类数据的行和列
for i = 1:n
      dist1 = norm(data(i,1:3) - kernel(1,:));
      dist2 = norm(data(i,1:3) - kernel(2,:));
      dist3 = norm(data(i,1:3) - kernel(3,:));
      dist4 = norm(data(i,1:3) - kernel(4,:));
      % 计算待聚类数据中的某一点到各个聚类中心的距离
      a = [dist1 dist2 dist3 dist4];
mindist = min(a);
% 取其中的最小值,代表其被划分到某一类
Gc = mindist + Gc;
% 求类中某一点到其聚类中心的距离和,即准则函数
end
fit = 1/Gc;
% 求出染色体的适应度,即准则函数的倒数,聚类的准则函数越小,染色体的适应度越大,聚类的效
% 果也就越好
```

8.4.3　选择操作

在生物进化的过程中,对生存环境适应能力强的物种将有更多的机会遗传到下一代;而适应能力差的物种遗传到下一代的机会就相对较少。遗传算法中的选择操作体现了这一"适者生存"的原则:适应度越高的个体,参与后代繁殖的概率越高。遗传算法中的选择操

作就是用来确定如何从父代群体中按照某种方法选取哪些个体遗传到下一代群体中的一种遗传运算。选择操作建立在对个体的适应度进行评价的基础之上。进行选择操作的目的是避免基因缺失、提高全局收敛性和计算效率。

为了保证适应度最好的染色体保留到下一代群体而不被遗传操作破坏掉,根据遗传算法中目前已有的选择方法,本章采用了轮盘赌选择算子。该选择算子具体操作如下:

(1) 首先在计算完当前种群的适应度后,记录下其中适应度最大的个体。

(2) 再根据各个体的适应度值 $f(S_i), i=1,2,\cdots,P_{\text{size}}$ 计算各个体的选择概率

$$P_i = \frac{f(S_i)}{\sum_{j=1}^{P_{\text{size}}} f(S_j)} \tag{8-3}$$

式中,P_{size} 为种群大小,$\sum_{j=1}^{P_{\text{size}}} f(S_j)$ 为所有个体适应度的总和。

(3) 根据计算出的选择概率,使用轮盘赌法选出个体。

(4) 被选出的个体参加交叉、变异操作产生新的群体。

(5) 计算出新群体中的各条染色体的适应度值,用上一代中所记录的最优个体替换掉新种群中的最差个体,这样就产生了下一代群体。

这种遗传操作既不断提高了群体的平均适应度值,又保证了最优个体不被破坏,使得迭代过程向最优方向发展。

选择操作的 MATLAB 程序代码如下:

```
function ret = Select(individuals,sizepop)
% 本函数对每一代种群中的染色体进行选择,以进行后面的交叉和变异
% individuals input : 种群信息
% sizepop     input : 种群规模
% ret         output : 经过选择后的种群

sumfitness = sum(individuals.fitness);
%计算群体的总适应度
sumf = (individuals.fitness)./sumfitness;
%计算出染色体的选择概率,即染色体的适应度除以总适应度
index = [];
%用来记录被选中染色体的序号,首先赋给一个空数组

for i = 1:sizepop
%转 sizepop 次轮盘
pick = rand;
%把一个[0,1]之间的随机数赋给 pick
    while pick == 0
        pick = rand;
end
%确保 pick 被赋值
    for i = 1:sizepop
        pick = pick - sumf(i);
%染色体的选择概率越大,pick 越容易小于 0,即染色体越容易被选中
        if pick < 0
            index = [index i];
            %把被选择中的染色体的序号赋给 index
            break;
```

```
            end
        end
    end
    individuals.chrom = individuals.chrom(index,:);
    %记录选择中的染色体
    individuals.fitness = individuals.fitness(index);
    %记录选择中染色体的适应度
    ret = individuals;
    %输出经过选择后的染色体
```

8.4.4 交叉操作

交叉操作是把两个父个体的部分结构加以替换重组而产生新个体的操作,也称为基因重组。交叉的目的是能够在下一代产生新的个体,因此交叉操作是遗传算法的关键部分,交叉算子的好坏,在很大程度上决定了算法性能的好坏。

由于染色体以聚类中心矩阵为基因,造成了基因串的无序性。两条染色体的等位基因之间的信息不一定相关,如果采用传统的交叉算子进行交叉,将使染色体在进行交叉时,不能很好地将基因配对起来,使生成的下一代个体的适应值普遍较差,影响了算法的效率。为了改善这种情况,又因为本章所使用的是浮点数编码方式,本章采用了一种以随机交叉为基础的随机交叉算子。

交叉操作的 MATLAB 程序代码如下:

```
function ret = Cross(pcross,chrom,sizepop)
%本函数完成交叉操作
% pcorss        input : 交叉概率
% lenchrom      input : 染色体的长度
% chrom         input : 染色体群
% sizepop       input : 种群规模
% ret           output : 交叉后的染色体

for i = 1:sizepop
    % 交叉概率决定是否进行交叉
    pick = rand;
    while pick == 0
        pick = rand;
end
%给 pick 赋予一个[0,1]的随机数
    if pick > pcross
        continue;
    end
    %当 pick < pcross 时,进行交叉操作
    index = ceil(rand(1,2). * sizepop);
    while (index(1) == index(2)) | index(1) * index(2) == 0
        index = ceil(rand(1,2). * sizepop);
    end
    %在种群中,随机选择两个个体
    pos = ceil(rand * 3);
    while pos == 0
        pos = ceil(rand * 3);
    end
    % 在染色体中,随机选择交叉位置
```

```
        temp = chrom(index(1),pos);
        chrom(index(1),pos) = chrom(index(2),pos);
        chrom(index(2),pos) = temp;
        %把两条染色体某个位置的信息进行交叉互换
end
ret = chrom;
%输出经过交叉操作后的染色体
```

8.4.5 变异操作

在生物自然进化的过程中,其细胞分裂的过程可能会出现某些差错,导致基因变异情况的发生。变异操作就是模仿这种情况产生的。所谓变异操作,是指将个体染色体编码串中的某些基因座上的基因值用该基因座的其他等位来替换,从而形成一个新的个体。变异的目的有二:一是增强算法的局部搜索能力;二是增加种群的多样性,改善算法的性能,避免早熟收敛。变异操作既可以产生种群中没有的新基因又可以恢复迭代过程中被破坏的基因。针对本书所使用的是浮点数编码方式,这里采用随机变异算子来完成变异操作。

变异操作的 MATLAB 程序代码如下:

```
function ret = Mutation(pmutation,chrom,sizepop)
% 本函数完成变异操作
% pcorss                  input : 变异概率
% lenchrom                input : 染色体长度
% chrom                   input : 染色体群
% sizepop                 input : 种群规模
% bound                   input : 每个个体的上界和下界
% ret                     output : 变异后的染色体

for i = 1:sizepop
    % 变异概率决定该轮循环是否进行变异
    pick = rand;
    if pick > pmutation
        continue;
    end
    %当 pick 小于变异概率时,执行变异操作
    pick = rand;
    while pick == 0
        pick = rand;
    end
    index = ceil(pick * sizepop);
    %在种群中,随机选择一条染色体
    pick = rand;
    while pick == 0
        pick = rand;
    end
    pos = ceil(pick * 3);
    %在染色体当中,随机选择变异位置
chrom(index,pos) = rand * 4000;
%染色体进行变异
end
ret = chrom;
%输出编译后的染色体
```

8.4.6 完整程序及仿真结果

遗传算法的完整 MATLAB 程序代码如下：

```
clc
tic
%% 参数初始化
maxgen = 100;                    % 进化代数,即迭代次数,初始预定值选为 100
sizepop = 200;                   % 种群规模,初始预定值选为 100
pcross = 0.9;                    % 交叉概率选择,0 和 1 之间,一般取 0.9
pmutation = 0.01;                % 变异概率选择,0 和 1 之间,一般取 0.01
individuals = struct('fitness',zeros(1,sizepop),'chrom',[]);
% 种群,种群由 sizepop 条染色体(chrom)及每条染色体的适应度(fitness)组成
avgfitness = [];
% 记录每一代种群的平均适应度,首先赋给一个空数组
bestfitness = [];
% 记录每一代种群的最佳适应度,首先赋给一个空数组
bestchrom = [];
% 记录适应度最好的染色体,首先赋给一个空数组
% 初始化种群
for i = 1:sizepop
% 随机产生一个种群
individuals.chrom(i,:) = 4000 * rand(1,12);
% 把 12 个 0～4000 的随机数赋给种群中的一条染色体,代表 K = 4 个聚类中心
x = individuals.chrom(i,:);
% 计算每条染色体的适应度
individuals.fitness(i) = fitness(x);
end
%% 找最好的染色体
[bestfitness bestindex] = max(individuals.fitness);
% 找出适应度最大的染色体,并记录其适应度的值(bestfitness)和染色体所在的位置(bestindex)
bestchrom = individuals.chrom(bestindex,:);
% 把最好的染色体赋给变量 bestchrom
avgfitness = sum(individuals.fitness)/sizepop;
% 计算群体中染色体的平均适应度

trace = [avgfitness bestfitness];
% 记录每一代进化中最好的适应度和平均适应度

for i = 1:maxgen
i
% 输出进化代数
individuals = Select(individuals,sizepop);
avgfitness = sum(individuals.fitness)/sizepop;
% 对种群进行选择操作,并计算出种群的平均适应度
individuals.chrom = Cross(pcross,individuals.chrom,sizepop);
% 对种群中的染色体进行交叉操作
individuals.chrom = Mutation(pmutation,individuals.chrom,sizepop);
% 对种群中的染色体进行变异操作
for j = 1:sizepop
x = individuals.chrom(j,:); % 解码
[individuals.fitness(j)] = fitness(x);
end
% 计算进化种群中每条染色体的适应度
[newbestfitness,newbestindex] = max(individuals.fitness);
[worestfitness,worestindex] = min(individuals.fitness);
```

```
%找到最小和最大适应度的染色体及它们在种群中的位置
if bestfitness < newbestfitness
bestfitness = newbestfitness;
bestchrom = individuals.chrom(newbestindex,:);
end
%代替上一次进化中最好的染色体
individuals.chrom(worestindex,:) = bestchrom;
individuals.fitness(worestindex) = bestfitness;
%淘汰适应度最差的个体
avgfitness = sum(individuals.fitness)/sizepop;
trace = [trace;avgfitness bestfitness];
%记录每一代进化中最好的适应度和平均适应度
end
figure(1)
plot(trace(:,1),'- *r');
title('适应度函数曲线(100 * 100)')
hold on
plot(trace(:,2),'-ob');
legend('平均适应度曲线','最佳适应度曲线','location','southeast')
%%画出适应度变化曲线
clc
%%画出聚类点
data1 = load('aa.txt');
%待分类的数据
kernal = [bestchrom(1:3);bestchrom(4:6);bestchrom(7:9);bestchrom(10:12)];
%解码出最佳聚类中心
[n,m] = size(data1);
%求出待聚类数据的行数和列数
index = cell(4,1);
%用来保存聚类类别
dist = 0;
%用来计算准则函数
for i = 1:n
dis(1) = norm(kernal(1,:) - data1(i,:));
dis(2) = norm(kernal(2,:) - data1(i,:));
dis(3) = norm(kernal(3,:) - data1(i,:));
dis(4) = norm(kernal(4,:) - data1(i,:));
%计算出待聚类数据中的一点到各个聚类中心的距离
[value,index1] = min(dis);
%找出最短距离和其聚类中心的种类
cid(i) = index1;
%用来记录数据被划分到的类别
index{index1,1} = [index{index1,1} i];
dist = dist + value;
%计算准则函数
end
cid;
dist;
%%作图
figure(2)
plot3(bestchrom(1),bestchrom(2),bestchrom(3),'ro');
title('result100 * 100')
hold on
%画出第一类的聚类中心
index1 = index{1,1};
for i = 1:length(index1)
plot3(data1(index1(i),1),data1(index1(i),2),data1(index1(i),3),'r * ')
```

```
hold on
end
hold on
%画出被划分到第一类中的各点
index1 = index{2,1};
plot3(bestchrom(4),bestchrom(5),bestchrom(6),'bo');
hold on
%画出第二类的聚类中心
for i = 1:length(index1)
plot3(data1(index1(i),1),data1(index1(i),2),data1(index1(i),3),'b*');
grid on;
hold on
end
%画出被划分到第二类中的各点
index1 = index{3,1};
plot3(bestchrom(7),bestchrom(8),bestchrom(9),'go');
hold on
%画出第三类的聚类中心
for i = 1:length(index1)
plot3(data1(index1(i),1),data1(index1(i),2),data1(index1(i),3),'g*');
hold on
end
%画出被划分到第三类中的各点
index1 = index{4,1};
plot3(bestchrom(10),bestchrom(11),bestchrom(12),'ko');
hold on
%画出第四类的聚类中心
for i = 1:length(index1)
plot3(data1(index1(i),1),data1(index1(i),2),data1(index1(i),3),'k*');
hold on
end
%画出被划分到第四类中的各点
toc
```

程序运行完以后，初始聚类结果如图 8-4 所示，适应度曲线如图 8-5 所示。

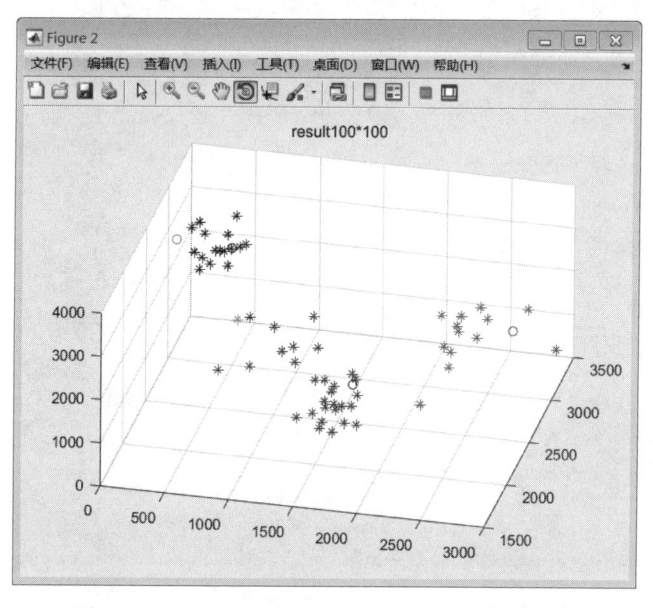

图 8-4 maxgen=100、sizepop=100 时的聚类结果

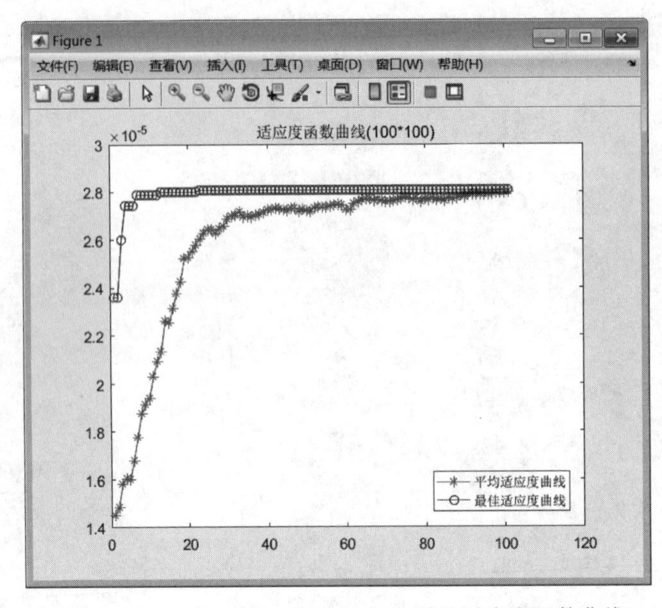

图 8-5 maxgen=100、sizepop=100 时的适应度函数曲线

分析聚类结果可知，当进化代数(即迭代次数)maxgen=100，种群规模 sizepop=100 时，有一类仅有一个数据，聚类结果明显是错误的，并没有按照要求把数据聚为四类。通过分析适应度函数曲线可知，群体的平均适应度在进化到第 100 代左右时刚好达到收敛，所以不是迭代次数的问题，就可能是种群规模的问题，就像在自然界进化过程当中，一个种群的规模越大，其产生优秀个体的可能性也就越大，经过进化后，就能产生更加优秀的群体。所以，我们要不断地增加种群规模来比较其聚类效果，这里依次取 sizepop=200，300，400，500，……。当进化代数(即迭代次数)maxgen=100，种群规模 sizepop=700 时，聚类结果如图 8-6 所示，适应度曲线如图 8-7 所示。

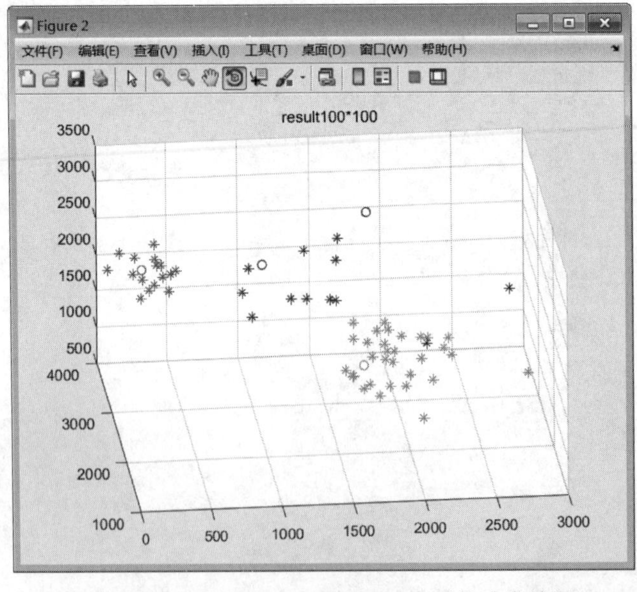

图 8-6 maxgen=100、sizepop=700 时的聚类结果

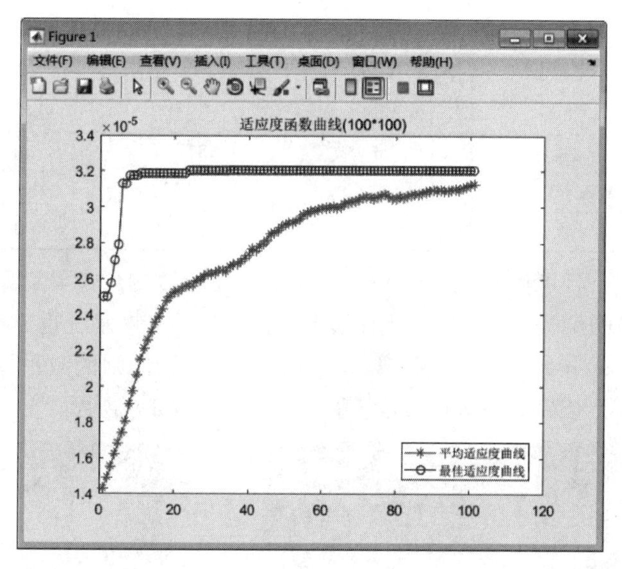

图 8-7　maxgen＝100、sizepop＝700 时的适应度函数曲线

但是当种群规模增加到 sizepop＝700 左右时，聚类效果依然不佳，此时我们可以看出，种群的平均适应度曲线并没有收敛，这时，我们就需要增加进化代数 maxgen。这就像在自然进化当中，虽然一个种群的规模很大，产生优秀个体的可能性很大，但是没有经过长时间的进化，没有达到优胜劣汰的效果。

就这样，我们不断地增大种群规模，并找到其合适的进化代数，来观察聚类的效果。但是不是种群规模越大，进化代数越大越好呢？显然不是的，种群规模越大，进化代数越大，聚类效果确实越好，但是付出的代价却是收敛速度越慢，所以我们要根据实际情况确定一个合适的种群规模和进化代数。

实验结果如表 8-3 所示。

表 8-3　聚类结果

种群规模	进化代数	运行次数	准则函数平均值	收敛速度平均值(秒)
100	100	5	42138	4.6325108
200	100	5	49595	8.4666738
300	100	5	43696	12.320991
400	100	5	40945	17.223390
500	100	5	40555	19.819010
600	100	5	43832	24.137784
700	100	5	44060	29.798188
800	150	5	47935	46.834691
900	150	5	36118	54.178806
1000	150	5	37477	63.526360
1100	150	5	44204	65.906776
1200	150	5	31969	68.900633
1500	200	5	30493	114.950724

续表

种群规模	进化代数	运行次数	准则函数平均值	收敛速度平均值(秒)
2000	200	5	33498	153.360266
2500	250	5	37530	234.189298
3000	300	5	40662	332.896752
4000	300	5	39092	446.044975

通过对比表中数据,可以看出随着种群规模和进化代数的增加,准则函数的值得到明显的下降,得出了正确的聚类结果,但是具有很大的随机性,收敛速度也越来越慢。当进化代数(即迭代次数)maxgen=200,种群规模 sizepop=1500 时,准则函数平均值最小,聚类结果是实验中最好的,聚类结果如图 8-8 所示,适应度曲线如图 8-9 所示。

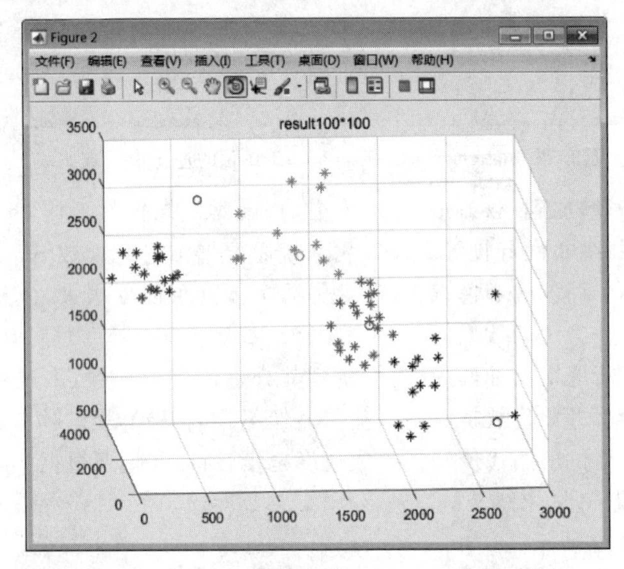

图 8-8 maxgen=200、sizepop=1500 时的聚类结果

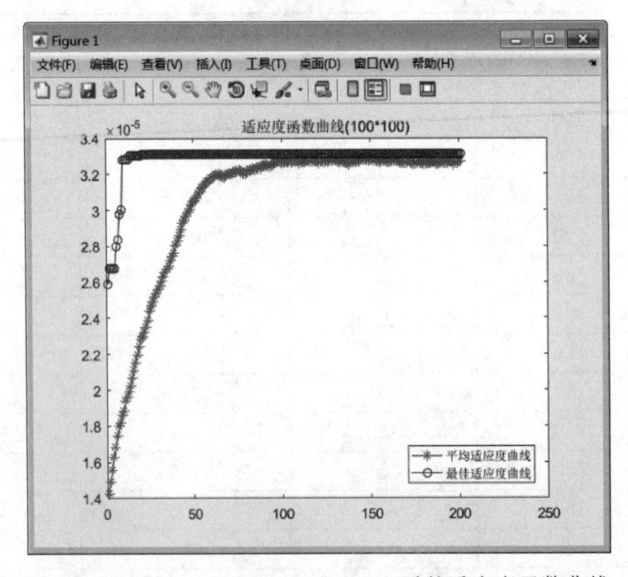

图 8-9 maxgen=200、sizepop=1500 时的适应度函数曲线

8.5 结论

本章给出了一种基于遗传算法的聚类分析方法。聚类分析是模式识别中非监督学习的一种重要方法,其基本思想是将多维空间中的特征向量按照它们之间的某种距离度量划分为若干集合,使相同集合中的特征向量之间的距离较为接近。距离度量的方式有很多,对于 $\mathbf{R}^N$ 空间中的向量,最直观的距离度量是向量之间的欧氏距离 $d=\|\boldsymbol{x}-\boldsymbol{c}\|$。遗传算法模拟生物进化的过程,具有很好的自组织、自适应和自学习能力,在求解大规模优化问题的全局最优解方面具有广泛的应用。聚类问题的解是各个集合的中心,通过对问题的解进行编码,然后对编码进行选择、交叉和变异操作,结合评价解好坏的适应度函数,就可找到按所选的评价标准来说是比较好的聚类划分。

习题

1. 什么是遗传算法?
2. 常用的遗传算子有哪些?
3. 遗传算法的特点是什么?
4. 简述遗传算法的基本要素。

第9章

蚁群算法聚类设计

蚁群算法(Ant Colony Optimization,ACO)是由意大利学者 Dorigo M 等人提出的一种新型的解决组合优化问题的模拟进化算法。该算法不仅能够实现智能搜索、全局优化,而且具有健壮性、正反馈、分布式计算、易与其他算法相结合等特点。

9.1 蚁群算法简介

蚁群算法最初由意大利学者 Dorigo M 等人于 1991 年首次提出,根据蚂蚁寻找食物的群体行为,Dorigo M 在会议 ECAL(European Conference on Artificial Life)上最早提出了蚁群算法的基本模型,1992 年 Dorigo M 又在其博士学位论文中进一步阐述了蚁群算法的核心思想。在 1996 年,其又一篇奠基性文章 *Ant system: optimization by a colony of cooperation agents* 在 *IEEE Transactions Systems, Man, and Cybernetics—PartB* 上发表,在该文中,Dorigo M 等不仅对蚁群算法的基本原理和数学模型作了更加系统地阐述,还将其与遗传算法、禁忌搜索算法、模拟退火算法、爬山法等进行了仿真实验比较,并把算法拓展到解决非对称旅行商问题(Traveling Salesman Problem, TSP)、指派问题(Quadratic Assignment Problem, QAP)以及车间作业调度问题(Job-shop Scheduling Problem, JSP),并且对算法中初始参数对性能的影响做了初步探讨。自 1996 年起,蚁群算法作为一种新颖的、处于前沿的问题优化求解算法,在算法的改进、算法收敛性的证明以及应用领域方面逐渐得到了世界许多国家研究者的关注。进入 21 世纪,国际著名的顶级学术刊物 *Nature* 多次报道了蚁群算法的研究成果,*Future Generation Computer Systems* 和 *IEEE Transaction on Evolutionary Computation* 分别出版了蚁群算法专刊。2000 年,研究者推出了蚁群算法的改进版本,如蚁群系统(Ant System)、最大最小蚁群系统(Max-Min Ant System)、蚁群领域系统(Ant Colony System)等。这些改进的算法在解决复杂问题时表现更好。2005 年,蚁群算法的应用领域进一步扩展,包括无线传感器网络、图像处理、数据挖掘等。蚁群算法在这些领域的成功应用促使人们对其进行深入研究。2006 年,并行蚁群算法(Parallel Ant Colony Optimization)和蚁群合作算法(Ant Colony Cooperation)被提出。这些并行算法可以利用多处理器或分布式计算环境提高计算效率。2010 年至今,蚁群算法得到了广泛的应用和研究,尤其在交通流优化、电力系统调度、智能机器人等领域取得了显著的成果。同时,研究人员还提出了许多改进的蚁群算法变体,如混合蚁群算法、多目标蚁群算法等。

目前,对蚁群算法及其应用的研究已经成为国内外许多学术期刊和会议上的一个研究

热点和前沿性课题。随着蚁群算法研究的兴起，人们发现在某些方面采用蚁群模型进行聚类更加接近实际聚类问题。

蚁群优化算法是一种新型的解决组合优化问题的模拟进化算法。它是模拟自然界中蚂蚁的觅食行为产生的。蚂蚁在运动过程中不仅能够在所经路径上留下一种叫信息素(pheromone)的物质，而且它们还能够感知到这种物质的存在，并以此指导自己的运动方向。蚂蚁个体之间通过这种信息交流达到搜索食物的目的。蚁群算法不仅能够智能搜索、全局优化，而且具有稳健性、健壮性、正反馈、分布式计算、易与其他算法相结合等特点。利用正反馈原理，可以加快进化过程；分布式计算使该算法易于并行实现，个体之间不断进行信息交流和传递，有利于找到较好的解；该算法易与多种启发式算法结合，可改善算法的性能；由于健壮性强，故在基本蚁群算法模型的基础上进行改进，便可用于其他问题。因此，蚁群算法的问世为诸多领域解决复杂优化问题提供了有力的工具。

9.2 蚁群算法原理

9.2.1 基本蚁群算法的原理

现实生活中单个蚂蚁的能力和智力非常简单，但蚂蚁在寻找食物的过程中，往往能找到蚁穴与食物之间的最佳行进路线。不仅如此，蚂蚁还能够适应环境变化。比如，在蚂蚁运动路线上突然出现障碍物时，一开始各个蚂蚁分布是均匀的，不管路径长短，蚂蚁总是先按照同等概率选择各条路径，如图 9-1 所示。但经过一段时间后，蚂蚁能够很快重新找到最优路径。

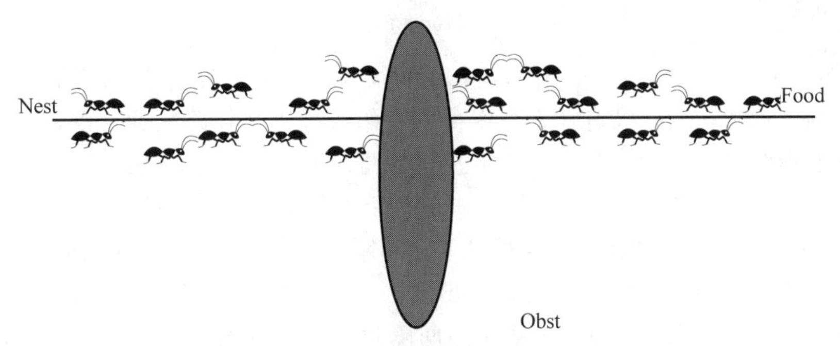

图 9-1 蚂蚁以等同概率选择各条路径

蚁群的这些特性早就引起了生物学家和仿生学家的强烈兴趣。仿生学家通过大量细致观察研究发现，蚂蚁个体之间通过一种称为信息素的物质进行信息传递，从而能相互协作，完成复杂的任务。蚁群之所以表现出复杂有序的行为，个体之间的信息交流与相互协作起着重要的作用。

蚂蚁在运动过程中，能够在其所经过的路径上留下信息素，而且蚂蚁在运动过程中能够感知到信息素的存在，并以此确定自己的运动方向。蚂蚁倾向于朝着该物质强度高的方向移动。路径上出现障碍物时，相等时间内蚂蚁留在较短路径上的信息素比较多，这样形成正反馈，选择较短路径的蚂蚁也随之增多，如图 9-2 所示。

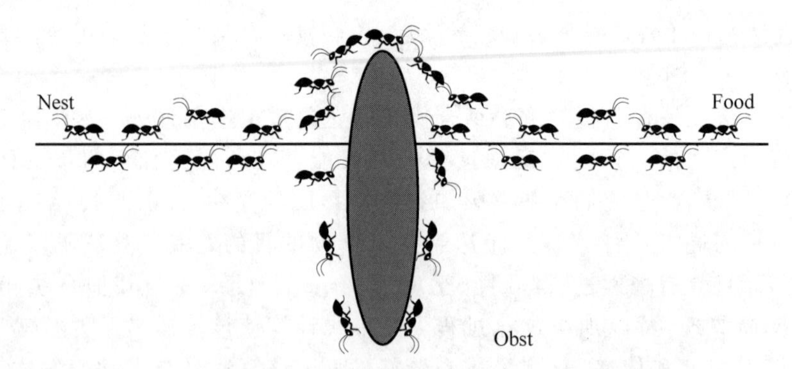

图 9-2 较短路径信息素浓度高,选择该路径的蚂蚁增多

蚂蚁运动过程中较短路径上遗留的信息素会在很短时间内大于较长路径的信息素,原因不妨用图 9-3 说明:假设 A、E 两点分别是蚁群的巢穴和食物源,之间有两条路径 ABHDE 和 ABCDE,其中 B—H 和 H—D 间距离为 1m,B—C 和 C—D 间距离为 0.5m。

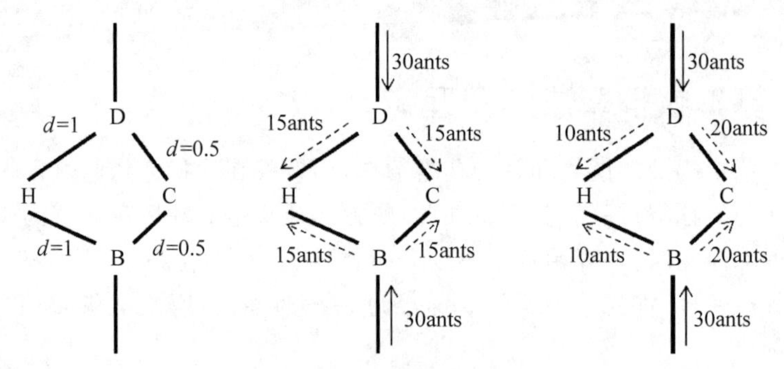

图 9-3 蚂蚁选择路径示意

最初(即 $t=0$ 时刻),如图 9-3 所示,当 30 只蚂蚁走到分支路口 B 或者 D 点时,要决定往哪个方向走。因为初始时没有什么线索可以为蚂蚁提供选择路径的标准,所以他们就以相同的概率选择路径,结果有 15 只蚂蚁走左边的路径 D—H、B—H,另外 15 只蚂蚁走右边的路径 D—C、B—C,这些蚂蚁在行进过程中分别留下信息素。假设蚂蚁都具有相同的速度(1m/s)和信息素释放能力,则经过 1s 后从 D 点出发的 30 只蚂蚁有 15 只到达了 H 点,有 15 只经过 C 点到达了 B 点,同样的从 B 点出发的 30 只中有 15 只到达了 H 点,有 15 只经过 C 点到达了 D 点。很显然,在相等的时间间隔内,路径 DHB 上共有 15 只蚂蚁经过并遗留了信息素,DCB 上却有 30 只蚂蚁经过并遗留了信息素,其信息素浓度是 DHB 路径上的 2 倍。因此,当 30 只蚂蚁分别回到 A、E 点重新选择路径时就会以 2 倍于 DHB 的概率选择路径 DCB,从而 DHB 上的蚂蚁数目变成了 10 只,距离较短的路径上信息素很快得到了强化,其优势也很快被蚂蚁发现。

不难看出,由大量蚂蚁组成的群体的集体行为表现出了一种信息正反馈现象:某条路径上走过的蚂蚁越多,则后来者选择该路径的概率就越大,蚂蚁个体之间就是通过这种信息的交流来达到搜索食物的目的,并最终沿着最短路径行进(见图 9-4)。

蚂蚁觅食行为和优化问题的对照关系如表 9-1。

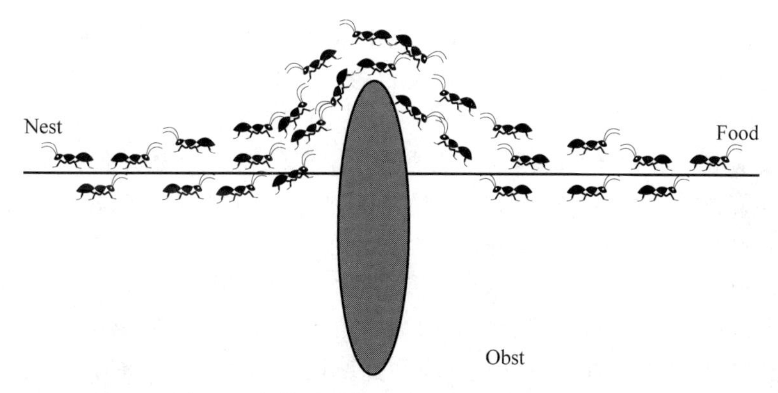

图 9-4 蚂蚁最终绕过障碍物找到最优路径

表 9-1 蚂蚁觅食行为和优化问题的对照关系

优化问题	蚂蚁觅食行为	优化问题	蚂蚁觅食行为
各个状态	要遍历的各个路径	各状态的吸引度	信息素的浓度
解	蚂蚁经过的一条完整路径	状态更新	信息素更新
最优解	最短路径	目标函数	路径长度

9.2.2 蚁群算法模型的建立

1. 基于蚂蚁构造墓地和分类幼体的聚类分析模型

蚁群构造墓地行为和分类幼体行为统称之为蚁群聚类行为。生物学家经过长期的观察发现，在蚂蚁群体中存在一种本能的聚集行为。蚂蚁往往能在没有关于蚂蚁整体的任何指导性信息情况下，将其死去的同伴的尸体安放在一个固定的场所。Chretien 用 Lasius niger 蚂蚁做了大量试验研究蚂蚁的这种构造墓地行为，发现工蚁能在几小时内将分散在蚁穴内各处的任意分布、大小不同的蚂蚁尸体聚成几类；Deneuboug J L 等人也用 pheidole pallidula 蚂蚁做了类似的实验。另外观察还发现，蚁群会根据蚂蚁幼体的大小，分别把其堆放在蚁穴周围和中央的位置。真实的蚁群聚类行为的实验结果如图 9-5 所示，四张照片分

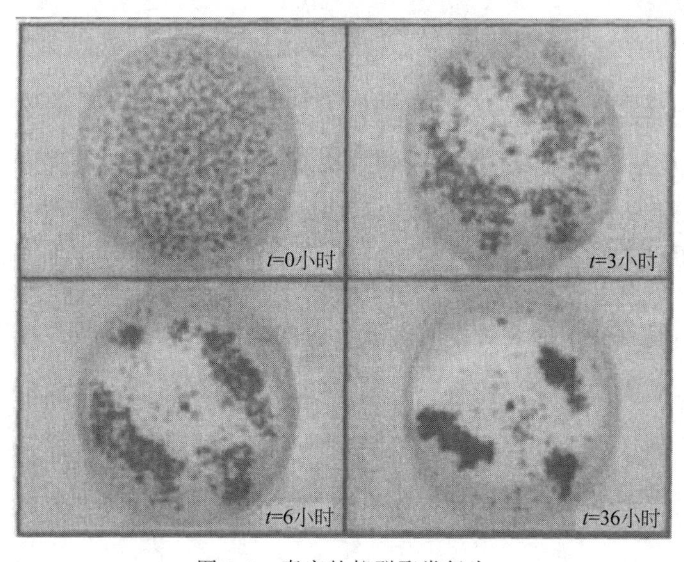

图 9-5 真实的蚁群聚类行为

别对应为实验初始状态、3小时、6小时和36小时的蚁群聚类情况。这种蚁群聚集现象的基本机制是小的聚类通过已聚集的蚂蚁尸体发出的信息素来吸引工蚁存放更多的同类对象，由此变成更大的聚类。在这种情况下，蚁穴环境中的聚类分布特性起到了间接通信的作用。

针对蚂蚁构造墓地和分类幼体的本能所表现出来的聚类行为现象，Deneubourg J L等人提出了蚁群聚类的基本模型(BM)用来解释这种现象，指出了单个的对象会比较容易被拾起而且移动到其他具有很多这类对象的地方。

基本模型利用个体与个体和个体与环境之间的交互作用，实现了自组织聚类，并成功地应用于机器人的控制中(一群类似于蚂蚁的机器人在二维网格中随意移动并可以搬运基本物体，最终把它们聚集在一起)。该模型成功的应用引起了各国学者的广泛关注和研究的热潮。Lumer E和Faieta B通过在Denurbourg的基本分类模型中引入数据对象之间相似度的概念，提出了LF聚类分析算法，并成功地将其应用到数据分析中。

2. 基于蚂蚁觅食行为和信息素的聚类分析模型

蚂蚁觅食的过程，能够分为搜索食物和搬运食物两个环节。每个蚂蚁在运动过程中都将会在其所经过的路径上留下信息素，而且能够感知到信息素的存在及其强度，比较倾向于向信息素强度高的方向移动。同样信息素自身也会随着时间的流逝而挥发，显然某一路径上经过的蚂蚁数目越多，那么其信息素就越强，以后的蚂蚁选择该路径的可能性就比较大，整个蚁群的行为表现出了信息正反馈现象。

通过借鉴这一蚁群生态原理，基于蚂蚁觅食行为和信息素的聚类分析模型的基本思想是将数据看作是具有不同属性的蚂蚁，聚类中心就被视为蚂蚁所要寻找的“食物源”，所以，数据聚类过程就能看作是蚂蚁进行找寻食物源的过程。该模型的算法流程如图9-6所示。

该模型可以描述为：假设X是n个m维待聚类的数据对象集合c_j，c_j表示聚类中心，初始化时任意分配不相同的数据值，R为聚类半径，ε_0为统计误差，P_0为概率转移阈值。数据对象X_i能否合并到c_j中的概率P_{ij}为

$$P_{ij}=\frac{\tau_{ij}^{\alpha}(t)\eta_{ij}^{\beta}(t)}{\sum_{s\in S}\tau_{ij}^{\alpha}(t)\eta_{ij}^{\beta}(t)} \tag{9-1}$$

$$\tau_{ij}(t)=\begin{cases}1, & d(X_i,C_j)\leqslant R,\\ 0, & d(X_i,C_j)>R,\end{cases} \tag{9-2}$$

$$d(X_i,C_j)=\sqrt{\sum_{r=1}^{m}(x_{ir}-c_{jr})^2} \tag{9-3}$$

其中，$d(X_i,C_j)$表示X_i到聚类中心c_j之间的欧氏距离；$\tau_{ij}(t)$是t时刻蚂蚁X_i到聚类中心C_j之间路径上残留的信息素，在初始时刻令各条路径上的信息量都为0，$\tau_{ij}(t)=0$；$S=\{X_s\mid d(X_i,C_j)\leqslant R,s=1,2,\cdots,j+1,\cdots,n\}$表示分布在聚类中心$C_j$邻域内的数据对象的集合；能见度$\eta_{ij}=1/d(X_i,C_j)$；$\alpha$和$\beta$是用于控制信息素和能见度的可调节参数；如果$P_{ij}(t)$大于阈值$P_0$，那么就将$X_i$归并到$C_j$的邻域。

模型终止条件是所有聚类总偏离误差ξ小于给定的统计误差ε_0。所有聚类的总偏离误差ξ计算公式为

$$\xi=\sum_{j=1}^{k}\xi_j \tag{9-4}$$

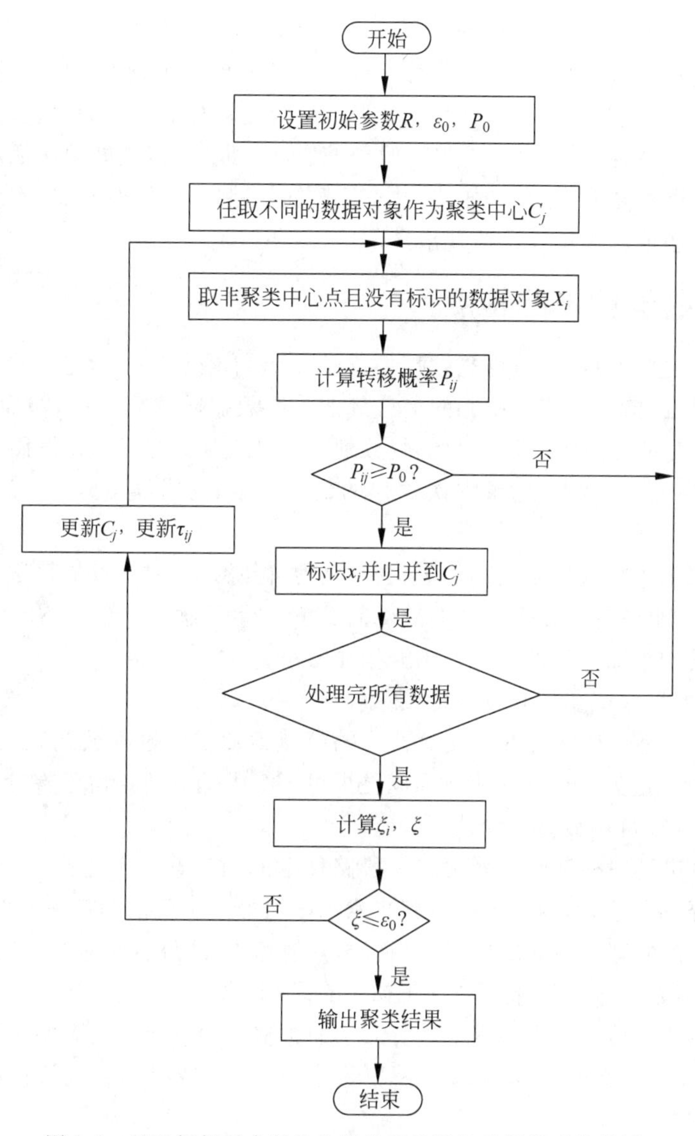

图 9-6 基于蚂蚁觅食行为和信息素的聚类分析模型流程图

$$\xi_j=\sqrt{\frac{1}{J}\sum_{i=1}^{J}(X_i-C_j')^2} \tag{9-5}$$

$$C_j'=\frac{1}{J}\sum_{i=1}^{J}X_i \tag{9-6}$$

其中，ξ_j 表示第 j 个聚类的偏离误差，C_j' 为新的聚类中心，X_i 是所有归并到 C_j 类中的数据对象，即 $X_i\in\{X_h\mid d(X_h,C_j)\leqslant R,h=1,2,\cdots,j+1,\cdots,n\}$，$J$ 为该聚类中所有数据对象的个数。

该模型中蚂蚁的通信介质是其在路径上留下的信息素，具有自组织、正反馈等优点。尽管该方法不需要事先给定聚类的个数，但由于需要预先设置类半径，因此限制了生成的类的规模。而且由于信息素的更新原则 $\tau_{ij}(t)$ 取为常数 1，处理策略使用的是局部信息，而且对数据关联性也没有考虑到，所以非常容易陷入局部最优。通过引入在蚁群算法的Ant-Cycle模型中信息素的处理方式，$\tau_{ij}(t)$为在本次循环中所经过的路径总长度的函数，能更加充分地利用环境中的整体信息。这种信息的更新规则能够让短路径上对应的信息量逐渐增大，这样就充分体现出算法中全局范围内比较短的路径的生存能力，加强了信息的正反馈性能，而且提高了算法系统搜索收敛的速度。同时，能更好地保证残余信息伴随着时间的推移而逐渐地减弱，把不好的路径"忘记"，即使路径常常被访问也不至于因为信息素的积累而使得期望值的作用没法体现出来。

9.2.3 蚁群算法的特点

蚁群算法的主要特点是通过正反馈、分布式协作来寻找最优解，这是一种基于种群寻优的启发式搜索算法，能根据聚类中心的信息量把周围数据归并到一起，从而得到聚类分类。其具体步骤为：变量初始化；将m只蚂蚁放到n个城市上；m只蚂蚁按照概率函数选择下一座城市，完成各自的周游；记录本次迭代的最佳路线；更新信息素；禁忌表清零；输出结果。

蚁群算法来源于蚂蚁搜索食物的过程，与其他群集智能一样，蚁群算法具有较强的健壮性，不会由于某一个或者某几个个体的故障而影响整个问题的求解，具有良好的可扩充性，由系统中个体的增加而增加的系统通信开销非常小。

除此之外，蚁群系统还具有以下特点。

(1) 蚁群算法是一种并行的优化算法。蚂蚁搜索食物的过程彼此独立，只通过信息素进行间接的交流。这为并行计算旅行商问题提供了极大的方便。由于旅行商问题的计算量一般较大，并行计算可以显著减少计算时间。

(2) 蚁群算法是一种正反馈算法。一段路径上的信息素水平越高，就越能够吸引更多的蚂蚁沿着这条路径运动，这又使得其信息素水平增加。正反馈的存在使得搜索很快收敛。

(3) 蚁群算法的健壮性性能较好。相对于其他算法，蚁群算法对初始路线的要求不高。也就是说，蚁群算法的搜索结果不依赖于初始路线的选择。

(4) 蚁群算法的搜索过程不需要进行人工的调整。相对于某些需要进行人工干预的算法(如模拟退火算法)，蚁群算法可以在不需要人工干预的情况下完成从初始化到得到整个结果的整个计算过程。

蚁群算法对于小规模(不超过30)的旅行商问题效果显著，但对于较为复杂的旅行商问题，其性能急剧下降。主要原因是，算法的初始阶段，各条路径上的信息素水平基本相等，蚂蚁的搜索呈现出较大的盲目性。只有经过较长时间后，信息素水平才呈现出明显的指导作用。另外，由于蚁群算法是一种正反馈算法，在算法速度收敛较快的同时，也容易陷入局部优化。比如，在两个旅行点中间的一条边，这条边的旅行费用在所有相邻的城市中是最低的。那么，在搜索的初期，这条边上会获得最高的信息素水平。高信息素水平又容易导致更多的蚂蚁沿这条路径运动。这样与这两个城市相连的路径就没有太多的机会被访问。但实际上，全局最优路径中，并不一定包含这条边。因此对于大规模的旅行商问题，早期的蚁群算法搜索到最优解的可能性较小。

另外，蚁群算法仍然存在一些缺陷，如在性能方面，算法的收敛速度和所得解的多样性、稳定性等性能之间存在矛盾。这是因为蚁群中多个个体的运动是随机的，虽然通过信息素交流能够向着最优路径进化，但是当群体规模较大时，很难在较短时间内从杂乱无章的路径中找到一条较好的路径。如果因为加快收敛速度则很可能导致蚂蚁的搜索陷入局部最优，造成早熟、停滞现象。

在应用范围方面，蚁群算法的应用尚且局限在较小的范围内，难以处理连续空间的优化问题。由于每个蚂蚁在每个阶段所做的选择总是有限的，它要求离散的解空间，因而对组合优化等离散问题很适用，而对线性和非线性规划等连续空间的优化问题的求解不能直接应用。

9.3 基本蚁群算法的实现

本例使用表1-2的三原色数据，希望将数据按照颜色数据所表征的特点，将数据按照各自所属的类别归类。

由于蚁群优化算法是迭代求取最优值，所以事先无须训练数据，故取59组数据确定类别。下面使用MATLAB构建蚁群优化算法。

程序流程如图9-7所示。

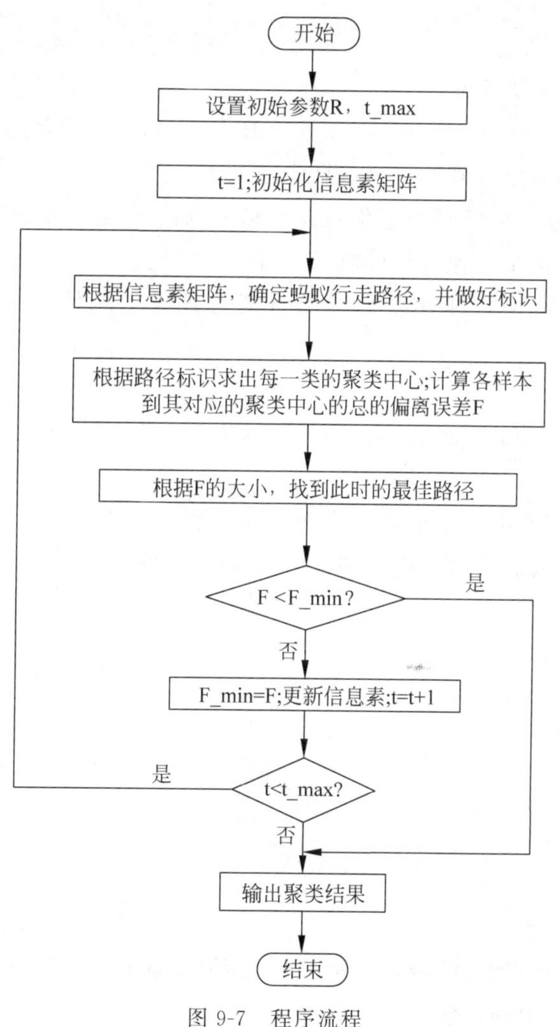

图9-7　程序流程

1. 程序初始化

加载测试样本矩阵 X,根据测试样本,求出样本个数 N,测试样本的属性数 n(即维数),给定聚类个数 K(即要分成几类),给定蚂蚁数 R,最大迭代次数 t_max,最佳路径的偏差值 best_solution_function_value,初始值为无穷大。

初始化程序代码如下：

```
X = load('data.txt');
[N,n] = size(X);                    % N = 测试样本数;n = 测试样本的属性数;
K = 4;                              % K = 组数;
R = 100;                            % R = 蚂蚁数;
t_max = 1000;                       % t_max = 最大迭代次数;
best_solution_function_value = inf; % 最佳路径度量值(初值为无穷大,该值越小聚类效果越好)
```

2. 信息素矩阵初始化

信息素矩阵维数为 N * K(样本数 * 聚类数),初始值为 0.01。

信息素矩阵初始化程序代码如下：

```
c = 10^ - 2;
tau = ones(N,K) * c;            % 信息素矩阵,初始值为 0.01 的 N * K 矩阵(样本数 * 聚类数)
```

3. 蚂蚁路径的选择及标识

定义标识字符矩阵 solution_string,维数为 R * N+1,初始值都为 0,以信息素矩阵中信息素的值确定路径(即确定分到哪一组),具体方法如下：

如果该样本各信息素的值都小于信息素阈值 q,则取信息素最大的为作为路径。若最大值有多个,则从相同的最大值中随机取一个,作为路径。

若信息数大于阈值 q,则求出各路径信息素占该样本总信息素的比例,以概率确定路径。

4. 聚类中心的选择

聚类中心为该类所有样本的各属性值的平均值。

5. 偏离误差计算

偏离误差的计算,即各样本到其对应的聚类中心的欧式距离之和 F。F 越小,聚类效果越好。计算每只蚂蚁的 F 值,找到最小的 F 值,该值对应的路径为本次迭代的最佳路径。

$$\xi = \sum_{j=1}^{k} \xi_j \tag{9-7}$$

$$\xi_j = \sqrt{\frac{1}{J}\sum_{i=1}^{J}(X_i - C'_j)^2} \tag{9-8}$$

$$C'_j = \frac{1}{J}\sum_{i=1}^{J} X_i \tag{9-9}$$

6. 信息素更新

对信息素矩阵进行更新,更新方法为：新值为原信息素值乘以(1-rho),rho 为信息素蒸发率,再加上最小偏差值的倒数。

程序代码如下：

```
for i = 1 : N
        tau(i,best_solution(1,i)) = (1 - rho) * tau(i,best_solution(1,i)) + 1/ tau_F;
```

信息素更新之后，再根据新的信息数矩阵，判断路径，进行迭代运算，直到达到最大迭代次数，或偏离误差达到要求值。

7. 完整程序及仿真结果

蚁群优化算法的完整 MATLAB 程序代码如下：

```
clc;
clf;
clear;
% X = 测试样本矩阵;
X = load('data.txt');
[N,n] = size(X);                    % N = 测试样本数;n = 测试样本的属性数;
K = 4;                              % K = 组数;
R = 100;                            % R = 蚂蚁数;
t_max = 1000;                       % t_max = 最大迭代次数;
% 初始化
c = 10^-2;
tau = ones(N,K) * c;                % 信息素矩阵,初始值为 0.01 的 N*K 矩阵(样本数*聚类数)
q = 0.9;                            % 阈值 q
rho = 0.1;                          % 蒸发率
best_solution_function_value = inf; % 最佳路径度量值(初值为无穷大,该值越小聚类效果越好)
tic
t = 1;
while ((t<=t_max))                              %进行 t_max 次迭代计算
    solution_string = zeros(R,N+1);             %路径标识字符: 标识每只蚂蚁的路径
      for i = 1 : R                             %以信息素为依据确定蚂蚁的路径
        r = rand(1,N);                          %随机产生值为 0~1 随机数的 1*51 的数组
        for g = 1 : N
            if r(g) < q                         %如果 r(g)小于阈值
                tau_max = max(tau(g,:));
                Cluster_number = find(tau(g,:) == tau_max);
                %确定第 i 只蚂蚁对第 g 个样本的路径标识
                solution_string(i,g) = Cluster_number(1);
                %如果 r(g)大于阈值,求出各路径信息素占总信息素的比例,按概率选择路径
              else
                sum_p = sum(tau(g,:));
                p = tau(g,:) / sum_p;
                for u = 2 : K
                    p(u) = p(u) + p(u-1);
                end
              rr = rand;
                for s = 1 : K
                    if (rr <= p(s))
                        Cluster_number = s;
                        solution_string(i,g) = Cluster_number;
                    break;
                end
            end
        end
    end
```

```
  % 计算聚类中心
 weight = zeros(N,K);
     for h = 1:N                              %给路径做计算标识
         Cluster_index = solution_string(i,h); %类的索引编号
         weight(h,Cluster_index) = 1;      %对样本选择的类在 weight 数组的相应位置标 1
     end

     cluster_center = zeros(K,n); %聚类中心(聚类数 K 个中心)
     for j = 1:K
           for v = 1:n
               sum_wx = sum(weight(:,j). * X(:,v));   %各类样本各属性值之和
               sum_w = sum(weight(:,j));              %各类样本个数
               if sum_w == 0 %该类样本数为 0,则该类的聚类中心为 0
                 cluster_center(j,v) = 0
                   continue;
             else %该类样本数不为 0,则聚类中心的值取样本属性值的平均值
             cluster_center(j,v) = sum_wx/sum_w;
             end
         end
     end

% 计算各样本点各属性到其对应的聚类中心的均方差之和,该值存入 solution_string 的最后一位
      F = 0;
      for j = 1:K
        for ii = 1:N
            Temp = 0;
            if solution_string(i,ii) == j;
                for v = 1:n
                    Temp = ((abs(X(ii,v) - cluster_center(j,v))).^2) + Temp;
                end
                Temp = sqrt(Temp);
            end
          F = (Temp) + F;
        end
    end

    solution_string(i,end) = F;

  end
  %根据 F 值,把 solution_string 矩阵升序排序
  [fitness_ascend,solution_index] = sort(solution_string(:,end),1);
  solution_ascend = [solution_string(solution_index,1:end - 1) fitness_ascend];
  for k = 1:R
            if solution_ascend(k,end)< = best_solution_function_value
            best_solution = solution_ascend(k,:);
        end
      k = k + 1;
      end

  % 用最好的 L 条路径更新信息数矩阵
  tau_F = 0;
  L = 2;
  for j = 1:L
      tau_F = tau_F + solution_ascend(j,end);
  end
```

```
    for i = 1 : N
        tau(i,best_solution(1,i)) = (1 - rho) * tau(i,best_solution(1,i)) + 1/ tau_F;
    % 1/tau_F 和 rho/tau_F 效果都很好
    end
    t = t + 1;
end
time = toc;
clc
t
time
cluster_center
best_solution = solution_ascend(1,1:end - 1);
IDY = ctranspose(best_solution)
best_solution_function_value = solution_ascend(1,end)
% 分类结果显示
plot3(cluster_center(:,1),cluster_center(:,2),cluster_center(:,3),'o');grid;box
title('蚁群聚类结果(R = 100,t = 10000)')
xlabel('X')
ylabel('Y')
zlabel('Z')
YY = [1 2 3 4];
index1 = find(YY(1) == best_solution)
index2 = find(YY(2) == best_solution)
index3 = find(YY(3) == best_solution)
index4 = find(YY(4) == best_solution)
line(X(index1,1),X(index1,2),X(index1,3),'linestyle','none','marker','*','color','g');
line(X(index2,1),X(index2,2),X(index2,3),'linestyle','none','marker','*','color','r');
line(X(index3,1),X(index3,2),X(index3,3),'linestyle','none','marker','+','color','b');
line(X(index4,1),X(index4,2),X(index4,3),'linestyle','none','marker','s','color','b');
rotate3d
```

程序运行完以后,聚类结果如图 9-8 所示。从图中可以看出基本蚁群聚类法的分类效果不太好。

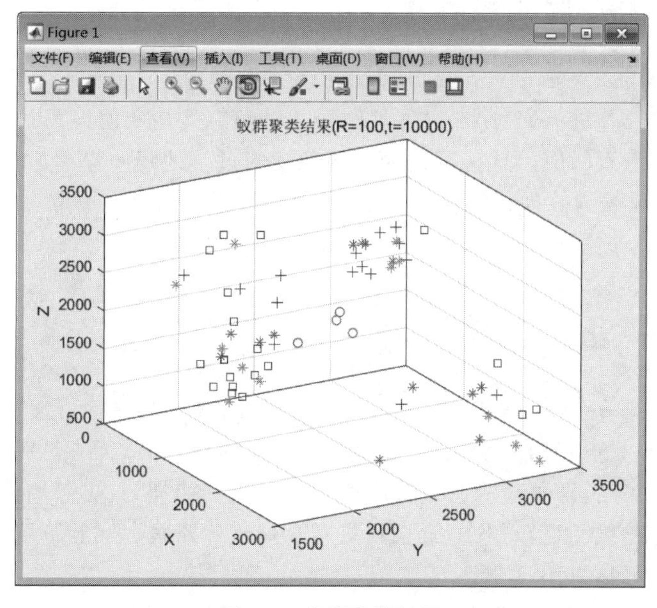

图 9-8　蚁群聚类结果

程序运行结果如下：

```
t =
1001
time =
     23.4018
cluster_center =

  1.0e+03 *
    1.3710    2.6187    1.8872
    1.3950    2.4997    2.1124
    1.1438    2.6196    2.0613
    1.6024    2.1673    2.0350

best_solution_function_value =
    6.3409e+04
index1 =
3     4     6     14    19    27    34    37    41    44    48    49    57
index2 =
1     2     7     9     15    23    24    40    43    45    50    58
index3 =
5     8     12    13    17    18    28    29    32    38    39    46    54
55    56
index4 =
1 至 15 列
10    11    16    20    21    22    25    26    30    31    33    35    36
42    47
16 至 19 列
  52  53    59
```

9.4 蚁群算法的改进

9.4.1 MMAS 算法简介

最大-最小蚁群系统(Max-Min Ant system,MMAS),是在基本蚁群算法的基础上提出来的一种改进的蚁群算法。MMAS将各条路径上的信息素初始值设为最大,并且规定了各条路径上的最小信息素的值。这些都是为了避免搜索过早地陷入停滞。该算法的主要思想是：一方面加强正反馈的效果,提高蚂蚁的搜索效率；另一方面,采取一定措施,减小陷入局部优化的可能性。改进后的算法流程如图9-9所示。

在具体介绍该算法之前,首先给出几个相关的定义。

> 定义1：所有蚂蚁完成一次搜索,称为一次周游。
> 定义2：若干只蚂蚁各自进行一次搜索后,这些搜索结果中最好的一个即为周游最优路线。
> 定义3：已经完成的所有搜索中,结果最好的行进路线即为全局最优路线。

在蚁群系统中,只更新构成全局最优路线的边上的信息素,而在MMAS中,提出了一种新的信息素更新策略,即更新周游最优路线。在搜索的初期,只更新周游最优路线,然后,逐渐提高全局最优路线的更新频率,直至只更新全局最优路线。实验证明,这种方法可在一定程度上改进搜索的结果。

MMAS算法是在蚁群算法基础上进行了许多改进之后的算法,主要表现在下面三

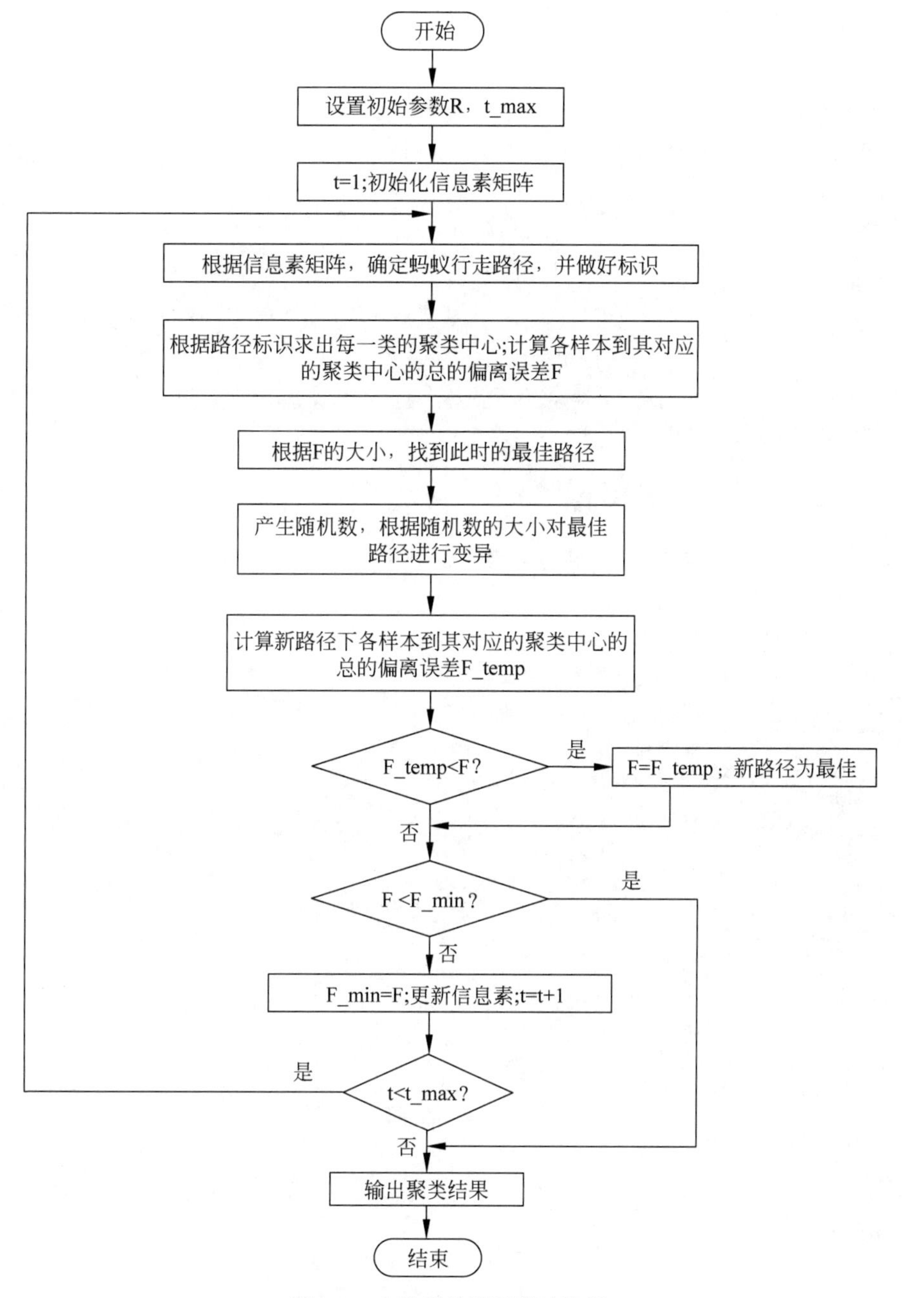

图 9-9　改进后的蚁群算法流程

方面：

（1）在算法运行期间更多地利用最优解信息，即每次迭代后仅允许一只最优的蚂蚁增加信息素，该最优蚂蚁可以是当代最优的，也可以是全局最优的；

（2）为了尽量避免搜索停滞现象，本算法对信息素进行了限制，这也是将该算法称为最大-最小蚁群系统的原因；

（3）在开始搜索前，将所有边的信息素水平设为信息素最大值，即本算法将信息素初始化为最大值，这样初始化有利于算法在最初阶段搜索到更多的解。这样在搜索的初期，蚂蚁的搜索范围较大，从而减少了搜索停滞于局部最优的情况发生。

改进后的算法如下：

```
        pls = 0.1;                          %局部寻优阈值 pls(相当于变异率)
solution_temp = zeros(L,N+1);
    k = 1;
    while(k <= L)
           solution_temp(k,:) = solution_ascend(k,:);
           rp = rand(1,N);                  %产生一个 1*N(51)维的随机数组
            for i = 1:N
               if rp(i) <= pls              %某值小于 pls 则随机改变其对应的路径标识
                    current_cluster_number = setdiff([1:K],solution_temp(k,i));
                    rrr = randint(1,1,[1,K-1]);
                    change_cluster = current_cluster_number(rrr);
                    solution_temp(k,i) = change_cluster;
               end
           end
```

9.4.2 完整程序及仿真结果

MMAS 算法程序代码如下：

```
clc;
clf;
clear;
   % X = 测试样本矩阵;
X = load('data1.txt');
[N,n] = size(X);                  % N = 测试样本数;n = 测试样本的属性数;
K = 4;                            % K = 组数;
R = 100;                          % R = 蚂蚁数;
t_max = 1000;                     % t_max = 最大迭代次数;
% 初始化
c = 10^-2;
tau = ones(N,K) * c;              %信息素矩阵,初始值为 0.01 的 N*K 矩阵(样本数*聚类数)
q = 0.9;                          % 阈值 q
rho = 0.1;                        % 蒸发率
best_solution_function_value = inf; % 最佳路径度量值(初值为无穷大,该值越小聚类效果越好)
tic                               %计算程序运行时间
t = 1;
while ((t <= t_max))              %进行 t_max 次迭代计算
    %路径标识字符:标识每只蚂蚁的路径
    solution_string = zeros(R,N+1);
    for i = 1 : R                 %以信息素为依据确定蚂蚁的路径
        r = rand(1,N);            %随机产生值为 0~1 随机数的 1*51 的数组
        for g = 1 : N
            if r(g) < q           %如果 r(g)小于阈值
                tau_max = max(tau(g,:));
                %聚类标识数,选择信息素最多的路径
                Cluster_number = find(tau(g,:) == tau_max);
                  %确定第 i 只蚂蚁对第 g 个样本的路径标识
                solution_string(i,g) = Cluster_number(1);
                %如果 r(g)大于阈值,求出各路径信息素占总信息素的比例,按概率选择路径
                else
                  sum_p = sum(tau(g,:));
```

```
                p = tau(g,:) / sum_p;
                for u = 2 : K
                  p(u) = p(u) + p(u-1);
                end
                rr = rand;
                 for s = 1 : K
                     if (rr <= p(s))
                         Cluster_number = s;
                         solution_string(i,g) = Cluster_number;
                break;
              end
          end
      end
  end

  % 计算聚类中心
  weight = zeros(N,K);
      for h = 1:N                                   % 给路径做计算标识
          Cluster_index = solution_string(i,h); % 类的索引编号
          weight(h,Cluster_index) = 1;    % 对样本选择的类在 weight 数组的相应位置标 1
      end

      cluster_center = zeros(K,n);          % 聚类中心(聚类数 K 个中心)
      for j = 1:K
          for v = 1:n
              sum_wx = sum(weight(:,j).* X(:,v));    % 各类样本各属性值之和
              sum_w = sum(weight(:,j));   % 各类样本个数
              if sum_w == 0               % 该类样本数为 0,则该类的聚类中心为 0
                cluster_center(j,v) = 0
                  continue;
              else % 该类样本数不为 0,则聚类中心的值取样本属性值的平均值
              cluster_center(j,v) = sum_wx/sum_w;
              end
          end
      end

% 计算各样本点各属性到其对应的聚类中心的均方差之和,该值存入 solution_string 的最后一位
    F = 0;
    for j = 1:K
        for ii = 1:N
            Temp = 0;
            if solution_string(i,ii) == j;
                for v = 1:n
                    Temp = ((abs(X(ii,v) - cluster_center(j,v))).^2) + Temp;
                end
                Temp = sqrt(Temp);
            end
          F = (Temp) + F;
        end
    end

        solution_string(i,end) = F;

  end
  % 根据 F 值,把 solution_string 矩阵升序排序
  [fitness_ascend,solution_index] = sort(solution_string(:,end),1);
```

```
    solution_ascend = [solution_string(solution_index,1:end-1) fitness_ascend];

    pls = 0.1; % 局部寻优阈值 pls(相当于变异率)
    L = 2; % 在 L 条路径内局部寻优
    % 局部寻优程序
    solution_temp = zeros(L,N+1);
    k = 1;
    while(k <= L)
            solution_temp(k,:) = solution_ascend(k,:);
            rp = rand(1,N); %产生一个 1*N(51)维的随机数组,某值小于 pls 则随机改变其对
                            %应的路径标识
            for i = 1:N
                if rp(i) <= pls
                    current_cluster_number = setdiff([1:K],solution_temp(k,i));
                    rrr = randint(1,1,[1,K-1]);
                    change_cluster = current_cluster_number(rrr);
                    solution_temp(k,i) = change_cluster;
                    end
                end

        % 计算临时聚类中心
         solution_temp_weight = zeros(N,K);
         for h = 1:N
         solution_temp_cluster_index = solution_temp(k,h);
         solution_temp_weight(h,solution_temp_cluster_index) = 1;
        end

        solution_temp_cluster_center = zeros(K,n);
        for j = 1:K
            for v = 1:n
                solution_temp_sum_wx = sum(solution_temp_weight(:,j).*X(:,v));
                solution_temp_sum_w = sum(solution_temp_weight(:,j));
                if solution_temp_sum_w == 0
                solution_temp_cluster_center(j,v) = 0;
                continue;
                else
                  solution_temp_cluster_center(j,v) = solution_temp_sum_wx/solution_temp_sum_w;
                end
              end
         end
         % 计算各样本点各属性到其对应的临时聚类中心的均方差之和 Ft;
         solution_temp_F = 0;
         for j = 1:K
             for ii = 1:N
                 st_Temp = 0;
                 if solution_temp(k,ii) == j;
                     for v = 1:n
                         st_Temp = ((abs(X(ii,v) - solution_temp_cluster_center(j,v))).^2) +
st_Temp;
                     end
                     st_Temp = sqrt(st_Temp);
                 end
                 solution_temp_F = (st_Temp) + solution_temp_F;
             end
         end
        solution_temp(k,end) = solution_temp_F;
```

```
            %根据临时聚类度量调整路径
            % 如果 Ft<Fl 则 Fl=Ft , Sl=St
              if solution_temp(k,end) <= solution_ascend(k,end)
                   solution_ascend(k,:) = solution_temp(k,:);
              end

              if solution_ascend(k,end)<=best_solution_function_value
                   best_solution = solution_ascend(k,:);
              end
          k = k+1;
          end

       % 用最好的 L 条路径更新信息数矩阵
       tau_F = 0;
       for j = 1:L
              tau_F = tau_F + solution_ascend(j,end);
       end
       for i = 1 : N
              tau(i,best_solution(1,i)) = (1 - rho) * tau(i,best_solution(1,i)) + 1/ tau_F;
       %1/tau_F 和 rho/tau_F 效果都很好
       end
       t=t+1
       best_solution_function_value = solution_ascend(1,end);
       best_solution_function_value
end
time=toc;                    %输出程序运行时间
clc
t
time
cluster_center
best_solution = solution_ascend(1,1:end-1);
IDY=ctranspose(best_solution)
best_solution_function_value = solution_ascend(1,end)
%分类结果显示
plot3(cluster_center(:,1),cluster_center(:,2),cluster_center(:,3),'o');grid;box
title('蚁群聚类结果(R=100,t=10000)')
xlabel('X')
ylabel('Y')
zlabel('Z')
YY=[1 2 3 4];
index1 = find(YY(1) == best_solution)
index2 = find(YY(2) == best_solution)
index3 = find(YY(3) == best_solution)
index4 = find(YY(4) == best_solution)
line(X(index1,1),X(index1,2),X(index1,3),'linestyle','none','marker','*','color','g');
line(X(index2,1),X(index2,2),X(index2,3),'linestyle','none','marker','*','color','r');
line(X(index3,1),X(index3,2),X(index3,3),'linestyle','none','marker','+','color','b');
line(X(index4,1),X(index4,2),X(index4,3),'linestyle','none','marker','s','color','b');
rotate3d
```

程序运行完后，仿真结果如图 9-10 所示。从图中可以看出 MMAS 聚类效果比基本蚁群聚类效果要好，但分类效果还不是太好，说明该三原色不适合使用该算法分类。

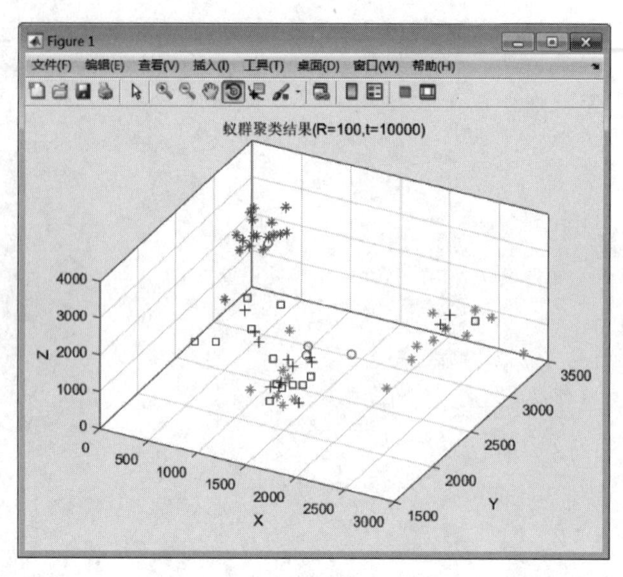

图 9-10　MMAS 聚类结果

程序运行结果：

```
t =
1001
time =
84.9270
cluster_center =
1.0e+03 *
    1.9095    2.3453    1.6705
    0.4709    3.1052    2.2664
    1.7053    2.0221    2.1305
    1.6203    2.1557    2.0522
best_solution_function_value =
    4.1595e+04
index1 =
1 至 15 列
1    3    8    14    15    19    22    24    26    33    36    39    41    43    45
16 列
47
index2 =
1 至 15 列
2    5    6    9    10    12    13    23    27    28    29    34    38    44    46
16 至 18 列
48    49    55
index3 =
11    16    17    18    20    37    40    42    50    52    56    58
index4 =
7    21    25    30    31    32    35    51    53    54    57    59
```

9.5 蚁群算法与其他仿生优化算法的异同

1. 相同点

蚁群算法同目前流行的遗传算法、人工神经网络、微粒群算法、人工免疫算法、人工鱼群算法等都属于仿生优化算法，它们都属于一类模拟自然界生物系统、完全依赖生物体自身本能、通过无意识寻优行为来优化其生存状态以适应环境需要的最优化智能算法。因此，这些仿生优化算法有许多相同的特点。

(1) 都是一类不确定的算法。不确定性体现了自然界生物的生理机制，并且在求解某些特定问题方面优于确定性算法。仿生优化算法的不确定性是伴随其随机性而来的，其主要步骤含有随机因素，从而在算法的迭代过程中，事件发生与否有很大的不确定性。

(2) 都是一类概率型的全局优化算法。非确定算法的优点在于算法能有更多的机会求得全局最优解。

(3) 都不依赖于优化问题本身的严格数学性质。在优化过程中都不依赖于优化问题本身的严格数学性质(如连续性、可导性)以及目标函数和约束条件的精确数学描述。

(4) 都是一种基于多个智能体的仿生优化算法。仿生优化算法中的各个智能体之间通过相互协作来更好地适应环境，表现出与环境交互的能力。

(5) 都具有本质并行性。仿生优化算法的本质并行性表现在两方面：一是仿生优化计算的内在并行性(inherent parallelism)，即仿生优化算法本身非常适合大规模并行；二是仿生优化计算的内含并行性 (implicit parallelism)，这使得仿生优化算法能以较少的计算获得较大的收益。

(6) 都具有突现性。仿生优化算法总目标的完成是在多个智能体个体行为的运动过程中突现出来的。

(7) 都具有自组织性和进化性。在不确定的复杂时变环境中，仿生优化算法可通过自学习不断提高算法中个体的适应性。

(8) 都具有稳健性。仿生优化算法的稳健性是指在不同条件和环境下算法的适用性和有效性。由于仿生优化算法不依赖于优化问题本身的严格数学性质和所求解问题本身的结构特征，因此用仿生优化算法求解许多不同问题时，只需要设计相应的评价函数(代价函数)，而基本上需修算法的其他部分。

2. 不同点

1) 蚁群算法

蚁群算法采用了正反馈机制，这是不同于其他仿生优化法最为显著的特点。基本蚁群算法一般需要较长的搜索时间，容易出现停滞现象。蚁群算法的收敛性能对初始化参数的设置比较敏感。

2) 遗传算法

遗传算法以决策的编码作为运算对象，在优化过程中借鉴了生物学中的染色体和基因等概念，模拟自然界中生物的遗传和进化等机理，应用遗传操作求解无数值概念或很难有数值概念的优化问题，这一点恰恰是遗传算法的本质特色。遗传算法是基于个体适应度来进行概率选择操作的，从而使搜索过程表现出较大的灵活性。遗传算法中的个体重组技术采用了交叉算子，而交叉算子是遗传算法所强调的关键技术，它是遗传算法中产生新个体的主要方法，也是遗传算法区别于其他仿生优化算法的又一个主要不同之处。

3) 人工神经网络

人工神经网络系统是一个高度复杂的线性动力学系统，不仅有一般非线性系统的共性，更主要的是它还具有高维性和神经元之间的广泛互连性。人工神经网络能广泛地进行知识索引,且对带噪声、不完整或不一致数据具有很强的处理能力,使人工神经网络成为多变量经验建模的有效工具。

4) 粒子群算法

粒子群算法是一种原理简单的启发式算法。与其他仿生优化算法相比,粒子群算法的数学基础相对较为薄弱,它所需的代码和参数较少。粒子群算法受所求问题维数的影响较小。

5) 人工免疫算法

在人工免疫算法中,模拟了人体免疫系统所特有的自适应性和人工免疫这一加强人体免疫系统的手段,并采用了基于浓度的选择更新策略,从而有效地防止了其他仿生优化算法中"早熟"的问题,将搜索过程引向全局最优。人工免疫算法实现的是多样性搜索,其搜索目标具有一定的分散性和独立性。人工免疫算法一般建立在精确的数学模型或进化计算的基础上,其数学模型固然简单,易于实现。

9.6 结论

改进基本蚁群算法之后缩短了迭代次数,减少了计算量,聚类的效果要好于基本的蚁群算法。但是,从整体上来说两种算法的聚类效果都不太好,说明该算法不适合于酒瓶的分类,体现了蚁群算法的局限性。蚁群算法虽然被成功应用到了旅行商问题上,但是以后在应用该算法时,我们应该根据具体问题而定。

习题

1. 简述蚁群算法的基本原理。
2. 简述蚁群算法的特点。

第10章

粒子群算法聚类设计

粒子群算法(Particle Swarm Optimization,PSO)是1995年由Kennedy和Eberhart在鸟群、鱼群和人类社会的行为规律的启发下提出的一种基于群智能的演化计算技术。由于算法收敛速度快,需要设置、调整的参数少,实现简捷,近年来受到学术界的广泛重视。

10.1 粒子群算法简介

粒子群算法(Particle Swarm Optimization,PSO)是由美国社会心理学家James Kennedy和电气工程师Russell C. Eberhart在1995年共同提出的,是继蚁群算法之后的又一种新的群体智能算法,目前已成为进化算法的一个重要分支。粒子群算法的基本思想是模拟鸟类群体行为,如图10-1,并利用了生物学家的生物群体模型,因为鸟类的生活使用了简单的规则——飞离最近的个体、飞向目标、飞向群体的中心,来确定自己的飞行方向和飞行速度,并且成功地寻找到栖息地。Heppner受鸟类的群体智能启发,建立了模型。Eberhart和Kennedy对Heppner的模型进行了修正,同时引入了人类的个体学习和整体文化形成的模式,一方面个体向周围的优秀者的行为学习,另一方面个体不断总结自己的经验形成自己的知识库,从而提出了粒子群算法(PSO)。该算法由于运算速度快,局部搜索能力强,参数设置简单,近些年已受到学术界的广泛重视,现在粒子群算法在函数优化,神经网络训练,模式分类,模糊系统控制以及其他工程领域都得到了广泛的应用。

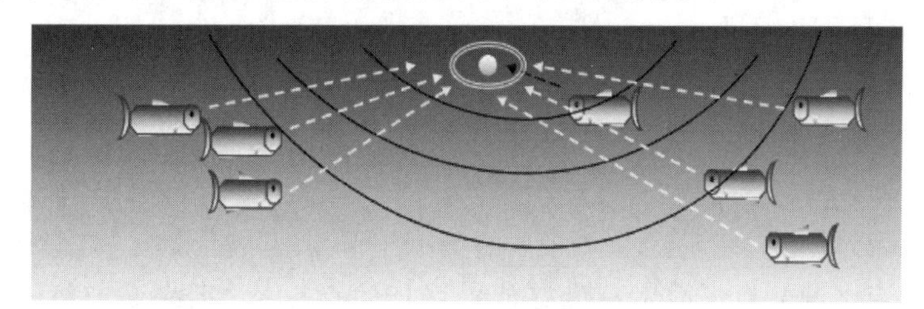

图10-1　鱼群/鸟群行为

1. 粒子群算法产生背景

(1) CAS(Complex Adaptive System):复杂适应系统。我们把系统中的成员称为具有适应性的主体(Adaptive Agent),简称为主体。所谓具有适应性,就是指它能够与环境以及其他主体进行交流,在这种交流的过程中“学习”或“积累经验”,并且根据学到的经验改变自身的结构和行为方式。整个系统的演变或进化,包括新层次的产生、分化和多样性的出现,新的、聚合而成的、更大的主体的出现等,都是在这个基础上出现的。

CAS的四个基本特点如下:

① 主体是主动的、活的实体;

② 个体与环境(包括个体之间)的相互影响、作用,是系统演变和进化的主要动力;

③ 这种方法不像其他的方法那样,把宏观和微观截然分开,而是把它们有机地联系起来;

④ 这种建模方法还引进了随机因素的作用,使它具有更强的描述和表达能力。

(2) 人工生命

人工生命是用来研究具有某些生命基本特征的人工系统。人工生命包括两方面的内容:研究如何利用计算技术研究生物现象和研究如何利用生物技术研究计算问题。我们现在关注的是第二部分的内容。现在已经有很多源于生物现象的计算技巧,例如,人工神经网络是简化的大脑模型,遗传算法是模拟基因进化过程的。现在我们讨论另一种生物系统:社会系统,是由简单个体组成的群落与环境以及个体之间的互动行为,也可称作"群智能"。

2. 粒子群算法基本思想

在粒子群算法中,把一个优化问题看作是在空中觅食的鸟,那么"食物"就是优化问题的最优解,而在空中飞的每一只觅食的"鸟"就是粒子群算法中在解空间中进行搜索的一个"粒子"(Particle)。"群"(Swarm)的概念来自人工生命,满足人工生命的基本原则。因此粒子群算法也可看作是对简化了的社会模型的模拟,其中最重要的是社会群体中的信息共享机制,这是推动算法的主要机制。

10.2 经典粒子群算法的运算过程

经典粒子群算法和其他的进化算法相似,也采用"群体"与"进化"的概念,同样是根据个体即粒子(particle)的适应度大小进行操作。不同的是,粒子群算法不像其他进化算法那样对个体使用进化算子,而是将每个个体看作是在 N 维搜索空间中的一个无重量无体积的粒子,并在搜索空间中以一定的速度飞行。该飞行速度根据个体的飞行经验和群体的飞行经验来进行动态调整。

Kennedy 和 Eberhart 最早提出的粒子群算法的进化方程为

$$v_{ij}(t+1)=v_{ij}(t)+c_1.r_1.(p_{ij}(t)-x_{ij}(t))+c_2.r_2.(p_{gj}(t)-x_{ij}(t)) \tag{10-1}$$

$$x_{ij}(t+1)=x_{ij}(t)+v_{ij}(t+1) \tag{10-2}$$

其中,i 表示第 i 个粒子,j 表示的是粒子 i 的第 j 维分量,t 表示第 t 代,学习因子 c_1 和 c_2 为非负常数,c_1 用来调节粒子向本身最好位置飞行的步长,c_2 用来调节粒子向群体最好位置飞行的步长,通常 c_1 和 c_2 在[0,2]取值。

迭代终止条件根据具体问题一般选为最大迭代次数或粒子群搜索到的最优位置满足于预先设定的精度。

经典粒子群算法的算法流程如下。

(1) 依照如下步骤初始化,对粒子群的随机位置和速度进行初始设定。

① 设定群体规模,即粒子数为 N;

② 对任意 i,j,随机产生 x_{ij},v_{ij};

③ 对任意 i 初始化局部最优位置为 $p_i=x_i$;

④ 初始化全局最优位置 p_g。

(2) 根据目标函数,计算每个粒子的适应度值。

(3) 对于每个粒子,将其适应度值与其本身所经历过的最好位置 p_i 的适应度值进行比较,如更好,则将现在的 x_i 位置作为新的 p_i。

(4) 对每个粒子,将其经过的最好位置的 p_i 适应度值与群体的最好位置的适应度值比较,如果更好,则将 p_i 的位置作为新的 p_g。

(5) 对粒子的速度和位置进行更替。

如未达到结束条件,则返回(2)。

10.3 两种基本的进化模型

Kennedy 等在对鸟群觅食的观察过程中发现,每只鸟并不总是能看到鸟群中其他所有鸟的位置和运动方向,而往往只是看到相邻的鸟的位置和运动方向,因此提出了两种粒子群算法模型:全局模式(global version PSO)和局部模型(local version PSO)。

在基本的粒子群算法中,根据直接相互作用的粒子群定义可构造粒子群算法的两种不同版本,也就是说,可以通过定义全局最好粒子(位置)或局部最好粒子(位置)构造具有不同行为的粒子群算法。

1. G_{best} 模型(全局最好模型)

G_{best} 模型以牺牲算法的健壮性为代价提高算法的收敛速度,基本粒子群算法就是典型的该模型的体现。在该模型中,整个算法以该粒子(全局最好的粒子)为吸引子,将所有粒子拉向它,使所有的粒子最终收敛于该位置。如果在进化过程中,该全局最优解得不到更新,则粒子群将出现类似于遗传算法早熟的现象。

2. L_{best} 模型(局部最好模型)

为了防止 G_{best} 模型可能出现早熟现象,L_{best} 模型采用多个吸引子代替 G_{best} 模型中的单一吸引子。首先将粒子群分解为若干子群,在每个粒子群中保留其局部最好粒子 $p_i(t)$,称为局部最好的位置或邻域最好位置。

实验表明,局部最好模型的粒子群算法比全局最好模型的收敛慢,但不容易陷入局部最优解。

10.4 改进的粒子群优化算法

10.4.1 粒子群优化算法的原理

最初的粒子群算法是从解决连续优化问题发展起来的,Eberhart 等又提出了粒子群算法的二进制版本,来解决工程实际中的优化问题。

粒子群算法是一种局部搜索效率高的搜索算法,收敛快,特别是在算法的早期,但也存在着精度较低、易发散等缺点。若加速系数、最大速度等参数太大,粒子群可能错过最优解,算法不能收敛；而在收敛的情况下，由于所有的粒子都同时向最优解的方向飞去，所以粒子趋向同一化(失去了多样性)，这样就使算法容易陷入局部最优解，即算法收敛到一定精度时，无法继续优化，因此很多学者都致力于提高粒子群算法的性能。

Y. Shi 和 Eberhart 在 1998 年对粒子群算法引入了惯性权重 $w(t)$，并提出了在进化过程中线性调整惯性权重的方法，来平衡全局和局部搜索的性能，该方程已被学者们称为标准粒子群算法。

粒子群优化算法具有进化计算和群智能的特点。与其他进化算法相类似，粒子群算法也是通过个体间的协作与竞争，实现复杂空间中最优解的搜索。

粒子群优化算法中，每一个优化问题的解看作搜索空间中的一只鸟，即"粒子"。首先生成初始种群，即在可行解空间中随机初始化一群粒子，每个粒子都为优化问题的一个可行解，并由目标函数为之确定一个适应度值。每个粒子都将在解空间中运动，并由运动速度决定其飞行方向和距离。通常粒子将追随当前的最优粒子在解空间中搜索。在每一次迭代中，粒子将跟踪两个"极值"来更新自己，一个是粒子本身找到的最优解，另一个是整个种群目前找到的最优解，第二个极值即全局极值。

粒子群算法可描述为：设粒子群在一个 n 维空间中搜索，由 m 个粒子组成种群 $Z=\{Z_1,Z_2,\cdots,Z_m\}$，其中的每个粒子所处的位置 $Z_i=\{z_{i1},z_{i2},\cdots,z_{in}\}$ 都表示问题的一个解。粒子通过不断调整自己的位置 Z_i 来搜索新解。每个粒子都能记住自己搜索到的最好解，记作 p_{id}，以及整个粒子群经历过的最好的位置，即目前搜索到的最优解，记作 p_{gd}。此外每个粒子都有一个速度，记作 $V_i=\{v_{i1},v_{i2},\cdots,v_{in}\}$，当两个最优解都找到后，每个粒子根据式(10-3)来更新自己的速度。

$$v_{id}(t+1)=wv_{id}(t)+\eta_1.r_1.(p_{id}-z_{id}(t))+\eta_2.r_2.(p_{gd}-z_{id}(t)) \tag{10-3}$$

$$z_{id}(t+1)=z_{id}(t)+v_{id}(t+1) \tag{10-4}$$

式中，$v_{id}(t+1)$表示第 i 个粒子在 $t+1$ 次迭代中第 d 维上的速度，w 为惯性权重，η_1、η_2 为加速常数，r_1、r_2 为 0～1 的随机数。此外，为使粒子速度不致过大，可以设置速度上限 v_{max}，当式(10-1)中 $v_{id}(t+1)>v_{max}$ 时，$v_{id}(t+1)=v_{max}$；$v_{id}(t+1)<-v_{max}$ 时，$v_{id}(t+1)=-v_{max}$。

从式(10-3)和式(10-4)可以看出，粒子的移动方向由三部分决定：自己原有的速度 $v_{id}(t)$、与自己最佳经历的距离 $p_{id}-z_{id}(t)$、与群体最佳经历的距离 $p_{gd}-z_{id}(t)$，并分别由权重系数 w，η_1，η_2 决定其重要性。

下面介绍这些参数的设置。粒子群算法中需要调节的参数主要包括如下。

1) 加速度因子 η_1、η_2，即学习因子

学习因子(也称加速度系数)η_1 和 η_2 分别调节粒子向全局最优粒子和个体最优粒子方向飞行的最大步长。若太小，则粒子可能远离目标区域；若太大则可能导致粒子忽然向目标区域飞去或飞过目标区域。合适的 η_1 和 η_2 可以加快收敛且不易陷入局部最优，目前大多数文献均采用 $\eta_1=\eta_2=2$。

2) 种群规模 N

粒子群算法种群规模较小，一般令 $N=20\sim40$。其实对于大部分问题 10 个粒子就能

取得很好的结果，但对于较难或者特定类别的问题，粒子数可能取到 100 或 200。

3）适应度函数

$$F=\sum_{j=1}^{k}\sum_{i=1}^{s}\boldsymbol{w}_{ij}\sum_{p=1}^{n}(X_{ip}-C_{jp})^2 \tag{10-5}$$

其中：$\boldsymbol{w}_{ij}$ 是 0,1 矩阵，当 x 属于该类时元素为 0，否则为 1。

4）惯性权重系数 w

$$w=w_{\max}-t\times\frac{w_{\max}-w_{\min}}{t_{\max}} \tag{10-6}$$

惯性权重系数 w 用来控制前面的速度对当前速度的影响，较大的 w 可以加强粒子群算法的全局搜索能力，而较小的能加强局部搜索能力。目前普遍采用将 w 设置为从 0.9 到 0.1 线性下降的方法，这种方法可使得粒子群算法在开始时探索较大的区域，较快地定位最优解的大致位置，随着 w 逐渐减小，粒子速度减慢，开始精细地局部搜索。

10.4.2　粒子群优化算法的优缺点

粒子群算法是一种启发式的优化计算方法，优点如下。

（1）采用实数编码，易于描述，易于理解。

（2）对优化问题定义的连续性无特殊要求。

（3）只有非常少的参数需要调整。

（4）算法实现简单，速度快，易于收敛。

（5）相对于其他演化算法，只需要较小的演化群体。

（6）无集中控制约束，不会因个体的故障影响整个问题的求解，确保了系统具备很强的健壮性。

粒子群算法的缺点如下。

（1）对于有多个局部极值点的函数，容易陷入局部极点中，得不到正确的结果。

（2）由于缺乏精密搜索方法的配合，粒子群算法往往不能得到精确的结果。

（3）提供了全局搜索的可能，但并不能严格证明在全局最优点上的收敛性。

10.4.3　粒子群优化算法的基本流程

粒子群算法的基本流程如图 10-2 所示。

粒子群算法的基本步骤如下。

（1）初始化粒子群，即随机设定各粒子的初始位置和初始速度 V。

（2）根据初始位置和速度产生各粒子新的位置。

（3）计算每个粒子的适应度值。

（4）对于每个粒子，比较它的适应度值和它经历过的最优位置 p_{id} 的适应度值，如果更好则更新。

（5）对于每个粒子，比较它的适应度值和群体所经历的最好位置 p_{gd} 的适应度值，如果更好则更新 p_{gd}。

（6）根据式(10-3)和式(10-4)调整粒子的速度和位置。

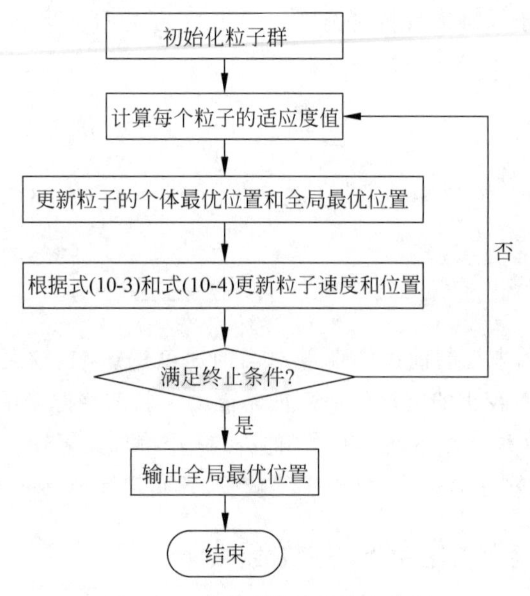

图 10-2 粒子群算法的基本流程

(7) 如果达到结束条件(足够好的位置或最大迭代次数),则结束,否则转步骤(3)继续迭代。

10.5 粒子群算法与其他算法的比较

1. 相同点

粒子群算法与其他进化算法(如遗传算法和蚁群算法)有许多相似之处:

(1) 粒子群算法和其他进化算法都基于"种群"概念,用于表示一组解空间中的个体集合。它们都随机初始化种群,使用适应度值来评价个体,而且都根据适应度值来进行一定的随机搜索,并且不能保证一定能找到最优解。

(2) 种群进化过程采用子代与父代竞争机制,若子代具有更好的适应度值,则子代将替换父代,因此都具有一定的选择性。

(3) 算法都具有并行性,即搜索过程是从一个解集合开始的,而不是从单个个体开始的,不容易陷入局部极小值。并且,这种并行性易于在并行计算机上实现,从而提高算法的性能和效率。

2. 不同点

粒子群算法与其他进化算法的区别:

(1) 粒子群算法在进化过程中同时记忆位置和速度信息,而遗传算法和蚁群算法通常只记忆位置信息。

(2) 粒子群算法的信息通信机制与其他进化算法不同。遗传算法中染色体间通过交叉等操作进行通信,蚁群算法间每只蚂蚁以蚁群全体构成的信息素轨迹作为通信机制,因此整个种群比较均匀地向最优区域移动。在全局模式的粒子群算法中,只有全局最优粒子提供信息给其他的粒子,整个搜索更新过程是跟随当前最优解的过程,因此所有的粒子很可能更快地收敛于最优解。

10.6 粒子群算法应用到模式分类

在本例采用表 1-2 的三原色数据，希望将数据按照颜色数据所表征的特点，将数据按照各自所属的类别归类。

由于粒子群优化算法是迭代求取最优值，所以事先无须训练数据，故取后 30 组数据确定类别。下面使用 MATLAB 构建粒子群优化算法。

10.6.1 设定参数

粒子群优化算法需要设定粒子的学习因子(速度更新参数)、最大迭代次数以及惯性权重初始和终止值及聚类类数。

参数设定程序代码如下：

```
c1 = 1.6;c2 = 1.6;                          % 设定学习因子值(速度更新参数)
wmax = 0.9;wmin = 0.4;                      % 设定惯性权重初始及终止值
M = 1800;                                   % 最大迭代数
K = 4;                                      % 类别数
```

10.6.2 初始化

算法还需粒子的位置、速度和其他一些变量进行初始化。

初始化程序代码如下：

```
fitt = inf * ones(1,N);                     % 初始化个体最优适应度
fg = inf;                                   % 初始化群体最优适应度
fljg = clmat(1,:);                          % 当前最优分类
v = rand(N,K * D);                          % 初始速度
x = zeros(N,K * D);                         % 初始化粒子群位置
y = x;                                      % 初始化个体最优解
pg = x(1,:);                                % 初始化群体最优解
cen = zeros(K,D);                           % 类别中心定维
fitt2 = fitt;                               % 粒子适应度定维
```

10.6.3 完整程序及仿真结果

粒子群优化算法的完整 MATLAB 程序代码如下：

```
clc;
clear all;
format long;
tic
data = [1702.8  1639.79  2068.74
1877.93  1860.96  1975.3
867.81   2334.68  2535.1
1831.49  1713.11  1604.68
460.69   3274.77  2172.99
2374.98  3346.98  975.31
2271.89  3482.97  946.7
1783.64  1597.99  2261.31
198.83   3250.45  2445.08
```

```
1494.63  2072.59  2550.51
1597.03  1921.52  2126.76
1598.93  1921.08  1623.33
1243.13  1814.07  3441.07
2336.31  2640.26  1599.63
354      3300.12  2373.61
2144.47  2501.62  591.51
426.31   3105.29  2057.8
1507.13  1556.89  1954.51
343.07   3271.72  2036.94
2201.94  3196.22  935.53
2232.43  3077.87  1298.87
1580.1   1752.07  2463.04
1962.4   1594.97  1835.95
1495.18  1957.44  3498.02
1125.17  1594.39  2937.73
24.22    3447.31  2145.01
1269.07  1910.72  2701.97
1802.07  1725.81  1966.35
1817.36  1926.4   2328.79
1860.45  1782.88  1875.13];
% -------- 参数设定 -----------
N = 70;                                  % 粒子数
c1 = 1.6;c2 = 1.6;                       % 设定学习因子值(速度更新参数)
wmax = 0.9;wmin = 0.4;                   % 设定惯性权重初始及终止值
M = 1600;                                % 最大迭代数
K = 4;                                   % 类别数
[S D] = size(data);                      % 样本数和特征维数
% -------- 初始化 ----------------
for i = 1:N
clmat(i,:) = randperm(S);                % 随机取整数
end
clmat(clmat > K) = fix(rand * K + 1);    % 取整函数
fitt = inf * ones(1,N);                  % 初始化个体最优适应度
fg = inf;                                % 初始化群体最优适应度
fljg = clmat(1,:);                       % 当前最优分类
v = rand(N,K * D);                       % 初始速度
x = zeros(N,K * D);                      % 初始化粒子群位置
y = x;                                   % 初始化个体最优解
pg = x(1,:);                             % 初始化群体最优解
cen = zeros(K,D);                        % 类别中心定维
fitt2 = fitt;                            % 粒子适应度定维
% ------ 循环优化开始 ------------
for t = 1:M
for i = 1:N
    ww = zeros(S,K);                     %% 产生零矩阵
    for ii = 1:S
        ww(ii,clmat(i,ii)) = 1;          % 加权矩阵,元素非 0 即 1
    end
    ccc = [];tmp = 0;
    for j = 1:K
          sumcs = sum(ww(:,j) * ones(1,D). * data);
          countcs = sum(ww(:,j));
         if countcs == 0
            cen(j,:) = zeros(1,D);
          else
```

```
            cen(j,:) = sumcs/countcs;                       %求类别中心
          end
          ccc = [ccc,cen(j,:)];                             %串联聚类中心
          aa = find(ww(:,j) == 1);
          if length(aa)~= 0
              for k = 1:length(aa)
                tmp = tmp + (sum((data(aa(k),:) - cen(j,:)).^2)); %%适应度计算
              end
            end
          end
          x(i,:) = ccc;
          fitt2(i) = tmp;                                   %%适应度值 Fitness value
      end
      %更新群体和个体最优解
      for i = 1:N
                if fitt2(i)< fitt(i)
                      fitt(i) = fitt2(i);
                      y(i,:) = x(i,:);                      %个体最优
                      if fitt2(i)< fg
                      pg = x(i,:);                          %群体最优
                      fg = fitt2(i);                        %群体最优适应度
                      fljg = clmat(i,:);                    %当前最优聚类
                      end
            end
        end
bfit(t) = fg;                                               %最优适应度记录
w = wmax - t * (wmax - wmin)/M; %更新权重,线性递减权重法的粒子群算法
      for i = 1:N
          %更新粒子速度和位置
         v(i,:) = w * v(i,:) + c1 * rand(1,K * D). * (y(i,:) - x(i,:)) + c2 * rand(1,K * D). * (pg -
x(i,:));
            x(i,:) = x(i,:) + v(i,:);
            for k = 1:K
            cen(k,:) = x((k - 1) * D + 1:k * D);            %拆分粒子位置,获得 K 个中心
            end
            %重新归类
            for j = 1:S
                      tmp1 = zeros(1,K);
                      for k = 1:K
                      tmp1(k) = sum((data(j,:) - cen(k,:)).^2);  %每个样本关于各类的距离
                      end
                      [tmp2 clmat(i,j)] = min(tmp1); %最近距离归类
            end
      end
end
% ------循环结束------------
M                                                           %迭代次数
fljg                                                        %最优聚类输出
fg                                                          %最优适应度输出
figure(1)
plot(bfit);                                                 %绘制最优适应度轨迹
xlabel('种群迭代次数');
ylabel('适应度');
title('适应度曲线');
cen                                                         %聚类中心
toc
```

粒子群算法仿真适应度曲线如图 10-3 所示。

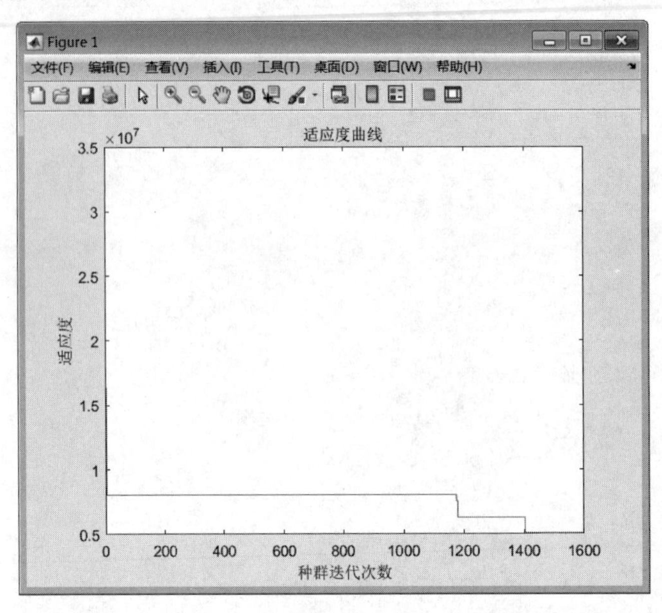

图 10-3 粒子群算法仿真适应度曲线

粒子群算法仿真适应度准确值为：适应度＝5.07E＋06

对预测样本值的仿真输出结果如下：

```
Fljg(最优聚类输出) =
   1 至 16 列
     2     2     4     2     4     3     3     2     4     2     2     2     1
     3     4     3
     17 至 30 列
     4     2     4     3     3     2     2     1     1     4     1     2     2
     2
Fg(最优适应度值) =
5.074427169449084e + 06
Cen(数据聚类中心) =
   1.0e + 03 *
   1.583318501485389     1.635223368390102     2.714581718419658
   2.181834667703786     1.404155371279036     2.423318117482111
   2.998901968724054     2.358864196437189     2.063591486634854
   3.502722145507502     2.296065717941481     1.666953189720583
```

调整显示方式后，粒子群算法聚类结果与标准类别对比表如表 10-1 所示。

表 10-1 粒子群算法聚类结果与标准类别对比

数据			标准类别	粒子群算法分类
1702.8	1639.79	2068.74	3	3
1877.93	1860.96	1975.3	3	3
867.81	2334.68	2535.1	4	4
1831.49	1713.11	1604.68	3	3
460.69	3274.77	2172.99	2	2
2374.98	3346.98	975.31	1	1

续表

数据			标准类别	粒子群算法分类
2271.89	3482.97	946.7	1	1
1783.64	1597.99	2261.31	3	3
198.83	3250.45	2445.08	2	2
1494.63	2072.59	2550.51	4	4
1597.03	1921.52	2126.76	3	3
1598.93	1921.08	1623.33	3	3
1243.13	1814.07	3441.07	4	4
2336.31	2640.26	1599.63	1	1
354	3300.12	2373.61	2	2
2144.47	2501.62	591.51	1	1
426.31	3105.29	2057.8	2	2
1507.13	1556.89	1954.51	3	3
343.07	3271.72	2036.94	2	2
2201.94	3196.22	935.53	1	1
2232.43	3077.87	1298.87	1	1
1580.1	1752.07	2463.04	3	3
1962.4	1594.97	1835.95	3	3
1495.18	1957.44	3498.02	4	4
1125.17	1594.39	2937.73	4	4
24.22	3447.31	2145.01	2	2
1269.07	1910.72	2701.97	4	4
1802.07	1725.81	1966.35	3	3
1817.36	1927.4	2328.79	3	3
1860.45	1782.88	1875.13	3	3

10.7 结论

通过粒子群算法能够很快地实现分类。而且通过惯性权重系数的线性更新，可以防止局部最优输出。虽然运行时间稍有增加，但效果明显。每种聚类数目下的最优聚类可以根据输出的适应度 fg 判断，适应度值越小越好，并且需多次运行判断。

习题

1. 什么是粒子群算法？
2. 粒子群优化算法的原理是什么？
3. 简述粒子群算法流程。

第11章

免疫算法

11.1 免疫算法的产生和发展

Immune(免疫)一词是从拉丁文衍生而来的。很早以前，人们就注意到传染病患者痊愈后，对该病会有不同程度的免疫力。在医学上，免疫是指机体接触抗原性异物的一种生理反应。1958年，澳大利亚学者Burnet率先提出与免疫算法(Immune Algorithm,IA)相关的理论——克隆选择原理。1973年，Jerne提出免疫系统的模型，他基于Burnet的克隆选择学说，开创独特型网络理论，给出免疫系统的数学框架，并采用微分方程建模来仿真淋巴细胞的动态变化。

1986年，Farmal等人基于免疫网络学说理论构造出的免疫系统的动态模型，展示了免疫系统与其他人工智能方法相结合的可能性，开创了免疫系统研究的先河。他们先利用一组随机产生的微分方程建立起人工免疫系统，再采用适应度阈值过滤的方法去掉方程组中那些不合适的微分方程，对保留下来的微分方程则采用交叉、变异、逆转等遗传操作产生新的微分方程，经过不断的迭代计算，直到找到最佳的一组微分方程为止。

免疫算法是模仿生物免疫机制，结合基因的进化机理，人工构造出的一种新型智能优化算法。它具有一般免疫系统的特征，采用群体搜索策略，通过迭代计算，最终以较大的概率得到问题的最优解。相较于其他算法，免疫算法利用自身产生多样性和维持机制的特点，保证了种群的多样性，克服了一般寻优过程(特别是多峰值的寻优过程)中不可避免的“早熟”问题，可以求得全局最优解。免疫算法具有自适应性、随机性、并行性、全局收敛性、种群多样性等优点。

11.2 免疫算法理论

生物免疫系统是一个复杂的自适应系统。免疫系统能够识别出病原体，具有学习、记忆和模式识别能力，因此可以借鉴其信息处理机制来解决科学和工程问题。免疫算法正是基于生物免疫系统识别外部病原体并产生抗体对抗病原体的学习机制而提出的，由此诞生了基于免疫原理的智能优化方法研究这一新的研究方向。

11.2.1 免疫算法的概念

免疫算法是受生物免疫系统的启发而推出的一种新型的智能搜索算法。它是一种确定性和随机性选择相结合并具有"勘探"与"开采"能力的启发式随机搜索算法。免疫算法将优化问题中待优化的问题对应免疫应答中的抗原,可行解对应抗体(B细胞),可行解质量对应免疫细胞与抗原的亲和度。如此则可以将优化问题的寻优过程与生物免疫系统识别抗原并实现抗体进化的过程对应起来,将生物免疫应答中的进化过程抽象为数学上的进化寻优过程,形成一种智能优化算法。

免疫算法是对生物免疫系统机理抽象而得到的,算法中的许多概念和算子与免疫系统中的概念和免疫机理存在着对应关系。免疫算法与生物免疫系统概念的对应关系如表11-1所示。由于抗体是由B细胞产生的,在免疫算法中对抗体和B细胞不做区分,都对应为优化问题的可行解。

表11-1 免疫算法与生物免疫系统概念的对应关系

生物免疫系统	免疫算法	生物免疫系统	免疫算法
抗原	优化问题	细胞分化	个体克隆
抗体(B细胞)	优化问题的可行解	亲和度成熟	变异
亲和度	可行解的质量	克隆抑制	克隆抑制
细胞活化	免疫选择	动态维持平衡	种群刷新

根据上述的对应关系,模拟生物免疫应答的过程形成了用于优化计算的免疫算法。算法主要包含以下几大模块。

(1) 抗原识别与初始抗体产生。根据待优化问题的特点设计合适的抗体编码规则,并在此编码规则下利用问题的先验知识产生初始抗体种群。

(2) 抗体评价。对抗体的质量进行评价,评价准则主要为抗体亲和度和个体浓度,评价得出的优质抗体将进行进化免疫操作,劣质抗体将会被更新。

(3) 免疫操作。利用免疫选择、克隆、变异、克隆抑制、种群刷新等算子模拟生物免疫应答中的各种免疫操作,形成基于生物免疫系统克隆选择原理的进化规则和方法,实现对各种最优化问题的寻优搜索。

11.2.2 免疫算法的特点

免疫算法是受免疫学启发,模拟生物免疫系统功能和原理来解决复杂问题的自适应智能系统,它保留了生物免疫系统所具有的若干特点,具体包括如下。

(1) 全局搜索能力。模仿免疫应答过程提出的免疫算法是一种具有全局搜索能力的优化算法,免疫算法在对优质抗体邻域进行局部搜索的同时利用变异算子和种群刷新算子不断产生新个体,探索可行解区间的新区域,保证算法在完整的可行解区间进行搜索,具有全局收敛性能。

(2) 多样性保持机制。免疫算法借鉴了生物免疫系统的多样性保持机制,对抗体进行浓度计算,并将浓度计算的结果作为评价抗体个体优劣的一个重要标准;它使浓度高的抗体被抑制,保证抗体种群具有很好的多样性,这也是保证算法全局收敛性能的一个重要方面。

(3) 健壮性强。基于生物免疫机理的免疫算法不针对特定问题,而且不强调算法参数设置和初始解的质量,利用其启发式的智能搜索机制,即使起步于劣质解种群,最终也可以搜索到问题的全局最优解,对问题和初始解的依赖性不强,具有很强的适应性和健壮性。

(4) 并行分布式搜索机制。免疫算法不需要集中控制,可以实现并行处理。而且,免疫算法的优化进程是一种多进程的并行优化,在探求问题最优解的同时可以得到问题的多个次优解,即除找到问题的最佳解决方案外,还会得到若干较好的备选方案,尤其适合于多模态的优化问题。

11.2.3 免疫算法算子

与遗传算法等其他智能优化算法类似,免疫算法的进化寻优过程也是通过算子来实现的。免疫算法的算子包括:亲和度评价算子、抗体浓度评价算子、激励度计算算子、免疫选择算子、克隆算子、变异算子、克隆抑制算子和种群刷新算子等。由于算法的编码方式可能为实数编码、离散编码等,不同编码方式下的算法算子也会有所不同。

1. 亲和度评价算子

亲和度表征免疫细胞与抗原的结合强度,与遗传算法中的适应度类似。亲和度评价算子通常是一个函数 $\mathrm{aff}(x)$: $S\in\mathbf{R}$,其中 S 为问题的可行解区间,$\mathbf{R}$ 为实数域。函数的输入为一个抗体个体(可行解),输出即为亲和度评价结果。

亲和度的评价与具体问题相关,针对不同的优化问题,应该在理解问题实质的前提下,根据问题的特点定义亲和度评价函数。通常函数优化问题可以用函数值或对函数值的简单处理(如取倒数、相反数等)作为亲和度评价,而对于组合优化问题或应用中更为复杂的优化问题,则需要具体问题具体分析。

2. 抗体浓度评价算子

抗体浓度表征抗体种群的多样性好坏。抗体浓度过高意味着种群中非常类似的个体大量存在,则寻优搜索会集中于可行解区间的一个区域,不利于全局优化。因此优化算法中应对浓度过高的个体进行抑制,保证个体的多样性。

抗体浓度通常定义为

$$\mathrm{den}(\mathrm{ab}_i)=\frac{1}{N}\sum_{j=1}^{N}S(\mathrm{ab}_i,\mathrm{ab}_i) \tag{11-1}$$

式中 N 为种群规模;$S(\mathrm{ab}_i,\mathrm{ab}_j)$表示抗体间的相似度,可表示为

$$S(\mathrm{ab}_i,\mathrm{ab}_j)=\begin{cases}1, & \mathrm{aff}(\mathrm{ab}_i,\mathrm{ab}_i)<\delta_{\mathrm{s}}\\ 0, & \mathrm{aff}(\mathrm{ab}_i,\mathrm{ab}_i)\geqslant\delta_{\mathrm{s}}\end{cases} \tag{11-2}$$

其中,ab_i 为种群中的第 i 个抗体,$\mathrm{aff}(\mathrm{ab}_i,\mathrm{ab}_j)$为抗体 i 与抗体 j 的亲和度,δ_{s} 为相似度阈值。

进行抗体浓度评价的一个前提是抗体间亲和度的定义。免疫中经常提到的亲和度为抗体对抗原的亲和度,实际上抗体和抗体之间也存在着亲和度的概念,它代表了两个抗体个体之间的相似程度。抗体间亲和度的计算方法主要包括基于抗体和抗原亲和度的计算方法、基于欧氏距离的计算方法、基于海明距离的计算方法、基于信息熵的计算方法等。

3. 基于欧氏距离的抗体间亲和度的计算方法

对于实数编码的算法,抗体间亲和度通常可以通过抗体向量之间的欧氏距离来计算

$$\mathrm{aff}(\mathrm{ab}_i,\mathrm{ab}_j)=\sqrt{\sum_{k=1}^{L}(\mathrm{ab}_{i,k}-\mathrm{ab}_{j,k})^2} \tag{11-3}$$

式中,$\mathrm{ab}_{i,k}$ 和 $\mathrm{ab}_{j,k}$ 分别为抗体 i 的第 k 维和抗体 j 的第 k 维,L 为抗体编码总维数。这是实数编码算法中最常见的抗体间亲和度的计算方法。

4. 基于海明距离的抗体间亲和度的计算方法

对于基于离散编码的算法,衡量抗体间亲和度最直接的方法就是利用抗体串的海明距离:

$$\mathrm{aff}(\mathrm{ab}_i,\mathrm{ab}_j)=\sum_{k=1}^{L}\partial_k \tag{11-4}$$

式中,

$$\partial_k=\begin{cases}1, & \mathrm{ab}_{i,k}=\mathrm{ab}_{j,k}\\ 0, & \mathrm{ab}_{i,k}\neq \mathrm{ab}_{j,k}\end{cases} \tag{11-5}$$

$\mathrm{ab}_{i,k}$ 和 $\mathrm{ab}_{j,k}$ 分别为抗体 i 的第 k 位和抗体 j 的第 k 位;L 为抗体编码长度。

5. 激励度计算算子

抗体激励度是对抗体质量的最终评价结果,需要综合考虑抗体亲和度和抗体浓度,通常亲和度大、浓度低的抗体会得到较大的激励度。抗体激励度的计算通常可以利用抗体亲和度和抗体浓度的评价结果进行简单的数学运算得到,如

$$\mathrm{sim}(\mathrm{ab}_i)=a\cdot \mathrm{aff}(\mathrm{ab}_i)-b\cdot \mathrm{den}(\mathrm{ab}_i) \tag{11-6}$$

$$\mathrm{sim}(\mathrm{ab}_i)=\mathrm{aff}(\mathrm{ab}_i)\cdot \mathrm{e}^{-a\cdot \mathrm{den}(\mathrm{ab}_i)} \tag{11-7}$$

式中,$\mathrm{sim}(\mathrm{ab}_i)$为抗体 ab_i 的激励度;a、b 为计算参数,可以根据实际情况确定。

6. 免疫选择算子

免疫选择算子根据抗体的激励度确定选择哪些抗体进入克隆选择操作。在抗体群中激励度高的抗体个体具有更好的质量,更有可能被选中进行克隆选择操作,在搜索空间中更有搜索价值。

7. 克隆算子

克隆算子将免疫选择算子选中的抗体个体进行复制。克隆算子可以描述为

$$T_c(\mathrm{ab}_i)=\mathrm{clone}(\mathrm{ab}_i) \tag{11-8}$$

式中,$\mathrm{clone}(\mathrm{ab}_i)$为 m_i 个与 ab_i 相同的克隆构成的集合;m_i 为抗体克隆数目,可以事先确定,也可以动态自适应计算。

8. 变异算子

变异算子对克隆算子得到的抗体克隆结果进行变异操作,以产生亲和度突变,实现局部搜索。变异算子是免疫算法中产生有潜力的新抗体、实现区域搜索的重要算子,它对算法的性能有很大影响。变异算子也和算法的编码方式相关,实数编码的算法和离散编码的算法采用不同的变异算子。

9. 实数编码算法变异算子

实数编码算法的变异策略是在变异源个体中加入一个小扰动,使其稍偏离原来的位置,

落入源个体邻域中的另一个位置,实现变异源邻域的搜索。实数编码算法变异算子可以描述为

$$T_m(\mathrm{ab}_{i,j,m})=\begin{cases}\mathrm{ab}_{i,j,m}+(\mathrm{rand}-0.5)\cdot\delta, & \mathrm{rand}<P_m\\ \mathrm{ab}_{i,j,m}, & \text{其他}\end{cases}\tag{11-9}$$

式中,$\mathrm{ab}_{i,j,m}$ 是抗体 ab_i 的第 m 个克隆体的第 j 维;δ 为定义的邻域的范围,可以事先确定,也可以根据进化过程自适应调整;rand 是产生(0,1)范围内随机数的函数;P_m 为变异概率。

10. 克隆抑制算子

克隆抑制算子用于对经过变异后的克隆体进行再选择,抑制亲和度低的抗体,保留亲和度高的抗体进入新的抗体种群。在克隆抑制的过程中,克隆算子操作的源抗体与克隆体经变异算子作用后得到的临时抗体群共同组成一个集合,克隆抑制操作将保留此集合中亲和度最高的抗体,抑制其他抗体。

由于克隆变异算子操作的源抗体是种群中的优质抗体,而克隆抑制算子操作的临时抗体集合中又包含了父代的源抗体,因此在免疫算法的算子操作中隐含了最优个体保留机制。

11. 种群刷新算子

种群刷新算子用于对种群中激励度较低的抗体进行刷新,从抗体种群中删除这些抗体并以随机生成的新抗体替代。这有利于保持抗体的多样性,实现全局搜索,探索新的可行解空间区域。

11.3 免疫算法的流程

目前还没有统一的免疫算法及框图。下面介绍一种含有 11.2.3 节免疫算子的算法流程,分为以下几个步骤。

(1) 进行抗原识别,即理解待优化的问题,对问题进行可行性分析,提取先验知识,构造出合适的亲和度函数,并制定各种约束条件。

(2) 产生初始抗体群,通过编码把问题的可行解表示成解空间中的抗体,在解的空间内随机产生一个初始种群。

(3) 对种群中的每一个可行解进行亲和度评价。

(4) 判断是否满足算法终止条件。如果满足条件,则终止算法寻优过程,输出计算结果;否则,继续寻优运算。

(5) 计算抗体浓度和激励度。

(6) 进行免疫处理,包括免疫选择、克隆、变异和克隆抑制。

免疫选择。根据种群中抗体的亲和度和浓度计算结果选择优质抗体,使其活化。

克隆。对活化的抗体进行克隆复制,得到若干副本。

变异。对克隆得到的副本进行变异操作,使其发生亲和度突变。

克隆抑制。对变异结果进行再选择,抑制亲和度低的抗体,保留亲和度高的变异结果。

(7) 种群刷新,以随机生成的新抗体替代种群中激励度较低的抗体,形成新一代抗体,转步骤(3)。

免疫算法的运算流程如图 11-1 所示。

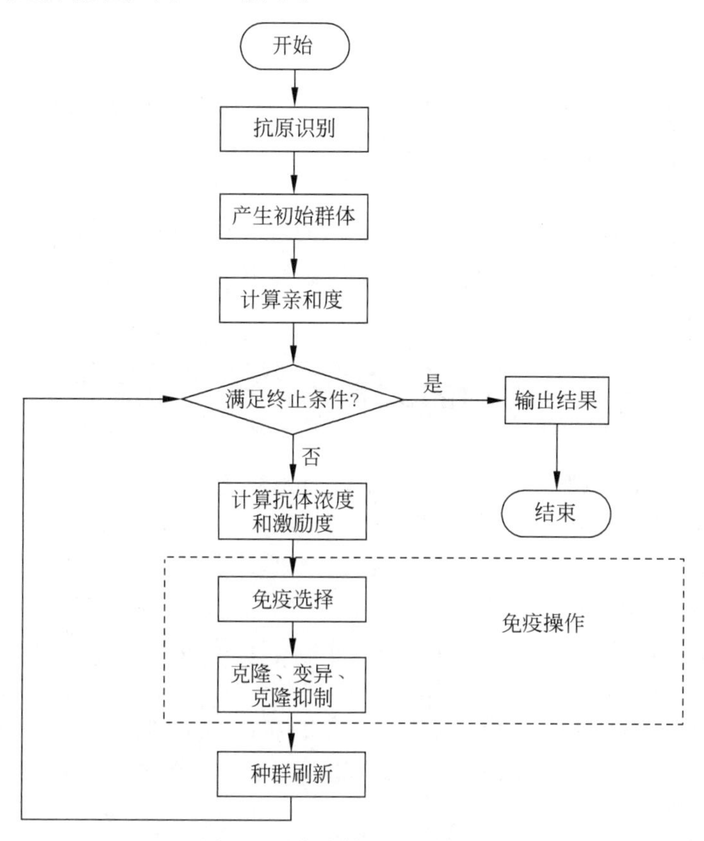

图 11-1　免疫算法的运算流程

免疫算法中的进化操作是采用基于免疫原理的进化算子实现的，如免疫选择、克隆、变异等。而且算法中增加了抗体浓度和激励度的计算，并将抗体浓度作为评价个体质量的一个标准，有利于保持个体多样性，实现全局寻优。

11.4　免疫算法的关键参数说明

下面介绍免疫算法的主要参数，它们在程序设计与调试中起着至关重要的作用。免疫算法主要包括以下关键参数。

(1) 抗体种群大小 NP。

抗体种群保留了免疫细胞的多样性，从直观上看，种群越大，免疫算法的全局搜索能力越好，但是算法每代的计算量也相应增大。在大多数问题中，NP 取 10～100 较为合适，一般不超过 200。

(2) 免疫选择比例。

免疫选择的抗体的数量越多，将产生越多的克隆，其搜索能力越强，但是将增加每代的计算量。一般可以取抗体种群大小 NP 的 10%～50%。

(3) 抗体克隆扩增的倍数。

克隆的倍数决定了克隆扩增的细胞的数量，从而决定了算法的搜索能力，主要是局部搜索能力。克隆倍数数值越大,局部搜索能力越好,全局搜索能力也有一定提高,但是计算量也随之增大,一般取5～10倍。

(4) 种群刷新比例。

细胞的淘汰和更新是产生抗体多样性的重要机制,因而会对免疫算法的全局搜索能力产生重要影响。每代更新的抗体一般不超过抗体种群的50%。

(5) 最大进化代数G。

最大进化代数G是表示免疫算法运行结束条件的一个参数,表示免疫算法运行到指定的进化代数之后就停止运行,并将当前群体中的最佳个体作为所求问题的最优解输出。一般G取100～500。

11.5 MATLAB仿真实例

旅行商问题(TSP问题)。假设有一个旅行商要拜访全国31个省会城市,他需要选择所要走的路径,路径的限制是每个城市只能拜访一次,而且最后要回到原来出发的城市。路径的选择要求是:所选路径的路程为所有路径之中的最小值。

全国31个省会城市的坐标为[1304 2312;3639 1315;4177 2244;3712 1399;3488 1535;3326 1556;3238 1229;4196 1044;4312 790;4386 570;3007 1970;2562 1756;2788 1491;2381 1676;1332 695;3715 1678;3918 2179;4061 2370;3780 2212;3676 2578;4029 2838;4263 2931;3429 1908;3507 2376;3394 2643;3439 3201;2935 3240;3140 3550;2545 2357;2778 2826;2370 2975]。

仿真过程重要源代码如下。

(1) 初始化免疫个体维数为城市个数N=31,免疫种群个体数为NP=200,最大免疫代数为G=1000,克隆个数为Ncl=10;计算任意两个城市间的距离矩阵D。

```
%%%%% 初始化参数 %%%%%
C = [1304 2312;3639 1315;4177 2244;3712 1399;3488 1535;3326 1556;
     3238 1229;4196 1044;4312 790 ;4386 570 ;3007 1970;2562 1756;
     2788 1491;2381 1676;1332 695 ;3715 1678;3918 2179;4061 2370;
     3780 2212;3676 2578;4029 2838;4263 2931;3429 1908;3507 2376;
     3394 2643;3439 3201;2935 3240;3140 3550;2545 2357;2778 2826;
     2370 2975];
NP = 200;
N = size(C,1);
G = 1000;
%%%%% 初始种群 %%%%%
f = zeros(N,NP);
for i = 1:NP
    f(:,i) = randperm(N);
end
```

(2) 随机产生初始种群,计算个体亲和度,并按亲和度排序。

```
len = zeros(1,NP);
%%%%% 任意城市间距离 %%%%%
D = zeros(N);
for i = 1:N
    for j = 1:N
```

```
        D(i,j) = ((C(i,1) - C(j,1))^2 + (C(i,2) - C(j,2))^2)^0.5;
    end
end
%%%%% 计算路径长度——亲和度 %%%%%
for i = 1:NP
    len(i) = func3(D,f(:,i),N);
end
[sortlen,index] = sort(len);
sortf = f(:,index);
NC = 10;
%%%%% 路径长度函数 %%%%%
function result = func3(D,f,N)
    len = D(f(1),f(N));
    for j = 2:N
        len = D(f(j),f(j-1)) + len;
    end
    result = len;
end
```

(3) 在取亲和度前对 NP/2 个个体进行克隆操作,并对每个源个体产生的克隆个体进行任意交换两个城市坐标的变异操作;然后计算其亲和度,进行克隆抑制操作,只保留亲和度最高的个体,从而产生新的免疫种群。

```
gen = 1;
%%%%% 免疫循环 %%%%%
while gen <= G
    %%%%% 选择激励度前 NP/2 的个体进入免疫操作 %%%%%
    for i = 1:NP/2
        a = sortf(:,i);
        ca = repmat(a,1,NC);
        for j = 1:NC
            p1 = floor(1 + N * rand);
            p2 = floor(1 + N * rand);
            while p1 == p2
                p1 = floor(1 + N * rand);
                p2 = floor(1 + N * rand);
            end
            tmp = ca(p1,j);
            ca(p1,j) = ca(p2,j);
            ca(p2,j) = tmp;
        end
        ca(:,1) = a;
        %%%%% 克隆抑制 %%%%%
        for j = 1:NC
            calen(j) = func3(D,ca(:,j),N);
        end
        [sortcalen,index] = sort(calen);
        sortca = ca(:,index);
        af(:,i) = sortca(:,1);
        alen(i) = sortcalen(1);
    end
```

(4) 随机生成 NP/2 个个体的新种群,并计算个体亲和度;免疫种群和随机种群合并,按亲和度排序,进行免疫迭代。

```
%%%%% 免疫种群与新生种群合并——种群刷新 %%%%%
    for i = 1:NP/2
        bf(:,i) = randperm(N);
        blen(i) = func3(D,bf(:,i),N);
    end
    f = [af bf];
    len = [alen blen];
    [sortlen, index] = sort(len);
    sortf = f(:,index);
    gen = gen + 1;
    trace(gen) = sortlen(1);
end
```

(5) 判断是否满足终止条件。若满足,则结束搜索过程,输出优化值;若不满足,则继续进行迭代优化。

```
%%%%% 输出优化结果 %%%%%
figure;
bestf = sortf(:,1);
bestlen = trace(end);
for i = 1:N - 1
    plot([C(bestf(i),1),C(bestf(i + 1),1)],[C(bestf(i),2),C(bestf(i + 1),2)],'o - ');
    hold on;
end
plot([C(bestf(N),1),C(bestf(1),1)],[C(bestf(N),2),C(bestf(1),2)],'ro - ');
title(['最短距离: ',num2str(bestlen)]);
figure;
plot(trace);
xlabel('迭代次数');
ylabel('目标函数值');
title('亲和度进化曲线');
```

完整 MATLAB 源程序代码如下。

```
%%%%% 初始化 %%%%%
clear all;                                  % 清除所有变量
close all;                                  % 清图
clc;                                        % 清屏
C = [1304 2312;3639 1315;4177 2244;3712 1399;3488 1535;3326 1556;
    3238 1229;4196 1044;4312 790;4386 570;3007 1970;2562 1756;
    2788 1491;2381 1676;1332 695;3715 1678;3918 2179;4061 2370;
    3780 2212;3676 2578;4029 2838;4263 2931;3429 1908;3507 2376;
    3394 2643;3439 3201;2935 3240;3140 3550;2545 2357;2778 2826;
    2370 2975];                             % 31 个省会城市坐标
N = size(C,1);                              % TSP 问题的规模,即城市数目
D = zeros(N);                               % 任意两个城市距离间隔矩阵
%%%%%% 求任意两个城市距离间隔矩阵 %%%%%
for i = 1:N
    for j = 1:N
        D(i,j) = ((C(i,1) - C(j,1))^2 + (C(i,2) - C(j,2))^2)^0.5;
    end
end
NP = 200;                                   % 免疫个体数目
G = 1000;                                   % 最大免疫代数
f = zeros(N,NP);                            % 用于存储种群
```

```
for i = 1:NP
    f(:,i) = randperm(N);                          %随机生成初始种群
end
len = zeros(NP,1);                                 %存储路径长度
for i = 1:NP
    len(i) = func3(D,f(:,i),N);                    %计算路径长度
end
[Sortlen,Index] = sort(len);
Sortf = f(:,Index);                                %种群个体排序
gen = 0;                                           %免疫代数
Ncl = 10;                                          %克隆个数
%%%%% 免疫循环 %%%%%
while gen < G
    for i = 1:NP/2
        %%%%% 选激励度前 NP/2 的个体进行免疫操作 %%%%%
        a = Sortf(:,i);
        Ca = repmat(a,1,Ncl);
        for j = 1:Ncl
            p1 = floor(1 + N * rand());
            p2 = floor(1 + N * rand());
            while p1 == p2
                p1 = floor(1 + N * rand());
                p2 = floor(1 + N * rand());
            end
            tmp = Ca(p1,j);
            Ca(p1,j) = Ca(p2,j);
            Ca(p2,j) = tmp;
        end
        Ca(:,1) = Sortf(:,i);                      %保留克隆源个体
        %%%%% 克隆抑制,保留亲和度最高的个体 %%%%%
        for j = 1:Ncl
            Calen(j) = func3(D,Ca(:,j),N);
        end
        [SortCalen,Index] = sort(Calen);
        SortCa = Ca(:,Index);
        af(:,i) = SortCa(:,1);
        alen(i) = SortCalen(1);
    end
    %%%%% 种群刷新 %%%%%
    for i = 1:NP/2
        bf(:,i) = randperm(N);                     %随机生成初始种群
        blen(i) = func3(D,bf(:,i),N);              %计算路径长度
    end
    %%%%% 免疫种群与新种群合并 %%%%%
    f = [af,bf];
    len = [alen,blen];
    [Sortlen,Index] = sort(len);
    Sortf = f(:,Index);
    gen = gen + 1;
    trace(gen) = Sortlen(1);
end
%%%%% 输出优化结果 %%%%%
Bestf = Sortf(:,1);                                %最优变量
Bestlen = trace(end);                              %最优值
figure
for i = 1:N-1
```

```
    plot([C(Bestf(i),1),C(Bestf(i+1),1)],[C(Bestf(i),2),C(Bestf(i+1),2)],'bo-');
    hold on;
end
plot([C(Bestf(N),1),C(Bestf(1),1)],[C(Bestf(N),2),C(Bestf(1),2)],'ro-');
title(['优化最短距离:',num2str(trace(end))]);
figure,plot(trace)
xlabel('迭代次数')
ylabel('目标函数值')
title('亲和度进化曲线')
```

程序运行完成后得到如图 11-2 和图 11-3 所示的相关信息图。

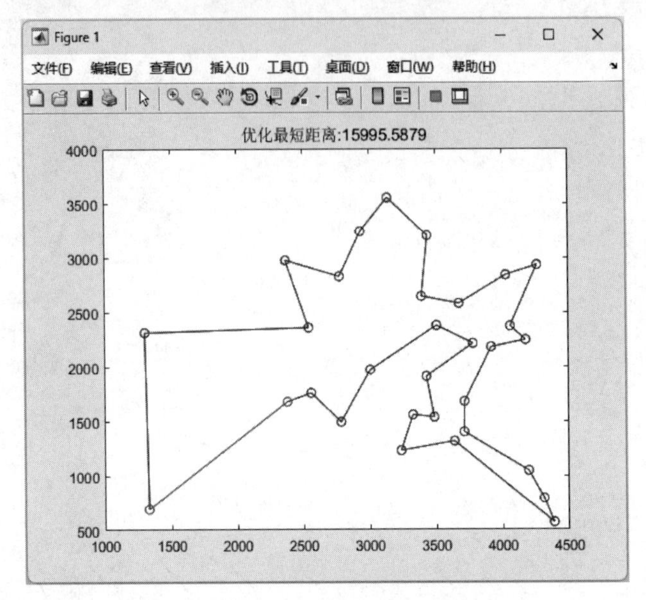

图 11-2 优化最短距离图

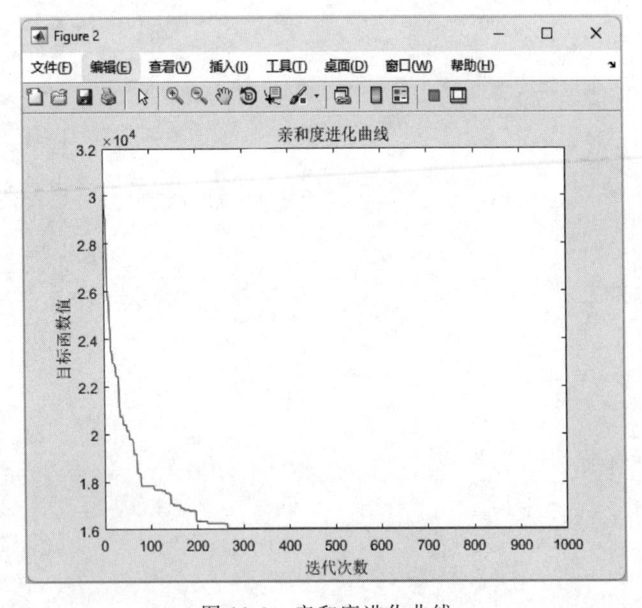

图 11-3 亲和度进化曲线

11.6 结论

免疫算法从本质上说是遗传算法的一种延伸，在遗传算法中，由于交叉与变异的出现，解有很大的随机性并可以找到最优，且在选择中以较大的概率保留下来；在免疫算法中，由于接种疫苗过程的出现，以及基于亲和度、浓度计算出的激励度的选择方法，随机性比遗传算法更大，同时也能够很好地达到全局最优。

习题

1. 简述免疫算法的原理。
2. 免疫算法有什么优点？

第12章

禁忌搜索算法

12.1 禁忌搜索算法简介

禁忌搜索(Tabu Search,TS)算法的思想最早由美国工程院院士 Glover 教授于 1986 年提出,并在 1989 年和 1990 年对该方法进行了进一步的定义和改进。在自然计算的研究领域中,禁忌搜索算法以其灵活的存储结构和相应的禁忌准则来避免迂回搜索,在智能算法中独树一帜,成为一个研究热点,受到国内外学者的广泛关注。迄今为止,禁忌搜索算法在组合优化、生产调度、机器学习、电路设计和神经网络等领域取得了很大的成功,近年来又在函数的全局优化方面得到了较多的研究,并有迅速发展的趋势。

所谓禁忌,就是禁止重复前面的操作。为了改进局部邻域搜索容易陷入局部最优点的不足,禁忌搜索算法引入一个禁忌表,记录下已经搜索过的局部最优点,在下一次搜索中,对禁忌表中的信息不再搜索或有选择地搜索,以此来跳出局部最优点,从而最终实现全局优化。禁忌搜索算法是对局部邻域搜索的一种扩展,是一种全局邻域搜索、逐步寻优的算法。禁忌搜索算法是一种迭代搜索算法,它区别于其他启发式算法的显著特点,是利用记忆来引导算法的搜索过程。它是对人类智力过程的一种模拟,是人工智能的一种体现。禁忌搜索算法涉及邻域、禁忌表、禁忌长度、候选解、藐视准则等概念,在邻域搜索的基础上,通过禁忌准则来避免重复搜索,并通过藐视准则来赦免一些被禁忌的优良状态,进而保证多样化的有效搜索来最终实现全局优化。

12.2 禁忌搜索算法的相关理论

12.2.1 局部邻域搜索

局部邻域搜索基于贪婪准则持续地在当前的邻域中进行搜索。虽然其算法通用,易于实现,且容易理解,但其搜索性能完全依赖于邻域结构和初始解,尤其容易陷入局部极小值而无法保证全局优化。

局部搜索算法描述如下。

(1) 选定一个初始可行解 x^0,记录当前最优解 $x^{best}=x^0$,$T=N(x^{best})$,其中 $N(x^{best})$ 表示 x^{best} 的邻域。

(2) 当 $T-x^{\text{best}}=\varnothing$($\varnothing$表示空集),或满足其他停止运算准则时,输出计算结果,停止运算;否则,继续步骤(3)。

(3) 从 T 中选一集合 S,得到 S 中的最好解 x^{now}。若 $f(x^{\text{now}})<f(x^{\text{best}})$,则 $x^{\text{best}}=x^{\text{now}}$,$T=N(x^{\text{best}})$;否则,$T=T-S$,重复步骤(2),继续搜索。

其中,步骤(1)的初始解可随机选取,也可由一些经验算法或是其他算法得到。步骤(3)中集合 S 的选取可以大到 $N(x^{\text{best}})$本身,也可以小到只有一个元素。S 取值小,将使每一步的计算量减小,但可比较范围小;S 取值大,则每一步计算时间增加,但比较的范围增大。这两种情况的应用效果依赖于实际问题。在步骤(3)中,$T-x^{\text{best}}=\varnothing$以外的其他算法,其终止准则的选取取决于人们对算法计算时间、计算结果的要求。

这种邻域搜索算法易于理解,易于实现,而且具有很好的通用性,但是搜索结果的好坏完全依赖于初始解和邻域的结构。若邻域结构设置不当,或初始解选择不合适,则搜索结果会很差,可能只会搜索到局部最优解,即算法在搜索过程中容易陷入局部极小值。因此,若不在搜索策略上进行改进,要实现全局优化,局部邻域搜索算法采用的邻域函数就必须是“完全”的,即邻域函数将导致解的完全枚举。而这在大多数情况下是无法实现的,而且穷举的方法对于大规模问题在搜索时间上也是不允许的。为了实现全局搜索,禁忌搜索算法采用允许接受劣质解的策略来避免局部最优解。

12.2.2 禁忌搜索与局部邻域搜索

禁忌搜索是对局部邻域搜索的一种扩展,是一种全局逐步寻求最优的算法。禁忌搜索算法充分体现了集中和扩散两个策略。它的集中策略体现在局部搜索,即从一点出发,在这点的邻域内寻求更好的解,以达到局部最优解而结束。为了跳出局部最优解,扩散策略通过禁忌表的功能来实现。局部邻域搜索基于贪婪思想持续地在当前解的邻域中进行搜索,虽然算法通用易实现,且容易理解,但搜索性能完全依赖于邻域结构和初解,尤其会陷入局部极小值而无法保证全局优化型。针对局部邻域搜索,为了实现全局优化,使用禁忌搜索算法的禁忌策略尽量避免迂回搜索,它是一种确定性的局部极小跳出策略。

对一个初始解,在一种邻域范围内对其进行一系列变化,从而得到许多候选解。

12.2.3 禁忌搜索

禁忌搜索是模拟人的思维的一种智能搜索算法,即人们对已搜索的地方不会再立即去搜索,而是去对其他地方进行搜索;若没有找到,可再搜索已经去过的地方。禁忌搜索算法从一个初始可行解出发,选择一系列的特定搜索方向(或称为“移动”)作为试探,选择目标函数值减小最多的移动。为了避免陷入局部最优解,禁忌搜索算法采用了一种灵活的“记忆”技术,即对已经进行过的优化过程进行记录,指导下一步的搜索方向,这就是禁忌表的建立。禁忌表中保存了最近若干次迭代过程中所实现的移动,凡是处于禁忌表中的移动,在当前迭代过程中是禁忌进行的,这样可以避免算法重新访问在最近若干次迭代过程中已经访问过的解,从而防止了循环,帮助算法摆脱局部最优解。另外,为了尽可能不错过产生最优解的“移动”,禁忌搜索算法还采用“特赦准则”的策略。

对一个初始解,在一种邻域范围内对其进行一系列变化,从而得到许多候选解。从这些候选解中选出最优候选解,将候选解对应的目标值与“best so far”状态进行比较。若其目标值优于“best so far”状态，就将该候选解解禁，用来代替当前最优解及其“best so far”状态，然后将其加入禁忌表，再将禁忌表中相应对象的禁忌长度改变；如果所有的候选解中所对应的目标值都不优于“best so far”状态，就从候选解中选出不属于禁忌对象的最佳状态，并将其作为新的当前解，不用与当前最优解进行比较，直接将其所对应的对象作为禁忌对象，并将禁忌表中相对应对象的禁忌长度进行修改。

12.2.4 禁忌搜索算法的特点

禁忌搜索算法在邻域搜索的基础上，通过设置禁忌表来禁忌一些已经进行过的操作，并利用藐视准则来奖励一些优劣状态，其中邻域结构、候选解、禁忌长度、禁忌对象、藐视准则、终止准则等是影响禁忌搜索算法性能的关键。邻域函数沿用局部邻域搜索的思想，用于实现邻域搜索；禁忌表和禁忌对象的设置，体现了算法避免迂回搜索的特点；藐视准则，则是对优良状态的奖励，它是对禁忌策略的一种放松。

与传统的优化算法相比，禁忌搜索算法主要有以下特点。

(1) 禁忌搜索算法的新解不是在当前解的邻域中随机产生的，它要么优于“best so far”的解，要么是非禁忌的最优解，因此选取优良解的概率远远大于其他劣质解的概率。

(2) 由于禁忌搜索算法具有灵活的记忆功能和藐视准则，并且在搜索过程中可以接受劣质解，所以具有较强的“爬山”功能，搜索时能够跳出局部最优解，转向解空间的其他区域，从而增大获得更好的全局最优解的概率。因此，禁忌搜索算法是一种局部搜索能力很强的全局迭代寻优算法。

迄今为止，尽管禁忌搜索算法在许多领域得到了成功应用，但禁忌搜索也有明显不足。例如，对初始值的依赖性较强，好的初始解有助于搜索很快达到最优解，而较坏的初始解往往会使搜索很难或不能达到最优解，因此有先验知识指导下的初始解容易让算法找到最优解。并且迭代搜索过程是串行的，仅是单一状态的移动，而非并行搜索。

12.2.5 禁忌搜索算法的改进方向

禁忌搜索算法是著名的启发式搜索算法，但是禁忌搜索算法也有明显的不足，即在以下方面需要改进。

(1) 对初始解有较强的依赖性。好的初始解可使禁忌搜索算法在解空间中搜索到好的解，而较差的初始解则会降低禁忌搜索算法的收敛速度。因此可以与遗传算法、模拟退火算法等优化算法结合，先产生较好的初始解，再用禁忌搜索算法进行搜索优化。

(2) 迭代搜索是串行的，仅是单一状态的移动，而非并行搜索。为了进一步改善禁忌搜索算法的性能，一方面可以对禁忌搜索算法本身的操作和参数选取进行改进，对算法的初始化、参数设置等方面实施并行策略，得到各种不同类型的并行禁忌搜索算法；另一方面则可以与遗传算法、神经网络算法以及基于问题信息的局部搜索算法相结合。

(3) 在集中性与多样性搜索并重的情况下，多样性不足。集中性搜索策略用于加强对当前搜索的优良解的邻域做进一步更为充分的搜索，以期找到全局最优解。多样性搜索策略则用于扩宽搜索区域，尤其是未知区域，当搜索陷入局部最优时，多样性搜索可以改变搜索方向，跳出局部最优，从而实现全局最优。增加多样性策略的简单处理手段是对算法的重新随机初始化，或者根据频率信息对一些已知对象进行惩罚。

12.3 禁忌搜索算法的流程

禁忌搜索是人工智能的一种体现，是局部邻域搜索的一种扩展。禁忌搜索最重要的思想是标记对应已搜索的局部最优解的一些对象，并在进一步的迭代搜索中尽量避开这些对象(而不是绝对禁止循环)，从而保证对不同的有效搜索途径的探索。禁忌搜索涉及邻域、禁忌表、禁忌长度、候选解、藐视准则等概念。

禁忌搜索算法的基本思想是，给定一个初始解(随机的)作为当前最优解，给定一个状态"best so far"作为全局最优解。给定初始解的一个邻域，然后在此初始解的邻域中确定若干解作为算法的候选解；利用适配值函数评价这些候选解，选出最佳候选解；如果最佳候选解所对应的目标值优于"best so far"状态，则忽视它的禁忌特性，并将相应的解加入禁忌表中，同时修改禁忌表中各个解的任期；如果候选解达不到以上条件，则在候选解中选择非禁忌的最佳状态作为新的当前解，并且不管它与当前解的优劣，将相应的解加入禁忌表中，同时修改禁忌表中各对象的任期；最后，重复上述搜索过程，直到满足停止准则。

算法步骤可以描述为以下步骤。

(1) 给定算法参数，随机产生初始解 x，置禁忌表为空。

(2) 判断算法终止条件是否满足。如果是，则结束算法并输出优化结果；否则，继续以下步骤。

(3) 利用当前解 x 的邻域函数产生其所有(或若干)邻域解，并从中确定若干候选解。

(4) 对候选解判断藐视准则是否满足。若满足，则用满足藐视规则的最佳状态 y 代替 x 成为新的当前解，即 $x=y$，并用与 y 对应的禁忌搜索对象替换最早进入禁忌表的禁忌对象，同时用 y 替换"best so far"状态，然后转步骤(6)；否则，继续以下步骤。

(5) 判断候选解对应的各对象的禁忌属性，选择候选解集中非禁忌对象的最佳状态为新的当前解，同时用与之对应的禁忌对象替换最早进入禁忌表的禁忌对象。

(6) 判断算法终止条件是否满足。若满足，则结束算法并输出优化结果；否则，转步骤(3)。

禁忌搜索算法的流程如图 12-1 所示。

可以明显地看到，邻域函数、禁忌搜索、禁忌表和特赦准则构成了禁忌搜索算法的关键。其中，邻域函数沿用局部邻域搜索的思想，用于实现邻域搜索；禁忌表和禁忌对象的设置体现了算法避免迂回搜索的特点；特赦准则是对优良状态的奖励，它是对禁忌策略的一种放松。值得指出的是，上述算法仅是一种简单的禁忌搜索框架，对各关键环节复杂和多样化的设计可构造出各种禁忌搜索算法。同时，算法流程中的禁忌对象，可以是搜索状态，也可以是特定搜索操作，甚至是搜索目标值等。

该算法可简单地表示为：

(1) 选定一个初始解 Can_N(x^{now})，置禁忌表 $H=\varnothing$。

(2) 如果满足终止规则，则终止计算；否则，在 x^{now} 的邻域 $N(H, x^{now})$ 中选出满足禁忌要求的候选集 Can_N(x^{now})，在 Can_N(x^{now}) 中选出一个评价最优的解 x^{next}，令 $x^{now}=x^{next}$，更新历史记录 H，重复(2)。

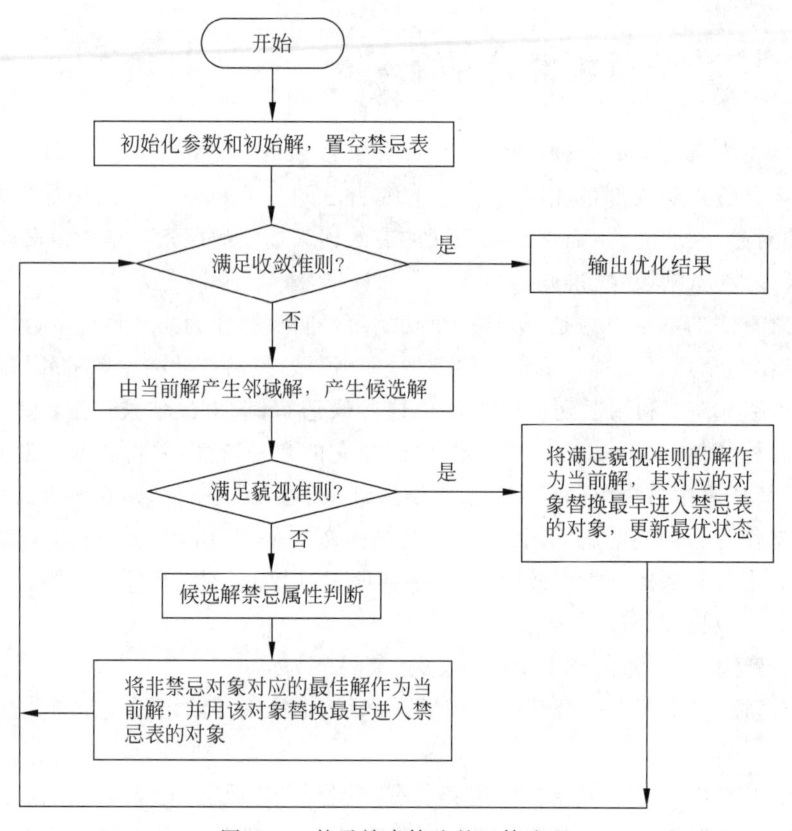

图 12-1 禁忌搜索算法的运算流程

12.4 禁忌搜索算法的关键参数

一般而言，要设计一种禁忌搜索算法，需要确定算法的以下环节：初始解、适配值函数、邻域结构、禁忌表和禁忌对象的设置、禁忌长度、候选解集、藐视准则、搜索策略、终止准则等。

1. 初始解

禁忌搜索算法可以随机给出初始解，也可以事先使用其他启发式算法等给出一个较好的初始解。由于禁忌搜索算法是基于邻域搜索的，初始解的好坏对搜索的性能影响很大。尤其是一些带有很复杂约束的优化问题，如果随机给出的初始解很差，甚至通过多步搜索也很难找到一个可行解。这时应针对特定的复杂约束，采用启发式方法或其他方法找出一个可行解作为初始解，再用禁忌搜索算法求解，以提高搜索的质量和效率。也可以采用一定的策略来降低禁忌搜索算法对初始解的敏感性。

2. 适配值函数

禁忌搜索的适配值函数用于对搜索状态的评价，进而结合禁忌准则和特赦准则来选取新的当前状态。目标函数值和它的任何变形都可以作为适配值函数。若目标函数的计算比较困难或耗时较长，此时可以采用反映问题目标的某些特征值来作为适配值，进而改善算法的时间性能。选取何种特征值要视具体问题而定，但必须保证特征值的最佳性与目标函数的最优性一致。适配值函数的选择主要考虑提高算法的效率、便于搜索的进行等因素。

3. 邻域结构

所谓邻域结构，是指从一个解（当前解）通过“移动”产生另一个解（新解）的途径，它是保证搜索产生优良解和影响搜索算法的搜索速度的重要因素之一。邻域结构的设计通常与问题相关。邻域结构的设计方法很多，对不同的问题应采用不同的设计方法，常用设计方法包括互换、插值、逆序等。不同的“移动”方式将导致邻域解的个数及其变化情况的不同，对搜索质量和效率有一定影响。

通过移动，目标函数值将产生变化。移动前后的目标函数值之差，称为移动值。如果移动值是非负的，则称此移动为改进移动；否则，称为非改进移动。最好的移动不一定是改进移动，也可能是非改进移动，这一点能保证在搜索陷入局部最优时，禁忌搜索算法能自动跳出局部最优。

4. 禁忌对象

所谓禁忌对象，就是被置入禁忌表中的那些变化元素。禁忌的目的则是尽量避免迂回搜索而多搜索一些解空间中的其他地方。归纳而言，禁忌对象通常可选取状态本身或状态分量等。

5. 候选解集

候选解集的大小是影响禁忌搜索算法的性能的关键参数。候选解集通常在当前状态的邻域中择优选取，但选取过多会造成较大的计算量，而选取过少则容易造成早熟收敛。然而，要做到整个邻域的择优往往需要大量的计算，因此可以确定性或随机性地在部分邻域中选取候选解，具体数据大小则可视问题特征和对算法的要求而定。

6. 禁忌表

不允许恢复（即被禁止）的性质称作禁忌。禁忌表的主要目的是阻止搜索过程中出现循环和避免陷入局部最优，它通常记录前若干次的移动，禁止这些移动在近期内返回。在迭代固定次数后，禁忌表释放这些移动，重新参加运算，因此它是一个循环表，每迭代一次，就将最近的一次移动放在禁忌表的末端，而它的最早的一个移动就从禁忌表中释放出来。

从数据结构上讲，禁忌表是具有一定长度的先进先出的队列。禁忌搜索算法使用禁忌表禁止搜索曾经访问过的解，从而禁止搜索中的局部循环。禁忌表可以使用两种记忆方式：明晰记忆和属性记忆。明晰记忆是指禁忌表中的元素是一个完整的解，消耗较多的内存和时间；属性记忆是指禁忌表中的元素记录当前解移动的信息，如当前解移动的方向等。

7. 禁忌长度

所谓禁忌长度，是指禁忌对象在不考虑特赦准则的情况下不允许被选取的最大次数。通俗地讲，禁忌长度可视为禁忌对象在禁忌表中的任期。禁忌对象只有当其任期为0时才能被解禁。在算法的设计和构造过程中，一般要求计算量和存储量尽量小，这就要求禁忌长度尽量小。但是，禁忌长度过小将造成搜索的循环。禁忌长度的选取与问题特征相关，它在很大程度上决定了算法的计算复杂性。

一方面，禁忌长度可以是一个固定常数（如 $t=c$，c 为一常数），或者固定为与问题规模相关的一个量（如 $t=\sqrt{n}$，n 为问题维数或规模），如此实现起来方便、简单，也很有效；另一方面，禁忌长度也可以是动态变化的，如根据搜索性能和问题特征设定禁忌长度的变化区间，而禁忌长度则可按某种规则或公式在这个区间内变化。

一般而言，当算法的动态性能下降较大时，说明算法当前的搜索能力比较强，也可能当前解附近极小解形成的“波谷”较深,从而设置较大的禁忌长度来延续当前的搜索进程,并避免陷入局部极小。大量研究表明,禁忌长度的动态设计比静态设置方式具有更好的性能和健壮性,而更为合理高效的设置方式还有待进一步研究。

8. 藐视准则

藐视准则是对优良状态的奖励,它是对禁忌策略的一种放松。在禁忌搜索算法中,如果存在优于“best so far”状态的禁忌候选解,则将最优禁忌候选解从禁忌表解禁,以实现更高效的优化性能。在此给出藐视规则的几种常用方式。

1) 基于适配值的准则

如果某个禁忌候选解的适配值优于“best so far”状态,则解禁此候选解为当前状态和新的“best so far”状态;也可以将搜索空间分成若干子区域,如果某个禁忌候选解的适配值优于它所在区域的“best so far”状态,则解禁此候选解为当前状态和相应区域的新“best so far”状态。该基准可直观地理解为算法搜索到了一个更好的解。

2) 基于最小错误的准则

如果候选解均被禁忌,且不存在优于“best so far”状态的候选解,则对候选解中最优的候选解进行解禁,以继续搜索。该准则可直观地理解为算法搜索到了一个更好的解。

3) 基于搜索方向的准则

如果禁忌对象上次使得适配值有所改善,被加入禁忌表,但是目前该禁忌对象对应的候选解的适配值优于当前解,则对该禁忌对象解禁。该准则可直观理解为算法正按有效的搜索路径进行。

4) 基于影响力的准则

在搜索过程中不同对象的变化对适配值的影响有所不同,有的很大,有的较小,而这种影响力作为一种属性与禁忌长度和适配值来共同构造藐视规则。直观的理解为,解禁一个影响力大的禁忌对象,有助于在以后的搜索中得到更好的解。值得指出的是,影响力仅是一个标量指标,可以表征适配值的下降,也可以表征适配值的上升。譬如,如果候选解均差于“best so far”状态,而某个禁忌对象的影响力指标很高,且很快将被解禁,则立刻解禁该对象以期待得到更好的状态。显然,这种准则需要引入一个标定影响力大小的度量和一个与禁忌任期相关的闭值,无疑增加了算法操作的复杂性。同时,这些指标最好是动态变化的,以适应搜索进程和性能的变化。

9. 搜索策略

搜索策略分为集中性搜索策略和多样性搜索策略。

集中性搜索策略用于加强对优良解的邻域的进一步搜索。其简单的处理手段可以是在一定步数的迭代后基于最佳状态重新进行初始化,并对其邻域进行再次搜索。在大多数情况下,重新初始化后的邻域空间与上一次的邻域空间是不一样的,当然也就有一部分邻域空间可能是重叠的。

多样性搜索策略则用于拓宽搜索区域,尤其是未知区域。其简单的处理手段可以是对算法的重新随机初始化,或者根据频率信息对一些已知对象进行惩罚。

10. 禁忌对象的设置

禁忌表和禁忌对象的设置体现了算法避免迂回搜索的特点。禁忌对象通常可选取状态本身或状态分量或适配值的变化等。以状态本身或其变化作为禁忌对象是最为简单、最容易理解的途径。具体而言，当状态由 x 变化至状态 y 时(或 x 到 y 的变化)视为禁忌对象，从而在一定条件下禁止了 y(或 x 到 y 的变化)的再度出现。

11. 禁忌频率

记忆禁忌频率(或次数)是对禁忌属性的一种补充，可放宽选择决策对象的范围。譬如，如果某个适配值频繁出现，则可以推测算法陷入某种循环或某个极小点，或者说现有算法参数难以有助于发掘更好的状态，进而应当对算法结构或参数进行修改。在实际求解时，可以根据问题和算法的需要记忆某个状态出现的频率，也可以是某些对换对象或适配值等出现的信息，而这些信息可以是静态的，或者动态的。

静态的频率信息主要包括状态、适配值或对换等对象在优化过程中出现的频率，其计算相对比较简单，如对象在计算中出现的次数，出现次数与总迭代步数的比，某两个状态间循环的次数等。显然，这些对象有助于了解某些对象的特性，以及相应循环出现的次数等。

动态的频率信息主要记录某个状态序列的变化。显然，对动态频率信息的记录比较复杂，而它所提供的信息量也较多。常用的方法有以下几种。

(1) 记录某个序列的长度，即序列中的元素个数。而在记录某些关键点的序列中，可以按这些关键点的序列长度的变化来进行计算。

(2) 记录由序列中的某个元素出发后再回到该元素的迭代次数。

(3) 记录某个序列的平均适配值，或是相应各元素的适配值的变化。

(4) 记录某个序列出现的频率等。

上述频率信息有助于加强禁忌搜索的能力和效率，并且有助于对禁忌搜索算法的控制，或者可基于此对相应的对象实施惩罚。譬如，如果某个对象频繁出现，则可以增加禁忌程度来避免循环；如果某个适配值变化较小，则可以增加对该序列所有对象的禁忌长度，反之则缩小禁忌长度；如果最佳适配值长时间持续下去，则可以终止搜索进程而认为该适配值已是最优值。

12. 终止准则

禁忌搜索算法需要一个终止准则来结束算法的搜索进程，而严格理论意义上的收敛条件，即在禁忌长度充分大的条件下实现状态空间的遍历。因此，在实际设计算法时通常采用近似的收敛准则。常用的方法有以下几种。

(1) 给定最大迭代步数。当禁忌搜索算法运行到指定的迭代步数之后，终止搜索。

(2) 设定某个对象的最大禁忌频率。若某个状态、适配值或对换等对象的禁忌频率超过某一阈值，或最佳适配值连续若干步保持不变，则终止算法。

(3) 设定适配值的偏离阈值。首先估计问题的下界，一旦算法中最佳适配值与下界的偏离值小于某规定阈值，则终止搜索。

12.5 基于禁忌搜索算法的旅行商问题

12.5.1 问题的提出及解决步骤

旅行商问题(TSP)。假设有一个旅行商人要拜访全国31个省会城市，他需要选择所要走的路径，路径的限制是每个城市只能拜访一次，而且最后要回到原来出发的城市。路径的选择要求是：所选路径的路程为所有路径之中的最小值。

全国31个省会城市的坐标为[1304 2312；3639 1315；4177 2244；3712 1399；3488 1535；3326 1556；3238 1229；4196 1004；4312 790；4386 570；3007 1970；2562 1756；2788 1491；2381 1676；1332 695；3715 1678；3918 2179；4061 2370；3780 2212；3676 2578；4029 2838；4263 2931；3429 1908；3507 2367；3394 2643；3439 3201；2935 3240；3140 3550；2545 2357；2778 2826；2370 2975]。

解析：实现求解的步骤如下。

(1) 初始化城市规模为N=31，禁忌长度TabuL=22，候选集的个数Ca=200，最大迭代次数G=2000。

(2) 计算任意两个城市间的距离间隔矩阵D；随机产生一组路径为初始解S0，计算其适配值，并将其赋给当前最佳解bestsofar。

(3) 定义初始解的邻域映射为2-opt形式，即初始解路径中的两个城市坐标进行对换。产生Ca个候选解，计算候选解的适配值，并保留前Ca/2个最好候选解。

(4) 对候选解判断是否满足藐视准则。若满足，则用满足藐视准则的解替代初始解成为当前新的最优解，并更新禁忌表Tabu和禁忌长度TabuL，然后转步骤(6)；否则，继续以下步骤。

(5) 判断候选解对应的各对象的禁忌属性，选择候选解集中非禁忌对象所对应的最佳状态为新的当前解，同时更新禁忌表Tabu和禁忌长度TabuL。

(6) 判断是否满足终止条件。若满足，则结束搜索过程，输出优化值；若不满足，则继续进行迭代优化。

实现求解的MATLAB程序代码如下：

```
function [BestShortcut,theMinDistance] = TabuSearch
clear;
Clist = [1304 2312;3639 1315;4177 2244;3712 1399;3488 1535;3326 1556;
         3238 1229;4196 1044;4312 790;4386 570;3007 1970;2562 1756;
         2788 1491;2381 1676;1332 695;3715 1678;3918 2179;4061 2370;
         3780 2212;3676 2578;4029 2838;4263 2931;3429 1908;3507 2376;
         3394 2643;3439 3201;2935 3240;3140 3550;
         2545 2357;2778 2826;2370 2975];                  % 全国31个省会城市坐标
CityNum = size(Clist,1);                                  % TSP问题的规模，即城市数目
dislist = zeros(CityNum);
for i = 1:CityNum
    for j = 1:CityNum
        dislist(i,j) = ((Clist(i,1) - Clist(j,1))^2 + (Clist(i,2) - Clist(j,2))^2)^0.5;
    end
end
TabuList = zeros(CityNum);                                % 禁忌表(tabu list)
TabuLength = round((CityNum * (CityNum - 1)/2)^0.5);      % 禁忌表长度(tabu length)
Candidates = 200;                                         % 候选集的个数 (全部领域解个数)
CandidateNum = zeros(Candidates,CityNum);                 % 候选解集合
S0 = randperm(CityNum);                                   % 随机产生初始解
BSF = S0;                                                 % best so far
BestL = Inf;                                              % 当前最佳解距离
p = 1;                                                    % 记录迭代次数
StopL = 1000;                                             % 最大迭代次数

figure(1);
```

```
stop = uicontrol('style','toggle','string','stop','background','white');
tic;                                        %用来保存当前时间
%禁忌搜索循环
while p<StopL
    if Candidates>CityNum*(CityNum-1)/2
        disp('候选解个数不大于 n*(n-1)/2!');
        break;
    end
    ALong(p) = M11_1fun(dislist,S0);        %当前解适配值
    i=1;
    A=zeros(Candidates,2);                  % 解中交换的城市矩阵
%以下 while 循环部分是生成随机的 200 * 2 的矩阵 A.每个元素在 1~31
    while i<=Candidates
        M=CityNum*rand(1,2);
        M=ceil(M);
        if M(1)~=M(2)
            A(i,1)=max(M(1),M(2));
            A(i,2)=min(M(1),M(2));
                if i==1
                isa=0;
            else
                for j=1:i-1
                    if A(i,1)==A(j,1) && A(i,2)==A(j,2)
                        isa=1;
                        break;
                    else
                        isa=0;
                    end
                end
            end
            if ~isa
               i=i+1;
            else
            end
        else
        end
    end
    %产生邻域解
    BestCandidateNum=100;                   %保留前 BestCandidateNum 个最好候选解
    BestCandidate=Inf*ones(BestCandidateNum,4);
    F=zeros(1,Candidates);
    %这相当于是产生一个 S0 的邻域
    for i=1:Candidates
        CandidateNum(i,:)=S0;               %候选解集合
        CandidateNum(i,[A(i,2),A(i,1)])=S0([A(i,1),A(i,2)]);
        F(i)=M11_1fun(dislist,CandidateNum(i,:));
        if i<=BestCandidateNum
            BestCandidate(i,2)=F(i);
            BestCandidate(i,1)=i;
            BestCandidate(i,3)=S0(A(i,1));
            BestCandidate(i,4)=S0(A(i,2));
        else
            for j=1:BestCandidateNum
                if F(i)<BestCandidate(j,2)
                    BestCandidate(j,2)=F(i);
                    BestCandidate(j,1)=i;
                    BestCandidate(j,3)=S0(A(i,1));
                    BestCandidate(j,4)=S0(A(i,2));
                    break;
```

```
                end
            end
        end
    end
    % 对 BestCandidate
    [JL,Index] = sort(BestCandidate(:,2));
    SBest = BestCandidate(Index,:);
    BestCandidate = SBest;
    % 藐视准则
      if BestCandidate(1,2)< BestL
        BestL = BestCandidate(1,2);
        S0 = CandidateNum(BestCandidate(1,1),:);
        BSF = S0;
        for m = 1:CityNum
            for n = 1:CityNum
                if TabuList(m,n)~ = 0
                    TabuList(m,n) = TabuList(m,n) - 1;           % 更新禁忌表
                end
            end
        end
        TabuList(BestCandidate(1,3),BestCandidate(1,4)) = TabuLength;
        % 更新禁忌表
      else
          for i = 1:BestCandidateNum
              if TabuList(BestCandidate(i,3),BestCandidate(i,4)) == 0
                  S0 = CandidateNum(BestCandidate(i,1),:);
              for m = 1:CityNum
                  for n = 1:CityNum
                      if TabuList(m,n)~ = 0
                          TabuList(m,n) = TabuList(m,n) - 1;     % 更新禁忌表
                      end
                  end
              end
             TabuList(BestCandidate(i,3),BestCandidate(i,4)) = TabuLength;
              % 更新禁忌表
              break;
              end
          end
      end
    ArrBestL(p) = BestL;
    for i = 1:CityNum - 1
        plot([Clist(BSF(i),1),Clist(BSF(i + 1),1)],[Clist(BSF(i),2),Clist(BSF(i + 1),2)],'bo - ');
        hold on;
    end
    plot([Clist(BSF(CityNum),1),Clist(BSF(1),1)],[Clist(BSF(CityNum),2),Clist(BSF(1),
2)],'ro - ');
    title(['迭代次数:',int2str(p),'优化最短距离:',num2str(BestL)]);
    hold off;
    pause(0.005);
    if get(stop,'value') == 1
        break;
    end
    % 存储中间结果为图片
    if(p == 1||p == 5||p == 10||p == 20||p == 60||p == 150||p == 400||p == 800||p == 1500||p == 2000)
        filename = num2str(p);
        fileformat = 'jpg';
        saveas(gcf,filename,fileformat);
    end
    p = p + 1;                                                   % 迭代次数加 1
```

```
end
toc;                                               % 用来保存完成时间
BestShortcut = BSF;                                % 最佳路线
theMinDistance = BestL;                            % 最佳路线长度
set(stop,'style','pushbutton','string','close', 'callback','close(gcf)');
figure(2);
plot(ArrBestL,'b');
xlabel('迭代次数');
ylabel('目标函数值');
title('适应度进化曲线');
grid;
hold on;
```

根据需要，自定义编写的适配值函数的源代码为：

```
% 适配值函数
function F = M11_1fun(dislist,s)
DistanV = 0;
n = size(s,2);
for i = 1:(n-1)
    DistanV = DistanV + dislist(s(i),s(i+1));
end
    DistanV = DistanV + dislist(s(n),s(1));
F = DistanV;
```

12.5.2 仿真结果

运行程序，输出如下，得到优化后的路径如图 12-2 所示，适应度进化曲线如图 12-3 所示。

```
BestShortcut =
  1    29    31    30    27    28    26    25    24    20    21    22    18    3
  17   19    16    4     2     8     9     10    7     6     5     23    11    13
  12   14    15
```

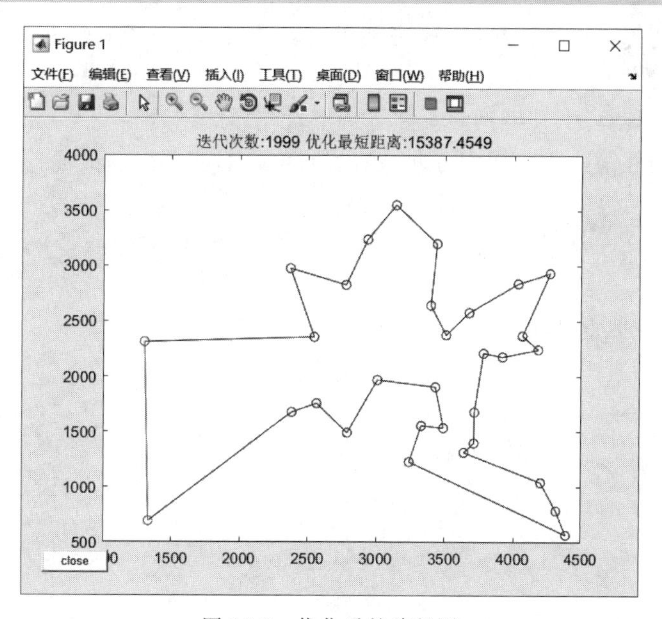

图 12-2 优化后的路径图

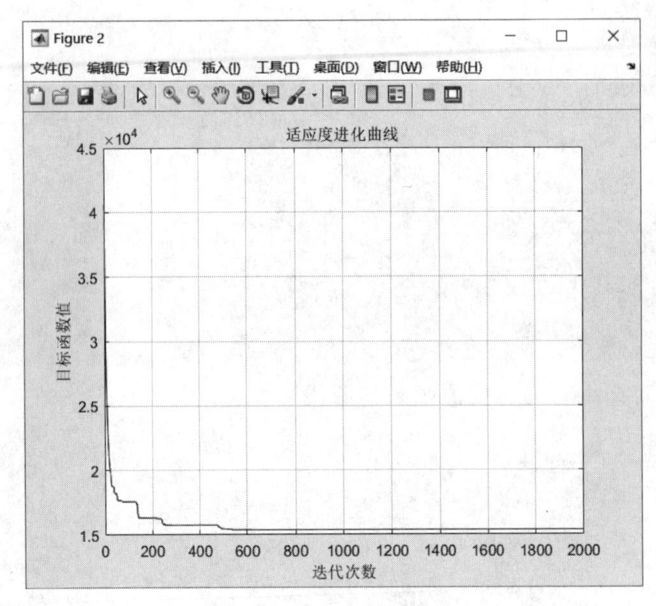

图 12-3　适应度进化曲线

12.5.3 结论

禁忌搜索算法是对局部邻域搜索的一种扩展,是一种全局逐步寻求最优算法。禁忌搜索算法以其灵活的存储结构和相应的禁忌准则来避免迂回搜索,通过设置禁忌表,来避免陷入局部最优,以便达到全局优化的目的。

与传统算法相比,禁忌搜索算法有以下优势。

(1) 禁忌搜索算法获得优良解的概率更大。

(2) 禁忌搜索算法可以接受劣质解,提高获得全局最优解的概率。

禁忌搜索算法的改进方向如下。

(1) 可以与遗传算法、模拟退火算法等优化算法结合,先产生较好的初始解,再用禁忌搜索算法进行搜索优化。

(2) 可以与遗传算法、神经网络算法等局部优化算法结合。

(3) 使用多样性策略改变搜索方向,跳出局部最优,实现全局最优。

习题

1. 什么是禁忌搜索算法?

2. 禁忌搜索算法比起传统算法有什么优缺点?